AF558908

LAURENS BRANDT

Schutz bei Nachtarbeit

Schriften zum Sozial- und Arbeitsrecht

Herausgegeben von
Prof. Dr. Matthias Jacobs, Hamburg
Prof. Dr. Rüdiger Krause, Göttingen
Prof. Dr. Sebastian Krebber, Freiburg
Prof. Dr. Thomas Lobinger, Heidelberg
Prof. Dr. Markus Stoffels, Heidelberg
Prof. Dr. Raimund Waltermann, Bonn

Band 391

Schutz bei Nachtarbeit

Erfüllung der verfassungs- und unionsrechtlichen Vorgaben durch Zuschläge oder Arbeitszeitverkürzung?

Von

Laurens Brandt

Duncker & Humblot · Berlin

Gedruckt mit finanzieller Unterstützung der Hans-Böckler-Stiftung

Hans Böckler
Stiftung

Mitbestimmung · Forschung · Stipendien

Die Juristische Fakultät der Martin-Luther-Universität Halle-Wittenberg
hat diese Arbeit im Jahre 2024 als Dissertation angenommen.

Bibliografische Information der Deutschen Nationalbibliothek

Die Deutsche Nationalbibliothek verzeichnet diese Publikation in
der Deutschen Nationalbibliografie; detaillierte bibliografische Daten
sind im Internet über http://dnb.d-nb.de abrufbar.

Alle Rechte vorbehalten
© 2025 Duncker & Humblot GmbH, Berlin
Satz: 3w+p GmbH, Rimpar
Druck: CPI books GmbH, Leck
Printed in Germany

ISSN 0582-0227
ISBN 978-3-428-19501-5 (Print)
ISBN 978-3-428-59501-3 (E-Book)

Gedruckt auf alterungsbeständigem (säurefreiem) Papier
entsprechend ISO 9706 ♾

Verlagsanschrift: Duncker & Humblot GmbH, Carl-Heinrich-Becker-Weg 9,
12165 Berlin, Germany | E-Mail: info@duncker-humblot.de
Internet: http://www.duncker-humblot.de

Vorwort

Die vorliegende Dissertation wurde im Sommersemester 2024 von der Juristischen und Wirtschaftswissenschaftlichen Fakultät der Martin-Luther-Universität Halle-Wittenberg angenommen. Das Manuskript wurde im Januar 2024 abgeschlossen, die mündliche Verteidigung fand am 27. August 2024 statt. Rechtsprechung und Literatur sind noch bis Oktober 2024 eingearbeitet. Die im Februar 2025 veröffentlichte Entscheidung des Bundesverfassungsgerichts (11.12.2024 – 1 BvR 1109/21) konnte nicht mehr berücksichtigt werden.

Zum Abschluss meiner Dissertation möchte ich die Gelegenheit nutzen, all denen zu danken, die mich auf diesem Weg unterstützt und begleitet haben.

Mein besonderer Dank gilt meinem Doktorvater, Prof. Dr. Daniel Ulber, der mich auf die Problematik der Nachtarbeit aufmerksam machte – ein Thema, das mich über die gesamte Zeit der Bearbeitung faszinierte. Ich danke ihm für die vielen Diskussionen und seine wertvollen Hinweise, seine stets wertschätzende Art und auch für seinen Humor. All dies hat mich motiviert, mein Projekt mit Begeisterung zu verfolgen und das Ziel nicht aus den Augen zu verlieren.

Ebenso danke ich meinem Zweitgutachter, Prof. Dr. Wolfhard Kohte, für seine konstruktive Kritik und seine kenntnisreichen Anmerkungen, die ich gerne aufgenommen habe.

Ein herzlicher Dank gilt allen Teilnehmerinnen und Teilnehmern unseres Kolloquiums, deren Rückmeldungen mir neue Perspektiven eröffnet und im Schreibprozess geholfen haben: Lisa Behr, Clemens Dahlke, Jonas Deyda, Sophie Dohmen, Aidan Harker, Dr. Kyra Klocke, Michael Spaeth, Jaqueline Stein, Lucas Wißmeyer und Jula Zenetti.

Darüber hinaus war der Austausch mit Expertinnen und Experten aus anderen Disziplinen und der gewerkschaftlichen Praxis äußerst bereichernd und hat meinen Blick auf das Thema erweitert. Dafür danke ich Rudolf Buschmann, Dr. Wolfgang Hien, Dr. Anna Horstmann, Stefan Soost sowie Prof. Dr. Hannes Zacher, Dr. Martin Zeschke und dem arbeitspsychologischen Kolloquium der Universität Leipzig.

Der Hans-Böckler-Stiftung danke ich für die großzügige Unterstützung mit einem Stipendium, welches die Erstellung der Arbeit erst ermöglicht hat. Prof. Dr. Olaf Deinert danke ich für die immer unterstützende und hilfreiche Begleitung als Vertrauensdozent der Stiftung. Die Drucklegung wurde durch einen Zuschuss der Johanna und Fritz Buch Gedächtnis-Stiftung ermöglicht, für den ich mich ebenfalls bedanken möchte.

Nicht zuletzt danke ich Prof. Dr. Burkhard Boemke und meinen Kolleginnen und Kollegen an seinem Lehrstuhl für die gute Zusammenarbeit und das inspirierende Umfeld. Stellvertretend möchte ich mich bei Clara-Maria Buchstaller, Thilo Haase und Oskar Stoll bedanken für die Gespräche über das Thema ebenso wie für die Zerstreuung während der Pausen.

Danken möchte ich zudem noch Clarissa Ahmed, Pascal Annerfelt, Johannes Höller, Tom Lueken und Dr. Theresa Tschenker für den wertvollen Austausch. Ihre Perspektiven waren für meine Dissertation von großer Bedeutung.

Einen besonderen Dank widme ich meinen Eltern Cornelia und David, meinem Bruder Nils sowie Leonie und unserer kleinen Lotte für eure immerwährende Unterstützung und Liebe.

Leipzig, im März 2025 *Laurens Brandt*

Inhaltsübersicht

Inhaltsverzeichnis

7. Kapitel

„Denn die einen sind im Dunkeln
Und die anderen sind im Licht.
Und man sieht nur die im Lichte
Die im Dunkeln sieht man nicht.“

Bertolt Brecht, Die Dreigroschenoper

1. Kapitel

Einleitung

Die vorliegende Untersuchung berührt Grundfragen des Arbeitsrechts und ist von hoher Aktualität. Der Satz mag zunächst verwundern: Ist Nachtarbeit nicht ein Thema längst vergangener Debatten über die Humanisierung der Industriearbeit? Und wurde bei ihrer Regelung im Arbeitszeitgesetz 1994 nicht ein Kompromiss gefunden, der die widerstreitenden Interessen der Betroffenen berücksichtigt und allseits akzeptiert ist? Diese Regelungen wirken sich in der Praxis vor allem so aus, dass Nachtarbeitnehmer für ihre Arbeitsleistung mehr Geld erhalten, nämlich Zuschläge. Nachtarbeit ist allerdings für jeden Menschen schädlich, so das BVerfG im Jahr 1992.[1] Die Gesundheit und das Sozialleben der betroffenen Arbeitnehmer gefährdet sie ganz erheblich (siehe sogleich A. II. und ausführlich 4. Kapitel D. II.–IV.).

Aus dieser Regelungsform ergeben sich deshalb Grundfragen unserer Sozial- und Wirtschaftsordnung, die weit über das konkrete Beispiel hinausweisen: Können erhebliche Gesundheitsgefährdungen und soziale Einschränkungen in Geld aufgewogen werden? Dürfen sie in einem von Ungleichheit geprägten Vertragsverhältnis kommerzialisiert werden? Darf der Staat die Aushandlung derart wichtiger Fragen der Selbstregulierung der wirtschaftlichen Sphäre überlassen oder muss er effektive und zwingende Vorgaben zum Mindestschutz machen? Welche Rolle kommt dabei den Tarifparteien, insbesondere den Gewerkschaften zu?

Betrachtet man die Thematik der Nachtarbeit genauer, geht es also um ganz grundlegende Themen. An ihrem Beispiel ist zu untersuchen, ob der Staat unter Umständen in freiwillig geschlosse Verträge eingreifen muss, um eine Partei zu schützen oder ob dies im Gegenteil gerade die Vertragsfreiheit verletzt. Dahinter stehen Fragen nach dem Verhältnis von Privatrecht und Verfassungsrecht und letztendlich nach dem Staatsverständnis. Darf der moderne Staat des Grundgesetzes akzeptieren, dass Grundrechte „abgekauft“ werden oder unterscheidet er sich vom liberalen Nachtwächterstaat des 19. Jahrhunderts nicht gerade durch eine Skepsis gegenüber schrankenloser Vertragsfreiheit? Denn rechtliche Gleichheit führt unter den Bedingungen tatsächlicher Ungleichheit nicht automatisch zu gerechten Ergebnissen. Das ist der Grundgedanke des Arbeitsrechts, das in erster Linie Arbeit-

[1] BVerfG 28.1.1992 – 1 BvR 1025/84, 1 BvL 16/83, 1 BvL 10/91, E 85, 191, 208.

nehmerschutzrecht ist und gilt erst Recht dort, wo höchstrangige Rechtsgüter zum Tauschobjekt gemacht werden. Es ist daher kein Zufall, dass das Bundesverfassungsgericht ausgerechnet in der Entscheidung zur Nachtarbeit die grundrechtlichen Schutzpflichten erstmals im Arbeitsrecht zur Geltung gebracht hat. Es hat dabei den Gesetzgeber ausdrücklich in die Pflicht genommen, gesetzliche Schutzregelungen zu erlassen, weil privautautonom kein hinreichender Schutz zu erwarten sei. Diese Regelungen müssen aber selbstverständlich entgegenstehende Grundrechte des Arbeitgebers achten. An der Materie entfalten sich daher ganz grundsätzliche Probleme zum Zusammenhang von Grundrechten und Privatrecht,[2] zum Verhältnis von Grundgesetz und Privatautonomie im Arbeitsrecht[3] und zum Regelungsspielraum im Schuldvertragsrecht,[4] der dem demokratisch gewählten Gesetzgeber verbleibt.

In der Folge der Entscheidung des BVerfG wurde im Jahr 1994 das ArbZG erlassen. Zuvor war der Gesetzgeber in Westdeutschland jahrzehntelang untätig geblieben. Nachtarbeit war deshalb, abgesehen von ihrem frauendiskriminierenden Verbot für Arbeiterinnen, gesetzlich nicht beschränkt und stattdessen ein wichtiger Regelungsgegenstand in Tarifverträgen geworden. Letzteres ist bis heute so geblieben. Auch daraus folgen ganz grundlegende Probleme des Arbeitsrechts, etwa zum Spannungsfeld von Tarifautonomie und grundrechtlichen Schutzpflichten:[5] Wenn der Staat verpflichtet ist, die Nachtarbeit zu regeln, die Tarifparteien diese Materie aber bereits geregelt haben, stellt sich die Frage, in welchem Verhältnis die unterschiedlichen Normen zueinanderstehen. Dies gilt insbesondere, weil sich die Tarifparteien darauf berufen können, dass ihnen Art. 9 Abs. 3 GG ihre Autonomie bei der Wahrung und Förderung der Wirtschafts- und Arbeitsbedingungen garantiert. Klärungsbedürftig ist daher, ob der Gesetzgeber den Tarifparteien Freiräume zugestehen darf oder sogar muss, die ihm selbst nicht offenstünden.

Schließlich ist Nachtarbeit seit der ersten ArbZ-RL aus dem Jahr 1993[6] auch ein wichtiger Gegenstand des Unionsrechts. Die EU macht den Mitgliedstaaten detaillierte Vorgaben für ihre Regelungen zur Nachtarbeit. Diese sind mittlerweile durch die europäischen Grundrechte auch primärrechtlich überformt. Hier schließen sich weitere Grundsatzfragen an, etwa nach einer Schutzpflichtendimension der Unionsgrundrechte[7] und der Wirkung von Unionsrecht unter Privaten im Arbeitsrecht.[8] Außerdem, welcher Handlungsspielraum den Mitgliedstaaten zusteht, wenn eine

---

[2] Dazu *Canaris*, AcP 1984, 201 ff.; *Canaris*, Grundrechte und Privatrecht.

[3] Dazu *Dieterich*, RdA 1995, 129 ff.

[4] Dazu *Zöllner*, AcP 1996, 1 ff.

[5] Dazu *Ulber*, Tarifdispositives Gesetzesrecht im Spannungsfeld von Tarifautonomie und grundrechtlichen Schutzpflichten.

[6] Richtlinie 93/104/EG des Rates vom 23. November 1993 über bestimmte Aspekte der Arbeitszeitgestaltung, ABl. EG L 307, S. 18 (im Folgenden: erste ArbZ-RL).

[7] Dazu *Suerbaum*, EuR 2003, 390 ff.

[8] Dazu *Wank*, RdA 2020, 1 ff.

Materie unionsrechtlich geregelt ist und wie das Unionsrecht dazu steht, wenn der Gesetzgeber den Tarifparteien Möglichkeiten eröffnet, von Umsetzungsgesetzen abzuweichen.

Wie stehen diese unterschiedlichen rechtlichen Vorgaben im Verhältnis zueinander? Und welche Rolle verbleibt dem Gesetzgeber: Befindet er sich „in der Klemme“[9] zwischen den verschiedenen Anforderungen, droht der „Jurisdiktionsstaat“[10]? Oder verbleibt der Legislative dennoch ein Spielraum bei der Gewichtung der unterschiedlichen Interessen, über dessen Ausfüllung demokratisch gestritten werden kann?

Diesen Fragen wird in der Untersuchung nachgegangen. Im Mittelpunkt steht dabei die Norm des § 6 Abs. 5 ArbZG: Soweit keine tarifvertraglichen Ausgleichsregelungen bestehen, hat der Arbeitgeber dem Nachtarbeitnehmer für die während der Nachtzeit geleisteten Arbeitsstunden eine angemessene Zahl bezahlter freier Tage oder einen angemessenen Zuschlag auf das ihm hierfür zustehende Bruttoarbeitsentgelt zu gewähren. Es ist verblüffend, wie viele Grundsatzprobleme diese Norm, die aus einem einzigen Satz besteht, aufwirft. Alle skizzierten Fragen aus dem Verfassungs- und Unionsrecht sowie zum Verhältnis von Gesetzesrecht und Tarifautonomie kreuzen sich in dieser einen Vorschrift und führen zu einem höchst komplexen Zusammenspiel, dem das Gesetz gerecht werden muss. Sie sollen in der Arbeit abgeschichtet und bearbeitet werden.

In diesem Kapitel wird aber zunächst genauer erklärt, was die Problematik bei der Nachtarbeit und ihrer aktuellen Regelung ist. Dafür wird zunächst auf die Aktualität des Themas eingegangen (A. I.) und es werden die Folgen der Nachtarbeit (A. II.) sowie die Vorgaben für den Schutz bei Nachtarbeit aus dem Verfassungs- und Unionsrecht dargestellt (A. III.). Danach wird § 6 Abs. 5 ArbZG als Zentralnorm des gesetzlichen Regelungskonzepts in der Auslegung durch die herrschende Meinung erläutert und begründet, weshalb Zweifel daran bestehen, dass die Norm den höherrangigen Vorgaben genügt (A. IV.). Abschließend werden die These und die sich ergebenden, zentralen Fragen der Untersuchung genannt (A. V.) Die Einleitung endet mit einem Überblick über die Kapitel der Untersuchung (B.) und einem Hinweis zur verwendeten Sprache (C.).

A. Problemstellung und These

I. Nachtarbeit: Kein aktuelles Thema?

Nachtarbeit ist alles andere als ein Thema der Vergangenheit. An ihr zeigen sich stellvertretend allgemeine Trends, die unsere heutige Arbeitswelt prägen. Flexibi-

[9] In Anlehnung an den Titel des Beitrags von *Hain*, DVBl 1993, 982 ff.

[10] *Böckenförde*, Der Staat 1990, 1, 29.

lisierung der Arbeitszeiten, ständige Erreichbarkeit und Auflösung hergebrachter Zeitschemata sind nur einige Stichworte, die für einen erweiterten Zugriff betrieblicher Interessen auf die Zeit der Arbeitnehmer stehen. Eine entgrenzte Arbeitswelt führt zu Konflikten und Problemen. Auch wenn Nachtarbeit nicht neu ist, steht sie exemplarisch für genau diese Konflikte. Bei Nachtarbeit widerspricht die Lage der Arbeitszeit eindeutig dem körperlichen Rhythmus des Arbeitnehmers und dem sozialen Rhythmus seines Umfelds. Sie zeigt deshalb besonders plastisch, welche Folgen sich ergeben, wenn Arbeitnehmer rund um die Uhr verfügbar sein und ihre Zeit den Bedürfnissen des Betriebs unterordnen sollen.

Außerdem ist die Zahl der Nachtarbeitnehmer seit dem Erlass des ArbZG 1994 steil angestiegen. Unsere moderne Gesellschaft ist davon geprägt, dass Waren und Dienstleistungen möglichst schnell, am besten rund um die Uhr verfügbar sein sollen. Die online bestellte Sendung soll in wenigen Minuten oder am Folgetag geliefert werden, Vorprodukte just-in-time in der Fabrik eintreffen, Verkehrsmittel jederzeit zur Verfügung stehen. Und geht dabei einmal etwas schief, soll der Kundendienst erreichbar sein, egal zu welcher Uhrzeit.

Unternehmen wetteifern mit derartigen Angeboten um die Gunst der Kunden und versuchen, sich einen Konkurrenzvorteil zu verschaffen. Leicht aus dem Blick geraten dabei aber die Folgen dieser Entwicklung. Trotz aller Hochglanzversprechen einer vermeintlich mühelosen, digitalen Arbeit 4.0 steckt hinter allen genannten Leistungen menschliche Arbeit: Bestellte Waren müssen kommissioniert, verpackt und ausgeliefert werden. Unzählige LKWs fungieren in der modernen Betriebswirtschaftslehre als „Lager auf Rädern" und müssen gesteuert werden, genauso wie andere Verkehrsmittel für die Beförderung von Waren und Personen. Und auch im Callcenter ist der Mensch dem Roboter bisher überlegen.

Sollen diese Leistungen zeitlich unmittelbar verfügbar sein, so müssen Menschen rund um die Uhr arbeiten. Tatsächlich hat sich die Zahl der Nachtarbeitnehmer[11] in den letzten Jahrzehnten erheblich erhöht. Fast zehn Prozent arbeiten heutzutage (auch) nachts – unter anderem, weil eine alternde Gesellschaft immer mehr Pflegeleistungen braucht, vor allem aber aus wirtschaftlichen Gründen (ausführlich 2. Kapitel F. II. 4.).[12] Dennoch spielt Nachtarbeit in der öffentlichen Diskussion keine Rolle. Im Mittelpunkt der aktuellen Arbeitszeitdebatte stehen vielmehr Flexibilisierungen der täglichen Höchstarbeits- und Mindestruhezeit[13] sowie, ausgelöst

[11] In der Arbeit wird das generische Maskulinum verwendet, auch wenn diese Lösung unbefriedigend ist. Siehe den Hinweis zur Sprache unter C.

[12] *BMAS/BAuA*, Sicherheit und Gesundheit bei der Arbeit – Berichtsjahr 2016, S. 174; *Fergen/Schulte-Meine*, in: Meine/Schumann/Wagner (Hg.), Handbuch Arbeitszeit, S. 206, 206.

[13] Siehe beispielsweise *BDA*, New Work – Zeit für eine neue Arbeitszeit, passim; *Günther/Böglmüller*, NZA 2015, 1025, 1028; *Jacobs*, NZA 2016, 733, 736 f.; *Kolbe*, ZFA 2021, 216, 222 f.; *Krause*, NZA-Beil. 2019, 86, 87 f., 92 ff.; *Rudkowski*, ZFA 2022, 510, 511 ff., 523 ff.; anders *Ulber*, SR 2021, 189, 197, 201: Direktionsrecht des Arbeitgebers als eigentliches Problemfeld.

durch die Rechtsprechung des EuGH,[14] die Arbeitszeiterfassung. Den Schutz der Nachtarbeitnehmer diskutiert hingegen fast niemand. Sie arbeiten nicht nur im Dunkeln, „die im Dunkeln sieht man nicht“ trifft auch hier zu. Dabei hat das nächtliche Arbeiten für die betroffenen Arbeitnehmer gravierende gesundheitliche und soziale Folgen. Sie müssen dann arbeiten, wenn der Körper Ruhe braucht und alle anderen schlafen. Und sie müssen sich dann erholen, wenn der Körper auf Aktivität eingestellt ist und alle anderen arbeiten oder Freizeit haben. Dies ist hochgradig gefährlich.

Die Arbeit geht von der zu untersuchenden Annahme aus, dass das geltende Gesetzesrecht gegen diese Gefährdungen nur einen geringen Schutz bietet, jedenfalls in der Auslegung des BAG und der herrschenden Literatur. Nach dieser Auslegung sollen der Arbeitgeber beziehungsweise die Tarifparteien frei wählen können, ob die Nachtarbeitnehmer mehr Freizeit erhalten oder mit Zuschlägen abgefunden werden. Sowohl in Arbeitsverträgen als auch in Tarifverträgen werden fast ausschließlich Zuschläge vereinbart. Ziel dieser Arbeit ist, zu überprüfen, ob der rechtliche Schutz für Nachtarbeitnehmer derzeit gegen Verfassungs- und Unionsrecht verstößt. Fraglich ist insbesondere, ob monetäre Zuschläge vor den schweren gesundheitlichen und sozialen Folgen der Nachtarbeit schützen, wie es die herrschende Meinung annimmt.

II. Gesundheitliche und soziale Folgen der Nachtarbeit

Nachtarbeit ist keine Arbeit wie jede andere. Dass sie unbequem ist, leuchtet unmittelbar ein. Mittlerweise haben Arbeitswissenschaft und -medizin aber belegt, dass sie viel mehr als „Störungen im Befinden“[15] hervorruft. Sie ist vielmehr für jeden Menschen schädlich.[16] Ihre besondere Gefährlichkeit für den Menschen resultiert aus zwei Faktoren, die als biologische und soziale Desynchronisation bezeichnet werden (siehe ausführlich 4. Kapitel D. II.–IV.).

Die biologische Desynchronisation folgt daraus, dass die Nachtarbeit den Arbeitnehmer zwingt, am Tag zu ruhen und in der Nacht tätig zu sein. Die körperliche und geistige Aktivität läuft damit dem als Circadianrhythmik bezeichneten, natürlichen Tagesablauf entgegen. Dies ist für den menschlichen Organismus schädlich. Es drohen unter anderem Schlafstörungen, Stoffwechsel- und Magen-Darm-Probleme, Immunschwäche und psychische Leiden. Es gibt eine starke Evidenz dafür,

---

[14] EuGH 14.5.2019 – C-55/18 (CCOO), NZA 2019, 683; BAG 13.9.2022 – 1 ABR 22/21, NZA 2022, 1616; zuletzt *BMAS*, Referentenentwurf eines Gesetzes zur Änderung des Arbeitszeitgesetzes und anderer Vorschriften; dazu *Greiner/Kalle*, NZA 2023, 547; *Ulber*, BB 2023, 1588.

[15] So die Gesetzesbegründung zum ArbZG, BT-Drs. 12/5888, S. 25.

[16] BVerfG 28.1.1992 – 1 BvR 1025/84, 1 BvL 16/83, 1 BvL 10/91, E 85, 191, 208; für einen aktuellen Überblick *BAuA*, Zusammenstellung aktueller gesicherter arbeitswissenschaftlicher Erkenntnisse zu Nachtarbeit und Dauernachtarbeit, S. 2 f., 6 m.w.N.

dass Nachtarbeit potenziell tödliche Herz-Kreislauf-Erkrankungen begünstigt, auch ein Zusammenhang mit Krebs wird vermutet. Außerdem ist die Gefahr von Unfällen wegen Müdigkeit nachts erhöht.

Dazu kommt die soziale Desynchronisation des Alltags von Nachtarbeitnehmern gegenüber dem sozialen Rhythmus der Gesellschaft. Denn die Nachtarbeit zwingt den Arbeitnehmer, am sozial besonders wertvollen Abend zu arbeiten oder sich auf die Arbeit vorzubereiten. Dafür hat er dann frei, wenn die meisten anderen Menschen arbeiten oder die Schule besuchen. Dies schließt vom sozialen Leben aus. Es schränkt nicht nur das Ehe- und Familienleben ein, sondern ist auch ein gesellschaftliches Problem, weil Nachtarbeitnehmer an vielen Vereins-, Partei- und Gewerkschaftstreffen nicht teilnehmen können. Damit sind ihre Möglichkeiten eingeschränkt, selbst ihre Lage zu verbessern: Sie bleiben auch für die öffentliche Debatte „im Dunkeln."

Zwischen den gesundheitlichen und sozialen Gefährdungen bestehen zudem Wechselwirkungen, die in einer erheblichen Gesamtbelastung resultieren. Deren deutliches Gewicht zeigen Studien, nach denen die Sterblichkeit von Wechselschichtarbeitnehmern mit Nachtanteilen signifikant erhöht ist[17] und diese eine um circa acht Jahre verkürzte Lebensdauer gegenüber Tagarbeitnehmer haben.[18] Es handelt sich um ein Gerechtigkeitsproblem, wenn Menschen aufgrund arbeitsbedingter Krankheit und Übersterblichkeit weniger vom Leben haben und ihren Lebensabend nicht genießen können.

III. Die Vorgaben des Verfassungs- und Unionsrechts für den Schutz bei Nachtarbeit

Trotz der gravierenden Folgen war Nachtarbeit in Westdeutschland bis zum Jahr 1994 gesetzlich nur ausschnitthaft geregelt. Es existierte einzig das Verbot der Nachtarbeit für Arbeiterinnen. Sie wurden somit beim Arbeitsmarktzugang diskriminiert, männliche Arbeitnehmer und weibliche Angestellte[19] hingegen nicht gesetzlich geschützt. Dies hat sich grundlegend verändert, nachdem sowohl der EuGH als auch das Bundesverfassungsgericht Anfang der 1990er Jahre die bestehende Rechtslage verwarfen, weil sie die Gleichheit von Männern und Frauen verletzte.[20]

Das BVerfG gab dem Gesetzgeber dabei ausdrücklich auf einen geschlechtsneutralen Schutz zu schaffen. Eine gesetzliche Neuregelung sei unentbehrlich wegen der nachgewiesenen Schädlichkeit der Nachtarbeit für die menschliche Ge-

---

[17] *Gu et al.*, Am J Prev Med. 2015, 241.

[18] *Langhoff/Satzer*, Gestaltung von Schichtarbeit in der Produktion, S. 20.

[19] Das Verbot basierte auf der Unterscheidung zwischen Arbeitern und Angestellten, die das Arbeitsrecht lange prägte, heute jedoch überholt ist, vgl. *Hromadka*, RdA 2015, 65 ff.

[20] EuGH 25.7.1991 – C-345/89 (Stoeckel), AP EWG-Vertrag Art. 119 Nr. 28 Rn. 20; BVerfG 28.1.1992 – 1 BvR 1025/84, 1 BvL 16/83, 1 BvL 10/91, E 85, 191, 209 f.

sundheit und weil ein hinreichender Schutz bei rein privatautonomer Gestaltung der Arbeitsverträge aufgrund des im Arbeitsverhältnis typischerweise bestehenden Machtgefälles nicht gewährleistet sei.[21] Der Gesetzgeber sei daher verpflichtet, Nachtarbeitnehmer in bestimmtem Umfang durch ein Gesetz zu schützen, dass entweder die Zulässigkeit der Nachtarbeit geschlechtsneutral beschränke oder sie durch Schutzregelungen flankiere.[22]

Durch die damalige Europäische Gemeinschaft wurde im Jahr 1993 die erste ArbZ-RL verabschiedet. Diese machte den Mitgliedstaaten in ihren Art. 8–13 ebenfalls Vorgaben zur geschlechtsneutralen Regelung der Nachtarbeit. Sie sah unter anderem eine Beschränkung der täglichen Höchstarbeitszeit, ein Recht auf Gesundheitsuntersuchung und gegebenenfalls Umsetzung auf einen Tagarbeitsplatz vor. Außerdem schrieb die Richtlinie in Art. 12 weitergehende Schutzmaßnahmen hinsichtlich Sicherheit und Gesundheit der Nachtarbeiter vor. Diese Regelungen wurden gleichlautend in die aktuelle ArbZ-RL aus dem Jahr 2003[23] übernommen, die gem. Art. 288 Abs. 3 AEUV für die Bundesrepublik Deutschland verbindlich ist. Art. 8–13 ArbZ-RL konkretisieren seit Inkrafttreten der Grundrechtecharta deren Art. 31 Abs. 2.[24]

Der Gesetzgeber musste daher den Schutz der Nachtarbeitnehmer unter Beachtung dieser Vorgaben des höherrangigen Rechts neu regeln.

IV. Erfüllung dieser Vorgaben durch § 6 ArbZG?

Der deutsche Gesetzgeber wollte den Aufträgen aus dem Verfassungs- und Unionsrecht nachkommen, indem er im Jahr 1994 das Arbeitszeitgesetz erließ.[25] § 6 ArbZG sieht Schutzvorschriften für alle Nachtarbeitnehmer vor. Wer Nachtarbeitnehmer im Sinne des Gesetzes ist, wird in § 2 Abs. 5 ArbZG legaldefiniert. Nach herrschender Meinung hat der Gesetzgeber mit § 6 ArbZG die verfassungsrechtlichen Vorgaben erfüllt[26] und Art. 12 a) ArbZ-RL ordnungsgemäß umgesetzt.[27] Das

---

[21] BVerfG 28. 1. 1992 – 1 BvR 1025/84, 1 BvL 16/83, 1 BvL 10/91, E 85, 191, 213.

[22] BVerfG 28. 1. 1992 – 1 BvR 1025/84, 1 BvL 16/83, 1 BvL 10/91, E 85, 191, 212.

[23] Richtlinie 2003/88/EG des Europäischen Parlaments und des Rates vom 4. November 2003 über bestimmte Aspekte der Arbeitszeitgestaltung, ABl. EG L 299, S. 9 (im Folgenden: ArbZ-RL).

[24] EuGH 24. 2. 2022 – C-262/20 (Glavna direktsia I), NZA 2022, 467 Rn. 38 f. für Art. 8 und 12 ArbZ-RL.

[25] BT-Drs. 12/5888, S. 19 f.

[26] BAG 22. 2. 2023 – 10 AZR 332/20, NZA 2023, 638 Rn. 24; 22. 3. 2023 – 10 AZR 553/20, NZA 2023, 915 Rn. 24; *Anzinger/Koberski*, ArbZG, § 6 Rn. 11; BeckOK ArbR/*Kock*, ArbZG, § 6 Rn. 1; ErfK/*Roloff*, ArbZG, § 6 Rn. 1; HPS/*Lorenz*, ArbZG, § 6 Rn. 5; a. A. Buschmann/Ulber/*Ulber*, ArbZG, § 6 Rn. 4 f.; DWZ/*Klengel*, ArbR HdB, § 28 Rn. 135.

[27] BAG 15. 7. 2020 – 10 AZR 123/19, NZA 2021, 44 Rn. 52; *Anzinger/Koberski*, ArbZG, § 6 Rn. 13; *Baeck/Deutsch/Winzer*, ArbZG, § 6 Rn. 10; BeckOK ArbR/*Kock*, ArbZG, § 6

Ziel der vorliegenden Untersuchung ist, kritisch zu überprüfen, ob das Regelungskonzept zugunsten der Nachtarbeitnehmer tatsächlich den Anforderungen des höherrangigen Rechts genügt.

1. Die besondere Bedeutung des § 6 Abs. 5 ArbZG

Im Mittelpunkt der Untersuchung steht § 6 Abs. 5 ArbZG. Diese Norm ist das zentrale Steuerungselement der gesetzlichen Neuregelung aus dem Jahr 1994.[28] Die zahlreichen Gerichtsverfahren zeigen die herausgehobene praktische Relevanz der Norm. So begehrten tausende Nachtarbeitnehmer in den letzten Jahren insbesondere in der Lebensmittelindustrie höhere tarifliche Zuschläge.[29] Aber auch dort, wo keine Tarifverträge gelten, beschäftigen Streitigkeiten um die angemessene Höhe der Zuschläge immer wieder die Gerichte, zuletzt etwa bei Zeitungszustellern und in der Alten- und Behindertenpflege.[30] Außerdem haben die anderen Vorschriften zur Nachtarbeit, sowohl in § 6 ArbZG als auch im ArbSchG, im kollektiven Arbeitsrecht und im Sozialrecht nur eine geringe präventive Schutzwirkung (siehe ausführlich 3. Kapitel E.). Deshalb kommt § 6 Abs. 5 ArbZG entscheidende Bedeutung für die Beurteilung der Verfassungsmäßigkeit des gesamten Schutzkonzepts zu.

2. Inhalt und praktische Anwendung des § 6 Abs. 5 ArbZG

Nach § 6 Abs. 5 ArbZG ist der Arbeitgeber verpflichtet, dem Nachtarbeitnehmer entweder eine angemessene Zahl bezahlter freier Tage zu gewähren oder einen angemessenen Zuschlag zu zahlen, soweit keine tariflichen Regelungen bestehen. Die Alternative lautet also mehr Freizeit oder mehr Geld, wobei das Wahlrecht nach herrschender Meinung dem Arbeitgeber bzw. den Tarifparteien zukommen soll (siehe ausführlich 3. Kapitel A. II. 5.). Unbestritten kann zusätzliche Freizeit Gesundheit und Sozialleben des Nachtarbeitnehmers schützen. Dieser erhält mehr Zeit, sich von den der Arbeit zu erholen und sozialen Verpflichtungen nachzukommen. In der Praxis aber werden fast ausschließlich Zuschläge gezahlt.[31] Die gesundheit-

---

Rn. 1; ErfK/*Roloff*, ArbZG, § 6 Rn. 1; HPS/*Lorenz*, ArbZG, § 6 Rn. 18; *Neumann/Biebl*, ArbZG, § 6 Rn. 3; *Schliemann*, ArbZG, § 6 Rn. 5; a. A. Buschmann/Ulber/*Ulber*, ArbZG, § 6 Rn. 4 f.; Preis/Sagan/*Ulber*, EuArbR, § 14 Rn. 210, 212.

[28] Däubler/*Zimmer*, TVG, § 1 Rn. 433; *Soost*, AuR 2020, 489.

[29] Siehe dazu EuGH 7.7.2022 – C-257/21, C-258/21 – Coca-Cola European Partners, NZA 2022, 971 Rn. 53; BAG 21.3.2018 – 10 AZR 34/17, NZA 2019, 622 Rn. 42 ff.; BAG 9.12. 2020 – 10 AZR 334/20, NZA 2021, 1110 Rn. 25 ff.; BAG 22.2.2023 – 10 AZR 332/20, NZA 2023, 638 Rn. 17 ff.; *Bayreuther*, NZA 2019, 1684; *Brandt/Lueken*, AuR 2023, 29; *Creutzfeldt/Eylert*, ZFA 2020, 239; *Kohte*, Gutachten zu Nachtarbeitszuschlagsregelungen; *Münder*, jurisPR-ArbR 9/2021, Anm. 2; *Ulber*, AuR 2020, 157.

[30] BAG 15.7.2020 – 10 AZR 123/19, NZA 2021, 44; BAG 10.11.2021 – 10 AZR 261/20, AP ArbZG § 6 Nr. 22; BAG 25.5.2022 – 10 AZR 230/19, NZA 2022, 1194 Rn. 34.

[31] Däubler/*Heuschmid*, TVG, 4. Aufl. 2016, § 1 Rn. 661 f.

lichen und sozialen Belastungen, die aus der Nachtarbeit folgen, werden mit diesen „abgegolten". Dies entspricht dem etablierten tariflichen Modell, das sich seit der Weimarer Republik entwickelt hat. Für Arbeitnehmer ist der dadurch erzielte, höhere Verdienst die Hauptmotivation, Nachtarbeit zu leisten.[32] Für Arbeitgeber hat es wirtschaftliche Vorteile, Zuschläge zu zahlen, anstatt die Arbeitszeit des Einzelnen zu verkürzen und mehr Personal zu beschäftigen. Der Gesetzgeber unterstützt eine derartige Präferenz, indem er die Zuschläge gem. § 3b EStG und § 1 Abs. 1 Nr. 1 SvEV bis zu einer erheblichen Höhe von der Lohnsteuer und Sozialabgaben befreit hat (siehe ausführlich 3. Kapitel C.). Es ist jedoch zweifelhaft, ob es sich angesichts der gravierenden Folgen für Gesundheit und Sozialleben der Nachtarbeitnehmer um eine für alle Beteiligten vorteilhafte Lösung handelt.

3. Zuschläge als Mittel des Arbeitsschutzes?

Hat der Staat mit dieser Gestaltung die Vorgaben des höherrangigen Rechts erfüllt? Um darauf eine Antwort geben zu können, muss man sich vergegenwärtigen, welches Ziel sich aus dem Verfassungs- und Unionsrecht ergab und ergibt. Das vorgegebene Ziel war nicht, die Austauschgerechtigkeit zwischen den Arbeitsvertragsparteien zu fördern, wozu eine höhere Entlohnung beitragen könnte. Die Aufgabe für den Gesetzgeber war vielmehr, die Gesundheit und das Sozialleben aller Nachtarbeitnehmer in dem Maß zu schützen, in dem er durch höherrangiges Recht verpflichtet ist.

Es stellt sich deshalb die Frage, ob neben einem Freizeitausgleich auch mehr Geld die Gesundheit und das Sozialleben schützt. Nach der Rechtsprechung und der herrschenden Meinung soll dies mittelbar erfolgen, weil die Zuschläge eine ökonomische Lenkungswirkung hin zur Tagarbeit hätten.[33] Durch die Verteuerung der Nachtarbeit werde ein Anreiz für Arbeitgeber gesetzt, Arbeiten am Tag verrichten zu lassen. Ein Teil der Literatur[34] wendet sich gegen diese herrschende Meinung. Eingewendet wird, dass durch die Zuschläge vielmehr Gesundheit und Sozialleben der Nachtarbeitnehmer kommerzialisiert, also abgekauft und den wirtschaftlichen Überlegungen der Arbeitgeberseite untergeordnet würden. Eine solche Regelung genüge nicht dem höherrangigen Recht, weil sie keinen Mindestschutz des Nacht-

---

[32] *Evers*, Prokla 2019, 201, 213; s.a. Däubler/*Heuschmid/Klug*, TVG, § 1 Rn. 661.

[33] BAG 26.8.1997 – 1 ABR 16/97, AuR 1998, 338, 339; BAG 5.9.2002 – 9 AZR 202/01, NZA 2003, 563, 564; BAG 31.8.2005 – 5 AZR 545/04, NZA 2006, 324 Rn. 16; BAG 9.12. 2015 – 10 AZR 423/14, NZA 2016, 426 Rn. 18; BAG 21.3.2018 – 10 AZR 34/17, NZA 2019, 622 Rn. 49; BAG 15.7.2020 – 10 AZR 123/19, NZA 2021, 44 Rn. 28; BAG 22.2.2023 – 10 AZR 332/20, NZA 2023, 638 Rn. 27; BeckOK ArbR/*Kock*, ArbZG, § 6 Rn. 27; Buschmann/ Ulber/*Ulber*, ArbZR, § 6 Rn. 61; HK-ArbSchR/*Habich*, ArbZG, § 6 Rn. 47; HPS/*Lorenz*, ArbZR, § 6 Rn. 110; HWK/*Gäntgen*, ArbZG, § 6 Rn. 18; *Schliemann*, ArbZG, § 6 Rn. 84, 86.

[34] Ausführlich *Ulber*, Anm. zu AP ArbZG § 6 Nr. 14 unter IV.; ebenso *Brandt/Lueken*, AuR 2023, 29, 31; Buschmann/Ulber/*Ulber*, ArbZR, § 6 Rn. 62; DWZ/*Klengel*, HdB ArbR, § 28 Rn. 181.

arbeitnehmers sicherstelle. Besonderes deutlich werde dies dort, wo auf Nachtarbeit gar nicht verzichtet werden könne, weil diese gesellschaftlich notwendig und teilweise auch gesetzlich vorgeschrieben sei, etwa in der Kranken- und Altenpflege. Nach herrschender Meinung hingegen dürfen die Zuschläge ihrer Höhe nach sogar abgesenkt werden, wo eine Lenkungswirkung hin zur Tagarbeit aufgrund der Art der Nachtarbeit nicht eintreten kann.[35]

V. These und zentrale Fragen

In der Arbeit wird die These vertreten, dass das bisherige Schutzkonzept zugunsten der Nachtarbeitnehmer nicht den Anforderungen des höherrangigen Rechts genügt. Gefragt wird, ob die grundrechtlichen Schutzpflichten einen besseren Schutz der Nachtarbeitnehmer gebieten, als § 6 Abs. 5 ArbZG in der Auslegung durch das BAG gewährleistet und ob der deutsche Gesetzgeber mit der Norm seine Umsetzungspflicht bezüglich Art. 12 a) ArbZ-RL erfüllt hat. Außerdem wird untersucht, ob eine Auslegung möglich ist, die mit dem höherrangigen Recht in Einklang steht. Schließlich wird der Frage nachgegangen, ob der Gesetzgeber den Tarifparteien einen Spielraum eröffnen darf, vom Mindestschutz bei Nachtarbeit abzuweichen oder ob auch hier die Vorgaben des höherrangigen Rechts entgegenstehen.

B. Gang der Untersuchung

Die Arbeit beginnt mit einer historischen Darstellung (2. Kapitel). Untersucht wird, wie sich die Nachtarbeit geschichtlich entwickelt hat und wie sie rechtlich reguliert wurde. Dies öffnet den Blick dafür, weshalb es bis zum Jahr 1994 an einem geschlechtsneutralen Schutzkonzept fehlte und das tarifliche Modell der Zuschläge vorherrschend werden konnte. Außerdem zeigt sich, welche Schutzlücken das aktuelle Konzept im Hinblick auf den Familienschutz gegenüber der älteren, frauendiskriminierenden Regelung hat. Zudem wird beleuchtet, welche alternativen Regelungen erwogen und praktiziert wurden, sowohl im bundesdeutschen Tarifrecht als auch im Gesetzesrecht der DDR.

Anschließend werden die zur Nachtarbeit geltenden Gesetze in den Blick genommen (3. Kapitel). Eine Vielzahl von Gesetzen trifft Regelungen für diesen Gegenstand. Die bedeutendste Norm ist § 6 ArbZG, der in sechs Absätze unter-

[35] BAG 31.8.2005 – 5 AZR 545/04, NZA 2006, 324 Rn. 16f.; BAG 11.2.2009 – 5 AZR 148/08, NJOZ 2010, 62 Rn. 12; BAG 9.12.2015 – 10 AZR 423/14, NZA 2016, 426 Rn. 29; BAG 25.4.2018 – 5 AZR 25/17, NZA 2018, 1145 Rn. 44; BAG 15.7.2020 – 10 AZR 123/19, NZA 2021, 44 Rn. 34; BAG 25.5.2022 – 10 AZR 230/19, NZA 2022, 1194 Rn. 28; *Freyler*, Anm. zu AP ArbZG § 6 Nr. 22 unter III. 1. b); *Raab*, ZfA 2014, 237, 273.

schiedliche Vorgaben zum Schutz bei Nachtarbeit macht. Er wird im öffentlichen Arbeitsschutzrecht durch Regelungen des ArbSchG ergänzt. Daneben regeln viele Tarifverträge und Betriebsvereinbarungen Fragen des Schutzes bei Nachtarbeit. Bedeutung haben auch § 3b EStG und § 1 Abs. 1 Nr. 1 SvEV, die durch Steuer- und Sozialabgabenfreiheit der Zuschläge die Nachtarbeit verbilligen und somit deren Verteuerungseffekt entgegenlaufen. Schließlich haben auch Sozialversicherungsträger rechtliche Möglichkeiten, zugunsten von Nachtarbeitnehmern tätig zu werden. Im Fazit des Kapitels wird der rechtliche Schutz bei Nachtarbeit resümiert. Diese geltende Rechtslage und die Wechselwirkungen zwischen den Vorschriften aufzuarbeiten, ist Voraussetzung, um prüfen zu können, ob sie den Anforderungen des höherrangigen Rechts genügt.

Daran schließt sich der umfangreichste Abschnitt der Arbeit an, in dem das geltende Recht in vier Kapiteln verfassungsrechtlich beurteilt wird (4. Kapitel). In diesem Teil wird untersucht, ob der Gesetzgeber dem Auftrag des BVerfG nachgekommen ist, einen verfassungskonformen Schutz der Nachtarbeitnehmer zu regeln. Um dies zu beurteilen, wird zunächst das zugrundeliegende Konzept der grundrechtlichen Schutzpflichten betrachtet und mit einer Alternativkonzeption der Literatur kontrastiert sowie beurteilt, ob und unter welchen Umständen grundrechtliche Schutzpflichten auch in Vertragsverhältnissen bestehen. Außerdem wird der Maßstab geklärt, nach dem zu prüfen ist, ob eine gesetzliche Regelung der Schutzpflicht genügt oder nicht. Nach diesen dogmatischen Grundlagen werden die verschiedenen Grundrechte und Verfassungspositionen der Arbeitnehmer und Arbeitgeber sowie der Allgemeinheit, die durch die Nachtarbeit berührt werden, gegenübergestellt. Durch eine begrenzte Abwägung dieser Rechtspositionen wird das Niveau ermittelt, welches der staatliche Schutz erreichen muss. Abschließend wird die gesetzliche Regelung der § 6 Abs. 5 und Abs. 1 ArbZG an diesen Anforderungen gemessen und es werden Möglichkeiten ausgelotet, diese Normen verfassungskonform auszulegen oder verfassungsgerichtlich überprüfen zu lassen.

Im Anschluss an die verfassungsrechtliche Untersuchung werden die Vorgaben des Unionsrechts ermittelt und überprüft, ob das nationale Gesetz diese erfüllt (5. Kapitel). Im Mittelpunkt steht Art. 12 a) ArbZ-RL, dessen Umsetzung § 6 Abs. 5 ArbZG nach herrschender Meinung dienen soll. Nach Art. 12 a) ArbZ-RL treffen die Mitgliedstaaten die erforderlichen Maßnahmen, damit Nacht- und Schichtarbeitern hinsichtlich Sicherheit und Gesundheit in einem Maß Schutz zuteil wird, das der Art ihrer Arbeit Rechnung trägt. Fraglich ist, welche Umsetzungsmaßnahmen diese Anforderungen erfüllen. Dafür wird Art. 12 a) ArbZ-RL anhand der etablierten Methoden, dem Völkerrecht der ILO und dem Primärrecht der Europäischen Union, insbesondere Art. 31 Abs. 2 GRCh, ausgelegt. Nachdem so ermittelt wurde, welches Schutzziel die Norm verpflichtend vorgibt, wird § 6 Abs. 5 ArbZG daran gemessen. Fraglich ist auch hier, ob Zuschläge ein Mittel sind, um den vorgegebenen Gesundheitsschutz zu erreichen. Abschließend werden Möglichkeiten dargestellt, die nationale Norm unionsrechtskonform auszulegen.

Anschließend werden die tarifrechtlichen Probleme behandelt, die sich aus der hier vertretenen Ansicht für Tarifverträge ergeben, in denen ausschließlich Zuschläge vorgesehen sind (6. Kapitel). Die Frage ist dabei, ob eine tarifliche Regelung, die nur Zuschläge regelt, den gesetzlichen Schutz gem. § 6 Abs. 5 Hs. 1 ArbZG verdrängen kann. Dafür könnte sprechen, dass die Tarifparteien nicht unmittelbar an Grundrechte gebunden sind, sondern beim Tarifvertragsschluss selbst ihr Grundrecht aus Art. 9 Abs. 3 GG ausüben. Auf der anderen Seite ist es für die Normunterworfenen unerheblich, weshalb sie unzureichend geschützt werden. Eine defizitäre Gesetzeslage wirkt aus ihrer Sicht genauso schädlich wie ein Gesetz, von dem durch Tarifvertrag zu ihren Lasten abgewichen werden darf. Im Mittelpunkt stehen deshalb folgende Fragen: Darf der Gesetzgeber den Tarifparteien Spielräume zur Abweichung eröffnen, wo er selbst an grundrechtliche Schutzpflichten gebunden ist? Und kann § 6 Abs. 5 ArbZG so ausgelegt werden, dass nur Tarifverträge Vorrang vor der gesetzlichen Regelung genießen, die den Gesundheits- und Sozialschutz sicherstellen? Zuletzt wird geklärt, was aus der verfassungs- und unionsrechtskonformen Auslegung des § 6 Abs. 5 Hs. 1 ArbZG für die zurzeit bestehenden Tarifverträge folgt.

Abschließend werden die Ergebnisse der Arbeit zu den aufgeworfenen Fragen zusammengefasst. Zudem wird ein Ausblick auf eine mögliche verfassungs- und unionsrechtskonforme Neugestaltung des Gesetzes sowie die weitere Debatte gegeben (7. Kapitel).

C. Hinweis zur Sprache

In der Arbeit wird das generische Maskulinum verwendet. Dies ist unbefriedigend, weil die Arbeit sprachlich exakt sein soll, auf diese Weise aber andere Geschlechter als das männliche nicht abbildet, sondern nur „mit meint". Das generische Femininum hat zwar einen Irritationseffekt, teilt aber grundsätzlich das gleiche Problem. Zudem wird Nachtarbeit bis heute weit überwiegend von Männern geleistet. Entscheidend dagegen sprach aber, dass es zu Verwirrung geführt hätte, wo tatsächlich nur weibliche Personen gemeint sind, nämlich beim historischen Nachtarbeitsverbot für Arbeiterinnen. Wirklich präzise sind ansonsten nur Formulierungen, die alle Geschlechter nennen. Allerdings führen diese zu sehr umständlichen Satzkonstruktionen. Zugunsten der besseren Lesbarkeit wird daher nur die männliche Form genannt. Gemeint sind an diesen Stellen aber selbstverständlich Menschen aller Geschlechter.

2. Kapitel

Geschichtliche Entwicklung der Nachtarbeit und des Nachtarbeitsrechts

In diesem Kapitel wird dargestellt, seit wann Nachtarbeit zu einem Massenphänomen wurde, weshalb dies geschah und wie sie in unterschiedlichen wirtschaftlichen Kontexten und politischen Systemen in Deutschland rechtlich reguliert wurde. Damit soll ein Verständnis der heutigen Rechtslage ermöglicht werden, das nach Richardi stets die Kenntnis des historischen Hintergrunds voraussetzt.[1] Dieser Hintergrund ist im Fall der Nachtarbeit die Industrialisierung in Deutschland. Erst durch diese tiefgreifende Umwälzung der gesellschaftlichen, rechtlichen und technischen Bedingungen konnte Nachtarbeit zu einem bedeutenden Phänomen werden. Der Staat regulierte diese Entwicklung immer erst zeitverzögert und zudem lückenhaft. Dennoch gehörte die Nachtarbeit zu den ersten Gegenständen des Arbeitsrechts, die auf nationaler und internationaler Ebene geregelt wurden. Das Kapitel leistet somit auch einen Beitrag zur Industriegeschichte Deutschlands sowie zur Entstehungsgeschichte des modernen Arbeitsschutzrechts und des Arbeitsvölkerrechts.

Die staatliche Untätigkeit war zudem eine Ursache, weshalb Gewerkschaften als Selbsthilfeorganisationen der Arbeiter gegründet wurden. Der Abschnitt beleuchtet diesen Zusammenhang und betrachtet so auch einen Teil der Geschichte der deutschen Arbeiterbewegung. Dabei wird untersucht, wie die tariflichen Zuschläge zur prägenden Form des Interessenausgleichs bei Nachtarbeit wurden und es wird deutlich, mit welchen Problemen die Gewerkschaften bei Themen des Arbeitsschutzes konfrontiert sind. Insgesamt sollen die Ausführungen somit nicht nur ein tieferes Verständnis der heutigen Rechtslage ermöglichen, sondern auch die Aufmerksamkeit auf bis heute bestehende Interessengegensätze bei der Nachtarbeit, Probleme bei ihrer kollektiven Selbstregelung und alternative Normierungsmöglichkeiten lenken. Damit werden Grundlagen für die folgenden Kapitel gelegt.

Beim chronologischen Vorgehen in diesem Kapitel zeigt sich, dass Nachtarbeit fast bis zum Ende des 19. Jahrhunderts nur für Jugendliche geregelt war, obwohl sie gegenüber der vorindustriellen Zeit stark zunahm (A.). Nach längeren Debatten wurde dann im Jahr 1891 die Nachtarbeit für Arbeiterinnen verboten, ein Regelungskonzept, das im Jahr 1906 auch auf internationaler Ebene völkerrechtlich vereinbart wurde. Die Rekonstruktion der zeitgenössischen Diskussionen im Kaiserreich zeigt, dass dahinter

[1] MHdB ArbR/*Richardi*, § 2 Rn. 1.

ein Kompromiss zwischen verschiedenen politischen Richtungen stand, der sich vor allem aus familienpolitischen Erwägungen speiste (B.). Auch bei den historischen Verboten für Jugendliche und Bäcker stand nicht der Gesundheitsschutz im Vordergrund. Allerdings schützen Verbote *vor* Nachtarbeit und damit natürlich auch vor den damit verbundenen Gesundheitsgefahren. In Westdeutschland blieb dieses gesetzliche Konzept bis 1992/94 in Kraft. Andere gesundheitsschützende Regelungen als Verbote, die stets nur für bestimmte Gruppen galten, gab es nicht – dafür wurde damals noch die Frage gestellt, inwiefern Nachtarbeit überhaupt gestattet sein sollte.

Aufgrund des gesetzgeberischen Stillstands wurde Nachtarbeit seit der Weimarer Zeit ein wichtiger Regelungsgegenstand von Tarifverträgen. Dabei dominierte allerdings die Abgeltung der mit der Nachtarbeit verbundenen Nachteile durch Zuschläge (C.). In der Zeit des Nationalsozialismus war dieses Modell schon so prägend geworden, dass die geplante Abschaffung der Zuschläge zu Kriegsbeginn zu erheblicher Unruhe führte (D.). Auch in der Bundesrepublik blieben die Zuschläge prägend, wurden in den Gewerkschaften jedoch zum Teil vehement kritisiert (E. I.). Dies öffnet ebenso den Blick für denkbare Alternativen wie die abweichende Gesetzeslage in der DDR (E. II.). Beides konnte sich jedoch nicht durchsetzen. Stattdessen wurde im wiedervereinigten Deutschland im Jahr 1994 das ArbZG geschaffen, nachdem eine Neuregelung aus verschiedenen Gründen unausweichlich geworden war (F. I.). Dabei wurde das tarifliche Modell durch den Gesetzgeber in § 6 Abs. 5 ArbZG übernommen. In jüngster Zeit wird Nachtarbeit wenig debattiert, obwohl sie seit Einführung des ArbZG stark zugenommen hat und weiterhin die Gleichstellung der Geschlechter behindert. Allerdings gibt es in der Tarifpolitik leise Neuansätze von gesundheits- und sozialschützenden Regelungen (F. II.).

Das Kapitel wird abgeschlossen, indem zentrale Erkenntnisse resümiert und Folgerungen aus diesen für die weitere Untersuchung gezogen werden (G.).

A. Vor der deutschen Einigung

Einzelne Menschen waren zwar stets nachts tätig, wirkliche Verbreitung fand Nachtarbeit aber erst mit der Industrialisierung. Erst die technische, rechtliche und gesellschaftliche Umwälzung im 19. Jahrhundert ermöglichte überhaupt, Menschen nachts im großen Stil zu beschäftigen.

I. Nachtarbeit als Ausnahme in vorindustrieller Zeit

In vorindustrieller Zeit war Nachtarbeit die Ausnahme.[2] Die allermeisten Menschen arbeiteten stattdessen bei Tageslicht und ruhten nachts, schon weil die Beleuchtungstechniken nicht ausreichten.[3] In manchen Sektoren war Nachtarbeit sogar verboten. Dies zeigt nicht nur den Kontrast zur Entwicklung in der Industrialisierung, sondern auch, dass Nachtarbeit nicht natürlich entstanden ist, sondern aus politischen Entscheidungen folgte.

Der überwiegende Teil der Bevölkerung waren im Mittelalter Bauern, die mit Landwirtschaft den eigenen Lebensunterhalt und die Zahlungen an den Gutsherren erarbeiteten.[4] Da Arbeits- und Wohnort zusammenfielen, unterschieden sie nicht zwischen Arbeits- und Freizeit.[5] Ihre Tätigkeiten orientierten sich am Wandel der Jahreszeiten und wurden bei Tageslicht erledigt, die künstlichen Lichtquellen hätten auch keine nächtliche Feldarbeit ermöglicht.[6]

Auch im Handwerk wurde tagsüber gearbeitet. Die Zünfte setzten ihren Mitgliedern verbindliche Ordnungen für den Abschluss und die Gestaltung von Arbeitsverträgen.[7] Nachtarbeit war meist ausdrücklich verboten, um die Gefahr von Bränden und schlechter Qualität der Arbeit zu vermeiden.[8] Der Arbeitstag der Gesellen war stattdessen abhängig von der Dauer des Tageslichts und reichte normalerweise von Sonnenaufgang bis Sonnenuntergang.[9] Wurde um die Arbeitszeit gestritten, dann weil die Gesellen einen freien Wochentag forderten, den sog. „blauen Montag".[10] Verletzten Arbeitgeber die Arbeitszeitbestimmungen, so waren in den Zunftordnungen häufig hohe Strafen vorgesehen.[11]

---

[2] *Brieler*, Die Nachtarbeitsverbote, S. 8 m. w. N.; *Müller*, Organization Studies 2020, 1101, 1103; *Prahl*, in: FS Görland, S. 85, 89; *Schiek*, Nachtarbeitsverbot für Arbeiterinnen, S. 40.

[3] *ILO-CEACR*, General Survey concerning working-time instruments, Rn. 382; *Ogris*, RdA 1967, 286, 294; *Schneider*, Streit um Arbeitszeit, S. 20.

[4] *Preis/Temming*, Individualarbeitsrecht, Rn. 65.

[5] *Schneider*, Streit um Arbeitszeit, S. 20.

[6] *Prahl*, in: FS Görland, S. 85, 90; *Schneider*, Streit um Arbeitszeit, S. 20; *Tennstedt*, Sozialgeschichte der Sozialpolitik in Deutschland, S. 48.

[7] *Ogris*, RdA 1967, 286, 294.

[8] *Dimanstein*, Die Arbeitszeit der gewerblichen Arbeiter, S. 9; *Prahl*, in: FS Görland, S. 85, 90; *Ogris*, RdA 1967, 286, 294; *Schmoller*, Grundriß der allgemeinen Volkswirtschaftslehre Bd. 2, S. 282; *Stemler/Wiegand*, in: Wiegand/Zapf (Hg.), Wandel der Lebensbedingungen, S. 17, 20; *Wolff*, Der Achtstundentag, S. 5.

[9] *Dimanstein*, Die Arbeitszeit der gewerblichen Arbeiter, S. 9; *Schneider*, Streit um Arbeitszeit, S. 21; *Stemler/Wiegand*, in: Wiegand/Zapf (Hg.), Wandel der Lebensbedingungen, S. 17, 21.

[10] *Däubler/Kittner*, Geschichte der Betriebsverfassung, S. 35; *Ogris*, RdA 1967, 286, 290.

[11] *Dimanstein*, Die Arbeitszeit der gewerblichen Arbeiter, S. 9.

Eine Ausnahme bildete der Bergbau, dem als „Schlüsselindustrie"[12] des ausgehenden Mittelalters und der beginnenden Neuzeit große Bedeutung zukam. Aufgrund der Trennung von Wohn- und Arbeitsort wurde hier eine Arbeitszeit festgelegt. Wegen der schweren Arbeit war ein Arbeitstag von acht Stunden üblich.[13] Deshalb und weil unter Tage ohnehin bei künstlichem Licht gearbeitet wurde, war Schichtarbeit bereits im Mittelalter verbreitet. Dennoch wurde Nachtarbeit als besonders schädlich angesehen. Dementsprechend legten beispielsweise die Art. 70, 71 der kursächsischen Bergordnung von 1589 fest, dass die staatliche Aufsicht keine Nachtschicht auf Zechen gestatten sollte, sofern nicht im Dreischicht-System gearbeitet wurde.[14]

II. Zunahme der Nachtarbeit durch die industrielle Revolution

Obwohl also bereits im Mittelalter und der frühen Neuzeit Nachtarbeit existierte, schufen erst die Umbrüche der Industrialisierung die gesellschaftlichen, technologischen und rechtlichen Voraussetzungen für ihre größere Verbreitung. Damit entstand auch ein Bedürfnis nach gesetzlicher Regulierung, dem der Staat aufgrund der vorherrschenden wirtschaftsliberalen Doktrin aber nicht nachkam.

1. Verschlechterung der Arbeits- und Lebensverhältnisse

Ohne die Arbeits- und Lebensverhältnisse in der frühen Neuzeit zu romantisieren,[15] ist festzuhalten, dass die Industrialisierung die Lebensbedingungen eines großen Teils der Bevölkerung zunächst verschlechterte. Ihre sozialen Folgen waren Massenarmut, extrem lange Arbeitszeiten, schlechte Arbeitsbedingungen und ein daraus resultierender Gesundheitsverschleiß.[16] Nachtarbeit wurde vom Ausnahmefall zu einem verbreiteten Phänomen.[17]

---

[12] *Däubler/Kittner*, Geschichte der Betriebsverfassung, S. 37, wobei sich diese Formulierung in erster Linie auf die Zahl der Beschäftigten bezieht, denn die bergmännische Arbeit und ihre Organisation war bis zur Einführung von Maschinen in der zweiten Hälfte des 19. Jahrhunderts eine handwerkliche, vgl. *Vogel*, in: Weber (Hg.), Salze, Erze und Kohlen, Geschichte des deutschen Bergbaus Bd. 2, S. 11, 97.

[13] *Wolff*, Der Achtstundentag, S. 6 f.

[14] *Lück*, in: Weber (Hg.), Salze, Erze und Kohlen, Geschichte des deutschen Bergbaus Bd. 2, S. 111, 125, 146.

[15] Eine solche klingt zum Teil in älteren Quellen an, so „vegetierten" nach *Engels* die englischen Weber in der zweiten Hälfte des 18. Jahrhunderts „in einer ganz behaglichen Existenz" und „machten nicht mehr, als sie Lust hatten" (Die Lage der arbeitenden Klasse in England, MEW 2, S. 225, 238). *Ogris* erkennt im neuzeitlichen Obrigkeitsstaat ein „Mindestmaß an landesväterlicher Fürsorge" für die abhängigen Lohnarbeiter (RdA 1967, 286, 297). Dagegen z. B. *Schneider*, Streit um Arbeitszeit, S. 20 f.; *Tenfelde*, in: Borsdorf (Hg.), Geschichte der deutschen Gewerkschaften, S. 15, 46.

[16] *Abendroth*, Sozialgeschichte der europäischen Arbeiterbewegung, S. 12 f.; *Becker*, Arbeitsvertrag und Arbeitsverhältnis in Deutschland, S. 64; Buschmann/Ulber/*Buschmann*,

a) Umwälzung der gesellschaftlichen Verhältnisse

Voraussetzung hierfür war die grundlegende Umwälzung der gesellschaftlichen, technischen und rechtlichen Bedingungen. Im 18. Jahrhundert traten neben Handwerk und Bergbau, die streng reguliert waren, zunehmend freie Unternehmer mit Manufakturen, Verlagen[18] und ersten Fabriken. Sie wurden von den Herrschern der Flächenstaaten bewusst gefördert, um den in den freien Reichsstädten ansässigen Zünften Konkurrenz zu machen.[19] Um 1800 wurden in Preußen in diesen Gewerbezweigen bereits ebenso viele Menschen beschäftigt, wie es zünftig gebundene Gesellen gab.[20] Technische Erfindungen wie die Dampfmaschine und der maschinelle Webstuhl ermöglichten es, die Arbeit zu mechanisieren und die Produktivität zu steigern.[21] Die starren Verhältnisse des Zunftwesens wurden so tatsächlich überholt, hinzu kam der Einfluss liberalen Gedankenguts auf die Wirtschaftspolitik.[22] Rechtliche Schranken wurden aufgehoben und der Staat zog sich zurück.[23] So wurde in Preußen 1810/11 der Zunftzwang abgeschafft und die Gewerbe- und Arbeitsvertragsfreiheit eingeführt.[24] Die Arbeiter waren nicht dauerhaft organisiert und konnten deshalb kein Gegengewicht bilden.[25]

Als unmittelbare Folge entstand ein verarmtes, schnell anwachsendes Proletariats, das die Möglichkeit der Subsistenzlandwirtschaft verloren hatte und in die

---

ArbZR, Einleitung Rn. 1; Däubler/*Däubler*, Arbeitskampfrecht, § 2 Rn. 1; *Dimanstein*, Die Arbeitszeit der gewerblichen Arbeiter, S. 9; *Henning*, Die Industrialisierung in Deutschland, S. 106; *Meinert*, Die Entwicklung der Arbeitszeit in der deutschen Industrie, S. 6 f.; *Schiek*, Nachtarbeitsverbot für Arbeiterinnen, S. 40 f.; *Schneider*, Streit um Arbeitszeit, S. 20; *Tennstedt*, Sozialgeschichte der Sozialpolitik in Deutschland, S. 54.

[17] *Brieler*, Die Nachtarbeitsverbote, S. 8; *Schiek*, Nachtarbeitsverbot für Arbeiterinnen, S. 40; *Schmoller*, Grundriß der allgemeinen Volkswirtschaftslehre Bd. 2, S. 282 f.

[18] Dies bezeichnet die Heimarbeit formal Selbstständiger, die aber in der Realität abhängige, meist im Akkordlohn beschäftigte Lohnarbeiter waren. Ihnen lieferte ein Kaufmann (der Verleger) die benötigten Rohstoffe und nahm die Produkte ab, vgl. *Ogris*, RdA 1967, 286, 290.

[19] *Däubler/Kittner*, Geschichte der Betriebsverfassung, S. 40; *Dimanstein*, Die Arbeitszeit der gewerblichen Arbeiter, S. 10.

[20] *Däubler/Kittner*, Geschichte der Betriebsverfassung, S. 40.

[21] *Tenfelde*, in: Borsdorf (Hg.), Geschichte der deutschen Gewerkschaften, S. 15, 21, 23 f.

[22] *Brieler*, Die Nachtarbeitsverbote, S. 9; *Dörr*, MRM 2004, 141, 144; *Ogris*, RdA 1967, 286, 297; grundlegend zur Nationalökonomie des 19. Jahrhunderts *Smith*, Der Wohlstand der Nationen.

[23] *Becker*, Arbeitsvertrag und Arbeitsverhältnis in Deutschland, S. 47 f.; *Schneider*, Streit um Arbeitszeit, S. 20.

[24] PrGS 1810/11, S. 79 und 263; MHdB ArbR/*Richardi*, § 2 Rn. 2; *Preis/Temming*, Individualarbeitsrecht, Rn. 69.

[25] *Dimanstein*, Die Arbeitszeit der gewerblichen Arbeiter, S. 28; MHdB ArbR/*Ricken*, § 267 Rn. 1; MK/*Löwer*, GG, Art. 9 Rn. 67.

Städte gedrängt wurde.[26] Herausgerissen aus ihrem bisherigen Umfeld und ohne jede sozialstaatliche Absicherung waren sie auf eine Beschäftigung in den neu entstehenden Fabriken angewiesen.[27] Trotz formeller Arbeitsvertragsfreiheit konnten daher in der Praxis die Arbeitgeber die Vertragsbedingungen einseitig diktieren.[28] Dies führte zu verbreiteter Armut und einer durchschnittlichen Wochenarbeitszeit von über 80 Stunden im Zeitraum zwischen 1830 und 1860[29].

b) Zunahme der Nachtarbeit

Die Zahl der Nachtarbeiter stieg folglich stark an. Vor allem in der Industrie war Nachtarbeit möglich.[30] Das Recht begrenzte diese Entwicklung nicht und technologisch kam die Erfindung der Gasbeleuchtung hinzu, welche ab Anfang des 19. Jahrhunderts einen gefahrärmeren nächtlichen Arbeitsweg und den Betrieb der Maschinen rund um die Uhr ermöglichte.[31] Ein möglichst langer Betrieb der Maschinen pro Tag war wirtschaftlich sinnvoll,[32] denn er erhöhte die Profite[33] und das eingesetzte Kapital musste aufgrund der rasanten technischen Entwicklung schnell amortisiert werden.[34] Zwar werden schon aus dieser Zeit Schichtsysteme berichtet.[35] Sie setzen sich aber noch nicht allgemein durch, denn es war oft sinnvoller, nur eine Schicht an der absoluten physischen Belastungsgrenze von 14 bis 18 Stunden arbeiten zu lassen, als zwei Schichten für insgesamt 24 Stunden zu bezahlen.[36] Nachtarbeit wurde aber oft bei Auftragsspitzen angeordnet.[37]

---

[26] *Henning*, Die Industrialisierung in Deutschland, S. 49 f.; *Ogris*, RdA 1967, 286, 297; *Tennstedt*, Sozialgeschichte der Sozialpolitik in Deutschland, S. 36.

[27] *Preis/Temming*, Individualarbeitsrecht, Rn. 71.

[28] *Becker*, Arbeitsvertrag und Arbeitsverhältnis in Deutschland, S. 51; *Henning*, Die Industrialisierung in Deutschland, S. 106; *Ogris*, RdA 1967, 286, 297; *Preis/Temming*, Individualarbeitsrecht, Rn. 71.

[29] *Schneider*, Streit um Arbeitszeit, S. 22.

[30] *Wolff*, Der Achtstundentag, S. 8.

[31] *Prahl*, in: FS Görland, S. 85, 90; *Tennstedt*, Sozialgeschichte der Sozialpolitik in Deutschland, S. 52.

[32] *Brinkmann*, in: BMAS/BDA/DGB (Hg.), Weltfriede durch soziale Gerechtigkeit, S. 13, 14; *Gamillscheg*, Kollektives ArbR Bd. I, S. 84.

[33] *Abendroth*, Sozialgeschichte der europäischen Arbeiterbewegung, S. 12 f.; *Engels*, Die Lage der arbeitenden Klasse in England, MEW Bd. 2, 225, 375; *Schmoller*, Grundriß der allgemeinen Volkswirtschaftslehre Bd. 2, S. 283.

[34] *Kaufhold*, AuR 1989, 225, 226; *Schneider*, Streit um Arbeitszeit, S. 21 f.; *Stemler/Wiegand*, in: Wiegand/Zapf (Hg.), Wandel der Lebensbedingungen, S. 17, 22.

[35] *Henning*, Die Industrialisierung in Deutschland, S. 106: 13 Stunden am Tag und 11 Stunden in der Nacht in der Frühindustrialisierung; *Engels*, Die Lage der arbeitenden Klasse in England, MEW Bd. 2, S. 225, 375: Jeweils zwölf Stunden bei wöchentlichem Wechsel.

[36] *Meinert*, Die Entwicklung der Arbeitszeit in der deutschen Industrie, S. 4; *Schneider*, Streit um Arbeitszeit, S. 22.

[37] *Dimanstein*, Die Arbeitszeit der gewerblichen Arbeiter, S. 10, 12.

Nach der Revolution von 1848/49 wurde ein einheitlichen Handelsrechts geschaffen, das im Jahr 1861 als ADHGB[38] verabschiedet wurde und die Gewerbefreiheit in weiteren deutschen Staaten eingeführt.[39] Die Industrialisierung erfolgte nun auf breiter Basis,[40] die Schwer- und Metallindustrie löste dabei den Textilsektor als Leitindustrie ab.[41] Zwar arbeitete weiterhin die Mehrheit der Bevölkerung in der Landwirtschaft[42] und auch beispielsweise der wichtige Bau der neuen Eisenbahnen war „Arbeit mit der Sonne, dem Tageslicht“[43]. Aber in dem Maße, wie die gewerbliche Großproduktion ausgeweitet wurde und sich künstliche Beleuchtung verbreitete, nahm auch die Nachtarbeit zu.[44]

2. Erste gesetzliche Regelung der Nachtarbeit: Das Preußische Regulativ 1839

Trotz der katastrophalen Folgen für die soziale Lage der abhängig Beschäftigten griffen die Staaten zunächst, der herrschenden liberalen Wirtschaftstheorie folgend, nicht ein. Eine Ausnahme war das Preußische Regulativ über die Beschäftigung jugendlicher Arbeiter in den Fabriken vom 9. 3. 1839[45]. Schutzgesetze für Erwachsene wurden jedoch nicht geschaffen.[46]

a) Entstehungsgeschichte

Dieses Gesetz stellte eine Reaktion auf die weitverbreitete Arbeit von Kindern und Jugendlichen in den Fabriken dar.[47] Sie wurde möglich, weil durch die Mechanisierung viele handwerkliche Tätigkeiten dequalifiziert wurden.[48] Gleichzeitig wurde die Kinderarbeit für viele Familien zu einer ökonomischen Notwendigkeit.[49] Selbst kleine Kinder mussten während der Früh- und Hochindustrialisierung teilweise zwölf bis 15 Stunden täglich arbeiten, auch Nachtschichten von 20 Uhr bis um 5 Uhr am fol-

---

[38] MüKoHGB/*Schmidt*, Vorb. Rn. 21.

[39] *Schneider*, Streit um Arbeitszeit, S. 30.

[40] *Meinert*, Die Entwicklung der Arbeitszeit in der deutschen Industrie, S. 12.

[41] *Tenfelde*, in: Borsdorf (Hg.), Geschichte der deutschen Gewerkschaften, S. 15, 25, 69.

[42] *Gamillscheg*, Kollektives ArbR Bd. I, S. 84.

[43] *Tenfelde*, in: Borsdorf (Hg.), Geschichte der deutschen Gewerkschaften, S. 15, 47.

[44] *Tennstedt*, Die Sozialgeschichte der Sozialpolitik in Deutschland, S. 52.

[45] PrGS. 1839, S. 156; wiedergegeben bei *Buschmann/Ulber*, ArbZR, S. 689.

[46] *Brieler*, Die Nachtarbeitsverbote, S. 12; *Kempen*, NZA-Beil. 2000, 7, 8.

[47] Zwar war Kinderarbeit auch schon vor der Industrialisierung verbreitet, jedoch fand sie vorwiegend im familiären Rahmen statt, vor allem in der Landwirtschaft und in der gewerblichen Hausarbeit, vgl. *Dörr*, MRM 2004, 141, 142.

[48] *Dimanstein*, Die Arbeitszeit der gewerblichen Arbeiter, S. 10.

[49] *Stemler/Wiegand*, in: Wiegand/Zapf (Hg.), Wandel der Lebensbedingungen, S. 17, 22.

genden Morgen waren keine Seltenheit.[50] Die daraus folgenden körperlichen Schäden waren eklatant,[51] hinzu kam der erzwungene Mangel jeglicher schulischer Bildung.[52] Das Preußische Regulativ stellt den Beginn der modernen Arbeiterschutzgesetzgebung dar.[53] Das Gesetz diente nur mittelbar dem Gesundheitsschutz, in erster Linie sollte es die Wehrfähigkeit erhalten, da es aufgrund der körperlichen Schäden nicht mehr genügend taugliche Rekruten gab.[54] So berichtete Generalleutnant von Horn im Jahr 1828 an den preußischen König, dass sich „wohl infolge der Nachtarbeit der [Fabrik-]Kinder"[55] ein Mangel an Rekruten einstellte. Ein weiteres Ziel war, die Entwicklung der Kinder und Jugendlichen zu schützen, indem ein mindestens dreijähriger Schulbesuch ermöglicht wurde.[56]

b) Nachtarbeitsverbot für Jugendliche

Nach Kaufhold war das Gesetz eigentlich durch die Sorge, die neuartige Fabrikarbeit gefährde die wirtschaftlichen Grundlagen, das soziale System und letztlich die Ordnung des Staatswesens, motiviert; diese Aspekte seien in der Frage der Kinderarbeit nur besonders gebündelt hervorgetreten.[57] Ängste vor der Gefährdung der bestehenden Gesellschaftsordnung, vor dem Verfall von Familie und Moral und dem „Moloch ‚Proletariat'"[58] waren auch unter zeitgenössischen Sozialreformern verbreitet.[59] Sie erklären die Beschränkung des Gesetzes auf die Fabriken, obwohl dort

---

[50] *Ogris*, RdA 1967, 286, 295.

[51] *Dimanstein*, Die Arbeitszeit der gewerblichen Arbeiter, S. 10 f.; *Meinert*, Die Entwicklung der Arbeitszeit in der deutschen Industrie, S. 6; *Ogris*, RdA 1967, 286, 295.

[52] *Meinert*, Die Entwicklung der Arbeitszeit in der deutschen Industrie, S. 6 f.; *Ogris*, RdA 1967, 286, 295; anschaulich die von *Marx*, Das Kapital, Bd. 1, MEW 23, S. 274 Fn. 98 wiedergegebene Schilderung eines Fabrikuntersuchungskommissars über die Zustände in England sowie die bei *Dimanstein*, Die Arbeitszeit der gewerblichen Arbeiter, S. 11 zitierte Darstellung Thuns.

[53] KKS/*Kollmer*, ArbSchG, vor § 1 Rn. 18; MHdB ArbR/*Richardi*, § 2 Rn. 8; *Preis/Temming*, Individualarbeitsrecht, Rn. 72.

[54] Buschmann/Ulber/*Buschmann*, ArbZR, Einl. Rn. 7; *Dörr*, MRM 2004, 141, 145; *Gamillscheg*, Kollektives ArbR Bd. I, S. 88; HPS/*Schubert*, ArbZR, Einleitung Rn. 10; KKS/*Kollmer*, ArbSchG, vor § 1 Rn. 18; *Tenfelde*, in: Borsdorf (Hg.), Geschichte der deutschen Gewerkschaften, S. 15, 47; a. A. *Feldenkirchen*, ZUG 1981, 1, 13 ff., der darauf hinweist, dass die Anzahl der tauglich Gemusterten stets deutlich höher war als die der tatsächlich eingezogenen Rekruten und dass die industriell am weitesten entwickelten Provinzen den höchsten Anteil an Wehrfähigen hatten (ZUG 1981, 1, 13 ff.); skeptisch zur Bedeutung dieses Berichts auch *Kaufhold*, AuR 1989, 225, 227.

[55] Abweichend wiedergegeben bei *Anzinger/Koberski*, ArbZG, Einführung Rn. 9 und *Schneider*, Streit um Arbeitszeit, S. 25.

[56] KKS/*Kollmer*, ArbSchG, vor § 1 Rn. 18; vgl. § 2 des Regulativs.

[57] *Kaufhold*, AuR 1989, 225, 227.

[58] *Tenfelde*, in: Borsdorf (Hg.), Geschichte der deutschen Gewerkschaften, S. 15, 99.

[59] Ähnlich äußerte sich beispielsweise *von Mohl* im Jahr 1835, zitiert bei *Däubler/Kittner*, Geschichte der Betriebsverfassung, S. 54.

deutlich weniger Kinder als in der Landwirtschaft und der Hausindustrie arbeiteten[60]. Folgt man dem, so fanden diese neuartigen Gefahren in der Nachtarbeit noch ihre Zuspitzung, weil sie den bisherigen Lebens- und Arbeitsrhythmus auf den Kopf stellte. Hierin dürfte neben den bereits bekannten Gesundheitsgefahren die Ursache liegen, weshalb die Regulierung der Nachtarbeit im Preußischen Regulativ einen zentralen Raum einnahm, indem § 5 (i.V.m. § 3 S. 1) die Beschäftigung von Arbeitern unter 16 Jahren zwischen 21 Uhr und 5 Uhr untersagte. Die Pflicht zur Beachtung dieses Beschäftigungsverbots wurde öffentlich-rechtlich ausgestaltet,[61] jedoch zunächst keine besondere staatliche Aufsicht geschaffen.[62]

c) Mangelnde Durchsetzung

Ähnliche Regelungen verabschiedeten 1840 auch Bayern und Baden, während Sachsen darauf verzichtete.[63] Die realen Auswirkungen waren aber sehr begrenzt, denn die zuständigen Ortspolizeibehörden waren gegenüber den Fabrikanten nicht unabhängig genug.[64] Auf die gescheiterte Revolution von 1848/49 folgte eine Phase obrigkeitsstaatlicher Unterdrückung, die jedoch durch leise Ansätze sozialpolitischer Maßnahmen begleitet wurde.[65] So wurde durch Gesetz vom 16.5.1853[66] die Nachtruhe für Jugendliche um eine Stunde verlängert (20.30 Uhr bis 5.30 Uhr) und eine fakultative staatliche Fabrikinspektion vorgesehen.[67] Diese wurde allerdings nur in drei Regierungsbezirken mit der Einstellung je eines Beamten umgesetzt[68] sowie durch Warnsysteme der Unternehmer sabotiert.[69] Durch den Erlass der Gewerbeordnung des Norddeutschen Bundes 1969[70] wurden die preußischen Jugendschutzregelungen für den gesamten norddeutschen Raum übernommen, betreffend des Nachtarbeitsverbots in § 129 Abs. 2 NorddtGewO.

---

[60] *Feldenkirchen*, ZUG 1981, 1, 3, 27.

[61] MHdB ArbR/*Richardi*, § 2 Rn. 8; *Preis/Temming*, Individualarbeitsrecht, Rn. 72.

[62] *Anzinger/Koberski*, ArbZG, Einführung Rn. 9; HPS/*Schubert*, ArbZR, Einleitung Rn. 10.

[63] *Dimanstein*, Die Arbeitszeit der gewerblichen Arbeiter, S. 26 f.; *Frerich/Frey*, HdB GSD Bd. 1, S. 46 f.; *Kaufhold*, AuR 1989, 225, 229.

[64] *Dimanstein*, Die Arbeitszeit der gewerblichen Arbeiter, S. 11, 24 f.; *Düwell*, AuR 1989, 233, 234; *Kaufhold*, AuR 1989, 225, 229; *Stemler/Wiegand*, in: Wiegand/Zapf (Hg.), Wandel der Lebensbedingungen, S. 17, 27; *Feldenkirchen* ist hingegen der Ansicht, dass die gesetzliche Regelung mit einer gewissen Verzögerung zum Rückgang der Kinderarbeit beigetragen hat, was der Vergleich mit dem Königreich Sachsen zeige, in dem erst 1861 die Kinderarbeit beschränkt wurde (ZUG 1981, 1, 20 f.).

[65] *Tenfelde*, in: Borsdorf (Hg.), Geschichte der deutschen Gewerkschaften, S. 15, 98 f., 149.

[66] PrGS. 1853, S. 225.

[67] *Düwell*, AuR 1989, 233, 234.

[68] *Anzinger/Koberski*, ArbZG, Einführung Rn. 9; *Düwell*, AuR 1989, 233, 235; *Schneider*, Streit um Arbeitszeit, S. 28 f.

[69] *Dörr*, MRM 2004, 141, 148.

[70] NorddtBGBl. 1869, S. 245.

B. Kaiserreich

Im 1871 gegründeten Kaiserreich wurde Nachtarbeit endgültig zu einem Massenphänomen. Dies lag daran, dass sich neue Industrien etablierten und in den Großstädten durch einen neuartigen „Dauerbetrieb" auch viele Dienstleistungen nachts angeboten wurden. Technisch wurde dies begünstigt, weil nun elektrische Beleuchtung zur Verfügung stand. Wirtschaftlich und arbeitsorganisatorisch wurde Nachtarbeit attraktiver, weil nach und nach erste tarifliche Arbeitszeitbegrenzungen erkämpft wurden, was aber zugleich Schichtarbeit sinnvoller machte. Trotz dieser Entwicklung vergingen weitere 20 Jahre, bis wirksame Gesetze erlassen wurden. Diese galten zudem nur frauenspezifisch. Das 1891 erlassene Verbot der Nachtarbeit für Arbeiterinnen war damals konsensfähig, weil damit von verschiedenen politischen Richtungen unterschiedliche Ziele verbunden wurden. Dabei standen familienpolitische Erwägungen im Vordergrund. Dieses Verbot wurde bereits im Jahr 1906 auch auf internationaler Ebene vereinbart. Daran schloss sich erneut eine Phase gesetzgeberischer Untätigkeit an.

I. Erkämpfte Arbeitszeitverkürzung und Ausbreitung der Nachtschichtarbeit

Die tariflichen Arbeitszeitverkürzungen wurden von Arbeiterorganisationen erreicht, die sich erstmals dauerhaft etablieren konnten.

1. Etablierung dauerhafter Arbeiterorganisationen und der sozialen Frage

Erste Arbeitervereinigungen hatten sich schon während der Revolution 1848/49 gebildet. So sendeten Berliner Maschinenbauer eine Petition an die Frankfurter Nationalversammlung, in der sie unter anderem strikte Begrenzungen der Arbeitszeit forderten.[71] Die Nachtarbeit spielte in dieser Schrift jedoch, ebenso wie bei der entstehenden Allgemeinen Deutschen Arbeiterverbrüderung, soweit ersichtlich noch keine Rolle. Die Gründe liegen darin, dass Deutschland erst zeitversetzt industrialisiert wurde[72] und die ersten Arbeiterbestrebungen von Handwerkergesellen und nicht von Industriearbeitern geprägt waren, was noch für längere Zeit so blieb[73].

Zudem konnten sich diese Vereine nicht dauerhaft etablieren, sondern wurden nach dem Scheitern der bürgerlichen Revolution praktisch ausnahmslos aufgelöst,

---

[71] *Milert/Tschirbs*, Die andere Demokratie, S. 46.

[72] *Ziegler*, Die Industrielle Revolution, S. 10.

[73] *Gamillscheg*, Kollektives ArbR Bd. I, S. 95; *Kittner*, Arbeitskampf, S. 197; *Tenfelde*, in: Borsdorf (Hg.), Geschichte der deutschen Gewerkschaften, S. 15, 142.

auf Grundlage der wieder in Kraft gesetzten Koalitionsverbote.[74] Erst 1869 wurden durch §§ 152, 153 NorddtGewO Koalitionen in Norddeutschland erlaubt, was mit der Einigung für das ganze Deutsche Reich übernommen wurde.[75] Ein tatsächliches Koalitions*recht* war dies aber nicht.[76]

Dennoch waren damit die in den 1860er Jahren gegründeten Gewerkschaften rechtlich anerkannt. In diesem Jahrzehnt waren, trotz Vereinsverboten, auch die ersten Arbeiterparteien entstanden, die sich 1875 zur Sozialistischen Arbeiterpartei (ab 1890 Sozialdemokratische Partei Deutschlands) vereinigten.[77] Deutschland wandelte sich vom Agrar- zum Industriestaat[78] und die Zahl der Arbeiter nahm zu, womit der zentrale gesellschaftliche Widerspruch der folgenden Jahrzehnte angelegt war: Die Arbeiterschaft reklamierte eigene Rechte und bildete eigene Milieus.[79] Zugleich wurde ihre Integration in die Gesellschaft auch durch den harten Standpunkt der Unternehmer[80] und die staatliche Politik[81] erschwert, die Arbeitern keine vollen Rechte als Arbeitnehmer und Bürger gewährten.

2. Zusammenhang von Arbeitszeitverkürzung und Zunahme von Schichtsystemen

Durch diese Organisationen konnten die Arbeitnehmer eine kontinuierliche Verkürzung der Arbeitszeiten zwischen 1860 und 1890 auf dann im Schnitt elf Stunden täglich erreichen.[82] Die Arbeitszeitverkürzung war von Beginn an ein zentrales Thema der entstehenden Arbeiterbewegung. [83] In dem Maße, wie sie erreicht wurde, führten die Arbeitgeber jedoch zunehmend Schichtsysteme ein und setzen auch dort auf Nachtarbeit, wo sie zuvor im Verhältnis zu ausufernder Tagarbeit unwirtschaftlich gewesen war.[84] Begünstigt wurde dies durch den Aufstieg der Elektroindustrie, die

---

[74] Däubler/*Däubler*, TVG, Einl. Rn. 4.

[75] Zuvor war dies bereits 1861 in Sachsen erfolgt, *Kittner*, Arbeitskampf, S. 203 ff.

[76] *Gamillscheg*, Kollektives ArbR Bd. I, S. 92 f.; *Kittner*, Arbeitskampf, S. 234 f., 293 ff.; *Tenfelde*, in: Borsdorf (Hg.), Geschichte der deutschen Gewerkschaften, S. 15, 100 ff., 110.

[77] *Gamillscheg*, Kollektives ArbR Bd. I, S. 95 f.; *Henning*, Die Industrialisierung in Deutschland, S. 203.

[78] In den 1880er Jahren wurde erstmals der größte Teil des Sozialprodukts im Sektor Gewerbe und Industrie geschaffen (*Kaufhold*, ZfA 1991, 277, 280).

[79] *Kaufhold*, ZfA 1991, 277, 283.

[80] *Däubler/Kittner*, Geschichte der Betriebsverfassung, S. 76; *Kaufhold*, ZfA 1991, 277, 283; *Reichold*, Betriebsverfassung als Sozialprivatrecht, S. 24; *Tenfelde*, in: Borsdorf (Hg.), Geschichte der deutschen Gewerkschaften, S. 15, 132 f.

[81] *Tenfelde*, in: Borsdorf (Hg.), Geschichte der deutschen Gewerkschaften, S. 15, 125.

[82] *Meinert*, Die Entwicklung der Arbeitszeit in der deutschen Industrie, S. 10, 12 f.; *Schneider*, Streit um Arbeitszeit, S. 45, 47.

[83] *Schneider*, Streit um Arbeitszeit, S. 37, 46 f.

[84] *Prahl*, in: FS Görland, S. 85, 91.

eine der Leitbranchen wurde[85] und eine bessere Beleuchtung in den Betrieben, aber auch auf den Arbeitswegen ermöglichte[86]. Gegen die zunehmende Nachtarbeit positionierte sich die I. Internationale auf ihrem Gründungskongress 1866 und forderte, diese tendenziell abzuschaffen.[87]

II. Das Nachtarbeitsverbot für Arbeiterinnen

Durch die Politisierung der „sozialen Frage" wurde staatliches Handeln zunehmend als erforderlich angesehen. Gemäß der Formel „Zuckerbrot und Peitsche" umfasste dies Repressionen, aber auch gesetzliche Regelungen, um die sozialen Folgen der Industrialisierung abzumildern.

1. Ungenutzte Ermächtigung des Bundesrats 1878

So wurden am 18. Juli 1878[88] einige Änderungen der Gewerbeordnung verabschiedet. Unter anderem wurde der sachliche Geltungsbereich der Fabrikgesetzgebung erweitert[89] und das Durchsetzungsproblem angegangen, indem die Fabrikinspektion obligatorisch wurde.[90] Außerdem findet sich der Vorläufer des Nachtarbeitsverbots für Arbeiterinnen. § 139a Abs. 1 RGewO ermächtigte den Bundesrat, für „gewisse Fabrikationszweige, welche mit besonderen Gefahren für Gesundheit oder Sittlichkeit verbunden sind" persönliche Beschränkungen zu erlassen, worunter S. 2 ausdrücklich die Möglichkeit fiel, die Nachtarbeit der Arbeiterinnen zu untersagen.

Diese Regelung war ein Kompromiss im Gesetzgebungsverfahren, dem eine längere Vorgeschichte vorausgegangen war. Bereits seit 1872 wurde die Nachtarbeit von Arbeiterinnen mehrfach untersucht, was allerdings gezeigt hatte, dass diese nicht sehr verbreitet war, während hinsichtlich der Gefahren kein einheitliches Ergebnis vorlag.[91] Dennoch war das frauenspezifische Verbot ein Anliegen verschiedener Sozialreformer. So hatte Lohmann als Referent im preußischen Handelsministerium 1876 einen Entwurf eines generellen Nachtarbeitsverbots für Fabrikarbeiterinnen ausgearbeitet, wobei dies in erster Linie die Arbeiterfamilie schützen

[85] *Kaufhold*, ZfA 1991, 277, 281.

[86] *von Berlepsch*, „Neuer Kurs" im Kaiserreich?, S. 256; *Prahl*, in: FS Görland, S. 85, 90.

[87] Beschluss des Genfer Kongresses der I. Internationale über die Forderung nach gesetzlicher Beschränkung des Arbeitstages, 7. September 1866, wiedergegeben in: *Dlubek et al.* (Hg.), Die I. Internationale in Deutschland, S. 147.

[88] RGBl. 1878, S. 199.

[89] *Bischoff*, Arbeitszeitrecht in der Weimarer Republik, S. 25; *Stemler/Wiegand*, in: Wiegand/Zapf (Hg.), Wandel der Lebensbedingungen, S. 17, 28.

[90] *Bischoff*, Arbeitszeitrecht in der Weimarer Republik, S. 25; *Kaufhold*, AuR 1989, 225, 231.

[91] *Ayaß*, ZfSR 2000, 189, 190 f.

sollte.[92] Reichskanzler Bismarck sah durch ein solches Verbot allerdings die Vertragsfreiheit auch zulasten der Arbeiterinnen beschränkt und die internationale Konkurrenzfähigkeit gefährdet.[93] Der Regierungsentwurf für die RGewO-Novelle vom 23. Februar 1878 enthielt daher mit Ausnahme des Verbots der Beschäftigung unter Tage keine besonderen Regelungen für die Frauenerwerbsarbeit.[94] Die Zentrumspartei profilierte sich jedoch erstmals in Fragen des Arbeiterschutzes und forderte die Beschränkung der Frauenarbeit, um die Arbeiterfamilien zu schützen.[95] Die SAP forderte 1877, Nachtarbeit generell zu verbieten und nur in engen Ausnahme zu erlauben, wobei dies für Arbeiterinnen und Jugendliche nicht möglich sein sollte.[96] Sie plädierte im Reichstag ebenso wie die Zentrumspartei für das Arbeiterinnen-Nachtarbeitsverbot.[97]

Als Kompromiss wurde schließlich die Ermächtigung des Bundesrats beschlossen. Dies war ein geschickter Zug Bismarcks, denn der ihm hörige Bundesrat machte von der Regelung nie Gebrauch und weitergehende Vorstellungen wurden vorerst nicht Gesetz.[98] Stattdessen führte die Reichsregierung zum einen die staatliche Sozialversicherung ein und unterdrückte zum anderen die Arbeiterbestrebungen durch das sog. „Sozialistengesetz".[99] Der gesetzliche Arbeitnehmerschutz wurde hingegen nicht ausgebaut, trotz des Übergangs vom Wirtschaftsliberalismus zu einem gemäßigten Protektionismus.

2. Verbot der Nachtarbeit für Arbeiterinnen 1891

Nachdem Bismarck gestürzt worden war, führte der kurzzeitige „Neue Kurs" des frisch gekrönten Kaisers Wilhelm II. zu neuen Arbeitsschutzgesetzen.[100] Zuvor war deutlich geworden, dass die Linie Bismarcks bezüglich der aufstrebenden Arbeiterbewegung gescheitert war.[101]

---

92 *von Berlepsch*, „Neuer Kurs" im Kaiserreich?, S. 250.

93 *Ayaß*, ZfSR 2000, 189, 192; dies entsprach seiner allgemeinen Haltung zum Arbeiterschutz, vgl. *Meinert*, Die Entwicklung der Arbeitszeit in der deutschen Industrie, S. 15; *Kaufhold*, ZfA 1991, 277, 291 f.

94 *Schmitt*, Der Arbeiterinnenschutz im deutschen Kaiserreich, S. 83.

95 *Schmitt*, Der Arbeiterinnenschutz im deutschen Kaiserreich, S. 83.

96 *Schneider*, Streit um Arbeitszeit, S. 38.

97 *Schmitt*, Der Arbeiterinnenschutz im deutschen Kaiserreich, S. 84.

98 *Ayaß*, ZfSR 2000, 189, 190, 204; *Schmitt*, Der Arbeiterinnenschutz im deutschen Kaiserreich, S. 85.

99 *Kaufhold*, ZfA 1991, 277, 291; *Kittner*, Arbeitskampf, S. 263 ff.; *Preis/Temming*, Individualarbeitsrecht, Rn. 74 f.

100 *Kaufhold*, ZfA 1991, 277, 292 f.

101 *Schneider*, Streit um Arbeitszeit, S. 48.

a) Bedeutungsgewinn der (internationalen) Arbeiterbewegung

Weder Integrationsangebote noch Repressalien hatten verhindert, dass die SAP bei den Reichstagswahlen der 1880er Jahre stetig an Zustimmung gewann[102] und 1889 mit dem Bergarbeiterstreik im Ruhrgebiet der erste Massenstreik das Deutsche Reich erschütterte.[103] Zudem erfolgte 1889 auf dem Pariser Kongress die Gründung der Zweiten Internationale. Neben der Ausrufung des 1. Mai als gemeinsamem Demonstrationstag und der zentralen Forderung nach dem 8-Stunden-Tag wurde in dem dort verabschiedeten Programm unter c) das „Verbot der Nachtarbeit, außer für bestimmte Industriezweige, deren Natur einen ununterbrochenen Betrieb erfordert" und unter e) das gänzliche „Verbot der Nachtarbeit für Frauen und jugendliche Arbeiter unter 18 Jahren" gefordert.[104]

Unter dem Eindruck dieser Entwicklung kündigte der neue Kaiser gesetzliche Fortschritte des Arbeiterschutzes an.[105] Dies führte unter anderem zum Verbot der Nachtarbeit von Frauen in Fabriken. Diese Forderung wurde von einem alle politischen Lager übergreifenden Bündnis erhoben.[106] Die Motive dafür waren allerdings unterschiedlich.

b) Sichtweise der bürgerlichen Parteien auf die Frauennachtarbeit

Bürgerliche Sozialreformer wollten die Erwerbsarbeit von Frauen in Fabriken insgesamt zurückdrängen. Das Nachtarbeitsverbot für Arbeiterinnen war ein Teil dieses Programms. Hintergrund war ein essentialisierendes Geschlechterbild, nach dem Frauen in erster Linie für den Haushalt und das Familienleben verantwortlich waren.[107] Es ging also um den Schutz der Familie sowie der Frauen vor Doppelbelastung durch Erwerbs- und Hausarbeit – das Familienmodell wurde nicht in Frage gestellt.[108]

Diese Sichtweise war für Konservative anschlussfähig. Dies zeigt der Antrag der Deutsch-Konservativen Partei an den Reichstag Jahr 1885, Nachtarbeit nur für

---

[102] Kurz nach den zwei Erlassen Wilhelms II. wurde sie bei den Wahlen 1890 mit 19,8% erstmals stärkste Partei.

[103] *Kaufhold*, AuR 1989, 225, 231; *ders.*, ZfA 1991, 277, 285; *Tenfelde*, in: Borsdorf (Hg.), Geschichte der deutschen Gewerkschaften, S. 15, 155; *Schmitt*, Der Arbeiterinnenschutz im deutschen Kaiserreich, S. 91.

[104] Arbeiterschutz-Resolution des Internationalen Arbeiter-Congresses zu Paris vom Juli 1889, wiedergegeben bei *Schneider*, Streit um Arbeitszeit, S. 201 f.

[105] *Reichold*, ZfA 1990, 5, 13 f.; die „Vorschläge zur Verbesserung der Lage der Arbeiter" vom 22. Januar 1890 sind auszugsweise wiedergegeben bei *Schneider*, Streit um Arbeitszeit, S. 203 f.

[106] *Ayaß*, ZfSR 2000, 189, 198 f.; *von Berlepsch*, „Neuer Kurs" im Kaiserreich?, S. 258; *Schmitt*, Der Arbeiterinnenschutz im deutschen Kaiserreich, S. 107.

[107] *Schmitt*, Der Arbeiterinnenschutz im deutschen Kaiserreich, S. 28.

[108] *von Berlepsch*, „Neuer Kurs" im Kaiserreich?, S. 250.

verheiratete Frauen zu verbieten.[109] Indem vor vermeintlichen Gefahren für die Sittlichkeit gewarnt wurde, wurde zudem allgemeine Skepsis gegenüber der modernen Gesellschaft und Arbeitswelt geäußert.[110] So fürchteten Gegner der Moderne die „rund um die Uhr lärmende Großindustrie, die mit neuartigem elektrischem Licht die Nacht zum Tage machte“[111]. Deren Übel sahen sie in der Nachtarbeit von Frauen in Fabriken verdichtet. Dadurch wird verständlich, weshalb sich die Gesetzesinitiativen auf Fabriken (und verwandte Betriebe) beschränkten, obwohl die Ausbeutungsverhältnisse in der Heimarbeit schlimmer waren[112]. Hintergrund war auf konservativer Seite letztlich die Furcht vor einer „gesundheitlich und moralisch degenerierten Arbeiterschaft“[113] und vor einem Umsturz des bestehenden gesellschaftlichen Systems. Zudem wurden Frauen von der zeitgenössischen arbeitsmedizinischen Forschung als besonders schutzbedürftig betrachtet.[114] Daran, dass der Gesundheitsschutz der Arbeiterinnen mit dem körperlichen Wohlergehen der gesamten Arbeiterschaft verbunden wurde, zeigt sich, dass weibliche Körper unabhängig von ihrer Rolle als Gebärerinnen und Hausfrauen kaum wahrgenommen wurden.[115] Alle bürgerlichen Parteien und Unternehmerverbände verlangten in den 1880er Jahren einen staatlichen Schutz, der nach den Geschlechtern trennte.[116]

c) Sichtweise der Sozialdemokratie auf die Frauennachtarbeit

Die Arbeiterbewegung, parlamentarisch durch die Sozialdemokratie vertreten, war bezüglich der Erwerbsarbeit von Frauen zunächst zwiegespalten. In der Frühphase wurde sie teilweise mit dem Argument abgelehnt, dass Frauen als Nichtorganisierte die Löhne der Männer drücken würden.[117]

---

[109] *Ayaß*, ZfSR 2000, 189, 199.

[110] Vgl. zum Beispiel *Thun*: „Das Auftreten des Fabrikbetriebes hatte die Untergrabung aller Grundlagen der überkommenen Kultur zur Folge. Eigentum und Ehe wurden erschüttert. Die heiligen Bande der Ehe wurden durch die Frauenarbeit gelockert, […]“, zitiert nach *Dimanstein*, Die Arbeitszeit der gewerblichen Arbeiter, S. 11.

[111] *Ayaß*, ZfSR 2000, 189, 207.

[112] *Schmitt*, Der Arbeiterinnenschutz im deutschen Kaiserreich, S. 40.

[113] *Ayaß*, ZfSR 2000, 189, 207.

[114] *von Berlepsch*, „Neuer Kurs“ im Kaiserreich?, S. 252.

[115] *Ayaß*, ZfSR 2000, 189, 200 f., 205; *Schmitt*, Der Arbeiterinnenschutz im deutschen Kaiserreich, S. 33.

[116] *Schmitt*, Der Arbeiterinnenschutz im deutschen Kaiserreich, S. 25.

[117] *von Berlepsch*, „Neuer Kurs“ im Kaiserreich?, S. 250; *Pfarr/Bertelsmann*, Diskriminierung im Erwerbsleben, S. 33; *Schiek*, Nachtarbeitsverbot für Arbeiterinnen, S. 42; *Schmitt*, Der Arbeiterinnenschutz im deutschen Kaiserreich, S. 43 f., 45. Das Frauen von den Gewerkschaften zunächst kaum repräsentiert wurden, lag auch daran, dass sie in Preußen bis 1908 nicht Mitglied in politischen Vereinen sein durften (§ 8 lit. a) PrVereinsG v. 11. März 1850), *Kittner*, Arbeitskampf, S. 276.

Zudem war das klassische Familienmodell auch in der Arbeiterbewegung verbreitet, Mutterrolle und Haushaltsführung standen außer Frage.[118] Dennoch befürwortete der überwiegende Teil unter dem Einfluss Bebels und Zetkins ab Ende der 1870er Jahre die Frauenerwerbstätigkeit, forderte aber besondere Gesetze für Frauen, damit diese nicht doppelt belastet würden und als Vorbild für allgemeingültige Regelungen.[119] Schmitt sieht in der Einigung auf frauenspezifische Regelungen daher einen Kompromiss zwischen Gegnern und Befürwortern der Frauenarbeit.[120]

Teilweise wurden auch von sozialistischen Theoretikern Alkoholismus und ausschweifendes Sexualverhalten auf die Nachtarbeit in Fabriken zurückgeführt.[121] Die Sozialdemokraten brachten daher 1885 im Reichstag einen Entwurf ein, der ein Nachtarbeitsverbot für Frauen in Fabriken vorsah, weil diese für die Sittlichkeit und Gesundheit schädlich wirken könne.[122]

d) Sichtweise der Frauenbewegung auf die Frauennachtarbeit

Die Frauenbewegung diskutierte die ambivalente Wirkung eines Nachtarbeitsverbots nur für Arbeiterinnen. Ein Verbot wurde jedoch mehrheitlich positiv beurteilt, weil Schutz gegen die Doppelbelastung stärker als der diskriminierende Effekt gewichtet wurde; sozialistische Frauenrechtlerinnen hofften zudem, einen Schritt in Richtung eines allgemeinen Nachtarbeitsverbots zu gehen.[123] Andere Vorschläge, wie Hausarbeit zu entlohnen oder zu vergesellschaften, blieben randständig.[124]

e) Der Beschluss des Nachtarbeitsverbots

Als das Nachtarbeitsverbot für Fabrikarbeiterinnen schließlich 1891 als § 137 Abs. 1 RGewO[125] beschlossen wurde, legte die Gesetzesbegründung knapp dar: „Das Verbot der Beschäftigung von Arbeiterinnen während der Nachtzeit empfiehlt sich aus Rücksichten der Gesundheit und des Familienlebens“[126]. Anlässlich der ersten Lesung des Gesetzes äußerte von Berlepsch, dies trage dazu bei, dass „der veredelnde

---

[118] *Schiek*, Nachtarbeitsverbot für Arbeiterinnen, S. 43; *Schmitt*, Der Arbeiterinnenschutz im deutschen Kaiserreich, S. 57.

[119] *Schmitt*, Der Arbeiterinnenschutz im deutschen Kaiserreich, S. 44, 50; *Wikander*, in: van Daele et al. (Hg.), ILO Histories, S. 67, 72.

[120] *Schmitt*, Der Arbeiterinnenschutz im deutschen Kaiserreich, S. 52 f.

[121] *Engels*, Die Lage der arbeitenden Klasse in England, MEW Bd. 2, S. 225, 376.

[122] RT-Protokolle 1885, S. 1731, 1742 (64. Sitzung vom 11. März 1885).

[123] *Ayaß*, ZfSR 2000, 189, 201 ff.; *Schiek*, Nachtarbeitsverbot für Arbeiterinnen, S. 43; *Schmitt*, Der Arbeiterinnenschutz im deutschen Kaiserreich, S. 66 f.; *von Berlepsch*, „Neuer Kurs“ im Kaiserreich?, S. 251, betont hingegen stärker die Kritik der Frauenbewegung.

[124] *Schmitt*, Der Arbeiterinnenschutz im deutschen Kaiserreich, S. 76.

[125] RGBl. 1891, S. 261.

[126] RT-Protokolle 8. Legislaturperiode I. Session 1890/1892, Anlage Nr. 4, S. 25.

Geist des Familienlebens, der Segen des häuslichen Herdes, der heute ernstlich bedroht erscheint, dem Arbeiter und den Seinigen gesichert bleibt."[127] Die SPD stimmte gegen die Novelle der RGewO, dies lag aber ausschließlich daran, dass sozialdemokratische Kernforderungen wie Koalitionsfreiheit und Maximalarbeitstag nicht erfüllt wurden.[128]

3. Internationales Nachtarbeitsverbot für Arbeiterinnen 1906/1919

Mit diesem Gesetz stand Deutschland keineswegs allein da. Vielmehr wurde dieses Konzept im Jahr 1906 mit zwölf anderen Staaten vereinbart, im sog. Berner Abkommen.[129] Bereits auf ihrer ersten Sitzung in Washington 1919 übernahm die neugegründete ILO dieses Verbot und reformierte es mehrfach. Erst im Jahr 1990 wurde auf internationaler Ebene erstmals ein geschlechtsneutrales Übereinkommen geschlossen. Auch die internationale Ebene hat somit dazu beigetragen, dass das geschlechtsspezifische Konzept in Westdeutschland bis 1992/94 galt.

a) Vorgeschichte und Motive für die internationale Regelung

Vorausgegangen waren dem Berner Abkommen jahrzehntelange Diskussionen. Nach ersten Ideen von Privatpersonen in der ersten Hälfte des 19. Jahrhunderts hatte sich die Debatte um internationale Arbeiterschutzstandards in den 1870er und 1880er Jahren intensiviert.[130] Ausgangspunkt war die Befürchtung, dass sozialpolitische Maßnahmen ein Nachteil der eigenen Industrie in der internationalen Konkurrenz sind, weshalb kartellartige Vereinbarungen einen Unterbietungswettbewerb verhindern sollten.[131] An solchen Übereinkünften hatte auch die entstehende und sich international vernetzende Arbeiterbewegung ein Interesse.[132] Sie sollten Erreichtes sichern und eine nachholende Entwicklung in anderen Ländern unterstützen. Im Jahr 1885 beantragten daher sozialdemokratische Abgeordnete sowohl im deutschen Reichstag als auch in der französischen Deputiertenkammer einen internationalen

[127] Zitiert nach *Maute*, Die Februarerlasse Kaiser Wilhelms II. und ihre gesetzliche Ausführung, S. 194.

[128] *Schmitt*, Der Arbeiterinnenschutz im deutschen Kaiserreich, S. 105 ff.

[129] *Kaufhold*, ZfA 1991, 277, 318; *Kern*, ZfA 1991, 323, 343; *Schneider*, Streit um Arbeitszeit, S. 58.

[130] *Birk*, ZfA 1991, 355, 357 f.; Heuschmid/Schlachter/Ulber/*Däubler*, Arbeitsvölkerrecht, § 2 Rn. 2, 4.

[131] *von Berlepsch*, „Neuer Kurs" im Kaiserreich?, S. 53; *Birk*, ZfA 1991, 355, 357 f.; *Brinkmann*, in: BMAS/BDA/DGB (Hg.), Weltfriede durch soziale Gerechtigkeit, S. 13, 14; *Kaufhold*, ZfA 1991, 277, 317.

[132] *von Berlepsch*, „Neuer Kurs" im Kaiserreich?, S. 55; *Brinkmann*, in: BMAS/BDA/DGB (Hg.), Weltfriede durch soziale Gerechtigkeit, S. 13, 15; *DMV*, Die Nachtarbeit in der deutschen Metall- und Maschinenindustrie, S. 46 f.

Arbeiterschutz.[133] Sie forderten den Reichskanzler auf, die europäischen Industrieländer zu einer Konferenz einzuladen und einheitliche Schutzgesetze zu verhandeln, unter anderem ein generelles Nachtarbeitsverbot für alle Arbeiter.[134] Als dieser Antrag erfolglos blieb, organisierten die Sozialdemokraten selbst einen internationalen Arbeiterkongress im Jahr 1889. Ein weiteres staatliches Motiv für internationale Vereinbarungen ist, derartigen Bestrebungen zuvorzukommen und die Ordnung zu sichern.[135]

b) Internationale Arbeiterschutzkonferenz und Einrichtung des Internationalen Arbeitsamtes

Während an der Reform der deutschen Arbeiterschutzgesetze gearbeitet wurde, lud Kaiser Wilhelm II. daher im Frühjahr 1890 zu einer internationalen Konferenz ein, zu der alle europäischen Industriestaaten Delegationen entsandten.[136] Auf der Konferenz selbst wurden zwar keine Beschlüsse gefasst, aber teilweise einstimmig Regelungen als „wünschenswert" bezeichnet und somit Standards gesetzt.[137] Einig war man sich, dass Nachtarbeit in Fabriken für Kinder und Jugendliche bis 16 Jahre verboten werden sollte.[138] Die Mehrheit stimmte auch dem Nachtverbot für Arbeiterinnen zu.[139] Anschließend wurde die Internationale Vereinigung für gesetzlichen Arbeiterschutz (1900) gegründet und das Internationale Arbeitsamt eingerichtet (1901).[140] Damit hatte der internationale Arbeitsschutz eine kontinuierliche Basis.

c) Beschluss und Ratifizierung des internationalen Arbeiterinnennachtarbeitsverbots

Das vom Internationalen Arbeitsamt gesammelte Material bildete die Grundlage für das 1906 beschlossene Abkommen über das Verbot der Nachtarbeit der gewerblichen Arbeiterinnen. Diesem Abkommen traten zahlreiche europäische Staaten bei,

---

[133] *Brinkmann*, in: BMAS/BDA/DGB (Hg.), Weltfriede durch soziale Gerechtigkeit, S. 13, 15 f.; *DMV*, Die Nachtarbeit in der deutschen Metall- und Maschinenindustrie, S. 47.

[134] *von Berlepsch*, „Neuer Kurs" im Kaiserreich?, S. 55.

[135] *Brinkmann*, in: BMAS/BDA/DGB (Hg.), Weltfriede durch soziale Gerechtigkeit, S. 13, 14, 16; Heuschmid/Schlachter/Ulber/*Däubler*, Arbeitsvölkerrecht, § 2 Rn. 3.

[136] *Brinkmann*, in: BMAS/BDA/DGB (Hg.), Weltfriede durch soziale Gerechtigkeit, S. 13, 17 f.; *Kaufhold*, ZfA 1991, 277, 304.

[137] *von Berlepsch*, „Neuer Kurs" im Kaiserreich?, S. 58; *Brinkmann*, in: BMAS/BDA/DGB (Hg.), Weltfriede durch soziale Gerechtigkeit, S. 13, 21 f.; *Kaufhold*, ZfA 1991, 277, 304; *Reichold*, ZfA 1990, 5, 16.

[138] *von Berlepsch*, „Neuer Kurs" im Kaiserreich?, S. 59; *Reichold*, ZfA 1990, 5, 16 f.

[139] *von Berlepsch*, „Neuer Kurs" im Kaiserreich?, S. 61; *Schmitt*, Der Arbeiterinnenschutz im deutschen Kaiserreich, S. 98.

[140] *Brinkmann*, in: BMAS/BDA/DGB (Hg.), Weltfriede durch soziale Gerechtigkeit, S. 13, 25; *Kaufhold*, ZfA 1991, 277, 318.

darunter das Deutsche Reich.[141] Es wurde im Jahr 1908 in nationales Recht umgesetzt.[142] Dadurch wurde die gesetzliche Nachtzeit auf 20–6 Uhr verlängert, eine Mindestruhezeit von elf Stunden festgeschrieben sowie der sachliche Anwendungsbereichs des Gesetzes von Fabriken auf alle Betriebe mit in der Regel mindestens zehn Beschäftigten erweitert.[143] Entsprechend wurden auch die Jugendschutzgesetze geändert.[144] Wenige Jahre nach dem Berner Abkommen wurde im Jahr 1913 auch für Jugendliche ein internationales Verbot der Nachtarbeit geregelt. Die Altersgrenze wurde aber nicht auf 18, sondern lediglich auf 16 Jahre festgesetzt.[145]

d) Feministische Kritik

Bemerkenswert ist, dass Vereinigungen von Arbeiterinnen und feministische Gruppen in Skandinavien das Berner Abkommen erheblich kritisierten. Eine dänische Rednerin protestierte auf der Berner Konferenz und forderte gleichen Schutz auch für Männer.[146] In Schweden beschwerten sich Frauenvereine, weil das Abkommen Frauen auf dem Arbeitsmarkt diskriminiere und verzögerten dessen Umsetzung.[147] In Dänemark und Norwegen verhinderte feministische Opposition sogar dessen Ratifizierung.[148] Auch Finnland entschied sich gegen die Einführung eines Nachtarbeitsverbots.[149] Damit setzten sich Stimmen durch, die anderswo noch Jahrzehnte nicht beachtet wurden. Auch in Deutschland hatten Teile der Frauenbewegung ihren Standpunkt zum besonderen Frauenschutz überdacht und kritisierten das Verbot, weil es Arbeitsmöglichkeiten von Frauen beschränke, während diese zur gleichen Zeit besseren Zugang zu wissenschaftlicher und beruflicher Bildung erhielten.[150] Sie fanden aber für lange Zeit kein Gehör. Allerdings war sich die feministische Bewegung keineswegs einig darin, derartige Gesetze abzulehnen. So konnten die US-amerikanischen Gastgeberinnen des International Congress of Working Women, der parallel

---

[141] RGBl. 1911, S. 5.

[142] RGBl. 1908, S. 667; *von Berlepsch*, „Neuer Kurs" im Kaiserreich?, S. 268; *Brieler*, Die Nachtarbeitsverbote, S. 15; *Neukamp*, Die Novelle zur Gewerbeordnung vom 28. Dezember 1908, S. 7.

[143] *Zmarzlik*, BB 1982, 1802, 1802.

[144] *Neukamp*, Die Novelle zur Gewerbeordnung vom 28. Dezember 1908, S. 12 f.

[145] *DMV*, Die Nachtarbeit in der deutschen Metall- und Maschinenindustrie, S. 49, 62.

[146] *Wikander*, in: van Daele et al. (Hg.), ILO Histories, S. 67, 72 f.

[147] *Ayaß*, ZfSR 2000, 189, 208; *DMV*, Die Nachtarbeit in der deutschen Metall- und Maschinenindustrie, S. 51 f.

[148] *Internationales Arbeitsamt*, Bulletin des Internationalen Arbeitsamtes, Bd. XII 1913, S. LI; HdWB StW/*Bauer*, Arbeiterschutzgesetzgebung, S. 542; *Kern*, ZfA 1991, 323, 344; *Schmitt*, Der Arbeiterinnenschutz im deutschen Kaiserreich, S. 121.

[149] *Wikander*, in: van Daele et al. (Hg.), ILO Histories, S. 67, 73.

[150] *Neukamp*, Die Novelle zur Gewerbeordnung vom 28. Dezember 1908, S. 23 f.

zur ersten ILO-Konferenz 1919 stattfand, eine Mehrheit für das Nachtarbeitsverbot für Arbeiterinnen erreichen, das zudem auf Männer ausgedehnt werden sollte.[151]

e) Fortschreibung des Verbots auf Ebene der ILO

Als Reaktion auf den Ersten Weltkrieg wurde die Internationale Arbeitsorganisation durch den Versailler Vertrag als friedenssichernde Institution begründet.[152] Vorangegangen waren schon während des Ersten Weltkrieges internationale Treffen von Gewerkschaften. Im Oktober 1917 wurde unter anderem gefordert, die nicht technisch notwendige Nachtarbeit zu verbieten und die Arbeitszeit in Betrieben mit Nachtarbeit auf acht Stunden pro Schicht zu begrenzen.[153] Nach Ende des Krieges kamen dann im Februar 1919 in Bern Gewerkschafter aus zahlreichen Ländern zusammen. Sie forderten allgemein den Achtstundentag, allerdings kein allgemeines Verbot der Nachtarbeit, sondern deren bessere Bezahlung.[154]

Im Herbst 1919 fand dann die erste Tagung der ILO in Washington statt. Das Berner Abkommen über das Nachtarbeitsverbot für Arbeiterinnen wurde als ILO-Übereinkommen Nr. 4 übernommen, obwohl Teile der Frauenbewegung weiter dagegen protestierten.[155] Durch die Novellen im Jahr 1934 und 1948 wurden weitere Ausnahmen geschaffen, der Grundsatz des Nachtarbeitsverbots für Arbeiterinnen aber bekräftigt. Erst im Jahr 1990 wurde das geschlechtsneutrale Übereinkommen Nr. 171 verabschiedet (siehe 5. Kapitel B. V. 2. b)). In zahlreichen Ländern gilt das Verbot für Arbeiterinnen bis heute.[156]

ILO-Übereinkommen 6 regelt die Nachtarbeit der Jugendlichen in der Industrie und entsprach dem Abkommen von 1913, allerdings wurde die Altersgrenze auf 18 Jahre heraufgesetzt.[157] Dieses Abkommen wurde durch Übereinkommen Nr. 90 ersetzt, hinzu kam Übereinkommen Nr. 79 für Nachtarbeit außerhalb der Industrie.

---

[151] *Wikander*, in: van Daele et al. (Hg.), ILO Histories, S. 67, 80 f.

[152] *Buschmann*, in: FS Etzel, S. 103, 107; HdWB StW/*Bauer*, Arbeiterschutzgesetzgebung, S. 696.

[153] *Fischer/Rhode*, Das Übereinkommen von Washington, S. 27.

[154] *Fischer/Rhode*, Das Übereinkommen von Washington, S. 28.

[155] *Wikander*, in: van Daele et al. (Hg.), ILO Histories, S. 67, 82 ff.

[156] Laut der ILO haben das Übereinkommen Nr. 89 67 Staaten ratifiziert und von diesen 23 wieder gekündigt, siehe https://www.ilo.org/dyn/normlex/en/f?p=1000:11300:0::NO:11300:P11300_INSTRUMENT_ID:312234 (zuletzt abgerufen am 1.10.2024).

[157] *Soltermann*, Die Nacht aus arbeitsrechtlicher Sicht, S. 118 f.; HdWB StW/*Bauer*, Arbeiterschutzgesetzgebung, S. 698.

4. Zwischenergebnis: Frauenspezifisches Nachtarbeitsverbot zum Familienschutz

Die unterschiedlichen politischen Positionen zeigen, dass das Nachtarbeitsverbot für Arbeiterinnen vor allem aus familienpolitischen Gründen konsensual wurde, um eine geschlechtsspezifische Arbeitsteilung festzuschreiben.[158] Der Schutz der Gesundheit war ebenfalls beabsichtigt, weil Frauen eine schwächere Konstitution zugeschrieben wurde. Geschlechtsneutrale Regelungen hatten, entgegen mancher Hoffnung, durch das frauenspezifische Verbot möglicherweise sogar geringere Chancen, realisiert zu werden. Denn bei Männern sahen viele keinen Schutzbedarf und ein allgemeines, geschlechtsneutrales Konzept zum Gesundheitsschutz schien aufgrund der Sonderregelungen nicht mehr erforderlich. Auch international wurde sich auf das Nachtarbeitsverbot für Arbeiterinnen geeinigt, sodass ein geschlechtsneutraler Schutz einen Nachteil im wirtschaftlichen Wettbewerb bedeutet hätte.

III. Weitere Entwicklung im Kaiserreich

Obwohl die Nachtarbeit sich nun auch auf andere Branchen ausdehnte, wurde nur für den Einzelhandel ein faktisches Verbot erlassen, weshalb sich die Gewerkschaften verstärkt damit befassten.

1. Zunahme der Nachtarbeit über die Industrie hinaus

In den entstehenden Großstädten wurde um die Jahrhundertwende auch in anderen Bereichen als der Industrie nachts gearbeitet, um Fabriken und Nachtarbeitnehmer zu versorgen.[159] In Branchen wie Verkehr, Dienstleistungen, Kommunikation, Gaststätten und Versorgungswerken wurde daher nunmehr rund um die Uhr gearbeitet,[160] ebenso im Gesundheitswesen und den Medien.[161] Außerdem bildete sich eine neue Freizeit-Infrastruktur in den Städten, weil die winzigen Wohnungen zu wenig Raum boten, um sich von der Arbeit zu erholen.[162]

[158] *Nemitz/Runge/Wasielewski*, DArg 1984, 699, 704; a. A. *Anzinger/Koberski*: „Der Arbeitszeitschutz für Frauen, Kinder und Jugendliche war zu dieser Zeit ausschließlich oder überwiegend Gesundheitsschutz." (ArbZG, Einf. Rn. 12).

[159] *Schlör*, Nachts in der großen Stadt, S. 91 f.

[160] *Sternkopf*, JbNSt 1907, 80, 85.

[161] *Prahl*, in: FS Görland, S. 85, 91.

[162] *Schlör*, Nachts in der großen Stadt, S. 92, 94.

2. Gesetzgeberischer Stillstand und gewerkschaftliche Thematisierung

Für das Verkaufspersonal im Einzelhandel verbot der im Jahr 1900 in § 139e RGewO[163] eingeführte gesetzliche Ladenschluss faktisch die Nachtarbeit. Es wurde aber deutlich, dass allgemeine gesetzliche Beschränkungen der Nachtarbeit nicht zu erwarten waren. Die Thematik wurde daher verstärkt von den Gewerkschaften aufgegriffen. Allgemein war der Arbeitsschutz in dieser frühen Phase gewerkschaftlicher Organisation ein wichtiger Bestandteil vieler Tarifverträge.[164] Übereinstimmend mit dem Erfurter Programm der SPD forderten die Gewerkschaften, Nachtarbeit zu verbieten, sofern sie nicht technisch oder für die öffentliche Wohlfahrt notwendig sei.[165]

Der Deutsche Metallarbeiter-Verband legte im Jahr 1913 eine Untersuchung vor. Sie ergab, dass Nachtarbeit zunahm, insbesondere wenn Schichtarbeit eingeführt wurde.[166] Nachtarbeit betraf 12% der Arbeitnehmer in den untersuchten Betrieben, wobei sie sich vor allem auf die am stärksten industrialisierten Gebiete konzentrierte.[167] Zuschläge wurden damals nur in 27% der Betriebe gezahlt, die Gewerkschaft verlangte sie, wo die Nachtarbeit nicht vermeidbar war, genauso wie zusätzliche Pausen und eine kürzere Arbeitszeit.[168] Außer dieser Studie wurden die Zahl der Nachtarbeitnehmer und deren Arbeitsbedingungen leider nicht untersucht.[169]

3. Aussetzung der Nachtarbeitsverbote während des Ersten Weltkriegs

Während des Ersten Weltkrieges wurde der Arbeitsschutz weitgehend abgeschafft. SPD und Gewerkschaften schwenkten mit dem Kriegsausbruch auf den sog. „Burgfrieden“ ein und unterstützten die Kriegswirtschaft aktiv.[170] Weil ein großer Teil der Männer zum Kriegsdienst eingezogen war, wurden verstärkt Frauen und Jugendliche angeworben.[171] Die durchschnittliche Arbeitszeit stieg während des Krieges auf zwölf bis 16 Stunden am Tag an[172], Nachtarbeit bürgerte sich ein[173]. Rechtlich wurden

---

[163] RGBl. 1900, S. 321.

[164] *Kohte*, in: FS Kittner, S. 232, 232 ff.

[165] *Schneider*, Streit um Arbeitszeit, S. 56.

[166] *DMV*, Die Nachtarbeit in der deutschen Metall- und Maschinenindustrie, S. VI.

[167] *DMV*, Die Nachtarbeit in der deutschen Metall- und Maschinenindustrie, S. 1, 3.

[168] *DMV*, Die Nachtarbeit in der deutschen Metall- und Maschinenindustrie, S. VI, VIII, 10.

[169] *Sternkopf*, JbNSt 1907, 80, 83 f.

[170] *Schneider*, Streit um Arbeitszeit, S. 89.

[171] *Frerich/Frey*, HdB GSD Bd. 1, S. 166; *Pfarr/Bertelsmann*, Diskriminierung im Erwerbsleben, S. 35; *Schneider*, Streit um Arbeitszeit, S. 90.

[172] *Bischoff*, Arbeitszeitrecht in der Weimarer Republik, S. 27 f.; *Tietje*, Grundfragen des Arbeitszeitrechts, S. 29.

[173] *Schneider*, Streit um Arbeitszeit, S. 92.

Ausnahmen vom Jugend- und Frauenschutz genehmigt, was ein Gesetz vom 4. August 1914[174] ermöglichte. Die Aussage, die Rechtslage bezüglich des Frauenarbeitsschutzes sei unverändert geblieben[175], ist daher nur insoweit zutreffend, dass die Regelungen der RGewO nicht reformiert wurden. In der Praxis aber waren diese durch zahlreiche Ausnahmen derart ausgehöhlt, dass sie gegen Kriegsende in manchen Bezirken und Branchen als aufgehoben angesehen werden konnten.[176]

Für die Bäckereien wurde hingegen am 5. Januar 1915 ein Nachtbackverbot erlassen,[177] was eine ausnahmsweise geschlechtsneutrale Regelung darstellte und bis 1996 bestand.[178] Sonderregeln für Bäckereien wurden schon seit einem Bericht Bebels[179] über die Arbeitsbedingungen in dieser Branche heftig diskutiert. Allerdings waren auch bei Erlass dieses Gesetzes andere Ziele maßgeblich als der Gesundheitsschutz, nämlich die Mehlrationierung.[180] Das Verbot wurde im Jahr 1925 auch als ILO-Übereinkommen Nr. 20 verabschiedet.

C. Weimarer Republik

In der Weimarer Republik stand weiterhin die Länge des Arbeitstages im Mittelpunkt der Auseinandersetzung. Versuche, die Nachtarbeit zu regulieren, traten aus Gewerkschaftsperspektive hinter das vordringliche Ziel zurück, den Achtstundentag zu verteidigen. Hier spielte der bereits beschriebene Konnex zwischen Arbeitszeitverkürzung und Ausweitung der Schichtarbeit eine Rolle (siehe B. I. 2.). Anstatt die Nachtarbeit zu begrenzen, wurde diese zunehmend durch tarifliche Zuschläge abgegolten. Interessant ist noch, dass im Jahr 1927 ein gesetzlicher Zuschlag für Mehrarbeit festgeschrieben wurde, der dazu beitragen sollte, die Arbeitslosigkeit zu bekämpfen und der heutigen Regelung in § 6 Abs. 5 Alt. 2 ArbZG ähnelt.

---

[174] RGBl. 1914, S. 333.

[175] *Zmarzlik*, BB 1980, 1802, 1802.

[176] So HdWB StW/*Bauer*, Arbeiterschutzgesetzgebung, S. 438; ebenso für den Arbeiterinnenschutz *von Berlepsch*, „Neuer Kurs“ im Kaiserreich?, S. 269; für den Jugendarbeitsschutz *Düwell*, AuR 1989, 233, 236; *Fischer/Rhode* sprechen von Aufhebung der Arbeitsschutzgesetze (Das Übereinkommen von Washington, S. 25).

[177] RGBl. 1915, S.8.

[178] Zur historischen Entwicklung vgl. BVerfG 23.1.1968 – 1 BvR 709/66, E 50, 57 f.

[179] *Bebel*, Zur Lage der Arbeiter in den Bäckereien, 1890.

[180] *Brieler*, Die Nachtarbeitsverbote, S. 18 m. w. N.; *Frerich/Frey*, HdB GSD Bd. 1, S. 166; *Kaskel*, Arbeitsrecht, 1. Aufl. 1925, S. 182.

I. Gesetzliche Einführung des Achtstundentages

Die absehbare Kriegsniederlage und der Ausbruch der Revolution im November 1918 verschoben die politischen Gewichte zugunsten der Arbeiterbewegung und ermöglichten den Gewerkschaften, alte Forderungen durchzusetzen.[181] So akzeptierten die Arbeitgeberverbände im sog. Zentralarbeitsgemeinschaftsabkommen vom 15. November 1918[182] unter anderem den Achtstundentag bei vollem Lohnausgleich. Ohne Zugeständnisse wäre das wirtschaftliche System möglicherweise in größerem Umfang umgestaltet worden, etwa durch Sozialisierungen.[183] Bereits zuvor waren die aufgehobenen Arbeitsschutzbestimmungen wieder in Kraft gesetzt[184] und die Ausnahmemöglichkeiten beseitigt worden[185]. Die Nachtarbeitsverbote für Frauen und Jugendliche galten damit wieder uneingeschränkt.

Rechtlich wurde der Achtstundentag durch eine Demobilmachungsverordnung umgesetzt.[186] Diese hatte jedoch aus Gewerkschaftssicht zwei Probleme. Zum einen war sie als Übergangsregelung gedacht und musste regelmäßig verlängert werden.[187] Zum anderen wurde den Arbeitgebervertretern in den Verhandlungen zugesichert, dass die dauerhafte Regelung von einer internationalen Vereinbarung aller Kulturländer abhängig gemacht wurde.[188] Eine solche wurde mit dem sog. Washingtoner Abkommen[189] im November 1919 zwar geschaffen, jedoch nicht umgesetzt, weil sich die Industriestaaten gegenseitig den „schwarzen Peter" zuschoben und die Ratifizierung jeweils von den anderen abhängig machten.[190]

II. Der Kampf um den Achtstundentag als zentraler Konflikt

Deshalb konnten die Arbeitgeberverbände den Achtstundentag wieder zur Disposition stellen, nachdem sich die politische Situation wieder zu ihren Gunsten geändert

---

181 *Bischoff*, Arbeitszeitrecht in der Weimarer Republik, S. 34 f.; *Tietje*, Grundfragen des Arbeitszeitrechts, S. 29.

182 RABl. 1918, S. 874, auch bekannt als sog. „Stinnes-Legien-Abkommen".

183 Buschmann/Ulber/*Buschmann*, ArbZR, Einl. Rn. 12; *Kittner*, Arbeitskampf, S. 402 f.; *Schneider*, Streit um Arbeitszeit, S. 98 f.; *Tietje*, Grundfragen des Arbeitszeitrechts, S. 31.

184 RGBl. 1918, S. 1303.

185 RGBl. 1918, S. 1309.

186 RGBl. 1918, S. 1334, ergänzt am 17. Dezember 1918, RGBl. 1918, S. 1436. Hinzu kam am 18. März 1919 eine ähnliche Verordnung für die Angestellten, RGBl. 1919, S. 315.

187 *Ulber*, Tarifdispositives Gesetzesrecht, S. 40 f.

188 *Bischoff*, Arbeitszeitrecht in der Weimarer Republik, S. 35; *Kittner*, Arbeitskampf, S. 401; *Leuchten*, Der Kampf um den Achtstundentag, S. 43 f.

189 ILO-Übereinkommen Nr. 1 über die Begrenzung der Arbeitszeit in gewerblichen Betrieben auf acht Stunden täglich und achtundvierzig Stunden wöchentlich.

190 Buschmann/Ulber/*Buschmann*, ArbZR, Einleitung Rn. 13; *Fischer/Rhode*, Das Washingtoner Abkommen, S. 93 ff., 139; *Leuchten*, Der Kampf um den Achtstundentag, S. 57 f.; *Schneider*, Streit um Arbeitszeit, S. 103.

hatte. Mittel für die Arbeitgeber war die Zwangsschlichtung bei Tarifkonflikten, nachdem die Arbeitszeitverordnung vom 21. Dezember 1923[191] zwar am achtstündigen Maximalarbeitstag festgehalten hatte, aber Abweichungen zulasten der Arbeitnehmer durch Tarifvertrag erlaubte.[192]

Wegen der symbolischen Bedeutung des Achtstundentages als zentraler Errungenschaft der Novemberrevolution[193] gerieten alle weitergehenden Vorstellungen zur geschlechtsneutralen Regulierung der Nachtarbeit in den Hintergrund. Symptomatisch ist die Entwicklung in den Grundsatzprogrammen der SPD, in dem 1921 noch „äußerste Einschränkung der Nachtarbeit für Männer" und „Verbot der Nachtarbeit für Frauen und Jugendliche" gefordert wurde, während es 1925 nur noch unspezifisch „Einschränkung der Nachtarbeit" hieß. Eine Regulierung der Nachtarbeit hätte in Betrieben mit einem Dreischichtsystem dazu führen können, dass die Nachtschicht abgeschafft und die Früh- und Spätschicht über acht Stunden hinaus verlängert würden. Sie stand daher im Konflikt zum Ziel, den Achtstundentag zu verteidigen. Stattdessen etablierte sich die Zahlung von Zuschlägen, die in der Zeit des Nationalsozialismus bereits prägend geworden war, wie die Unruhe bei ihrer kurzzeitigen Abschaffung zeigt (siehe D. II.).

III. Gesetzlicher Mehrarbeitszuschlag im Arbeitszeitnotgesetz 1927

Interessant für die Auseinandersetzung mit gesetzlichen Zuschlägen als Mittel des Arbeitszeitrechts ist aus historischer Sicht § 6a Abs. 1 S. 1, Abs. 2 S. 1 des sog. „Arbeitszeitnotgesetzes" vom 9. April 1927[194]. Ähnlich dem heutigen § 6 Abs. 5 ArbZG wurde darin eine angemessene Vergütung in Form eines Zuschlags iHv regelmäßig 25 Prozent angeordnet. Der Zuschlag betraf jedoch ausschließlich Mehrarbeit. Die Verordnung sollte Überstunden verhindern, um die Arbeitslosigkeit zu senken.[195] Die Norm diente also ausschließlich beschäftigungspolitischen Zwecken.[196] Jedoch wurde die bloße Verteuerung von den Gewerkschaften als ungenügend angesehen, während die Arbeitgebervertreter diese ablehnten.[197] Die Vereinigung der

---

[191] RGBl. 1923 I, S. 1249.

[192] *Kittner*, Arbeitskampf, S. 475 f.; *Ulber*, Tarifdispositives Gesetzesrecht, S. 41 f.

[193] *Tietje*, Grundfragen des Arbeitszeitrechts, S. 33; *Ulber*, Tarifdispositives Gesetzesrecht, S. 40.

[194] RGBl. I 1927, S. 109; wiedergegeben bei *Bischoff*, Arbeitszeitrecht in der Weimarer Republik, S. 215 f.

[195] *Bischoff*, Arbeitszeitrecht in der Weimarer Republik, S. 138 f.; *Frerich/Frey*, HdB GSD Bd. 1, S. 189 f.

[196] Buschmann/Ulber/*Buschmann*, ArbZR, Einleitung Rn. 16; *Denecke*, AZO, 1. Aufl. 1950, Einf. S. 13; *Tietje*, Grundfragen des Arbeitszeitrechts, S. 39.

[197] *Bischoff*, Arbeitszeitrecht in der Weimarer Republik, S. 147; *Leuchten*, Der Kampf um den Achtstundentag, S. 235 f., 238 f.

Deutschen Arbeitgeberverbände argumentierte, eine privatrechtliche Bestimmung über die Vergütung gehöre systematisch nicht in ein öffentlich-rechtliches Arbeitsschutzgesetz und zudem seien Tarif- oder Arbeitsvertrag besser geeignet, die jeweiligen Besonderheiten der Arbeit und der Betriebe zu berücksichtigen.[198] Die Regelung wurde in § 15 AZO übernommen und im Jahr 1994 abgeschafft.[199]

D. Nationalsozialismus

Mit der Übernahme der Macht durch die Nationalsozialisten im Jahr 1933 beginnt nicht einfach eine weitere Epoche, sondern eine kategorial andere Form der Herrschaft, bei der neben die Nutzung des selbstgeschaffenen Rechts staatsterroristisches Handeln trat.[200] Gesetzlich wurden nur geringe Änderungen an der tradierten Rechtslage vorgenommen. Die Zuschläge für Nachtarbeit wurden zu Beginn des Zweiten Weltkriegs abgeschafft. Obwohl die Organisationen der Arbeiterbewegung zerstört waren, führte dies zu erheblichem Protest der Arbeiterschaft. Schon nach kurzer Zeit wurden die Zuschläge daher wiedereingeführt und zudem von der Steuer befreit. Diese Regelung gilt bis heute (siehe F. II. 2. und 3. Kapitel C. I.).

I. Entwicklung bis zum Kriegsbeginn

Der Staatsterror der Nationalsozialisten richtete sich unter anderem gegen die Arbeiterbewegung und zerschlug die freien Gewerkschaften.[201] Die Arbeitsbeziehungen wurden nicht mehr autonom durch die Koalitionen geregelt. Stattdessen wurde das Arbeitsrecht verstaatlicht und das Führerprinzip auf den Betrieb übertragen, in dem eine Betriebsgemeinschaft aus Führer und Gefolgschaft als Teil der größeren Volksgemeinschaft bestehen und den Interessengegensatz überwinden sollte.[202]

In der Realität führte das Fehlen unabhängiger Arbeitnehmerorganisationen dazu, dass sich ein sehr niedriges Lohnniveau stabilisierte, obwohl die Massenarbeitslosigkeit überwunden wurde.[203] Die gesetzlichen Regelungen zur Nachtarbeit

---

[198] *VDA*, Geschäftsbericht 1927/1929, S. 216.

[199] Kempen/Zachert/*Buschmann*, TVG, § 1 Rn. 317.

[200] *Däubler/Kittner*, Geschichte der Betriebsverfassung, S. 259; *Frerich/Frey*, HdB GSD Bd. 1, S. 245; *Kranig*, Lockung und Zwang, S. 20 f.; *Ramm*, KJ 1968, 108, 109.

[201] *Däubler/Kittner*, Geschichte der Betriebsverfassung, S. 260; *Frerich/Frey*, HdB GSD Bd. 1, S. 270 f.

[202] *Ramm*, KJ 1968, 108, 111 f.; *Schneider*, Streit um Arbeitszeit, S. 147 f.; zu den Wurzeln des Betriebsgemeinschaftsdenkens in der vornationalsozialistischen Rechtstheorie *Neumann*, ZfSR 1937, 542, 589 f.

[203] *Kranig*, Lockung und Zwang, S. 83; *Wahsner*, Arbeitsrecht unter'm Hakenkreuz, S. 79 ff.

wurden nur in geringem Maß verändert.[204] Die Arbeitszeitordnung vom 30. April 1938[205] erweiterte einerseits den sachlichen Anwendungsbereich des Nachtarbeitsverbots für Arbeiterinnen auf Kleinbetriebe, verkürzte andererseits den Nachtzeitraum für mehrschichtige Betriebe auf 23–6 Uhr. Für Jugendliche wurde das grundsätzliche Verbot der Nachtarbeit durch das gleichzeitig erlassene Jugendschutzgesetz[206] bis zum Alter von 18 Jahren ausgedehnt.

II. Kriegswirtschaft, Nachtarbeit und Verteidigung der Zuschläge

Nach dem deutschen Überfall auf Polen am 1. September 1939 wurden kriegsarbeitsrechtliche Vorschriften erlassen. Die Kriegswirtschaftsverordnung vom 4. September 1939[207] sah in § 18 Abs. 3 unter anderem vor, dass keine Zuschläge für Nachtarbeit mehr zu zahlen seien. Die eingesparten Lohnanteile waren von den Arbeitgebern an das Reich abzuführen, um den Krieg zu finanzieren.[208] Dies führte jedoch zu erheblicher Unzufriedenheit und Unruhe unter den Arbeitnehmern, sodass sich das NS-Regime bereits am 16. November 1939[209] gezwungen sah, die Zuschläge wieder einzuführen.[210] Dies zeigt, dass das Modell, die Belastungen der Nachtarbeit durch Zuschläge abzugelten, bereits etabliert war und viele Arbeitnehmer ihre Lebensführung auf diese zusätzlichen Einnahmen eingestellt hatten. Mit Wirkung zum 1. November 1940 wurden Nachtarbeitszuschläge außerdem durch Verordnung[211] von der Einkommenssteuer befreit.[212] Die Machthaber wollten durch diesen Anreiz dem Arbeitskräftemangel entgegenwirken und den Eindruck erwecken, auch während des Krieges seien Steuersenkungen möglich.[213]

Im Lauf des Krieges stieg die durchschnittliche Arbeitszeit stark an, weil die industrielle Produktion ausgeweitet wurde und gleichzeitig viele Männer zur Wehrmacht eingezogen waren. Auch arbeiteten vermehrt Frauen, nachdem zuvor aus ideologischen Gründen und um die innere Ruhe zu wahren auf einen umfassenden Arbeitseinsatz deutscher Frauen verzichtet oder diese sogar gezielt aus der

---

[204] A.A. *Brieler*, Die Nachtarbeitsverbote, S. 20: „Große Fortschritte".

[205] RGBl. 1938 I, S. 447.

[206] RGBl. 1938 I. S. 437.

[207] RGBl. 1939 I, S. 1609.

[208] *Kranig*, Lockung und Zwang, S. 133.

[209] RGBl. 1939 I, S. 2254.

[210] *Frerich/Frey*, HdB GSD Bd. 1, S. 281; *Kranig*, Lockung und Zwang, S. 134; *Peukert*, in: Borsdorf (Hg.), Geschichte der deutschen Gewerkschaften, S. 447, 469, 489.

[211] RStBl. 1940, 945.

[212] HHR/*Bergkemper*, EStG/KStG, § 3b EStG Rn. 2.

[213] HHR/*Bergkemper*, EStG/KStG, § 3b EStG Rn. 4; *Tipke*, FR 2006, 949, 950.

Erwerbstätigkeit gedrängt worden waren.[214] Die Schutzvorschriften zugunsten von Jugendlichen und Frauen blieben dabei formal weiter in Kraft, Ausnahmen z.B. vom Nachtarbeitsverbot für Arbeiterinnen wurden aber mit behördlicher Genehmigung möglich.[215] Auch im Übrigen war die Arbeitszeitordnung während des zweiten Weltkrieges weitgehend außer Kraft gesetzt.[216] Mit Kriegsbeginn sank das Arbeitsrecht damit zur Regel ab, von der es zahllose Ausnahmen gab, die extrem verschärft für Juden, Sinti und Roma, Polen und osteuropäische Zwangsarbeiter galten.[217]

E. Geteiltes Deutschland

Nach dem Zweiten Weltkrieg wurde Deutschland geteilt. In den beiden deutschen Staaten wurden unterschiedliche Ansätze bei der Regulierung der Nachtarbeit verfolgt. In Westdeutschland wurde am Nachtarbeitsverbot für Arbeiterinnen festgehalten, trotz wachsender Kritik daran. Deshalb wurde die Nachtarbeit mangels allgemeiner Gesetze vorwiegend durch Tarifverträge reguliert, wobei das Modell der Abgeltung durch Zuschläge zwar anlässlich des Versuchs einer „Humanisierung der Arbeit“ kritisch diskutiert wurde, aber prägend blieb. In der DDR hingegen wurde die Nachtarbeit schon früh weitgehend geschlechtsneutral ausgestaltet. Das Verbot für Arbeiterinnen wurde aufgehoben. Allen Nachtarbeitnehmern wurden ebenfalls Zuschläge gezahlt, die aber mit weitgehenden Schutzmaßnahmen wie einer verkürzten Arbeitszeit und zusätzlichen Urlaubstagen ergänzt wurden. Die Neuregelung erfolgte allerdings vor dem Hintergrund, dass die politische Führung sowohl die Frauenerwerbstätigkeit als auch die Nacht- und Schichtarbeit stark ausweiten wollte.

I. Bundesrepublik Deutschland

Nach dem Ende des Zweiten Weltkriegs wurde durch die Kontrollratsdirektive Nr. 26[218] der Vorkriegszustand der AZO 1938 wiederhergestellt.[219] Die Bundesrepublik Deutschland erlebte nach ihrer Gründung einen wirtschaftlichen Aufschwung, in dem die Gewerkschaften erhebliche tarifliche Lohnsteigerungen erreichten.[220] Aller-

[214] *Pfarr/Bertelsmann*, Diskriminierung im Erwerbsleben, S. 38 ff.; *Peukert*, in: Borsdorf (Hg.), Geschichte der deutschen Gewerkschaften, S. 447, 489.

[215] *Denecke*, AZO, 1. Aufl. 1950, Einführung S. 14 f.

[216] *Anzinger/Koberski*, ArbZG, Einführung Rn. 20.

[217] Däubler/*Däubler*, Arbeitskampfrecht, § 5 Rn. 15 f.; *Kittner*, Arbeitskampf, S. 529. Beispielsweise waren diese ausdrücklich von der Anwendung des Jugendschutzgesetzes ausgenommen, *Düwell*, AuR 1989, 233, 237.

[218] ABl. KR 1946, S. 115.

[219] *Neumann/Biebl*, ArbZG, Einleitung Rn. 7.

[220] Däubler/*Däubler*, TVG, Einleitung Rn. 43.

dings waren mit dem Wachstum der Industrie häufig gesundheitsschädliche Arbeitsbedingungen wie beispielsweise Nachtarbeit verbunden. Spätestens mit der zweiten Frauenbewegung geriet zudem das klassische Familienmodell in die Kritik.

Diese tatsächlichen Veränderungen führten jedoch hinsichtlich der Nachtarbeit nicht zu gesetzlichen Neuerungen. Der Gesetzgeber blieb hingegen untätig und überließ dieses Feld den Tarifparteien. Nachtarbeit war weiterhin wichtiger Bestandteil tariflicher Regelungen. Die Probleme, welche die gesetzgeberische Untätigkeit den Tarifparteien und insbesondere den Gewerkschaften dabei verursachte, einen wirksamen Gesundheitsschutz zu erreichen, zeigen die (selbst-)kritischen Debatten um eine „Humanisierung der Arbeit".

1. Beibehaltung des Nachtarbeitsverbots für Arbeiterinnen

Die Gesetzeslage blieb hinsichtlich der Nachtarbeit fast unverändert.[221] Die Steuerfreiheit der Nachtarbeitszuschläge, die während des Zweiten Weltkriegs eingeführt worden war, wurde in § 3b EStG[222] übernommen und besteht seitdem mit leichten Änderungen fort.[223] Im Arbeitszeitrecht blieb die AZO 1938 in der Bundesrepublik als vorkonstitutionelles Gesetzesrecht in Kraft.[224] Sie wurde bis zur Wiedervereinigung nur unwesentlich geändert, nicht einmal die nationalsozialistische Terminologie wurde beseitigt.[225] Einziger gesetzlicher Schutz war daher das Verbot gem. § 19 AZO, Arbeiterinnen zwischen 20 und 6 Uhr bzw. in mehrschichtigen Betrieben zwischen 23 und 6 Uhr zu beschäftigen. Dieses war jedoch durch zahlreiche Ausnahmeregelungen durchlöchert, zum Beispiel für das Verkehrswesen, Gast- und Schankwirtschaften sowie Krankenpflegeanstalten.[226]

a) Wachsende Kritik am frauenspezifischen Nachtarbeitsverbot

Wegen der negativen Seiten des Verbots geriet dieses zunehmend in die Kritik. Denn es schützte zwar vor schädlicher Nachtarbeit, diskriminierte aber zugleich beim Arbeitsmarktzugang und schrieb das hergebrachte Frauen- und Familienbild fest. Die Sonderschutzmaßnahmen für Frauen abzuschaffen, um Gleichberechtigung und Lohngleichheit zu dienen, wurden jedoch mit dem Hinweis auf die „naturgegebenen Ungleichheiten" zwischen den Geschlechtern abgelehnt.[227] So erkannte das BVerfG

---

[221] Nachtarbeitsverbote wurden für Seeleute neu eingeführt, dazu *Brieler*, Die Nachtarbeitsverbote, S. 44 f.

[222] WiGBl. 1949, 69.

[223] Detailliert zur Rechtsentwicklung: HHR/*Bergkemper*, EStG/KStG, § 3b EStG Rn. 2.

[224] BVerfG 20.5.1952 – 1 BvL 3/51, 1 BvL 4/51, E 1, 283, 293.

[225] Buschmann/Ulber/*Buschmann*, ArbZR, Einleitung Rn. 18, 23; *Neumann/Biebl*, ArbZG, Einleitung Rn. 8, 13.

[226] *Zmarzlik*, BB 1982, 1802, 1806.

[227] So *Denecke*, AZO, 1. Aufl. 1950, Einführung S. 11.

im Jahr 1956 in § 19 AZO keinen Verstoß gegen Art. 3 Abs. 2, 3 GG, weil die Norm angeblichen biologischen Besonderheiten der Frau Rechnung trage.[228] Außerdem würden funktionale Unterschiede eine rechtliche Differenzierung zwischen Männern und Frauen erlauben, womit die hergebrachte geschlechtsspezifische Arbeitsteilung gemeint war.[229]

Ab etwa 1965 wurde zunehmend Kritik an frauenspezifischen Beschäftigungsverboten geäußert.[230] Im Zuge der zweiten Frauenbewegung mehrten sich die ablehnenden Stimmen. Das Nachtarbeitsverbot diene als vorgeblich frauenfreundliches Schutzrecht vielmehr deren Einordnung in ein tradiertes, arbeitsteiliges Lebensmodell und sei mit dem Gleichberechtigungsgebot unvereinbar, weil es nicht auf biologisch-medizinischen Beweisen, sondern auf familienpolitischen Erwägungen beruhe.[231] In der Praxis bildeten beispielsweise manche Unternehmen der chemischen Industrie Frauen nicht zu Chemiefachwerkerinnen aus, weil sie diese nicht im Dreischichtbetrieb einsetzen durften.[232]

Das Bundesverfassungsgericht sprach allerdings im Jahr 1979 in einem obiter dictum erneut die Vereinbarkeit von § 19 AZO mit Art. 3 Abs. 2 GG aus, weil die Norm eine etwaige schwächere Konstitution der Frau ausgleiche und Lebensumstände der Frauen berücksichtige.[233] Entsprechend urteilten die Obergerichte bis Ende der 1980er Jahre.[234] In der Literatur wurde das Verbot gerechtfertigt, weil Frauen Zeit gewährt werden solle, um sich zu erholen, der Familie zu widmen und den Haushalt zu versorgen.[235]

b) Erfolglose Gesetzesinitiativen zur Neuregelung des Arbeitszeitrechts

Verschiedene Initiativen zur Neuregelung des Arbeitszeitrechts gab es bereits in den 1960er und 1970er Jahren.[236] Zur Beratung im Bundestag kamen entsprechende Anträge erstmals im Jahr 1984. Der Antrag der SPD-Fraktion sah dabei unter Beibehaltung des Nachtarbeitsverbots für Arbeiterinnen einen geschlechtsneutralen An-

---

[228] BVerfG 25.5.1956 – 1 BvR 53/54, E 5, 9, Ls. 2, 12.

[229] BVerfG 18.12.1953 – 1 BvL 106/53, E 3, 225, 242; BVerfG 26.1.1977 – 1 BvL 17/73, E 43, 213, 225; *Zmarzlik*, BB 1982, 1802, 1807; vgl. *Nemitz/Runge/Wasielewsky*, DArg 1984, 699, 703.

[230] *Zmarzlik*, BB 1980, 1802, 1803.

[231] *Dobberthien*, ZRP 1976, 105, 106; provokant zugespitzt in den von *Colneric* (NZA 1992, 393, 393) wiedergegebenen Thesen Bochumer Juristinnen aus dem Jahr 1979.

[232] *Däubler-Gmelin*, in: Battis/Schultz (Hg.), Frauen im Recht, S. 161, 168.

[233] BVerfG 13.11.1979 – 1 BvR 631/78, E 52, 369, 376.

[234] OVG Berlin, 17.12.1980 – OVG 1 S 8/80, NJW 1982, 66; OVG Lüneburg, 23.1.1981 – 8 A 31/80, GewA 1982, 271; OVG Münster, 2.12.1987 – 4 A 671/87, juris.

[235] *Denecke*, AZO, 11. Aufl. 1991, § 19 Rn. 3.

[236] Übersicht mit Fundstellen bei *Tietje*, Grundfragen des Arbeitszeitrechts, S. 48.

spruch von einem freien Tag je Kalendervierteljahr vor, sofern in erheblichem Umfang Nachtarbeit geleistet würde.[237] Der Entwurf der CDU/CSU-FDP-Koalition sah hingegen keinen allgemeinen Schutz und eine Einschränkung des Nachtarbeitsverbots für Arbeiterinnen vor.[238] Der Entwurf der Partei Die Grünen[239] sah die Erweiterung des Arbeiterinnennachtarbeitsverbotes zu einem grundsätzlichen Verbot der Nachtarbeit mit Ausnahmen vor. Wo auf Nachtarbeit nicht verzichtet werden könne, sollte diese zum Ausgleich kürzer als die betriebsübliche Tagarbeit bemessen werden und durch Freizeit kompensiert werden. Die Gewerkschaften forderten, das Nachtarbeitsverbot für Arbeiterinnen beizubehalten, um erreichte Schutzstandards nicht aufzugeben und Arbeiterinnen vor Doppelbelastung zu schützen.[240] Alle drei Initiativen wurden ebenso wenig Gesetz wie im Wesentlichen gleiche Entwürfe in der folgenden elften Legislaturperiode.[241]

2. Tarifliche Regulierung zwischen Abgeltung und Schutz

Angesichts des gesetzgeberischen Stillstandes wurde Nachtarbeit ein wichtiges Feld für tarifliche Regelungen.[242] Denn die AZO gewährte männlichen Arbeitnehmern, aber auch weiblichen Angestellten sowie Arbeiterinnen, bei denen eine Ausnahme vom Nachtarbeitsverbot griff, keinerlei besonderen Schutz bei Nachtarbeit.[243]

a) Tarifpolitik in den Anfangsjahren der Bundesrepublik: „Zudecken" mit Zulagen

In den sog. „Wirtschaftswunderjahren" konzentrierte sich die gewerkschaftliche Tarifpolitik allerdings angesichts des niedrigen Entgeltniveaus zunächst auf höhere Löhne.[244] In den 1950er Jahren war zudem der arbeitsfreie Samstag und damit die 40-Stunden-Woche ein wichtiges Ziel der gewerkschaftlichen Arbeitszeitpolitik, das ab 1956 erreicht wurde.[245] Die Arbeitszeitverkürzung brachte Erholung und Freizeit, schlechte Arbeitsbedingungen wurden aber häufig mit Geld „zugedeckt", etwa durch

---

[237] § 15 Abs. 1 ArbZG-E, BT-Drs. 10/121.

[238] BT-Drs. 10/2706; dazu *Wlotzke*, NZA 1984, 182.

[239] BT-Drs. 10/2188.

[240] Siehe noch die Stellungnahme zum Verfahren am Bundesverfassungsgericht, BVerfG 28.1.1992 – 1 BvR 1025/84, 1 BvL 16/83, 1 BvL 10/91, E 85, 191, 200.

[241] *Tietje*, Grundfragen des Arbeitszeitrechts, S. 48. Entwurf der SPD: BT-Drs. 11/1617; Entwurf der Regierungskoalition: BT-Drs. 11/360; Entwurf der Partei Die Grünen: BT-Drs. 11/1188.

[242] *Buschmann*, in: FS Etzel, S. 103, 104.

[243] *Küpper/Stolz/Zwingmann*, AiB 1992, 261, 262.

[244] Däubler/*Däubler*, TVG, Einleitung Rn. 43.

[245] Kempen/Zachert/*Buschmann*, TVG, § 1 Rn. 320.

Nachtschichtzulagen.[246] Allerdings ging die Arbeitswissenschaft in den 1940er und 1950er Jahren davon aus, dass der Mensch in der Lage sei, seinen Schlafrhythmus zu erlernen und zu verändern.[247] Dementsprechend wurde Nachtschichtarbeit sogar als weniger belastend als unregelmäßige Nachtarbeit angesehen und geringer tariflich vergütet.[248] Allerdings zeigte eine Studie des Arbeitspsychologen Ulich schon im Jahr 1958, dass soziale Zeitgeber verhinderten, dass sich die Körper von Nachtarbeitnehmern an den veränderten Rhythmus gewöhnten.[249]

b) Tarifpolitik zur „Humanisierung der Arbeit": Eindämmung der und Schutz bei Nachtarbeit

Erst in den 1960er Jahren wurde ein verbesserter Arbeitnehmerschutz aufgrund negativer Effekte wie steigender Unfallzahlen zu einem politischen Ziel.[250] Die Hoffnung, mit technischem Fortschritt eine generelle Belastungsreduktion zu erreichen, erfüllte sich aus Arbeitnehmersicht nicht; vielmehr war zum Beispiel eine rapide Zunahme von Wechsel- und Nachtschichtarbeit festzustellen, die als Quelle für psychische Belastungen sowie als Unfallrisiko ausgemacht wurde.[251] Hinzu kam der Politisierungsprozess mit den Bewegungen um 1968[252] und das damit verbundene Aufbegehren gegen monotone und belastende Arbeit. Viele der nicht-gewerkschaftlich geführten Streiks in den Jahren 1969–1973, die häufig von migrantischen Arbeitern ausgingen, drehten sich um die belastenden Arbeitsbedingungen und zeigten, dass diese Themen keineswegs randständig waren.[253]

In den Gewerkschaften entwickelte sich während der sozialliberalen Koalition eine Diskussion über die „Humanisierung der Arbeit".[254] Die etablierte Tarifpraxis, Gesundheitsrisiken durch Geldzuschläge zu bezahlen, wurde kritisiert und stattdessen gefordert, die Gefahren durch Abbau der Nacht- und Schichtarbeit zu be-

---

[246] *Gerlach*, WSI-Mitt. 1979, 221, 221.

[247] *Ahlheim*, in: Andresen et al. (Hg.), Der Betrieb als sozialer und politischer Ort, S. 213, 219 f.

[248] BAG 20.12.1961 – 4 AZR 213/60, juris Rn. 16; *Kohte*, in: FS Buschmann, S. 71, 76 ff.; *Ziepke*, DB 1981, 1039, 1041.

[249] *Ahlheim*, in: Andresen et al. (Hg.), Der Betrieb als sozialer und politischer Ort, S. 213, 221 f.; siehe auch *Brieler*, Die Nachtarbeitsverbote, S. 50 m.w.N.

[250] *Kleinöder*, in: Kleinöder/Müller/Uhl (Hg.), „Humanisierung der Arbeit", S. 91, 92.

[251] *Ahlheim*, in: Kleinöder/Müller/Uhl (Hg.), „Humanisierung der Arbeit", S. 161, 162, 173 f.; *Schumann*, in: Vetter (Hg.), Humanisierung der Arbeit, S. 41, 42, 44.

[252] Däubler/*Däubler*, TVG, Einleitung Rn. 46.

[253] *Birke*, Wilde Streiks im Wirtschaftswunder, S. 303.

[254] Im Jahr 1974 richtete der DGB eine Konferenz zu „Humanisierung der Arbeit als gesellschaftspolitische und gewerkschaftliche Aufgabe" aus (*Vetter* (Hg.), Humanisierung der Arbeit).

seitigen.[255] Der Gewerkschaftstag der IG Metall 1974 verlangte, Nachtarbeit auf ein Minimum zu reduzieren und nur dort zulassen, wo sie unumgänglich sei.[256] Auch die Arbeitswissenschaft hielt es in den 1970er Jahren für nicht länger tragbar, die Belastungen mit Geld zu kompensieren.[257]

Die „kompensatorische" Tarifpolitik hatte an Glanz verloren und wurde zunehmend durch eine „qualitative" Tarifpolitik ersetzt.[258] Ein bedeutendes „Gegenmodell einer solchen gestaltungsorientierten tariflichen Regelung"[259] gelang der IG Metall „im beflügelnden Umfeld der spontanen Arbeitsniederlegungen des Jahres 1973"[260]: Im Lohnrahmentarifvertrag II für Nordwürttemberg/Nordbaden wurden Regelungen über Arbeitsbedingungen und die Arbeitsgestaltung erstreikt. Arbeitnehmer im Leistungslohn erhielten stündliche Pausen zur Erholung und für persönliche Bedürfnisse.[261] Im Anschluss daran forderte der Gewerkschaftstag der IG Metall im Jahr 1977 solche bezahlten Pausen für alle Arbeitnehmer, die bei Nachtarbeit doppelt so hoch ausfallen sollten.[262] Auch in der Gewerkschaft NGG wurde darüber diskutiert, die Belastungen der Schicht- und Nachtarbeit durch Freizeit und nicht durch Zulagen abzufedern, was zum Teil auch tariflich vereinbart wurde.[263] Bedienstete der Deutschen Bundespost streikten im Jahr 1980 und forderten, dass Nachtarbeit wieder anderthalbfach als Arbeitszeit angerechnet und nicht finanziell ausgeglichen werden sollte, wie dies bis 1953 geregelt war.[264]

---

[255] *Mayr*, in: Vetter (Hg.), Humanisierung der Arbeit, S. 155, 164; *Vetter*, in: ders. (Hg.), Humanisierung der Arbeit, S. 25, 33; vgl. auch die Ergebnisse der *Arbeitsgruppe Probleme der Arbeitszeit* des Kongresses, in denen es unter anderem heißt: „Die tarifliche Bezahlung von Erschwernissen, die zu Gesundheitsschäden führen können, ist mit den Absichten zur humanen Gestaltung der Arbeit unvereinbar. Die traditionelle Auffassung der gewerkschaftlichen Tarifpolitiker, es genüge, die Bezahlung zu regeln, dann ergebe sich die Einschränkung oder Beseitigung unerwünschter Arbeitsbedingungen gleichsam zwangsläufig, hat sich vielfach als falsch herausgestellt. (…) Die biologischen Rhythmen des Menschen müssen in Zukunft bei der Betrachtung der Arbeitszeit Vorrang haben." (in: Vetter (Hg.), Humanisierung der Arbeit, S. 209). Außerdem wurden zahlreiche Vorschläge zur Verbesserung der Situation von Schichtarbeitern vorgelegt.

[256] *Müller-Seitz*, WSI-Mitt. 1979, 45, 47 Fn. 12.

[257] *Ahlheim*, in: Andresen et al. (Hg.), Der Betrieb als sozialer und politischer Ort, S. 213, 228.

[258] *Birke*, Wilde Streiks im Wirtschaftswunder, S. 303 f.; Däubler/*Däubler*, TVG, Einl. Rn. 46.

[259] *Kohte*, in: FS Kittner, S. 232, 235.

[260] *Kittner*, Arbeitskampf, S. 667.

[261] Fünf bzw. drei Minuten, vgl. *Ohl*, AuR 2016, G13, G14.

[262] Wiedergegeben bei *Schneider*, Streit um Arbeitszeit, S. 259 f.

[263] *Manz*, GMH 1977, 403, 406.

[264] *Streich/Bielinski*, WSI-Mitt. 1981, 100, 101.

c) Tarifpolitik in den 1980er Jahren: Scheitern qualitativer Ansätze

Diese Ansätze konnten sich aber nicht breit durchsetzen. Es erwies sich als schwierig, ähnliche Vereinbarungen wie den LRTV II in anderen Tarifbezirken zu erzielen.[265] Durch Rationalisierungsmaßnahmen und eine dauerhafte Massenarbeitslosigkeit rückte bereits ab Ende der 1970er Jahre die Verteidigung von Besitzständen und Arbeitsplätzen in den Mittelpunkt der gewerkschaftlichen Tarifpolitik.[266] Die Verkürzung von (Nacht-)Schichtzeiten wurde nun eher als beschäftigungspolitisches Mittel diskutiert.[267] Prägend blieben die traditionellen monetären Zuschläge, obwohl diese die für die Arbeitnehmer negative Nachtarbeit nicht beeinflussen konnten.[268] Denn die technisch oder gesellschaftlich notwendige Nachtarbeit war zwischen 1965 und 1981 rückläufig, dennoch wuchs die Zahl der Nachtarbeitnehmer leicht an.[269] Auch in den 1980er Jahren blieben Zuschläge die Regel, hinzu kam in manchen Tarifverträgen zum Beispiel in den Bereichen Metall und öffentlicher Dienst ein Zusatzurlaub von einigen Tagen im Jahr, der allerdings nicht in zeitlichem Zusammenhang mit geleisteter Nachtarbeit genommen oder gewährt werden musste.[270] Insgesamt erhielten im Jahr 1983 5,4 Millionen Schicht- und Nachtarbeitnehmer tarifvertraglich Zusatzurlaub oder bezahlte Freischichten in unterschiedlichem Umfang.[271] Der Schwerpunkt der Tarifpolitik verschob sich danach zum einen auf die Beschäftigungssicherung, zum anderen in der Industrie auf die weitere allgemeine Arbeitszeitverkürzung.[272]

Trotz der Ansätze einer qualitativen Tarifpolitik, die Belastungen reduzieren sollte, wurde eine durchgreifende Verkürzung der Arbeitszeit somit nicht erreicht.[273] Die erreichten Regelungen sollten daher nicht darüber hinwegtäuschen, dass fast ausschließlich Geldzuschläge vereinbart wurden. Von einer systematischen Schutzpolitik konnte nicht gesprochen werden.[274]

---

[265] HKZZ/*Zachert*, TVG, 1. Aufl. 1984, § 1 Rn. 92.

[266] *Gerlach*, WSI-Mitt. 1979, 221, 221.

[267] *Gerlach*, WSI-Mitt. 1979, 221, 225.

[268] HKZZ/*Zachert*, TVG, 1. Aufl. 1984, § 1 Rn. 94.

[269] HKZZ/*Zachert*, TVG, 1. Aufl. 1984, § 1 Rn. 94.

[270] Durchschnittlich drei bis fünf Freischichten pro Jahr: *Streich/Bielinski*, WSI-Mitt. 1981, 100, 101 f.

[271] *Clasen*, RdA 1984, 241, 244.

[272] Däubler/*Däubler*, TVG, Einleitung Rn. 47, 49 f.

[273] *Streich/Bielinski*, WSI-Mitt. 1981, 100, 101.

[274] *Küpper/Stolz/Zwingmann*, AiB 1992, 261, 262.

II. Deutsche Demokratische Republik

Auch im Osten Deutschlands wurde nach Kriegsende zunächst, durch den SMAD-Befehl Nr. 56, der Vorkriegszustand der AZO 1938 wiederhergestellt.[275] Dies betraf auch die Sondervorschriften für Arbeiterinnen. Während in der BRD die seit dem Kaiserreich tradierte Gesetzeslage fortbestand, wurde diese in der DDR allerdings kurz nach der Staatsgründung fundamental verändert. Dabei wurde einerseits die Ausweitung der Nacht- und Schichtarbeit forciert und das Nachtarbeitsverbot für Arbeiterinnen aufgehoben, andererseits wurden weitgehende Schutzvorkehrungen getroffen, von denen überwiegend beide Geschlechter profitierten.

1. Nachtarbeit in der Industriegesellschaft DDR

Industriearbeiter machten in der DDR im Jahr 1989 einen sehr hohen Anteil von 44% an allen Beschäftigten aus.[276] Dabei war es erklärtes Ziel der Staatsführung, Maschinen und Anlagen durch Schichtarbeit besser auszulasten, denn mit steigender Kapitalintensivität der Arbeitsplätze müssten diese auch zeitlich extensiv genutzt werden.[277] Nachtarbeit sei objektiv notwendig, um die Versorgung und Betreuung der Bürger zu sichern.[278] Dementsprechend stieg die Zahl der im Dreischicht-Betrieb tätigen Arbeitnehmer stetig an und lag über der Zahl in der BRD.[279] Die negativen Folgen der Schichtarbeit, insbesondere für die Gesundheit, wurden in den Publikationen der DDR überwiegend verharmlost und als vollständig kompensierbar dargestellt.[280]

2. Abschaffung des Nachtarbeitsverbots für Frauen

Das Nachtarbeitsverbot für Arbeiterinnen widersprach sowohl dem Ziel, durch Frauenerwerbstätigkeit die Gleichberechtigung der Geschlechter zu erreichen, als auch dem Arbeitskräftebedarf, den die Ausweitung der Industriearbeit nach sich zog.[281] Daher wurde dieses Verbot bereits kurz nach der Staatsgründung abgeschafft.

---

[275] *Heilmann*, Arbeitsrecht der SBZ, S. 224.

[276] *Zimmermann*, Die industrielle Arbeitswelt der DDR, S. 11.

[277] *FES*, Schichtarbeit, S. 16 f.; *Lohmann*, Das Arbeitsrecht der DDR, S. 60 f.; *Voigt*, Schichtarbeit und Sozialsystem, S. 134.

[278] *Paul/Thiel*, in: Kunz/Thiel u. a., Arbeitsrecht, S. 247; *Peters/Thiel*, in: Michas u. a., Arbeitsrecht der DDR, S. 269.

[279] *Voigt*, Schichtarbeit und Sozialsystem, S. 137; *Zimmermann*, Die industrielle Arbeitswelt der DDR, S. 33 ff.

[280] *FES*, Schichtarbeit, S. 20; *Voigt*, Schichtarbeit und Sozialsystem, S. 116.

[281] *Frerich/Frey*, HdB GSD Bd. 2, S. 112 f., 395 f.; *Mau*, Lütten Klein, S. 74 betont die beschäftigungspolitischen Gründe; *Stolz-Willig*, in: Büssing/Seifert (Hg.), Sozialverträgliche Arbeitszeitgestaltung, S. 119, 121 die Förderung der wirtschaftlichen Unabhängigkeit der Frauen.

Stattdessen wurde in §§ 1 Abs. 4, 27 Abs. 1 GdA 1950[282] das Ziel geregelt, die Arbeit von Frauen in allen Zweigen der Volkswirtschaft zu erhöhen.

3. Geschlechtsneutrale Vergünstigungen für Nachtarbeitnehmer

Zugleich war in der DDR eine Vielzahl von Vergünstigungen für Nachtarbeitnehmer gesetzlich geregelt. Schicht- und Nachtarbeitnehmer genossen geschlechtsneutral bessere Arbeitsbedingungen, die am Ende der DDR wie folgt gestaltet waren: zu monetären Zuschlägen, die in etwa 20% des Grundlohns betrugen, kamen je nach Schichtsystem bis zu zehn zusätzliche Urlaubstage sowie eine verkürzte Wochenarbeitszeit von 40 bzw. 42 statt 43,75 Wochenstunden.[283] Daneben wurden sie gesundheitlich überwacht und konnten unter Umständen beanspruchen, in Tagarbeit umgesetzt zu werden; außerdem gab es auf die speziellen Bedürfnisse zugeschnittenes, schonendes Kantinenessen, einen an die Arbeitszeiten angepassten, öffentlichen Nahverkehr sowie besondere Erholungs- und Kulturangebote für die Nachtarbeitnehmer.[284]

Neben diesen Vorteilen hinsichtlich Entgelt, Schutz und Erholung waren familienschützende Regelungen vorgesehen, allerdings in erster Linie nur für Frauen. Mütter kleiner Kinder unter sechs Jahren durften Nachtarbeit ablehnen, sofern die betrieblichen Sozialeinrichtungen nicht ausreichten (§ 23 ASchVO 1951[285]; § 170 Abs. 5 i.V.m. § 243 Abs. 2 AGB 1977[286]). Auf Mütter älterer Kinder war gem. § 23 MKSchuG 1951[287] ebenfalls Rücksicht zu nehmen, sofern Nachtarbeit angeordnet wurde. Diese Normen spiegeln die Doppelbelastung von Frauen durch Erwerbs- und Hausarbeit wider, zu der es kam, weil trotz Frauenerwerbstätigkeit die Sorge- und Erziehungsarbeit nur in geringem Maße umverteilt wurde.[288] Das Recht, Nachtarbeit abzulehnen, um pflegebedürftige Haushaltsangehörige ohne andere Versorgung zu betreuen, wurde hingegen ab 1977 gem. § 170 Abs. 3 S. 2 AGB geschlechtsneutral allen Werktätigen gewährt.

---

[282] GBl. DDR 1950, S. 349.

[283] *Lohmann*, Das Arbeitsrecht der DDR, S. 62; *Voigt*, Schichtarbeit und Sozialsystem, S. 149 f.

[284] *FES*, Schichtarbeit, S. 20 ff.

[285] GBl. DDR 1951, S. 957.

[286] GBl. DDR 1977 I, S. 185.

[287] GBl. DDR 1951, S. 1037.

[288] *Frerich/Frey*, HdB GSD Bd. 2, S. 391; *Mau*, Lütten Klein, S. 74; *Schiek*, Nachtarbeitsverbot für Arbeiterinnen, S. 47.

F. Wiedervereinigtes Deutschland

Nach der Wiedervereinigung kam es – für Westdeutschland zum ersten Mal seit 1938 – zu relevanten Änderungen der gesetzlichen Lage im Hinblick auf die Nachtarbeit. Erstmals wurden geschlechtsneutrale Schutzgesetze für Nachtarbeitnehmer geschaffen. Diese sollten jedoch die bestehenden Tarifverträge nicht beeinträchtigen und greifen daher im Bereich der Zuschlags- oder Freizeitgewährung nur subsidiär ein, soweit keine tarifvertraglichen Ausgleichsregelungen bestehen.

Anschließend wurden die branchenspezifischen Nachtarbeitsverbote abgeschafft und Nachtarbeit verschwand als Thema aus dem Fokus der Öffentlichkeit. Im Kontrast dazu stieg die Zahl der Nachtarbeitnehmer jedoch seit Mitte der 1990er Jahre stark an. Obwohl das Nachtarbeitsverbot für Arbeiterinnen aufgehoben wurde, scheint die Diskriminierung von Frauen bei der Nachtarbeit fortzubestehen. Auf tariflicher Ebene gab es zuletzt einige Neuregelungen der Nachtarbeit, sowohl in Bezug auf die Höhe der Zuschläge als auch in Bezug auf zusätzliche Ansprüche auf bezahlte Freistellung.

I. Erlass des Arbeitszeitgesetzes 1994

Entscheidend für die Schaffung des ArbZG waren mehrere Ereignisse zu Beginn der 1990er Jahre, die eine Gesetzesreform unumgänglich machten. Für den Bereich der Nachtarbeit entstand dieser Reformdruck aus Entwicklungen des Unionsrechts, dem Urteil des Bundesverfassungsgerichts vom 28. Januar 1992 und dem Einigungsvertrag. Außerdem wurde von der ILO am 26. Juni 1990 das Übereinkommen Nr. 171 angenommen.

1. Reformdruck durch die europäische Rechtsentwicklung

Auf Ebene des Unionsrechts sind das Urteil des EuGH vom 25. Juli 1991 und die Verabschiedung der ersten ArbZ-RL zu nennen.

a) Urteil des EuGH zum französischen Frauennachtarbeitsverbot

Am 25. Juli 1991 erklärte der EuGH das in Frankreich bestehende Nachtarbeitsverbot für Frauen für mit Art. 5 Gleichbehandlungs-RL unvereinbar, weil kein entsprechendes Verbot für Männer bestand.[289] Der Generalanwalt legte in seinen Schlussanträgen dar, dass die Nachtarbeitsverbote für Arbeiterinnen bei ihrem Erlass auf eine angenommene schwächere weibliche Konstitution, auf ihre höhere Schutzbedürftigkeit aufgrund fehlender bürgerlicher und politischer Rechte, auf die Gefahr

[289] EuGH 25.7.1991 – C-345/89 (Stoeckel), AP EWG-Vertrag Art. 119 Nr. 28 Rn. 20.

von Übergriffen auf dem Arbeitsweg und das hergebrachte Familienmodell gestützt wurden.[290] Alle diese Gründe sah er als nicht (mehr) gegeben an, wobei er hinsichtlich der Gesundheitsgefahren Bezug auf den Bericht der Internationalen Arbeitskonferenz aus dem Jahr 1989 nahm.[291] Der EuGH folgte der Ansicht, dass der ursprünglich mit dem Nachtarbeitsverbot verfolgte Schutzgedanke nicht mehr begründet sei.[292] Die allgemeinen Gefahren der Nachtarbeit für Frauen unterschieden sich – außerhalb der engen Ausnahmen bei Schwanger- und Mutterschaft – nicht von denen für Männer.[293] Der Überfallgefahr müsse durch geeignetere Maßnahmen beigekommen werden, ohne Frauen einzuschränken.[294] Schließlich habe die Gleichbehandlungs-RL nicht das Ziel, die internen Verhältnisse der Familien zu regeln, weshalb diese sachfernen Erwägungen nicht die Aufrechterhaltung des Verbots rechtfertigen könnten.[295] Trotz geringer Unterschiede in der französischen und westdeutschen Rechtslage war damit nach nahezu einhelliger Ansicht die Unionsrechtswidrigkeit von ausschließlich Frauen betreffenden Nachtarbeitsverboten insgesamt und damit auch von § 19 AZO festgestellt.[296]

b) Verabschiedung der sog. Arbeitszeitrichtlinie

Außerdem wurde im Jahr 1993 die erste ArbZ-RL[297] beschlossen und musste in nationales Recht umgesetzt werden. Die erste ArbZ-RL fällt in die dritte Phase der europäischen Arbeitszeitregulierung, in der diese auf den Gesundheitsschutz als sozialpolitisches Ziel gestützt wurde.[298] Hintergrund ist, dass durch gemeinsame Mindeststandards ein wirtschaftlicher Wettbewerb zulasten des Arbeitnehmerschutzes vermieden werden soll.[299] Mit dem Ziel, den eigenen Sozialstandard unter anderem

---

[290] GA *Tesauro*, Schlussanträge zu C-345/89 (Stoeckel), Slg. 1991, I-4055 Nr. 5. Vgl. *Internationale Arbeitskonferenz*, 76. Tagung 1989, Bericht V (I) Nachtarbeit, S. 25 f.

[291] GA *Tesauro*, Schlussanträge zu C-345/89 (Stoeckel), Slg. 1991, I-4055 Nr. 7–9. Vgl. *Internationale Arbeitskonferenz*, 76. Tagung 1989, Bericht V (I) Nachtarbeit, S. 11.

[292] EuGH 25.7.1991 – C-345/89 (Stoeckel), AP EWG-Vertrag Art. 119 Nr. 28 Rn. 18.

[293] EuGH 25.7.1991 – C-345/89 (Stoeckel), AP EWG-Vertrag Art. 119 Nr. 28 Rn. 15.

[294] EuGH 25.7.1991 – C-345/89 (Stoeckel), AP EWG-Vertrag Art. 119 Nr. 28 Rn. 16.

[295] EuGH 25.7.1991 – C-345/89 (Stoeckel), AP EWG-Vertrag Art. 119 Nr. 28 Rn. 17 f.

[296] BVerfG 28.1.1992 – 1 BvR 1025/84, 1 BvL 16/83, 1 BvL 10/91, E 85, 191, 204 f.; *Anzinger/Koberski*, ArbZG, § 6 Rn. 8; Buschmann/Ulber/*Ulber*, ArbZR, § 6 Rn. 3; *Blanke/Diederich*, AuR 1992, 165, 169 f.; *Colneric*, NZA 1992, 393, 394; DWZ/*Klengel*, HdB ArbR, § 28 Rn. 137; AR-Blattei ES/*Käppler*, Anm. zu 800 (Gleichbehandlung) Nr. 91, 1; *Peez/Großjohann*, DB 1993, 633, 633; *Raasch*, KJ 1992, 476, 476; offengelassen bei *Neumann/Biebl*, ArbZG, § 6 Rn. 1.

[297] Richtlinie 93/104/EG des Rates über bestimmte Aspekte der Arbeitszeitgestaltung vom 23.11.1993, ABl. L 307, S. 18.

[298] EAS/*Balze*, B 3100, Rn. 6; Preis/Sagan/*Ulber*, Europäisches Arbeitsrecht, § 14 Rn. 9.

[299] Streinz/*Eichenhofer*, AEUV, Art. 153 Rn. 6.

hinsichtlich Lohnzuschlägen für Nachtarbeit abzusichern, hatte Frankreich bereits früher auf einheitliche Regelungen gedrängt.[300]

Die Bemühungen, eine ArbZ-RL zu schaffen, hatten jedoch erst als gesundheitsschützende Regelungen Erfolg. Die Grundlage bildete die im Jahr 1986 in Art. 118a WGV[301] geschaffene Richtlinienkompetenz für den Bereich des Arbeitsschutzes. Vorausgegangen war der ArbZ-RL die Verabschiedung der Gemeinschaftscharta der sozialen Grundrechte der Arbeitnehmer[302] sowie des sozialpolitischen Aktionsprogramms[303].[304] Erwägungen der Europäischen Kommission über ein grundsätzliches Verbot der Nachtarbeit mit Ausnahmen aus dem Jahr 1987 wurden in der ersten ArbZ-RL jedoch nicht realisiert.[305] Bereits der erste Entwurf der Kommission aus dem Jahr 1990 sah bloß flankierende Regelungen für Nachtarbeit vor.[306] Bis zur endgültigen Verabschiedung der ArbZ-RL vergingen aufgrund erheblicher Meinungsverschiedenheiten weitere drei Jahre. Bedenken wurden dabei vor allem von Großbritannien und großen Teilen des Arbeitgeberlagers geäußert und führten zur Aufnahme einer Vielzahl von Ausnahmemöglichkeiten in die ArbZ-RL.[307] Eine Entschließung des Europäischen Parlaments, wonach die Nachtarbeit wegen ihrer Schädlichkeit für die Arbeitnehmer grundsätzlich verboten werden sollte, blieb folgenlos.[308] Die Umsetzungsfrist der ArbZ-RL endete am 23. November 1996,[309] sodass diese ebenfalls Reformdruck auslöste.

2. Reformdruck durch das Urteil des Bundesverfassungsgerichts

Wenige Monate nach dem EuGH, am 28 Januar 1992, erklärte das Bundesverfassungsgericht das Nachtarbeitsverbot für Arbeiterinnen für mit dem Grundgesetz unvereinbar. Es folgte damit den sich mehrenden kritischen Stimmen in der Literatur.[310]

---

[300] EAS/*Balze*, B 3100, Rn. 2.

[301] ABl. 1987 L 169, S. 1.

[302] KOM (89) 248 endg.

[303] KOM (89) 568 endg.

[304] EAS/*Balze*, B 3100, Rn. 6; Preis/Sagan/*Ulber*, Europäisches Arbeitsrecht, § 14 Rn. 9.

[305] Wiedergegeben bei *Pfarr/Bertelsmann*, Diskriminierung im Erwerbsleben, S. 151 f.

[306] ABl. EG 1990, C-254/4, Art. 7–11.

[307] *Balze*, EuZW 1994, 205, 205; EAS/*Balze*, B 3100, Rn. 43.

[308] Vgl. BT-Drs. 12/4380, S. 4.

[309] *Balze*, EuZW 1994, 205, 205.

[310] *Dobberthien*, ZRP 1976, 105, 106; *Gaul*, BB 1987, 1662, 1663 ff.; *Hofmann*, JuS 1988, 249, 253; *Loritz*, ZfA 1991, 607, 622 ff., 650 f.; *Pfarr/Bertelsmann*, Diskriminierung im Erwerbsleben, S. 153 ff.; *Schiek*, Nachtarbeitsverbot für Arbeiterinnen, S. 134 ff.; a. A. *Denecke*, AZO, 11. Aufl. 1991, § 19 Rn. 3; *Gamillscheg*, Grundrechte im Arbeitsverhältnis, S. 84.

a) Doppelte Gleichheitswidrigkeit des Nachtarbeitsverbots für Arbeiterinnen

Das Bundesverfassungsgericht erkannte einen Verstoß von § 19 Abs. 1 AZO gegen Art. 3 Abs. 3 GG. Es sah in der Regelung eine verbotene Ungleichbehandlung nach dem Geschlecht.[311] Eine Rechtfertigung durch zwingende Gründe komme im vorliegenden Fall nicht in Betracht.[312]

Besonderes Gewicht legte das BVerfG auf eine mögliche Rechtfertigung durch Gründe des Gesundheitsschutzes. Eine stärkere gesundheitliche Gefährdung von Frauen durch Nachtarbeit sei durch die arbeitsmedizinische Forschung aber nicht mit hinreichender Sicherheit erwiesen worden, Nachtarbeit sei vielmehr für alle Menschen gesundheitsschädigend.[313] Zur Erhärtung rekurrierte das Bundesverfassungsgericht auf zahlreiche medizinische Gutachten.[314]

Das BVerfG sah die Regelung auch nicht dadurch als gerechtfertigt an, dass Übergriffe auf dem Arbeitsweg für Frauen eine größere Gefährdung darstellten. Solchen müsse der Staat durch Mittel entgegenwirken, die Frauen nicht einschränkten.[315]

Schließlich widmete sich das Bundesverfassungsgericht der Frage, ob das Nachtarbeitsverbot durch die besondere Belastung vieler Frauen, die neben der Erwerbstätigkeit auch Haus- und Sorgearbeit zu leisten hätten, gerechtfertigt werden könne.[316] Dies verneinte das Gericht aus zwei Gründen. Zum einen sei diese zusätzliche Belastung schon kein hinreichend geschlechtsspezifisches Merkmal, denn sie treffe in gleicher Weise alleinerziehende Männer und in abgemilderter Form Männer und Frauen, die sich die Arbeit im Haus und mit den Kindern teilen.[317] Zum anderen sei das Nachtarbeitsverbot mit erheblichen Nachteilen verbunden, weil es den Zugang zu bestimmten Arbeitsstellen behindere und verunmögliche, frei über die eigene Arbeitszeit zu disponieren und gegebenenfalls Zuschläge zu verdienen.[318] Es könne daher gerade dazu führen, dass Frauen weiterhin mehrfach belastet würden und die überkommene Rollenverteilung zwischen den Geschlechtern stärken.[319] Ein mit Nachteilen für Frauen verbundenes Rollenbild dürfe aber gem. Art. 3 Abs. 2 GG durch staatliche Maßnahmen nicht verfestigt werden.[320] In

[311] BVerfG 28.1.1992 – 1 BvR 1025/84, 1 BvL 16/83, 1 BvL 10/91, E 85, 191, 206.

[312] BVerfG 28.1.1992 – 1 BvR 1025/84, 1 BvL 16/83, 1 BvL 10/91, E 85, 191, 207.

[313] BVerfG 28.1.1992 – 1 BvR 1025/84, 1 BvL 16/83, 1 BvL 10/91, E 85, 191, 207 f.

[314] BVerfG 28.1.1992 – 1 BvR 1025/84, 1 BvL 16/83, 1 BvL 10/91, E 85, 191, 208.

[315] BVerfG 28.1.1992 – 1 BvR 1025/84, 1 BvL 16/83, 1 BvL 10/91, E 85, 191, 209.

[316] BVerfG 28.1.1992 – 1 BvR 1025/84, 1 BvL 16/83, 1 BvL 10/91, E 85, 191, 208 ff.

[317] BVerfG 28.1.1992 – 1 BvR 1025/84, 1 BvL 16/83, 1 BvL 10/91, E 85, 191, 209.

[318] BVerfG 28.1.1992 – 1 BvR 1025/84, 1 BvL 16/83, 1 BvL 10/91, E 85, 191, 209 f.

[319] BVerfG 28.1.1992 – 1 BvR 1025/84, 1 BvL 16/83, 1 BvL 10/91, E 85, 191, 210.

[320] BVerfG 28.1.1992 – 1 BvR 1025/84, 1 BvL 16/83, 1 BvL 10/91, E 85, 191, 207.

diesem Punkt ging das Bundesverfassungsgericht über das Urteil des EuGH hinaus, der aufgrund fehlender Kompetenz nicht zu diesem Punkt entschieden hatte.

Außerdem erkannte das BVerfG auch einen Verstoß gegen Art. 3 Abs. 1 GG, weil es keinen sachlichen Grund für die unterschiedliche Behandlung von Arbeiterinnen und weiblichen Angestellten gebe, insbesondere beide gleich stark durch Nachtarbeit gesundheitlich gefährdet würden.[321]

b) *Verpflichtung zur Schaffung eines geschlechtsneutralen Schutzsystems*

Umstritten war in der Literatur unter jenen, die ein frauenspezifisches Nachtarbeitsverbot für verfassungswidrig hielten, welche Konsequenzen daraus folgen sollten. Teilweise wurde die bloße Aufhebung des Verbots für ausreichend erachtet.[322] Andere fragten kritisch: „Gleichstellung durch Deregulierung?"[323] Sie hielten den Staat wegen der Gefahren für die Gesundheit sowie Ehe und Familie für grundrechtlich und sozialstaatlich verpflichtet, Nachtarbeit für alle Geschlechter zu verbieten oder allgemeingültige Schutzregeln einzuführen.[324]

Das BVerfG schloss sich der zweiten Ansicht an. Es verpflichtete den Gesetzgeber, den Schutz der Arbeitnehmer vor den schädlichen Folgen der Nachtarbeit neu zu regeln.[325] Insbesondere aus dem Grundrecht des Art. 2 Abs. 2 S. 1 GG auf körperliche Unversehrtheit folge eine Schutzpflicht des Staates, zu deren Erfüllung er jedenfalls nicht gänzlich ungeeignete Maßnahmen ergreifen dürfe.[326] Weitergehende Schutzpflichten könnten zu Gunsten von bestimmten Gruppen, wie Familien mit kleinen Kindern, bestehen.[327] Daran ändere auch nichts, dass Nachtarbeit ausnahmslos auf Grundlage freiwillig getroffener Vereinbarungen verrichtet werde.[328] Beim Abschluss von Arbeitsverträgen herrsche nämlich typischerweise ein Kräfteungleichgewicht, wie auch schon der historische Gesetzgeber des § 19 AZO erkannt habe, sodass die Privatautonomie keinen hinreichenden Schutz gewähren könne.[329] Die objektiven Grundentscheidungen der Verfassung im Grundrechtsabschnitt und im Sozialstaatsgebot müssten daher durch gesetzliche Vorschriften verwirklicht werden, die diesem Ungleichgewicht entgegenwirkten.[330]

---

[321] BVerfG 28. 1. 1992 – 1 BvR 1025/84, 1 BvL 16/83, 1 BvL 10/91, E 85, 191, 210 f.

[322] *Loritz*, ZfA 1991, 607, 640 ff.

[323] So der Untertitel der Dissertation von *Schiek*, Nachtarbeitsverbot für Arbeiterinnen; ebenso *Däubler-Gmelin*, in: Battis/Schultz (Hg.), Frauen im Recht, S. 161, 165.

[324] *Pfarr/Bertelsmann*, Diskriminierung im Erwerbsleben, S. 155 ff.; *Schiek*, Nachtarbeitsverbot für Arbeiterinnen, S. 258 ff., 282 f.

[325] BVerfG 28. 1. 1992 – 1 BvR 1025/84, 1 BvL 16/83, 1 BvL 10/91, E 85, 191, 212.

[326] BVerfG 28. 1. 1992 – 1 BvR 1025/84, 1 BvL 16/83, 1 BvL 10/91, E 85, 191, 212.

[327] BVerfG 28. 1. 1992 – 1 BvR 1025/84, 1 BvL 16/83, 1 BvL 10/91, E 85, 191, 213.

[328] BVerfG 28. 1. 1992 – 1 BvR 1025/84, 1 BvL 16/83, 1 BvL 10/91, E 85, 191, 213.

[329] BVerfG 28. 1. 1992 – 1 BvR 1025/84, 1 BvL 16/83, 1 BvL 10/91, E 85, 191, 213.

[330] BVerfG 28. 1. 1992 – 1 BvR 1025/84, 1 BvL 16/83, 1 BvL 10/91, E 85, 191, 213.

3. Reformdruck durch gespaltene Rechtslage in Ost- und Westdeutschland

Schließlich war beim Beitritt der Deutschen Demokratischen Republik zur Bundesrepublik Deutschland auf eine Vereinheitlichung des öffentlich-rechtlichen Arbeitszeitrechts verzichtet und in Art. 30 Abs. 1 Nr. 1 Einigungsvertrag[331] dahingehend ein Regelungsauftrag an den gesamtdeutschen Gesetzgeber formuliert worden. Insbesondere wurde das Nachtarbeitsverbot für Arbeiterinnen, welches in der DDR bereits seit dem Jahr 1950 abgeschafft war, im Beitrittsgebiet nicht wieder eingeführt.[332] Dies hätte sonst die Beschäftigungsmöglichkeiten von Frauen beeinträchtigt.[333] Gerade angesichts der geschilderten Bedeutung der Nachtarbeit in der DDR und der hohen Frauenerwerbsquote hätten sich daraus schwere Probleme ergeben. Daraus resultierte eine gespaltene Rechtslage, die auf Neuregelung drängte.

4. Politischer und ökonomischer Kontext der Neuregelung

Bereits in den 1980er Jahren hatte die CDU/CSU-FDP-Koalition eine „Wende" in der Arbeitsmarktpolitik eingeleitet, die unter anderem weniger Belastungen und mehr Flexibilität der Arbeitgeber im Arbeitszeitrecht bringen sollte.[334] Ende 1987 wurde die sog. Deregulierungskommission eingesetzt. Ihr Abschlussbericht empfahl hinsichtlich der Arbeitszeit größtmögliche Flexibilität; die Betriebsnutzungszeiten sollten verlängert und Hindernisse wie das Nachtarbeitsverbot für Frauen, Beschränkungen für Jugendliche und das Ladenschlussgesetz beseitigt werden.[335] Neben dieser neoliberalen politischen Einstellung bildeten auch wirtschaftliche Probleme den Hintergrund des Umschwungs. Auf die Krise des fordistischen Wirtschafts- und Gesellschaftsmodells reagierten Unternehmen mit der Einführung neuer Technologien, was die Möglichkeit weltweiter Produktionsverlagerung eröffnete.[336] Diese Globalisierung der Wirtschaftsbeziehungen setzte die sozialpartnerschaftliche Arbeits- und Wirtschaftsverfassung Westdeutschlands unter Druck und schränkte nationalstaatliche Spielräume hinsichtlich der Sozialpolitik ein.[337]

Durch die Wiedervereinigung vergrößerten sich die wirtschaftlichen Probleme. Die Währungsreform führte in Ostdeutschland binnen kurzer Zeit zum Zusam-

---

[331] BGBl. 1990 II, S. 889.

[332] *Ayaß*, ZfSR 2000, 189, 214.

[333] Denkschrift zum Einigungsvertrag, BT-Drs. 11/7760, S. 370; HK-ArbSchR/*Habich*, § 6 ArbZG Rn. 3; *Schiek*, Nachtarbeitsverbot für Arbeiterinnen, S. 32.

[334] Vgl. *Buschmann*, AuR 2017, G17 zum sog. Lambsdorff-Papier und den gesetzlichen Reformen.

[335] *Deregulierungskommission*, Marktöffnung und Wettbewerb, Rn. 625 f.

[336] *Hirsch/Roth*, Das neue Gesicht des Kapitalismus, S. 85 f.; zu Begriff und Krise des Fordismus ebd., S. 46 ff., 78 ff.

[337] *Ritter*, Preis der deutschen Einheit, S. 102 f.

menbruch großer Teile der Wirtschaft, insbesondere der Industrie.[338] Die massive Arbeitslosigkeit erforderte umfangreiche Transferleistungen aus Westdeutschland und verschärfte die Krise der Staatsfinanzen. Zugleich endete auch dort der durch die Wiedervereinigung ausgelöste Boom nach kurzer Zeit und die Weltwirtschaftskrise führte ab 1992 zu einem Ansteigen der Arbeitslosenzahlen.[339]

5. Gesetzgebungsprozess

Aufgrund der dargestellten Entwicklungen wurde es Konsens, dass ein geschlechtsneutrales Schutzsystem geschaffen werden musste. Divergenzen bestanden allerdings über dessen Ausgestaltung und Reichweite. In den Bundestag wurden zwei Anträge eingebracht.[340] Der Entwurf der SPD sah bei Nachtarbeit, definiert als Arbeit im Zeitraum 22–6 Uhr, unter anderem eine regelmäßige Arbeitszeit von sechs Stunden, verlängerte Pausenzeiten sowie einen bezahlten arbeitsfreien Tag zwischen der 20. und 21 Nachtschicht vor (jeweils bei Leistung von mehr als drei Stunden Nachtarbeit).[341] Beschlossen wurde vom Bundestag jedoch der konkurrierende Entwurf der CDU/CSU-FDP-Koalition[342], welcher entsprechend der skizzierten politischen Haltung der Regierung neben dem Gesundheitsschutz auch die Flexibilisierung als Gesetzeszweck in § 1 ArbZG festschrieb, den Nachtzeitraum auf 23 bis 6 Uhr beschränkte und dessen Kernnorm im Recht der Nachtarbeit die alternative Gewährung eines Geldzuschlags oder Freizeitausgleichs gem. § 6 Abs. 5 ArbZG darstellt. Bei den Begriffsbestimmungen wurde auf das ILO-Übereinkommen Nr. 171 Bezug genommen.[343] Um die Wirksamkeit der bestehenden Tarifverträge zur Nachtarbeit zu wahren, wurde in § 6 Abs. 5 ArbZG ein Tarifvorbehalt aufgenommen.[344]

Zahlreiche in der Literatur geäußerte Vorschläge zur Flankierung der Nachtarbeit wurden nicht gesetzlich normiert. Diese umfassten zum Beispiel Regelungen hinsichtlich arbeitsorganisatorischer Maßnahmen und Dauernachtarbeit, die Verkürzung der täglichen oder wöchentlichen Nachtarbeitszeit, einer Höchstgrenze für Nachtarbeit in Jahren je Arbeitnehmer oder Schichten pro Jahr, längere oder häufigere Pausen, Freizeitausgleich bzw. Zusatzurlaub, die Herabsetzung des nächtlichen Arbeitstaktes; außerhalb des eigentlichen Arbeitsprozesses betrafen sie Regelungen zugunsten von Familien mit kleinen Kindern und zur Sicherung des Arbeitsweges oder die Erstellung tagschlafgeeigneter Wohnmöglichkeiten[345]. Erst

---

[338] *Ritter*, Preis der deutschen Einheit, S. 108.

[339] *Ritter*, Preis der deutschen Einheit, S. 119.

[340] Ausführlich zum Vergleich beider Entwürfe *Oppolzer*, AuR 1994, 41.

[341] §§ 10–12 ArbZG-E, BT-Drs. 12/5282.

[342] § 6 ArbZG-E, BT-Drs. 12/5888.

[343] BT-Drs. 12/5888, S. 24.

[344] BT-Drs. 12/6990, S. 43; *Raab*, ZfA 2014, 237, 245.

[345] Vgl. AR-Blattei ES/*Käppler*, Anm. zu 800 (Gleichbehandlung) Nr. 91, 8; *Blanke/Diederich*, AuR 1992, 165, 172; *Colneric*, NZA 1992, 393, 398 f.; *Däubler-Gmelin*, in: Battis/

Recht konnte sich das teilweise geforderte Verbot der Nachtarbeit mit engen Ausnahmen[346] nicht durchsetzen.

II. Entwicklungen seit 1994

In jüngerer Vergangenheit wurden die branchenspezifischen Nachtarbeitsverbote beseitigt, seitdem ist das politische Interesse an dem Thema gering. Dies steht in scharfem Kontrast zur stark angestiegenen Zahl der Nachtarbeitnehmer und der gleichstellungspolitischen Dimension des Themas. Auf tariflicher Ebene wurden jedoch einige Regelungen geschaffen, die dem Gesundheits- und Sozialschutz der Nachtarbeitnehmer dienen.

1. Abschaffung branchenspezifischer Nachtarbeitsverbote

Im Jahr 1996[347] wurde das Bäckereiarbeitszeitgesetz aufgehoben und somit entfiel dieses branchenspezifische Verbot der Nachtarbeit. Obwohl der historische Gesetzgeber andere Ziele verfolgt hatte, maß das Bundesverfassungsgericht dem Nachtbackverbot gesundheitsschützende Wirkung bei und rechtfertigte es so bei den wiederholten verfassungsrechtlichen Überprüfungen.[348]

Durch die Förderalismusreform im Jahr 2006 wurden schließlich die Länder zuständig für das Ladenöffnungsrecht.[349] In den meisten Bundesländern wurde es gestattet, von Montag bis Samstag rund um die Uhr zu öffnen und damit der faktische Schutz des Verkaufspersonals vor Nachtarbeit verringert.[350] Auch das Ladenschlussgesetz war mehrfach verfassungsrechtlich angegriffen und unter anderem mit dem Gesundheitsschutz der Beschäftigten vor überlangen und abendlichen

---

Schultz (Hg.), Frauen im Recht, S. 161, 169; *Küpper/Stolz-Willig/Zwingmann*, AiB 1992, 261, 263 f.; *Pfarr/Bertelsmann*, Diskriminierung im Erwerbsleben, S. 157; *Zmarzlik*, DB 1992, 680, 681.

[346] *Blanke/Diederich*, AuR 1992, 165, 172; *Colneric*, NZA 1992, 393, 399; *Dobberthien*, WSI-Mitt. 1981, 233, 236, 240; *Küpper/Stolz-Willig/Zwingmann*, AiB 1992, 261, 263; *Pfarr/Bertelsmann*, Diskriminierung im Erwerbsleben, S. 157. Dagegen AR-Blattei ES/*Käppler*, Anm. zu 800 (Gleichbehandlung) Nr. 91, 8; *Zmarzlik*, DB 1992, 680, 681.

[347] BGBl. I 1996, S. 1186.

[348] Zur Historie des Nachtbackverbots und der gefundenen Auslegung, die den Gesundheitsschutz vor ständiger Nachtarbeit betont, schon BVerfG 23. 1. 1968 – 1 BvR 709/66, E 50, 57 f.; bestätigend BVerfG 25. 2. 1976 – 1 BvL 26/73, 1 BvR 326/73, E 41, 360. 370 f. sowie BVerfG 17. 11. 1992 – 1 BvR 168/89, 1 BvR 1509/89, 1 BvR 638/90, 1 BvR 639/90, NVwZ 1993, 878, 879.

[349] *Buschmann*, AuR 2020, G21, G24; DWZ/*Klengel*, HdB ArbR, § 28 Rn. 410; *Kühn*, AuR 2006, 418, 418.

[350] *Buschmann*, AuR 2020, G21, G21, G24; DWZ/*Klengel*, HdB ArbR, § 28 Rn. 140, 413 ff.

Öffnungszeiten gerechtfertigt worden.[351] Zuletzt stellte das BVerfG auch ausdrücklich auf den Schutz vor gesundheitsschädlicher Nachtarbeit ab.[352]

2. Depolitisierung der Nachtarbeit

Damit verschwand die Nachtarbeit zunehmend aus dem Fokus der politischen wie der Tarifparteien. Fragen der Arbeitszeit, wie Forderungen nach größerer Flexibilität oder Verkürzung spielen zwar eine Rolle in den Grundsatzprogrammen der Parteien, Aussagen zur Nachtarbeit finden sich weder im Grundsatzprogramm der SPD[353], der Grünen[354], der Linkspartei[355], dem Entwurf der CDU[356] noch der FDP[357]. Dies gilt ebenso für den DGB.[358] Die BDA fordert das ArbZG umfassend zu flexibilisieren, weil die bestehenden Regeln die Unternehmenszusammenarbeit über Zeitgrenzen hinweg beschränkten, etwa, wenn Fabriken im Ausland gesteuert würden oder internationalen Entwicklerteams kooperierten.[359] Damit wird zwar implizit eine Ausweitung der Nachtarbeit angesprochen, die formulierten Forderungen beziehen sich aber auf die Aufgabe bzw. Einschränkung der täglichen Höchstarbeits- und Mindestruhezeiten.

Einzig die Steuerfreiheit der Nachtarbeitszuschläge wurde noch politisch diskutiert. Diese sollte mit dem Steuerreformgesetz 1999 stufenweise abgeschafft werden, was im Bundesrat scheiterte.[360] Im Jahr 2009 verfehlte ein Antrag der SPD-Fraktion[361], der auf den Erhalt der Steuerfreiheit zielte, eine Mehrheit im Bundestag, § 3b EStG wurde aber auch nicht geändert.

---

[351] BVerfG 29.11.1961 – 1 BvR 758/57, E 13, 230, 235; BVerfG 13.7.1992 – 1 BvR 303/90, NJW 1993, 1969, 1971; BVerfG 4.6.1998 – 1 BvR 2652/95, NJW 1998, 2811, 2811; BVerfG 16.1.2002 – 1 BvR 1236/99, E 104, 357, 365.

[352] BVerfG 9.6.2004 – 1 BvR 636/02, NJW 2004, 2363, 2365.

[353] *SPD*, Hamburger Program: Flexible Arbeitszeiten und Zeitsouveränität für Vereinbarkeit, S. 41; Arbeitszeitverkürzung, S. 53.

[354] *Bündnis 90/Grüne*, „... zu achten und zu schützen ...“: Arbeitszeitsouveränität und -verkürzung, Rn. 311.

[355] *Die Linke*, Programm der Partei: Arbeitszeitverkürzung, S. 6, 30, 36; flexible Arbeitszeiten für Vereinbarkeit: S. 51.

[356] *CDU*, Freiheit und Sicherheit: Höhere Produktivität durch flexible Arbeitszeiten, Rn. 175. Die Partei erarbeitet derzeit ein neues Grundsatzprogramm.

[357] *FDP*, Verantwortung für die Freiheit: Flexible Arbeitszeiten für Vereinbarkeit, Rn. 41.

[358] *DGB*, Die Zukunft gestalten: Arbeitszeitverkürzung, S. 7 ff.

[359] *BDA*, Germany reloaded, S. 21 ff.

[360] *Wisser*, DStZ 2000, 822, 824 f.

[361] BT-Drs. 17/244.

3. Weitere Zunahme der Nachtarbeit seit Erlass des ArbZG

Ganz im Gegensatz zu dieser politischen und tariflichen Zurückhaltung hat allerdings die Zahl der Nachtarbeitnehmer deutlich zugenommen. Waren im Jahr 1996 nur 7,1% der Arbeitnehmer ständig oder regelmäßig nachts tätig, so waren es im Jahr 2016 9,6%.[362] Ihr Anteil hat sich somit um circa 30% vergrößert. Der Höchststand war mit 10,0% im Jahr 2008 erreicht, bevor die Zahl im Jahr 2009 absank und danach wieder leicht anstieg. Das Absinken auf 9,0% im Jahr 2009 war eine Folge der Wirtschaftskrise, in der die wegen der gezahlten Zuschläge teurere Nachtarbeit vorrangig abgebaut wurde.[363]

4. Gründe für die Zunahme der Nachtarbeit

Vor allem wirtschaftliche Gründe führten zu dem Anstieg: Die Verlängerung von Betriebsnutzungszeiten, möglichst lange Servicezeiten, Just in Time-Produktion und die Expansion der Logistikbranche.[364]

Im Produktionsbereich wurden die Maschinenlaufzeiten in Folge der wiedererstarkten Konjunktur verlängert und der erhöhte Personalbedarf zum Teil durch Überstunden der bereits Beschäftigten gedeckt, was zu einer hohen gesundheitlichen Dauerbelastung führte.[365] Außerdem senken längere Betriebsnutzungszeiten in kapitalintensiven Branchen die Kapitalstückkosten.[366] Schließlich ermöglichen sie die schnellere Amortisation von Maschinen, was eine Verkürzung der Innovationszeiträume ermöglicht und die Nutzung günstigerer Strompreise des Nachts.[367]

Nachtarbeit gibt es aber nicht nur in der Industrie. Auch der wachsende Dienstleistungssektor trägt dazu bei, dass Nachtarbeit zunimmt.[368] Gesundheits-, Pflege- und Wachdienste, Hotel- und Gaststättenleistungen sowie Verkehr, Transport, Unterhaltung und Nachrichtenübermittlung werden konstant angeboten.[369] Diese können typischerweise nicht im Voraus, sondern nur zeitlich synchron zu ihrer Nutzung

---

[362] *BMAS/BAuA*, Sicherheit und Gesundheit bei der Arbeit – Berichtsjahr 2016, S. 174. Durch Veränderungen im Mikrozensus des Statistischen Bundesamtes sind die vor 1996 und nach 2016 erhobenen Daten leider nicht vergleichbar.

[363] *Tiedge*, Der Spiegel, 11.4.2011, unter: https://www.spiegel.de/karriere/nachtarbeit-wir-machen-durch-bis-mor-gen-frueh-a-755977.html (zuletzt abgerufen am 1.10.2024).

[364] *Fergen/Schulte-Meine*, in: Meine/Schumann/Wagner (Hg.), Handbuch Arbeitszeit, S. 206, 206.

[365] *Langhoff/Satzer*, GArb 7–8/2018, 35, 35 f.

[366] Grundlegend *Seifert*, WSI-Mitt. 1991, 613, 617; ebenso *Seifert*, APuZ 4–5/2007, 17, 21.

[367] *Seifert*, in: Büssing/Seifert (Hg.), Sozialverträgliche Arbeitszeitgestaltung, S. 15, 17, 23; *Seifert*, in: ders. (Hg.), Flexible Zeiten, S. 40, 55.

[368] So schon *Küpper/Stolz/Zwingmann*, AiB 1992, 261, 261.

[369] *Seifert*, in: Büssing/Seifert (Hg.), Sozialverträgliche Arbeitszeitgestaltung, S. 15, 19; *Seifert*, in: ders. (Hg.), Flexible Zeiten, S. 40, 45, 55.

erbracht werden.[370] Zudem werden zunehmend Pflegedienstleistungen, die bisher familiär erbracht wurden, marktförmig organisiert und vergrößern den Beschäftigtenbedarf ebenso, wie die steigende Nachfrage in einer alternden Gesellschaft. Beispielsweise wurden in der Krankenpflege nächtliche Mindestbesetzungsregeln erkämpft, die aber auf der Kehrseite zu einem steigenden Bedarf an Nachtarbeit führen.[371]

Die Digitalisierung trägt entgegen den Versprechen einer humanen Arbeit 4.0 zu einer Zunahme von Nachtarbeit bei. So wird etwa der Wettbewerb der Online-Versandhändler maßgeblich durch die Lieferzeiten bestimmt.[372] Um Lieferversprechen wie „Overnight-Express" einhalten zu können, bedarf es Nachtarbeit bei den Versand- und Transportunternehmen. Zahlreiche App-basierte Dienste bieten an, Waren jederzeit zu liefern,[373] elektrische Roller müssen nachts geladen werden.[374] Einen weiteren Impuls für Nachtarbeit setzt die zunehmende globale wirtschaftliche Vernetzung, die zu vermehrter Kommunikation über die Zeitzonen hinweg führt.[375]

Im Ergebnis ist Nachtarbeit im Erwerbsleben vieler Arbeitnehmer im Produktions- und Dienstleistungssektor normal geworden.[376] Dies trägt dazu bei, dass frühere Grenzen zwischen Tag und Nacht, Wachheit und Schlaf sowie Arbeits- und Privatleben an Bedeutung verlieren.[377] Verschärft wird die Problematik durch den demographischen Wandel, weil Nachtarbeit keine alternsgerechte Arbeitszeit ist.[378]

5. Unveränderter Gender-Gap

Nachtarbeit ist weiterhin sehr ungleich auf die Geschlechter verteilt. Weder die Abschaffung des Nachtarbeitsverbots für Arbeiterinnen noch die Zunahme der Nachtarbeit in frauendominierten Branchen hat daran etwas geändert. Vielmehr hat der Anteil der Nachtarbeitnehmer bei beiden Geschlechtern zugenommen. Dabei sind kontinuierlich doppelt so viele Männer wie Frauen nachts tätig. Waren im Jahr 1996 4,4 % der Frauen und 9,1 % der Männer ständig oder regelmäßig mit Nachtarbeit betraut, so waren es im Jahr 2013 6,1 % der Frauen und 12,1 % der Männer.[379] Die

---

[370] *Seifert*, in: Büssing/Seifert (Hg.), Sozialverträgliche Arbeitszeitgestaltung, S. 15, 19.

[371] Vgl. beispielsweise § 4 TV UK-Entlastung Pflege v. 20.3.2018; § 10 LPersVO Baden-Württemberg.

[372] *Holst/Scheier*, Branchenanalyse Handel, S. 213.

[373] *Müller*, Organization Studies 2020, 1101, 1103.

[374] *Litschel*, Der Freitag 8.7.2021, S. 7.

[375] *Seifert*, in: ders. (Hg.), Flexible Zeiten, S. 40, 55.

[376] *Müller*, Organization Studies 2020, 1101, 1102.

[377] *Crary*, 24/7, S. 13.

[378] *Seifert*, APuZ 4–5/2017, 17, 23.

[379] *BMAS/BAuA*, Sicherheit und Gesundheit bei der Arbeit – Berichtsjahr 2016, S. 174. Durch Veränderungen im Mikrozensus des Statistischen Bundesamtes sind die vor 1996 und nach 2016 erhobenen Daten leider nicht vergleichbar.

Ursache dürfte darin liegen, dass sich Frauen wegen familiärer Betreuungspflichten nächtlicher Arbeit besser entziehen können oder müssen, weil sie sich nicht mit den institutionellen Betreuungszeiten vereinbaren lässt.[380] So war nach einer älteren Untersuchung unter den verheirateten Männern der Anteil der Nachtarbeitnehmer höher als unter den unverheirateten, während dies bei den Frauen genau andersherum war.[381] Wenn Mütter in Schicht arbeiten und die Kinderbetreuung privat organisieren, führt dies aufgrund der fortbestehenden geschlechtsspezifischen Aufteilung der Hausarbeit zu erheblichen physischen und psychischen Belastungen.[382]

6. Neue Ansätze qualitativer Tarifregelungen

In den letzten Jahren ist eine gewisse „Renaissance der Arbeitszeitpolitik"[383] auf tariflicher Ebene festzustellen. Dabei wurden auch Regelungen zur Nachtarbeit getroffen. In verschiedenen Branchen wurde vereinbart, dass Nachtarbeitnehmer zwischen mehr freien Tagen und mehr Geld wählen können.[384] In der Elektro- und Metallindustrie können besonders belastete Arbeitnehmer, wie etwa mehrjährige Nachtarbeitnehmer, seit dem Jahr 2018 anstelle einer jährlichen Einmalzahlung acht zusätzliche Urlaubstage im Jahr erhalten.[385] Diese Option auf zusätzliche freie Zeit stößt insbesondere bei Beschäftigten in Schichtarbeit auf sehr großes Interesse, im Jahr 2020 wurden 216.000 entsprechende Anträge gestellt.[386] Im Jahr 2019 wurden auch in der Stahlindustrie und bei der Deutschen Bahn ähnliche Optionen ausgehandelt.[387]

Im Jahr 2020 wurde im Organisationsbereich der IG Metall eine schrittweise Erhöhung der Zuschläge für die sog. „dunkle Nacht" von 24–4 Uhr ausgehandelt. Dies geschah, um nach dem ersten Urteil des BAG zu Tarifregelungen, die für unterschiedliche Nachtarbeitsformen verschieden hohe Zuschläge festlegen, Rechtssicherheit zu schaffen.[388] Dabei wurde auch vereinbart, dass die Betriebsparteien festlegen können, ob der Zuschlag in Freizeit oder Entgelt gewährt wird.[389]

---

380 *Jürgens*, in: Seifert (Hg.), Flexible Zeiten, S. 169, 177 f.; *Seifert*, APuZ 4–5/2007, 17, 19.

381 *Küpper/Stolz/Zwingmann*, AiB 1992, 261, 261.

382 *Jürgens*, in: Seifert (Hg.), Flexible Zeiten, S. 169, 177; *Küpper/Stolz/Zwingmann*, AiB 1992, 261, 262.

383 *Bispinck/WSI-Tarifarchiv*, 70 Jahre Tarifvertragsgesetz, S. 12.

384 *Bispinck/WSI-Tarifarchiv*, 70 Jahre Tarifvertragsgesetz, S. 14; *Seifert*, WSI-Mitt. 2018, 305, 306.

385 *Fergen/Schulte-Meine/Vetter*, in: Meine/Schumann/Wagner (Hg.), Handbuch Arbeitszeit, S. 206, 247 ff.; *Schulten/WSI-Tarifarchiv*, Tarifpolitischer Halbjahresbericht 2018, S. 8.

386 *Wagner*, Prokla 2023, 219, 229 f.

387 *Evers*, Prokla 2019, 201, 201.

388 *Soost*, AuR 2020, 489.

389 Vgl. für Hessen *IG Metall Bezirksleitung Mitte*, Tarifschnellinfo 10.3.2020, S. 1; zur Erzwingbarkeit einer Betriebsvereinbarung über Freizeitausgleich *Soost*, GArb 11/2024, 17, 19.

Dennoch dominiert in der Tarifpraxis weiterhin die Zuschlagszahlung.[390] Die tariflichen Regelungen tragen Gesichtspunkten des Gesundheitsschutzes nur unzulänglich Geltung.[391] Die Aussage von Stein aus dem Jahr 1997, dass Tarifverträge die Schicht- und Nachtarbeit unzureichend gestalten, gilt weiterhin.[392] Es ist für die Gewerkschaften schwer, in Tarifverträgen Gesundheitsschutz anstatt zusätzlicher Vergütung zu erreichen.[393] Aber auch dort, wo kein Tarifvertrag besteht und § 6 Abs. 5 ArbZG eingreift, werden ganz überwiegend Geldzuschläge gezahlt.[394]

G. Resümee und Folgerungen

Die ausführliche Darstellung der historischen Entwicklung hat mehrere Punkte ergeben, die für die spätere Untersuchung des § 6 Abs. 5 ArbZG bedeutsam sind. Diese sollen im folgenden Abschnitt resümiert und Folgerungen für die weitere Arbeit gezogen werden.

Deutlich wurde zum einen, dass Nachtarbeit neben gesundheitlichen auch starke soziale Auswirkungen hat. Diese wurden mit dem Nachtarbeitsverbot für Arbeiterinnen adressiert, spielen in der gesetzlichen Neuregelung des ArbZG jedoch fast keine Rolle.[395] Unter anderem deshalb behindert Nachtarbeit eine echte Gleichstellung der Geschlechter. Ob diese Leerstelle mit höherrangigem Recht vereinbar ist, wird im Hauptteil dieser Arbeit untersucht. Zum anderen wurde sichtbar, dass es bis zum Erlass des ArbZG an Regelungen des Gesundheitsschutzes *bei*, nicht *vor* der Nachtarbeit fehlte. Die ökonomische Entwicklung wurde zu keinem Zeitpunkt ernsthaft staatlich begrenzt. Stattdessen überließ der Gesetzgeber dieses Feld den Tarifparteien und vertraute offenbar darauf, diese würden ausreichende Schutzregelungen treffen. Tatsächlich vereinbarten die Tarifparteien aber ganz überwiegend Zuschläge, also eine höhere Bezahlung als Kompensation der Belastungen durch die Nachtarbeit. Eine Ausnahme stellte das staatliche Recht der DDR dar, dass neben finanziellen Anreizen auch eine kürzere Wochenarbeitszeit, zusätzliche Urlaubstage und Erholungsmöglichkeiten vorsah, an das nach der Wiedervereinigung aber nicht angeknüpft wurde. Stattdessen wurde das dominierende Tarifmodell der Zuschläge in § 6 Abs. 5 Alt. 2 ArbZG gesetzlich normiert. Die heute weitgehend vergessenen Debatten um eine Humanisierung der Arbeit werfen ein interessantes Licht auf dieses Modell, das seinerzeit von den Gewerkschaften sehr kritisiert

---

390 Däubler/*Heuschmid/Klug*, TVG, § 1 Rn. 661.

391 Buschmann/Ulber/*Ulber*, ArbZR, § 6 Rn. 8.

392 *Stein*, Tarifvertragsrecht, Rn. 463. Zustimmend Kempen/Zachert/*Buschmann*, TVG, § 1 Rn. 534.

393 *Soost*, GArb 10/2021, S. 19, 22; *Wagner*, Prokla 2023, 219, 229.

394 Däubler/*Heuschmid*, TVG, 4. Aufl. 2016, § 1 Rn. 662.

395 Ausnahme sind die Vorschriften § 6 Abs. 4 S. 1 b) und c) ArbZG, die (auch) eine familienschützende Wirkung haben.

wurde. Auch ob die Abgeltung der Gefährdungen aus der Nachtarbeit durch Zuschläge mit höherrangigem Recht vereinbar ist, wird im Hauptteil dieser Arbeit analysiert.

Schon die historische Betrachtung lässt allerdings daran zweifeln, dass der Gesetzgeber mit der gesetzlichen Neuregelung in § 6 ArbZG die ihn treffenden Schutzpflichten erfüllt hat.[396] Dies gilt für den Mindestschutz der Gesundheit genauso wie für den Mindestschutz der Teilhabe am sozialen, kulturellen und politischen Geschehen. Eine detaillierte Untersuchung dieser Frage ist auch deshalb dringend geboten, weil Nachtarbeit heute in zahlreichen Branchen verbreitet ist und eher mit ihrem weiteren Wachstum als mit ihrem Rückgang zu rechnen ist.

I. Entkoppelung der Nachtarbeit von der Industriearbeit

Geschichtlich hing die massenhafte Verbreitung der Nachtarbeit eng mit der Industrialisierung zusammen. Dies setzt sich bis zur heutigen Zeit fort, weil zunehmend kapitalintensive Maschinen ökonomisch längere Betriebsnutzungszeiten begünstigen. Die Industrie ist immer noch der Sektor, in dem Arbeitnehmer prozentual am häufigsten Nachtarbeit leisten. Schon lange hat sich die Nachtarbeit aber davon entkoppelt. So führten der großstädtische „Dauerbetrieb" und neue Bedürfnisse bereits um 1900 dazu, dass auch in anderen Branchen wie Versorgung, Verkehr, Kommunikation oder Vergnügungsstätten nachts gearbeitet wurde. In jüngster Vergangenheit wird bei immer mehr Dienstleistungen erwartet, dass sie rund um die Uhr verfügbar sein sollen. Die Prognose, die Nachtarbeit werde in Deutschland abnehmen, erweist sich daher als Trugschluss. Vielmehr ist die Zahl der nachts tätigen Arbeitnehmer seit Einführung des ArbZG deutlich angestiegen. Und in Zukunft wird gerade eine „Arbeitswelt 4.0" an vielen Stellen nächtliche Arbeit erfordern, sei es durch Just in Time-Logistik, kurze Lieferversprechen der Online-Einzelhändler oder jederzeit erreichbaren Kundensupport. Dies zeigt, dass § 6 ArbZG nicht die erhoffte, begrenzende Wirkung hat und die Rechtslage kritisch überprüft werden muss.

II. Keine gesetzliche Tradition eines Schutzes bei Nachtarbeit

Sehr früh wurde die besondere Schädlichkeit der Nachtarbeit erkannt. Dies zeigt sich bereits in mittelalterlichen Bergordnungen, wonach beim Streichen von Schichten zuerst auf die Nachtschicht verzichtet werden sollte. Trotzdem wurde gesetzlicher Schutz in der Industrialisierung jahrzehntelang überhaupt nicht geschaffen und dann nur für bestimmte Gruppen. Das Recht setzte der ökonomischen Entwicklung keine Grenzen und sieht diese weiterhin als naturgegeben an. So ist nach dem Gesetzgeber des ArbZG Nachtarbeit in modernen Industriegesellschaften nicht generell verzicht-

[396] Ebenso *Polzin*, SR 2019, 303, 315; *Ulber*, Anm. zu AP ArbZG § 6 Nr. 14 unter IV.

bar,[397] ohne dass dies weiter begründet oder zwischen notwendiger und nicht notwendiger Nachtarbeit unterschieden würde.

Gesetzliche Regelungen der Nachtarbeit erforderten stets gesellschaftliche Bündnisse, in denen neben dem Gesundheitsschutz auch andere Zwecke verfolgt wurden. Besonders deutlich zeigt dies die Einführung des Nachtarbeitsverbots für Arbeiterinnen im Jahr 1891, bei dem es vor allem um den Schutz der traditionellen Mutterrolle und der Familie ging. Die Hoffnung, das Nachtarbeitsverbot auf Männer ausdehnen zu können, war deshalb eine Illusion, denn erwachsene Männer wurden nicht von allen als schutzbedürftig angesehen und ein anderes, verbindendes Motiv gab es nicht. Eine gesetzliche Regelung der Nachtarbeit fehlte daher für Männer und weibliche Angestellte in Westdeutschland bis 1994. Weil nicht auf den Erfahrungen der DDR aufgebaut wurde, gibt es keine gesetzgeberische Tradition eines Schutzes *bei* Nachtarbeit und der Gesetzgeber musste im Jahr 1994 Neuland betreten. Auch dies spricht für eine kritische Überprüfung der damals geschaffenen Gesetze.

III. Zuschläge als dominierende tarifliche Regelungsform

Aufgrund der gesetzgeberischen Untätigkeit wurde die Nachtarbeit in der BRD häufig tariflich geregelt. Abgesehen von wenigen Ansprüchen auf freie Tage blieb es weit überwiegend dabei, dass die besonderen Erschwernisse und Gefahren der Nachtarbeit durch monetäre Zulagen abgegolten werden. Der Gesetzgeber des ArbZG entschied sich dafür, diese entwickelte tarifliche Praxis zu berücksichtigen, indem ein Tarifvorrang in § 6 Abs. 5 Hs. 1 ArbZG eingefügt wurde. Außerdem wurde das Zuschlags-Modell durch § 6 Abs. 5 Alt. 2 ArbZG 1994 gesetzlich normiert und auch auf tariffreie Bereiche der Wirtschaft ausgeweitet.

IV. Kontinuität der öffentlich-rechtlichen Regelung

Schließlich ist bemerkenswert, dass das Arbeitszeitrecht teilweise schon im Mittelalter, jedenfalls aber seit Beginn der modernen Gesetzgebung stets öffentlichrechtlich ausgestaltet war. Es wurde zur Korrektur eines Machtgefälles konzipiert, welche der freie Arbeitsvertrag nicht leisten kann. Dass ein dem Privatrecht entstammender, monetärer Zuschlag im öffentlichen Gefahrenabwehrrecht systematisch nicht passt, wurde bereits im Jahr 1927 zum Mehrarbeitszuschlag angemerkt.

---

[397] BT-Drs. 12/5888, S. 19.

V. Problem für Familien- und Sorgearbeit sowie Gleichstellungshemmnis

Mit dem ArbZG wurde der einem traditionellen, patriarchalen Geschlechterbild verhaftete, aber weitgehende Familienschutz abgeschafft, den das Nachtarbeitsverbot für Arbeiterinnen geboten hatte. Das Arbeitszeitrecht basiert insgesamt darauf, dass ungünstige Arbeitszeiten innerfamiliär kompensiert werden.[398] Historisch war diese Rolle den Frauen zugedacht und auch gesetzlich zugeordnet.[399] Das Nachtarbeitsverbot für Arbeiterinnen hatte diese Rollenverteilung gesetzlich festgeschrieben.[400] Die Regelung diskriminierte Frauen und musste daher aufgehoben werden.

Damit gerieten allerdings die negativen sozialen Folgen der Nachtarbeit aus dem Blick. Dabei benannte das BVerfG die Doppelbelastung durch Nacht- und Sorgearbeit deutlich und führte aus, dass diese auch alleinerziehende Väter und partnerschaftlich lebende Paare treffe.[401] § 6 ArbZG konzentriert sich jedoch auf Vorschriften zum Gesundheitsschutz. Hinsichtlich des Familienschutzes wurden nur die minimalen Regelungen in § 6 Abs. 4 S. 1 b) und c) ArbZG geschaffen. Die Gleichstellungsproblematik wurde nicht gelöst. Die funktionale Arbeitsteilung im Privaten und die strukturelle Ausgestaltung von Erwerbsarbeit unterlaufen die Gleichstellung, die mit der Aufhebung des Nachtarbeitsverbots angestrebt wurde.[402] Weiterhin arbeiten doppelt so viele Männer wie Frauen nachts, nach der Einführung des ArbZG haben sich die Zahlen nicht angeglichen. Vermutlich basiert die Nachtarbeit der Männer mit Familie überwiegend auf traditionellen Geschlechterarrangements und verfestigt diese. Der Gesetzgeber erleichtert weder Eltern von jungen Kindern das nächtliche Arbeiten, noch schützt er sie über die oben genannten Vorschriften hinaus davor.

Zugleich ist der Anteil der Nachtarbeitnehmer bei Männer und Frauen gestiegen, seitdem das ArbZG eingeführt wurde. Innerhalb von Partnerschaften und Familien steht damit weniger gemeinsame Zeit zur Verfügung, was das Zusammenleben und die Pflege und Erziehung der Kinder belasten kann. Die Neuregelung des ArbZG enthält keine befriedigende Antwort darauf, wie sich die Lage der Arbeitszeit mit den privaten Belangen von Arbeitnehmern und der Erwerbstätigkeit beider Partner in Einklang bringen lassen soll.[403] Auch vor diesem Hintergrund ist eine erneute Beschäftigung mit der Problematik erforderlich.

---

[398] *Ulber*, SR 2021, 189, 189.

[399] *Raasch*, in: FS Seifert, S. 390, 390 f., 395. § 1356 BGB lautete „Die Frau ist […] berechtigt und verpflichtet, das gemeinschaftliche Hauswesen zu leiten“ und wurde in Westdeutschland erst 1977 abgeschafft.

[400] *Dobberthien*, WSI-Mitt. 1981, 233, 235; *Raasch*, KJ 1992, 427, 431; *Wehling/Müller*, AIS-Studien 2014, 22, 24, 28.

[401] BVerfG 28.1.1992 – 1 BvR 1025/84, 1 BvL 16/83, 1 BvL 10/91, E 85, 191, 208 f.

[402] *Wehling/Müller*, AIS-Studien 2014, 22, 34.

[403] *Ulber*, SR 2021, 189, 195.

3. Kapitel

Geltende Gesetzeslage zur Nachtarbeit

Im folgenden Kapitel werden sämtliche rechtlichen Regelungen zur Nachtarbeit erläutert, sowohl in ihren einzelnen Inhalten, als auch in ihren Wechselwirkungen. Eine solche umfassende Darstellung fehlt bisher, ist aber Voraussetzung für das weitere Vorgehen. Denn die These dieser Arbeit lautet, dass die gesetzliche Regelung der Nachtarbeit nicht den Vorgaben des Verfassungs- und Unionsrechts genügt (siehe 1. Kapitel A. V.). Um diese These erhärten zu können, ist herauszuarbeiten, wie und in welchem Umfang die Rechtsgüter der Nachtarbeitnehmer geschützt werden, also der rechtliche Ist-Zustand. Darauf aufbauend wird in den folgenden Kapiteln untersucht, ob dieser Schutz dem gebotenen Mindestmaß entspricht. Dafür werden die Anforderungen aus dem Verfassungs- und Unionsrecht entwickelt (Soll-Zustand) und die bestehenden Regelungen daran gemessen (siehe 4. und 5. Kapitel).

Sucht man nach gesetzlichen Regelungen zur Nachtarbeit, springt zunächst § 6 ArbZG ins Auge, dessen Überschrift „Nacht- und Schichtarbeit" lautet. Diese Vorschrift wurde vor dem Hintergrund des Reformdrucks geschaffen, der sich aus der Entscheidung des BVerfG vom 28. Januar 1992, der ersten ArbZ-RL und dem Einigungsvertrag ergab (siehe ausführlich 2. Kapitel F. I.). Der Gesetzgeber wollte mit § 6 ArbZG diese Gesetzgebungsaufträge erfüllen.[1] Er nahm also an, mit § 6 ArbZG die Vorgaben des höherrangigen Rechts zu erfüllen. Aufgrund dieser herausgehobenen Bedeutung im Konzept des Gesetzgebers und für die angestrebte Untersuchung steht diese Vorschrift im Mittelpunkt des Kapitels.

Wird die geltende Gesetzeslage genauer betrachtet, zeigt sich aber, dass eine Vielzahl weiterer Normen die rechtliche Gestaltung der Nachtarbeit beeinflusst. Zwischen diesen bestehen zudem komplexe Wechselwirkungen. So verteuern Zuschläge zwar die Nachtarbeit, durch die Steuer- und Abgabenbefreiung der Zuschläge wird sie jedoch wieder günstiger. Dies verdeutlicht, dass nicht einzelne Normen isoliert betrachtet werden können, um zu beurteilen, ob das durch höherrangiges Recht vorgegebene Schutzniveau erreicht wird. Denn ein unzureichender Schutz durch eine Norm kann durch andere ausgeglichen werden. Gleichzeitig kann aber auch der durch eine Norm gewährte Schutz durch eine andere ausgehöhlt werden, sodass der Schutz insgesamt nicht genügt. Notwendig ist deshalb eine Gesamtbetrachtung der geltenden Rechtslage. Zudem erlaubt die Gesamtbetrachtung auch eine Schwerpunktsetzung. Bestimmte Normen sind neuralgische Punkte

[1] BT-Drs. 12/5888, S. 19 f., 25.

in der gesetzgeberischen Konzeption. Eine solche Norm ist § 6 Abs. 5 ArbZG. Sie bildet das wesentliche Steuerungselement des Gesetzgebers und hat deshalb besondere Bedeutung für diese Untersuchung (siehe 1. Kapitel B. IV. 1. und 3. Kapitel A. II. 5.).

Die Darstellung der gesetzlichen Regelungen kann sich nicht darin erschöpfen, deren Wortlaut wiederzugeben. Welchen Schutz eine Norm tatsächlich gewährleistet, hängt von weiteren Faktoren ab. Sie kann unterschiedlich ausgelegt werden, was ihre rechtliche Wirkung beeinflusst. Allerdings geht es an dieser Stelle nicht darum, die zahlreichen Auslegungsstreitigkeiten zu entscheiden, sondern nur, einen Überblick über das juristische Meinungsspektrum zu geben. Denn die Auslegung muss verfassungs- und unionsrechtskonform sein. Welche Auslegung dem genügt, kann aber erst beurteilt werden, wenn an späterer Stelle die Anforderungen des höherrangigen Rechts erarbeitet wurden (siehe dazu 4. Kapitel F. II. und 5. Kapitel D. I.). Außerdem hängt der Schutz, den eine Norm gewährt, davon ab, ob sie angewendet wird. Wird sie nicht befolgt, bleibt die beste Norm „toter Buchstabe“. In den Blick zu nehmen sind daher auch die Möglichkeiten zur Rechtsdurchsetzung und ihre tatsächliche Inanspruchnahme. Dafür ist auf empirische Erkenntnisse über die Realität der Arbeitswelt zurückzugreifen.

Die Darstellung der Gesetzeslage zur Nachtarbeit anhand der skizzierten Kriterien erfolgt in mehreren Schritten. Begonnen wird mit dem Arbeitsschutzrecht, dass neben der erwähnten, zentralen Norm des § 6 ArbZG auch das ArbSchG umfasst (A.). Auf kollektivvertraglicher Ebene kann Nachtarbeit durch Tarifverträge und Betriebsvereinbarungen geregelt werden (B.). Für die Zuschlagszahlung sind zudem Befreiungen von der Einkommenssteuer und der Abgabenpflicht zur Sozialversicherung bedeutend (C.). Schließlich ergeben sich Präventions- und Rehabilitationsleistungen aus den Sozialgesetzbüchern (D.). Das Kapitel endet mit einem Resümee, in dem die Frage beantwortet werden soll, welches Schutzniveau durch die geltenden Gesetze erreicht wird und ob sich aus den verschiedenen Normen ein Gesamtkonzept ergibt. Außerdem sollen mögliche Schutzlücken zugunsten anderer Rechtsgüter als der Gesundheit identifiziert und somit Folgerungen für die weitere Untersuchung gezogen werden (E.).

A. Arbeitsschutzrecht

Die wichtigsten Vorschriften zum Schutz bei Nachtarbeit finden sich im Arbeitsschutzrecht, nämlich im ArbZG und ArbSchG. Einleitend werden der Rechtscharakter und die parallele Anwendbarkeit der beiden Gesetze dargestellt. Es handelt sich um öffentliches Recht, das aber auch auf das Privatrecht einwirkt. Die beiden Gesetze sind ergänzend zueinander anwendbar. Nachdem diese Grundlagen erläutert wurden, wird auf die einzelnen Normen eingegangen.

I. Grundlagen

1. Öffentliches Gefahrenabwehrrecht

Das ArbZG gehört zum Arbeitsschutzrecht, es dient gem. § 1 Nr. 1 ArbZG der Sicherheit und dem Gesundheitsschutz der Arbeitnehmer. Es handelt sich nach allgemeiner Ansicht um öffentliches Recht,[2] spezifischer um öffentliches Gefahrenabwehrrecht zum Schutz der Arbeitnehmer, der Gesellschaft und der Leistungsfähigkeit der öffentlichen Sozialversicherungssysteme.[3] Die Einordnung als öffentliches Recht folgt aus der modifizierten Subjekttheorie.[4] Denn § 17 Abs. 1 und 2 ArbZG verpflichten die staatlichen Aufsichtsbehörden, die Einhaltung des Gesetzes zu überwachen und berechtigen sie, erforderlicher Maßnahmen anzuordnen. Damit wird der Staat als solcher berechtigt und verpflichtet. Die öffentlich-rechtliche Ausgestaltung ist historisch gewachsen und ermöglicht eine wesentlich effektivere Durchsetzung der gesundheitsschützenden Ziele, als eine privatrechtliche Ausgestaltung.[5] Untypisch für öffentliches Recht ist allerdings, dass § 6 Abs. 3 und 4 ArbZG eine Geltendmachung durch den Arbeitnehmer verlangen, bevor eine Pflicht des Arbeitgebers entsteht, deren Befolgung möglicherweise von der Aufsichtsbehörde angeordnet werden kann.

Auch beim ArbSchG handelt sich um öffentliches Recht.[6] Die den Staat verpflichtenden und berechtigenden Eingriffsnormen sind in diesem Fall §§ 21 Abs. 1 S. 2, 22 ArbSchG. Diese ermöglichen die hoheitliche Aufsicht.[7] Insbesondere kann die zuständige Behörde gem. § 22 Abs. 3 ArbSchG gegebenenfalls die erforderlichen Maßnahmen gegenüber dem Arbeitgeber anordnen. Ein Zuwiderhandeln gegenüber einer solchen Anordnung ist gem. § 25 Abs. 1 Nr. 2 ArbSchG bußgeldbewehrt, beim Hinzutreten weiterer Merkmale eine Straftat gem. § 26 ArbSchG.

2. „Doppelwirkung" als privates Arbeitsschutzrecht

Als öffentliches Recht regelt das Arbeits(zeit)schutzrecht das Verhältnis zwischen dem Arbeitgeber und der staatlichen Aufsicht. Nach heute allgemeiner Ansicht kann

---

[2] BT-Drs. 12/5888, S. 19; *Anzinger/Koberski*, ArbZG, § 1 Rn. 20, 24; *Baeck/Deutsch/Winzer*, ArbZG, Einführung Rn. 48 ff.; Buschmann/Ulber/*Buschmann*, ArbZR, Einleitung Rn. 52; DWZ/*Beetz*, HdB ArbR, § 94 Rn. 3; *Gallner*, SR 2020, 45, 46; HPS/*Schubert*, ArbZG, Einleitung Rn. 5; MHdB ArbR/*Koberski*, § 181 Rn. 12; *Neumann/Biebl*, ArbZG, § 1 Rn. 10; *Zwanziger*, DB 2007, 1356, 1356; *Ulber/Stein*, AuR 2022, 148, 148.

[3] *Gallner*, SR 2020, 45, 46; *Ulber*, SR 2018, 85, 94; *ders.*, SR 2021, 189, 190 f.

[4] Zur modifizierten Subjekttheorie: NK-VwGO/*Sodan*, § 40 Rn. 302 m. w. N.

[5] *Baeck/Deutsch/Winzer*, ArbZG, Einführung Rn. 48.

[6] DWZ/*Beetz*, HdB ArbR, § 94 Rn. 3; *Kohte*, JbArbR 2000, 21, 30; MHdB ArbR/*Bücker*, § 172 Rn. 1; für die Gefährdungsbeurteilung: KKS/*Kreizberg*, ArbSchG, § 5 Rn. 5.

[7] MHdB ArbR/*Bücker*, § 172 Rn. 7.

der Arbeitnehmer die Einhaltung arbeitsschützender Regelungen aber grundsätzlich auch privatrechtlich vom Arbeitgeber verlangen.

a) Dogmatische Konstruktion und Reichweite

Öffentlich-rechtliche Normen wirken zwar nicht privatrechtlich.[8] Jedoch gibt es mit § 618 Abs. 1 BGB eine bürgerlich-rechtliche Grundnorm des Arbeitsschutzrechts,[9] die dem präventiven Gesundheitsschutz dient.[10] Diese Norm wirkt als privatrechtliches Medium, welches an den Arbeitgeber gerichtete öffentlich-rechtliche Arbeitsschutzvorschriften in zwingende Vertragspflichten des Arbeitgebers transformiere.[11] Dabei werden nach ganz herrschender Meinung auch die Normen zum Arbeitszeitschutz einbezogen, weil eine Ausklammerung des sozialen Arbeitsschutzes im Gesetz keine Stütze finde und dem Normzweck, Gesundheitsgefahren abzuwenden, widerspreche.[12] Dies ist zutreffend, die Gestaltung der Arbeitszeit kann unter die Regelung der Dienstleistungen gem. § 618 Abs. 1 BGB gefasst werden.[13]

Die jeweilige Norm wird in das Privatrecht transformiert, sofern sie den Gegenstand einer arbeitsvertraglichen Vereinbarung bilden kann.[14] Die öffentlich-rechtli-

---

[8] Staudinger/*Oetker*, BGB, § 618 Rn. 16; so bereits *Sinzheimer*, Der korporative Arbeitsnormenvertrag, S. 21, der allerdings noch nicht von einer Transformation ausging und subjektive Rechte des Arbeiters ablehnte; a. A. *Dieckmann*, AcP 213 (2013), 1, 6; *Wlotzke*, in: FS Hilger/Stumpf, S. 723, 738 f., nach denen die öffentlich-rechtlichen Normen originär das Arbeitsverhältnis gestalten und keiner Transformation bedürfen. Dies überzeugt jedoch nicht, weil die Arbeitsschutzgesetze nur das Verhältnis Arbeitgeber–Staat regeln.

[9] HK-ArbSchR/*Nebe*, § 618 BGB Rn. 1; Staudinger/*Oetker*, BGB, § 618 Rn. 21.

[10] Erman/*Riesenhuber*, BGB, § 618 Rn. 1; HK-ArbSchR/*Nebe*, § 618 BGB Rn. 1; MüKoBGB/*Henssler*, § 618 Rn. 1.

[11] BAG 16.3.2004 – 9 AZR 93/03, NZA 2004, 927, 928 f.; BeckOK ArbR/*Joussen*, BGB, § 618 Rn. 2; BeckOK BGB/*Baumgärtner*, § 618 Rn. 5; ErfK/*Roloff*, BGB, § 618 Rn. 4; HK-ArbSchR/*Nebe*, § 618 BGB Rn. 9; HWK/*Krause*, BGB, § 618 Rn. 6; MHdB ArbR/*Nebe*, § 175 Rn. 10; MüKoBGB/*Henssler*, § 618 Rn. 10; *Nebe*, in: FS Lörcher, S. 84, 90 f.; Staudinger/*Oetker*, BGB, § 618 Rn. 15.

[12] Staudinger/*Oetker*, BGB, § 618 Rn. 20, 26, 126, 169 f.; für Einbeziehung des ArbZG auch BeckOK BGB/*Baumgärtner*, § 618 Rn. 9; Erman/*Riesenhuber*, BGB, § 618 Rn. 14; HK-ArbR/*Waas/Palonka*, BGB, § 618 Rn. 1, 10; HK-ArbSchR/*Nebe*, § 618 BGB Rn. 26, 33; MHdB ArbR/*Nebe*, § 175 Rn. 10; MüKoBGB/*Henssler*, § 618 Rn. 25; *Nebe*, in: FS Lörcher, S. 84, 91 f.; ebenso für § 3 ArbZG BAG 16.3.2004 – 9 AZR 93/03, NZA 2004, 927, 928 f.; a. A. BeckOK ArbR/*Joussen*, BGB, § 618 Rn. 4, der den Arbeitszeitschutz aber über § 241 Abs. 2 BGB berücksichtigen will.

[13] HK-ArbR/*Waas/Palonka*, BGB, § 618 Rn. 10.

[14] BeckOK BGB/*Baumgärtner*, § 618 Rn. 14; Erman/*Riesenhuber*, BGB, § 618 Rn. 4; HK-ArbR/*Waas/Palonka*, BGB, § 618 Rn. 1; MHdB ArbR/*Nebe*, § 175 Rn. 14; MüKoBGB/*Henssler*, § 618 Rn. 9; *Wlotzke*, in: FS Hilger/Stumpf, S. 723, 740; weitergehend BAG 12.8.2008 – 9 AZR 1117/06, NZA 2009, 102 Rn. 18.

chen Arbeitsschutzvorschriften stellen das Mindestniveau und den grundsätzlich vom Arbeitnehmer einklagbaren Schutz dar.[15]

b) Rechtsfolgen bei Verletzung des § 618 Abs. 1 BGB

§ 618 Abs. 1 BGB ist gem. § 619 BGB nicht abdingbar. Verletzt der Arbeitgeber Arbeitsschutzvorschriften, so kann der Arbeitnehmer verlangen, dass ein arbeitsschutzkonformer Zustand hergestellt wird.[16] Solange ein solcher nicht besteht, kann er Zurückbehaltung gem. § 273 BGB (bzw. § 320 BGB) geltend machen, sofern dies verhältnismäßig bzw. nicht treuwidrig ist.[17] Schließlich können ihm bei Körperverletzungen Schadensersatzansprüche zustehen, die allerdings durch den Haftungsausschluss gem. §§ 104 f. SGB VII beschränkt werden.[18]

c) Praktische Bedeutung

Häufig wird § 618 Abs. 1 BGB nur geringe Bedeutung zugesprochen, weil Aufsichtsbehörden, Berufsgenossenschaften und Betriebsräte eine individualrechtliche Durchsetzung entbehrlich machten.[19] Allerdings ist die Zahl der Arbeitsschutzkontrollen seit Jahren niedrig und immer weniger Arbeitnehmer werden von Betriebsräten vertreten. Der privaten Rechtsdurchsetzung kommt daher ein hoher Stellenwert zu, was die zunehmende Zahl höchstrichterlicher Entscheidungen zeigt.[20] Zudem werden Arbeitnehmer so als Subjekte, die den betrieblichen Arbeitsschutz aktiv mitgestalten, anerkannt.[21] Allerdings ist die individuelle Durchsetzung von Rechten mit erheblichen Risiken verbunden, insbesondere drohen dem Arbeitnehmer bei einer

---

[15] BeckOK ArbR/*Joussen*, BGB, § 618 Rn. 3; ErfK/*Roloff*, BGB, § 618 Rn. 5; Erman/*Riesenhuber*, BGB, § 618 Rn. 7; Staudinger/*Oetker*, BGB, § 618 Rn. 146 f.; HK-ArbSchR/*Nebe*, § 618 BGB Rn. 10, 14; HWK/*Krause*, BGB, § 618 Rn. 12; MHdB ArbR/*Nebe*, § 175 Rn. 13.

[16] BeckOK ArbR/*Joussen*, BGB, § 618 Rn. 35; Erman/*Riesenhuber*, BGB, § 618 Rn. 30; HK-ArbSchR/*Nebe*, § 618 BGB Rn. 47; HWK/*Krause*, BGB, § 618 Rn. 28; MHdB ArbR/*Nebe*, § 175 Rn. 17; MüKoBGB/*Henssler*, § 618 Rn. 87; Staudinger/*Oetker*, BGB, § 618 Rn. 248 ff.; *Wlotzke*, in: FS Hilger/Stumpf, S. 723, 744 ff.

[17] Erman/*Riesenhuber*, BGB, § 618 Rn. 32; HK-ArbSchR/*Nebe*, § 618 BGB Rn. 51; HWK/*Krause*, BGB, § 618 Rn. 30 f.; MHdB ArbR/*Nebe*, § 175 Rn. 24; MüKoBGB/*Henssler*, § 618 Rn. 92; Staudinger/*Oetker*, BGB, § 618 Rn. 257 f. m. w. N. zur Ansicht, die § 320 BGB heranzieht sowie Rn. 264 f.; *Wlotzke*, in: FS Hilger/Stumpf, S. 723, 747 ff.

[18] Erman/*Riesenhuber*, BGB, § 618 Rn. 35; HK-ArbSchR/*Nebe*, § 618 BGB Rn. 53, 57 ff.; HWK/*Krause*, BGB, § 618 Rn. 34 ff.; Staudinger/*Oetker*, BGB, § 618 Rn. 280, 324 f.; *Wlotzke*, in: FS Hilger/Stumpf, S. 723, 749 f.; ebenso MHdB ArbR/*Nebe*, § 175 Rn. 33 f., die aber die eigenständige Bedeutung des Schadensersatzanspruchs betont.

[19] Erman/*Riesenhuber*, BGB, § 618 Rn. 8; HWK/*Krause*, BGB, § 618 Rn. 7; MüKoBGB/*Henssler*, § 618 Rn. 6; Staudinger/*Oetker*, BGB, § 618 Rn. 8.

[20] HK-ArbSchR/*Nebe*, § 618 BGB Rn. 3.

[21] KKS/*Kohte*, ArbSchG, § 3 Rn. 82.

unberechtigten Arbeitseinstellung neben dem Verlust der Vergütung arbeitsrechtliche Konsequenzen wie Abmahnung und Kündigung.[22]

3. Verhältnis von ArbSchG und ArbZG

Die Normen des ArbSchG werden durch das ArbZG als spezielles Gesetz konkretisiert, aber nicht verdrängt.[23] Der Aspekt der Arbeitszeit ist aus dem Anwendungsbereich des Arbeitsschutzgesetzes nicht ausgenommen.[24] In Kollisionslagen tritt die allgemeine Regelung zurück, sofern sie von der spezielleren Norm konkretisiert wird oder diese über sie hinausgeht, häufig liegt jedoch keine echte Spezialität vor und beide Bestimmungen ergänzen sich gegenseitig.[25] So folgt aus § 3 Abs. 2 Nr. 1 ArbSchG eine Pflicht zur Erfassung der gesamten Arbeitszeit, die über § 16 Abs. 2 S. 1 ArbZG hinausgeht.[26]

Neben solchen materiellen Ergänzungen hat aus dem ArbSchG mit Blick auf die Arbeitszeit das Verfahren der Gefährdungsbeurteilung besondere Bedeutung.[27] Entsprechende Verfahrensvorschriften sieht das ArbZG nämlich nicht vor, sodass auf die allgemeine Regelung in § 5 ArbSchG zurückzugreifen ist. Dies wird dadurch belegt, dass der Gesetzgeber die Arbeitszeit als eine bei der Gefährdungsbeurteilung gem. § 5 ArbSchG zu berücksichtigende Gefährdungsquelle aufgenommen hat, obwohl das ArbSchG nach dem ArbZG in Kraft getreten ist. § 5 ArbSchG kommt als Rahmenvorschrift eine integrierende Funktion zu.[28]

Umgekehrt werden die Pflichten des Arbeitgebers nach dem ArbZG durch das ArbSchG nicht berührt, wie § 1 Abs. 3 S. 1 ArbSchG anordnet.

4. Persönlicher Anwendungsbereich

§ 6 ArbZG ist nur auf Nachtarbeitnehmer anzuwenden. Dies sind nach der Definition des § 2 Abs. 5 ArbZG Arbeitnehmer, die Nachtarbeit entweder normalerweise in Wechselschicht oder an mindestens 48 Tagen im Kalenderjahr leisten. Nachtarbeit im Sinne dieses Gesetzes ist jede Arbeit, die mehr als zwei Stunden der Nachtzeit

---

[22] *Faber*, Die arbeitsschutzrechtlichen Grundpflichten des § 3 ArbSchG, S. 458.

[23] BAG 13.9.2022 – 1 ABR 22/21, NZA 2022, 1616 Rn. 49; Buschmann/Ulber/*Buschmann*, ArbZR, Einl. Rn. 52, § 1 Rn. 16; *Habich*, Sicherheits- und Gesundheitsschutz, S. 124 f.; *Kohte*, JbArbR 2000, 21, 30 nennt das ArbSchG den „allgemeinen Teil des öffentlichrechtlich verfassten betrieblichen Arbeitsschutzes".

[24] BAG 13.9.2022 – 1 ABR 22/21, NZA 2022, 1616 Rn. 49; *Aich*, in: Romahn (Hg.), Arbeitszeit gestalten, S. 49, 50 f.

[25] *Faber*, Die arbeitsschutzrechtlichen Grundpflichten des § 3 ArbSchG, S. 117.

[26] BAG 13.9.2022 – 1 ABR 22/21, NZA 2022, 1616 Rn. 42 ff.

[27] Buschmann/Ulber/*Buschmann*, ArbZR, Einl. Rn. 53, § 1 Rn. 16; HK-ArbR/*Growe*, ArbZG, § 1 Rn. 9.

[28] HK-ArbSchR/*Blume/Faber*, ArbSchG, § 5 Rn. 20.

umfasst, die grundsätzlich von 23 bis 6 Uhr geht (§ 2 Abs. 3, 4 ArbZG). Arbeitnehmer, die keine Nachtarbeitnehmer nach dieser Definition sind, werden durch § 6 ArbZG nicht geschützt. Dies betrifft etwa Arbeitnehmer, die nicht in Schicht arbeiten und an weniger als 48 Tagen nachts tätig werden oder die keinen ausreichenden Teil der Nachtzeit arbeiten, beispielsweise bis ein Uhr oder ab vier Uhr. Ob diese Einschränkungen gegen die grundrechtlichen Schutzpflichten bei Nachtarbeit und Art. 3 Abs. 1 GG verstoßen,[29] wird in dieser Arbeit nicht untersucht.

Das ArbSchG findet hingegen gem. § 1 Abs. 1 S. 2 ArbSchG grundsätzlich auf alle Arbeitnehmer Anwendung.[30] Die Vorschriften für den Schutz bei Nachtarbeit gelten daher auch für Personen, die keine Nachtarbeitnehmer im Sinne des § 2 Abs. 5 ArbZG sind.

II. Arbeitszeitgesetz

Die größte Bedeutung im Regelungssystem der Nachtarbeit hat § 6 ArbZG. Die Norm regelt Nacht- und Schichtarbeit. Sie gilt für Nachtarbeitnehmer gem. § 2 Abs. 5 ArbZG. § 6 ArbZG hat sechs Absätze mit unterschiedlichen Inhalten. Sie regeln die Festlegung der Arbeitszeit (Abs. 1), die tägliche Höchstarbeitszeit (Abs. 2), regelmäßige Gesundheitsuntersuchungen (Abs. 3), die Umsetzung in Tagarbeit (Abs. 4), die Gewährung eines Zuschlags oder zusätzlicher bezahlter freier Tage (Abs. 5) und die Gleichbehandlung mit Tagarbeitnehmern bei betrieblicher Weiterbildung und Aufstiegsförderung (Abs. 6). Zentrales gesetzliches Steuerungselement ist § 6 Abs. 5 ArbZG.[31] Dieser Norm kommt auch die größte Bedeutung in der Praxis zu.

1. Festlegung der Arbeitszeit (§ 6 Abs. 1 ArbZG)

Gem. § 6 Abs. 1 ArbZG ist die Arbeitszeit der Nacht- und Schichtarbeitnehmer nach den gesicherten arbeitswissenschaftlichen Erkenntnissen über die menschengerechte Gestaltung der Arbeit festzulegen.

a) Zweck

Die Norm soll dem präventiven Gesundheitsschutz der Arbeitnehmer dienen, indem psychische und physische Belastungen vermieden bzw. minimiert werden.[32] Die Gesetzesbegründung benennt mangelhafte Arbeitszeitsysteme als Belastungs-

---

[29] So *Ulber*, AuR 2020, 157, 158 f.

[30] ErfK/*Roloff*, ArbSchG, § 1 Rn. 3; KKS/*Kollmer*, ArbSchG, § 1 Rn. 5 f.

[31] *Soost*, AuR 2020, 489.

[32] *Anzinger/Koberski*, ArbZG, § 6 Rn. 15; BeckOK ArbR/*Kock*, ArbZG, § 6 Rn. 4; ErfK/*Roloff*, ArbZG, § 6 Rn. 4; HK-ArbR/*Growe*, ArbZG, § 6 Rn. 5; HPS/*Lorenz*, ArbZR, § 6 Rn. 30; *Neumann/Biebl*, ArbZG, § 6 Rn. 6.

faktoren, welche die Befindlichkeit stören können.[33] Die menschengerechte Gestaltung der Arbeitszeit zielt darauf ab, die körperliche und geistig-seelische Gesundheit sowie die Arbeitsfähigkeit während des normalen Erwerbslebens zu erhalten.[34] Teilweise wird sie daneben als eigenständiges Ziel benannt.[35] Allerdings ist die juristische Auslegung der Norm heftig umstritten.

b) Rechtsfolgen bei Verletzung

Schon über den Rechtscharakter der Norm besteht keine Einigkeit. Nach herrschender Meinung handele es sich um eine „lex imperfecta", weil sie nicht bußgeldbewehrt ist.[36] Als „lex imperfecta" wird eine Norm bezeichnet, bei deren Übertretung weder eine Strafe noch die Unwirksamkeit der verbotenen Rechtshandlung vorgesehen ist.[37] Allerdings nimmt die überwiegende Auffassung an, dass die Norm eine öffentlich-rechtlich Rechtspflicht des Arbeitgebers statuiere und die Aufsichtsbehörde die erforderlichen Maßnahmen anordnen könne.[38] Zur Begründung wird auf den Wortlaut verwiesen, nach dem die Arbeitszeit zwingend entsprechend der Vorgaben des § 6 Abs. 1 ArbZG festzulegen sei.[39] Nach eine Mindermeinung hingegen handelt es sich um eine bloße Soll-Vorschrift.[40]

Sehr umstritten ist, ob § 6 Abs. 1 ArbZG individualrechtliche Ansprüche und Gestaltungsrechte gewährt. In der Literatur werden zahlreiche sich widersprechende Meinungen vertreten. Grundfrage ist, ob man § 6 Abs. 1 ArbZG als möglichen Inhalt einer arbeitsvertraglichen Regelung sieht.

Bejaht man dies, so kann die Norm gem. § 618 Abs. 1 BGB ins Privatrecht transformiert werden.[41] Dementsprechend hätte der Arbeitnehmer einen Erfül-

---

[33] BT-Drs. 12/5888, S. 25.

[34] *Anzinger/Koberski*, ArbZG, § 6 Rn. 25.

[35] HPS/*Lorenz*, ArbZR, § 6 Rn. 30.

[36] *Anzinger/Koberski*, ArbZG, § 6 Rn. 23; *Anzinger*, in: FS Wlotzke, S. 427, 438; *Diller*, NJW 1994, 2726, 2727; *Erasmy*, NZA 1994, 1105, 1108; *Neumann/Biebl*, ArbZG, § 6 Rn. 8; ablehnend: Buschmann/Ulber/*Ulber*, ArbZG, § 6 Rn. 17.

[37] Weber/*Groh*, Rechtswörterbuch, lex imperfecta.

[38] *Anzinger/Koberski*, ArbZG, § 6 Rn. 23; *Anzinger*, in: FS Wlotzke, S. 427, 438; *Baeck/Deutsch/Winzer*, ArbZG, § 6 Rn. 26; BeckOK ArbR/*Kock*, ArbZG, § 6 Rn. 4; Buschmann/Ulber/*Ulber*, ArbZG, § 6 Rn. 9; *Ebert*, ArbRB 2016, 246, 247; ErfK/*Roloff*, ArbZG, § 6 Rn. 5; HK-ArbSchR/*Habich*, ArbZG, § 6 Rn. 16, 19; HPS/*Lorenz*, ArbZG, § 6 Rn. 35; MHdB ArbR/*Koberski*, § 184 Rn. 18; *Neumann/Biebl*, ArbZG, § 6 Rn. 8; *Schliemann*, ArbZG, § 6 Rn. 20; offengelassen von *Junker*, ZfA 1998, 105, 120.

[39] *Schliemann*, ArbZG, § 6 Rn. 20.

[40] *Diller*, NJW 1994, 2726, 2727; *Erasmy*, NZA 1994, 1105, 1108.

[41] So *Anzinger/Koberski*, ArbZG, § 6 Rn. 24; HK-ArbSchR/*Habich*, ArbZG, § 6 Rn. 19; HPS/*Lorenz*, ArbZR, § 6 Rn. 36.

lungsanspruch.[42] Bei einem Verstoß des Arbeitgebers könnte die Arbeitsleistung zurückbehalten werden.[43] Auch wären Schadensersatzansprüche aus Vertrag oder gem. § 823 Abs. 2 BGB wegen Verletzung eines Schutzgesetzes möglich.[44]

Verneint man dies, weil der Wortlaut zu unbestimmt sei oder gegen ein subjektives Recht spreche,[45] kommt man zu gegenteiligen Ergebnissen. Ein Anspruch auf Erfüllung besteht dann nicht,[46] ebenso wenig ein Zurückbehaltungsrecht.[47] Schadensersatzansprüche könnten sich nur aus § 823 Abs. 1 BGB ergeben.[48]

c) Unbestimmtheit der Norm

Noch gravierender ist aber, dass ebenso unklar ist, ob es überhaupt gesicherte arbeitswissenschaftliche Erkenntnisse zu Schicht- und Nachtarbeit gibt.[49] Der Begriff wird auch in anderen Vorschriften verwendet (z.B. §§ 90, 91 BetrVG, § 4 Nr. 3 ArbSchG, § 28 Abs. 1 S. 2 JArbSchG).[50] Arbeitswissenschaft ist eine interdisziplinäre Methode, die unter anderem medizinische, pädagogische, physiologische, psychologische, technologische, soziologische, ergonomische und wirtschaftswissenschaftliche Erkenntnisse einbezieht.[51] Umstritten ist, wann diese Erkenntnisse als gesichert

---

[42] So *Anzinger/Koberski*, ArbZG, § 6 Rn. 24; Buschmann/Ulber/*Ulber*, ArbZG, § 6 Rn. 17; HK-ArbSchR/*Habich*, ArbZG, § 6 Rn. 19; HPS/*Lorenz*, ArbZR, § 6 Rn. 36, der aber darauf hinweist, dass die Norm einen Ermessensspielraum des Arbeitgebers eröffnet und daher nur im Ausnahmefall eine bestimmte Arbeitszeitgestaltung verlangt werden könne.

[43] So Buschmann/Ulber/*Ulber*, ArbZG, § 6 Rn. 9; HK-ArbSchR/*Habich*, ArbZG, § 6 Rn. 22; HWK/*Gäntgen*, ArbZG, § 6 Rn. 5; *Schliemann*, ArbZG, § 6 Rn. 20 (bei einem hinreichend massiven Verstoß des Arbeitgebers).

[44] So Buschmann/Ulber/*Ulber*, ArbZG, § 6 Rn. 9; HPS/*Lorenz*, ArbZR, § 6 Rn. 36, *Schliemann*, ArbZG, § 6 Rn. 22, der aber auf Beweisschwierigkeiten und die Haftungsprivilegierung des § 104 SGB VII hinweist; ablehnend *Neumann/Biebl*, ArbZG, § 6 Rn. 8; *Ebert*, ArbRB 2016, 246, 248.

[45] *Baeck/Deutsch/Winzer*, ArbZG, § 6 Rn. 28; *Diller*, NJW 1994, 2726, 2727; *Junker*, ZfA 1998, 105, 120 f.

[46] So *Baeck/Deutsch/Winzer*, ArbZG, § 6 Rn. 28; *Dobberahn*, ArbZG, Rn. 77; *Ebert*, ArbRB 2016, 246, 248; *Junker*, ZfA 1998, 105, 120 f.; wohl auch *Neumann/Biebl*, ArbZG, § 6 Rn. 8.

[47] So *Baeck/Deutsch/Winzer*, ArbZG, § 6 Rn. 28; *Diller*, NJW 1994, 2726, 2727; *Dobberahn*, ArbZG, Rn. 77; *Ebert*, ArbRB 2016, 246, 248; *Erasmy*, NZA 1994, 1105, 1108; *Junker*, ZfA 1998, 105, 120; *Neumann/Biebl*, ArbZG, § 6 Rn. 8.

[48] *Junker*, ZfA 1998, 105, 120 f.

[49] HK-ArbR/*Growe*, ArbZG, § 6 Rn. 5.

[50] *Fitting*, BetrVG, § 90 Rn. 41; LKK/*Dahm*, BetrVG, § 90 Rn. 20; Richardi/*Annuß*, BetrVG, § 90 Rn. 33.

[51] *Anzinger/Koberski*, ArbZG, § 6 Rn. 28; *Baeck/Deutsch/Winzer*, ArbZG, § 6 Rn. 19; HPS/*Lorenz*, ArbZR, § 6 Rn. 31; MHdB ArbR/*Koberski*, § 184 Rn. 20; *Schliemann*, ArbZG, § 6 Rn. 14.

anzusehen sind. Fraglich ist, ob die Mehrheit[52], die allermeisten[53] oder sogar die Allgemeinheit[54] der mit der empirischen Forschung befassten Personen sie teilen müssen. Außerdem ist fraglich, ob sie mit angemessenen Mitteln realisierbar sein müssen.[55] Schließlich ist umstritten, ob sie sich in der Praxis bewährt haben müssen.[56]

In der Folge ist „hoch strittig“[57], ob tatsächliche Erkenntnisse als gesichert angesehen werden können. Zwar verweisen die meisten Stimmen auf die Ergebnisse der Europäischen Stiftung zur Verbesserung der Lebens- und Arbeitsbedingungen und der BAuA.[58] Nur ein Teil sieht darin jedoch gesicherte Erkenntnisse,[59] verbreitet wird dies in Frage gestellt.[60] Die Kritik dürfte erst recht für weniger rezipierte Empfehlungen gelten, auf die teilweise verwiesen wird, wie die des MAIS bzw. MAGS NRW[61].

Auch der Begriff der menschengerechten Gestaltung der Arbeit ist auslegungsbedürftig.[62] Sie dient der Vermeidung von Belastungen, die das Wohlbefinden beeinträchtigen können.[63] Damit geht sie über den klassischen Bereich des Gesundheitsschutzes hinaus, zielt vielmehr auf die Achtung der Menschenwürde und dient der Sicherung des Wohlbefindens im Sinne des weiten Gesundheitsbegriffs der WHO.[64] Fraglich ist, ob das Merkmal objektivierbar ist.[65] Teilweise wird auf den individuellen Arbeitnehmer und dessen Anpassung an die Nachtarbeit abgestellt, die aber nicht feststellbar sei.[66]

---

[52] *Anzinger/Koberski*, ArbZG, § 6 Rn. 29; HPS/*Lorenz*, ArbZR, § 6 Rn. 31; MHdB ArbR/*Koberski*, § 184 Rn. 21; ähnlich: ErfK/*Roloff*, ArbZG, § 6 Rn. 3: „vorherrschend“.

[53] *Schliemann*, ArbZG, § 6 Rn. 20.

[54] *Baeck/Deutsch/Winzer*, ArbZG, § 6 Rn. 20; *Ebert*, ArbRB 2016, 246, 247.

[55] Bejahend: ErfK/*Roloff*, ArbZG, § 6 Rn. 3; ablehnend: Buschmann/Ulber/*Ulber*, ArbZR, § 6 Rn. 15.

[56] Bejahend: *Baeck/Deutsch/Winzer*, ArbZG, § 6 Rn. 20; *Ebert*, ArbRB 2016, 246, 247; MHdB ArbR/*Koberski*, § 184 Rn. 21; ablehnend: HK-ArbSchR/*Habich*, ArbZG, § 6 Rn. 12, um jederzeit und flexibel neue Erkenntnisse in den Arbeitsschutzprozess aufnehmen zu können.

[57] HK-ArbR/*Growe*, ArbZG, § 6 Rn. 5.

[58] *Anzinger/Koberski*, ArbZG, § 6 Rn. 28 f.; *Baeck/Deutsch/Winzer*, ArbZG, § 6 Rn. 23 f.; HK-ArbR/*Growe*, ArbZG, § 6 Rn. 5; HK-ArbSchR/*Habich*, ArbZG, § 6 Rn. 10; HPS/*Lorenz*, ArbZR, § 6 Rn. 32.

[59] Buschmann/Ulber/*Buschmann*, ArbZR, § 6 Rn. 15; HK-ArbR/*Growe*, ArbZG, § 6 Rn. 5; HK-ArbSchR/*Habich*, ArbZG, § 6 Rn. 11.

[60] *Anzinger/Koberski*, ArbZG, § 6 Rn. 31: „wird die Diskussion […] zeigen“; *Neumann/Biebl*, ArbZG, § 6 Rn. 8; *Schliemann*, ArbZG, § 6 Rn. 15 f.: „relativ ergebnislos geforscht“.

[61] BeckOK ArbR/*Kock*, ArbZG, § 6 Rn. 4 f.; HWK/*Gäntgen*, ArbZG, § 6 Rn. 4.

[62] *Neumann/Biebl*, ArbZG, § 6 Rn. 8: „recht verschwommener Begriff“; *Schliemann*, ArbZG, § 6 Rn. 15: Begriff ist „unklar“.

[63] ErfK/*Roloff*, ArbZG, § 6 Rn. 3.

[64] *Anzinger/Koberski*, ArbZG, § 6 Rn. 25 f.; MHdB ArbR/*Koberski*, § 184 Rn. 19.

[65] *Schliemann*, ArbZG, § 6 Rn. 15: „bedarf noch näherer Untersuchung“.

[66] *Neumann/Biebl*, ArbZG, § 6 Rn. 8.

d) Fehlende Rechtsprechung

In einer Entscheidung aus dem Jahr 1998 hat das BAG eine Klage auf Einteilung in eine bestimmte Nachtschichtfolge für zulässig angesehen.[67] Dies spricht für die Anerkennung eines subjektiven Rechts aus § 6 Abs. 1 ArbZG. Das Gericht erkannte aber keine gesicherten arbeitswissenschaftlichen Erkenntnisse zur Frage, ob eine kurze oder lange Nachtschichtfolge die Gesundheit weniger belastet, weil dazu verschiedene Standpunkte vertreten wurden.[68]

In neueren Entscheidungen, die allerdings nicht zu § 6 Abs. 1 ArbZG ergingen, ist ein größeres Problembewusstsein erkennbar und arbeitsmedizinische Studien werden rezipiert. So wurde im Jahr 2002 die BAuA dahingehend zitiert, dass Nachtarbeit besser verkraftet werde, wenn sie in Blöcke von wenigen Tagen zerlegt werde und sich der Arbeitnehmer dazwischen erholen könne.[69] In der jüngeren Rechtsprechung zu § 6 Abs. 5 ArbZG wird regelmäßig geurteilt, dass Nachtarbeit nach derzeitigem arbeitsmedizinischem Stand umso belastender sei, je mehr Nächte pro Monat und je mehr Nächte hintereinander gearbeitet werden, weshalb möglichst wenig Nachtschichten aufeinanderfolgen sollten.[70] Ein möglicherweise abweichender Eindruck der Beschäftigten sei objektiv unzutreffend und die Schädlichkeit der Nachtarbeit vergrößere sich mit ihrem Umfang, unabhängig von der Anpassungsfähigkeit des jeweiligen Arbeitnehmers.[71] In aktuellen Entscheidungen werden Studien zur sozialen und physiologische Desynchronisation rezipiert und Schlafstörungen, Magen-Darm-Beschwerden und kardiovaskulären Beeinträchtigungen als typische Folgen geschildert, außerdem Hinweise auf negative psychische Auswirkungen.[72]

Ein entsprechendes Urteil zu § 6 Abs. 1 ArbZG fehlt bisher. In seiner Rechtsprechung zu den Zuschlagshöhen hat das BAG allerdings in jüngerer Zeit auf die Norm abgestellt.[73] Dabei ging es um die Frage, ob der Arbeitgeber verpflichtet ist, bei gesetzlich vorgeschriebener Nachtarbeit einer Krankenschwester nach einer Schichtplangestaltung zu suchen, welche die individuelle Belastung senkt. Das BAG hat dies angenommen, allerdings ging es nur um die Frage der Zuschlagshöhe

---

[67] BAG 11.2.1998 – 5 AZR 472/97, NZA 1998, 647, 647.

[68] BAG 11.2.1998 – 5 AZR 472/97, NZA 1998, 647, 647.

[69] BAG 5.9.2002 – 9 AZR 202/01, AuR 2005, 467, 468.

[70] BAG 11.12.2013 – 10 AZR 736/12, NZA 2014, 669 Rn. 19; BAG 9.12.2015 – 10 AZR 423/14, NZA 2016, 426 Rn. 17; BAG 9.12.2015 – 10 AZR 156/15, NZA 2016, 1021 Rn. 21; BAG 21.3.2018 – 10 AZR 34/17, NZA 2019, 622 Rn. 49; BAG 9.12.2020 – 10 AZR 334/20, NZA 2021, 1110 Rn. 70; BAG 22.2.2023 – 10 AZR 332/20, NZA 2023, 638 Rn. 46 f.

[71] BAG 9.12.2015 – 10 AZR 423/14, NZA 2016, 426 Rn. 17; BAG 9.12.2015 – 10 AZR 156/15, NZA 2016, 1021 Rn. 21; BAG 21.3.2018 – 10 AZR 34/17, NZA 2019, 622 Rn. 49.

[72] BAG 9.12.2020 – 10 AZR 334/20, NZA 2021, 1110 Rn. 71; BAG 22.2.2023 – 10 AZR 332/20, NZA 2023, 638 Rn. 47.

[73] BAG 25.5.2022 – 10 AZR 230/19, AP ArbZG, § 6 Nr. 26 Rn. 33 f.

und nicht um einen individuellen Anspruch auf eine § 6 Abs. 1 ArbZG entsprechende Schichtplangestaltung.[74]

e) Anwendung in der Praxis

In der Praxis besteht große Rechtsunsicherheit, weil der Wortlaut stark auslegungsbedürftig ist und es an Rechtsprechung fehlt. Da ungeklärt ist, was § 6 Abs. 1 ArbZG eigentlich regelt, kommt der Norm in der Praxis kaum eine Wirkung zu. Eine auf einer Breitenerhebung beruhende empirische Untersuchung der Gestaltung der Schichtarbeit in der Produktion ergab eine „desaströse Umsetzung [der] arbeitswissenschaftlichen Erkenntnisse“[75]. Es werde faktisch nicht geprüft, ob Nachtarbeit vermeidbar sei, auch arbeiteten nur zehn Prozent der untersuchten Beschäftigten in kurzen Nachtschichtfolgen von zwei bis drei Tagen.[76] Zudem kontrollierten die staatlichen Aufsichtsbehörden die entsprechenden Verpflichtungen der Arbeitgeber nicht.[77] In Nordrhein-Westfahlen hat das zuständige Ministerium im Jahr 2013 zumindest Empfehlungen zur Schichtplangestaltung erteilt.[78] Verwaltungsgerichtliche Rechtsprechung zu § 6 Abs. 1 ArbZG ist über die Datenbank juris nicht aufzufinden, was darauf hindeutet, dass die Aufsichtsbehörden keine Anordnungen treffen. Ein einzelner Arbeitnehmer kann § 6 Abs. 1 ArbZG kaum durchsetzen.[79] Generell können viele Arbeitsbedingungen nur kollektiv beeinflusst werden, weil arbeitsteilige Zusammenhänge eine individuelle Korrektur ausschließen, etwa weil alle zur gleichen Zeit mit der Arbeit beginnen müssen.[80] So liegt es im Regelfall auch bei Nacht(schicht)arbeit.

Möglicherweise könnte in der Zukunft der mit dem Arbeitsschutzkontrollgesetz im Jahr 2021 neu eingeführte Ausschuss für Sicherheit und Gesundheit bei der Arbeit gem. § 24a ArbSchG Abhilfe schaffen. Dieser soll, anders als die bereits zuvor bestehenden Ausschüsse zu den einzelnen Arbeitsschutzverordnungen, übergreifend tätig werden, eine umfassende Beratung des BMAS zu allen Fragen von Sicherheit und Gesundheit bei der Arbeit sicherstellen und letztlich ein abgestimmtes staatliches Regelwerk erarbeiten.[81] Entscheidungen des Ausschusses dürften aufgrund der sehr weiten Aufgabenbeschreibung deutliche Auswirkungen

---

[74] Zur Rechtsprechung zu den Zuschlägen und Zuschlagshöhen gem. § 6 Abs. 5 ArbZG sogleich unter 5.

[75] *Langhoff/Satzer*, Gestaltung von Schichtarbeit, S. 21.

[76] *Langhoff/Satzer*, Gestaltung von Schichtarbeit, S. 16 f.

[77] *Langhoff/Satzer*, Gestaltung von Schichtarbeit, S. 18.

[78] Erlass des MAIS NRW 30.12.2013 – III 2 – 8312, S. 6.

[79] Vgl. HPS/*Lorenz*, ArbZR, § 6 Rn. 36: „schwierig ist jedoch die Durchsetzung dieser Verpflichtung im konkreten Einzelfall“, „nur in Ausnahmefällen“, „kaum durchsetzbar“; ebenso *Ulber*, Tarifdispositives Gesetzesrecht, S. 537.

[80] *Däubler*, KJ 2014, 372, 380.

[81] BR-Drs. 426/20, S. 31.

auf die Vollzugspraxis der Länder haben.[82] Aufgrund des engen Regelungsverhältnisses von ArbSchG und ArbZG (siehe A. I. 3.) und der tätigkeitsübergreifenden Belastungen durch Nachtarbeit fiele eine arbeitsschutzrechtliche Regel zu den arbeitswissenschaftlichen Erkenntnissen hinsichtlich der Nachtarbeitsgestaltung in den Kompetenzbereich des Ausschusses. Allerdings hat der Ausschuss diese Materie bisher nicht in sein Arbeitsprogramm aufgenommen.

f) Zwischenergebnis: Missglückte und ineffektive Norm

§ 6 Abs. 1 ArbZG ist missglückt. Der Wortlaut ist unbestimmt, woran sich zahlreiche juristische Meinungsverschiedenheiten entzünden. Daraus folgt in der Praxis große Rechtsunsicherheit.[83] Der angestrebte Zweck, Belastungen der Arbeitnehmer präventiv zu vermeiden, wird nicht erreicht.

2. Begrenzung der täglichen Höchstarbeitszeit (§ 6 Abs. 2 ArbZG)

§ 6 Abs. 2 ArbZG regelt die tägliche Höchstarbeitszeit für Nachtarbeitnehmer im Grundsatz wie bei Tagarbeitnehmern. Sie beträgt höchstens acht Stunden, kann aber auf zehn Stunden verlängert werden. Allerdings muss eine Überschreitung von acht Stunden in einem gem. § 6 Abs. 2 S. 2 Hs. 2 ArbZG gegenüber § 3 S. 2 ArbZG verkürzten Zeitraum von einem Monat bzw. vier Wochen ausgeglichen werden.

a) Zweck

Der verkürzte Ausgleichszeitraum soll dem Gesundheitsschutz dienen.[84] Er gilt nach allgemeiner Ansicht auch für Arbeitszeiten, welche nicht zur Nachtzeit erbracht werden.[85] Dies ergibt sich schon daraus, dass der gesetzliche Nachtzeitraum gem. § 2 Abs. 3 ArbZG nur sieben Stunden umfasst, eine Überschreitung des Achtstundentages also bei bloßer Berücksichtigung der Nachtstunden gar nicht möglich wäre. Allerdings muss auch der Ausgleich nicht zur Nachtzeit gewährt werden.[86]

---

[82] BT-Dr. 19/22772, S. 5.

[83] *Ebert*, ArbRB 2016, 246, 246, 247.

[84] *Baeck/Deutsch/Winzer*, ArbZG, § 6 Rn. 31; *Erasmy*, NZA 1994, 1105, 1108; ErfK/*Roloff*, ArbZG, § 6 Rn. 6; HK-ArbSchR/*Habich*, ArbZG, § 6 Rn. 27; HPS/*Lorenz*, ArbZR, § 6 Rn. 40; HWK/*Gäntgen*, ArbZG, § 6 Rn. 6.

[85] *Anzinger/Koberski*, ArbZG, § 6 Rn. 34; *Baeck/Deutsch/Winzer*, ArbZG, § 6 Rn. 33; Buschmann/Ulber/*Ulber*, ArbZR, § 6 Rn. 29; HK-ArbSchR/*Habich*, ArbZG, § 6 Rn. 27; HPS/*Lorenz*, ArbZR, § 6 Rn. 40.

[86] *Baeck/Deutsch/Winzer*, ArbZG, § 6 Rn. 32; Buschmann/Ulber/*Ulber*, ArbZR, § 6 Rn. 29.

b) Rechtsfolgen bei Verletzung und Tarifdispositivität

Verstöße gegen § 6 Abs. 2 ArbZG sind bußgeldbewehrt, unter bestimmten Umständen sogar eine Straftat.[87] Dies unterscheidet die Norm von den anderen Absätzen des § 6 ArbZG und spricht für eine effektivere Durchsetzung. Andererseits ist § 6 Abs. 2 ArbZG weitgehend tarifdispositiv, was sich aus § 7 Abs. 1 Nr. 4, Abs. 2 Nr. 2–4, Abs. 2a ArbZG ergibt.[88] Die Tarifparteien können somit beeinflussen, wann Ordnungswidrigkeiten bzw. Straftaten vorliegen.[89]

c) Eingeschränkte Schutzwirkung

Allerdings geht das ArbZG von sechs Werktagen aus, woraus sich eine höchstzulässige wöchentliche Arbeitszeit von 48 Stunden ergibt.[90] Nur Arbeitszeiten, die darüber hinausgehen, lösen überhaupt die Ausgleichspflicht aus. Bei der heute üblichen 5-Tage-Woche darf also innerhalb von vier Wochen an 19,2 Arbeitstagen jeweils zehn Stunden Nachtarbeit geleistet werden.[91] Die Norm ermöglicht de facto mithin Dauernachtarbeit mit Schichtlängen von zehn Stunden.[92]

d) Zwischenergebnis: Bei 5-Tage-Woche keine besondere Schutzwirkung

Weil die Norm nur bei einer 6-Tage-Woche einen sinnvollen Anwendungsbereich hat, entfaltet sie in der Praxis kaum einen besonderen Schutzeffekt zugunsten der Nachtarbeitnehmer.

3. Gesundheitsuntersuchung (§ 6 Abs. 3 ArbZG)

§ 6 Abs. 3 S. 1 ArbZG gewährt Nachtarbeitnehmern einen Anspruch auf eine arbeitsmedizinische Untersuchung sowohl vor Aufnahme einer Beschäftigung, die Nachtarbeit umfasst, als auch jeweils nach Ablauf von drei Jahren. Für Arbeitnehmer, die das 50. Lebensjahr vollendet haben, besteht der Anspruch in Zeitabständen von einem Jahr. Der Arbeitgeber hat die entstehenden Kosten zu tragen, sofern er nicht selbst eine für den Arbeitnehmer kostenlose, betriebsärztliche Untersuchung anbietet.

---

[87] *Baeck/Deutsch/Winzer*, ArbZG, § 6 Rn. 19; Buschmann/Ulber/*Ulber*, ArbZR, § 6 Rn. 21; HPS/*Lorenz*, ArbZR, § 6 Rn. 46 f.

[88] *Anzinger/Koberski*, ArbZG, § 6 Rn. 34; Buschmann/Ulber/*Ulber*, ArbZR, § 6 Rn. 19, 25 ff., 30 ff.; HK-ArbSchR/*Habich*, ArbZG, § 6 Rn. 31; HPS/*Lorenz*, ArbZR, § 6 Rn. 45.

[89] *Anzinger/Koberski*, ArbZG, § 7 Rn. 149 ff.; *Baeck/Deutsch/Winzer*, ArbZG, § 7 Rn. 156.

[90] ErfK/*Wank*, 21. Aufl. 2021, ArbZG, § 3 Rn. 2, 5.

[91] Buschmann/Ulber/*Ulber*, ArbZR, § 6 Rn. 27; *Schliemann*, ArbZG, § 6 Rn. 32.

[92] *Schliemann*, ArbZG, § 6 Rn. 33.

a) Zweck

Zweck der Norm ist es, drohenden Gesundheitsgefährdungen durch Nachtarbeit vorzubeugen.[93] Der Arbeitnehmer soll prognostizieren können, wie sich zukünftige Nachtarbeit auswirken wird.[94]

Die Norm gibt dem Arbeitnehmer das Recht, sich arbeitsmedizinisch untersuchen zu lassen. Damit handelt es sich um einen speziellen Fall der Wunschvorsorge.[95] Es besteht keine Pflicht des Arbeitnehmers, dieses Recht wahrzunehmen,[96] er kann nach überwiegender Meinung auch nicht dazu gezwungen werden.[97] Eine Pflicht des Arbeitgebers, die Untersuchung aktiv anzubieten, ist in § 6 Abs. 3 ArbZG nicht explizit geregelt. Umstritten ist, ob sie sich aus anderen Normen, etwa aus § 81 BetrVG in unionsrechtskonformer Auslegung, ergibt.[98]

b) Rechtsfolgen

Auf Verlangen des Arbeitnehmers wird er untersucht. Der Untersuchungsbefund unterliegt der ärztlichen Schweigepflicht.[99] Es obliegt daher nach herrschender Meinung der Entscheidung des Arbeitnehmers, ob er diesen dem Arbeitgeber mitteilt.[100]

Sollte der Befund gesundheitliche Gefahren ergeben, ist fraglich, welche Rechte des Arbeitnehmers daraus folgen. Nach einer Ansicht soll er Anspruch auf Herstellung eines arbeitsschutzkonformen Arbeitsplatzes und Umsetzung auf einen

---

[93] *Aligbe*, ArbRAktuell 2016, 543, 544; Buschmann/Ulber/*Ulber*, ArbZR, § 6 Rn. 34; HPS/*Lorenz*, ArbZR, § 6 Rn. 49; *Schliemann*, ArbZG, § 6 Rn. 44.

[94] *Anzinger/Koberski*, ArbZG, § 6 Rn. 42, 45.

[95] *Kohte*, Die Gestaltung der arbeitsmedizinischen Vorsorge, S. 21 f.

[96] *Aligbe*, ArbRAktuell 2016, 543, 544; *Aligbe*, ARP 2023, 274, 275 f.; *Anzinger/Koberski*, ArbZG, § 6 Rn. 39; *Baeck/Deutsch/Winzer*, ArbZG, § 6 Rn. 42; BeckOK ArbR/*Kock*, ArbZG, § 6 Rn. 13; Buschmann/Ulber/*Ulber*, ArbZR, § 6 Rn. 34; *Erasmy*, NZA 1994, 1105, 1109; ErfK/*Roloff*, ArbZG, § 6 Rn. 7; HK-ArbSchR/*Habich*, ArbZG, § 6 Rn. 32; HPS/*Lorenz*, ArbZR, § 6 Rn. 51; *Neumann/Biebl*, ArbZG, § 6 Rn. 14; *Schliemann*, ArbZG, § 6 Rn. 45.

[97] *Aligbe*, ArbRAktuell 2016, 543, 544; BeckOK ArbR/*Kock*, ArbZG, § 6 Rn. 13; Buschmann/Ulber/*Ulber*, ArbZG, § 6 Rn. 35; HPS/*Lorenz*, ArbZR, § 6 Rn. 51; HWK/*Gäntgen*, ArbZG, § 6 Rn. 8; a. A. *Erasmy*, NZA 1994, 1105, 1109; *Schliemann*, ArbZG, § 6 Rn. 45 betont die faktisch bestehende Möglichkeit des Arbeitgebers, ein Arbeitsverhältnis erst nach der Untersuchung oder unter Bedingung zu begründen.

[98] Befürwortend Buschmann/Ulber/*Ulber*, ArbZG, § 6 Rn. 35; *Kohte*, Die Gestaltung der arbeitsmedizinischen Vorsorge, S. 23 f.; *Kohte*, jurisPR-ArbR 40/2024, Anm. 1 unter C.; ablehnend: *Aligbe*, ArbRAktuell 2016, 543, 544; *Baeck/Deutsch/Winzer*, ArbZG, § 6 Rn. 42; BeckOK ArbR/*Kock*, ArbZG, § 6 Rn. 13; HPS/*Lorenz*, ArbZR, § 6 Rn. 53.

[99] *Anzinger/Koberski*, ArbZG, § 6 Rn. 43; Buschmann/Ulber/*Ulber*, ArbZG, § 6 Rn. 34; HWK/*Gäntgen*, ArbZG, § 6 Rn. 12; HK-ArbSchR/*Habich*, ArbZG, § 6 Rn. 33; HPS/*Lorenz*, ArbZR, § 6 Rn. 62.

[100] *Aligbe*, ArbRAktuell 2016, 543, 544; *Aligbe*, ARP 2023, 274, 276; *Anzinger/Koberski*, ArbZG, § 6 Rn. 43; *Baeck/Deutsch/Winzer*, ArbZG, § 6 Rn. 42; HPS/*Lorenz*, ArbZR, § 6 Rn. 62; a. A. *Schliemann*, ArbZG, § 6 Rn. 54.

solchen haben.[101] Nach anderer Ansicht geht es mit Blick auf § 6 Abs. 4 ArbZG nur um die Feststellung, ob der Arbeitnehmer für die Nachtarbeit geeignet ist oder nicht.[102] Nach dem BAG muss der Arbeitgeber die Untauglichkeit zur Nachtarbeit unabhängig von einem Versetzungsverlangen des Arbeitnehmers berücksichtigen, wenn er sein Direktionsrecht ausübt.[103]

c) Anwendung in der Praxis

Für die Anwendung in der Praxis hat das Bundesministerium für Arbeit bereits im Jahr 1995 Hinweise veröffentlicht.[104] Ein Ziel ist, bestimmte Krankheiten frühzeitig zu erkennen, um diese kontrollieren und medikamentös einstellen zu können.[105] Eine andere Folge kann sein, dass die betriebliche Essensversorgung verbessert wird.[106] Außerdem sollen Nachtarbeitnehmer zu Gesundheitsrisiken im Zusammenhang mit dem Arbeitsplatz und der Lebensweise beraten werden.[107] Ärztliche Untersuchungen von Nachtarbeitnehmern gehören zum Praxisalltag von Arbeitsmedizinern.[108]

d) Zwischenergebnis: Abhängig vom einzelnen Nachtarbeitnehmer

Dass die Untersuchung freiwillig ist, hat gute Gründe, um einer gesundheitlichen Auslese leistungsstarker Arbeitnehmer entgegenzuwirken.[109] Zudem greifen ärztliche Zwangsuntersuchungen in das allgemeine Persönlichkeitsrecht des Arbeitnehmers ein, der selbst über eine ärztliche Untersuchung und höchstpersönliche Gesundheitsdaten bestimmen darf.[110] Auf der anderen Seite stellt dies eine Hürde dar, denn der individuelle Arbeitnehmer muss sein Recht einfordern.[111] Es ist fraglich, wie viele Arbeitnehmer die für eine wirksame Prävention notwendigen, regelmäßigen Vorsor-

---

[101] Buschmann/Ulber/*Ulber*, ArbZR, § 6 Rn. 39; HK-ArbSchR/*Habich*, ArbZG, § 6 Rn. 35.

[102] *Baeck/Deutsch/Winzer*, ArbZG, § 6 Rn. 45.

[103] BAG 9. 4. 2014 – 10 AZR 637/13, NZA 2014, 719 Rn. 25 ff., 33.

[104] Bekanntmachung des BMA vom 22. 8. 1995 – III b 8–36607–4/7, BArbBl. 1995, 79.

[105] *Kohte*, Die Gestaltung der arbeitsmedizinischen Vorsorge, S. 22.

[106] *Kohte*, Die Gestaltung der arbeitsmedizinischen Vorsorge, S. 22 f.

[107] *Anzinger/Koberski*, ArbZG, § 6 Rn. 45; *Kohte*, Die Gestaltung der arbeitsmedizinischen Vorsorge, S. 23.

[108] *Aligbe*, ARP 2023, 274, 274.

[109] *Elsner*, AiB 1992, 194, 218 f.; *Kohte*, Die Gestaltung der arbeitsmedizinischen Vorsorge, S. 21 f.; *Küpper/Stolz/Zwingmann*, AiB 1992, 261, 264; kritisch zu Pflichtuntersuchungen auch *Bücker/Feldhoff/Kohte*, Vom Arbeitsschutz zur Arbeitsumwelt, Rn. 621; *Kohte*, JbArbR 2000, 21, 35.

[110] BAG 12. 8. 1999 – 2 AZR 55/99, NZA 1999, 1209, 1210; *Kohte*, GS Zachert, S. 326, 334.

[111] *Oppolzer*, AuR 1994, 41, 47.

geuntersuchungen vornehmen lassen und wie viele sich erst in ärztliche Behandlung begeben, nachdem bereits gesundheitliche Schäden eingetreten sind.

4. Umsetzung auf einen Tagarbeitsplatz (§ 6 Abs. 4 S. 1 ArbZG)

In engem Zusammenhang mit dem Recht auf Gesundheitsuntersuchung steht § 6 Abs. 4 ArbZG. Dieser sieht einen Anspruch vor, in Tagarbeit umgesetzt zu werden, sofern bestimmte Voraussetzungen gegeben sind und nicht dringende betriebliche Erfordernisse entgegenstehen. Die abschließenden Fälle umfassen dabei a), dass die Nachtarbeit den Arbeitnehmer nach arbeitsmedizinischer Feststellung gesundheitlich gefährdet oder b) im Haushalt des Arbeitnehmers ein Kind unter zwölf Jahren lebt oder c) er einen schwerpflegebedürftigen Angehörigen zu versorgen hat und dies jeweils nicht von einem anderen im Haushalt lebenden Angehörigen übernommen werden kann.

a) Zweck

Nach dem historischen Willen des Gesetzgebers dienen alle drei Varianten dem Gesundheitsschutz.[112] Für lit. a) leuchtet dies unmittelbar ein. In den anderen beiden Fällen geht es darum, eine gesundheitsgefährdende Doppelbelastung durch Nachtarbeit sowie Betreuungs- oder Pflegeverpflichtungen zu vermeiden.[113] Zugleich dienen diese Vorschriften auch dem Schutz der Familie.[114]

b) Ausübung und Voraussetzungen

Wie § 6 Abs. 3 ArbZG hängt auch dieses Recht von der Geltendmachung durch den Arbeitnehmer ab, er muss die Umsetzung verlangen.[115] Übt der Arbeitnehmer dieses Recht aus, soll sich daraus nach Anzinger und Koberski eine öffentlich-rechtliche Pflicht des Arbeitgebers ergeben, die durch die Aufsichtsbehörde kontrollierbar sei.[116] Jedenfalls ist das Schutzniveau dadurch, dass eine Handlung des Arbeitnehmers vorausgesetzt wird, in Richtung einer privatrechtlichen Norm abgesenkt.

---

[112] BT-Drs. 12/5888, S. 26; *Anzinger/Koberski*, ArbZG, § 6 Rn. 51; BeckOK ArbR/*Kock*, ArbZG, § 6 Rn. 18.

[113] *Baeck/Deutsch/Winzer*, ArbZG, § 6 Rn. 66.

[114] Buschmann/Ulber/*Ulber*, ArbZR, § 6 Rn. 48; *Erasmy*, NZA 1994, 1105, 1109.

[115] *Anzinger/Koberski*, ArbZG, § 6 Rn. 52 f.; *Baeck/Deutsch/Winzer*, ArbZG, § 6 Rn. 53; Buschmann/Ulber/*Ulber*, ArbZR, § 6 Rn. 44; HK-ArbSchR/*Habich*, ArbZG, § 6 Rn. 38; HPS/*Lorenz*, ArbZR, § 6 Rn. 73 f.

[116] *Anzinger/Koberski*, ArbZG, § 6 Rn. 52, 57, 65, 67.

Teilweise wird vertreten, dass eine Pflicht des Arbeitgebers zur Umsetzung auch bestehen könne, wenn er auf anderem Wege erfahre, dass sich der Gesundheitszustand des Arbeitnehmers verschlechtert habe.[117] Es handelt sich dann aber jedenfalls um eine rein individualrechtliche Verpflichtung und nicht um einen Fall des § 6 Abs. 4 ArbZG.

aa) Gesundheitsgefahr durch Nachtarbeit

Der Arbeitnehmer kann die Gesundheitsuntersuchung gem. § 6 Abs. 3 ArbZG nutzen, um eine Gesundheitsgefahr zu belegen.[118] Er muss das Ergebnis der Untersuchung, nicht aber den gesamten Befund, mitteilen.[119] Nachtarbeit ist nach dem Bundesverfassungsgericht grundsätzlich für jeden Arbeitnehmer schädlich.[120] Mit dieser Begründung wird für das Umsetzungsverlangen eine darüberhinausgehende, hinreichend wahrscheinliche und konkrete Gesundheitsgefahr gefordert.[121]

bb) Gesundheitsgefahr durch Doppelbelastung

Im Gegensatz dazu muss bei den Varianten b) und c) keine konkrete Gesundheitsgefahr bestehen. Vielmehr werden diese Konstellationen typisierend als gesundheitsgefährdend angesehen. Es genügen daher für den Anspruch gem. § 6 Abs. 4 S. 1 b) ArbZG die Tatsache, dass ein Kind unter zwölf Jahren im Haushalt lebt und dieses nicht von einer anderen dort lebenden Person betreut werden kann. Für einen Haushalt ist neben dem Zusammenleben auch ein gemeinsames Wirtschaften erforderlich.[122] Ein verwandtschaftliches Verhältnis zu dem Kind verlangt die Norm nach allgemeiner Ansicht nicht.[123]

Für § 6 Abs. 4 S. 1 c) ArbZG genügt es, dass der Nachtarbeitnehmer einen schwerpflegebedürftigen Angehörigen zu versorgen hat und dies jeweils nicht von einem anderen im Haushalt lebenden Angehörigen übernommen werden kann. Der Angehörige muss nach herrschender Meinung nicht im Haushalt des Nachtarbeit-

---

[117] *Anzinger/Koberski*, ArbZG, § 6 Rn. 52 f.; HPS/*Lorenz*, ArbZR, § 6 Rn. 73.

[118] LAG Baden-Württemberg 9. 1. 2018 – 19 TaBV 2/17, juris Rn. 75.

[119] *Anzinger/Koberski*, ArbZG, § 6 Rn. 71; *Baeck/Deutsch/Winzer*, ArbZG, § 6 Rn. 65; HK-ArbSchR/*Habich*, ArbZG, § 6 Rn. 39; HPS/*Lorenz*, ArbZR, § 6 Rn. 78.

[120] BVerfG 28. 1. 1992 – 1 BvR 1025/84, 1 BvL 16/83, 1 BvL 10/91, E 85, 191.

[121] BT-Drs. 12/5888, S. 40, 52; *Anzinger/Koberski*, ArbZG, § 6 Rn. 70; *Baeck/Deutsch/Winzer*, ArbZG, § 6 Rn. 64; BeckOK ArbR/*Kock*, ArbZG, § 6 Rn. 19; HPS/*Lorenz*, ArbZR, § 6 Rn. 76.

[122] *Anzinger/Koberski*, ArbZG, § 6 Rn. 72; *Baeck/Deutsch/Winzer*, ArbZG, § 6 Rn. 67; HK-ArbR/Growe, ArbZG, § 6 Rn. 18; *Schliemann*, ArbZG, § 6 Rn. 68.

[123] *Anzinger/Koberski*, ArbZG, § 6 Rn. 72; *Baeck/Deutsch/Winzer*, ArbZG, § 6 Rn. 67; ErfK/*Roloff*, ArbZG, § 6 Rn. 9; HK-ArbSchR/*Habich*, ArbZG, § 6 Rn. 40; *Schliemann*, ArbZG, § 6 Rn. 68.

nehmers leben.[124] Überwiegend wird vertreten, dass „schwerpflegebedürftig“ die Einstufung in einen bestimmten Pflegegrad verlangt.[125]

c) Rechtsfolgen

Verlangt der Arbeitnehmer berechtigt die Umsetzung auf einen Tagarbeitsplatz, so er ist der Arbeitgeber dazu verpflichtet. Dies steht jedoch nach herrschender Meinung unter dem Vorbehalt, dass ein solcher Tagarbeitsplatz bereits existiert und nicht erst geschaffen werden müsste.[126] Streitig ist, ob Bezugsgröße hierfür das Unternehmen oder der Betrieb ist.[127]

aa) Ablehnungsrecht des Arbeitgebers

Außerdem kann der Arbeitgeber das Verlangen ablehnen, sofern dringende betriebliche Erfordernisse entgegenstehen, § 6 Abs. 4 S. 1 a. E. ArbZG. Solche sollen nach einer Ansicht vorliegen, wenn zwar ein geeigneter Arbeitsplatz vorhanden ist, aber umfangreiche betriebsorganisatorische oder personelle Maßnahmen hinsichtlich anderer Arbeitnehmer durchgeführt werden müssten.[128] Der Arbeitgeber soll dafür eine Abwägung der entgegenstehenden Interessen treffen müssen, wobei an die betrieblichen Erfordernisse umso höhere Anforderungen zu stellen seien, desto größer die dem Arbeitnehmer drohenden Nachteile sind.[129] Nach anderer Ansicht soll dem Gesundheitsschutz im Fall des lit. a) bessere Geltung verschafft werden, indem ein entgegenstehendes Erfordernis nur bejaht wird, wenn objektiv keine entsprechende Beschäftigungsmöglichkeit im Betrieb/Unternehmen besteht oder geschaffen werden

---

[124] *Anzinger/Koberski*, ArbZG, § 6 Rn. 76; HK-ArbSchR/*Habich*, ArbZG, § 6 Rn. 41; HPS/Lorenz, ArbZG, § 6 Rn. 90; a. A. *Baeck/Deutsch/Winzer*, ArbZG, § 6 Rn. 73; *Schliemann*, ArbZG, § 6 Rn. 71.

[125] Einstufung in Pflegegrad 2–5: BeckOK/*Kock*, ArbZG, § 6 Rn. 20; Buschmann/Ulber/*Ulber*, ArbZR, § 6 Rn. 48; Einstufung in die neuen Pflegegrade 3–5: *Baeck/Deutsch/Winzer*, ArbZG, § 6 Rn. 71; HK-ArbR/Growe, ArbZG, § 6 Rn. 19; HPS/Lorenz, ArbZG, § 6 Rn. 89; a. A. *Anzinger/Koberski*, ArbZG, § 6 Rn. 74; HK-ArbSchR/*Habich*, ArbZG, § 6 Rn. 41: Alle Pflegegrade erfasst.

[126] *Anzinger/Koberski*, ArbZG, § 6 Rn. 57, 63; *Baeck/Deutsch/Winzer*, ArbZG, § 6 Rn. 56; *Erasmy*, NZA 1994, 1105, 1110; ErfK/*Roloff*, ArbZG, § 6 Rn. 8; HPS/*Lorenz*, ArbZR, § 6 Rn. 93; *Junker*, ZfA 1998, 105, 123 f.; *Schliemann*, ArbZG, § 6 Rn. 62; a. A. Buschmann/Ulber/*Ulber*, ArbZR, § 6 Rn. 49; HK-ArbSchR/*Habich*, ArbZG, § 6 Rn. 43.

[127] Unternehmen: *Anzinger/Koberski*, ArbZG, § 6 Rn. 63; Buschmann/Ulber/*Ulber*, ArbZR, § 6 Rn. 49; HK-ArbSchR/*Habich*, ArbZG, § 6 Rn. 43; HPS/*Lorenz*, ArbZR, § 6 Rn. 95; Betrieb: *Baeck/Deutsch/Winzer*, ArbZG, § 6 Rn. 59; *Erasmy*, NZA 1994, 1105, 1110.

[128] *Anzinger/Koberski*, ArbZG, § 6 Rn. 58; ähnlich *Baeck/Deutsch/Winzer*, ArbZG, § 6 Rn. 58

[129] *Anzinger/Koberski*, ArbZG, § 6 Rn. 61; *Baeck/Deutsch/Winzer*, ArbZG, § 6 Rn. 61; ähnlich HPS/*Lorenz*, ArbZR, § 6 Rn. 99.

kann.[130] Eine weitere Ansicht verneint jede Pflicht des Arbeitgebers zur Umsetzung anderer Arbeitnehmer.[131]

Besteht ein Personal- oder Betriebsrat, so ist dieser gem. § 6 Abs. 4 S. 2, 3 ArbZG zu beteiligen, wenn der Arbeitgeber sein Ablehnungsrecht ausübt.

bb) Personenbedingtes Kündigungsrecht bei berechtigter Ablehnung

Kann der Arbeitgeber den Nachtarbeitnehmer nicht umsetzen, darf ihn jedoch auch nicht mehr nachts beschäftigen, so kann er gegebenenfalls personenbedingt kündigen. § 618 BGB kann den Dienstberechtigten dazu zwingen, die zeitliche Lage der vertraglich geschuldeten Dienstleistung so festzulegen, dass bestimmte Zeiträume – zum Beispiel Nachtschicht – ausgeklammert sind.[132] Zwar bildet § 618 Abs. 1 BGB keine besondere Fallgestaltung einer krankheitsbedingten Kündigung.[133] Dennoch kann der Arbeitgeber sozial gerechtfertigt kündigen, sofern die allgemeinen Voraussetzungen für eine krankheitsbedingte Kündigung vorliegen.[134] Zwar hat das BAG in einem Fall der Nachtdienstuntauglichkeit keine Arbeitsunfähigkeit angenommen. In diesem Fall durfte der Arbeitgeber jedoch vertraglich eine andere Arbeitszeitlage zuweisen und dies war ihm auch zumutbar.[135] Eine andere Einsatzmöglichkeit muss geprüft werden, weil die Kündigung nur ultima ratio ist. Sofern ein anderer Einsatz jedoch dem Arbeitgeber nicht zumutbar ist, kann die Kündigung gerechtfertigt sein.[136]

d) Zwischenergebnis: Gefahr der Kommerzialisierung der Gesundheit

Die Norm birgt verschiedene Probleme. Die Vorschrift des § 6 Abs. 4 S. 1 lit. a) ArbZG dürfte in der Regel erst eingreifen, wenn sich bereits gesundheitliche Schäden eingetreten sind und der betreffende Arbeitnehmer „nicht mehr kann". Denn es wird praktisch kaum möglich sein, den Zeitpunkt abzupassen, indem sich die allgemeine Gefährdung durch die Nachtarbeit zu einer konkreten Gesundheitsgefahr verdichtet und den Arbeitnehmer dann auf einen Tagarbeitsplatz umzusetzen.

---

[130] Buschmann/Ulber/*Ulber*, ArbZR, § 6 Rn. 49; HK-ArbSchR/*Habich*, ArbZG, § 6 Rn. 43.

[131] *Erasmy*, NZA 1994, 1105, 1110.

[132] Staudinger/*Oetker*, BGB, § 618 Rn. 169.

[133] BAG 12.7.1995 – 2 AZR 762/94, NZA 1995, 1100, 1102; APS/Vossen, KR, § 1 KSchG Rn. 149; HWK/Krause, BGB, § 618 Rn. 2; MüKoBGB/*Henssler*, § 618 Rn. 5.

[134] APS/*Vossen*, KR, § 1 KSchG Rn. 149; MüKoBGB/*Henssler*, § 618 Rn. 5; zu den allgemeinen Voraussetzungen BAG 23.1.2014 – 2 AZR 582/13, NZA 2014, 962 Rn. 17; APS/*Vossen*, KR, § 1 KSchG Rn. 138.

[135] BAG 9.4.2014 – 10 AZR 637/13, NZA 2014, 719 Rn. 23, 32.

[136] *Stümper*, öAT 2021, 177, 179.

Die Norm erfordert zudem das Tätigwerden des Arbeitnehmers. Sie birgt damit eine erhebliche Gefahr der Kommerzialisierung der Gesundheit.[137] Denn beim Wechsel in Tagarbeit gehen die Nachtarbeitszuschläge verloren.[138] Es besteht daher ein großer Anreiz, trotz gesundheitlicher Indikation weiterhin Nachtarbeit zu leisten.[139] Darüber hinaus regelt die Norm nicht, was im Fall der berechtigten Ablehnung durch den Arbeitgeber folgt. Nach allgemeinen Grundsätzen kommt eine personenbedingte Kündigung in Betracht, wenn Tagarbeit nicht möglich ist.

Daher wird der Nachtarbeitnehmer sein Recht nur ausüben, wenn seine persönliche Ausbildung und die Arbeitsmarktsituation es ihm ermöglichen, gegebenenfalls ein anderes Arbeitsverhältnis zu begründen. Problematisch ist zudem, dass nach langjähriger Schichtarbeit sowohl bereits aufgetretene gesundheitliche Einschränkungen als auch die einseitige Qualifikation durch die Tätigkeit am gleichen Arbeitsplatz einen Arbeitsplatzwechsel erschweren können.[140] Die Nachtarbeit kann zur „Sackgasse“ werden.

§ 6 Abs. 4 S. 1 b) und c) ArbZG können die Gesundheitsgefahr durch Doppelbelastung verringern, bieten aber nur einen rudimentären Schutz des Familienlebens. Leben beispielsweise im Fall b) beide Eltern zusammen in einem Haushalt, kann ein Umsetzungsverlangen nur Erfolg haben, wenn beide nachts arbeiten. Dann führt die Umsetzung aber zugleich zu einer zeitlichen Desynchronisation der Elternteile, weil der andere in Nachtarbeit bleibt.

5. Zusätzliche, bezahlte freie Tage oder Zuschlag (§ 6 Abs. 5 ArbZG)

Gem. § 6 Abs. 5 ArbZG hat der Arbeitgeber dem Nachtarbeitnehmer für die während der Nachtzeit geleisteten Arbeitsstunden eine angemessene Zahl bezahlter freier Tage oder einen angemessenen Zuschlag auf das ihm hierfür zustehende Bruttoarbeitsentgelt zu gewähren, soweit keine tarifvertraglichen Ausgleichsregelungen bestehen. Es handelt sich um die zentrale Norm des gesetzlichen Steuerungskonzepts.[141] Auch in der betrieblichen Praxis und der juristischen Auseinandersetzung vor Gericht hat die Norm die größte Bedeutung, was die Vielzahl an höchstrichterlichen Entscheidungen zeigt. Teilweise wird bestritten, dass es sich um eine öffentlich-rechtliche Verpflichtung des Arbeitgebers handelt.[142]

---

[137] *Ulber*, Tarifdispositives Gesetzesrecht, S. 543.

[138] BAG 10.12.2014 – 10 AZR 63/14, NZA 2015, 483 Rn. 32; BAG 18.10.2017 – 10 AZR 47/17, NZA 2018, 162 Rn. 40; HPS/*Lorenz*, ArbZR, § 6 Rn. 94.

[139] Siehe den Sachverhalt der Entscheidung BAG 18.10.2017 – 10 AZR 47/17, NZA 2018, 162. Ebenso *Hahn*, Nacht- und Schichtarbeit I, S. 29.

[140] *Hahn*, Nacht- und Schichtarbeit I, S. 28 f.; *Streich/Bielinski*, WSI-Mitt. 1981, 100, 103.

[141] *Soost*, AuR 2020, 489.

[142] HWK/*Gäntgen*, ArbZG, § 6 Rn. 22; dagegen für öffentlich-rechtliche Verpflichtung: *Habich*, Sicherheits- und Gesundheitsschutz, S. 237; *Tietje*, Grundfragen des Arbeitszeitrechts, S. 193.

a) Zweck

Umstritten ist, ob die Norm dem Gesundheitsschutz dient oder nur einen Ausgleich für die Belastungen gewähren soll. Die herrschende Meinung sieht eine gesundheitsschützende Wirkung.[143] Bei Freizeitausgleichs könne sich der Nachtarbeitnehmer mehr erholen, Zuschläge in Geld seien hingegen mittelbar gesundheitsschützend, weil dadurch Nachtarbeit verteuert und für Arbeitgeber weniger attraktiv werde.[144] Die monetären Zuschläge sollten eine ökonomische Lenkungsfunktion zu Tagarbeit entfalten. Eine solche Steuerung durch erhöhte Kostenbelastung wird im Bericht des Ausschusses für Arbeit und Sozialordnung erwähnt.[145] Das BAG vertritt ebenfalls, dass § 6 Abs. 5 ArbZG in beiden Alternativen dem Gesundheitsschutz diene,[146] obwohl es in neueren Urteilen auch anerkennt, dass damit die Gesundheit kommerzialisiert wird.[147] Daneben wird der Ausgleich besonderer Belastungen, insbesondere der Teilhabe am sozialen Leben, als weiterer Zweck angesehen.[148]

Nach einer anderen Ansicht soll die Norm nur die Belastungen der Nachtarbeit ausgleichen.[149] Denn Zuschläge schützten nicht die Gesundheit.[150] Der Zuschlag solle den Nachtarbeitnehmer für erlittene Gesundheitsschäden entschädigen.[151] Diese Ansicht kann sich auf die Gesetzesbegründung berufen, die von einem Ausgleich spricht.[152]

---

[143] BeckOK ArbR/*Kock*, ArbZG, § 6 Rn. 27; Buschmann/Ulber/*Ulber*, ArbZR, § 6 Rn. 61; HK-ArbSchR/*Habich*, ArbZG, § 6 Rn. 47; HPS/*Lorenz*, ArbZR, § 6 Rn. 110; HWK/*Gäntgen*, ArbZG, § 6 Rn. 18; *Schliemann*, ArbZG, § 6 Rn. 84, 86.

[144] BeckOK ArbR/*Kock*, ArbZG, § 6 Rn. 27; HPS/*Lorenz*, ArbZR, § 6 Rn. 110; zurückhaltender *Schliemann*, ArbZG, § 6 Rn. 84: „kann (…) geeignet sein."

[145] BT-Drs. 12/6990, S. 3, 39.

[146] BAG 26.8.1997 – 1 ABR 16/97, AuR 1998, 338, 339; BAG 5.9.2002 – 9 AZR 202/01, NZA 2003, 563, 564; BAG 26.4.2005 – 1 ABR 1/04, NZA 2005, 884, 886 f.; BAG 31.8. 2005 – 5 AZR 545/04, NZA 2006, 324 Rn. 16; BAG 9.12.2015 – 10 AZR 423/14, NZA 2016, 426 Rn. 18; BAG 23.8.2017 – 10 AZR 859/16, NZA 2017, 1548 Rn. 43; BAG 21.3.2018 – 10 AZR 34/17, NZA 2019, 622 Rn. 49; BAG 15.7.2020 – 10 AZR 123/19, NZA 2021, 44 Rn. 28; BAG 22.2.2023 – 10 AZR 332/20, NZA 2023, 638 Rn. 27.

[147] BAG 15.7.2020 – 10 AZR 123/19, NZA 2021, 44 Rn. 28, 49.

[148] BAG 5.9.2002 – 9 AZR 202/01, NZA 2003, 563, 566; BAG 9.12.2015 – 10 AZR 423/ 14, NZA 2016, 426 Rn. 18; BAG 23.8.2017 – 10 AZR 859/16, NZA 2017, 1548 Rn. 43; BAG 21.3.2018 – 10 AZR 34/17, NZA 2019, 622 Rn. 49.

[149] *Anzinger/Koberski*, ArbZG, § 6 Rn. 78; *Ulber*, Anm. zu AP ArbZG, § 6 Nr. 14 unter I., IV.; *Ulber/Koch*, AuR 2018, 328, 333; eher dieser Ansicht auch *Horstmeier*, BB 2019, 2551, 2552 f.; *Polzin*, SR 2019, 303, 305 f.; *Neumann/Biebl*, ArbZG, § 6 Rn. 24.

[150] *Brandt/Lueken*, AuR 2023, 29, 31; *Ulber*, Anm. zu AP ArbZG, § 6 Nr. 14 unter IV.

[151] *Ulber*, Anm. zu AP ArbZG, § 6 Nr. 14 unter IV.

[152] BT-Drs. 12/5888, S. 26.

b) Verhältnis der beiden Alternativen

Das Verhältnis der beiden Alternativen zueinander ist umstritten. An dieser Stelle werden die beiden dazu vertretenen Auffassungen dargestellt, eine ausführliche kritische Auseinandersetzung mit der herrschenden Meinung erfolgt im verfassungs- und unionsrechtlichen Teil der Arbeit (siehe 4. Kapitel E. I., II., F. II. und 5. Kapitel C. II., D. I.).

Nach herrschender Meinung kann der Arbeitgeber frei wählen, ob er zusätzliche freie Tage oder einen Zuschlag gewährt.[153] Zur Begründung wird auf den Wortlaut abgestellt.[154] Zudem habe der Bundestag Festlegungen zur Art des Ausgleichs ausdrücklich abgelehnt, obwohl er anerkannt habe, dass freie Tage grundsätzlich den Vorrang verdienten.[155]

Nach der Mindermeinung hingegen soll der Freizeitausgleich vorrangig sein.[156] Dies ergebe sich aus der Reihenfolge der Alternativen im Gesetzestext.[157] Außerdem werde diese Auslegung stärker der Ratio der Norm gerecht, bei welcher der Gesundheitsschutz im Vordergrund stehe.[158]

Das BAG vertritt die erstgenannte Ansicht.[159] Dabei gesteht es zu, dass sich ein Lohnzuschlag „auf die Gesundheit des betroffenen Arbeitnehmers gar nicht aus[wirkt]“[160] und dass „auf der Hand liegt, dass ein Geldzuschlag nicht geeignet ist, die mit Nachtarbeit verbundene körperliche Belastung auszugleichen.“[161] Für ein

---

[153] *Anzinger/Koberski*, ArbZG, § 6 Rn. 82; *Baeck/Deutsch/Winzer*, ArbZG, § 6 Rn. 83 f.; BeckOK ArbR/*Kock*, ArbZG, § 6 Rn. 30; *Dobberahn*, ArbZG, Rn. 91; ErfK/*Roloff*, ArbZG, § 6 Rn. 17; *Habich*, Sicherheits- und Gesundheitsschutz, S. 199; HK-ArbR/*Growe*, ArbZG, § 6 Rn. 23; HPS/*Lorenz*, ArbZR, § 6 Rn. 117; HWK/*Gäntgen*, ArbZG, § 6 Rn. 18b; *Neumann/Biebl*, ArbZG, § 6 Rn. 21; NK-GA/*Wichert*, ArbZG, § 6 Rn. 45; *Raab*, ZfA 2014, 237, 261 f.; *Roggendorff*, ArbZG, § 6 Rn. 41; *Schliemann*, ArbZG, § 6 Rn. 86, 88; *Zwanziger*, DB 2007, 1356, 1358.

[154] HPS/*Lorenz*, ArbZR, § 6 Rn. 117; HWK/*Gäntgen*, ArbZG, § 6 Rn. 18b; *Raab*, ZfA 2014, 237, 261 f.

[155] BT-Drs. 12/5888, S. 52; *Baeck/Deutsch/Winzer*, ArbZG, § 6 Rn. 82; *Dobberahn*, ArbZG, Rn. 91; *Raab*, ZfA 2014, 237, 262; *Schliemann*, ArbZG, § 6 Rn. 88.

[156] Buschmann/Ulber/*Ulber*, ArbZR, § 6 Rn. 62; DWZ/*Klengel*, HdB ArbR, § 28 Rn. 181; *Ulber*, Anm. zu AP ArbZG § 6 Nr. 14 unter IV.

[157] Buschmann/Ulber/*Ulber*, ArbZR, § 6 Rn. 62.

[158] Buschmann/Ulber/*Ulber*, ArbZR, § 6 Rn. 62; DWZ/*Klengel*, HdB ArbR, § 28 Rn. 181.

[159] BAG 26.8.1997 – 1 ABR 16/97, AuR 1998, 338, 338 f.; BAG 24.2.1999 – 4 AZR 62/98, NZA 1999, 995, 997; BAG 5.9.2002 – 9 AZR 202/01, NZA 2003, 563, 564; BAG 27.5.2003 – 9 AZR 180/02, AP ArbZG, § 6 Nr. 5 unter I.3.a); BAG 26.4.2005 – 1 ABR 1/04, NZA 2005, 884, 887; BAG 31.8.2005 – 5 AZR 545/04, NZA 2006, 324 Rn. 20; BAG 9.12.2015 – 10 AZR 423/14, NZA 2016, 426 Rn. 15; BAG 25.4.2018 – 5 AZR 25/17, NZA 2018, 1145 Rn. 33; BAG 15.7.2020 – 10 AZR 123/19, NZA 2021, 44 Rn. 26.

[160] BAG 26.8.1997 – 1 ABR 16/97, AuR 1998, 338, 339; ähnlich BAG 15.7.2020 – 10 AZR 123/19, NZA 2021, 44 Rn. 49.

[161] BAG 5.9.2002 – 9 AZR 202/01, NZA 2003, 563, 564.

Rangverhältnis zugunsten der Freizeit fänden sich aber keine Anhaltspunkte im Wortlaut des Gesetzes.[162] Es fehle auch an einem gesetzlichen Maßstab, in welchen Fällen der Freizeitausgleich vorgehen solle.[163] Schließlich würde die ausschließliche Festlegung eines tariflichen Grundentgelts in den Gesetzesmaterialien als zulässige Ausgleichsregelung benannt.[164]

Aus der Gleichrangigkeit ergibt sich nach dem BAG und der herrschenden Meinung, dass ein eventueller Freizeitausgleich der Höhe des Geldzuschlages entsprechen muss.[165] Teilweise wird allerdings abweichend für den Freizeitausgleich ein deutlich geringerer Ausgleichsumfang als angemessen angesehen, ohne dies zu problematisieren.[166] Das BAG lehnt dies ab, weil beide Varianten auch Vorzüge für den Arbeitgeber hätten: Der Freizeitausgleich sei nicht stets teurer, weil die Freistellung auch tagsüber gewährt werden könne; der Arbeitgeber brauche dann für einen ersatzweise beschäftigten Arbeitnehmer keinen weiteren Ausgleich zu erbringen.[167] Außerdem könne er unter Umständen geringer bezahlte Arbeitnehmer einsetzen oder den Freizeitausgleich nutzen, um die betriebliche Arbeitszeit zu flexibilisieren.[168]

c) Angemessenheit der Zuschlagshöhe

Die Bestimmung der angemessenen Zuschlagshöhe wird in erster Linie durch die Rechtsprechung geprägt, sodass diese zuerst betrachtet wird. Das BAG sieht im Regelfall einen Zuschlag von 25 %, bei Dauernachtarbeit 30 % als angemessen an. Ein geringerer Zuschlag soll aber möglich sein, wenn die Nachtarbeit unvermeidlich ist und deshalb nicht durch Tagarbeit ersetzt werden kann. Von der Literatur wird beides weitgehend gebilligt.

aa) Rechtsprechung zur Zuschlagshöhe: Rahmen und feste Richtwerte

Im ersten Urteil zur Zuschlagshöhe legte das BAG dar, dass abgewogen werden müsse zwischen den Belangen der Arbeitnehmer, insbesondere Umfang und Intensität

---

[162] BAG 26.8.1997 – 1 ABR 16/97, AuR 1998, 338, 339; BAG 24.2.1999 – 4 AZR 62/98, NZA 1999, 995, 997; BAG 5.9.2002 – 9 AZR 202/01, NZA 2003, 563, 564; BAG 9.12. 2015 – 10 AZR 423/14, NZA 2016, 426 Rn. 20.

[163] BAG 26.8.1997 – 1 ABR 16/97, AuR 1998, 338, 339.

[164] BAG 26.8.1997 – 1 ABR 16/97, AuR 1998, 338, 339 unter Verweis auf BT-Drs. 12/ 6990, S. 43.

[165] BAG 1.2.2006 – 5 AZR 422/04, NZA 2006, 494 Rn. 22; BAG 9.12.2015 – 10 AZR 423/14, NZA 2016, 426 Rn. 20; *Baeck/Deutsch/Winzer*, ArbZG, § 6 Rn. 85b; BeckOK ArbR/ *Kock*, ArbZG, § 6 Rn. 30; Buschmann/Ulber/*Ulber*, ArbZR, § 6 Rn. 65; HWK/*Gäntgen*, ArbZG, § 6 Rn. 18b; Schliemann, ArbZG, § 6 Rn. 86; *Zwanziger*, DB 2007, 1356, 1358.

[166] So bei *Anzinger/Koberski*, ArbZG, § 6 Rn. 81: Für 90 Nachtarbeitsstunden ein bezahlter freier Tag, dies entspricht etwa neun Prozent Zuschlag.

[167] BAG 1.2.2006 – 5 AZR 422/04, NZA 2006, 494 Rn. 23.

[168] BAG 1.2.2006 – 5 AZR 422/04, NZA 2006, 494 Rn. 23.

ihrer Belastung und den betrieblichen Notwendigkeiten und wirtschaftlichen Interessen des Arbeitgebers.[169] In einer Folgeentscheidung hielt das BAG daran fest, dass es sich jeweils um eine Einzelfallentscheidung handle, weil sich die Angemessenheit nach der Gegenleistung richte.[170] Tarifliche Regelungen könnten nicht ungeprüft herangezogen werden, weil der Arbeitgeber nicht an einen von ihm nicht abgeschlossen Tarifvertrag gebunden werden solle und diese eine große Spannweite zwischen 15% und 100% aufwiesen, sie könnten aber als Orientierung dienen.[171] Das BAG nahm dann den aus Tarifverträgen entnommenen Mittelwert von 25% als regelmäßig angemessen an, sprach für Dauernachtarbeit im konkreten Fall jedoch 30% zu.[172] Dies entspreche dem Zweck, den Arbeitgeber im Interesse der Gesundheit des Arbeitnehmers finanziell belasten.[173] Ein Zuschlag von 10–15% hingegen sei nicht geeignet, den entsprechenden Druck auszuüben, während bei einer Höhe von 50% der Charakter als Zuschlag nicht mehr gegeben sei.[174] Damit hatte das BAG einen begrenzten Rahmen abgesteckt.

Unklar ist, ob das BAG noch daran festhält, dass der Zuschlag unter Umständen auch im Grundlohn enthalten sein könne. Es hatte diese Möglichkeit mit Hinblick auf Tarifverträge in bestimmten Branchen mit großem Nachtarbeitsanteil aufgeworfen,[175] anschließend aber konkrete Anhaltspunkte dafür verlangt, was sich aus dem Wortlaut Zuschlag ergebe, und dies im konkreten Fall stets verneint.[176] Seit der Grundsatzentscheidung aus dem Jahr 2002 bestätigte das Gericht fortlaufend seine Rechtsprechung, wonach regelmäßig 25% Zuschlag angemessen seien.[177] Dies stelle eine nicht unerhebliche Belastung dar, die den Arbeitgeber dazu bewegen könne, auf Nachtarbeit zu verzichten.[178] Wegen der höheren Anstrengung des Arbeitnehmers steige dieser bei Dauernachtarbeit auf 30%.[179] Sinken könne der Zuschlag bei einer geringeren Intensität der Arbeit, etwa wenn die Arbeitszeit zu erheblichen Teilen

---

[169] BAG 26.8.1997 – 1 ABR 16/97, AuR 1998, 338, 339.

[170] BAG 5.9.2002 – 9 AZR 202/01, NZA 2003, 563, 567.

[171] BAG 5.9.2002 – 9 AZR 202/01, NZA 2003, 563, 566.

[172] BAG 5.9.2002 – 9 AZR 202/01, NZA 2003, 563, 566f.

[173] BAG 5.9.2002 – 9 AZR 202/01, NZA 2003, 563, 567.

[174] BAG 5.9.2002 – 9 AZR 202/01, NZA 2003, 563, 567.

[175] BAG 26.8.1997 – 1 ABR 16/97, NZA 1998, 441, 443: Nachtwächter.

[176] BAG 5.9.2002 – 9 AZR 202/01, NZA 2003, 563, 565: Nahrungsmittelindustrie; BAG 27.5.2003 – 9 AZR 180/02, AP ArbZG, § 6 Nr. 5: Nahrungsmittelindustrie; BAG 26.4.2005 – 1 ABR 1/04, NZA 2005, 884, 887: Systemgastronomie.

[177] BAG 5.9.2002 – 9 AZR 202/01, NZA 2003, 563, 566f.; BAG 27.5.2003 – 9 AZR 180/02, AP ArbZG, § 6 Nr. 5 unter I. 4. a) aa); BAG 1.2.2006 – 5 AZR 422/04, NZA 2006, 494 Rn. 21; BAG 16.4.2014 – 4 AZR 802/11, NZA 2014, 1277 Rn. 59; BAG 9.12.2015 – 10 AZR 423/14, NZA 2016, 426 Rn. 21, 25; BAG 25.4.2018 – 5 AZR 25/17, NZA 2018, 1145 Rn. 43; BAG 15.7.2020 – 10 AZR 123/19, NZA 2021, 44 Rn. 30, 32.

[178] BAG 27.5.2003 – 9 AZR 180/02, AP ArbZG, § 6 Nr. 5 unter I. 4. a) bb); BAG 9.12.2015 – 10 AZR 423/14, NZA 2016, 426 Rn. 25.

[179] BAG 27.5.2003 – 9 AZR 180/02, AP ArbZG, § 6 Nr. 5 unter I. 4. a) aa); BAG 9.12.2015 – 10 AZR 423/14, NZA 2016, 426 Rn. 28.

aus Arbeitsbereitschaft[180] oder Bereitschaftsdienst[181] bestehe. Für Bereitschaftsdienst wurde dabei ein Ausgleich von 5% als angemessen anerkannt.[182]

bb) Rechtsprechung zu abgesenktem Zuschlag bei Zweckverfehlung

Neben geringerer Intensität hat das BAG noch eine weitere Fallgruppe entwickelt, bei der ein geringerer Zuschlag angemessen sei. Nämlich, wenn das Ziel, Nachtarbeit einzudämmen, wegen der Art der Arbeit nicht erreichbar sei.[183] Ausgeurteilt wurde dies bisher für Rettungssanitäter[184], das Bewachungsgewerbe[185] und die Altenpflege[186]. Die Untergrenze bilde ein Zuschlag von zehn Prozent.[187]

Das BAG hat im Laufe der Zeit modifiziert, unter welchen Voraussetzungen die Nachtarbeit notwendig und der Zweck der Eindämmung daher nicht erreichbar sei.[188] In der Rettungssanitäter-Entscheidung wird noch kein allgemeiner Maßstab benannt, sondern nur aufgeführt, dass der Rettungsdienst der öffentlichen Sicherheit und dem Gesundheitsschutz diene.[189] Dies ist auch im Urteil zum Bewachungsgewerbe der Fall, in dem zudem dargelegt wird, der Zuschlag solle nicht Nachtarbeit allgemein, sondern zugunsten der Tagarbeit zurückdrängen.[190] Später vertrat das BAG, dass der Zuschlag nur verringert werden könne, wo die Nachtarbeit aus zwingenden technischen Gründen oder aus zwingend mit der Art der Tätigkeit verbundenen Gründen bei wertender Betrachtung vor dem Hintergrund des Schutzzwecks des § 6 Abs. 5 ArbZG unvermeidbar sei.[191] Ausdrücklich ausgegrenzt werden

---

[180] BAG 24.2.1999 – 4 AZR 62/98, NZA 1999, 995, 998; BAG 31.8.2005 – 5 AZR 545/04, NZA 2006, 324 Rn. 16; BAG 11.2.2009 – 5 AZR 148/08, NJOZ 2010, 62 Rn. 12; BAG 16.4.2014 – 4 AZR 802/11, NZA 2014, 1277 Rn. 59; BAG 9.12.2015 – 10 AZR 423/14, NZA 2016, 426 Rn. 29.

[181] BAG 15.7.2009 – 5 AZR 867/08, NZA 2009, 1366 Rn. 21; BAG 9.12.2015 – 10 AZR 423/14, NZA 2016, 426 Rn. 29; BAG 15.7.2020 – 10 AZR 123/19, NZA 2021, 44 Rn. 33.

[182] BAG 15.7.2009 – 5 AZR 867/08, NZA 2009, 1366 Rn. 22.

[183] BAG 31.8.2005 – 5 AZR 545/04, NZA 2006, 324 Rn. 16f.; BAG 11.2.2009 – 5 AZR 148/08, NJOZ 2010, 62 Rn. 12; BAG 16.4.2014 – 4 AZR 802/11, NZA 2014, 1277 Rn. 59; BAG 9.12.2015 – 10 AZR 423/14, NZA 2016, 426 Rn. 29; BAG 25.4.2018 – 5 AZR 25/17, NZA 2018, 1145 Rn. 44; BAG 15.7.2020 – 10 AZR 123/19, NZA 2021, 44 Rn. 34.

[184] BAG 31.8.2005 – 5 AZR 545/04, NZA 2006, 324 Rn. 17.

[185] BAG 11.2.2009 – 5 AZR 148/08, NJOZ 2010, 62 Rn. 16.

[186] BAG 15.7.2020 – 10 AZR 123/19, NZA 2021, 44 Rn. 40.

[187] BAG 31.8.2005 – 5 AZR 545/04, NZA 2006, 324 Rn. 17; BAG 9.12.2015 – 10 AZR 423/14, NZA 2016, 426 Rn. 29.

[188] Übersicht und Kritik bei *Polzin*, SR 2019, 303, 308 ff.

[189] BAG 31.8.2005 – 5 AZR 545/04, NZA 2006, 324 Rn. 17.

[190] BAG 11.2.2009 – 5 AZR 148/08, NJOZ 2010, 62 Rn. 16.

[191] BAG 9.12.2015 – 10 AZR 423/14, NZA 2016, 426 Rn. 29.

sollte damit eine Abweichung nach unten aus rein wirtschaftlichen Erwägungen.[192] Dieser Maßstab wird in einer späteren Entscheidung zunächst wiederholt, dann aber dahingehend modifiziert, überragende Gründe des Gemeinwohls müssten die Nachtarbeit zwingend erfordern.[193] Diese lägen jedenfalls vor, wenn die Nachtarbeit gesetzlich angeordnet sei, etwa in Wohngruppen für Menschen mit Pflege- und Unterstützungsbedarf.[194]

In jüngster Zeit hält das BAG zwar an dieser Fallgruppe fest, hat sie jedoch auf zwei Feldern weiter eingeschränkt. Die erste betrifft die Dauernachtarbeit. Noch im Jahr 2020 hatte das BAG gebilligt, dass der Zuschlag für diese abgesenkt werden dürfe, wenn die Nachtarbeit insgesamt unvermeidbar sei, auch wenn durch Wechselschicht jedenfalls die Dauernachtarbeit vermieden werden könne.[195] Davon ist es im Jahr 2022 ausdrücklich abgerückt: Es müsse geprüft werden, ob individuell eine geringere Belastung erreichbar sei, indem Dauernachtarbeit durch ein Wechselschichtmodell ersetzt werde.[196] Außer bei Tätigkeiten, die ausschließlich nachts erbracht werden, dürfte dies praktisch immer möglich sein, sodass eine Verringerung des Zuschlags jedenfalls bei Dauernachtarbeit erheblich seltener vorkommen dürfte. Die zweite Einschränkung ist durch eine ganze Rechtsprechungslinie zu Zeitungszustellern erfolgt. Das BAG hat den Zustellern den unverringerten Zuschlag für Dauernachtarbeit zugesprochen, obwohl die Vertriebsgesellschaften sich auf das Grundrecht aus Art. 5 Abs. 1 S. 2 GG berufen konnten. In der nächtlichen Zustellung für sich lägen keine überragenden Gründe des Gemeinwohls, die Verringerung werde von den Vertrieben nur aus wirtschaftlichen Erwägungen angestrebt.[197]

In der Tendenz ist zu beobachten, dass das BAG die Fallgruppe eingrenzt, ohne sie aufzugeben.

---

[192] BAG 9.12.2015 – 10 AZR 423/14, NZA 2016, 426 Rn. 30; anders noch BAG 11.2.2009 – 5 AZR 148/08, NJOZ 2010, 62 Rn. 17: Berücksichtigung der Besonderheiten einer wirtschaftsschwachen Region.

[193] BAG 25.4.2018 – 5 AZR 25/17, NZA 2018, 1145 Rn. 44, 56; BAG 15.7.2020 – 10 AZR 123/19, NZA 2021, 44 Rn. 34, 40; BAG 10.11.2021 – 10 AZR 261/20, AP ArbZG, § 6 Nr. 22 Rn. 31.

[194] BAG 15.7.2020 – 10 AZR 123/19, NZA 2021, 44 Rn. 40; BAG 10.11.2021 – 10 AZR 261/20, AP ArbZG, § 6 Nr. 22 Rn. 52; BAG 25.5.2022 – 10 AZR 230/19, NZA 2022, 1194 Rn. 34.

[195] BAG 15.7.2020 – 10 AZR 123/19, NZA 2021, 44 Rn. 45.

[196] BAG 25.5.2022 – 10 AZR 230/19, NZA 2022, 1194 Rn. 33 f.

[197] BAG 25.4.2018 – 5 AZR 25/17, NZA 2018, 1145 Rn. 56; ausführlich: BAG 10.11.2021 – 10 AZR 261/20, AP ArbZG, § 6 Nr. 22 Rn. 47 ff.; bestätigt durch BAG 14.12.2022 – 10 AZR 537/20, BeckRS 2022, 46588 Rn. 17 und BAG 14.12.2022 – 10 AZR 101/21, AP ArbZG, § 6 Nr. 28 Rn. 17.

cc) Beurteilung in der Literatur

Die Rechtsprechung findet in der Literatur ganz überwiegend Zustimmung.[198] Die ausgeurteilten Grenzwerte hinsichtlich der Zuschlagshöhe werden teilweise mit dem Argument unterstrichen, dass der Gesetzgeber mit der steuerrechtlichen Regelung des § 3b Abs. 1 Nr. 1 EStG eine solche Größenordnung grundsätzlich akzeptiert habe.[199] Zur Absenkung der Zuschläge bei unvermeidbarer Nachtarbeit werden unterschiedliche Begründungen gegeben: Entweder sei sie möglich, wenn die Erbringung der Nachtarbeit Gemeinwohlinteressen diene, weil diese im Gegensatz zu arbeitgeberseitigen Interessen den Gesundheitsschutz einschränken könnten.[200] Oder aber, der Eingriff in Art. 12 Abs. 1 GG des Arbeitgebers sei nicht gerechtfertigt, sofern dieser nicht durch den Gesundheitsschutz gerechtfertigt werden könne, was bei unvermeidbarer Nachtarbeit nicht der Fall sei.[201]

Teilweise wird aber auch Kritik geäußert. Diese richtet sich zum einen gegen die Annahme des BAG, die Zuschläge könnten in dieser Höhe überhaupt eine ökonomische Lenkungswirkung entfalten.[202] Zum anderen richtet sie sich dagegen, dass der Zuschlag abgesenkt werden könne, wenn der postulierte Gesundheitsschutz durch Verteuerung nicht erreicht werden kann. Erstens habe der Gesetzgeber mit dem Zuschlag gar nicht diesen Zweck verfolgt.[203] Zweitens unterscheide der Gesetzgeber nicht zwischen vermeidbarer und unvermeidbarer Nachtarbeit, weshalb diese Einteilung irrelevant sei.[204] Es fehle auch an Kriterien, um dies abzugrenzen.[205] Drittens würden dadurch gerade die Arbeitnehmer geringer entschädigt, deren Tätigkeit besonders gesundheitsschädlich sei, weil sie nachts ausgeführt werden muss.[206]

Von anderer Seite wird hingegen vorgebracht, auch zwingende unternehmerische Gründe sollten eine Absenkung des Zuschlags begründen können.[207] Eine Mindesthöhe des Zuschlags von zehn Prozent sei dem Gesetz nicht zu entnehmen.[208]

---

[198] *Anzinger/Koberski*, ArbZG, § 6 Rn. 82 f.; *Baeck/Deutsch/Winzer*, ArbZG, § 6 Rn. 85a; BeckOK ArbR/*Kock*, ArbZG, § 6 Rn. 33; ErfK/*Roloff*, ArbZG, § 6 Rn. 18; HK-ArbR/*Growe*, ArbZG, § 6 Rn. 27; HPS/*Lorenz*, ArbZR, § 6 Rn. 121 ff.; HWK/*Gäntgen*, ArbZG, § 6 Rn. 20; *Zwanziger*, DB 2007, 1356, 1358.

[199] *Baeck/Deutsch/Winzer*, ArbZG, § 6 Rn. 85a; a.A. *Raab*, ZfA 2014, 237, 276: Freibeträge haben gerade dem Gesundheitsschutz entgegenlaufende Funktion.

[200] *Freyler*, Anm. zu AP ArbZG, § 6 Nr. 22 unter III. 1. b).

[201] *Raab*, ZfA 2014, 237, 273.

[202] *Polzin*, SR 2019, 303, 307, 312.

[203] *Ulber*, Anm. zu AP ArbZG, § 6 Nr. 14 unter I., IV.

[204] *Horstmeier*, BB 2019, 2551, 2553.

[205] *Polzin*, SR 2019, 303, 308 ff.

[206] *Horstmeier*, BB 2019, 2551, 2553; *Ulber*, Anm. zu AP ArbZG, § 6 Nr. 14 unter V.; *Ulber*, AuR 2019, 157, 160.

[207] *Raab*, ZfA 2014, 237, 273.

[208] *Schimpf/Melz*, MDR 2016, 489, 490. Die 10%-Grenze ablehnend auch *Neumann/Biebl*, ArbZG, § 6 Rn. 25.

Zum Freizeitausgleich wäre eher ein Umfang von fünf bis neun Prozent diskutiert worden, was auf Zuschläge übertragbar sei.[209]

d) Tarifvorbehalt

Die Rechtsprechung des BAG zur Gleichwertigkeit von Zuschlag und Freizeit sowie der Höhe der Zuschläge hat ihre Grundlagen vermutlich im Tarifvorbehalt, den § 6 Abs. 5 ArbZG anordnet. Der gesetzliche Anspruch steht Nachtarbeitsnehmern ausweislich des Gesetzeswortlauts des § 6 Abs. 5 ArbZG zu, soweit keine tarifvertraglichen Ausgleichsregelungen bestehen. Dies wird allgemein so interpretiert, dass die gesetzliche Regelung nur subsidiär zu einer etwaigen tariflichen Regelung eingreifen soll.[210] Zur Begründung wird die größere Sachnähe der Tarifparteien angeführt.[211] Der Gesetzgeber wollte damit die Regelungen der Tarifparteien unangetastet lassen, für die Nachtarbeit seit jeher ein wichtiges Regelungsfeld ist (siehe 2. Kapitel F. I. 5. und 6. Kapitel B. IV. 4.).[212]

Umstritten ist, ob tarifliche Regelungen deshalb gerichtlich kontrolliert werden müssen und in welchem Umfang dies der Fall sein soll. Nach der herrschenden Meinung kommt Tarifregelungen eine Gewähr der Richtigkeit des Interessenausgleichs zu, auch wenn die neuere Rechtsprechung teilweise zurückhaltender ist und diese Figur in Teilen der neueren Literatur kritisiert wird.[213] Jedenfalls folgt daraus aus Sicht der herrschenden Meinung große Zurückhaltung bei der Kontrolle von Tarifverträgen, auch wenn diese zulasten der Arbeitnehmer von Gesetzesrecht abweichen. Dass auch Tarifverträge in der absoluten Mehrzahl die Abgeltung durch Zuschläge regeln, dürfte deshalb die Rechtsprechung des BAG deutlich beeinflusst haben. Der Meinungsstreit wird unten im Kapitel zu tarifrechtlichen Anschlussproblemen ausführlich dargestellt, weshalb hier die Grundzüge genügen sollen (siehe ausführlich 6. Kapitel A.).

Nach dem BAG muss eine tarifliche Regelung, um den gesetzlichen Anspruch zu suspendieren, eine (angemessene) Kompensation für die mit der Nachtarbeit

---

[209] *Raab*, ZfA 2014, 237, 269 ff.

[210] BAG 26.8.1997 – 1 ABR 16/97, NZA 1998, 441, 442; BAG 26.4.2005 – 1 ABR 1/04, NZA 2005, 884, 887; BAG 17.1.2012 – 1 ABR 62/10, NZA 2012, 513 Rn. 15; BeckOK ArbR/*Kock*, ArbZG, § 6 Rn. 25.

[211] BAG 26.8.1997 – 1 ABR 16/97, NZA 1998, 441, 442; BAG 26.4.2005 – 1 ABR 1/04, NZA 2005, 884, 887; BAG 17.1.2012 – 1 ABR 62/10, NZA 2012, 513 Rn. 15; BAG 22.2.2023 – 10 AZR 332/20, NZA 2023, 638 Rn. 24.

[212] BT-Drs. 12/6990, S. 43; *Raab*, ZfA 2014, 237, 245.

[213] BAG 26.6.2018 – 1 ABR 37/16, NZA 2019, 188 Rn. 63; BAG 16.10.2019 – 4 AZR 66/18, NZA 2020, 260 Rn. 23; BAG 31.5.2023 – 5 AZR 143/19, BeckRS 2023, 13331 Rn. 16; BeckOK ArbR/*Waas*, TVG, § 1 Rn. 13; ErfK/*Schmidt*, GG, Einl. Rn. 46; MHdB ArbR/*Klumpp*, § 230 Rn. 9 f.; zurückhaltender („Vermutung der Angemessenheit") BAG 26.1.2017 – 6 AZR 671/15, NZA-RR 2017, 325 Rn. 28; kritisch *Ulber*, in: FS Preis, S. 1381 ff.; *Waltermann*, in: FS I. Schmidt, S. 623, 632; Wiedemann/*Thüsing*, TVG, § 1 Rn. 246.

verbundenen Belastungen darstellen.[214] Dies folge aus dem Wortsinn des Begriffs „Ausgleichsregelung“ und entspreche dem Sinn und Zweck des dem Gesundheitsschutz dienenden § 6 Abs. 5 ArbZG.[215] Daraus folge eine Überprüfungsbefugnis der Gerichte. Jedenfalls eine Regelung, die gar keinen Ausgleich vorsehe, könne § 6 Abs. 5 ArbZG nicht ersetzen.[216] Darüber hinaus sollen die Tarifparteien aber freier darin sein, wie sie den Ausgleich regeln.[217] An die von der Rechtsprechung entwickelten Regelwerte für gesetzliche Nachtarbeitszuschläge seien sie nicht gebunden.[218] Davon losgelöst ist die Frage, ob Tarifverträge zwischen verschiedenen Gruppen von Nachtarbeitnehmern unterscheiden dürfen oder ob dies gegen Art. 3 Abs. 1 GG verstößt, die an dieser Stelle nicht interessiert.[219]

Nach einer in der Literatur vertretenen Auffassung hingegen soll eine tarifvertragliche Regelung nicht gerichtlich kontrollierbar sein, sondern stets als angemessen angesehen werden.[220] Eine andere Ansicht plädiert für eine strikte Kontrolle, ob die tarifliche Regelung effektiv die Gesundheit schützt bzw. angemessen kompensiert.[221]

e) Anwendung in der Praxis

In der Praxis werden weit überwiegend Geldzuschläge gezahlt und nicht die Alternative des Freizeitausgleichs gewählt.[222] Auch Tarifverträge sehen in aller Regel Geldzuschläge vor.[223] Dies dürfte auch den Präferenzen der meisten Arbeitnehmer entsprechen, weil die höhere Entlohnung kurzfristig Vorteile bringt. Gesundheitsschäden hingegen treten möglicherweise erst mit Jahrzehnten Verspätung ein und

---

[214] BAG 26. 8. 1997 – 1 ABR 16/97, NZA 1998, 441, 442 f.; BAG 26. 4. 2005 – 1 ABR 1/04, NZA 2005, 884, 887; BAG 17. 1. 2012 – 1 ABR 62/10, NZA 2012, 513 Rn. 15; BAG 22. 2. 2023 – 10 AZR 332/20, NZA 2023, 638 Rn. 25.

[215] BAG 26. 4. 2005 – 1 ABR 1/04, NZA 2005, 884, 887; BAG 17. 1. 2012 – 1 ABR 62/10, NZA 2012, 513 Rn. 15.

[216] BAG 26. 8. 1997 – 1 ABR 16/97, NZA 1998, 441, 442 f.; BAG 26. 4. 2005 – 1 ABR 1/04, NZA 2005, 884, 887; BAG 17. 1. 2012 – 1 ABR 62/10, NZA 2012, 513 Rn. 15.

[217] BAG 17. 1. 2012 – 1 ABR 62/10, NZA 2012, 513 Rn. 15; BAG 22. 2. 2023 – 10 AZR 332/20, NZA 2023, 638 Rn. 26.

[218] BAG 22. 2. 2023 – 10 AZR 332/20, NZA 2023, 638 Rn. 26.

[219] Siehe dazu EuGH 7. 7. 2022 – C-257/21, C-258/21 – Coca-Cola European Partners, NZA 2022, 971 Rn. 53; BAG 21. 3. 2018 – 10 AZR 34/17, NZA 2019, 622 Rn. 42 ff.; BAG 9. 12. 2020 – 10 AZR 334/20, NZA 2021, 1110 Rn. 25 ff.; BAG 22. 2. 2023 – 10 AZR 332/20, NZA 2023, 638 Rn. 17 ff.; *Bayreuther*, NZA 2019, 1684; *Brandt/Lueken*, AuR 2023, 29; *Creutzfeldt/Eylert*, ZFA 2020, 239; *Kohte*, Gutachten zu Nachtarbeitszuschlagsregelungen; *Münder*, jurisPR-ArbR 9/2021, Anm. 2; *Ulber*, AuR 2020, 157.

[220] *Baeck/Deutsch/Winzer*, ArbZG, § 6 Rn. 81; *Neumann/Biebl*, ArbZG, § 6 Rn. 26.

[221] HK-ArbSchR/*Habich*, ArbZG, § 6 Rn. 50; *Kohte*, FS Buschmann, S. 70, 79, 81; *Ulber*, AuR 2020, 157, 161.

[222] Däubler/*Heuschmid*, TVG, 4. Aufl. 2016, § 1 Rn. 662.

[223] Däubler/*Heuschmid/Klug*, TVG, § 1 Rn. 661; *Neumann/Biebl*, ArbZG, § 6 Rn. 24.

können deshalb zunächst ausgeblendet werden, sofern die Gefahren überhaupt bekannt sind. Die Zuschläge sind leicht individualisierbar und auch nach Beendigung des Arbeitsverhältnisses einklagbar. Die hohe Zahl an Gerichtsverfahren spricht dafür, dass die Arbeitnehmer dieses Recht in viel größerem Umfang als die sonstigen Rechte aus § 6 ArbZG durchsetzen.

f) Zwischenergebnis: Kommerzialisierung durch Zuschläge

Es handelt sich um die zentrale Norm des Nachtarbeitsrechts, die einen Interessenausgleich zwischen den Arbeitsvertragsparteien herstellt. Sehr fraglich ist aber, ob die Alternative des Zuschlags wirklich die Gesundheit schützen kann. Der Verdacht liegt nahe, dass sie sogar dazu führt, dass sich Nachtarbeit verfestigt, weil sie einen Fehlanreiz für Arbeitnehmer und ihre Interessenvertretungen setzt. Dazu trägt bei, dass die Zuschlagssumme mit der Zahl an geleisteten Nachtstunden linear ansteigt und bei der besonders gesundheitsschädlichen Dauernachtarbeit auch noch ein höherer Prozentsatz gewährt wird. Immerhin wird hier eine stärkere Belastung und Gesundheitsgefährdung zumindest stärker „abgegolten“. Vor diesem Hintergrund erscheint es aber paradox, dass andererseits eine Kürzung bei Tätigkeiten möglich sein soll, die nachts geleistet werden müssen. Auch sie sind besonders gesundheitsgefährdend, weil eine Lenkungswirkung hin zu Tagarbeit ausgeschlossen ist. Dass gerade gesellschaftlich wertvolle Tätigkeiten im Gesundheits- und Pflegebereich geringer entlohnt werden, entlastet zwar die öffentliche Hand, private Träger und die Sozialversicherungen. Aus Sicht der Arbeitnehmer ist es jedoch eine widersprüchliche „Strafe“ für ihre sinnvolle Arbeit.

Problematisch erscheint auch die Rechtsprechung zum Tarifvorrang. Im Ergebnis wird den Tarifparteien ermöglicht, den gesetzliche Anspruch durch geringere Regelungen zu verdrängen und dieser somit im Ergebnis tarifdispositiv.

6. Gleichbehandlung bei Weiterbildung und Aufstiegsförderung (§ 6 Abs. 6 ArbZG)

Gem. § 6 Abs. 6 ArbZG ist sicherzustellen, dass Nachtarbeitnehmer den gleichen Zugang zur betrieblichen Weiterbildung und zu aufstiegsfördernden Maßnahmen haben wie die übrigen Arbeitnehmer.

a) Zweck

Die Norm dient nicht dem Gesundheits- oder Sozialschutz. Ihr Standort im ArbZG erklärt sich aus dem sachlichen Zusammenhang mit den sonstigen Vorschriften zur Nachtarbeit. Sie wurde erst im Gesetzgebungsverfahren ergänzt.[224] Nach herrschender

---

[224] *Baeck/Deutsch/Winzer*, ArbZG, § 6 Rn. 87.

Meinung konkretisiert bzw. präzisiert die Norm den allgemeinen arbeitsrechtlichen Gleichbehandlungsgrundsatz.[225] Daher soll der Norm materiell kein weitergehender eigenständiger Regelungsgehalt zukommen.[226] Streitig ist, ob die Aufsichtsbehörde diese Verpflichtung des Arbeitgebers überwachen und gegebenenfalls die erforderlichen Maßnahmen anordnen darf.[227]

b) Zwischenergebnis: Kein besonderer Schutz

Nach herrschender Meinung wendet die Norm nur einen allgemeinen Grundsatz des Arbeitsrechts auf eine im Rahmen der Nachtarbeit relevante Fallkonstellation an und regelt somit keinen über das allgemeine Niveau hinausgehenden besonderen Schutz von Nachtarbeitnehmern. Es könnte sich lediglich eine effektivere Durchsetzung aus der Transparenz und der möglichen öffentlich-rechtlichen Durchsetzung der Norm ergeben, wobei letztere umstritten ist.

7. Zwischenergebnis: Ineffektiver Schutz mit § 6 Abs. 5 ArbZG als Zentralnorm

Insgesamt haben die Normen des § 6 ArbZG nur eine geringe Schutzwirkung zugunsten von Gesundheit und Sozialleben der Nachtarbeitnehmer. Dies folgt aus ihrem unbestimmten Wortlaut (Abs. 1), ihrer kaum über den Schutz der Tagarbeitnehmer hinausgehenden Ausgestaltung (Abs. 2) oder daraus, dass ihre Durchsetzung vom individuellen Arbeitnehmer abhängt und diesem Nachteile bringen kann (Abs. 3, 4). § 6 Abs. 6 ArbZG verfolgt ohnehin andere Ziele. Zentrale Norm ist § 6 Abs. 5 ArbZG. Auch hier ist die gesundheitsschützende Wirkung aber sehr fraglich, jedenfalls bei der praktisch sehr relevanten Alternative der Zuschlagszahlung.

Es bestehen somit Zweifel, ob der Gesetzgeber mit der Regelung in § 6 ArbZG den Schutzpflichten zugunsten der Grundrechte der Nachtarbeitnehmer gerecht wird. Weil die geringe Schutzwirkung der Abs. 1–4 für sich genommen nicht genügt, hängt dies an Abs. 5. Dieser steht daher in der verfassungs- und unionsrechtlichen Untersuchung im Fokus.

---

[225] *Anzinger/Koberski*, ArbZG, § 6 Rn. 85; *Baeck/Deutsch/Winzer*, ArbZG, § 6 Rn. 87 f.; BeckOK ArbR/*Kock*, ArbZG, § 6 Rn. 40; ErfK/*Roloff*, ArbZG, § 6 Rn. 21; HWK/*Gäntgen*, ArbZG, § 6 Rn. 21; *Schliemann*, ArbZG, § 6 Rn. 89.

[226] *Anzinger/Koberski*, ArbZG, § 6 Rn. 85; *Baeck/Deutsch/Winzer*, ArbZG, § 6 Rn. 88; *Erasmy*, NZA 1994, 1005, 1111.

[227] Dafür *Anzinger/Koberski*, ArbZG, § 6 Rn. 88; dagegen HWK/*Gäntgen*, ArbZG, § 6 Rn. 22.

III. Arbeitsschutzgesetz

Neben dem besonderen Arbeitszeitschutzrecht wird die Gestaltung der Arbeitszeit auch durch das allgemeine ArbSchG geregelt. Gem. § 1 Abs. 1 S. 1 ArbSchG dient es dazu, Sicherheit und Gesundheitsschutz der Beschäftigten zu sichern und zu verbessern.

1. Regelungstechnik des ArbSchG

Der Gesetzgeber des ArbSchG hat bewusst lediglich Schutzziele sowie allgemeine Anforderungen beschrieben, um einen flexiblen Gesundheitsschutz zu ermöglichen, der auf die betrieblichen Besonderheiten zugeschnitten ist und eine ständige Weiterentwicklung ermöglicht.[228] Dabei regelt § 3 ArbSchG die Grundpflichten des Arbeitgebers, insbesondere gem. Abs. 1 die erforderlichen Maßnahmen zu treffen, zu überprüfen und eine stete Verbesserung anzustreben. Die Arbeitszeitgestaltung ist hier als organisationsbasierter Faktor zu berücksichtigen.[229]

§ 4 ArbSchG nennt allgemeine Grundsätze des Arbeitsschutzes, unter anderem jede Gefährdung möglichst zu vermeiden und die verbleibende Gefährdung möglichst geringzuhalten (Nr. 1). Damit wurde der Ansatz einer frühestmöglich ansetzenden Prävention verallgemeinert.[230] Der Begriff Gefährdung bezeichnet die Möglichkeit eines Schadenseintritts ohne bestimmte Anforderungen an deren Maß oder Wahrscheinlichkeit.[231] Als weitere Grundsätze nennt § 4 ArbSchG unter anderem, Gefahren an ihrer Quelle zu bekämpfen (Nr. 2), den Stand von Technik, Arbeitsmedizin und Hygiene sowie sonstige gesicherte arbeitswissenschaftliche Erkenntnisse zu berücksichtigen (Nr. 3), bei der Planung Technik, Arbeitsorganisation, sonstige Arbeitsbedingungen, soziale Beziehungen und Einfluss der Umwelt auf den Arbeitsplatz sachgerecht miteinander zu verknüpfen (Nr. 4) sowie individuelle Maßnahmen nur nachrangig zu anderen zu treffen (Nr. 5). Die Arbeitsorganisation umfasst dabei auch die Arbeitszeitgestaltung.[232]

[228] *Ahrendt*, RdA 2023, 135, 135; HK-ArbR/*Hamm/Faber*, ArbSchG, §§ 3–6 Rn. 2; HK-ArbSchR/*Blume/Faber*, ArbSchG, § 5 Rn. 2.

[229] KKS/*Kohte*, ArbSchG, § 3 Rn. 18.

[230] HK-ArbSchR/*Blume/Faber*, ArbSchG, § 5 Rn. 5.

[231] BT-Drs. 13/3540, S. 16; *Kohte*, JbArbR 2000, 21, 32.

[232] *Aich*, in: Romahn (Hg.), Arbeitszeit gestalten, S. 49, 50.

2. Nachtarbeit als Gefährdungsfaktor im Rahmen der Gefährdungsbeurteilung

Nachtarbeit ist ein Gefährdungsfaktor, der bei der Gefährdungsbeurteilung zu berücksichtigen ist und der durch entsprechende Maßnahmen einzuschränken oder zu flankieren ist.[233]

a) Zweck der Gefährdungsbeurteilung

Um die Verhaltenspflichten des ArbSchG zu konkretisieren, schreibt die Gefährdungsbeurteilung gem. § 5 ArbSchG ein Verfahren vor, mit dem systematisch aufgeklärt werden soll, welche Gefährdungen bestehen und welche Maßnahmen zu ergreifen sind.[234] Anstatt nur Normen des Arbeitsschutzes zu vollziehen, sollen damit Probleme von unten in Angriff genommen werden, unabhängig von allgemeinen Regelungen oder Anordnungen.[235] § 5 Abs. 3 ArbSchG nennt Beispiele für belastende Faktoren. Nachtarbeit kann bei zwei dieser Gruppen relevant werden.

b) Nachtarbeit als gefährdende Arbeitszeitgestaltung

Aus § 5 Abs. 3 Nr. 4 ArbSchG ergibt sich, dass die Arbeitszeit sowohl für sich als auch in ihrem Zusammenwirken mit der Gestaltung von Arbeits- und Fertigungsverfahren sowie Arbeitsabläufen zu berücksichtigen ist. Allerdings fehlen Regelungen zur Gefährdungsbeurteilung mit Hinblick auf die Arbeitszeit, was zu Unklarheiten führt.[236] Jedenfalls kann die Norm für eine gesundheitsfördernde Arbeitszeitgestaltung genutzt werden.[237] Als konkretes Beispiel wird die Gefährdungsanalyse als Vorstufe zu Maßnahmen gegen überlange Nachtarbeiten genannt.[238]

c) Nachtarbeit als psychische Belastung

Daneben wurde im Jahr 2013 mit § 5 Abs. 3 Nr. 6 ArbSchG klargestellt, dass psychische Belastungen bei der Arbeit in die Gefährdungsbeurteilung einzubeziehen sind.[239] Psychische Belastungen können sich aus der Lage und Verteilung der Ar-

---

[233] *Aich*, in: Romahn (Hg.), Arbeitszeit gestalten, S. 49, 53; Buschmann/Ulber/*Buschmann*, ArbZR, Einl. Rn. 65; *Wlotzke*, in: FS Wißmann, S. 426, 437.

[234] HK-ArbSchR/*Blume/Faber*, ArbSchG, § 5 Rn. 1 f.; KKS/*Kreizberg*, ArbSchG, § 5 Rn. 61, 63.

[235] *Kohte*, JbArbR 2000, 21, 32 f.

[236] Kritisch HK-ArbSchR/*Blume/Faber*, ArbSchG, § 5 Rn. 17: „besonders misslich", Rn. 30: „besonderes Defizit".

[237] HPS/*Jerchel*, ArbSchG, § 5 Rn. 10.

[238] Buschmann/Ulber/*Buschmann*, ArbZR, Einl. Rn. 52; HPS/*Jerchel*, ArbSchG, § 5 Rn. 4; *Langhoff/Satzer*, GArb 7–8/2018, 35, 37 f.

[239] BT-Drs 17/12297, S. 40.

beitszeit ergeben.[240] Häufige Nachtarbeit und ungünstig gestaltete Schichtarbeit sind Belastungsfaktoren, die in die Beurteilung einzubeziehen sind.[241]

3. Anwendung in der Praxis

In der Praxis werden Risiken, die aus der Gestaltung der Arbeitszeit folgen, mangels geeigneter Instrumente nur selten in der Gefährdungsbeurteilung berücksichtigt.[242] Auch bei der Ermittlung psychischer Gefährdungen bestehen erhebliche Vollzugsdefizite.[243] Die Gefährdungsbeurteilung wird im Hinblick auf die Nachtarbeit somit regelmäßig nicht ordnungsgemäß durchgeführt. Zwar ist auch ein individueller Anspruch auf eine Gefährdungsbeurteilung anerkannt und durchsetzbar.[244] Es bestehen aber faktische Hürden, die eine individuelle Rechtsverfolgung erschweren und unwahrscheinlich machen.[245]

4. Zwischenergebnis: § 5 ArbSchG als Verfahrensnorm mit begrenzter Wirkung

Das ArbSchG gibt Ziele für den Arbeitsschutz vor, die auch bei der Gestaltung der Arbeitszeit zu berücksichtigen sind. Besondere Bedeutung hat § 5 ArbSchG, der ein Verfahren vorschreibt, um mit der Arbeit verbundene Gefährdungen und erforderliche Arbeitsschutzmaßnahmen zu ermitteln. Dabei ist die Arbeitszeit und insbesondere Nacht- und Schichtarbeit als Risikoquelle einzubeziehen. In der Praxis erfolgt dies jedoch sehr häufig nicht oder ausschließlich auf die Normen des ArbZG bezogen.[246]

---

[240] HK-ArbSchR/*Blume/Faber*, ArbSchG, § 5 Rn. 34; KKS/*Balikcioglu*, Syst C Rn. 41, 43.

[241] *BDA*, Gefährdungsbeurteilung. Schwerpunkt Psychische Belastungen, S. 9; *BGHM*, FI 0052: Gefährdungsbeurteilung psychische Belastung, S. 4; *GDA*, Leitlinie Gefährdungsbeurteilung und Dokumentation, S. 13; *dies.*, Leitlinie Beratung und Überwachung bei psychischer Belastung, S. 22.

[242] *Schmitt-Howe*, in: Romahn (Hg.), Arbeitszeit gestalten, S. 37, 40.

[243] *Schmitt-Howe*, in: Romahn (Hg.), Arbeitszeit gestalten, S. 37, 41 f.

[244] BAG 12.8.2008 – 9 AZR 1117/06, NZA 2009, 102 Rn. 29 f.; ErfK/*Roloff*, ArbSchG, § 5 Rn. 1; HK-ArbR/*Hamm/Faber*, ArbSchG, §§ 3–6 Rn. 3; *Kohte*, jurisPR-ArbR 13/2009, Anm. 1.

[245] *Kohte*, JbArbR 2000, 21, 36.

[246] *Aich*, in: Romahn (Hg.), Arbeitszeit gestalten, S. 49, 49.

B. Kollektives Arbeitsrecht

I. Tarifrecht

Die Tarifparteien können Nachtarbeit normativ regeln und gestalten (1.). In der Praxis spielt diese Materie, historisch gewachsen, eine große Rolle in Tarifverträgen (siehe 2. Kapitel E. I. 2.).[247] Dabei haben sie die staatlichen Gesetze zu beachten, die im Regelfall einseitig zwingend ausgestaltet sind, sodass durch Tarifvertrag nur für die Arbeitnehmer vorteilhafte Regelungen getroffen werden können.[248] Mit Hinblick auf die Nachtarbeit ermöglichen die gesetzlichen Regelungen aber teilweise auch die Abweichung zu Lasten der Arbeitnehmer bzw. Tarifnormen, die das Gesetz verdrängen (2.).

1. Mögliche tarifliche Regelungen zu Entgelt und Belastungsschutz

Die Kompetenz, Nachtarbeit tariflich zu regeln, folgt aus der von Art. 9 Abs. 3 GG geschützten Tarifautonomie.[249] Dabei sind die Tarifparteien grundsätzlich frei darin, welche Regelungen sie treffen. Sie können eine bessere Vergütung für besonders belastende Arbeitszeiten wie Nachtarbeit festlegen.[250] Sie können auch Regelungen treffen, um den Gesundheits- und Sozialschutz zu verbessern.[251] Die Gewerkschaft kann sogar zum Streik für eine Arbeitszeitlage aufrufen, durch die Nachtarbeit effektiv verhindert wird, eine solche ist tariflich regelbar.[252] Dadurch würden die Gefährdungen durch die Nachtarbeit gänzlich beseitigt. Andere Möglichkeiten können zumindest dazu beitragen, die individuelle Belastung durch Nachtarbeit zu begrenzen. Zu solchen zählen etwa eine kürzere Arbeitszeit für Nacht- als für Tagarbeitnehmer oder zusätzliche Urlaubstage. Auch über das Gesetz hinausgehende Pausenregelungen sind möglich. Es können etwa zusätzliche Kurzpausen vereinbart werden, damit sich die Nachtarbeitnehmer entspannen können. Oder der Tarifvertrag regelt, dass die Pause bezahlt wird, sodass bei gleichbleibender Entlohnung die Arbeitszeit verkürzt werden kann.

---

[247] Für einen geschichtlichen Überblick seit dem Kaiserreich *Kohte*, in: FS Kittner, S. 232 ff.

[248] Däubler/*Ulber*, TVG, Einl. Rn. 627, 636; *Soost*, in: FS Kohte, S. 513, 518; Wiedemann/*Jacobs*, TVG, Einl. Rn. 559, 562.

[249] BAG 22.2.2023 – 10 AZR 332/20, NZA 2023, 638 Rn. 18.

[250] BAG 22.2.2023 – 10 AZR 332/20, NZA 2023, 638 Rn. 25; *Gamillscheg*, Kollektives ArbR Bd. I, S. 579.

[251] Einen Überblick über tarifliche Arbeitsschutznormen geben *Kohte*, in: FS Blanke, S. 157, 162 ff. und *Soost*, in: FS Kohte, S. 513, 520 ff.

[252] BAG 27.6.1989 – 1 AZR 404/88, NZA 1989, 969; *Gamillscheg*, Kollektives ArbR Bd. I, S. 579.

In der Praxis werden ganz überwiegend Geldzuschläge vereinbart.[253] Andere Mittel kommen ebenfalls vor, sind aber deutlich seltener.[254]

Neben diesen individuell wirkenden Vergünstigungen bzw. Schutzregelungen gibt es auch tarifliche Vereinbarungen, die eine bestimmte Mindestbesetzung für Nachtdienste vorschreiben.[255] Diese bezwecken, einzelne Nachtarbeitnehmer vor Überlastung zu schützen, indem die Arbeit auf mehr Personal verteilt wird. Quantitative und qualitative Besetzungsregeln, mit denen die Beschäftigten entlastet und vor Überforderung geschützt werden sollen, sind tariflich regelbar.[256] Im Hinblick auf die Nachtarbeit haben sie allerdings die ambivalente Folge, dass mehr Arbeitnehmer nachts arbeiten müssen. Dies ist die logische Konsequenz, wenn die Personalstärke dem tatsächlichen Arbeitskraftbedarf angepasst wird.

2. Tarifliche Verschlechterung von gesetzlichen Regelungen in § 6 ArbZG

Die geschilderten tariflichen Regelungen entsprechen dem Grundgedanken der Tarifautonomie, durch kollektiven Zusammenschluss der Arbeitnehmer eine stärkere Verhandlungsposition gegenüber der Arbeitgeberseite zu erlangen und Verbesserungen beim Lohn oder den Arbeitsbedingungen zu verhandeln.[257] Teilweise erlauben die gesetzlichen Regelungen in Bezug auf die Nachtarbeit aber auch tarifliche Regelungen, die nicht zu Gunsten der Arbeitnehmer wirken (Tarifdispositives Gesetzesrecht). So können die Tarifparteien aufgrund der Anordnung in § 7 ArbZG zu Lasten der Arbeitnehmer von § 6 Abs. 2 ArbZG abweichen (A. II. 2. b)). Außerdem können sie eigene Regelungen treffen, welche den gesetzlichen Anspruch gem. § 6 Abs. 5 ArbZG verdrängen, nach herrschender Meinung auch wenn sie ihn unterschreiten (A. II. 5. d)). Derartige gesetzliche Möglichkeiten sind umstritten, weil sie nicht dem Grundgedanken der Tarifautonomie entsprechen und den Abbau von gesetzlichem Arbeitnehmerschutz durch Tarifverträge ermöglichen.[258] Von den Befürwortern wird argumentiert, dass das Verhandlungsgleichgewicht zwischen Gewerkschaft und Arbeitgeberseite zu einem gerechten Interessenausgleich führe und die Tarifparteien sachnähere Lösungen finden könnten, als der Gesetzgeber in notwendig generalisie-

---

[253] Däubler/*Heuschmid/Klug*, TVG, § 1 Rn. 661; *Neumann/Biebl*, ArbZG, § 6 Rn. 24.

[254] Siehe schon oben unter B. VI. 2. und B. VIII. 2. e).

[255] Beispielsweise § 4 TV UK-Entlastung Pflege v. 20.3.2018.

[256] BAG 26.4.1990 – 1 ABR 84/87, NZA 1990, 850, 852; LAG Berlin-Brandenburg, 29.7.2015 – 26 SaGa 1059/15, BeckRS 2015, 70760 Rn. 23; LAG Köln 1.7.2022 – 10 SaGa 8/22, BeckRS 2022, 49127 Rn. 26; *Kohte*, in: FS Kittner, S. 232, 237 ff.

[257] Zum Zweck der Tarifautonomie BVerfG 11.7.2017 – 1 BvR 1571/15, 1 BvR 1588/15, 1 BvR 2883/15, 1 BvR 1043/16, 1 BvR 1477/16, NZA 2017, 915 Rn. 146; ErfK/*Franzen*, TVG, § 1 Rn. 2; Wiedemann/*Jacobs*, TVG, Einl. Rn. 60; *Ulber*, Tarifdispositives Gesetzesrecht, S. 153 f.

[258] *Buschmann*, in: FS Richardi, S. 93, 99; *Däubler*, TVR, Rn. 375; *Ulber*, SR 2018, 85, 85.

renden Gesetzen.[259] Auf diese Diskussion wird unten im Kontext der Tarifvorbehaltsklausel in § 6 Abs. 5 Hs. 1 ArbZG näher eingegangen (siehe 6. Kapitel).

3. Zwischenergebnis: Ambivalente Wirkung für Gesundheits- und Sozialschutz

Tarifliche Regelungen haben in der Praxis große Bedeutung hinsichtlich der Nachtarbeit. Aus Sicht des Gesundheits- und Sozialschutzes sind die dabei getroffenen Regelungen jedoch ambivalent. Die meisten Tarifverträge regeln eine bessere Entlohnung von nächtlicher Arbeit durch Zuschläge. Dies ist von der Tarifautonomie selbstverständlich geschützt. Darin ist jedoch kein effektives Mittel des Gesundheitsschutzes zu sehen, wie unten ausführlich begründet wird (4. Kapitel E. I.). Zuschläge können gesundheitsschützende Maßnahmen sogar behindern, weil sie einen Fehlanreiz für Arbeitnehmer und ihre Interessenvertretungen setzen (6. Kapitel A. I. 3. c)). Wirksamer Gesundheitsschutz muss dann durch den Verzicht auf Zuschläge „erkauft" werden. Teilweise regeln Tarifverträge aber auch Maßnahmen wie kürzere Schichtlängen oder zusätzliche freie Tage, die sich positiv auf die Gesundheit und das Sozialleben auswirken. Sehr kritisch zu sehen sind aus dieser Perspektive tarifliche Regelungen, die von den Abweichungsmöglichkeiten in § 7 ArbZG Gebrauch machen.

II. Betriebsverfassungsgesetz

Auch auf betrieblicher Ebene kann die Nachtarbeit Gegenstand kollektiver Regelungen sein. Allgemein kommt Betriebsräten nach der Neukonzeption durch das ArbSchG eine bedeutende Rolle beim Arbeitsschutz zu. Sie sollen die Partizipation der Beschäftigten bei der betrieblichen Konkretisierung von Arbeitsschutznormen sicherstellen, um eine möglichst effiziente Umsetzung zu erreichen.[260] Dementsprechend kommt dem Betriebsrat auch bei der Gestaltung der Nachtarbeit eine wichtige Rolle zu.

Der Betriebsrat kann mitbestimmen, wenn Nachtarbeit eingeführt und ausgestaltet wird. Rechte bestehen auch hinsichtlich der flankierenden Maßnahmen wie arbeitsmedizinischer Untersuchung, Umsetzung und Ausgleichsleistung. Außerdem kann er bei der Gefährdungsbeurteilung und der darauf aufbauenden Auswahl der

---

[259] BT-Drs. 12/5888, S. 20, 26; BeckOK ArbR/*Kock*, ArbZG, vor § 7; ErfK/*Roloff*, ArbZG, § 7 Rn. 1.

[260] BAG 15.1.2002 – 1 ABR 13/01, NZA 2002, 995, 997; *Kohte*, JbArbR 2000, 21, 36 f.; *Kohte*, Die Gestaltung der arbeitsmedizinischen Vorsorge durch betriebliche Mitbestimmung, S. 45; MHdB ArbR/*Bücker*, § 172 Rn. 8; *Wlotzke*, in: FS Wißmann, S. 426, 426 f.

erforderlichen Arbeitsschutzmaßnahmen mitbestimmen. Sofern die Mitbestimmung aus § 87 Abs. 1 BetrVG folgt, hat der Betriebsrat ein Initiativrecht.[261]

1. Einführung und Ausgestaltung von Nachtarbeit

Der Betriebsrat hat gem. § 87 Abs. Nr. 2 und 3 BetrVG bei Beginn und Ende der täglichen Arbeitszeit sowie deren vorübergehender Verkürzung oder Verlängerung mitzubestimmen. Das Mitbestimmungsrecht soll die Interessen der Arbeitnehmer an der Lage ihrer Arbeitszeit und damit zugleich ihrer freien, für die Gestaltung ihres Privatlebens nutzbaren Zeit zur Geltung bringen.[262]

Der Betriebsrat kann daher mitbestimmen, wenn Nachtarbeit eingeführt oder abgeschafft wird, wenn die Lage der Arbeitszeit festgelegt wird, wenn der Schichtplan ausgestaltet oder geändert wird und die Arbeitnehmer den Schichten zugeordnet werden.[263] Auch Wahl und Verkürzung des Ausgleichszeitraums gem. § 6 Abs. 2 S. 2 ArbZG sind erfasst.[264]

Bei den in diesem Bereich getroffenen betrieblichen Regelungen sind die Anforderungen des § 6 Abs. 1 ArbZG zu wahren.[265] Diese Norm eröffnet zudem die Mitbestimmung gem. § 87 Abs. 1 Nr. 7 BetrVG. Gem. § 87 Abs. 1 Nr. 7 BetrVG kann der Betriebsrat beim Gesundheitsschutz im Rahmen der gesetzlichen Vorschriften mitbestimmen. § 6 Abs. 1 ArbZG ist eine solche Rahmenvorschrift. Sie ist hochgradig konkretisierungsbedürftig, wie oben gezeigt wurde (siehe A. II. 1.). Es ist eine zentrale Aufgabe der Betriebsparteien, die Nachtarbeit unter Berücksichtigung der jeweiligen arbeitsmedizinischen Erkenntnisse zu gestalten.[266]

---

[261] BeckOK ArbR/*Werner*, BetrVG, § 87 Rn. 15; DKW/*Klebe*, BetrVG, § 87 Rn. 25 f.; ErfK/*Kania*, BetrVG, § 87 Rn. 9; *Fitting*, BetrVG, § 87 Rn. 604 f.; Richardi/*Richardi*, BetrVG, vor § 87 Rn. 9.

[262] BAG 14. 11. 2006 – 1 ABR 5/06, NZA 2007, 458, 460; BAG 12. 3. 2019 – 1 ABR 42/17, NZA 2019, 843 Rn. 39; DKW/*Klebe*, BetrVG, § 87 Rn. 81.

[263] Allgemein für Schichtarbeit: BAG 28. 10. 1986 – 1 ABR 11/85, AP BetrVG 1972, § 87 Arbeitszeit Nr. 20; BAG 28. 5. 2002 – 1 ABR 40/01, NZA 2003, 1352, 1354; BAG 19. 6. 2012 – 1 ABR 19/11, NZA 2012, 1237 Rn. 18; *Baeck/Deutsch/Winzer*, ArbZG, Einführung Rn. 80; MHdB ArbR/*Koberski*, § 184 Rn. 24; für Nachtarbeit: BeckOK ArbR/*Kock*, ArbZG, § 6 Rn. 45; Buschmann/Ulber/*Ulber*, ArbZR, § 6 Rn. 82 f.; DKW/*Klebe*, BetrVG, § 87 Rn. 104; HPS/*Lorenz*, ArbZG, § 6 Rn. 160.

[264] HPS/*Lorenz*, ArbZG, § 6 Rn. 160.

[265] *Roggendorff*, ArbZG, § 6 Rn. 14; *Schliemann*, ArbZG, § 6 Rn. 23.

[266] Düwell/*Kohte*, BetrVG, § 87 Rn. 88.

2. Arbeitsmedizinische Untersuchung

Eine weitere Rahmenvorschrift, die das Mitbestimmungsrecht gem. § 87 Abs. 1 Nr. 7 BetrVG eröffnet, ist § 6 Abs. 3 ArbZG.[267] Für die Ausgestaltung der allgemeinen arbeitsmedizinischen Vorsorgeuntersuchung gem. § 11 ArbSchG i.V.m. ArbMedVV ist allgemein anerkannt, dass ein Mitbestimmungsrecht des Betriebsrats besteht.[268] Dies lässt sich unproblematisch auf die Vorsorgeuntersuchung von Nachtarbeitnehmern übertragen. Der Betriebsrat kann die Modalitäten der Untersuchung gemeinsam mit dem Arbeitgeber regeln, unter anderem durch wen die Untersuchung durchgeführt werden soll und wie das Angebot hinsichtlich Zeit und Ort ausgestaltet wird.[269] Die zentrale Aufgabe einer Regelung zu medizinischen Vorsorgeuntersuchungen ist, ihre Ergebnisse für präventive Schutzmaßnahmen nutzbar zu machen.[270]

3. Umsetzung auf einen Tagarbeitsplatz

Bei der Umsetzung auf einen Tagarbeitsplatz bestehen Anhörungs- und Vorschlagsrechte gem. § 6 Abs. 4 S. 2 und 3 ArbZG. Daneben besteht ein echtes Mitbestimmungsrecht gem. § 87 Abs. 1 Nr. 2 BetrVG.[271] Ändert sich durch die Umsetzung neben der Arbeitszeit auch der Aufgabenbereich des Arbeitnehmers, so kann ein Mitbestimmungsrecht gem. § 99 BetrVG bestehen.[272]

Die Umsetzung kann verbessert werden, indem Betriebsräte diese Möglichkeiten bei der Personalplanung und Beschäftigungssicherung gem. §§ 92, 92a BetrVG berücksichtigen. Allerdings haben Betriebsräte bei diesen Materien keine echten Mitbestimmungs-, sondern nur Unterrichtungs-, Vorschlags- und Beratungsrechte. Gegebenenfalls können Betriebsräte auch verhindern, dass der Arbeitgeber Tagarbeitsplätze, die für im Betrieb beschäftigte Nachtarbeitnehmer geeignet sind, mit anderen Arbeitnehmern besetzt. Gem. § 99 Abs. 2 Nr. 3 BetrVG kann der Betriebsrat die Zustimmung zu einer personellen Einzelmaßnahme, wozu unter anderem Einstellung und Versetzung gehören, verweigern, sofern die durch Tatsachen

---

[267] *Kohte*, Die Gestaltung der arbeitsmedizinischen Vorsorge durch betriebliche Mitbestimmung, S. 49.

[268] LAG Hamburg 21.9.2000 – 7 TaBV 3/98, NZA-RR 2001, 190, 196; DKW/*Klebe*, BetrVG, § 87 Rn. 236; Düwell/*Kohte*, BetrVG, § 87 Rn. 89; *Fitting*, BetrVG, § 87 Rn. 310; GK/*Gutzeit*, BetrVG, § 87 Rn. 649; MHdB ArbR/*Bücker*, § 180 Rn. 43; ausführlich *Kohte*, Die Gestaltung der arbeitsmedizinischen Vorsorge durch betriebliche Mitbestimmung, S. 47 ff.

[269] DKW/*Klebe*, BetrVG, § 87 Rn. 252; HPS/*Lorenz*, ArbZG, § 6 Rn. 161.

[270] Düwell/*Kohte*, BetrVG, § 87 Rn. 89.

[271] BAG 23.11.1993 – 1 ABR 38/93, NZA 1994, 718, 720; DKW/*Klebe*, BetrVG, § 87 Rn. 104; HPS/*Lorenz*, ArbZG, § 6 Rn. 162.

[272] BAG 23.11.1993 – 1 ABR 38/93, NZA 1994, 718, 720; BeckOK ArbR/*Kock*, ArbZG, § 6 Rn. 45; Buschmann/Ulber/*Ulber*, ArbZR, § 6 Rn. 82; HPS/*Lorenz*, ArbZG, § 6 Rn. 162; weitergehend *Kohte*, jurisPR-ArbR 40/2024, Anm. 1 unter D: Zeitliche Änderung durch Versetzung von einer Schicht in eine andere als Versetzung gem. § 95 Abs. 3 BetrVG.

begründete Besorgnis besteht, dass infolge der personellen Maßnahme im Betrieb beschäftigte Arbeitnehmer gekündigt werden oder sonstige Nachteile erleiden. Wie oben gezeigt, können Arbeitnehmer, die aus gesundheitlichen Gründen nicht mehr zur Nachtarbeit in der Lage sind, gegebenenfalls personenbedingt gekündigt werden. Jedenfalls liegt ein sonstiger Nachteil vor, sofern ein Nachtarbeitnehmer, der grundsätzlich einen Umsetzungsanspruch hat, diesen nicht durchsetzen kann, weil ein geeigneter Tagarbeitsplatz mit einem anderen Arbeitnehmer besetzt wird. Nach herrschender Meinung setzt der Umsetzungsanspruch nämlich voraus, dass ein Tagarbeitsplatz frei ist (siehe A. II. 4.).

4. Ausgleichsleistung

Auch die Frage, ob der Anspruch gem. § 6 Abs. 5 ArbZG durch Freizeit oder einen monetären Zuschlag erfüllt wird, ist eine gesundheitsschützende Rahmenvorschrift, sodass der Betriebsrat gem. § 87 Abs. 1 Nr. 7 BetrVG mitzubestimmen hat.[273] Das Mitbestimmungsrecht bezieht sich nicht auf die Höhe des Ausgleichs, weil dies eine Rechtsfrage ist.[274] Bekommen die Nachtarbeitnehmer zusätzliche Freizeit, so unterliegt deren Ausgestaltung der Mitbestimmung gem. § 87 Abs. 1 Nr. 2 und 7 BetrVG.[275] Beispielsweise kann durch Fristen die zeitnahe Gewährung der Freizeit geregelt werden.[276] Dies effektiviert den gesundheitlichen Schutz, weil eine Erholung von den Belastungen der Nachtarbeit ermöglicht wird. Aber auch der soziale Schutz kann verbessert werden, indem bei der Lage der Freischichten auf Wünsche und geplante Aktivitäten der Arbeitnehmern Rücksicht genommen wird.

5. Gleichberechtigte Teilhabe

Gem. § 6 Abs. 6 ArbZG dürfen Nachtarbeitnehmer bei der betrieblichen Weiterbildung nicht diskriminiert werden. Nach dem gestuften System der Mitbestimmung bei der Weiterbildung hat der Betriebsrat ein Mitbestimmungsrecht gem. § 98 Abs. 1 BetrVG, sofern der Arbeitgeber sich entschließt, betriebliche Berufsbildungsmaß-

---

[273] BAG 26. 8. 1997 – 1 ABR 16/97, AuR 1998, 338, 339; BAG 26. 4. 2005 – 1 ABR 1/04, NZA 2005, 884, 886; 17. 1. 2012 – 1 ABR 62/10, NZA 2012, 513 Rn. 13 f.; *Baeck/Deutsch/Winzer*, ArbZG, § 6 Rn. 86; BeckOK ArbR/*Kock*, ArbZG, § 6 Rn. 45; DKW/*Klebe*, BetrVG, § 87 Rn. 300, 328; *Fitting*, BetrVG, § 87 Rn. 275, 436; GK/*Gutzeit*, BetrVG, § 87 Rn. 852; HPS/*Lorenz*, ArbZG, § 6 Rn. 163; LKK/*Dahm*, BetrVG, § 87 Rn. 59, 159, 229; *Neumann/Biebl*, ArbZG, § 6 Rn. 26; Richardi/*Richardi*, BetrVG, § 87 Rn. 561; *Schliemann*, ArbZG, § 6 Rn. 88.

[274] BAG 26. 8. 1997 – 1 ABR 16/97, AuR 1998, 338, 339; *Baeck/Deutsch/Winzer*, ArbZG, § 6 Rn. 86; BeckOK ArbR/*Kock*, ArbZG, § 6 Rn. 45; GK/*Gutzeit*, BetrVG, § 87 Rn. 852; HPS/*Lorenz*, ArbZG, § 6 Rn. 163; *Neumann/Biebl*, ArbZG, § 6 Rn. 26; Richardi/*Richardi*, BetrVG, § 87 Rn. 812.

[275] BAG 26. 4. 2005 – 1 ABR 1/04, NZA 2005, 884, 886; DKW/*Klebe*, BetrVG, § 87 Rn. 104; *Fitting*, BetrVG, § 87 Rn. 275; HPS/*Lorenz*, ArbZG, § 6 Rn. 163.

[276] BAG 26. 4. 2005 – 1 ABR 1/04, NZA 2005, 884, 888.

nahmen durchzuführen.[277] Die Mitbestimmung erstreckt sich gem. § 98 Abs. 3, 4 BetrVG auf die Auswahl der entsprechenden Arbeitnehmer.[278] Der Betriebsrat kann somit für den gleichberechtigten Zugang von Nachtarbeitnehmern zu betrieblichen Weiterbildungen eintreten.[279]

6. Gefährdungsbeurteilung und erforderliche Arbeitsschutzmaßnahmen

Zentral für den modernen Arbeitsschutz ist das zweistufige Verfahren mit Gefährdungsbeurteilung und daraus folgender Festlegung von Maßnahmen (siehe A. III. 1., 2. a)). Dies betrifft vor allem den Arbeitsschutz nach dem ArbSchG und den dazu erlassenen Verordnungen, weil diese mit zahlreichen ausfüllungsbedürftigen Begriffen arbeiten. Wie oben gezeigt, sind im Rahmen der Gefährdungsbeurteilung aber auch die Arbeitszeit und psychische Gefährdungsquellen zu berücksichtigen (A. III. 2. b) und c)). Wie die Gefährdungsbeurteilung genau ausgestaltet wird, unterliegt der Mitbestimmung des Betriebsrats gem. § 87 Abs. 1 Nr. 7 BetrVG, weil es sich um ausfüllungsbedürftige Rahmenvorschrift handelt.[280] Dies gilt ebenso für die Auswahl der erforderlichen Maßnahmen.[281] Die Gefährdungsbeurteilung wird allerdings ohne Beteiligung des Betriebsrats anhand des mitbestimmten Verfahrens durchgeführt.

7. Zwischenergebnis: Gesetzliche Effektivierungsmöglichkeiten

Betriebsräte haben beim Gesundheitsschutz eine wichtige Rolle. Sicherheit und Gesundheit bei der Arbeit zählen zu ihren Kernaufgaben.[282] Sie können die gesetzlichen Regelungen durch Betriebsvereinbarung mit dem Arbeitgeber konkretisieren. Die Nachtarbeit unter Berücksichtigung der arbeitswissenschaftlichen Erkenntnisse zu gestalten, gehört dabei zu den wichtigen Aufgaben.[283] Dabei können sie sowohl auf ergonomische Schichtsysteme hinwirken und so den missglückten § 6 Abs. 1 ArbZG korrigieren, als auch die Nachtarbeit flankierenden Maßnahmen wie Gesundheitsuntersuchung, Umsetzung und Freizeitausgleich effektiver gestalten. Dies kommt sowohl dem Gesundheitsschutz, als auch dem Sozialleben der Arbeitnehmer zu Gute. Außerdem haben Betriebsräte eine wichtige Aufgabe bei der Durchsetzung des Ar-

---

[277] Zum gestuften System *Krause*, NZA 2022, 737, 741 ff.

[278] BAG 8.12.1987 – 1 ABR 32/86, NZA 1988, 401, 401 f.; *Krause*, NZA 2022, 737, 742.

[279] HPS/*Lorenz*, ArbZG, § 6 Rn. 164; *Schliemann*, ArbZG, § 6 Rn. 89.

[280] BAG 8.6.2004 – 1 ABR 4/03, NZA 2005, 227, 229; ErfK/*Kania*, BetrVG, § 87 Rn. 64a; KKS/*Hecht*, ArbSchG, Syst B Rn. 33 ff.; *Wiebauer*, RdA 2019, 41, 41.

[281] BAG 28.3.2017 – 1 ABR 25/15, NZA 2017, 1132 Rn. 25; BAG 7.12.2021 – 1 ABR 25/20, NZA 2022, 504 Rn. 27; ErfK/*Roloff*, ArbSchG, § 3 Rn. 7; KKS/*Kohte*, ArbSchG, § 3 Rn. 80 f.; KKS/*Hecht*, ArbSchG, Syst B Rn. 27 ff.; *Wiebauer*, RdA 2019, 41, 41.

[282] HK-ArbSchR/*Faber*, BetrVG, vor §§ 87 ff. Rn. 1.

[283] Düwell/*Kohte*, BetrVG, § 87 Rn. 88.

beitsschutzes, können dessen Einhaltung gem. § 80 Abs. 1 Nr. 1, 9 überwachen und fördern.

Nachtarbeit verhindern hingegen können Betriebsräte kaum, weil sie auch in mitbestimmungspflichtigen Angelegenheiten kein Vetorecht haben. Zudem beugen sich Betriebsräte bei Regelungen der Arbeitszeit in der Praxis häufig wirtschaftlichen Argumenten.[284] Schließlich bestehen hinsichtlich der Frage, ob § 6 Abs. 5 ArbZG durch Freizeit oder Zuschläge erfüllt wird, in aller Regel unterschiedliche Meinungen unter den Mitgliedern der Belegschaft. Soweit die Mehrheit der Arbeitnehmer Zuschläge präferiert, wirkt sich dies auch auf den Betriebsrat aus.

C. Steuer- und Abgabenrecht

I. Einkommenssteuergesetz

Neben diesen Normen des staatlichen Arbeits(zeit)schutzrechts und den Möglichkeiten kollektiver Gestaltung ist auch das Steuerrecht einzubeziehen. Dies mag auf den ersten Blick verwundern. Der Grund liegt darin, dass Nachtarbeitszuschläge in den Grenzen des § 3b EStG steuerfrei sind (1.). Dies soll nach herrschender Meinung der Austauschgerechtigkeit dienen, indem Nachtarbeitnehmer einen höheren Nettolohn erhalten (2.). Die Steuerfreiheit wirkt sich allerdings auf die wirtschaftlichen Entscheidungen der Arbeitnehmer und Arbeitgeber aus. Sie erhöht den Anreiz für Arbeitnehmer, Nachtarbeit zu leisten und kommt mittelbar auch den Arbeitgebern zugute. Im Ergebnis wirkt sie als staatliche Subvention der Nachtarbeit und verringert die von der herrschenden Meinung angenommene ökonomische Lenkungswirkung der Zuschläge, aus der sich eine mittelbar gesundheitsschützende Wirkung ergeben soll (3.).[285] In der steuerrechtlichen Literatur wird die Norm daher einhellig kritisiert (4.).

1. Rechtslage: Steuerfreiheit von Nachtarbeitszuschlägen

Gem. § 3b Abs. 1 Nr. 1 EStG sind Zuschläge für tatsächlich geleistete Nachtarbeit in Höhe von 25 % steuerfrei. Der Nachtzeitraum wird dabei in § 3b Abs. 2 S. 2 EStG in Abweichung von § 2 Abs. 3 ArbZG auf 20 bis 6 Uhr festgelegt. Wird die Nachtarbeit vor Mitternacht aufgenommen, erhöht sich der steuerfreie Zuschlagssatz für Nachtarbeit in der Zeit von 0 Uhr bis 4 Uhr gem. § 3b Abs. 3 Nr. 1 EStG auf 40 Prozent. Der steuerfreie Grundstundenlohn ist dabei gem. § 3b Abs. 2 S. 1 EStG

[284] *Buschmann*, AuR 2020, G21, G23 zum Einzelhandel; *Fergen/Schulte-Meine/Vetter*, in: Meine/Schumann/Wagner (Hg.), Handbuch Arbeitszeit, S. 206, 207; *Streich/Bielinski*, WSI-Mitt. 1981, 100, 101.

[285] StRspr. seit BAG 26.8.1997 – 1 ABR 16/97, AuR 1998, 338, 339; ausführlich m.w.N. A. II. 5. a).

mit höchstens 50 Euro anzusetzen, sodass bei sehr hohen Einkommen auf darüberhinausgehende Zuschläge Steuern zu entrichten sind, um Missbrauch zu vermeiden.[286]

2. Zweck der Steuerfreiheit

Welchem Zweck die Norm dient, ist nicht geklärt.[287] In Rechtsprechung und Literatur werden wirtschafts- und arbeitsmarktpolitische Gründe, ein Allgemeininteresse an Nachtarbeit sowie ein Ausgleich für die erhöhte Belastung der betroffenen Arbeitnehmer angeführt.[288] Die Rechtsprechung legt den Schwerpunkt auf die Ausgleichsfunktion.[289] Eine solche Wirkung hat die Norm tatsächlich. Zugleich wirkt sich die Norm aber auf das rechtliche Schutzsystem aus, indem sie die ökonomische Wirkung der Zuschläge verändert.

3. Auswirkungen der Steuerfreiheit

Der Ausgleich zusätzlicher Belastungen der Arbeitnehmer soll erreicht werden, indem die Arbeitnehmer von der gem. § 1 Abs. 1 S. 1 und § 2 Abs. 1 S. 1 Nr. 4 EStG bestehenden Steuerpflicht in Bezug auf die Nachtarbeitszuschläge befreit werden. Es soll ihnen ein größerer Nettoanteil verbleiben, als müssten sie diese Einkünfte versteuern.

a) Für die betroffenen Arbeitnehmer: Anreiz zur Nachtarbeit

Unmittelbar kommt die Norm also Arbeitnehmern zugute, welche entsprechende Zuschläge erhalten und andernfalls darauf Lohnsteuer entrichten müssten.[290] Weil die Lohnsteuer progressiv ansteigt, werden nur Arbeitnehmer erfasst, deren Verdienst die Freigrenze übersteigt und die Wirkung steigt bis zu einem Grundeinkommen von 50 Euro je Stunde an – Gutverdiener werden also stärker

---

[286] BT-Drs. 15/1945, S. 7 f.; *Gerhards/Thöne*, in: FiFo/CE/ZEW (Hg.), Evaluierung von Steuervergünstigungen, Bd. 2, S. 165, 181; HHR/*Bergkemper*, EStG/KStG, § 3b EStG Rn. 34; Kirchhof/Seer/*von Beckerath*, EStG, § 3b Rn. 2.

[287] *Gerhards/Thöne*, in: FiFo/CE/ZEW (Hg.), Evaluierung von Steuervergünstigungen, Bd. 2, S. 165, 192 ff.; *Tipke*, FR 2006, 949, 950.

[288] BFH 17.6.2010 – VI R 50/09, E 230, 150 Rn. 11; Brandis/Heuermann/*Valta*, EStG, § 3b Rn. 5; HW/*Wagner*, LohnSt, E. Steuerfreiheit Rn. 375.

[289] BVerfG 2.5.1978 – 1 BvR 174/78, DB 1978, 2003; BFH 27.5.2009 – I R 94/08, DStRE 2009, 835, 835; BFH 22.10.2009 – VI R 16/08, DStRE 2010, 143, 143; BFH 17.6.2010 – VI R 50/09, BFHE 230, 150 Rn. 11; BFH 16.12.2021 – VI R 28/19, juris Rn. 12.

[290] Zahlreiche Nachtarbeitnehmer kalkulieren finanziell mit den steuerfreien Zuschlägen. Aus Vertrauensschutzgesichtspunkten sollte ein Abbau daher nur stufenweise erfolgen, vgl. *Gerhards/Thöne*, in: FiFo/CE/ZEW (Hg.), Evaluierung von Steuervergünstigungen, Bd. 2, S. 165, 212; *Wisser*, DStZ 2000, 822, 827. So war es auch bei der gescheiterten Novelle 1999 geplant, vgl. *Wisser*, DStZ 2000, 822, 824 f.

privilegiert.[291] Geldzuschläge sollen Arbeitnehmer dazu motivieren, zu ungünstigen Zeiten zu arbeiten.[292] Aus Sicht des Gesundheitsschutzes handelt es sich um einen Fehlanreiz.[293] Dieser Fehlanreiz steigt mit der Höhe der Zuschlagszahlung. Dabei kommt es aus Sicht des Arbeitnehmers nur darauf an, welcher Betrag ihn netto erreicht.[294] Durch die steuerliche Privilegierung wird also der Fehlanreiz verstärkt, indem ein größerer Anteil des gezahlten Zuschlags als Nettosumme bei den Arbeitnehmern ankommt.

Die Steuerfreiheit begünstigt außerdem die Arbeitnehmer stärker, die einen höheren Zuschlag erhalten. Das BAG geht aber davon aus, dass ein geringerer Zuschlag angemessen sei, sofern die Nachtarbeit aufgrund der Art der Arbeit unverzichtbar sei und der angenommene Schutzzweck deshalb nicht erreicht werden könne.[295] Damit werden diese Nachtarbeitnehmer benachteiligt, weil sie in geringerem Maß von der Steuerfreiheit profitieren, obwohl sie besonders schutzbedürftig sind, weil ihre Nachtarbeit unverzichtbar ist.

b) Für die betroffenen Arbeitgeber: Verbilligung der Nachtarbeit

Mittelbar kommt die Steuerfreiheit auch den Arbeitgebern zu Gute.[296] Denn es ist davon auszugehen, dass sie ansonsten höhere Zuschläge zahlen müssten, um Arbeitnehmer für die Nachtarbeit zu gewinnen.[297] Bei der Frage, welchen Anteil die Arbeitgeber im Rahmen von Arbeitsvertrags- und Tarifverhandlungen abschöpfen können, geht es um die sog. Überwälzung.[298] Sie entscheidet sich anhand der Verhandlungsmacht der Parteien, wobei die Arbeitgeberseite bei geringer entlohnte, ty-

---

[291] *Gerhards/Thöne*, in: FiFo/CE/ZEW (Hg.), Evaluierung von Steuervergünstigungen, Bd. 2, S. 165, 204; *Sacksofsky*, NJW 2000, 2619, 2626; *Wisser*, DStZ 2000, 822, 826.

[292] *Gerhards/Thöne*, in: FiFo/CE/ZEW (Hg.), Evaluierung von Steuervergünstigungen, Bd. 2, S. 165, 175.

[293] *Arlinghaus/Lott*, Schichtarbeit gesund und sozialverträglich gestalten, S. 7 f., 16; DWZ/*Klengel*, ArbR-HdB, § 28 Rn. 142; *Elsner*, AiB 1988, 300, 301; *Evers*, Prokla 2019, 201, 215; *Scherbaum*, in: Schröder/Urban, Gute Arbeit 2017, S. 208, 210; *Stein*, TVR, Rn. 463.

[294] *Gerhards/Thöne*, in: FiFo/CE/ZEW (Hg.), Evaluierung von Steuervergünstigungen, Bd. 2, S. 165, 200.

[295] BAG 31.8.2005 – 5 AZR 545/04, NZA 2006, 324 Rn. 17; BAG 11.2.2009 – 5 AZR 148/08, NJOZ 2010, 62 Rn. 16; BAG 9.12.2015 – 10 AZR 423/14, NZA 2016, 426 Rn. 29; BAG 25.4.2018 – 5 AZR 25/17, NZA 2018, 1145 Rn. 56.

[296] HHR/*Bergkemper*, EStG/KStG, § 3b EStG Rn. 6; dafür spricht auch, dass sich sowohl die Verbände der Arbeitnehmer als auch der Arbeitgeber für die Beibehaltung einsetzen, vgl. *Tipke*, FR 2006, 949, 953.

[297] *Gerhards/Thöne*, in: FiFo/CE/ZEW (Hg.), Evaluierung von Steuervergünstigungen, Bd. 2, S. 165, 207; *Tipke*, FR 2006, 949, 953; *Wisser*, DStZ 2000, 822, 826.

[298] *Gerhards/Thöne*, in: FiFo/CE/ZEW (Hg.), Evaluierung von Steuervergünstigungen, Bd. 2, S. 165, 199 f.

pischerweise weniger flexiblen Arbeitskräften im Vorteil ist.[299] Dies trifft auf die Nachtarbeit zu, die in erster Linie von geringer Qualifizierten geleistet wird. Im Ergebnis wirkt die Steuerfreiheit damit als Lohnsubvention:[300] „Die Unternehmen sparen Lohnkosten zu Lasten des Staates, da sie den Arbeitnehmern das gleiche Nettoeinkommen mit geringerem Aufwand gewähren können."[301]

Damit verbilligt die Norm die Nachtarbeit für den Arbeitgeber, wodurch die erhoffte ökonomische Lenkungswirkung abgeschwächt wird. Zwar bleibt die Nachtarbeit durch die Zuschläge für den Arbeitgeber teurer als solche zur Normalarbeitszeit, aber der in die ökonomische Kalkulation einzustellende Aufschlag wäre sonst höher.[302] Daraus folgt, dass die Wahl des Unternehmers zwischen der Einrichtung einer neuen Fertigungslinie und der finanziellen Motivation der Belegschaft über Zuschläge zum Dreischichtbetrieb zu Gunsten von letzterem verzerrt wird.[303] Anzunehmen ist daher, dass ohne die Steuerfreiheit weniger nachts und mehr zu gewöhnlichen Zeiten gearbeitet würde.[304]

c) Begünstigung der Zuschlags- gegenüber der Freizeitgewährung

Außerdem wirkt sich die Norm auch auf die Frage aus, ob Zuschläge gezahlt oder bezahlte freie Tage gewährt werden. Denn gem. § 3b Abs. 1 EStG sind Zuschläge steuerfrei, die „gezahlt werden". Nach der Rechtsprechung des BFH kann daher für Zuschläge, die tatsächlich nicht ausgezahlt wurden, weil sie durch Freistellung während der regulären Arbeitszeit oder durch einen zusätzlichen Urlaubstag abgegolten wurden, keine Steuerfreiheit geltend gemacht werden.[305] Weil die Steuerbegünstigung beiden Parteien zugutekommt, setzt sie einen Anreiz, in Tarifverhandlungen eher Zuschläge als Freizeitausgleich zu vereinbaren. Das Gleiche gilt im Fall des § 6 Abs. 5 ArbZG. Hier hat der Arbeitgeber nach der Rechtsprechung des BAG ein freies

---

[299] *Gerhards/Thöne*, in: FiFo/CE/ZEW (Hg.), Evaluierung von Steuervergünstigungen, Bd. 2, S. 165, 202f. Auch *Wisser* geht davon aus, dass die Arbeitgeberseite stärker von § 3b EStG profitiert, vgl. DStZ 2000, 822, 827.

[300] BFH 17.6.2010 – VI R 50/09, BFHE 230, 150 Rn. 16.

[301] *Gerhards/Thöne*, in: FiFo/CE/ZEW (Hg.), Evaluierung von Steuervergünstigungen, Bd. 2, S. 165, 203.

[302] *Gerhards/Thöne*, in: FiFo/CE/ZEW (Hg.), Evaluierung von Steuervergünstigungen, Bd. 2, S. 165, 208.

[303] Brandis/Heuermann/*Valta*, EStG, § 3b Rn. 5.

[304] *Gerhards/Thöne*, in: FiFo/CE/ZEW (Hg.), Evaluierung von Steuervergünstigungen, Bd. 2, S. 165, 208.

[305] BFH 18.9.1981 – VI R 44/77, BFHE 134, 149; FG Düsseldorf 26.3.2004 – 18 K 6806/00 E, EFG 2004, 1285 Rn. 26; HHR/*Bergkemper*, EStG/KStG, § 3b EStG Rn. 25; Kirchhof/Seer/*von Beckerath*, EStG, § 3b Rn. 2, 4. Ebenso für die spätere Abgeltung eines nicht genommenen freien Tages BFH 9.6.2005 – IX R 68/03, juris Rn. 14.

Wahlrecht.[306] Weil er ebenfalls von der Steuerfreiheit profitiert, besteht für ihn ein Vorteil, wenn er Geldzuschläge zahlt.

4. Beurteilung in der steuerrechtlichen Literatur

Die Steuerfreiheit der Nachtarbeitszuschläge ist seit jeher stark umstritten,[307] besteht jedoch trotz rechtspolitischer Versuche ihrer Abschaffung bis heute.[308] In der steuerrechtlichen Literatur wird die Regelung unter Verweis auf rechtspolitische bzw. marktwirtschaftliche Grundsätze einhellig kritisiert.[309] Teilweise wird sie sogar als verfassungswidrig angesehen.[310]

5. Zwischenergebnis: Verfehlte Begünstigung von Nachtarbeit und Zuschlägen

Die Steuerfreiheit der Nachtarbeitszuschläge läuft einer Lenkungswirkung der Zuschläge diametral entgegen. Die Steuerbegünstigung macht Nachtarbeit finanziell attraktiver.[311] Sie setzt einen Anreiz für Arbeitnehmer, nachts zu arbeiten und verbilligt Nachtarbeit für Arbeitgeber. Außerdem begünstigt sie Zuschläge gegenüber der Gewährung von zusätzlicher Freizeit. Sie ist daher in die Betrachtung des gesetzlichen Gesamtsystems zur Nachtarbeit einzubeziehen, weil sie § 6 Abs. 5 ArbZG in einer dem Gesundheits- und Sozialschutz abträglichen Weise beeinflusst.

II. Sozialversicherungsentgeltverordnung

Nachtarbeitszuschläge sind zudem in gewisser Höhe sozialabgabenfrei, was sich auf die ökonomische Lenkungswirkung der Zuschläge auswirkt.

---

306 StRspr. seit BAG 26.8.1997 – 1 ABR 16/97, AuR 1998, 338, 339; BAG 5.9.2002 – 9 AZR 202/01, NZA 2003, 563, 564; BAG 18.5.2011 – 10 AZR 369/10, NZA-RR 2011, 581 Rn. 15; BAG 13.12.2018 – 6 AZR 549/17, NZA 2019, 935 Rn. 16.

307 Siehe zur Geschichte der Kritik der Norm: *Wisser*, DStZ 2000, 822, 822 ff.

308 Ausführlich zur Geschichte der Norm: *Gerhards/Thöne*, in: FiFo/CE/ZEW (Hg.), Evaluierung von Steuervergünstigungen, Bd. 2, S. 165, 179 ff.; HHR/*Bergkemper*, EStG/KStG, § 3b EStG Rn. 2.

309 Brandis/Heuermann/*Valta*, EStG, § 3b Rn. 5; HHR/*Bergkemper*, EStG/KStG, § 3b EStG Rn. 6; HW/*Wagner*, LohnSt, E. Steuerfreiheit Rn. 375; *Gerhards/Thöne*, in: FiFo/CE/ZEW (Hg.), Evaluierung von Steuervergünstigungen, Bd. 2, S. 165, 193, 209 f.; Kirchhof/Seer/*von Beckerath*, EStG, § 3b Rn. 1; *Tipke*, FR 2006, 949, 951 ff.; *Wisser*, DStZ 2000, 822, 827; ebenso die Begründung zur gescheiterten Gesetzesinitiative im Jahr 1999, vgl. BT-Drs. 13/7480, S. 186.

310 HHR/*Bergkemper*, EStG/KStG, § 3b EStG Rn. 6.

311 Däubler/*Heuschmid/Klug*, TVG, § 1 Rn. 661.

1. Beitragsfreiheit von Nachtarbeitszuschlägen

Die Nachtarbeitszuschläge sind nicht nur von der Lohnsteuer ausgenommen, auf sie sind gem. § 1 Abs. 1 Nr. 1 SvEV bis zu einem Grundlohn von 25 Euro je Stunde auch keine Beiträge zur Sozialversicherung zu entrichten. Dies beruht auf dem Grundgedanken des § 17 Abs. 1 S. 2 SGB IV, nach dem Steuer- und Sozialversicherungsrecht möglichst weitgehend übereinstimmen sollen.[312]

a) Auswirkungen auf Arbeitgeber: Verbilligung der Nachtarbeit

Die Regelung dient vorrangig dazu, die Nettoeinnahmen der Arbeitnehmer zu erhöhen, indem diesen keine Beiträge abgezogen werden. Davon profitieren aber auch die Arbeitgeber, weil die Sozialabgaben grundsätzlich paritätisch getragen werden.[313] Der Effekt tritt hier unmittelbar ein und nicht nur, wie bei der Steuerfreiheit, mittelbar durch deren Auswirkungen auf das Austauschverhältnis. Die Effekte beider Befreiungen verstärken sich dabei gegenseitig.[314] Diese Entlastung der Arbeitgeber konterkariert die vom BAG angenommene ökonomische Lenkungswirkung der Zuschläge.

b) Auswirkungen auf die Arbeitnehmer: Kurzfristige Vergünstigung, langfristige Nachteile

Nachtarbeitnehmer erhalten durch die Norm ein höheres Nettoeinkommen, weil sie geringere Beiträge zur Sozialversicherung zahlen müssen. Allerdings sind damit auf längere Sicht auch Nachteile verbunden, weil sie geringere Rentenanwartschaften und Arbeitslosengeldansprüche erwerben.[315] Lediglich für die Unfallversicherung sind die Zuschläge gem. § 1 Abs. 2 SvEV dem Arbeitsentgelt zuzurechnen und somit bei Berechnung der Beiträge und Leistungen zu berücksichtigen.[316] Die Norm setzt damit einen Anreiz für eine kurzfristige Betrachtung, die längerfristige Risiken außer Acht lässt.

---

[312] Kreikebohm/Dünn/*Zipperer*, SGB IV, § 14 Rn. 2.

[313] *Gerhards/Thöne*, in: FiFo/CE/ZEW (Hg.), Evaluierung von Steuervergünstigungen, Bd. 2, S. 165, 176.

[314] *Gerhards/Thöne*, in: FiFo/CE/ZEW (Hg.), Evaluierung von Steuervergünstigungen, Bd. 2, S. 165, 173.

[315] *Gerhards/Thöne*, in: FiFo/CE/ZEW (Hg.), Evaluierung von Steuervergünstigungen, Bd. 2, S. 165, 187 f.; KassK/*Zieglmeier*, SGB IV, § 14 Rn. 73.

[316] KassK/*Zieglmeier*, SGB IV, § 14 Rn. 118.

c) Auswirkungen auf die Sozialversicherung: Geringere Einnahmen trotz höherer Kosten

Durch die Beitragsfreiheit sinken die Einnahmen der Sozialversicherungssysteme. Für die gesundheitsgefährdende Nachtarbeit wird nicht besonders zum Beispiel in die Krankenversicherung eingezahlt.[317] Dauerhafte gesundheitliche Belastungen mit den Extremfolgen der frühzeitigen Berufs- und Erwerbsunfähigkeit gehen aber auf Kosten der solidarisch finanzierten Sozialversicherungssysteme.[318] Somit kann die privatautonome Vereinbarung von Nachtarbeit als Vertrag zu Lasten Dritter gesehen werden.[319] Die Abgabenfreiheit verstärkt diesen Effekt.

2. Zwischenergebnis: Verfehlte Begünstigung zu Lasten der Allgemeinheit

Die Sozialabgabenfreiheit wirkt sich kurzfristig zu Gunsten von Arbeitnehmern und Arbeitgebern aus. Ökonomisch verbilligt sie aber Nachtarbeit und wirkt somit einer Lenkungsfunktion entgegen. Außerdem lädt sie Nachtarbeitnehmer zu einer kurzfristigen Betrachtung der Vor- und Nachteile von Nachtarbeit ein. Die Folgen vorzeitigen Gesundheitsverschleißes tragen die Sozialversicherungssysteme, denen durch die Regelung Einnahmen entgehen. Die Norm widerspricht daher auch Allgemeininteressen.

D. Sozialrecht

Die Sozialversicherungsträger können Leistungen zur Prävention, Rehabilitation und Entschädigung der Folgen von Nachtarbeit anbieten.

I. Prävention durch die Sozialversicherungsträger

Ein übergreifender Grundgedanke des Sozialrechts ist die Prävention. Im Bereich des Gesundheitsschutzes ergibt sich dieser für die Krankenkassen aus §§ 20–20c SGB V, für die Träger der Rentenversicherung aus § 14 SGB VI und für die Unfallversicherungsträger aus § 14 SGB VII. Die Sozialgesetzbücher sind durch den Präventionsgedanken auch innerlich verschränkt.

---

317 *Wisser*, DStZ 2000, 822, 827.

318 *Dobberthien*, WSI-Mitt. 1981, 233, 242; *Oppolzer*, AuR 1994, 41, 41; *Seifert*, in: Büssing/Seifert (Hg.), Sozialverträgliche Arbeitszeitgestaltung, S. 15, 25.

319 *Ulber*, SR 2021, 189, 191.

1. Prävention durch die Krankenkassen

Die Krankenkassen können im Bereich der Prävention die gesundheitliche Situation der Beschäftigten analysieren, Handlungsmöglichkeiten aufzeigen und deren Umsetzung unterstützen (§ 20b Abs. 1, 3 SGB V).[320] Diese Leistungen zielen gem. § 20b Abs. 1 S. 1 SGB V auf die Gesundheitsförderung in Betrieben. Gesundheitsförderung ist in § 20 Abs. 1 S. 1 SGB V legaldefiniert als Förderung des selbstbestimmten gesundheitsorientierten Handelns der Versicherten.[321] Dementsprechend legt der Leitfaden Prävention als prioritäre Handlungsfelder Bewegung, Ernährung, Stressmanagement sowie Suchtmittelkonsum fest.[322]

Zur Prävention auch auf das individuelle Verhalten der Versicherten einzuwirken, ist sinnvoll. Die speziellen Gefahren durch die Nachtarbeit kann der einzelne Arbeitnehmer jedoch nur in geringem Maß beeinflussen. Denkbar ist, zu einer der Nachtarbeit angepassten Ernährungsweise zu beraten, um Magen-Darm-Erkrankungen vorzubeugen. Allerdings wird die gesundheitsverträgliche Ernährung in der Nachtschicht von den Betrieben in der Breite völlig missachtet.[323] Eine weitere Möglichkeit ist Beratung zu längerem und besserem Schlaf.

2. Prävention durch die Rentenversicherungsträger

Die Träger der Rentenversicherung sollen Versicherten, die erste gesundheitliche Beeinträchtigungen aufweisen, medizinische Leistungen erbringen, um ihre Erwerbsfähigkeit zu sichern (§ 14 Abs. 1 S. 1 SGB VI).

3. Prävention durch die Unfallversicherungsträger

Im Bereich der Prävention sollen die Berufsgenossenschaften arbeitsbedingten Gesundheitsgefahren entgegenwirken. Dieser Begriff ist weiter als Arbeitsunfälle und Berufskrankheiten, die zu Rehabilitations- und Entschädigungsleistungen berechtigen.[324] Dazu gehören Arbeitsbedingungen aller Art wie unter anderem Schichtarbeit.[325] Zu ihrer Vermeidung können die Träger der Unfallversicherung Unfallverhütungsvorschriften gem. § 15 SGB VII erlassen.

---

[320] HK-ArbSchR/*Nebe*, SGB V, § 20b Rn. 2.

[321] Dazu Becker/Kingreen/*Welti*, SGB V, § 20 Rn. 6; BeckOK SozR/*Buchholtz*, SGB V, § 20b Rn. 6; KassK/*Schifferdecker*, SGB V, § 20 Rn. 4.

[322] HK-ArbSchR/*Nebe*, SGB V, § 20b Rn. 14.

[323] *Langhoff/Satzer*, Gestaltung von Schichtarbeit, S. 19.

[324] KKS/*Leube*, ArbSchG, Syst D Rn. 43.

[325] KKS/*Leube*, ArbSchG, Syst D Rn. 44.

II. Rehabilitation durch die gesetzliche Kranken- und Rentenversicherung

Erleidet ein Nachtarbeitnehmer durch die Arbeit Gesundheitsschäden, so kann er zur Heilung oder Behandlung der Symptome selbstverständlich ärztliche Leistungen der Krankenversicherung in Anspruch nehmen. Außerdem erbringen auch die Träger der Rentenversicherung Rehabilitationsleistungen gem. § 15 SGB VI.

III. Rehabilitation und Entschädigung durch die gesetzliche Unfallversicherung

Nach Eintritt von Gesundheitsschäden können unter Umständen Leistungen von der Unfallversicherung bezogen werden.

1. Arbeitsunfälle

Zunächst kann der Arbeitnehmer, der einen Arbeitsunfall gem. § 8 SGB VII erleidet, entsprechende Leistungen erhalten. Dies gilt selbstverständlich auch bei Unfällen zur Nachtzeit und wird hier nur aufgrund der bei Nachtarbeit erhöhten Unfallgefahr genannt.

2. Berufskrankheiten

Erkrankt der Arbeitnehmer durch die Arbeit an einer Berufskrankheit, so ist mit allen Mitteln die Leistungsfähigkeit wiederherzustellen, außerdem kann bei Verlust der Erwerbsfähigkeit in Höhe von mindestens 20% gegebenenfalls eine Rente bezogen werden (§§ 1 Nr. 2, 26 ff., 56 ff. SGB VII).

Berufskrankheiten sind gem. § 9 Abs. 1 S. 1 SGB VII die durch die Berufskrankheitenverordnung anerkannten. Es gibt eine Liste, die als Anlage 1 der BKV diese Erkrankungen aufführt.[326] Sie resultieren aus Gefahren, die dem klassischen technischen Arbeitsschutz unterfallen. In Deutschland gibt es bisher keine anerkannte Berufskrankheit aufgrund gesundheitlicher Folgen einer Tätigkeit in Schicht- oder Nachtarbeit.[327]

Daneben ist die Anerkennung als sog. „Wie-Berufskrankheit" gem. § 9 Abs. 2 SGB VII möglich. Dafür ist jedoch erforderlich, dass im Zeitpunkt der Entscheidung nach neuen Erkenntnissen der medizinischen Wissenschaft die Voraussetzungen für eine Bezeichnung nach § 9 Abs. 1 S. 2 SGB VII erfüllt sind. Die DGUV

---

[326] KKS/*Leube*, ArbSchG, Syst D Rn. 15.

[327] *DGUV*, Erfahrungen mit der Anwendung von § 9 Abs. 2 SGB VII (7. Erfahrungsbericht), S. 113.

geht davon aus, dass weder bezüglich Brust- und Prostatakrebs noch Herz-Kreislauf-Erkrankungen bisher genügend Erkenntnisse über einen Zusammenhang mit einer langjährigen Tätigkeit in Schicht- oder Nachtarbeit im Sinne von § 9 Abs. 2 SGB VII vorliegen, um eine Empfehlung für eine Anerkennung auszusprechen.[328] Entsprechende Anträge von Versicherten in den Jahren 2012–2017 hatten daher keinen Erfolg.[329] Hinsichtlich psychischer Erkrankungen ist der Nachweis, dass diese überwiegend durch die Arbeit verursacht sind, nach bisherigem Stand der Fachdiskussion ebenfalls nicht zu führen.[330]

Der Bezug von Leistungen wegen einer durch Nachtarbeit bedingten ist derzeit also nicht möglich.

IV. Ergebnis

Die Sozialversicherungsträger können Maßnahmen ergreifen, um Gesundheitsschäden durch Nachtarbeit präventiv vorzubeugen. Allerdings beziehen sich diese in erster Linie auf das individuelle Verhalten der Nachtarbeitnehmer, die den Gefahren der Nachtarbeit aber nur begrenzt entgegenwirken können. Nachtarbeitnehmer können auch Anspruch auf Rehabilitationsleistungen haben, sofern Gesundheitsschäden eingetreten sind. Besonders weitgehende Maßnahmen zur Rehabilitation sowie zur Entschädigung werden jedoch nur gewährt, sofern die gesundheitlichen Schäden als Folgen einer Berufskrankheit anerkannt werden. Dies ist bei Schäden durch Nachtarbeit bisher ausgeschlossen.

E. Resümee und Folgerungen

Die Darstellung hat gezeigt, dass das Regelungssystem zur Nachtarbeit nur insgesamt beurteilt werden kann. Verbote bestehen für erwachsene Arbeitnehmer grundsätzlich nicht mehr.[331] Nachtarbeit ist zulässig und wird mit bestimmten Vorschriften flankiert. Unterschiedliche Normen entfalten dabei Schutzwirkung zu Gunsten von Gesundheit und Sozialleben.

---

[328] *DGUV*, Erfahrungen mit der Anwendung von § 9 Abs. 2 SGB VII (7. Erfahrungsbericht), S. 116.

[329] *DGUV*, Erfahrungen mit der Anwendung von § 9 Abs. 2 SGB VII (7. Erfahrungsbericht), S. 114.

[330] *Hien*, SozSich 2012, 365, 372 f.

[331] Eine Ausnahme gilt für schwangere und stillende Frauen, § 5 Abs. 1 MuSchG.

I. Geringer Gesundheitsschutz

Die meisten Vorschriften sollen präventiv die Gesundheit schützen, in der Praxis wird aber nur eine geringe Schutzwirkung erreicht. Besondere Bedeutung kommt deshalb § 6 Abs. 5 ArbZG zu, der im Mittelpunkt der verfassungs- und unionsrechtlichen Betrachtung stehen soll.

1. Geringe präventive Schutzwirkung der gesetzlichen Normen

Die Mehrzahl der Vorschriften in § 6 ArbZG soll die Gesundheit schützen. Allerdings ist problematisch, dass Abs. 1 in besonderem Maß unbestimmt, auslegungsbedürftig und umstritten ist, sodass eine Subsumtion unter die Norm kaum möglich ist. Abs. 2 hat einen sinnvollen Anwendungsbereich nur bei einer 6-Tage-Woche schützt bei einer 5-Tage-Woche kaum, weil die wöchentliche Höchstarbeitszeit von 48 Stunden ohnehin kaum überschritten wird, sodass es nicht auf den verkürzten Ausgleichszeitraum ankommt. Abs. 3 und 4 wiederum sind von der Durchsetzung des Arbeitnehmers abhängig, was für das Arbeitsschutzrecht untypisch ist und ihre Effektivität verringert. Denn der einzelne Nachtarbeitnehmer ist wirtschaftlich typischerweise unterlegen und setzt Arbeitsschutzrechte selten individuell durch. Außerdem wirkt Abs. 4 S. 1 a) erst, wenn bereits Gesundheitsschäden eingetreten sind. Schließlich sind mit der Umsetzung in Tagarbeit für den Arbeitnehmer regelmäßig finanzielle Einbußen verbunden, weil die Nachtarbeitszuschläge wegfallen. Damit wird ein problematischer Anreiz gesetzt, auf den Gesundheitsschutz zu verzichten. Zudem fehlt es an einer Vorschrift über den Kündigungsschutz, sofern eine Umsetzung nicht möglich ist. Abs. 6 dient nicht dem Gesundheitsschutz. Für sich genommen erfüllen die Vorschriften in § 6 ArbZG deshalb ohne Abs. 5 die Schutzpflicht nicht, weil sie nur einen geringen Schutz bieten und das Mindestniveau nicht erreichen.[332]

Auch die anderen Schutznormen haben nur geringe Wirkung. § 5 ArbSchG regelt das Verfahren zur Ermittlung von Gesundheitsgefährdungen am Arbeitsplatz, wobei auch die Arbeitszeit als Faktor einbezogen werden soll. In der Praxis geschieht dies jedoch häufig nicht oder nur eingeschränkt, auch weil es an speziellen Vorgaben fehlt. Die präventiven Leistungen der Sozialversicherungen zielen vor allem auf das individuelle Verhalten der Nachtarbeitnehmer. Die Gefährdungen durch Nachtarbeit sind individuell aber nur schwer zu verringern. Denn an der biologischen und sozialen Desynchronisation des Nachtarbeitnehmers ändern sie nichts.

332 A.A. *Raab*, ZfA 2014, 237, 257.

Aus diesen Gründen kommt § 6 Abs. 5 ArbZG eine besondere Bedeutung zu.[333] Diese Norm schreibt Zuschläge oder zusätzliche bezahlte freie Tage vor. Allerdings werden in der Praxis fast ausschließlich Geldzuschläge gezahlt. Die Zuschläge sollen nach herrschender Meinung eine Lenkungswirkung hin zur Tagarbeit entfalten, indem Nachtarbeit für den Arbeitgeber verteuert wird (siehe zur Kritik 4. Kapitel E. I. 2.). Sie machen Nachtarbeit aber zugleich für Arbeitnehmer attraktiver. Außerdem wirkt auch die Steuer- und Abgabenfreiheit zugunsten der Zuschläge.

2. Probleme des kollektiven Schutzes

Eine Effektivierung können die Arbeitsschutznormen auf der kollektiven Ebene erfahren, weil Nachtarbeit tariflich regelbar ist und Mitbestimmungsrechte bestehen. Allerdings zeigen sich praktische Probleme. Wegen der Entgeltpräferenz vieler Arbeitnehmer, die von ihren Interessenvertretungen aufgenommen wird, werden auch auf kollektiver Ebene hauptsächlich Zuschläge vereinbart.

3. Rehabilitation, aber keine Entschädigung

Zur Rehabilitation können Nachtarbeitnehmer bei Gesundheitsschäden Leistungen der Sozialversicherungsträger in Anspruch nehmen. Eine Entschädigung erhalten sie hingegen nicht, weil eine aus der Nachtarbeit folgende Berufskrankheit derzeit keine Aussicht auf Anerkennung hat und somit auch keine Rente bewilligt wird.

II. Geringer Sozialschutz

Neben dem Schutzgut von Leben und körperlicher Unversehrtheit sorgen § 6 Abs. 4 S. 1 lit. b) und c) ArbZG für einen rudimentären Schutz des Familienlebens. Darüber hinaus bestehen aber keine Vorschriften zum Schutz des Familien- und Soziallebens, was insbesondere im Kontrast zum früheren Verbot der Nachtarbeit für Arbeiterinnen auffällt.

III. Kein kohärentes Schutzkonzept

Die Normen wirken teilweise nicht stimmig zusammen, sondern gerade konträr. Dies betrifft insbesondere die Zuschläge gem. § 6 Abs. 5 ArbZG, denen die herrschende Meinung eine Lenkungsfunktion hin zur Tagarbeit zumisst. Diese

[333] Ebenso Däubler/*Zimmer*, TVG, § 1 Rn. 433: Zuschlag gem. § 6 Abs. 5 als das „wesentliche Steuerungselement" des Gesetzgebers; *Soost*, AuR 2020, 489: § 6 Abs. 5 ArbZG als „zentrales gesetzliches Steuerungselement".

angenommene Lenkungsfunktion wird durch § 3b EStG und § 1 Abs. 1 Nr. 1 SvEV konterkariert, weil sie die Nachtarbeit für Arbeitgeber wieder verbilligen. Zugleich erhöhen sie den Nettoverdienst des Arbeitnehmers und damit den gesundheitspolitisch falschen Anreiz, Nachtarbeit zu leisten. Hinsichtlich dieser Normen kann somit nicht von einem kohärenten, aufeinander abgestimmten Schutzkonzept gesprochen werden. Vielmehr liegt eine Form des Interessenausgleichs vor, bei der die gesundheitlichen Belastungen der Arbeitnehmer durch höheres Entgelt abgefunden werden. Die Vereinbarkeit dieser Konzeption mit höherrangigem Recht soll wegen ihrer praktischen Bedeutung im Mittelpunkt der folgenden Untersuchung stehen.

4. Kapitel

Verfassungswidrigkeit des gesetzlichen Schutzkonzepts

Im folgenden Kapitel soll dargelegt werden, dass das gesetzliche Konzept für den Schutz bei Nachtarbeit verfassungswidrig ist, weil es nicht einmal das vorgegebene Mindestniveau des Schutzes sicherstellt. Diese These mag zunächst provokant wirken oder sich dem Vorwurf ausgesetzt sehen, rechtspolitisch Erwünschtes als Gebot der Verfassung auszugeben. Das Verdikt der Verfassungswidrigkeit wird aber nicht voreilig erhoben, sondern ausführlich und mit Rückgriff auf die Rechtsprechung des Bundesverfassungsgerichts, das staatsrechtliche Schrifttum und die empirischen Erkenntnisse anderer Disziplinen begründet.

Die Problematik der Nachtarbeit wirft dabei grundlegende Fragen zur Wirkung der Grundrechte unter Privaten und im Privatrecht auf. Nimmt man an, dass der Staat einen Mindestschutz der Grundrechte auch im Rahmen privatrechtlicher Vereinbarungen sicherstellen muss, führt dies zur Frage, wie mögliche Verletzungen dieser Pflicht zu prüfen sind und in welchem Verhältnis die staatlichen Gewalten zueinanderstehen, insbesondere der demokratische Gesetzgeber und die Verfassungsgerichtsbarkeit. Diese Grundfragen werden behandelt, bevor die spezielle Konstellation der Nachtarbeit untersucht wird. Ansatzpunkt ist dabei sodann, dass Nachtarbeit zu gravierenden gesundheitlichen Gefährdungen und Beschränkungen des Soziallebens führt. Dies wird noch genauer ausgeführt (D. II.–IV.), ist aber im Kern unbestritten.[1] Ohne der späteren Darstellung vorzugreifen, ist auch augenscheinlich, dass damit Grundrechtsgüter der Nachtarbeitnehmer betroffen sind, insbesondere die Grundrechte auf Leben und körperliche Unversehrtheit gem. Art. 2 Abs. 2 S. 1 GG. Nach der These dieser Arbeit gebieten diese Grundrechte einen besseren Schutz der Nachtarbeitnehmer (Soll-Zustand), als ihn das einfache Recht in der Auslegung durch das BAG derzeit gewährleistet (Ist-Zustand). Im Ergebnis wäre die bestehende Rechtslage verfassungswidrig (siehe 1. Kapitel A. V.). Diese These soll nun geprüft und erhärtet werden.

Zuallererst ist jedoch zu klären, ob die nationalen Grundrechte überhaupt anwendbar sind oder ob diese durch die Regelungen des Unionsrechts zur Nachtarbeit verdrängt werden, weil dieses vorgeht. Dies erfordert eine Auseinandersetzung mit der neueren Rechtsprechung von EuGH und BVerfG zum Grundrechtsschutz im europäischen Mehrebenenverhältnis (A.). Danach ist darzulegen, dass die Grundrechte nicht nur als Abwehrrechte gegen hoheitliche Eingriffe wirken, sondern den

[1] BVerfG 28.1.1992 – 1 BvR 1025/84, 1 BvL 16/83, 1 BvL 10/91, E 85, 191, 208 f.

Staat auch verpflichten, einen Mindestschutz gegen die Übergriffe anderer Privater zu schaffen und dass diese Verpflichtung auch für das Privatrecht gilt (B.). Denn die Gefährdung geht bei der Nachtarbeit vom Arbeitgeber aus, der die Nachtarbeit anordnet und das Recht zu einer solchen Weisung folgt aus der freiwilligen Begründung eines Arbeitsverhältnisses. Man könnte daher auch argumentieren, dass die Grundrechte in dieser Konstellation gar nicht anwendbar und staatlicher Schutz entbehrlich sei. Die Arbeit geht allerdings mit dem BVerfG davon aus, dass Schutzpflichten zugunsten der Nachtarbeitnehmer bestehen. Danach ist der Maßstab zu ermitteln, anhand dessen eine mögliche Verletzung dieser Schutzpflichten zu prüfen ist (C.). Ein etabliertes Prüfschema wie bei staatlichen Eingriffen in den Schutzbereich der Grundrechte existiert für die Schutzpflichten nicht, sodass eine Auseinandersetzung mit den unterschiedlichen Ansichten und die Entwicklung eines eigenen Standpunkts folgen.

Diese verfassungsrechtlichen Grundlagen ermöglichen es, im Anschluss die spezielle Konstellation der Nachtarbeit in den Blick zu nehmen. Zuerst ist das verfassungsrechtlich gebotene Mindestmaß an Schutz zu bestimmen, welches der Staat bereitstellen muss (D.). Dafür sind die betroffenen Grundrechte des Nachtarbeitnehmers und des Arbeitgebers sowie die Interessen der Allgemeinheit mit Verfassungsrang darzustellen. Um deren tatsächliche Betroffenheit zu ermitteln, wird dabei auf die umfangreichen Forschungsergebnisse anderer Disziplinen wie der Arbeitsmedizin, -psychologie, -soziologie und Betriebswirtschaftslehre zurückgegriffen. Anschließend werden diese Rechtspositionen im Wege einer begrenzten Abwägung gegenübergestellt, um das gebotene Mindestmaß an Schutz zu ermitteln. Aufgrund des weiten Spielraums des Gesetzgebers sind Aussagen zum „wie" der Schutzpflichtenerfüllung schwierig zu treffen. Möglich sind aber konkretisierende Aussagen dazu, was der Staat bei der Nachtarbeit erreichen muss, damit der Mindestschutz der Nachtarbeitnehmer gewahrt wird. Danach wird geprüft, ob die gesetzlichen Mittel in § 6 Abs. 5 ArbZG sowie § 6 Abs. 1 ArbZG in ihrer jeweiligen Auslegung durch die Rechtsprechung geeignet sind, einen Beitrag zu diesem Mindestschutz zu leisten oder ob die Vorgaben der Verfassung verfehlt werden (E.). Im Ergebnis wird der Mindestschutz derzeit nicht erreicht. Deshalb wird daran anschließend dargelegt, dass aus diesem Befund eine Nachbesserungspflicht des Gesetzgebers folgt und geprüft, ob die Gerichte dieser verfassungswidrigen Lage durch eine andere Auslegung des Gesetzes oder einen erneuerten Gesetzgebungsauftrag abhelfen können (F.). Abschließend werden die zentralen Ergebnisse des verfassungsrechtlichen Kapitels resümiert (G.).

A. Anwendbarkeit der nationalen Grundrechte

Bevor mit der verfassungsrechtlichen Prüfung begonnen wird, ist zu klären, ob die Grundrechte des Grundgesetzes im vorliegenden Fall überhaupt anwendbar sind. Denn die Nachtarbeit wird auch durch das europäische Grundrecht aus Art. 31 GRCh sowie durch die europäische ArbZ-RL geregelt (siehe zu diesen Normen 5. Kapitel B.). Aufgrund des Vorrangs des Unionsrechts könnte daher die Anwendung der deutschen Grundrechte auf die entsprechenden Durchführungsrechtsakte ausscheiden.

I. Geltung der deutschen Grundrechte im Anwendungsbereich des Unionsrechts

In vollvereinheitlichten Materien des Unionsrechts sind die deutschen Grundrechte grundsätzlich nicht anwendbar, alleiniger Maßstab ist die Grundrechte-Charta.[2] Dies folgt aus dem Anwendungsvorrang des Unionsrechts auch vor nationalem Verfassungsrecht und dem Ziel der Rechtsvereinheitlichung.[3] Liegt innerstaatliches Recht hingegen im Anwendungsbereich des Unionsrechts, ist aber nicht vollständig durch das Unionsrecht determiniert, so ist es nach dem BVerfG vorrangig an den deutschen Grundrechten zu prüfen.[4] Denn in nicht vollständig harmonisierten Bereichen möchte das Unionsrecht mitgliedstaatliche Gestaltungsspielräume gewähren, die in grundrechtlicher Perspektive gleichermaßen durchschlagen und zu wahren sind.[5] Das Unionsrecht gestattet hier also unterschiedliche nationale Gestaltungen auch im Hinblick auf die Grundrechte, die den Gegenstand regeln. Dies basiert auf der widerlegbaren Vermutung, dass ein auf Vielfalt gerichtetes grundrechtliches Schutzniveau des Unionsrechts mitgewährleistet wird, wenn die nationalen Grundrechte angewendet werden, weil sich beide Grundrechtsordnungen auf die EMRK stützen.[6]

Ein Vorrang der nationalen Grundrechtsprüfung ergibt sich aus der Rechtsprechung des EuGH nicht. Aber der EuGH stellt es den nationalen Gerichten frei, nationale Schutzstandards für die Grundrechte anzuwenden, sofern das Handeln eines Mitgliedstaats nicht vollständig durch das Unionsrecht bestimmt wird.[7] Voraussetzung ist, dass dadurch weder das Schutzniveau der Grundrechte-Charta, noch

---

[2] BVerfG 22. 10. 1986 – 2 BvR 197/83, E 73, 339, 387; BVerfG 6. 11. 2019 – 1 BvR 276/17, NJW 2020, 314 Rn. 43; BVerfG 1. 12. 2020 – 2 BvR 1845/18, 2 BvR 2100/18, NJW 2021, 1518 Rn. 36; BVerfG 27. 4. 2021 – 2 BvR 206/14, NVwZ 2021, 1211 Rn. 37 m. w. N.; *Baer*, RdA 2022, 266, 272; *Klein/Leist*, ZESAR 2020, 449, 451.

[3] BVerfG 6. 11. 2019 – 1 BvR 276/17, NJW 2020, 314 Rn. 44, 47.

[4] BVerfG 6. 11. 2019 – 1 BvR 16/13, NJW 2020, 300 Rn. 42; *Baer*, RdA 2022, 266, 272; *Klein/Leist*, ZESAR 2020, 449, 450; *Kühling*, NJW 2020, 275, 276; ähnlich bereits *Schlachter*, SR 2019, 165, 166.

[5] BVerfG 6. 11. 2019 – 1 BvR 16/13, NJW 2020, 300 Rn. 49 ff.; EuGH 24. 9. 2019 – C-507/17 (Google II), NJW 2019, 3499 Rn. 67; *Baer*, RdA 2022, 266, 272; *Kühling*, NJW 2020, 275, 276.

[6] BVerfG 6. 11. 2019 – 1 BvR 16/13, NJW 2020, 300 Rn. 46, 55 ff.; *Baer*, RdA 2022, 266, 272; *Klein/Leist*, ZESAR 2020, 449, 451.

[7] EuGH 26. 2. 2013 – C-617/10 (Åkerberg Fransson), NJW 2013, 1415 Rn. 29; EuGH 26. 2. 2013 – C-399/11 (Melloni), NJW 2013, 1215 Rn. 60; EuGH 29. 7. 2019 – C-476/17 (Pelham), NJW 2019, 2913 Rn. 80; kritisch *Junker*, ZfA 2013, 91, 109 f.

der Vorrang, die Einheit und die Wirksamkeit des Unionsrechts beeinträchtigt werden.[8]

Für die Frage der Anwendbarkeit der nationalen Grundrechte ist folglich zwischen vollständig durch das Unionsrecht determinierten Materien und solchen, die nicht vollständig harmonisiert sind, zu unterscheiden. Die Abgrenzung ist nicht einfach danach zu treffen, ob die zugrundeliegenden unionsrechtlichen Vorschriften als Verordnung oder Richtlinie erlassen wurden.[9] Denn auch wenn Richtlinien grundsätzlich einen Spielraum hinsichtlich der Auswahl der Mittel eröffnen, können sie so detaillierte Vorgaben enthalten, dass letztlich eine 1:1 Umsetzung vorgeschrieben wird.[10] Andererseits können auch Verordnungen Spielräume für die nationale Ausgestaltung gewähren. Deshalb ist stattdessen anhand einer methodengerechten Auslegung des unionalen Sekundär- und Tertiärrechts zu ermitteln, ob das fragliche Rechtsverhältnis vollständig determiniert ist. Dies ist der Fall, wenn die in Rede stehenden Normen des Unionsrechts nicht Vielfalt und unterschiedliche Wertungen ermöglichen sollen, sondern auf eine gleichförmige Rechtsanwendung zielen.[11]

II. Determination durch Unionsrecht bei der Nachtarbeit

Der nationale Schutz der Nachtarbeitnehmer ist durch Kapitel 3 der ArbZ-RL (Nachtarbeit, Schichtarbeit und Arbeitsrhythmus) überformt, wobei Art. 8–12 ArbZ-RL die Nachtarbeit und Art. 13 ArbZ-RL die (Nacht-)Schichtarbeit regeln.[12] Nach Art. 153 Abs. 2 AEUV erlassene Richtlinien wie die ArbZ-RL,[13] die ein Mindestniveau an Arbeitnehmerschutz harmonisieren sollen, können nicht pauschal der Kategorie des gestaltungsoffenen Unionsrechts zugeordnet werden.[14] Die deutschen Rechtsvorschriften, welche die Richtlinie umsetzen, können nämlich im Hinblick auf

[8] EuGH 26.2.2013 – C-617/10 (Åkerberg Fransson), NJW 2013, 1415 Rn. 29; EuGH 26.2.2013 – C-399/11 (Melloni), NJW 2013, 1215 Rn. 60; EuGH 29.7.2019 – C-476/17 (Pelham), NJW 2019, 2913 Rn. 80.

[9] BVerfG 6.11.2019 – 1 BvR 276/17, NJW 2020, 314 Rn. 79; BVerfG 27.4.2021 – 2 BvR 206/14, NVwZ 2021, 1211 Rn. 43; *Klein/Leist*, ZESAR 2020, 449, 450.

[10] KKS/*Balze*, Einl. B, Rn. 9.

[11] BVerfG 6.11.2019 – 1 BvR 276/17, NJW 2020, 314 Rn. 80; BVerfG 27.4.2021 – 2 BvR 206/14, NVwZ 2021, 1211 Rn. 44.

[12] EuArbRK/*Gallner*, RL 2003/88/EG, Art. 8 Rn. 1; Preis/Sagan/*Ulber*, § 14 Rn. 177.

[13] ErwG 2 ArbZ-RL (noch unter Verweis auf Art. 137 EGV); EuGH 12.11.1996 – C-84/94 (Vereinigtes Königreich/Rat), NZA 1997, 23 Rn. 49 (noch zu Art. 118a Abs. 2 EGV-Maastricht); EuArbRK/*Franzen*, AEUV, Art. 153 Rn. 20; EuArbRK/*Gallner*, RL 2003/88/EG, Art. 1 Rn. 33; Schlachter/Heinig/*Schubert/Bayreuther*, EurArbSozR, § 11 Rn. 2; Frankfurter Kommentar/*Kocher*, AEUV, Art. 153 Rn. 16; Preis/Sagan/*Ulber*, EuArbR, § 14 Rn. 30, 38 ff.; *Frenz*, HdB EuR, Rn. 3861; GSH/*Langer*, AEUV, Art. 153 Rn. 11.

[14] *Klein/Leist*, ZESAR 2020, 449, 453.

das vorgegebene Mindestschutzniveau vollständig determiniert sein.[15] Abgrenzungsprobleme ergeben sich dort, wo die Richtlinie die nähere inhaltliche Ausgestaltung den Mitgliedstaaten überlässt, denn die Wertungen werden dann zu einem erheblichen Teil durch Mindestvorgaben der Richtlinie bestimmt und lassen dennoch Raum für die Mitgliedstaaten.[16]

Die in dieser Arbeit im Mittelpunkt stehende Regelung des § 6 Abs. 5 ArbZG ist in Umsetzung von Art. 12 a) ArbZ-RL erlassen worden (ausführlich 5. Kapitel A. I.).[17] Nach Art. 12 a) ArbZ-RL treffen die Mitgliedstaaten die erforderlichen Maßnahmen, damit Nacht- und Schichtarbeitern hinsichtlich Sicherheit und Gesundheit in einem Maß Schutz zuteil wird, das der Art ihrer Arbeit Rechnung trägt. Die Mitgliedstaaten sollen durch nationale Regelungen einen bestimmten Zustand herstellen, der das geforderte Schutzniveau sicherstellt. Welcher gesetzlichen Mittel sie sich dazu bedienen, ist ihrer Einschätzung und Abwägung überlassen. Entscheidend ist nur, dass sie sich eignen, um die Ziele der Richtlinie zu erreichen. Dieser Spielraum bei der Ausgestaltung ist auch in der Rechtsprechung des EuGH anerkannt.[18] Die einschlägige Regelung des Sekundärrechts ist also darauf angelegt, eine Vielfalt der Ausgestaltungen in den einzelnen Mitgliedstaaten zu ermöglichen und determiniert diese nicht vollständig. Die Grundrechte des Grundgesetzes sind daher nach der Rechtsprechung des Bundesverfassungsgerichts anwendbar.

III. Ergänzende Anwendbarkeit der Charta-Grundrechte

Ob in der nationalen Verfassungsrechtsprüfung neben den Grundrechten des Grundgesetzes auch die Grundrechte der Charta Anwendung finden, beurteilt sich danach, ob die nationale Norm gem. Art. 51 Abs. 1 GRCh Unionsrecht durchführt, weil die Charta nach ihrer Konzeption einen beschränkten Anwendungsbereich hat.[19] Damit sie anwendbar ist, muss die einschlägige Norm des Unionsrechts dem nationalen Recht einen hinreichend gehaltvollen Rahmen setzen, der erkennbar auch unter Beachtung der Unionsgrundrechte konkretisiert werden soll.[20] Trotz der offenen Formulierung handelt es sich bei Art. 12 a) ArbZ-RL um eine materielle Richtlinienvorschrift, die einen hinreichenden Rahmen für die Umsetzungsvorschriften vorgibt. Dieser ist durch Auslegung der unbestimmten Rechtsbegriffe anhand der etab-

[15] *Klein/Leist*, ZESAR 2020, 449, 453, 458: Weitgehende Determinierung des Arbeitszeitrechts.

[16] *Klein/Leist*, ZESAR 2020, 449, 454.

[17] EuArbRK/*Gallner*, RL 2003/88/EG, Art. 12 Rn. 2; *Kohte*, jurisPR-ArbR 19/2019, Anm. 5 unter C.; Preis/Sagan/*Ulber*, § 14 Rn. 212; a. A. *Anzinger/Koberski*, § 6 Rn. 13.

[18] EuGH 24.2.2022 – C-262/20 (Glavna direktsia), NZA 2022, 467 Rn. 48.

[19] BVerfG 6.11.2019 – 1 BvR 16/13, NJW 2020, 300 Rn. 44, 62; *Britz*, NJW 2021, 1489 Rn. 15 f.

[20] BVerfG 6.11.2019 – 1 BvR 16/13, NJW 2020, 300 Rn. 44; *Britz*, NJW 2021, 1489 Rn. 16.

lierten Methoden und unter Berücksichtigung der Vorgaben des Primärrechts festzustellen (dazu ausführlich 5. Kapitel B.). Auch in diesem Fall prüft das Bundesverfassungsgericht primär am Maßstab des Grundgesetzes.[21]

Etwas anderes gilt, sofern die Vermutung, dass die Grundrechte des Grundgesetzes das Schutzniveau der Charta mitgewährleisten, im Einzelfall widerlegt werden kann.[22] Damit soll die Forderung des EuGH erfüllt werden, dass das Schutzniveau der Charta in ihrer Auslegung durch den EuGH nicht beeinträchtigt wird.[23] Dies kann der Fall sein, wenn die einschlägigen Rechte der Charta keine Entsprechung im Grundgesetz in seiner Auslegung durch die Rechtsprechung haben.[24] Entsprechend ist zu prüfen, ob die Grundrechte der Charta im vorliegenden Fall einen weitergehenden Schutz als das Grundgesetz gewähren.

Tatsächlich findet das Grundrecht des Art. 31 GRCh auf gerechte und angemessene Arbeitsbedingungen keine Entsprechung im Wortlaut des Grundgesetzes.[25] Bei genauerer Betrachtung zeigt sich allerdings, dass das Bundesverfassungsgericht einen grundrechtlich gewährleisteten Mindestschutz der Gesundheit der Nachtarbeitnehmer aus der staatlichen Schutzpflicht für Art. 2 Abs. 2 S. 1 GG abgeleitet hat.[26] Auch wenn das Grundgesetz nach seinem Wortlaut kein gleichlautendes Grundrecht enthält, ist nach der entscheidenden Rechtsprechung des Bundesverfassungsgerichts also ein entsprechender Schutz grundrechtlich fundiert.[27] Um die Vermutung zu widerlegen, dass die deutschen Grundrechte das Schutzniveau der Charta mitgewährleisten, müssen hohe Anforderungen erfüllt werden.[28] Weil Art. 2 Abs. 2 S. 1 GG einen grundrechtlichen Schutz gewährleistet, kann die Vermutung hinsichtlich der Nachtarbeit nicht widerlegt werden. Dies bedeutet aber nicht, dass die Charta in der nationalen Grundrechtsprüfung gar keine Rolle spielte. Vielmehr sind die Grundrechte der Charta nach dem Grundsatz der Europarechtsfreundlichkeit des Grundgesetzes bei der Auslegung der nationalen Grundrechte heranzuziehen.[29] Ob dies auch Grundrechte einschließt, die im Grundgesetz nicht enthalten sind, ist noch ungeklärt.[30]

---

[21] BVerfG 6.11.2019 – 1 BvR 16/13, NJW 2020, 300 Rn. 45.

[22] BVerfG 6.11.2019 – 1 BvR 16/13, NJW 2020, 300 Rn. 66.

[23] *Klein/Leist*, ZESAR 2020, 449, 451; dazu EuGH 26.2.2013 – C-617/10 (Åkerberg Fransson), NJW 2013, 1415 Rn. 29; EuGH 26.2.2013 – C-399/11 (Melloni), NJW 2013, 1215 Rn. 60; EuGH 29.7.2019 – C-476/17 (Pelham), NJW 2019, 2913 Rn. 80.

[24] BVerfG 6.11.2019 – 1 BvR 16/13, NJW 2020, 300 Rn. 69.

[25] *Klein/Leist*, ZESAR 2020, 449, 457.

[26] BVerfG 28.1.1992 – 1 BvR 1025/84, 1 BvL 16/83, 1 BvL 10/91, E 85, 191, 212f.

[27] KKS/*Schmidt am Busch*, Einl. A, Rn. 10, 23, 27.

[28] BVerfG 6.11.2019 – 1 BvR 16/13, NJW 2020, 300 Rn. 70f.; *Klein/Leist*, ZESAR 2020, 449, 451.

[29] BVerfG 6.11.2019 – 1 BvR 16/13, NJW 2020, 300 Rn. 60ff.; *Klein/Leist*, ZESAR 2020, 449, 451.

[30] *Klein/Leist*, ZESAR 2020, 449, 457.

IV. Ergebnis

Die Regelungen zur Nachtarbeit sind an den Grundrechten des Grundgesetzes zu messen, weil die Materie nicht vollständig durch das Unionsrecht determiniert ist. Dabei sind die Grundrechte der Charta gemäß dem Grundsatz der Europarechtsfreundlichkeit des Grundgesetzes als Auslegungshilfe heranzuziehen. Eine Verletzung der Grundrechte wird in diesem Kapitel geprüft. Davon unabhängig ist die Frage, ob das Unionsrecht trotz seiner Gestaltungsoffenheit Vorgaben für die nationalen Umsetzungsgesetze macht. Dieser Problematik wird im anschließenden Kapitel zum Unionsrecht nachgegangen (siehe 5. Kapitel). Dabei ist auch das Grundrecht aus Art. 31 GRCh zu würdigen, das durch die ArbZ-RL konkretisiert wird.[31]

Als Ergebnis ist vorerst festzuhalten, dass die nationalen und unionalen Grundrechte parallel anwendbar sind, soweit der Anwendungsbereich des Unionsrechts hinsichtlich der Nachtarbeit eröffnet ist. Auch wenn ihre Rechtsprechung in dieser Frage nicht gänzlich übereinstimmt, ist ein solcher „Grundrechtspluralismus im Sinne eines teilweisen Neben- und Miteinanders nationaler und europäischer Grundrechte“[32] von BVerfG und EuGH anerkannt.[33]

B. Grundrechtliche Schutzpflichten und Privatrecht

Die Grundrechte des Grundgesetzes sind also anwendbar. Aber gebieten diese dem Gesetzgeber, die Nachtarbeitnehmer per Gesetz zu schützen? Dies entspricht heute allgemeiner Meinung – auch wenn die Nachtarbeit von privaten Arbeitgebern angeordnet wird.[34] Grundrechtsdogmatisch ist dies jedoch keineswegs selbstverständlich und deshalb begründungsbedürftig. Denn nach ihrer klassischen, liberalen Konzeption sind die Grundrechte ausschließlich Abwehrrechte gegen hoheitliche Eingriffe. Als solche schützen sie weder unmittelbar gegen schädigendes oder gefährdendes Verhalten anderer Privater (sog. Übergriffe), noch verpflichten sie den Staat zum Tätigwerden, weil sie nur auf die Abwehr hoheitlichen Handelns gerichtet sind. Angesichts

[31] EuGH 14.5.2019 – C-55/18 (CCOO), NZA 2019, 683 Rn. 30 f.; EuGH 9.3.2021 – C-344/19 (Radiotelevizija Slovenija), NZA 2021, 485 Rn. 27; EuGH 9.3.2021 – C-580/19 (Stadt Offenbach), NZA 2021, 489 Rn. 28; EuGH 11.11.2021 – C-214/20 (Dublin City Council), NZA 2021, 1699 Rn. 37; EuGH 24.2.2022 – C-262/20 (Glavna direktsia I), NZA 2022, 467 Rn. 38 f.

[32] *Wendel*, EuR 2022, 327, 330 f.

[33] EuGH 26.2.2013 – C-617/10 (Åkerberg Fransson), NJW 2013, 1415 Rn. 29 f.; EuGH 29.7.2019 – C-476/17 (Pelham), NJW 2019, 2913 Rn. 80; BVerfG 6.11.2019 – 1 BvR 16/13, NJW 2020, 300 Rn. 44.

[34] BVerfG 28.1.1992 – 1 BvR 1025/84, 1 BvL 16/83, 1 BvL 10/91, E 85, 191, 212 f.; BAG 15.7.2020 – 10 AZR 123/19, NZA 2021, 44 Rn. 42; BAG 10.11.2021 – 10 AZR 261/20, NZA 2022, 707 Rn. 19; *Baeck/Deutsch/Winzer*, ArbZG, § 6 Rn. 3; BeckOK ArbR/*Kock*, ArbZG, § 6 Rn. 1; ErfK/*Roloff*, ArbZG, § 6 Rn. 1; HPS/*Lorenz*, ArbZG, § 6 Rn. 4.

der Tatsache, dass Grundrechtsgüter genau so gravierend durch Private wie durch den Staat beeinträchtigt werden können, wird diese Sichtweise heute einhellig abgelehnt. Umstritten ist aber, wie dies dogmatisch zu erklären ist: Durch eine neben die Abwehrdimension tretende, weitere Funktion der Grundrechte, die Schutzpflichten des Staates begründen? Oder indem die privaten Übergriffe dem Staat zugerechnet werden, weil dieser zu ihrer Duldung verpflichtet, wodurch sie als staatliche Eingriffe an den Abwehrrechten gemessen werden können? Die Beantwortung dieses Streits hat Folgen dafür, nach welchem Programm die gesetzliche Regelung der Nachtarbeit am Verfassungsrecht zu prüfen ist.

Zudem ist stark umstritten, ob der Staat auch schützend eingreifen muss, wenn die Gefährdung aus einer privatrechtlichen Vereinbarung folgt oder ob er darauf vertrauen darf, dass rechtlich gleiche und mündige Personen ihre Angelegenheiten so regeln werden, dass ein für beide Seiten gerechtes Ergebnis folgt. Ginge man mit letzter Ansicht von der Devise „Vertrag ist Vertrag“ aus, so wäre ein besonderer gesetzlicher Schutz der Nachtarbeitnehmer verzichtbar, weil diese aufgrund freiwilliger Vereinbarung verrichtet wird. Die These dieser Untersuchung, dass ein besserer Schutz der Nachtarbeitnehmer verfassungsrechtlich geboten ist, setzt also voraus, dass der Staat auch bei vertraglichen Vereinbarungen zum Schutz Privater gegenüber anderen Privaten verpflichtet sein kann. Nur dann kann eine verfassungsrechtliche Verpflichtung bestehen, die geltende Gesetzeslage zu verändern oder verfassungskonform anders auszulegen, als dies das BAG macht.

Auf beides wird im folgenden Abschnitt eingegangen. Vorwegzunehmen ist, dass das BVerfG den Grundrechten eine Schutzpflicht entnimmt und diese ausdrücklich auch auf Privatrechtsverhältnisse und die hier untersuchte Konstellation anwendet. Es handelt sich somit um geltende Rechtsprechung des höchsten nationalen Gerichts zur Nachtarbeit.[35] Dennoch wird in der Literatur an beiden Aspekten weiterhin Kritik geübt, sodass eine Beschäftigung mit den unterschiedlichen Ansichten erforderlich ist.

I. Schutzpflicht oder Abwehrrecht

In diesem Kapitel wird die These untersucht, dass das Verfassungsrecht einen besseren Schutz der Nachtarbeitnehmer vorgibt, als ihn das einfache Recht in der Auslegung durch das BAG derzeit vorsieht. Die Erhärtung dieser These setzt logisch zunächst voraus, dass die staatliche Gewalt dazu verpflichtet ist, die Grundrechte des Arbeitnehmers in der vorliegenden Konstellation zu schützen. Zu beachten ist dabei, dass die unmittelbare Gefährdung nicht vom Staat ausgeht, sondern vom privaten Arbeitgeber, der die Nachtarbeit anordnet. Es handelt sich daher um eine Dreieckskonstellation, in die zwei Private und der Staat eingebunden sind.

---

[35] BVerfG 28.1.1992 – 1 BvR 1025/84, 1 BvL 16/83, 1 BvL 10/91, E 85, 191, 212 f.

Die erste Frage lautet, ob der Staat grundsätzlich verpflichtet ist, die Grundrechte vor Gefährdungen durch andere Private zu schützen bzw. zu wahren. Im Ergebnis ist dies heute unbestritten, wird aber unterschiedlich begründet und eingegrenzt.[36] Grundrechtsdogmatisch kann eine solche Bindung des Staates entweder konstruiert werden, indem ihm eine Schutzpflicht[37] zugunsten der Grundrechte des Arbeitnehmers auferlegt wird oder indem eine staatlich auferlegte Pflicht, das Handeln des Arbeitgebers zu dulden, als hoheitlicher Eingriff an den Abwehrrechten des Arbeitnehmers gemessen wird. Beide Möglichkeiten unterscheiden sich grundlegend und wirken sich auf die weitere Prüfung aus, weil nur bei der abwehrrechtlichen Konstruktion unproblematisch auf die etablierte Verhältnismäßigkeitsprüfung zurückgegriffen werden kann und aus ihr unzweifelhaft eine subjektive Berechtigung des einzelnen Grundrechtsträgers folgt. Nach der Darstellung der beiden Ansätze ist daher eine eigene Position zu entwickeln. Nicht eingegangen wird hingegen auf die Lehre der unmittelbaren Drittwirkung der Grundrechte zwischen Privaten, weil diese im Widerspruch zum Wortlaut des Art. 1 Abs. 3 GG steht und als überholt gelten kann.[38]

1. Die grundrechtliche Problematik der Dreieckskonstellation

Keineswegs zwingend ist die heute allgemeine Auffassung, dass der Staat die Grundrechte der Bürger auch gegen Übergriffe[39] anderer Privater schützen muss.

---

[36] Merten/Papier/*Calliess*, Handbuch der Grundrechte II, § 44 Rn. 4; *Ruffert*, in: Vesting/Korioth/Augsberg (Hg.), Grundrechte als Phänomene kollektiver Ordnung, S. 109, 111; SSM/*Möstl*, Staatsrecht III, § 68 Rn. 2; *Stern*, DÖV 2010, 241, 249 und *Unruh*, Zur Dogmatik der grundrechtlichen Schutzpflichten, S. 18 gehen von einer allgemeinen oder sehr übergreifenden Anerkennung grundrechtlicher Schutzpflichten aus. Sehr kritisch zu einem Grundrechtsverständnis, das diese nicht auf subjektive Freiheitsrechte zurücknimmt, aber *Böckenförde*, Der Staat 1990, 1, 29 f. Äußerst kritisch auch *Ladeur*, Kritik der Abwägung in der Grundrechtsdogmatik, nach dem grundrechtliche Schutzpflichten eng begrenzt werden sollen auf Fälle, in denen komplexe Handlungsketten schwer abschätzbare langfristige Folgen nach sich ziehen, s. ebd., S. 64 f.

[37] Teilweise auch als staatliche Handlungspflicht bezeichnet, vgl. *Bickenbach*, Die Einschätzungsprärogative des Gesetzgebers, S. 369; Merten/Papier/*Calliess*, Handbuch der Grundrechte II, § 44 Rn. 3.

[38] Dafür BAG 3.12.1954 – 1 AZR 150/54, NJW 1955, 606; BGH 25.5.1954 – I ZR 211/53, Z 13, 334, 338; *Nipperdey*, Grundrechte und Privatrecht, S. 15 ff.; *Gamillscheg*, Grundrechte im Arbeitsverhältnis, S. 31. Von der Rechtsprechung ausdrücklich aufgegeben, siehe BAG 19.6.2001 – 1 AZR 463/00, NZA 2002, 397, 401; BGH 19.6.2013 – XII ZB 357/11, NJW 2013, 2961 Rn. 14; zur Kritik an dieser Theorie *Canaris*, AcP 1984, 201, 203 ff.; ablehnend auch beispielsweise *Boemke*, Schuldvertrag und Arbeitsverhältnis, S. 162; MüKoBGB/*Armbrüster*, § 134 Rn. 34.

[39] Der Begriff des Übergriffs hat sich als Pendant und zugleich Abgrenzung zu dem des staatlichen Eingriffs herausgebildet, vgl. Dreier/*Sauer*, GG, Vorb. Rn. 115. Das BVerfG spricht hingegen von Eingriffen von Seiten Dritter, vgl. BVerfG 15.2.2006 – 1 BvR 357/05, E 115, 118, 152. Aus Gründen der sprachlichen Klarheit wird in dieser Arbeit von Übergriffen

Denkbar wäre auch, die Grundrechte strikt auf die Abwehr von staatlichen Eingriffen im hergebrachten Sinn zu beschränken. Dies würde sogar mit dem Wortlaut des Grundgesetzes und der klassischen Konzeption der Grundrechte übereinstimmen.[40] Deshalb kann es fast überraschen, dass niemand mehr eine derartige Auffassung der Grundrechte vertritt.[41] Um dies nachvollziehbar zu machen, soll zu Beginn kurz dargelegt werden, welche Konsequenzen ein solches Grundrechtsverständnis hätte.

Gem. Art. 1 Abs. 3 GG binden die Grundrechte die staatlichen Gewalten als unmittelbar geltendes Recht. Historisch haben sich die Grundrechte in erster Linie als Abwehrrechte des Individuums gegen den eingreifenden Staat entwickelt, schützen also die sog. negative Freiheit vor hoheitlichen Beschränkungen.[42] In der Realität können die durch die Grundrechte geschützten Rechtsgüter jedoch in gleichem Maße oder sogar stärker als durch den Staat durch Übergriffe anderer Privater gefährdet werden.[43] Aus einem Verständnis der Grundrechte, dass auf Abwehrrechte im obigen Sinn beschränkt ist, resultieren dann mehrere Probleme. Zunächst einmal kann der gestörte Private sich gegenüber dem Störer nicht auf seine Grundrechte berufen, weil diese nur gegenüber dem Staat wirken.[44] Zugleich ist ihm die Selbsthilfe gegen den Störer im Rechtsstaat weitgehend versagt, er ist also zur Hinnahme des Handelns des Störers verpflichtet. Handeln müsste an Stelle des Opfers der Staat, das Opfer kann diesen aber nicht zum Handeln zwingen, weil die Grundrechte auf bloße Abwehr begrenzt sind.[45] Handelt der Staat dennoch, so kann sich der Störer auf sein Abwehrrecht berufen und erhält so die rechtlich stärkere Stellung als das Opfer, dessen Grundrechte mangels staatlichen Eingriffs nicht zur Prüfung kommen.[46]

Im ersten Teil der Arbeit wurde bereits gezeigt, zu welchen Ergebnissen ein derartiges Staatsverständnis historisch geführt hat. Die Liberalisierung der Wirtschaftsverfassung und die Untätigkeit des Staates ermöglichten im 19. Jahrhundert überlange Arbeitszeiten und gefährliche Arbeitsbedingungen, die in vielen Fällen zum extremen gesundheitlichen Verschleiß der Arbeitnehmer führten. Koalitions-

---

gesprochen, sofern (drohende) Verletzungen von Grundrechtsgütern durch nichtstaatliche Akteure gemeint sind.

[40] *Dietlein*, Die Lehre von den grundrechtlichen Schutzpflichten, S. 34.

[41] In der Anfangszeit der Geltung des Grundgesetzes wurden die Abwehrrechte noch nahezu ausschließlich als subjektive Abwehrrechte gesehen, vgl. dazu die Nachweise bei *Stern*, Staatsrecht III/1, 1. Aufl. 1988, S. 897.

[42] BVerfG 15.1.1958 – 1 BvR 400/51, E 7, 198, 204 f.; *Erichsen*, Jura 1997, 85, 85; *Hornung*, Grundrechtsinnovationen, S. 240; *Kingreen/Poscher*, Grundrechte, Rn. 116, s.a. dort Fn. 26 zum Parlamentarischen Rat.

[43] *Bickenbach*, Die Einschätzungsprärogative des Gesetzgebers, S. 368; *Dietlein*, Die Lehre von den grundrechtlichen Schutzpflichten, S. 15, 63; DHS/*Herdegen*, GG, Art. 1 Abs. 3 Rn. 23; Merten/Papier/*Calliess*, Handbuch der Grundrechte II, § 44 Rn. 4.

[44] *Klein*, DVBl 1994, 489, 491; SSM/*Möstl*, Staatsrecht III, § 68 Rn. 1.

[45] *Hermes*, Das Grundrecht auf Schutz von Leben und Gesundheit, S. 205.

[46] Isensee/Kirchhof/*Isensee*, Handbuch des Staatsrechts IX, § 191 Rn. 177.

verbote untersagten, Gewerkschaften zu bilden und sich autonom zu helfen, sodass den Arbeitnehmern für lange Zeit keine wirksamen Gegenmittel zur Verfügung standen (2. Kapitel A. II. 1. und B. I. 1.).[47]

Es entspricht heute allgemeiner Ansicht, dass dieses Ergebnis unbefriedigend ist und der Korrektur bedarf, indem auch die Grundrechte des Opfers einbezogen werden.[48] Umstritten ist jedoch, wie dies dogmatisch zu begründen ist.

2. Herrschende Meinung: Die Schutzpflicht als weitere Grundrechtsdimension

Ein Theoriestrang geht davon aus, dass die Grundrechte neben der Abwehrfunktion weitere Dimensionen haben. Die Schutzpflicht tritt damit als selbstständige Grundrechtsfunktion neben das klassische Abwehrrecht, die Grundrechte gewinnen einen „Doppelcharakter".[49] Dogmatisch werden dafür verschiedene Begründungen gegeben, wobei viele Autoren diese einander ergänzend heranziehen.

a) Objektiver Gehalt der Grundrechte

Eine insbesondere vom Bundesverfassungsgericht geprägte Auffassung nimmt an, dass die Schutzpflichten aus dem objektiven Gehalt der Grundrechte folgen.

aa) Dogmatische Begründung

Bereits in seiner frühen Rechtsprechung hat das BVerfG erkannt, dass dem Grundgesetz eine Ordnung zugrunde liegt, die auf Menschenwürde, Freiheit und Gleichheit als Grundwerten aufbaut.[50] Darin komme der bewusste Gegensatz des Grundgesetzes zum nationalsozialistischen Staat zum Ausdruck, der diese Grundwerte ablehne.[51] Eine solche Grundordnung findet in Art. 21 Abs. 2 GG Erwähnung.[52]

---

[47] Ebenso historisch argumentierend *Kempen*, NZA-Beil. 2000, 7, 8; *Singer*, in: Neuner (Hg.), Grundrechte und Privatrecht aus rechtsvergleichender Sicht, S. 245, 249 f.

[48] *Hermes*, Das Grundrecht auf Schutz von Leben und Gesundheit, S. 204: „Herstellung verfassungsrechtlicher Symmetrie"; Isensee/Kirchhof/*Isensee*, Handbuch des Staatsrechts IX, § 191 Rn. 178: „schließt die offene Flanke des Grundrechtsschutzes"; *Merten*, in: GS Burmeister, 227, 238: „Untermaßverbot als […] Gegengewicht"; Merten/Papier/*Calliess*, Handbuch der Grundrechte II, § 44 Rn. 10: „Weitgehende Einigkeit […], daß es an einer Symmetrie der durch Abwehrrechte einerseits und Schutzpflichten andererseits geschützten Rechtsposition fehlt."; *Poscher*, Grundrechte als Abwehrrechte, S. 93: „Allgemeinheit und Gleichheit des Grundrechtsstatus".

[49] *Stern*, Staatsrecht III/1, 1. Aufl. 1988, S. 906; *Dietlein*, Die Lehre von den grundrechtlichen Schutzpflichten, S. 51.

[50] So bereits BVerfG 23.10.1952 – 1 BvB 1/51, E 2, 1, 12.

[51] BVerfG 23.10.1952 – 1 BvB 1/51, E 2, 1, 12.

Im Lüth-Urteil hat das Bundesverfassungsgericht ausgesprochen, dass diese objektive Wertordnung als verfassungsrechtliche Grundentscheidung auch für die Rechtsbeziehungen unter Privaten gelte.[53] Darin liegt bereits eine „schöpferische Leistung“[54].

Diese Rechtsprechung hat das BVerfG dann im Jahr 1975 dahin erweitert, dass aus dem objektiv-rechtlichen Gehalt der Grundrechte die Pflicht des Staates folge, sich schützend und fördernd vor das Grundrecht auf Leben zu stellen.[55] In seiner weiteren Rechtsprechung hat es die Schutzpflicht dann auf andere Grundrechte erweitert.[56] Dabei löste es sich vom häufig kritisierten Begriff der Wertordnung, worin aber keine inhaltliche Abkehr vom Schutzpflichtenkonzept liegt.[57]

In der Literatur hat diese Auffassung teilweise Zustimmung erfahren.[58] Dietlein bringt ihr zentrales Argument auf den Punkt, wenn er formuliert, dass die Verfassung die grundrechtlich geschützten Güter ihren Trägern als „absolut“ zuordne und zugleich auf deren reale Verwirklichung abziele, woraus sich die Pflicht zur Abwendung von Gefährdungen durch Dritte ergebe.[59] Mit der Zuordnung als „absolut“ ist dabei nicht gemeint, dass diese im Sinne einer absoluten Wirkung gegen alle unmittelbar drittwirkend seien, sondern dass sie die umfassende Realisierung grundrechtlicher Freiheit intendierten.[60] Unruh führt an, dass dies auch verfassungspolitisch zu begrüßen sei, weil die Bürger in vielen Lebensbereichen ele-

---

[52] Im Urteil zum zweiten NPD-Verbotsverfahren hat das Bundesverfassungsgericht die Bestandteile dieser Grundordnung nach zuvor zahlreichen Erweiterungen wieder enger umgrenzt, wobei es als Ausgangspunkt weiterhin die Würde des Menschen nimmt und die Freiheit des Individuums, das eigene Schicksal selbstverantwortlich zu gestalten sowie die elementare Rechtsgleichheit als davon umfasst ansieht, vgl. BVerfG 17.1.2017 – 2 BvB 1/13, NJW 2017, 611 Rn. 538 f. m.w.N. zur vorhergehenden Rechtsprechung. Es ist aber darauf hinzuweisen, dass Art. 21 GG eine „rote Linie“ um den Bereich unter anderem der Grundrechte zieht, der selbst dem Zugriff durch den verfassungsändernden Gesetzgeber entzogen wäre, während sich die Ableitung einer objektiv-rechtlichen Ordnung und in der Folge der grundrechtlichen Schutzpflichten auf die bestehende Verfassung bezieht und daher einen weiteren Raum umfasst.

[53] BVerfG 15.1.1958 – 1 BvR 400/51, E 7, 198, 205.

[54] DHS/*Herdegen*, GG, Art. 1 Abs. 3 Rn. 20.

[55] BVerfG 25.2.1975 – 1 BvF 1/74, 1 BvF 2/74, 1 BvF 3/74, 1 BvF 4/74, 1 BvF 5/74, 1 BvF 6/74, E 39, 1, 41 f.; zum Zusammenhang beider Figuren *Hornung*, Grundrechtsinnovationen, S. 248 f.; aus der jüngeren Rechtsprechung etwa BVerfG 26.7.2016 – 1 BvL 8/15, E 142, 313 Rn. 69 m.w.N.

[56] Nachweise bei Dreier/*Sauer*, GG, Vorb. Rn. 116 Fn. 563; etwa für Art. 12 GG BVerfG 10.1.1995 – 1 BvF 1/90, 1 BvR 342, 348/90, E 92, 26, 46.

[57] *Hornung*, Grundrechtsinnovationen, S. 249; Darstellung der Kritik und Verteidigung der Werterechtsprechung bei *Unruh*, Zur Dogmatik der grundrechtlichen Schutzpflichten, S. 50 ff.

[58] Vgl. neben *Dietlein* und *Unruh* etwa *Erichsen*, Jura 1997, 85, 86; *Klein*, DVBl 1994, 489, 490; *Merten*, in: GS Burmeister, S. 227, 232; SSM/*Möstl*, Staatsrecht III, § 68 Rn. 1, 7; *Ruffert*, Vorrang der Verfassung und Eigenständigkeit des Privatrechts, S. 158 f.; *Stern*, DÖV 2010, 241, 249.

[59] *Dietlein*, Die Lehre von den grundrechtlichen Schutzpflichten, S. 64 f.

[60] *Dietlein*, Die Lehre von den grundrechtlichen Schutzpflichten, S. 63.

mentar auf Grundrechtsfunktionen angewiesen seien, die die reine Abwehrfunktion übersteigen.[61]

bb) Kritik

In diesem Ausweichen auf das politisch Wünschenswerte kommt allerdings bereits zum Ausdruck, dass diese Auffassung stark von der als notwendig erachteten Funktion der Grundrechte her argumentiert. Dieses dogmatische Begründungsdefizit ist vielfach kritisiert worden.[62] Problematisch ist daneben die Bezeichnung als objektivrechtlich, die eine Loslösung vom einzelnen Grundrechtsträger impliziert und daher nach häufig vertretener Auffassung eine „Resubjektivierung“ erfordert, damit ihre Erfüllung individuell durchgesetzt werden kann.[63] Lehnt man die Resubjektivierung ab, könnte der Staat entscheiden, ob er die Schutzpflichten erfüllt oder nicht und sie wären tatsächlich eher eine beliebige Rechtfertigung für Eingriffe in entgegenstehende Grundrechte.

b) Ableitung aus der Menschenwürde

Angesichts der konstatierten Erklärungsschwäche existieren alternative Ansätze, die ebenfalls eine schutzrechtliche Dimension der Grundrechte begründen. Einer von diesen leitet die Schutzpflichten aus der Menschenwürde ab.

aa) Dogmatische Begründung

Diese hat den Vorzug, dass sie sich auf den Wortlaut von Art. 1 Abs. 1 S. 2 GG stützen kann, wonach alle staatliche Gewalt die Menschenwürde zu achten und *zu schützen* hat.[64] Dies wurde zuerst von Dürig herangezogen, um einen Anspruch gegen den Staat herzuleiten, die Menschenwürde vor Angriffen durch private Dritte zu schützen, was den Staat auch zu einer entsprechenden Ausgestaltung des Privatrechts zwinge.[65] Zahlreiche Autoren berufen sich, jedenfalls ergänzend, auf dieses Argu-

---

[61] *Unruh*, Zur Dogmatik der grundrechtlichen Schutzpflicht, S. 56.

[62] *Cremer*, Freiheitsgrundrechte, S. 217 f.; *Hermes*, Das Grundrecht auf Schutz von Leben und Gesundheit, S. 194; *Murswiek*, Die staatliche Verantwortung für die Risiken der Technik, S. 101; *Stern*, Staatsrecht III/1, 1. Aufl. 1988, S. 945.

[63] Ein subjektives Recht auf Durchsetzung der Schutzpflicht erkennt das Bundesverfassungsgericht an: BVerfG 12.5.1987 – 2 BvR 1226/83, 2 BvR 101/84, 2 BvR 313/84, E 79, 1, 49 f.; BVerfG 30.11.1988 – 1 BvR 1301/84, E 79, 174, 201 f.; zustimmend SSM/*Möstl*, Staatsrecht III, § 68 Rn. 12; kritisch etwa *Hermes*, Das Grundrecht auf Schutz von Leben und Gesundheit, S. 194, 209 f.; MKS/*Starck*, GG, Art. 1 Rn. 194; ausführlich zum Problem *Böckenförde*, Der Staat 1990, 1, 14 ff.

[64] *Alexy*, Theorie der Grundrechte, S. 413.

[65] *Dürig*, Gesammelte Schriften, S. 127 f., 133.

ment.[66] Auch das Bundesverfassungsgericht bezieht sich in seiner Rechtsprechung zu den Schutzpflichten auf die Menschenwürde.[67]

bb) Kritik

Problematisch ist an dieser Auffassung, dass der Wortlaut die Schutzverpflichtung auf die Menschenwürde begrenzt. Sie kann deshalb nur schwer eine Schutzpflicht zugunsten der anderen Grundrechte begründen. Deren Wortlaut ist auf das Abwehrrecht konzentriert.[68] Deshalb bräuchte es nach Alexy entweder eine extreme Ausweitung des Begriffs der Menschenwürde, um alles Schutzwürdige erfassen zu können, wodurch die Menschenwürde zur „kleinen Münze" werden könnte – oder aber den Verzicht auf das Erfassen von Schutzwürdigem.[69] Die einzelnen Grundrechte sind nicht nur ein Ausschnitt aus der Menschenwürde, sonst wären sie überflüssig oder jedenfalls rein deklaratorisch.[70] Damit scheidet die erste Alternative aus. Folgt man dem, führt die alleinige Herleitung aus der Menschenwürde aber zur Begrenzung auf einen Menschenwürdekern, der nicht den gesamten Schutzbereich der Grundrechte umfasst und praktisch schwer feststellbar ist.[71] Teilweise wird argumentiert, die Schutzpflicht werde über den Menschenwürdegehalt aller Grundrechte in diese transportiert[72] bzw. strahle über deren Menschenwürdekern auf die anderen Grundrechte aus.[73] Diese Auffassung überdehnt allerdings den Wortlaut von Art. 1 Abs. 1 S. 2 GG, der den Schutzauftrag eindeutig nur auf die Menschenwürde bezieht.[74]

c) Gesellschaftsvertragstheoretischer Ansatz

Ein weiterer Ansatz gründet auf der klassischen staatstheoretischen Auffassung vom Gesellschaftsvertrag. Danach schließen die Bürger einen Vertrag, in dem sie dem Staat das Gewaltmonopol übertragen, um den Zustand des Krieges aller gegen alle zu

---

[66] *Cremer*, Freiheitsgrundrechte, S. 255 ff.; Merten/Papier/*Calliess*, Handbuch der Grundrechte II, § 44 Rn. 23 f.; *Canaris*, AcP 1984, 201, 226; *Neuner*, NJW 2020, 1851, 1852; SSM/*Möstl*, Staatsrecht III, § 68 Rn. 3.

[67] BVerfG 25.2.1975 – 1 BvF 1/74, 1 BvF 2/74, 1 BvF 3/74, 1 BvF 4/74, 1 BvF 5/74, 1 BvF 6/74, E 39, 1, 41; BVerfG 8.8.1978 – 2 BvL 8/77, E 49, 89, 142.

[68] Isensee/Kirchhof/*Isensee*, Handbuch des Staatsrechts IX, § 191 Rn. 178, 28.

[69] *Alexy*, Theorie der Grundrechte, S. 413.

[70] *Erichsen*, Jura 1997, 85, 86; *Unruh*, Zur Dogmatik der grundrechtlichen Schutzpflicht, S. 36.

[71] *Erichsen*, Jura 1997, 85, 86; *Unruh*, Zur Dogmatik der grundrechtlichen Schutzpflicht, S. 43.

[72] Merten/Papier/*Calliess*, Handbuch der Grundrechte II, § 44 Rn. 23.

[73] SSM/*Möstl*, Staatsrecht III, § 68 Rn. 3.

[74] Ähnlich *Ruffert*, Vorrang der Verfassung und Eigenständigkeit des Privatrechts, S. 161.

überwinden.[75] Im Gegenzug schuldet der Staat den Bürgern Schutz insbesondere auch gegen andere Bürger, weil sie sich nicht mehr selbst wehren können.[76]

aa) Dogmatische Begründung

Vor allem Isensee hat den Rückgriff auf diese Staatslehre sowie frühere Verfassungen genutzt, um die grundrechtlichen Schutzpflichten zu begründen.[77] Aus der mit dem Gewaltmonopol einhergehenden Friedenspflicht der Bürger untereinander folge deren Anspruch, dass der Staat sie kompensatorisch vor Übergriffen anderer schütze.[78] Der Anspruch gründet also in der staatlichen Rechtsetzungs- und Zwangsgewalt.[79] In der politischen Denkweise des 19. Jahrhunderts sei diese Aufgabe des Staates bereits als so selbstverständlich angesehen worden, dass sie nicht mehr ausdrücklich normiert worden sei.[80] In der Rechtsprechung des Bundesverfassungsgerichts findet diese Ansicht kaum Eingang, bloß einmalig wird die zu gewährleistende Sicherheit der Bevölkerung als Verfassungswert bezeichnet, von dem der Staat seine eigentliche Rechtfertigung herleite.[81] Es erscheint fraglich, ob diese Aussage aus einer Entscheidung im Rahmen der Sicherheitsdebatte der 1970er Jahre derart verallgemeinerungsfähig ist, dass grundrechtliche Schutzpflichten darauf gestützt werden könnten.

bb) Kritik

Für diese Auffassung spricht, dass das Gewaltmonopol tatsächlich ein entscheidendes Argument ist, weshalb die strikt abwehrrechtliche Betrachtung der Grundrechte als korrekturbedürftig erscheint. Allerdings finden sich hierfür keine Anhaltspunkte im Wortlaut des Grundgesetzes, es handelt sich eher um eine vorgelagerte, theoretische Erklärung. Zwar ist jedes Staatswesen bemüht, inneren Frieden herzustellen. Ob die angeführten älteren Normtexte aber tatsächlich im Wege einer gene-

---

[75] *Hobbes*, in: Weber-Fas (Hg.), Staatsdenker der Moderne, S. 56, 58, 60 ff.

[76] Angelegt bereits bei *Hobbes*, in: Weber-Fas (Hg.), Staatsdenker der Moderne, S. 62 f., wobei *Hobbes* noch schwächer von einer „Hoffnung“ der Untertanen auf staatlichen Schutz spricht.

[77] *Isensee*, Das Grundrecht auf Sicherheit, S. 3, 12 ff.; Isensee/Kirchhof/*Isensee*, Handbuch des Staatsrechts IX, § 191 Rn. 11, 17 ff.; ebenso *Cremer*, Freiheitsgrundrechte, S. 258 ff.; *Merten*, in: GS Burmeister, S. 227, 227 ff.; *Stern*, Staatsrecht III/1, 1. Aufl. 1988, S. 932 ff., 937.

[78] Merten/Papier/*Calliess*, Handbuch der Grundrechte II, § 44 Rn. 20; *Kuch*, DÖV 2019, 723, 726; SSM/*Möstl*, Staatsrecht III, § 68 Rn. 7.

[79] *Merten*, in: GS Burmeister, S. 227, 237.

[80] *Isensee*, Das Grundrecht auf Sicherheit, S. 15 f.; Isensee/Kirchhof/*Isensee*, Handbuch des Staatsrechts IX, § 191 Rn. 22 f.

[81] BVerfG 1. 8. 1978 – 2 BvR 1013, 1019, 1034/77, E 49, 24, 56 f. Die Entscheidung behandelt die Verfassungsmäßigkeit des anlässlich der Entführung von *Hanns Martin Schleyer* verabschiedeten sog. Kontaktsperregesetzes.

tischen Auslegung als Erbbestandteil des Grundgesetzes angesehen werden dürfen, erscheint angesichts dessen neuartiger Konzeption, in dem die Grundrechte eine herausgehobene Bedeutung erhalten haben, fraglich.[82]

Historisch zielen zudem einige von dieser Auffassung angeführte Normtexte, insbesondere die Erklärung der Menschen- und Bürgerrechte in der französischen Revolution, auf die Durchsetzung eines liberalen Rechts in der Wirtschaft, die vom feudalistisch-dirigistischen System wie von den Zünften befreit werden sollte.[83] Nach dem klassischen Wirtschaftsliberalismus Smiths soll aber jeder, sofern er keine Gesetze übertritt, seine Interessen in der Konkurrenz mit anderen frei verfolgen dürfen, gerade dadurch stelle sich das System der natürlichen Freiheit von selbst her.[84] Die Schutzpflicht des Staates im Inneren beschränke sich darauf, alle Bürger vor Unrecht seitens der anderen zu bewahren.[85] Sie umfasse also gerade keine Eingriffe in „rechtmäßige", weil auf Übereinkunft basierende Verträge. Dieser Zusammenhang wird auch von Isensee so rezipiert, der eine sozialstaatliche Schutzpflicht strikt von der grundrechtlichen trennen und die grundrechtliche Schutzpflicht auf „rechtswidrige" Übergriffe beschränken möchte (ausführlich B. II. 2.).[86] Auch wenn eine Begrenzung auf „rechtswidrige" Übergriffe zirkulär ist,[87] schmälert dieser Zusammenhang die Erklärungskraft des gesellschaftsvertragstheoretischen Modells für Schutzpflichten im Privatrecht, auf die unter II. eingegangen wird.

3. Andere Ansicht: Die abwehrrechtliche Lösung

Einen gänzlich anderen Ansatz hat Schwabe begründet, der die Problematik in erster Linie abwehrrechtlich auflösen möchte.[88] Der Ansatz, dem weitere Verfasser

---

[82] *Hermes*, Das Grundrecht auf Schutz von Leben und Gesundheit, S. 187 f. weist darauf hin, dass das frühere Verständnis der Grund- und Menschenrechte als Grundlage einer Schutzpflicht juristisch folgenlos blieb und die Schutzpflicht früherer Epochen daher nur eine Vermutung zugunsten einer grundrechtlichen Schutzpflicht begründen kann. *Cremer*, Freiheitsgrundrechte, S. 260 ff. argumentiert allerdings mit Belegen aus der Entstehungsgeschichte des Grundgesetzes dafür, dass die Nichtaufnahme eines Grundrechts auf Sicherheit keine sachlich-inhaltlichen Gründe gehabt habe.

[83] Rechtswissenschaftlich: *Grimm*, Verfassung und Privatrecht im 19. Jahrhundert, S. 51; geschichtswissenschaftlich: *Tennstedt*, Sozialgeschichte der Sozialpolitik in Deutschland, S. 26.

[84] *Smith*, Der Wohlstand der Nationen, S. 775.

[85] *Smith*, Der Wohlstand der Nationen, S. 776.

[86] *Isensee*, Das Grundrecht auf Sicherheit, S. 10, 14 f.; Isensee/Kirchhof/*Isensee*, Handbuch des Staatsrechts IX, § 191 Rn. 19, 196 ff.

[87] *Hermes*, Das Grundrecht auf Schutz von Leben und Gesundheit, S. 48; abgestellt werden könnte höchstens auf einen verfassungsunmittelbaren Rechtswidrigkeitsmaßstab, SSM/*Möstl*, Staatsrecht III, § 68 Rn. 23.

[88] *Schwabe*, Probleme der Grundrechtsdogmatik, S. 213 f.

gefolgt sind,[89] ist aber nicht zu verwechseln mit dem oben dargestellten, klassisch-liberalen Grundrechtsverständnis, nach dem sich nur der Störer auf sein Abwehrrecht berufen könnte. Vielmehr geht auch Schwabe davon aus, dass dessen Ergebnis nicht haltbar ist. Er möchte aber weitgehend ohne Schutzansprüche auskommen.[90]

a) Zurechnung erlaubten Verhaltens zum Staat als dessen Eingriff

Stattdessen geht er davon aus, dass ein privates Verhalten, das der Staat gestatte, indem er es nicht verbiete, diesem zurechenbar sei.[91] Denn damit gehe eine Pflicht anderer Privater einher, das störende Verhalten zu dulden. Die Duldungspflicht sei normativer Art und gegebenenfalls mit staatlichen Mitteln durchsetzbar.[92] Sie komme im allgemeinen Gewaltverbot zum Ausdruck.[93]

Auf die vorliegende Konstellation angewendet wäre es also ein dem Staat zurechenbarer Eingriff, dass dieser die Nachtarbeit in den Grenzen des § 6 ArbZG gestattet und es dem Arbeitgeber ermöglicht, eine entsprechende Vereinbarung bzw. Weisung mit staatlichen Mitteln durchzusetzen.[94]

Ein Vorteil dieses Ansatzes ist, dass er leichter mit dem Wortlaut des Grundgesetzes vereinbar ist und den Rückgriff auf die etablierte Dogmatik zu den Grundrechten ermöglicht. Außerdem werden alle Beiträge Privater kumuliert und können dem Staat als „ideellem Gesamtverantwortlichen“ zugerechnet werden.[95]

b) Auferlegung der Duldungspflicht als staatlicher Eingriff

Poscher hat den abwehrrechtlichen Ansatz noch einmal anders begründet. Es komme nicht auf die Zurechnung privaten Verhaltens zum Staat an, vielmehr liege der abwehrrechtlich zu fassende, staatliche Eingriff in der Auferlegung einer Duldungs-

---

[89] *Murswiek*, Die staatliche Verantwortung für die Risiken der Technik, S. 88 ff.; *Poscher*, Grundrechte als Abwehrrechte, S. 167 ff.

[90] Eine Ausnahme soll in Fällen gelten, in denen die abwehrrechtliche Bewirkung eines Verbots (durch Zunichtemachen der Erlaubnis des Störers) nicht ausreicht, um das Schutzgut zu sichern, sondern das Verbot staatlich durchgesetzt und gegebenenfalls mit Sanktionen bewehrt werden muss, was mit der negatorischen Grundrechtsfunktion nicht zu bewirken sei, vgl. *Schwabe*, Probleme der Grundrechtsdogmatik, S. 219 f.

[91] *Schwabe*, Probleme der Grundrechtsdogmatik, S. 214; ebenso *Murswiek*, Die staatliche Verantwortung für die Risiken der Technik, S. 91.

[92] *Schwabe*, Probleme der Grundrechtsdogmatik, S. 213; *Murswiek*, Die staatliche Verantwortung für die Risiken der Technik, S. 91.

[93] *Murswiek*, Die staatliche Verantwortung für die Risiken der Technik, S. 92.

[94] Eine auf die Erbringung der Nachtarbeit gerichtete Klage wäre zwar gem. § 888 Abs. 3 ZPO nicht vollstreckbar, allerdings kann die arbeitsvertragliche Primärpflicht mit einer Vertragsstrafe gesichert werden (BAG 4. 3. 2004 – 8 AZR 196/03, NZA 2004, 727, 732; BAG 21. 4. 2005 – 8 AZR 425/04, NZA 2005, 1053, 1054 f.).

[95] Ähnlich *Schwabe*, Probleme der Grundrechtsdogmatik, S. 217.

pflicht, die jedes erlaubte Verhalten begleite.[96] Dem Staat werde lediglich sein eigenes Verhalten zugerechnet – regle er einen Freiheitskonflikt, indem er einem Beteiligten eine Duldungspflicht auferlege, so müsse sich dies vor den Grundrechten als normativer Eingriff legitimieren.[97]

c) Kritik

Gegen beide Sichtweisen spricht aber, dass sie im Ergebnis jedes private Handeln verstaatlichen. Alexy ist beizupflichten, dass die bloße Tatsache, dass etwas erlaubt und nicht verboten ist, weder eine Beteiligung des Staates noch eine Zurechnung zum Staat begründet.[98] Nur, weil der Staat dem Opfer kein Recht zur Abwehr eines Eingriffs gibt, greift er damit nicht selber in dessen Abwehrrechte ein.[99] Wenn der Staat den einen Bürger gegenüber dem anderen unreglementiert gewähren lässt, so wird damit keine Erlaubnis erteilt, sondern es unterbleibt schlicht und einfach eine Einmischung.[100] Ansonsten müsste man jede Form der Freiheit als staatlich erlaubt oder delegiert betrachten.[101] Die Duldungspflicht erweist sich vielmehr als dogmatischer Kunstgriff, mit dem ein staatliches Unterlassen in ein positives Tun umgedeutet wird.[102] Dadurch verliert aber der Eingriffsbegriff seine Konturen.[103] Zudem wird die charakteristische Dreieckskonstellation auf ein bipolares Verhältnis reduziert und die Tatsache überspielt, dass Grundrechte zwischen Privaten nicht unmittelbar angewendet werden können.[104]

Darüber hinaus bezweifelt Dietlein, dass zwischen Privaten überhaupt eine allgemeine Pflicht existiere, nicht ausdrücklich verbotene Rechtsgutsverletzungen hinzunehmen.[105] Im Gegenteil vertritt er die These, es gäbe ein Nichtschädigungsgebot, wonach private Eingriffe in a priori grundrechtlich geschützte Güter regelmäßig unzulässig seien, sofern keine besonderen Rechtfertigungsgründe vorlägen.[106]

---

[96] *Poscher*, Grundrechte als Abwehrrechte, S. 168 f., 174 f.

[97] *Poscher*, Grundrechte als Abwehrrechte, S. 175.

[98] *Alexy*, Theorie der Grundrechte, S. 417.

[99] *Alexy*, Theorie der Grundrechte, S. 418.

[100] *Canaris*, Grundrechte und Privatrecht, S. 40.

[101] *Canaris*, Grundrechte und Privatrecht, S. 41.

[102] *Calliess*, Rechtsstaat und Umweltstaat, S. 429.

[103] *Calliess*, Rechtsstaat und Umweltstaat, S. 430; *Gerber*, Grundrecht auf staatlichen Schutz, S. 78.

[104] *Möstl*, DÖV 1998, 1029, 1035; SSM/*Möstl*, Staatsrecht III, § 68 Rn. 19.

[105] *Dietlein*, Die Lehre von den grundrechtlichen Schutzpflichten, S. 47; ähnlich für das Privatrecht *Neuner*, in: ders. (Hg.), Grundrechte und Privatrecht aus rechtsvergleichender Sicht, S. 159, 160.

[106] *Dietlein*, Die Lehre von den grundrechtlichen Schutzpflichten, S. 47.

Auch das Bundesverfassungsgericht hat sich dieser Ansicht nicht angeschlossen. Vereinzelt taucht zwar eine Zurechnung in der Rechtsprechung des Bundesverfassungsgerichts auf. Es hat es als rechtfertigungsbedürftigen Eingriff angesehen, wenn der Staat Grundrechtsbeeinträchtigungen durch Private in Kauf nimmt.[107] Damit ist aber die bewusste Duldung des Erfolgs und nicht der Handlung gemeint.[108] Auch wird durch diese Figur in der Rechtsprechung des Bundesverfassungsgerichts eine Prüfung der Schutzpflichtenseite nicht obsolet, sie tritt vielmehr ergänzend hinzu.[109] Im sog. Klimabeschluss hat das BVerfG eine eingriffsähnliche Vorwirkung erkannt, weil der Gesetzgeber private Emissionen zugelassen hat.[110] Diese Wirkung folgt aber daraus, dass Deutschland ein bestimmtes Budget an Emissionen einhalten muss und deshalb die Treibhausgasminderungslast in der Zukunft höher liegt. Es werden also nicht die Emissionen zugerechnet, sondern es wird auf die künftigen staatlichen Maßnahmen abgestellt.

4. Eigene Wertung

Die Problematik des ungleichen Grundrechtsschutzes im Dreiecksverhältnis besteht offenkundig, sodass die Grundrechte des Opfers einbezogen werden müssen. Vorzugswürdig ist dabei die Schutzpflichtenlösung.

a) Entscheidung für die Schutzpflichtenlösung

Die abwehrrechtliche Lösung kann zwar leichter an die etablierte Grundrechtsdogmatik anschließen, ist aber nicht überzeugend. Denn sie verstaatlicht privates Handeln und überdehnt den Eingriffsbegriff. Die besseren Argumente sprechen für die herrschende Meinung, die von der Existenz grundrechtlicher Schutzpflichten ausgeht. Überzeugend ist vor allem das Argument, dass der staatliche Schutz den Verlust des Selbsthilferechts kompensiert. Aber auch der Bezug auf den Wortlaut von Art. 1 Abs. 1 GG sowie die objektiv-rechtliche Betrachtung können Bestandteile zur Begründung der Schutzpflichten liefern, sodass die Theorien hier ergänzend zueinander herangezogen werden.[111]

---

[107] BVerfG 26.6.2002 – 1 BvR 670/91, E 105, 279, 300 f.; BVerfG 15.3.2018 – 2 BvR 1371/13, NVwZ 2018, 1224 Rn. 29.

[108] *Buser*, DVBl 2020, 1389, 1392.

[109] BVerfG 15.3.2018 – 2 BvR 1371/13, NVwZ 2018, 1224 Rn. 31; BVerfG 24.3.2021 – 1 BvR 2656/18, 1 BvR 78/20, 1 BvR 96/20, 1 BvR 288/20, NJW 2021, 1723 Rn. 182 ff.

[110] BVerfG 24.3.2021 – 1 BvR 2656/18, 1 BvR 78/20, 1 BvR 96/20, 1 BvR 288/20, NJW 2021, 1723 Rn. 183.

[111] Ebenso *Canaris*, AcP 1984, 201, 226; *Ruffert*, Vorrang der Verfassung und Eigenständigkeit des Privatrechts, S. 166; *Ulber*, Tarifdispositives Gesetzesrecht, S. 337; für Fundierung in den Grundrechten selber i. V. m. Art. 1 Abs. 1 S. 2 GG und Absicherung durch den staatstheoretischen Kompensationsgedanken: Merten/Papier/*Calliess*, Handbuch der Grundrechte II, § 44 Rn. 24.

Daneben soll hier noch ein eigenes Argument für die Schutzpflichten angeführt werden. Art. 1 Abs. 1 GG enthält die Garantie elementarer Rechtsgleichheit.[112] Seine Erweiterung und Konkretisierung findet dieses Gebot der Rechtsgleichheit in Art. 3 Abs. 1 GG. Der Anwendungsbereich des Gleichheitssatzes ist umfassend.[113] Zwar könnte man argumentieren, dass dieser Norm bereits genüge getan ist, sofern formale Rechtsgleichheit besteht, indem die Grundrechte für alle Grundrechtsträger auf ihre freiheitliche Abwehrfunktion beschränkt werden. Wie oben ausführlich dargelegt, führt dies jedoch zu einem erheblich ungleichen Grundrechtsstatus im Dreiecksverhältnis, weil das Opfer sich nicht auf Grundrechte berufen könnte. Es ist aber von fundamentaler Bedeutung für den eigenen Rechtsstatus und seine Durchsetzung, als Grundrechtssubjekt auftreten zu können. Im Gegensatz zu einer solchen Auffassung gebietet Art. 3 Abs. 1 GG daher die Allgemeinheit und Gleichheit des Grundrechtsstatus von Störer und Opfer.[114] Eine solche ist durch Annahme von Schutzpflichten zu erreichen.

b) Aufnahme von Kritikpunkten der abwehrrechtlichen Lösung

Obwohl ihre Ansicht abzulehnen ist, haben die Vertreter der abwehrrechtlichen Theorie viele zutreffende Aspekte angeführt.[115] Insbesondere die von Poscher erhobene Kritik, dass die Schutzpflichtenlösung nur das Ungleichgewicht abschwächt, aber nicht zu einer vollständigen Symmetrie zwischen dem Rechtsstatus des Störers und des Opfers führt, ist hier zu nennen.[116] Dieses Ergebnis resultiert aber in erster Linie daraus, dass die Dogmatik schwächer ausgeprägt ist, wenn es darum geht, zu überprüfen, ob der Staat seine Schutzpflicht erfüllt, als ob er unverhältnismäßig in Abwehrrechte eingreift. Deshalb spricht diese Kritik nicht zwingend gegen die Schutzpflichtenlösung, es soll vielmehr versucht werden, ihr mit einer effektiveren rechtlichen Kontrolle zu begegnen (siehe C. III. 3.).[117]

5. Anwendung auf die Problematik der Nachtarbeit

Nachtarbeit ist für diejenigen, die sie verrichten, stark gesundheitsgefährdend und sozial einschränkend. Eine Betroffenheit des Rechtsguts von Art. 2 Abs. 2 S. 1 GG liegt damit auf der Hand, weitere Grundrechte kommen hinzu (siehe D. II. – IV.) Der Staat greift aber, in dem er Nachtarbeit nicht verbietet, nicht selbst in die Grundrechte

---

[112] BVerfG 17. 1. 2017 – 2 BvB 1/13, NJW 2017, 611 Rn. 539; Sachs/Höfling, GG, Art. 1 Rn. 35

[113] MKS/*Wollenschläger*, GG, Art. 3 Rn. 67.

[114] Ähnlich *Neuner*, in: ders. (Hg.), Grundrechte und Privatrecht aus rechtsvergleichender Sicht, S. 159, 174.

[115] So auch Merten/Papier/*Calliess*, Handbuch der Grundrechte II, § 44 Rn. 12.

[116] *Poscher*, Grundrechte als Abwehrrechte, S. 89 f.

[117] Ähnlich *Calliess*, Rechtsstaat und Umweltstaat, S. 437.

der Nachtarbeitnehmer ein. Eine Zurechnung der Gefährdungen, die sich aus der Weisung des Arbeitgebers ergeben, zum Staat scheidet ebenfalls aus. Die vom Bundesverfassungsgericht anerkannte Zurechnung scheitert daran, dass der Staat durch das Schutzkonzept, insbesondere § 6 ArbZG, zum Ausdruck gebracht hat, den Erfolg der Schädigung des Rechtsguts nicht in Kauf nehmen zu wollen. Dies ist unabhängig davon, ob die Regelungen tatsächlich geeignet sind, das Mindestschutzniveau zu gewährleisten. Eine weitergehende Zurechnung ist wegen der Ablehnung des abwehrrechtlichen Modells nicht vorzunehmen.

Aufgrund der Schutzpflichtendimension, die den Grundrechten inhärent ist, darf der Staat dennoch nicht untätig bleiben. Er ist vielmehr verpflichtet, die Nachtarbeitnehmer vor Beeinträchtigungen ihrer Grundrechte zu schützen, die aus Anordnungen des Arbeitgebers resultieren können.

II. Schutzpflichten im Privatrecht

Grundrechtliche Schutzpflichten existieren also. Gibt es sie aber auch im Privatrecht? Schließlich wird Nachtarbeit durchweg aufgrund freiwillig getroffener, vertraglicher Vereinbarungen verrichtet.[118] Die vorliegende Gestaltung unterscheidet sich somit von der „klassischen" Dreieckskonstellation mit Staat, Störer und Opfer[119], weil die privaten Parteien hier durch ein Arbeitsverhältnis verbunden sind. Auch die Vertragsfreiheit ist grundrechtlich geschützt.[120] Die Grundrechtssubjekte sind frei darin, wie sie ihre Grundrechte wahrnehmen und ausüben. Man könnte es also annehmen, dass freiwillige Verträge über Nachtarbeit die Interessen beider Seiten ausreichend schützen und eine Kontrolle mit dem Diktum „Vertrag ist Vertrag" ablehnen.

Zugleich gibt es erhebliche tatsächliche Unterschiede unter Privaten, was ihre Verhandlungsposition beeinflusst und Machtausübung beim Vertragsschluss ermöglicht. Gerade im Arbeitsrecht besteht nach nahezu einhelliger Meinung typischerweise ein Machtgefälle zwischen Arbeitgeber und Arbeitnehmer, das Bundesverfassungsgericht spricht von „struktureller Unterlegenheit".[121] Staatliches

[118] BVerfG 28.1.1992 – 1 BvR 1025/84, 1 BvL 16/83, 1 BvL 10/91, E 85, 191, 208, 213.

[119] So die Terminologie von *Isensee*, Das Grundrecht auf Sicherheit, S. 34.

[120] StRspr seit BVerfG 12.11.1958 – 2 BvL 4/56, 2 BvL 26/56, 2 BvL 40/56, 2 BvL 1/57, 2 BvL 7/57, E 8, 274, 328; BVerfG 7.2.1990 – 1 BvR 26/84, E 81, 242, 254; BVerfG 19.10. 1993 – 1 BvR 567, 1044/89, E 89, 214, 231; DHS/*Di Fabio*, GG, Art. 2 Rn. 101 m.w.N.; MKS/*Manssen*, GG, Art. 12 Rn. 69.

[121] StRspr. seit BVerfG 26.6.1991 – 1 BvR 779/85, E 84, 212, 229; BVerfG 28.1.1992 – 1 BvR 1025/84, 1 BvL 16/83, 1 BvL 10/91, E 85, 191, 213; BVerfG 23.11.2006 – 1 BvR 1909/ 06, NJW 2007, 286, 287 f. m.w.N.; BVerfG 11.7.2017 – 1 BvR 1571/15, NZA 2017, 915 Rn. 146; ebenso BAG 9.12.2020 – 10 AZR 334/20, NZA 2021, 1110 Rn. 26; *Däubler*, Arbeitsrecht, Rn. 4; *Dieterich*, RdA 1995, 129, 131; *Gamillscheg*, Grundrechte im Arbeitsverhältnis, S. 29; *Junker*, Grundkurs Arbeitsrecht, Rn. 18 f.; MHdB ArbR/*Fischinger*, § 10 Rn. 38; *Nipperdey*, Grundrechte und Privatrecht, S. 25; *Singer*, in: Neuner (Hg.), Grundrechte

Eingreifen kann geboten sein, wenn man anerkennt, dass auch im Vertragsverhältnis Private die Grundrechtsgüter anderer Privater gefährden können. Das Bundesverfassungsgericht leitet daraus ab, dass die Schutzpflichten auch im privaten Vertragsrecht zu wahren sind.[122] Diese Auffassung ist im Schrifttum überwiegend auf Kritik gestoßen.[123]

Die vorliegende Arbeit argumentiert aber, dass bei der Nachtarbeit von Verfassungs wegen bestimmte Regelungen zugunsten des Arbeitnehmers zu treffen sind und dass die einfachrechtliche Rechtslage dieses Mindestniveau nicht erreicht. Dies setzt voraus, dass eine verfassungsrechtliche Pflicht des Staates besteht, unter bestimmten Umständen auch im Zivilrecht Private gegen andere Private zu schützen. Als verfassungsrechtliche Anknüpfungspunkte kommen die grundrechtlichen Schutzpflichten und das Sozialstaatsgebot in Betracht. Die dazu vertretenen Ansichten sollen im Folgenden dargestellt und bewertet werden. Auf die Ansicht, die auch im Vertragsrecht staatliches Eingreifen auf beiden Seiten aus den Abwehrrechten geboten sieht, wird hier nicht mehr eingegangen, weil dieses Konzept bereits oben abgelehnt wurde.[124]

1. Erste Ansicht: Formale Vertragsfreiheit

Nach einer rein formalen Auffassung[125] von Vertragsfreiheit sind staatliche Eingriffe in private Vertragsverhältnisse nicht verfassungsrechtlich geboten.

---

und Privatrecht aus rechtsvergleichender Sicht, S. 245, 249; *Sinzheimer*, Der korporative Arbeitsnormenvertrag, S. 16f.; a.A. *Zöllner*, AcP 1996, 1, 19f. Sein Argument, dass der Arbeitgeber wegen der Konkurrenz mit anderen Arbeitgebern nur einen begrenzten Spielraum bei der Lohngestaltung habe, geht aber fehl, weil dies nichts über das Ungleichgewicht im Verhältnis Arbeitgeber zum Arbeitnehmer aussagt. In diesem Verhältnis kann der Arbeitgeber mit der Nichteingehung oder (Änderungs-)Kündigung des Arbeitsverhältnisses gegen den einzelnen Arbeitnehmer regelmäßig seine Forderungen durchsetzen. Außerdem kommt *Zöllner* mit der Begründung, dass der Arbeitnehmer existenziell auf den Vertrag angewiesen ist, ebenfalls zu dessen Schutzbedürftigkeit, siehe ebd., 32f. Diese existenzielle Angewiesenheit auf einen Arbeitsplatz ist aber gerade eine Ursache des Machtungleichgewichts, vgl. *Fastrich*, Richterliche Inhaltskontrolle im Privatrecht, S. 187.

[122] Grundlegend BVerfG 7.2.1990 – 1 BvR 26/84, E 81, 242, 254ff.; BVerfG 19.10.1993 – 1 BvR 567, 1044/89, E 89, 214, 231ff.

[123] *Dietlein*, Die Lehre von den grundrechtlichen Schutzpflichten, S. V mit zahlreichen Nachweisen.

[124] Dazu *Poscher*, Grundrechte als Abwehrrechte, S. 358ff.

[125] *Thüsing*, in: FS Wiedemann, S. 559, 563 sowie *Neumann*, ZfSf 1937, 542, 564f., der formale und soziale Vertragsfreiheit gegenüberstellt. Unter sozialer Vertragsfreiheit versteht er den Austausch gleichwertiger Leistungen durch gleichstarke Wettbewerber.

a) Historische Grundlagen

Ein solches Rechtsverständnis herrschte unter den Erstellern des BGB.[126] Es geht von geschäftlich Erfahrenen und Urteilsfähigen aus, die ihre Angelegenheiten mit anderen Gleichgestellten selbst regeln.[127] Der Staat soll danach bloß die Ausübung der Freiheit des Einzelnen ermöglichen, indem er das Privatrecht zur Verfügung stellt, sich ansonsten aber strikt aus den Verhältnissen der Privaten untereinander heraushalten.[128] Dem entsprachen die Verfassungen des 19. Jahrhunderts, die keine Bindung des Privatrechtsgesetzgebers an die Grundrechte kannten.[129]

b) Dogmatische Begründung

Ladeur hat diese Gedanken erneut formuliert. Seiner Ansicht nach dient das Recht in der liberalen Gesellschaft in erster Linie „der Abstützung der Bildung einer ‚spontanen Handelnsordnung'"[130]. Die Einführung aus den Grundrechten abgeleiteter Schutzrechte könne der Eigenrationalität des Zivilrechts keine neue Ordnungsleistung hinzufügen.[131] Vielmehr könne sie falsche Anreize setzen, als „Benachteiligter" staatlichen Schutz in Anspruch zu nehmen, während der liberale Staat in der Vergangenheit stets versucht habe, die „Entstehung von parasitären und destruktiven Lebensformen zu verhindern"[132] (sic!). Vom Einzelnen zu verlangen, grundrechtliche geschützte Interessen anderer zu berücksichtigen, ignoriere das notwendige Moment der „kreativen Zerstörung", vielmehr müsse der Einzelne weitgehend von der Verantwortung für Nebenfolgen seines Handelns entlastet werden; die Orientierung an einem Zustand faktischer Symmetrie ersticke die Dynamik des Wettbewerbs.[133]

c) Historisch-empirische Entwicklung

Allerdings wurde die Vorstellung, dass alle Verträge freiwillig ausgehandelt und geschlossen würden, schon frühzeitig als bloße Fiktion widerlegt. So stellte Lassalle in seinem Bild vom Nachtwächterstaat dar, dass die staatlicherseits ungehinderte Selbstbetätigung der privaten Kräfte unter Bedingungen tatsächlicher Ungleichheit dazu führe, dass „der Stärkere, Gescheitere, Reichere den Schwächeren ausbeutet und

---

[126] *Limbach*, JuS 1985, 10, 10 f. Zwar kannte selbst das ursprüngliche BGB Einschränkungen der Vertragsfreiheit wie Sittenwidrigkeit (§ 138) oder Treu und Glauben (§ 242), diese galten aber nicht als verfassungsmäßig vorgegeben.

[127] *Neuner*, Allgemeiner Teil des Bürgerlichen Rechts, § 10 Rn. 42.

[128] Vgl. *Ramm*, Einführung in das Privatrecht I, G16, G21.

[129] *Neuner*, in: ders. (Hg.), Grundrechte und Privatrecht aus rechtsvergleichender Sicht, S. 159, 161 m. w. N.

[130] *Ladeur*, Kritik der Abwägung in der Grundrechtsdogmatik, S. 34.

[131] *Ladeur*, Kritik der Abwägung in der Grundrechtsdogmatik, S. 36.

[132] *Ladeur*, Kritik der Abwägung in der Grundrechtsdogmatik, S. 38.

[133] *Ladeur*, Kritik der Abwägung in der Grundrechtsdogmatik, S. 43 f., 59.

in seine Tasche steckt“[134]. Diese Wirkungsweise der Vertragsfreiheit bei struktureller Unterlegenheit eines Vertragsteils wurde vielfach beschrieben.[135] Historisch-empirisch stützte sich dies auf die Erfahrung der Arbeitsverhältnisse des 19. Jahrhunderts, in denen die formale Vertragsfreiheit praktisch zum einseitigen Diktat der Arbeitsbedingungen durch den Arbeitgeber führte (ausführlich 2. Kapitel A. II. 1.).[136] Hinzu entstanden ab dem Ende des 19. Jahrhunderts Kartelle und Trusts, die den Wettbewerb untereinander ausschalteten und durch ihre Monopolstellung ebenfalls einseitig Vertragsbedingungen bestimmen konnten, indem sie die formale Vertragsfreiheit nutzten.[137]

2. Zweite Ansicht: Sozialstaatliche Sichtweise

Ein Teil der Literatur folgt dieser Ansicht insofern, dass sie die Einbeziehung des sozialen Schutzes in die Schutzpflichtenlehre ablehnt.[138] Sie kennt allerdings neben grundrechtlichen auch sozialstaatliche Schutzpflichten, die zum Schutz des unterlegenen Vertragspartners eingriffen.[139]

Isensee als prononcierter Vertreter dieser Auffassung entwickelt in Auseinandersetzung mit der Rechtsprechung des BVerfG zwei Argumente: Erstens liege in einer vertraglichen Vereinbarung kein Handeln gegen den Willen einer Partei und damit kein Übergriff eines Privaten in die Rechtssphäre eines anderen.[140] Es gehe daher nicht um Schutz vor dem anderen Vertragsteil, sondern um Schutz „vor sich selbst, vor einer nachteiligen Selbstbindung“[141]. Zweitens setze die Schutzpflicht definierte Rechtspositionen voraus, hier aber gehe es darum, Rechtspositionen überhaupt erst zu umgrenzen und zuzuteilen[142] bzw. deren rechtlich garantierte Ausübung faktisch zu ermöglichen[143].

---

[134] *Lassalle*, Ausgewählte Texte, S. 167.

[135] Zur sozialpolitischen Kritik des BGB-Entwurfs vgl. schon *Gierke*, Die soziale Aufgabe des Privatrechts, S. 23: „Schrankenlose Vertragsfreiheit zerstört sich selbst. Eine furchtbare Waffe in der Hand des Starken, ein stumpfes Werkzeug in der Hand des Schwachen, wird sie zum Mittel der Unterdrückung des Einen durch den Anderen, der schonungslosen Ausbeutung geistiger und wirtschaftlicher Übermacht.“

[136] *Becker*, Arbeitsvertrag und Arbeitsverhältnis in Deutschland, S. 51; *Henning*, Die Industrialisierung in Deutschland, S. 106; *Kempen*, NZA-Beil. 2000, 7, 8; *Ogris*, RdA 1967, 286, 297; *Picker*, in: GS Knobbe-Keuk, S. 879, 884; *Preis*, RdA 2019, 75, 78; *Preis/Temming*, Individualarbeitsrecht, Rn. 71; *Ramm*, Einführung in das Privatrecht I, G83.

[137] *Neumann*, ZfSf 1937, 542, 564 f.

[138] Isensee/Kirchhof/*Isensee*, Handbuch des Staatsrechts IX, § 191 Rn. 196 ff.; *Unruh*, Zur Dogmatik der grundrechtlichen Schutzpflichten, S. 49 f.

[139] Isensee/Kirchhof/*Isensee*, Handbuch des Staatsrechts IX, § 191 Rn. 198.

[140] Isensee/Kirchhof/*Isensee*, Handbuch des Staatsrechts IX, § 191 Rn. 197; ebenso SSM/*Möstl*, Staatsrecht III, § 68 Rn. 6, 9, 20 (in Rn. 44 wird allerdings ein „Rechtsdreieck“ angenommen und das Untermaßverbot angewendet).

[141] Isensee/Kirchhof/*Isensee*, Handbuch des Staatsrechts IX, § 191 Rn. 197.

[142] Isensee/Kirchhof/*Isensee*, Handbuch des Staatsrechts IX, § 191 Rn. 197.

Interessant für die vorliegende Untersuchung der Nachtarbeit ist, dass diese nicht in einer der beiden Kategorien aufgeht. Sie betrifft nach Isensee beide Schutzpflichten, denn die gesetzlichen Regelungen der Nachtarbeit dienten dem sozialen Ziel, die reale Disparität des Arbeitsvertrages anzugleichen sowie der rechtsstaatlichen Pflicht zum Schutz der körperlichen Unversehrtheit.[144]

3. Dritte Ansicht: Materielle Vertragsfreiheit

Nach herrschender Meinung hingegen gebietet die grundrechtliche Schutzpflicht im Zusammenspiel mit dem Sozialstaatsgebot ein staatliches Eingreifen, wenn ein erhebliches tatsächliches Ungleichgewicht zwischen den Parteien besteht. Damit soll die materielle Vertragsfreiheit geschützt werden, eine rechtsgeschäftliche Bindung einzugehen oder auch nicht.[145]

a) Rechtsprechung des Bundesverfassungsgerichts

Nach dem Bundesverfassungsgericht ist das Eingehen vertraglicher Bindungen zunächst ein Akt der Freiheitsausübung im Wege der *Selbst*bestimmung über die eigenen Angelegenheiten, die ohne staatlichen Zwang erfolgt.[146] Allerdings setzt Selbstbestimmung voraus, dass deren Bedingungen *tatsächlich* gegeben sind.[147] Überwiegt hingegen ein Vertragsteil so stark, dass er vertragliche Regelungen *faktisch* einseitig setzen kann, so bewirkt dies für den anderen Teil *Fremd*bestimmung.[148]

Aus den vom Verfasser vorgenommenen Hervorhebungen wird deutlich, dass das Gericht ein rein formales Verständnis von Vertragsfreiheit ablehnt und die tatsächlichen Umstände einbezieht. Aus dem Umschlagen von Selbst- in Fremdbestimmung wird außerdem klar, dass es weder um einen Schutz des Grundrechtsträgers vor sich selbst noch in erster Linie um den vor einem staatlichen Eingriff geht. Die Gefährdung geht vielmehr von dem anderen Grundrechtsträger aus, der die vertraglichen Bedingungen diktiert. Dies gefährdet die Vertragsfreiheit des schwächeren Teils, die zur bloßen Fiktion wird, kann aber zugleich auch andere

---

[143] *Murswiek*, Die staatliche Verantwortung für die Risiken der Technik, S. 123; *Unruh*, Zur Dogmatik der grundrechtlichen Schutzpflichten, S. 49 f.

[144] Isensee/Kirchhof/*Isensee*, Handbuch des Staatsrechts IX, § 191 Rn. 153, 200. Den Begriff rechtsstaatliche Schutzpflicht verwendet *Isensee* anstelle des Begriffs grundrechtliche Schutzpflicht, ebd. Rn. 191.

[145] *Thüsing*, in: FS Wiedemann, S. 559, 563.

[146] BVerfG 7.2.1990 – 1 BvR 26/84, E 81, 242, 254; BVerfG 6.2.2001 – 1 BvR 12/92, NJW 2001, 957, 958.

[147] BVerfG 7.2.1990 – 1 BvR 26/84, E 81, 242, 254 f.; BVerfG 6.2.2001 – 1 BvR 12/92, NJW 2001, 957, 958; BVerfG 26.7.2005 – 1 BvR 80/95, E 114, 73, 89.

[148] BVerfG 7.2.1990 – 1 BvR 26/84, E 81, 242, 255; BVerfG 19.10.1993 – 1 BvR 567, 1044/89, E 89, 214, 232; BVerfG 6.2.2001 – 1 BvR 12/92, NJW 2001, 957, 958; BVerfG 26.7.2005 – 1 BvR 80/95, E 114, 73, 90.

Grundrechte gefährden, etwa bei der Vereinbarung einer gesundheitsschädigenden Arbeitsleistung oder einer Zölibatsklausel, die Ehe und Familienleben beeinträchtigt. Das Bundesverfassungsgericht betont, dass die Grundrechtsgefährdung ihre rechtliche Grundlage nicht *primär* in staatlichem Handeln habe.[149] Damit ist zweierlei gesagt: Erstens ist ihre primäre Grundlage der Vertrag. Zweitens aber trifft den Staat eine Art Mitverantwortung, indem er die Vertragsfreiheit des stärkeren Teils garantiert und die privatrechtlichen Mittel zu ihrer Durchsetzung bereitstellt. Es handelt sich daher um ein Problem der Schutzpflicht des Staates gegen das grundrechtsbeeinträchtigende Handeln eines privaten Dritten, aber nicht um einen unmittelbaren staatlichen Eingriff. Ergänzend zieht das Bundesverfassungsgericht das Sozialstaatsgebot heran, dass den Staat verpflichte, sozialem und wirtschaftlichem Ungleichgewicht entgegenzuwirken.[150]

b) Beurteilung in der Literatur

Damit wendet das Bundesverfassungsgericht die Schutzpflichten auch im Privatrecht an. Die dogmatischen Vorarbeiten dafür hatte Canaris bereits in den 1980er Jahren geleistet.[151] Mittels eines Erst-Recht-Schlusses argumentiert er, dass die Schutzpflichten auch im Privatrecht gelten müssen, wenn sie sogar zum Erlass von Strafnormen verpflichten könnten.[152]

Die Literatur hat dieser Auffassung und der Rechtsprechung des Bundesverfassungsgerichts weitgehend zugestimmt.[153] Die Schutzpflicht zugunsten der Vertragsfreiheit wird dabei vor allem damit begründet, dass diese keine „formale Hülse“[154] sein soll, sondern materiell mit Leben erfüllt werden müsse. Gesetzliche Vorschriften, die sozialem und wirtschaftlichem Ungleichgewicht entgegenwirken, seien daher für die Privatautonomie keine systemfremden Grenzziehungen, sondern ermöglichten sie erst.[155] Außerdem sei die Vertragsfreiheit als Rechtsgut in besonderem Maße staatlich geprägt, sie müsse immer ausgestaltet und auch begrenzt

149 BVerfG 7.2.1990 – 1 BvR 26/84, E 81, 242, 253.

150 BVerfG 28.1.1992 – 1 BvR 1025/84, 1 BvL 16/83, 1 BvL 10/91, E 85, 191, 213.

151 *Canaris*, AcP 1984, 201, 225 ff.

152 *Canaris*, AcP 1984, 201, 227.

153 Zustimmend BeckOGK/*Herresthal*, BGB, § 311 Rn. 18; *Bücker/Feldhoff/Kohte*, Vom Arbeitsschutz zur Arbeitsumwelt, Rn. 92; *Dieterich*, RdA 1995, 129, 130; DHS/*Di Fabio*, GG, Art. 2 Rn. 115; ErfK/*Schmidt*, GG, Art. 2 Rn. 25; HK-ArbR/*Becker*, GG, Art. 2 Rn. 10; MHdB ArbR/*Fischinger*, § 7 Rn. 15; Dreier/*Wieland*, GG, 3. Aufl. 2013, Art. 12 Rn. 145 f.; Dreier/*Wollenschläger*, GG, Art. 12 Rn. 205; *Preis*, Grundfragen der Vertragsgestaltung im Arbeitsrecht, S. 44; *Singer*, in: Neuner (Hg.), Grundrechte und Privatrecht aus rechtsvergleichender Sicht, S. 245, 249; explizit auch das Sozialstaatsgebot berücksichtigen will JP/*Jarass*, GG, Art. 2 Rn. 23; kritisch zur Annahme einer Schutzpflicht zur Wahrung der Vertragsfreiheit Stern/*Stern*, Staatsrecht IV/1, 1. Aufl. 2006, S. 905.

154 MHdB ArbR/*Fischinger*, § 7 Rn. 15.

155 MHdB ArbR/*Fischinger*, § 7 Rn. 15.

werden.[156] Voraussetzung sei aber eine erhebliche Ungleichgewichtslage, durch die ein Teil die Vertragsinhalte faktisch vorgeben kann; nur dann sei der Staat verpflichtet, in vertragliche Regelungen einzugreifen.[157] Um ein Beispiel zu geben: Natürlich kann freiwillig ein Vertrag über eine Tätowierung geschlossen werden, auch wenn die Leistungserbringung in das Grundrecht aus Art. 2 Abs. 2 S. 1 GG übergreift. Dies ist aber etwas anderes, als eine gesundheitsgefährdende Arbeitsleistung in einem Arbeitsverhältnis zu vereinbaren oder anzuordnen. Beim Schutz vor sozialer Macht des Vertragspartners geht es somit nicht um den Schutz vor sich selbst, sondern vor dem anderen Teil.[158]

c) Aufnahme in die Gesetzgebung

Auch der Gesetzgeber des Mindestlohngesetzes hat sich zustimmend positioniert, indem er dieses mit dem Schutz von Arbeitnehmern vor jedenfalls unangemessenen Löhnen begründet hat, welche den in Art. 2 Abs. 1 und Art. 20 Abs. 1 GG zum Ausdruck kommenden elementaren Gerechtigkeitsanforderungen zuwiderliefen.[159] Als primärer Zweck kann dem Gesetz daher der Schutz der Vertragsfreiheit und die Verwirklichung des Sozialstaatsgebots entnommen werden.[160]

4. Eigene Wertung

Im Ergebnis ist eine Schutzpflicht zugunsten der Vertragsfreiheit anzunehmen, weil Vertragsfreiheit bei richtigem Verständnis stets staatlich gewährt und ausgestaltet werden muss. Bei einem wirtschaftlichen Ungleichgewicht kann dies auch staatliches Handeln zugunsten der unterlegenen Partei erfordern, um reale Vertragsfreiheit für beide Seiten herzustellen. Daraus folgt sogleich die Pflicht, auch andere Grundrechte, die durch den Vertrag gefährdet werden, zu schützen.

a) Kritik des formellen Verständnisses der Vertragsfreiheit

Ein rein formales Verständnis von Vertragsfreiheit ist abzulehnen. Eine gänzliche Trennung von privatem und öffentlichem Recht besteht nicht, weil Art. 1 Abs. 3 GG alle staatliche Gewalt an die Grundrechte bindet – und damit auch Zivilgesetzgebung

---

[156] *Dieterich*, RdA 1995, 129, 130.

[157] BVerfG 26.7.2005 – 1 BvR 80/95, E 114, 73, 89 f.; ähnlich *Ruffert*, Vorrang der Verfassung und Eigenständigkeit des Privatrechts, S. 251, der dies aus dem Subsidiaritätsprinzip ableitet.

[158] *Erichsen*, Jura 1997, 85, 87; vgl. *Hermes*, NJW 1990, 1764, 1766.

[159] BT-Drs. 18/1558, S. 28.

[160] *Dorr/Brandt*, Jura 2019, 1027, 1028; *Riechert/Nimmerjahn*, MiLoG, Einführung Rn. 73.

und -rechtsprechung.[161] Grundrechte und Privatrecht wirken aber auch nicht so zusammen, dass staatliche Regelungen ausschließlich am Abwehrrecht des einen Teils zu messen sind. Wie die historische Entwicklung gezeigt hat, führt dies bei wirtschaftlichen Ungleichgewichten dazu, dass die Vertragsfreiheit des schwächeren Teils zur bloßen Fiktion wird. Das Grundgesetz schützt aber den tatsächlichen Gebrauch der Grundrechte und nicht bloße Fiktionen.[162] Außerdem handelt der Staat bereits, indem er tatsächlich Ungleiche als rechtlich Gleiche setzt und die Vertragsfreiheit gewährleistet. Es gibt daher keinen Platz für ein rein formales Verständnis von Vertragsfreiheit, wonach nur Beschränkungen einer zuvor als unbeschränkt angenommenen Vertragsfreiheit rechtfertigungsbedürftig wären.[163]

b) Kritik der sozialstaatlichen Sichtweise

Auch die rein sozialstaatliche Sichtweise nach Isensee überzeugt nicht. Deren Hauptargument zur Abgrenzung gegenüber der grundrechtlichen Schutzpflicht lautet, dass diese nur bereits existierende Rechtsgüter schütze. Dazu gehörten aber die Umgrenzung der Vertragsfreiheit und ihre Ermöglichung nicht. Daran ist zutreffend, dass Vertragsfreiheit immer staatlich gewährleistet und ausgestaltet werden muss. Andere Rechtsgüter wie Leben und Gesundheit mögen von vornherein sehr klar umgrenzt sein und vorstaatlich bestehen. Für die Vertragsfreiheit gilt dies nicht, denn der Unterschied von Verträgen zu sonstigen Vereinbarungen zwischen Menschen liegt gerade darin, dass der Staat sie anerkennt und absichert.[164] Ohne staatliche Anerkennung haben sie keine positivrechtliche Geltung.[165] Ohne staatliches Tätigwerden gibt es mithin keine Vertragsfreiheit.[166] Allerdings überzeugt die Unterscheidung zwischen vorstaatlichen und ausgestaltungsbedürftigen Grundrechten nicht. Auch normgeprägte Grundrechte, wie neben der Vertragsfreiheit die Ehe oder das Eigentum, sind Grundrechte. Sie sind ebenso im Grundrechtsteil des Grundgesetzes normiert, wie Leben und körperliche Unversehrtheit. Deshalb kann den Staat auch diesbezüglich eine grundrechtliche Schutzpflicht treffen.

Zudem kann das Argument, es gehe bei der sozialstaatlichen Schutzpflicht um den Schutz vor sich selbst und nicht vor einem anderen, nicht überzeugen. Es verkennt das Machtgefälle in den meisten Arbeitsverhältnissen, das es dem Arbeitgeber ermöglicht, Vertragsbedingungen einseitig zu diktieren. Außerdem erscheint es

---

[161] Dreier/*Wieland*, GG, 3. Aufl. 2013, Art. 12 Rn. 149; DHS/*Di Fabio*, GG, Art. 2 Rn. 106, 108, 115; *Neuner*, in: ders. (Hg.), Grundrechte und Privatrecht aus rechtsvergleichender Sicht, S. 159, 164, 169; *Ramm*, Einführung in das Privatrecht I, G108 f.

[162] *Hönn*, Kompensation gestörter Vertragsparität, S. 282 ff.; *Dieterich*, RdA 1995, 129, 133.

[163] MHdB ArbR/*Fischinger*, § 7 Rn. 15.

[164] *Dieterich*, RdA 1995, 129, 130.

[165] *Canaris*, Grundrechte und Privatrecht, S. 48; *Ulber*, Tarifdispositives Gesetzesrecht, S. 334 f.

[166] *Ruffert*, JuS 2020, 1, 4.

einigermaßen absurd, den Sinn des Sozialstaats im Schutz der Bürger vor sich selbst zu sehen.

c) Zustimmung zum materiellen Verständnis der Vertragsfreiheit

Vielmehr ist der Staat verpflichtet, die Vertragsfreiheit so auszugestalten, dass Gesetze die tatsächlichen Ungleichheiten abmildern oder ungerechte vertragliche Regelungen nicht durchsetzbar sind. Zumal er gem. Art. 12 und 14 GG ebenfalls partiell schützt, dass bestehende Ungleichgewichtslagen ausgenützt werden können. Das Privatrechtssystem schützt keineswegs nur Schwächere, sondern ermöglicht auch Stärkeren, ihre Macht auszuüben, indem sie Vertragsinhalte aufoktroyieren. Zutreffend ist in diesem Sinne die Ansicht des Bundesverfassungsgerichts, die Machtausübung gehe nicht *primär* vom Staat aus. Der Staat trägt also eine Mitverantwortung an der privaten Machtentfaltung, indem er diese rechtlich absichert – wenn diese Mitverantwortung auch nicht den privaten zum staatlichen Eingriff macht. Denn die Normsetzung erfolgt privat, der Staat verleiht dieser aber in den Grenzen der Gesetze rechtliche Geltung und muss sich dafür auch rechtfertigen.

Der Staat muss daher für ein gewisses Maß an materieller Vertragsfreiheit sorgen und einen Mindestschutz gegenüber Grundrechtsgefährdungen auch in Vertragsverhältnissen bieten. Tragend ist auch hier der Gedanke, dass der Staat andere Formen des Selbstschutzes weitgehend ausschließt.[167] Die Ausgestaltung der Vertragsfreiheit ist daher am Untermaßverbot der Schutzpflichten zugunsten des schwächeren Teils sowie dem Übermaßverbot des Abwehrrechts zugunsten des stärkeren Teils zu messen.

d) Schutz der Vertragsfreiheit durch deren allgemeine Beschränkung

Um die Arbeitnehmerseite zu stärken, müssen dabei allgemeine Beschränkungen für alle Arbeitnehmer geschaffen werden. Nur so können die Verhandlungsposition des Einzelnen gestärkt oder bestimmte Bedingungen der Verhandlung entzogen werden. So verbietet etwa § 3 ArbZG eine tägliche Arbeitszeit von mehr als zehn Stunden. Dies ist notwendig, um zu verhindern, dass sich Arbeitnehmer in der Konkurrenz auf dem Arbeitsmarkt gegenseitig unterbieten (müssen). Dass der Staat die Vertragsfreiheit gewährleistet, setzt also gerade voraus, dass er sie beschränkt.[168]

Man könnte die Beschränkungen auch an den Freiheitsrechten der Arbeitnehmer messen, um überbordende, paternalistische Regelungen zu verhindern. Dies ist je-

---

[167] Wo dies nicht der Fall ist, insbesondere dort, wo die Tarifautonomie gem. Art. 9 Abs. 3 GG zu einem angemessenen Ausgleich führen kann und führt, ist der Anspruch auf staatlichen Schutz zurückgenommen. Vgl. *Ruffert*, in: Vesting/Korioth/Augsberg (Hg.), Grundrechte als Phänomene kollektiver Ordnung, S. 109, 117.

[168] *Thüsing*, in: FS Wiedemann, S. 559, 564, 568.

doch nicht notwendig. Zunächst einmal liefe ein solches Freiheitsverständnis polemisch gesprochen auf ein Recht, sich ausbeuten zu lassen, hinaus.[169] Zudem wird das Schutzniveau bereits durch Prüfung des Abwehrrechts des Arbeitgebers erreicht, denn es ist nicht ersichtlich, wann eine solche Regelung unverhältnismäßig in das Recht des Arbeitnehmers, aber nicht des Arbeitgebers eingreifen sollte. Probleme ergeben sich aus Arbeitnehmersicht vielmehr dann, wenn eine Regelung nicht alle Arbeitnehmer gleich betrifft. Historisch wurde dies am Nachtarbeitsverbot für Arbeiterinnen aufgezeigt. Dabei handelt es sich aber richtigerweise um Probleme des Art. 3 GG und nicht des Art. 12 Abs. 1 GG.[170]

e) Bedeutung des Sozialstaatsgebots in Bezug auf die Vertragsfreiheit

Operiert wird in der vorliegenden Arbeit folglich auf Seiten des Arbeitnehmers vorrangig mit der grundrechtlichen Schutzpflichtenlehre. Auf das Sozialstaatsgebot wird aber, wie in der Rechtsprechung des BVerfG, nicht gänzlich verzichtet. Es hat in diesem Kontext zwei Bedeutungen. Erstens ist im Kontext des Arbeitsmarktes darauf zu verweisen, dass auch sozialstaatliche Leistungen einen Einfluss auf Machtungleichgewichte haben. Beispielsweise bestand vor der sog. Hartz IV-Reform ein deutlich geringerer Druck für Arbeitslose, jedwede Arbeitsmöglichkeit anzunehmen, weil sanktionsfrei höhere Sozialleistungen gewährt wurden. Teilweise wird die Einführung des Mindestlohns daher auch als Reaktion darauf interpretiert, dass ein faktischer Mindestlohn weggefallen sei.[171] Zweitens führt die Verankerung dieses materiellen Verständnisses von Vertragsfreiheit im Sozialstaatsgebot dazu, dass es von der Ewigkeitsklausel erfasst und dem verfassungsändernden Gesetzgeber entzogen ist.

5. Anwendung auf die Problematik der Nachtarbeit

Aufgrund der strukturellen Überlegenheit des Arbeitgebers sind Verträge im Arbeitsrecht staatlich zu kontrollieren. Die Verpflichtung dazu ergibt sich aus der grundrechtlichen Schutzpflicht zugunsten der Vertragsfreiheit des Arbeitnehmers sowie dem Sozialstaatsgebot.

Diese Überlegenheit besteht bei der Nachtarbeit noch in verschärftem Maße. Denn die Arbeitszeit ist vom Arbeitnehmer kaum verhandelbar. Sucht der Arbeitgeber gerade Arbeitnehmer zur Abdeckung nächtlicher Arbeit, so wird er das Arbeitsverhältnis nicht begründen, sofern der Arbeitnehmer dazu nicht bereit ist. Auch eine bestimmte Schichtfolge, zeitnahe Ausgleichstagen o. ä. wird der Arbeitnehmer

---

[169] Vor einem solchen Grundrechtsverständnis warnt auch *Bryde*, NJW 1984, 2177, 2183.

[170] A.A. BVerfG 6.6.2018 – 1 BvL 7/14, 1 BvR 1375/14, E 149, 126 Rn. 38 zum sog. „Vorbeschäftigungsverbot" des § 14 Abs. 2 S. 2 TzBfG, welches das Gericht auch an Art. 12 Abs. 1 GG des betroffenen Arbeitnehmers kontrolliert hat.

[171] *Dorr/Brandt*, Jura 2019, 1027, 1028; *Picker*, RdA 2014, 25, 27.

im absoluten Regelfall nicht verlangen können. Die Arbeitszeitlage ist also faktisch nicht verhandelbar. Die Vertragsfreiheit des Arbeitnehmers verkürzt sich auf die Freiheit, den Vertrag zu schließen oder dies nicht zu tun. Wahlmöglichkeiten hinsichtlich des Arbeitgebers bestehen aber nur eingeschränkt und differieren zudem nach der jeweiligen relativen Markt- und Verhandlungsposition der einzelnen Beschäftigtengruppen.[172] Weil die Nachtarbeitnehmer zum überwiegenden Teil nur niedrig bis mittel qualifiziert sind,[173] ist anzunehmen, dass sie oft wenig Alternativen haben. Aufgrund der existenziellen Angewiesenheit auf einen Arbeitsplatz ist damit auch die Abschlussfreiheit faktisch beschränkt.

Wurde ein Arbeitsverhältnis begründet und die Arbeitszeit im Vertrag nicht eingegrenzt, so kann der Arbeitgeber gem. § 106 S. 1 GewO die Arbeitszeit einseitig im Rahmen seines Weisungsrechts bestimmen. Er hat bei der Festlegung der Lage der Arbeitszeit lediglich die normativen und vertraglichen Grenzen sowie billiges Ermessen zu wahren, im Übrigen ist das Weisungsrecht umfassend.[174] Der Arbeitgeber kann sogar erst nach Begründung des Arbeitsverhältnisses Nachtarbeit einführen. Nach der Rechtsprechung des Bundesarbeitsgerichts liegt auch in einem solchen Fall, in dem eine eventuelle Regelungsbedürftigkeit der Lage der Arbeitszeit für den Arbeitnehmer gar nicht vorhersehbar war, keine Beschränkung des Weisungsrechts vor.[175] Auch darüber hinaus sind arbeitsschutzrechtliche Vorschriften, weil sie häufig Auswirkungen auf andere Arbeitnehmer haben, im Individualrechtsweg schwer durchsetzbar. In diesem Fall tritt besonders deutlich hervor, dass privatautonome Vereinbarungen keinen ausreichenden Schutz bieten können.

Hinzu kommt außerdem, dass das staatliche Schutzbedürfnis in dem Maße steigt, als auch die kollektiven Schutzmechanismen des Arbeitsrechts versagen. Hier wirkt sich aus, dass Nachtarbeitnehmer aufgrund ihrer Arbeitszeit in geringerem Umfang die Möglichkeit haben, sich politisch, gewerkschaftlich und betrieblich zu engagieren (ausführlich D. III. 3.). Außerdem sind die Interessen der Nachtarbeitnehmer untereinander nicht homogen sowie im Verhältnis zu den sonstigen Gewerkschaftsmitgliedern Sonderinteressen, was beides negativ auf ihre Durchsetzungschancen wirken kann.

---

[172] *Seifert*, in: Büssing/Seifert (Hg.), Sozialverträgliche Arbeitszeiten, S. 15, 15 f.

[173] *Wöhrmann et al.*, Arbeitszeitreport 2016, S. 47.

[174] BAG 23.9.2004 – 6 AZR 567/03, NZA 2004, 359, 360 f.; HK-ArbR/*Becker*, GewO, § 106 Rn. 11; HWK/*Lembke*, GewO, § 106 Rn. 38.

[175] BAG 15.9.2009 – 9 AZR 757/08, NJW 2010, 394 Rn. 41 ff. zum Fall der Einführung von Sonntagsarbeit, obwohl diese bei Begründung des Arbeitsverhältnisses gesetzlich nicht genehmigungsfähig war und im 30-jährigen Vertragsverhältnis noch nie angeordnet wurde, kritisch dazu *Preis/Ulber*, NZA 2010, 729, 732 f. Dem Arbeitnehmer bleibt nur die Berufung auf die Unbilligkeit, die sich aber stets nur gegen die einzelne Weisung richtet. Zudem kommt eine gerichtliche Entscheidung regelmäßig zu spät, sodass der Arbeitnehmer das Risiko eingehen muss, die Weisung zu verweigern und arbeitsrechtliche Sanktionen in Kauf zu nehmen, falls ein Gericht später auf deren Rechtmäßigkeit erkennen sollte, vgl. *Ulber*, SR 2021, 189, 196 f.

Es besteht somit eine staatliche Pflicht, die Arbeitsverhältnisse der Nachtarbeitnehmer gesetzlich zu regeln.[176] Solche Regelungen schaffen erst den Rahmen, in dem die abhängig Beschäftigten ihre Grundrechte verwirklichen können. Denn der Individualarbeitsvertrag ist vielfach ein unzureichendes Instrument, um sozial angemessene Arbeitsverhältnisse zu begründen.[177] Dass aufgrund der Vertragsfreiheit staatliche Eingriffe geboten sind, ist zugleich „Türöffner" für den Schutz anderer Grundrechtsgüter, die durch die vertragliche Verpflichtung gefährdet werden. Dazu kann Art. 12 Abs. 1 GG durch einen fehlenden Mindestbestandsschutz zählen[178] oder Art. 2 Abs. 2 S. 1 GG durch gesundheitsschädliche Bedingungen bei der Arbeitsleistung.

III. Ergebnis

Im Ergebnis ist festzuhalten, dass der Staat verpflichtet ist, die Grundrechte vor Gefährdungen durch andere Private zu schützen. Dies gilt bei Bestehen einer strukturellen Ungleichgewichtslage, wie sie das Arbeitsverhältnis kennzeichnet, auch für vertragliche Vereinbarungen. Ein schlichter Verweis darauf, dass dieses Vertragsverhältnis freiwillig begründet wurde, griffe zu kurz, weil sie die Vertragsfreiheit des Arbeitnehmers auf eine bloße Fiktion verkürzte. Das aber steht mit den Grundrechten nicht Einklang, die reale Freiheit gewährleisten sollen. Besteht eine Ungleichgewichtslage und werden durch vertragliche Regelungen weitere Grundrechte gefährdet, so ist der Staat auch zu deren Schutz verpflichtet. Für den vorliegenden Fall der Nachtarbeit aufgrund arbeitsvertraglicher Vereinbarung bedeutet dies: Es besteht eine Schutzpflicht des Staates zugunsten des wirtschaftlich typischerweise unterlegenen Arbeitnehmers, die sich nicht auf die Vertragsfreiheit beschränkt, sondern auch Leben, körperliche Unversehrtheit und andere Grundrechte umfasst. Insofern befindet sich die Arbeit in Übereinstimmung mit der Rechtsprechung des Bundesverfassungsgerichts zur Nachtarbeit.[179]

Allerdings fangen die eigentlichen juristischen Probleme bei diesem Stand erst an. Relativ einfach ist noch die Feststellung, dass der Tatbestand der Schutzpflicht erfüllt ist. Es stellt sich dann allerdings die Frage, wie das verfassungsrechtliche Minimum festzulegen ist, das der Gesetzgeber gewährleisten muss, indem er es vor privaten Beeinträchtigungen schützt und wie dies zu kontrollieren ist.

---

[176] BVerfG 28.1.1992 – 1 BvR 1025/82, 1 BvL 16/83, 1 BvL 10/91, E 85, 191, 213.

[177] BVerfG 29.12.2004 – 1 BvR 2582/03, 1 BvR 2283/03, 1 BvR 2504/03, NZA 2005, 153, 154 m.w.N.

[178] BVerfG 27.1.1998 – 1 BvL 15/87, NZA 1998, 470, 471.

[179] BVerfG 28.1.1992 – 1 BvR 1025/84, 1 BvL 16/83, 1 BvL 10/91, E 85, 191, 212f.

C. Das Untermaßverbot als Prüfmaßstab

Im vorherigen Abschnitt wurde dargestellt, dass den Staat nicht nur die Pflicht trifft, ungerechtfertigte Eingriffe in Grundrechte zu unterlassen, sondern auch Übergriffe Privater in den Schutzbereich von Grundrechten in gewissem Maß abzuwehren und somit zu handeln. Ferner wurde begründet, weshalb dies auch in Vertragsverhältnissen gilt, die von einem tatsächlichen Ungleichgewicht der Parteien geprägt sind, wie es im Arbeitsrecht typischerweise der Fall ist. Auf die Nachtarbeit angewendet folgt daraus eine staatliche Pflicht, einen zwingenden gesetzlichen Schutz zugunsten der Nachtarbeitnehmer zu regeln. Diese Gesetze sollen „Übergriffe" des Arbeitgebers auf die Grundrechte des Arbeitnehmers verhindern, indem Nachtarbeit nicht unbeschränkt angeordnet werden darf. Um die Hypothese zu erhärten, dass der bestehende einfachrechtliche Schutz der Nachtarbeitnehmer diesen verfassungsrechtlichen Vorgaben nicht genügt, ist nun weiter zu prüfen, ob sich aus den grundrechtlichen Schutzpflichten ein unteres Maß an verfassungsrechtlich gebotenem Schutz ergibt. Nur in diesem Fall kann im Anschluss das bestehende Schutzsystem daran gemessen und gegebenenfalls eine Verletzung festgestellt werden. Soweit die staatlichen Organe dabei Spielräume haben, ist zu ermitteln, in welchem Umfang ihre Ausfüllung dieser Spielräume überprüfbar ist. Schließlich ist zu klären, was sich ergibt, wenn der Staat die Schutzpflicht verletzt hat, indem er den verfassungsmäßigen Schutz vor Übergriffen Privater unterlassen hat.

I. Tatbestand: Schutzpflichtauslösende Situation

Zunächst ist festzustellen, ob ein grundrechtliches Schutzgut durch einen anderen Privaten gefährdet wird, sodass der Staat tätig werden muss. Dafür muss dieses Grundrecht geeignet sein, eine Schutzpflicht zu begründen und im Rahmen des Tatbestandes muss festgestellt werden, dass eine schutzpflichtenauslösende Situation vorliegt. Dies ist der Fall, wenn ein Übergriff eines Privaten auf ein grundrechtliches Schutzgut oder die hinreichende Gefahr bzw. das hinreichende Risiko eines solchen vorliegt.[180] In personeller Hinsicht ist der Schutzbereich wie bei der abwehrrechtlichen Dimension des Grundrechts zu bestimmen.[181] Die Schutzpflicht ist daher auf den einzelnen Grundrechtsträger bezogen, nicht auf deren Allgemeinheit.[182] In sachlicher Hinsicht sind die Schutzbereich von Abwehrrecht und Schutzpflicht ebenfalls identisch.[183] Für die Schutzpflicht reichen schon Gefahren bzw. Risiken, weil diese

[180] *Calliess*, Rechtsstaat und Umweltstaat, S. 317; *Ruffert*, Vorrang der Verfassung und Eigenständigkeit des Privatrechts, S. 201.

[181] *Cremer*, Freiheitsgrundrechte, S. 266.

[182] So ausdrücklich für das Grundrecht auf Leben BVerfG 28.5.1993 – 2 BvF 2/90, 2 BvF 4/90, 2 BvF 5/92, E 88, 203, 252.

[183] SSM/*Möstl*, Staatsrecht III, § 68 Rn. 27.

rechtliche Figur gerade zukünftige Verletzungen präventiv verhindern soll.[184] Dabei sind das Ausmaß des drohenden Schadens und die Bedeutung des Rechtsguts einzubeziehen: Je größer und bedeutender der drohende Schaden, desto geringere Anforderungen sind an die Eintrittswahrscheinlichkeit zu stellen.[185]

II. Rechtsfolge: Staatliche Handlungspflicht

Ist der Tatbestand erfüllt, ist der Staat verpflichtet, schützend einzugreifen und den Übergriff des Privaten zu verhindern bzw. dessen Wahrscheinlichkeit zu minimieren.[186]

1. Legislative als primäre Adressatin der Schutzpflicht

Diese Pflicht adressiert in erster Linie den Gesetzgeber, weil dieser nach dem Rechtsstaatsprinzip wesentliche Entscheidungen treffen muss, die insbesondere dann vorliegen, wenn mit dem Schutz ein Eingriff in entgegenstehende Grundrechte des Störers verbunden ist.[187] Außerdem braucht die Schutzpflicht konkretisierende einfache Gesetze, um erfüllt zu werden, weil Grundrechte nicht unmittelbar zwischen Privaten wirken.[188] Die Schutzpflicht wird durch die Gesetze „mediatisiert“[189]. Diese Gesetze zu erlassen und auszugestalten, ist nach dem Prinzip der Gewaltenteilung Aufgabe der Legislative.[190] Die anderen staatlichen Gewalten müssen die Schutzpflicht ebenfalls erfüllen,[191] sie sind allerdings an die

[184] *Hermes*, Das Grundrecht auf Schutz von Leben und Gesundheit, S. 236; Isensee/Kirchhof/*Isensee*, Handbuch des Staatsrechts IX, § 191 Rn. 236; SSM/*Möstl*, Staatsrecht III, § 68 Rn. 22.

[185] KKS/*Schmidt am Busch*, Einl. A Rn. 29.

[186] *Badura*, in: FS R. Schmidt, S. 333, 337; *Calliess*, Rechtsstaat und Umweltstaat, S. 319.

[187] *Badura*, in: FS R. Schmidt, S. 333, 338; Dreier/*Krüper*, GG, Art. 2 Abs. 2.1 Rn. 81; *Hermes*, Das Grundrecht auf Schutz von Leben und Gesundheit, S. 209; *Klein*, JuS 2006, 960, 961; *Ruffert*, Vorrang der Verfassung und Eigenständigkeit des Privatrechts, S. 202; SSM/*Möstl*, Staatsrecht III, § 68 Rn. 31.

[188] Dreier/*Sauer*, GG, Vorb. Rn. 116; *Ruffert*, Vorrang der Verfassung und Eigenständigkeit des Privatrechts, S. 202.

[189] *Bickenbach*, Die Einschätzungsprärogative des Gesetzgebers, S. 380; *Isensee*, Das Grundrecht auf Sicherheit, S. 44; Merten/Papier/*Calliess*, Handbuch der Grundrechte II, § 44 Rn. 20; *Ruffert*, Vorrang der Verfassung und Eigenständigkeit des Privatrechts, S. 203; SSM/*Möstl*, Staatsrecht III, § 68 Rn. 31.

[190] *Calliess*, Rechtsstaat und Umweltstaat, S. 320; *Ruffert*, Vorrang der Verfassung und Eigenständigkeit des Privatrechts, S. 203.

[191] BVerfG 28.5.1993 – 2 BvF 2/90, 2 BvF 4/90, 2 BvF 5/92, E 88, 203, 252; *Cremer*, Freiheitsgrundrechte, S. 265.

Gesetze gebunden und können ihr daher nur im Wege der Gesetzesauslegung und -fortbildung nachkommen.[192]

2. Spielraum des Gesetzgebers und verfassungsrechtliche „Leitplanken“

Dem Gesetzgeber kommt nach der ständigen Rechtsprechung des Bundesverfassungsgerichtes ein weiter Einschätzungs-, Wertungs- und Gestaltungsbereich zu, wie er diese Schutzpflicht erfüllt.[193] Was konkret zu tun sei, hänge von vielen Faktoren ab, insbesondere der Eigenart des Sachbereichs, den Möglichkeiten, sich ein hinreichend sicheres Urteil zu bilden sowie der Bedeutung der betroffenen Rechtsgüter.[194] Dem ist grundsätzlich zuzustimmen, denn es ist primäre Aufgabe des politischen Prozesses und des Parlamentes, entgegenstehende gesellschaftliche Interessen gegeneinander abzuwägen und wesentliche Entscheidungen zu treffen.

Dennoch ist der Entscheidungsspielraum des Gesetzgebers nicht unbegrenzt. Zunächst einmal bezieht er sich, wie sich bereits aus der Formulierung des Bundesverfassungsgerichts ergibt, auf das „wie“ der Schutzpflichterfüllung. Das „ob“ hingegen ergibt sich bereits aus dem Tatbestand. Ist dieser erfüllt, so muss der Staat handeln.[195] Dies ist die Kehrseite des Wesentlichkeitsvorbehalts: Der Staat muss wesentliche Fragen selbst regeln, kann also grundrechtsrelevante Fragen nicht einfach außer Acht lassen.[196] In verwaltungsrechtlichen Termini könnte man davon sprechen, dass hinsichtlich der Entscheidung des Handelns eine gebundene Entscheidung vorliegt, während das Ermessen bezüglich der Auswahl der Mittel durchaus gegeben ist.

---

[192] *Calliess*, Rechtsstaat und Umweltstaat, S. 320.

[193] BVerfG 29.10.1987 – 2 BvR 624/83, 2 BvR 1080/83, 2 BvR 2029/83, E 77, 170, 214; BVerfG 30.11.1988 – 1 BvR 1301/84, 79, 174, 202; BVerfG 28.5.1993 – 2 BvF 2/90, 2 BvF 4/90, 2 BvF 5/92, E 88, 203, 262; BVerfG 13.2.2007 – 1 BvR 421/05, E 117, 202, 227; BVerfG 30.7.2008 – 1 BvR 3262/07, 1 BvR 402/08, 1 BvR 906/08, E 121, 317, 356 f.; BVerfG 1.12.2009 – 1 BvR 2857/07, 1 BvR 2858/07, E 125, 39, 78; BVerfG 19.2.2013 – 1 BvL 1/11, 1 BvR 3247/09, E 133, 59 Rn. 45; BVerfG 26.7.2016 – 1 BvL 8/15, E 142, 313 Rn. 70; BVerfG 26.2.2020 – 2 BvR 2347/15 u.a., NJW 2020, 905 Rn. 224; BVerfG 12.5.2020 – 1 BvR 1027/20, NVwZ 2020, 1823 Rn. 6; BVerfG 24.3.2021 – 1 BvR 2656/18, 1 BvR 78/20, 1 BvR 96/20, 1 BvR 288/20, NJW 2021, 1723 Rn. 152; BVerfG 16.12.2021 – 1 BvR 1541/20, NJW 2022, 380 Rn. 99; zustimmend MK/*Kunig/Kämmerer*, GG, Art. 2 Rn. 102; MKS/*Starck*, GG, Art. 1 Rn. 196.

[194] BVerfG 29.10.1987 – 2 BvR 624/83, 2 BvR 1080/83, 2 BvR 2029/83, E 77, 170, 215; BVerfG 28.5.1993 – 2 BvF 2/90, 2 BvF 4/92, 2 BvF 5/92, E 88, 203, 262; BVerfG 26.2.2020 – 2 BvR 2347/15 u.a., NJW 2020, 905 Rn. 224; BVerfG 12.5.2020 – 1 BvR 1027/20, NVwZ 2020, 1823 Rn. 6.

[195] *Alexy*, Theorie der Grundrechte, S. 421 f.; Dreier/*Sauer*, GG, Vorb. Rn. 118; Isensee/Kirchhof/*Isensee*, Handbuch des Staatsrechts IX, § 191 Rn. 300; *Ruffert*, Vorrang der Verfassung und Eigenständigkeit des Privatrechts, S. 215 f.

[196] Ähnlich *Ruffert*, Vorrang der Verfassung und Eigenständigkeit des Privatrechts, S. 204: „Der Gesetzgeber ist nicht nur befugt, sondern verpflichtet, Konflikte zwischen Inhabern von Rechten aufzulösen.“

Insoweit ist allerdings eine zweite Einschränkung zu machen. Der Spielraum hinsichtlich der Auswahl der Mittel ist nicht unbeschränkt, sondern durch die Vorgaben der Verfassung begrenzt, die sich dem einfachen Gesetzgeber entziehen und diesen einschränken. Bildlich gesprochen steht dem Gesetzgeber ein breiter Korridor zwischen den entgegenstehenden Grundrechtspositionen zur Verfügung, innerhalb dessen er sich bewegen kann.[197] Dieser Korridor wird allerdings durch verfassungsrechtliche „Leitplanken" begrenzt, die eine zu starke Gewichtung zugunsten einer Seite verhindern. Unbestritten ist dies, sofern zur Erfüllung der Schutzpflicht in die Grundrechte des Störers oder Dritter eingegriffen wird. Diese können sich auf das zugunsten ihrer Rechte wirkende Übermaßverbot berufen, welches den Staat verpflichtet, übermäßige, sprich ungerechtfertigte Eingriffe in ihre Grundrechte zu unterlassen.[198] Die Schutzpflicht wäre allerdings hinfällig, würde der Staat nicht auf Seite des Opfers ebenso beschränkt, indem er zu einem gewissen Mindestniveau an Schutz verpflichtet und so eine zu starke Gewichtung zulasten dieser Seite verhindert wird. Diese verfassungsrechtliche Begrenzung folgt logisch, wenn man Schutzpflichten anerkennt.[199] Sie wären ein folgenloses Placebo, würden sie den Gesetzgeber nicht zu einem Mindestmaß an Handeln verpflichten.[200] Der Staat ist also bei der Auswahl der Mittel grundsätzlich frei, darf aber nicht hinter dem verfassungsrechtlich mindestens Gebotenen zurückbleiben. Dafür hat sich der in der Literatur der Begriff des Untermaßverbots durchgesetzt, den auch das Bundesverfassungsgericht wiederholt aufgegriffen hat.[201] Teilweise wird mit dem Untermaßverbot hingegen ein bestimmter Kontrollmaßstab im Gegensatz zur Evidenzkontrolle bezeichnet.[202] In diesem Sinn wird der Begriff hier nicht verwendet, sondern mit Bickenbach entsprechend dem Übermaßverbot als Oberbegriff für Handlungs- bzw. Kontrollmaßstab und -dichte verstanden.[203]

---

[197] MKS/*Starck*, GG, Art. 1 Rn. 196; *Ruffert*, Vorrang der Verfassung und Eigenständigkeit des Privatrechts, S. 218 und SSM/*Möstl*, Staatsrecht III, § 68 Rn. 42 sprechen von einem „Rahmen" für den Spielraum des Gesetzgebers durch Übermaß- und Untermaßverbot.

[198] *Hermes*, Das Grundrecht auf Schutz von Leben und Gesundheit, S. 248.

[199] *Ruffert*, Vorrang der Verfassung und Eigenständigkeit des Privatrechts, S. 219.

[200] *Unruh*, Zur Dogmatik der grundrechtlichen Schutzpflicht, S. 64 m. w. N.; kritisch MKS/*Starck*, GG, Art. 1 Rn. 196.

[201] BVerfG 28.5.1993 – 2 BvF 2/90, 2 BvF 4/90, 2 BvF 5/92, E 88, 203, 254 f.; BVerfG 29.11.1995 – 1 BvR 2203/95, NJW 1996, 651; BVerfG 15.10.2009 – 1 BvR 3474/08, NVwZ 2009, 1489 Rn. 27; *Canaris*, AcP 1984, 201, 228; *ders.*, Grundrechte und Privatrecht, S. 39; ErfK/*Schmidt*, GG, Einl. Rn. 38; *Erichsen*, Jura 1997, 85, 88; Isensee/Kirchhof/*Isensee*, Handbuch des Staatsrechts IX, § 191 Rn. 291, 301; *Merten*, in: GS Burmeister, S. 227 ff.; MKS/*Starck*, GG, Art. 1 Rn. 195; vgl. zur Verbreitung des Begriffs in der Rechtswissenschaft und Rechtsprechung detailliert *Störring*, Das Untermaßverbot in der Diskussion, S. 21 ff. m. w. N.

[202] So etwa *Buser*, DVBl 2020, 1389, 1392 f., der aber zugesteht, dass die Begriffe in der Rechtsprechung nicht trennscharf in dem von ihm angenommenen Sinn benutzt werden.

[203] *Bickenbach*, Die Einschätzungsprärogative des Gesetzgebers, S. 390; ähnlich auch *Ruffert*, Vorrang der Verfassung und Eigenständigkeit des Privatrechts, S. 213, der im Un-

III. Inhalt und Kontrolle des Untermaßverbots

Das Untermaßverbot bezeichnet also das Minimum, welches der Staat gewährleisten muss.[204] Er kann es durch gänzliche Untätigkeit oder ungenügende Schutznormen verletzen, Calliess bezeichnet dies als echte und unechte Untätigkeit.[205] Fraglich ist zum einen, welche Anforderungen an eine genügende Schutznorm zu stellen sind, zum anderen, wie und in welchem Maße überprüfbar sein soll, ob der Gesetzgeber dieser Pflicht nachgekommen ist. Die Prüfung des Untermaßes geht nicht in der Prüfung der Verhältnismäßigkeit des mit der schützenden Regelung verbundenen Eingriffs in entgegenstehende Abwehrrechte auf, was aus der Mehrfunktionalität der Grundrechte folgt und daran deutlich wird, dass eine Regelung, die verhältnismäßig ist, noch nicht effektiv schützend sein muss.[206]

Was durch das Untermaßverbot vorgegeben wird und in welchem Maß dies kontrollierbar ist, ist in Rechtsprechung und Literatur heftig umstritten. Das Bundesverfassungsgericht und die ihm folgende Literatur nehmen die Kontrolle stark zurück (1.), während ein anderer Teil der Literatur versucht, einen dem Übermaßverbot ähnlichen Kontrollmaßstab zu entwickeln (2.). Nachdem diese Ansichten dargestellt wurden, wird der Prüfmaßstab des Bundesverfassungsgerichts unter Einbeziehung der Kritik konkretisiert und besser überprüfbar gestaltet (3.). Unterschiede zwischen den Ansichten ergeben sich bei der Überprüfung von Verstößen gegen das Untermaßverbot, oder – sollten die verschiedenen Auffassungen hier gleichermaßen zum Ergebnis kommen, dass die Schutzpflicht verletzt ist – jedenfalls bei der anschließenden Frage, wie der Staat diesem Verstoß abhelfen muss.

1. Herrschende Meinung: Eingeschränkte Kontrolle des Gesetzgebers

Das BVerfG spricht häufig aus, dass der grundrechtliche Schutz wirksam bzw. effektiv bzw. hinreichend sein muss.[207] Bezüglich dieses Erfordernisses der Effektivität besteht auch in der Literatur weitgehend Konsens.[208] Allerdings räumt das

termaßverbot die „besonders treffende terminologische Fixierung einer *in nuce* vorhandenen Konzeption des Mindestschutzes“ (Hervorhebung im Original) sieht.

[204] *Bickenbach*, Die Einschätzungsprärogative des Gesetzgebers, S. 391; *Calliess*, Rechtsstaat und Umweltstaat, S. 324; *Klein*, JuS 2006, 960, 961.

[205] *Calliess*, Rechtsstaat und Umweltstaat, S. 320.

[206] *Ruffert*, Vorrang der Verfassung und Eigenständigkeit des Privatrechts, S. 206; a.A. *Erichsen*, Jura 1997, 85, 88; ausführlich zur Frage der Kongruenz oder Divergenz von Unter- und Übermaßverbot *Störring*, Das Untermaßverbot in der Diskussion, S. 123 ff.

[207] BVerfG 16.10.1977 – 1 BvQ 5/77, E 476, 160, 164; BVerfG 29.11.1995 – 1 BvR 2203/95, NJW 1996, 651; BVerfG 26.7.2005 – 1 BvR 782/94, 1 BvR 957/96, NJW 2005, 2363, 2368; BVerfG 13.2.2007 – 1 BvR 421/05, E 117, 202, 227; BVerfG 1.12.2009 – 1 BvR 2857/07, 1 BvR 2858/07, E 125, 39, 78.

[208] *Alexy*, Theorie der Grundrechte, S. 422; *Calliess*, Rechtsstaat und Umweltstaat, S. 321; *Calliess*, in: FS Starck, S. 201, 208; ErfK/*Schmidt*, GG, Art. 2 Rn. 26; *Erichsen*, Jura 1997, 85, 88; *Hermes*, Das Grundrecht auf Schutz von Leben und Gesundheit, S. 261; Isensee/Kirchhof/

BVerfG dem Gesetzgeber regelmäßig einen großen Spielraum ein und nimmt seine Kontrolle stark zurück.

a) Solitärer Maßstab in der zweiten Entscheidung zum Schwangerschaftsabbruch

Im zweiten Urteil zum Schwangerschaftsabbruch ist es weiter gegangen und hat Maßnahmen gefordert, die für einen angemessenen und wirksamen Schutz ausreichend sind und zudem auf sorgfältigen Tatsachenermittlungen und vertretbaren Einschätzungen beruhen.[209] Allerdings realisiert sich die Lebensgefahr, so man den Embryo als menschliches Lebewesen ansieht, im Fall des Schwangerschaftsabbruchs in jedem Fall.[210] Mit dem Leben endet die Möglichkeit, alle anderen Grundrechte auszuüben. In anderen Fällen hingegen ist das Grundrecht des Lebens nur gefährdet. Zwar könnte man einwenden, dass das ungeborene Leben nicht besser als das geborene geschützt sein darf, dennoch kann dieser Maßstab wegen des Ausmaßes der Gefahr nicht übertragen werden.

b) Allgemeiner Maßstab bei der Kontrolle der Schutzpflichtenerfüllung

Auseinandergesetzt wird sich im Folgenden daher mit dem Maßstab, den das Gericht ansonsten im Rahmen der Schutzpflichten anlegt. Dabei nimmt es den Maßstab seiner Kontrolle stets weit zurück, indem es statuiert: „Das Bundesverfassungsgericht stellt die Verletzung einer Schutzpflicht dann fest, wenn Schutzvorkehrungen entweder überhaupt nicht getroffen sind, wenn die getroffenen Regelungen und Maßnahmen offensichtlich ungeeignet oder völlig unzulänglich sind, das gebotene Schutzziel zu erreichen, oder wenn sie erheblich hinter dem Schutzziel zurückbleiben."[211] Ein erhebliches Zurückbleiben hat das Bundesverfassungsgericht bei einer nicht hinreichend wirksamen Regelung erkannt.[212] Teilweise möchte es nur bei evi-

Isensee, Handbuch des Staatsrechts IX, § 191 Rn. 303; *Klein*, DVBl 1994, 489, 495; KKS/*Schmidt am Busch*, Einl. A Rn. 22; *Merten*, in: GS Burmeister, S. 227, 242.

[209] BVerfG 28.5.1993 – 2 BvF 2/90, 2 BvF 4/90, 2 BvF 5/92, E 88, 203, 254.

[210] BVerfG 28.5.1993 – 2 BvF 2/90, 2 BvF 4/90, 2 BvF 5/92, E 88, 203, 255 f.

[211] BVerfG 10.1.1995 – 1 BvF 1/90, 1 BvR 342/90, 1 BvR 348/90, E 92, 26, 46; BVerfG 1.12.2009 – 1 BvR 2857/07, 1 BvR 2858/07, E 125, 39, 78 f.; BVerfG 26.7.2016 – 1 BvL 8/15, E 142, 313, 337 f.; BVerfG 17.2.2017 – 1 BvR 781/15, NJW 2017, 1593 Rn. 25; BVerfG 12.5.2020 – 1 BvR 1027/20, NVwZ 2020, 1823 Rn. 7; BVerfG 24.3.2021 – 1 BvR 2656/18, 1 BvR 78/20, 1 BvR 96/20, 1 BvR 288/20, NJW 2021, 1723 Rn. 152; BVerfG 16.12.2021 – 1 BvR 1541/20, NJW 2022, 380 Rn. 98; früher noch enger: Nur zu nicht gänzlich ungeeigneten oder völlig unzulänglichen Maßnahmen verpflichtet: BVerfG 29.10.1987 – 2 BvR 624, 1080, 2029/83, E 77, 170, 215; BVerfG 30.11.1988 – 1 BvR 1301/84, E 79, 174, 202.

[212] BVerfG 1.12.2009 – 1 BvR 2857/07, 1 BvR 2858/07, E 125, 39, 88.

denten Verstößen einschreiten.[213] In einigen Entscheidungen relativiert es dies wieder, sofern Rechtsgüter von höchster Bedeutung gefährdet sind.[214]

Es liegt nahe, dies so zu verstehen, dass das Bundesverfassungsgericht die Handhabung der Schutzpflicht nur für begrenzt justiziabel hält.[215] Die Schutzpflicht würde damit weiter reichen, als ihre Kontrolle durch die Rechtsprechung. Auch in der Literatur finden sich zahlreiche Stimmen, die einerseits einen effektiven Schutz befürworten, aber andererseits nur eine abgesenkte Handlungspflicht annehmen oder das verfassungsgerichtliche Kontrollniveau beschränken wollen, um dem Gesetzgeber seinen Spielraum zu belassen.[216] Beispielhaft differenziert Möstl zwischen einem engen justiziablen, subjektiven Recht auf Schutz und einer darüber hinausgehenden, auf bessere Verwirklichung drängenden objektiven Direktive.[217] Teilweise wird angezweifelt, dass die grundrechtliche Schutzpflicht überhaupt eine taugliche operative Vorgabe machen könne.[218]

Das zugrundeliegende Problem ist nachvollziehbar und im Grundsatz nicht zu bestreiten: Im Gegensatz zum Übermaßverbot, bei dem stets die Kontrolle eines ganz bestimmten Eingriffs erfolgt, ist die Erfüllung der Schutzpflicht viel weniger leicht zu überprüfen. Im Regelfall sind verschiedene Maßnahmen möglich, um das vorgegebene Ziel zu erreichen.[219] Der Gesetzgeber muss entscheiden, wie Gefahren entgegengewirkt werden soll, ein Schutzkonzepts aufstellen und dieses normativ umsetzen.[220] Grundrechtliche Schutzpflichten hingegen konstitutionalisieren die Rechtsordnung und vergrößern die Kompetenzen der Verfassungsgerichtsbarkeit.[221] Wird der Gesetzgeber zu stark gebunden, schränkt dies demokratisch legitimierte Entscheidungsspielräume ein.[222] Es ist somit dem Demokratieprinzip und der Gewaltenteilung geschuldet, dass das Bundesverfassungsgericht seine Prüfkompetenz

---

[213] BVerfG 14.1.1981 – 1 BvR 612/72, E 56, 54, 81; BVerfG 17.2.2017 – 1 BvR 781/15, NJW 2017, 1593 Rn. 25; BVerfG 30.10.2020 – 1 BvR 453/19, NJW 2021, 548 Rn. 20; so auch *Badura*, in: FS R. Schmidt, S. 333, 337.

[214] BVerfG 14.1.1981 – 1 BvR 612/72, E 56, 54, 81.

[215] So Isensee/Kirchhof/*Isensee*, Handbuch des Staatsrechts IX, § 191 Rn. 295.

[216] Isensee/Kirchhof/*Isensee*, Handbuch des Staatsrechts IX, § 191 Rn. 303 und 295; *Klein*, JuS 2006, 960, 961 und 964; *Ruffert*, Vorrang der Verfassung und Eigenständigkeit des Privatrechts, S. 206 und 208; ablehnend: *Cremer*, Freiheitsgrundrechte, S. 295 f.; *Klein*, DVBl 1994, 489, 495.

[217] SSM/*Möstl*, Staatsrecht III, § 68 Rn. 12, 14.

[218] Dreier/*Sauer*, GG, Vorb. Rn. 119.

[219] *Calliess*, Rechtsstaat und Umweltstaat, S. 321; *Cremer*, Freiheitsgrundrechte, S. 273; Dreier/*Sauer*, GG, Vorb. Rn. 118; *Klein*, JuS 2006, 960, 962.

[220] BVerfG 1.12.2009 – 1 BvR 2857/07, 1 BvR 2858/07, E 125, 39, 78; BVerfG 24.3.2021 – 1 BvR 2656/18, 1 BvR 78/20, 1 BvR 96/20, 1 BvR 288/20, NJW 2021, 1723 Rn. 152.

[221] *Bickenbach*, Die Einschätzungsprärogative des Gesetzgebers, S. 381; *Böckenförde*, Der Staat 1990, 1, 25.

[222] *Hufen*, Staatsrecht II, § 5 Rn. 6; MKS/*Starck*, GG, Art. 1 Rn. 196; *Ruffert*, Vorrang der Verfassung und Eigenständigkeit des Privatrechts, S. 207.

zurücknimmt. Andererseits lockert dies aber die Bindung der Legislative an Art. 1 Abs. 3 GG und kann den Schutzanspruch des Opfers entwerten.[223] Denn ein Gesetz, welches das Schutzziel nicht erreicht, aber auch nicht erheblich dahinter zurückbleibt, kann nach dieser Formel nicht beanstandet werden.

2. Andere Ansicht: Strenge Kontrolle des Gesetzgebers

Zahlreiche Literaturstimmen haben Vorschläge unterbreitet, wie stringenter und nachvollziehbarer kontrolliert werden könnte, ob der Staat die Schutzpflicht erfüllt hat. Regelmäßig wird dabei eine mehrstufige Kontrolle avisiert, die sich an der Verhältnismäßigkeitsprüfung bei der Kontrolle von Eingriffen in Abwehrrechte orientieren soll.[224]

Beispielhaft sei das Modell von Calliess wiedergegeben.[225] Danach wäre zunächst als Vorfrage zu beantworten, ob überhaupt ein staatliches Schutzkonzept im Hinblick auf das geschützte Rechtsgut besteht. Ist dies der Fall, so sei auf erster Stufe die Geeignetheit dieses Schutzkonzepts zu untersuchen. Auf zweiter Stufe sei zu fragen, ob es ein wirksameres, ebenso mildes Konzept gäbe. Auf der dritten Stufe müsste sich der Schutz dann unter Berücksichtigung entgegenstehender Rechtsgüter als angemessen erweisen, es wäre also eine Abwägung vorzunehmen.

Betrachtet man die einzelnen Modelle genauer, zeigen sich allerdings erhebliche Unterschiede. Diese bestehen unter anderem darin, ob einzelne Maßnahmen oder das Gesamtkonzept betrachtet werden.[226] Auf der Stufe der Geeignetheit wird teilweise die Verwirklichung der entgegenstehenden Position[227] und teilweise die der zu schützenden Rechte[228] geprüft. Außerdem ist umstritten, ob der Gesetzgeber verpflichtet ist, bei mehreren, gleich milden Mitteln das effektivere zu wählen.[229] Bei letzter Frage zeigt sich häufig ein Einfluss der sog. Prinzipientheorie von Alexy, wonach die Grundrechte in ihrer Schutzfunktion zu optimierende Gebote sind.[230]

---

[223] *Ruffert*, Vorrang der Verfassung und Eigenständigkeit des Privatrechts, S. 209.

[224] Mit teilweise erheblichen Unterschieden in einzelnen Punkten: *Cremer*, DÖV 2008, 102, 104 ff.; *Hermes*, Das Grundrecht auf Schutz von Leben und Gesundheit, S. 253 ff.; *Merten*, in: GS Burmeister, S. 227, 239 ff.; Merten/Papier/*Calliess*, Handbuch der Grundrechte II, § 44 Rn. 31; *Möstl*, DÖV 1998, 1029, 1038 f.

[225] Merten/Papier/*Calliess*, Handbuch der Grundrechte II, § 44 Rn. 31; ähnlich SSM/*Möstl*, Staatsrecht III, § 68 Rn. 41.

[226] Für die Betrachtung des Gesamtkonzepts insbesondere Merten/Papier/*Calliess*, Handbuch der Grundrechte II, § 44 Rn. 31.

[227] *Hermes*, Das Grundrecht auf Schutz von Leben und Gesundheit, S. 254.

[228] *Merten*, in: GS Burmeister, S. 227, 240.

[229] So etwa *Möstl*, DÖV 1998, 1029, 1038 f.; Merten/Papier/*Calliess*, Handbuch der Grundrechte II, § 44 Rn. 31; SSM/*Möstl*, Staatsrecht III, § 68 Rn. 41; abweichend *Hermes*, Das Grundrecht auf Schutz von Leben und Gesundheit, S. 254; *Merten*, in: GS Burmeister, S. 227, 240.

[230] *Alexy*, Theorie der Grundrechte, S. 422 f. sowie zu Prinzipien ebd., S. 75 f.

Mit diesen Modellen soll eine „Grauzone“[231] zwischen offensichtlich und nicht offensichtlich ungeeigneten oder unzulänglichen und völlig unzulänglichen Maßnahmen verhindert werden. Es geht darum, die Schutzpflichtdimension zu stärken. Der Gesetzgeber schulde mehr, als nicht evident ungeeignete Gesetze zu verabschieden.[232] Dem ist beizupflichten, weil die Schutzpflicht sonst Gefahr läuft, nur ein „Papiertiger“ zu bleiben. Verschärft wird die Problematik noch durch die empirische Beobachtung, dass sich häufig die tatsächlich schwächere Partei auf die Schutzpflicht berufen kann, während die wirtschaftlich stärkere Partei ihr Abwehrrecht anführen kann, etwa im Miet- und Arbeitsrecht.[233]

Eine Prüfung analog der Verhältnismäßigkeit beim Abwehrrecht lässt sich allerdings nicht durchführen, weil jene stets eine bestimmte Maßnahme in den Blick nimmt. Bei der Schutzpflicht soll aber ermittelt werden, welches Schutzniveau der Gesetzgeber bereitstellen muss. Die Auswahl der dazu notwendigen Mittel obliegt dann ihm. Sie über eine Prüfung ähnlich der Verhältnismäßigkeit zu ermitteln, würde tatsächlich übermäßig in die Kompetenz der Legislative eingreifen.

3. Eigene Ansicht

Der zweiten Literaturansicht ist darin zuzustimmen, dass es eine effektive Kontrolle von grundrechtlichen Schutzpflichten braucht, um „Grauzonen“ zu vermeiden. Bestehen Schutzpflichten, so muss der Staat auch das Schutzziel erreichen. Er kann sich nicht damit entlasten, Anstrengungen unternommen zu haben, die nicht evident ungenügend sind. Vielmehr ist er zu einem hinreichenden Minimalschutz der gefährdeten Grundrechte verpflichtet. Die Ermittlung des geschuldeten Minimalniveaus kann allerdings nicht mit einer Prüfung analog der Verhältnismäßigkeit erfolgen. Es ist stattdessen durch eine begrenzte Abwägung der entgegenstehenden Grundrechte das Minimalniveau zu ermitteln und daran die gewählten Maßnahmen zu beurteilen.[234]

Es ist dabei das Gesamtsystem der schützenden Regelungen in den Blick zu nehmen und auf seine Wirksamkeit zu beurteilen, weil zwischen einzelnen Regelungen Wechselwirkungen bestehen können, welche die Schutzwirkung insgesamt erhöhen oder verringern.

Im Folgenden soll dargelegt werden, was aus dieser Auffassung für die Kontrolle des Gesetzgebers hinsichtlich Wertung, Gestaltung und Einschätzung folgt. Die Arbeit geht also von der Wortwahl des Bundesverfassungsgerichtes aus und ver-

---

231 *Merten*, in: GS Burmeister, S. 227, 241.

232 *Bickenbach*, Die Einschätzungsprärogative des Gesetzgebers, S. 398.

233 *Poscher*, Grundrechte als Abwehrrechte, S. 286 f.

234 *Hermes*, Das Grundrecht auf Schutz von Leben und Gesundheit, S. 261; *Klein*, JuS 2006, 960, 960; *Ruffert*, Vorrang der Verfassung und Eigenständigkeit des Privatrechts, S. 215 f.

sucht, dessen Maßstab, wonach dem Gesetzgeber ein Wertungs-, Gestaltungs- und Einschätzungsspielraum zukomme, anhand der oben skizzierten Prämissen und Gefahren weiter zu entwickeln. Es wird so nicht an die verschiedenen Stufen angeknüpft, die der Verhältnismäßigkeitsprüfung entsprächen, es werden aber teilweise die gleichen Fragen behandelt, insbesondere der (begrenzten) Abwägung der gegenläufigen Rechte und der Geeignetheit der Mittel (insgesamt) sowie deren Beurteilung durch die Legislative.

An diesem Maßstab soll dann im Anschluss der einfachrechtliche Schutz der Nachtarbeitnehmer vor dem Hintergrund der Grundrechte bewertet werden.

a) Schutzzielbestimmung durch begrenzte Abwägung der Grundrechte

Auf einer ersten Stufe hat der Gesetzgeber die entgegenstehenden Rechte zu werten und abzuwägen.[235] Dies ist vorrangig Aufgabe der Legislative, weil sie unmittelbar demokratisch legitimiert ist,[236] und macht ihren Spielraum zwischen den genannten „Leitplanken" aus. Die Verfassung gibt dabei aus Sicht der Schutzpflicht nur ein Mindestmaß vor, das erreicht werden muss. Es besteht insoweit eine Ähnlichkeit zur Wesensgehaltsgarantie gem. Art. 19 Abs. 2 GG, allerdings ist die Schutzpflicht nicht damit identisch, weil erstere staatliche Gestaltungsmacht beschränken soll, zweitere einen Mindestschutz im Konflikt mit einem anderen Grundrechtsträger gewähren soll.[237] Das Mindestmaß kann nicht nur aus dem zu schützenden Grundrechtsgut heraus bestimmt werden, sondern ist unter Berücksichtigung entgegenstehender Rechte zu bemessen.[238]

Es ist nicht zu kontrollieren, ob die Grundrechte optimal abgewogen wurden. Geschuldet wird kein optimaler Schutz, sondern ein der Schutzpflicht genügender.[239] Notwendig ist daher eine Kontrolle der *Angemessenheit* der Abwägung der entgegenstehenden Grundrechte.[240] Das Untermaß gebietet nicht nur, dass das zu schützende Grundrecht überhaupt in die Abwägung eingestellt wird, sondern auch, dass

[235] *Cremer*, Freiheitsgrundrechte, S. 293 versteht unter Wertungsspielraum ebenfalls jenen im Rahmen der Abwägung.

[236] *Cremer*, Freiheitsgrundrechte, S. 299.

[237] *Ruffert*, Vorrang der Verfassung und Eigenständigkeit des Privatrechts, S. 220 f.; siehe auch *Cremer*, Freiheitsgrundrechte, S. 271 und Fn. 506.

[238] Ebenso *Cremer*, Freiheitsgrundrechte, S. 276, der aus diesem Grund die Prüfung eines unzureichenden Schutzniveaus anstelle einer Verhältnismäßigkeitsprüfung ablehnt; *Ruffert*, Vorrang der Verfassung und Eigenständigkeit des Privatrechts, S. 203, 217 f.

[239] *Bickenbach*, Die Einschätzungsprärogative des Gesetzgebers, S. 394 f.; *Cremer*, Freiheitsgrundrechte, S. 279; *Ruffert*, Vorrang der Verfassung und Eigenständigkeit des Privatrechts, S. 215.

[240] *Cremer*, Freiheitsgrundrechte, S. 280; ähnlich BVerfG 26. 2. 2020 – 2 BvR 2347/15 u. a., NJW 2020, 905 Rn. 224 f., wonach der Gesetzgeber unter anderem die Bedeutung der betroffenen Rechtsgüter ausreichend berücksichtigen muss.

sein Gewicht und das Ausmaß seiner Gefährdung berücksichtigt werden.[241] Recht ähnlich sieht das Bundesverfassungsgericht in einer arbeitsrechtlichen Entscheidung die Schutzpflicht als verletzt an, wenn die Positionen in einer Weise gegenübergestellt würden, dass in Anbetracht der Bedeutung und Tragweite des betroffenen Grundrechts von einem angemessenen Ausgleich nicht mehr gesprochen werden könne.[242]

b) Auswahl der Mittel durch den Gesetzgeber

In einem zweiten Schritt gebührt es dem Gesetzgeber, die Mittel zur Erreichung dieses Zwecks auszuwählen. Das Ziel bzw. der geschuldete Erfolg des Untermaßverbots greift nur insofern in die Gestaltungsfreiheit ein, als die Mitteln insgesamt geeignet und hinreichend sein müssen. Dies ist logische Folge, wenn man grundrechtliche Schutzpflichten anerkennt. Zu prüfen ist an der Frage der Geeignetheit das Gesamtkonzept, weil der Gesetzgeber nicht gehindert ist, auch untaugliche Mittel einzusetzen, solange von diesen nicht die Wirksamkeit des Schutzkonzepts abhängt.

Darüber hinaus verbleibt der Gestaltungsspielraum, was sich schon daran zeigt, dass der Gesetzgeber bei einem ungenügenden Schutzniveau reagieren kann, indem er gänzlich andere Mittel einsetzt oder indem er die bestehenden Mittel ergänzt oder effektiviert.

c) Einschätzungsspielraum und Beobachtungspflicht des Gesetzgebers

Schließlich verbleibt dem Gesetzgeber auch ein Spielraum, die Eignung der Mittel in tatsächlicher Hinsicht einzuschätzen. Das Gericht darf die Prognose des Gesetzgebers nicht durch seine gleich unsichere Prognose ersetzen.[243] Allerdings spielt die Möglichkeit, sich ein hinreichend sicheres Urteil zu bilden, nach der Rechtsprechung des Bundesverfassungsgerichts eine Rolle bei der Beurteilung der Frage, was zur Erfüllung der Schutzpflicht zu tun ist.[244]

Außerdem treffen den Gesetzgeber mit der Zeit wachsende Pflichten, die Wirkungen zu beobachten, zu kontrollieren und gegebenenfalls am Gesetz nachzubessern.[245] Die Beobachtungspflicht dient dazu, sich ändernde, komplexe Sachverhalte

---

[241] Ähnlich *Merten*, in: GS Burmeister, S. 227, 242.

[242] BVerfG 27.1.1998 – 1 BvL 15/87, E 97, 169, 176 f.

[243] *Cremer*, Freiheitsgrundrechte, S. 299; *Kießling*, ZfRSoz 2018, 60, 64.

[244] BVerfG 26.2.2020 – 2 BvR 2347/15 u.a., NJW 2020, 905 Rn. 224; BVerfG 12.5.2020 – 1 BvR 1027/20, NVwZ 2020, 1823 Rn. 6.

[245] BVerfG 8.8.1978 – 2 BvL 8/77, E 49, 89, 130 ff.; BVerfG 14.1.1981 – 1 BvR 612/72, E 56, 54, 78 f.; BVerfG 28.5.1993 – 2 BvF 2/90, 2 BvF 4/90, 2 BvF 5/92, E 88, 203, 309 ff.; BVerfG 16.3.2004 – 1 BvR 1778/01, E 110, 141, 158; *Bickenbach*, Die Einschätzungsprärogative des Gesetzgebers, S. 404 f.; *Bücker/Feldhoff/Kohte*, Vom Arbeitsschutz zur Arbeitsumwelt, Rn. 93; *Hermes*, Das Grundrecht auf Schutz von Leben und Gesundheit, S. 268 f.; Merten/Papier/*Calliess*, Handbuch der Grundrechte II, § 44 Rn. 26; SSM/*Möstl*, Staatsrecht III, § 68 Rn. 45.

zu berücksichtigen sowie bei Erlass des Gesetzes angestellte Prognosen zu überprüfen und zielt auf einen dynamischen Grundrechtsschutz.[246] Eine solche Pflicht besteht nicht bei jedem Gesetz, das Bundesverfassungsgericht nimmt sie aber regelmäßig im Zusammenhang mit grundrechtlichen Schutzpflichten an.[247] Eine Schutzpflicht besteht zugunsten der Nachtarbeitnehmer.[248] Nach einem anderen Ansatz besteht eine Beobachtungspflicht regelmäßig dann, wenn der Gesetzgeber ein neues Regelungskonzept gewählt hat, was insbesondere in der Wirtschafts- und Arbeitsmarktpolitik häufig der Fall ist.[249] Auch hierunter lässt sich der 1994 eingeführte Schutzkonzept des § 6 ArbZG subsummieren, weil dieses gänzlich vom vorherigen, geschlechtsspezifischen Verbot abweicht.

Mit der Zeit verringern sich also der Einschätzungsspielraum des Gesetzgebers und die nach der Rechtsprechung des BVerfG tolerierbare Abweichung zwischen geschuldetem Schutz und tatsächlichem Niveau, die sich daraus ergeben kann, dass der Gesetzgeber ungenügende, aber nicht zu beanstandende Mittel wählt. Die Beobachtungspflicht ist zudem Instrument, um Erkenntnisse der Sozialwissenschaften über die Wirkung der Rechtsnorm einzubinden.[250]

d) *Rechtsfolge eines ungenügenden Schutzes*

Sollte das Regelungskonzept insgesamt keinen genügenden Schutz gewährleisten, ist nur die Missachtung der Schutzpflicht festzustellen und das zuständige staatliche Organ zu geeigneten Maßnahmen zu verpflichten, wie dies auch aus der verfassungsgerichtlichen Kontrolle im Zusammenhang mit Art. 3 Abs. 1 GG bekannt ist.[251] Nur in dem Ausnahmefall, dass lediglich eine einzige Lösung geeignet ist, die Schutzpflicht zu erfüllen, kann das Bundesverfassungsgericht der Legislative detaillierte Vorgaben machen.

Zuständig für eine eventuelle Nachbesserung ist somit, wie oben dargestellt, im Regelfall vorrangig die Legislative. Durch die Schutzpflicht verpflichtet werden aber auch die anderen staatlichen Gewalten.[252] Auch die Judikative muss also zur Erfüllung der Schutzpflicht beitragen, ist dabei aber selbstverständlich gem. Art. 20 Abs. 3 GG an Gesetz und Recht gebunden. In Betracht kommt daher nur eine verfassungskonforme Auslegung oder Rechtsfortbildung.

---

[246] *Bieback*, ZfRSoz 2018, 42, 45.

[247] *Bieback*, ZfRSoz 2018, 42, 43 f.; *Kießling*, ZfRSoz 2018, 60, 66; ebenso *Calliess*, in: FS Starck, S. 201, 209, nach dem die Schutzpflicht dynamisch dem technischen und gesellschaftlichen Wandel angepasst werden müsse.

[248] BVerfG 28. 1. 1992 – 1 BvR 1025/84, 1 BvL 16/83, 1 BvL 10/91, E 85, 191, 212.

[249] *Kießling*, ZfRSoz 2018, 60, 63.

[250] *Bieback*, ZfRSoz 2018, 42, 47 f.

[251] *Hermes*, Das Grundrecht auf Schutz von Leben und Gesundheit, S. 214.

[252] Dreier/*Sauer*, GG, Vorbemerkung Rn. 116.

IV. Ergebnis

Die Erfüllung der Schutzpflicht durch den Staat, in erster Linie durch den Gesetzgeber, ist verfassungsrechtlich überprüfbar. Zu untersuchen ist, bei welchen grundrechtlichen Schutzgütern der Tatbestand der Schutzpflicht erfüllt ist. Er ist erfüllt, wenn die Rechtsgüter hinreichend gefährdet werden, indem der Arbeitgeber Nachtarbeit anordnet. Zu berücksichtigen sind dabei das Gewicht der Rechtsgüter und der Grad ihrer Gefährdung.

Aus den Schutzpflichten ist dann abzuleiten, zu welchem Mindestniveau an Schutz der Staat verpflichtet ist. Dafür ist eine beschränkte Abwägung mit entgegenstehenden Rechten vorzunehmen. Anschließend ist das bestehende Schutzkonzept auf seine Geeignetheit zu prüfen, wobei Einschätzungen aufgrund der Zeit, die seit Erlass des ArbZG vergangen ist, einer stärkeren Kontrolle unterliegen. Genügt das Schutzkonzept nicht den verfassungsrechtlichen Vorgaben, ist der Staat verpflichtet, nachzubessern. Diese Pflicht trifft in erster Linie den Gesetzgeber, aber auch die anderen staatlichen Gewalten.

D. Von Nachtarbeit betroffene Grundrechte und ihre Abwägung

Bisher wurde dargestellt, dass der Staat zum Schutz der Grundrechte der schwächeren Partei im Vertragsverhältnis verpflichtet ist und wie zu kontrollieren ist, ob eine gesetzliche Regelung den Anforderungen der Verfassung genügt. Damit wurden die dogmatischen Grundlagen für die weitere Untersuchung gelegt. Welche Grundrechte des Nachtarbeitnehmers aber genau betroffen sind, welches Gewicht diese haben und wie wahrscheinlich eine Schädigung durch die Nachtarbeit ist, blieb bisher im Dunkeln. Im folgenden Kapitel soll dies geändert werden. Unter Rückgriff auf empirische Erkenntnisse der Arbeitsmedizin, -psychologie und -soziologie wird herausgearbeitet, welche Folgen es hat, dass die Nachtarbeitnehmer entgegen dem biologischen Rhythmus ihres Körpers und dem sozialen Rhythmus der Gesellschaft arbeiten und ruhen müssen. Es zeigt sich, dass der vorherrschende Blick auf die gesundheitlichen Gefährdungen, der sich an den Feststellungen des BVerfG aus dem Jahr 1992 orientiert, veraltet ist. Zudem ist er verkürzt, den grundrechtlichen Blick allein auf Art. 2 Abs. 2 S. 1 GG zu richten. Denn auch die Beteiligung des Nachtarbeitnehmers am familiären und gesellschaftlichen Leben ist grundrechtlich geschützt massiv beeinträchtigt. Die gesundheitlichen und sozialen Beeinträchtigungen verstärken sich zudem wechselseitig. Die Gesamtbelastung, die sich daraus ergibt, ist erschreckend. Sie wird durch die Grundrechte nicht vollständig erfasst, sodass ein Grundrecht auf gesunde Arbeit eingeführt wird, um diese Schutzlücken zu schließen.

Um das verfassungsrechtlich vorgegebene Schutzniveau zu ermitteln, genügt der Blick auf die gefährdeten Grundrechte des Nachtarbeitnehmers allerdings nicht.

Das geschuldete Schutzniveau ist vielmehr in begrenzter Abwägung mit den entgegenstehenden Grundrechten des Arbeitgebers zu bestimmen. Begrenzte Abwägung meint, dass dabei kein optimaler Ausgleich der entgegenstehenden Rechte erreicht werden muss, die Rechte der Seite, die sich auf die Schutzpflicht berufen kann, aber jedenfalls anhand ihres Gewichts berücksichtigt werden müssen. Auch um Gewicht und Betroffenheit der Grundrechte des Arbeitgebers, vor allem aus Art. 12 Abs. 1 GG zu beurteilen, wird auf empirische Erkenntnisse zurückgegriffen, in diesem Fall der Betriebswirtschaftslehre. Zu berücksichtigen sind ferner auch Interessen der Allgemeinheit, die verfassungsrechtlich fundiert sind und durch Nachtarbeit oder die Beschränkung dieser betroffen sein können. Konkret sind die Funktionsfähigkeit der Sozialversicherungssysteme, die Gleichstellung der Geschlechter, die Versorgungssicherheit und Sicherheitsinteressen Dritter einzustellen. Auch diese werden betrachtet.

Auf der Grundlage dieser umfangreichen Vorarbeiten kann dann abschließend eine begrenzte Abwägung dieser rechtlichen Positionen vorgenommen werden. Auf diese Weise wird der Mindestschutz bestimmt, den die Verfassung vorgibt. Im anschließenden Abschnitt wird dann beurteilt werden, ob dieses Schutzniveau durch die bestehende Rechtslage erfüllt wird, insbesondere, ob die gewählten gesetzlichen Mittel dazu geeignet sind.

I. Vorbemerkungen zur Schicht- und Nachtarbeitsforschung

Im folgenden Kapitel werden Erkenntnisse zur Nachtarbeit aus anderen Disziplinen verwendet. Nur diese erlauben es, zu beurteilen, in welchem Maß die Grundrechte der Nachtarbeitnehmer gefährdet werden. Diese Studien anderer Fächer können im Rahmen dieser Arbeit nicht im Detail nachvollzogen und beurteilt werden. Einige generelle Probleme der Nachtarbeitsforschung sind aber zu berücksichtigen, auf die vorab eingegangen wird.

1. Healthy worker-Effekt

Ein Problem der Forschung ist der sog. healthy worker-Effekt: Personen, die unter den negativen Folgen von Nachtarbeit leiden, scheiden häufig aus ihr aus, was die Ergebnisse verzerren kann.[253] Daher sind unbedingt auch die Arbeitnehmer einzubeziehen, die früher nachts gearbeitet haben, dies jedoch zum Untersuchungszeitpunkt nicht mehr tun. Dies wird jedoch nicht stets beachtet und erschwert die Erforschung negativer gesundheitlicher Folgen von Nachtarbeit. Dennoch ist diese mittlerweile weit fortgeschritten.

---

[253] *Elsner*, Risiko Nachtarbeit, S. 42 ff.

2. Abgrenzung zwischen Schicht- und Nachtarbeitsforschung

Ein Problem der Vergleichbarkeit ist, dass häufig unterschiedliche Definitionen von Nachtarbeit verwendet werden. Leider wird zudem in der arbeitsmedizinischen, -psychologischen und -soziologischen Literatur häufig nicht zwischen Nacht- und Schichtarbeit unterschieden. Nachtarbeit geht aber nicht automatisch mit Schichtarbeit einher.[254] Sie existiert auch als Dauernachtarbeit und als unregelmäßige Nachtarbeit. Andersherum gibt es auch Schichtarbeit ohne Nachtarbeitsanteile, zum Beispiel im Wechsel zwischen Früh- und Spätschicht. Sofern möglich, wurde Forschung, die sich ausdrücklich mit Nachtarbeit beschäftigt, verwendet. Teilweise wurde aber auch auf Forschung zu Schichtarbeit (inklusive Nachtschichtanteilen) zurückgegriffen. Es stellt sich daher die Frage, ob deren Erkenntnisse auf alle Fälle der Nachtarbeit verallgemeinert werden können.

Nach dem Gesetz ist Nachtarbeitnehmer und somit von § 6 ArbZG geschützt, wer Nachtarbeit entweder normalerweise in Wechselschicht (§ 2 Abs. 5 Nr. 1 ArbZG) oder an mindestens 48 Tagen im Jahr (§ 2 Abs. 5 Nr. 2 ArbZG) leistet. Erkenntnisse über Schichtarbeit mit Nachtarbeitsanteilen sind daher auf Nachtarbeitnehmer, die unter den Wortlaut der Nr. 1 passen, unmittelbar anwendbar. Leistet ein Arbeitnehmer Dauernachtarbeit, so sind die Erkenntnisse übertragbar, weil die bei Wechselschicht beobachteten gesundheitlichen und sozialen Folgen bei Dauernachtarbeit noch verstärkt auftreten. Eine Gewöhnung an die Nachtarbeit ist nämlich nicht möglich und deshalb eine dauerhafte biologische und soziale Desynchronisation die Folge.

Schwieriger ist die Übertragung bei Arbeitnehmern, die an 48 oder mehr Tagen Nachtarbeit leisten. Ein Jahr hat 247 bis 255 Arbeitstage, zieht man noch den gesetzlichen Mindesturlaub ab, so kommen Arbeitnehmer im Dreischichtsystem bei wöchentlichem Wechsel der Schicht und einem Nachtschichtanteil von 33,3 % auf circa 78 Arbeitstage mit Nachtarbeit. Erfüllt ein Arbeitnehmer nur das Minimum von 48 Tagen, ist er also weniger belastet als ein Arbeitnehmer in Wechselschicht mit Nachtarbeit. Man könnte daher argumentieren, dass die Erkenntnisse der Schichtforschung auf diese Personen nicht übertragbar sind und deshalb nicht verwendet werden können, um allgemein einen besseren Schutz der Nachtarbeitnehmer zu begründen. Allerdings machen diese Arbeitnehmer nur einen geringen Teil der Nachtarbeitnehmer aus. Zudem normiert § 2 Abs. 5 ArbZG gerade die Entscheidung des Gesetzgebers, sie mit Arbeitnehmern in Wechselschicht mit Nachtarbeit gleichzubehandeln. Dies ist von seiner Befugnis zu Typisierungen umfasst.

Dementsprechend werden die Erkenntnisse der Schichtarbeitsforschung (inklusive Nachtarbeit) in dieser Arbeit verwendet, wo keine speziellen Erkenntnisse vorliegen, ohne nach den Gruppen des § 2 Abs. 5 ArbZG zu differenzieren.

[254] *Evers*, Prokla 2019, 201, 205.

3. Forschungsstand zu sozialen Folgen

Ein weiteres Problem ist, dass die arbeitsmedizinische Forschung zwar weit fortgeschritten ist. Insbesondere die Schlafforschung und die sog. Chronobiologie haben in den letzten Jahren große Fortschritte gemacht. Die sozialwissenschaftliche Forschung zu den sozialen Auswirkungen von Nachtarbeit hingegen ist leider größtenteils älteren Datums.[255] Seit dem Ende der Forschungsprogramme zur Humanisierung der Arbeit in den 1970er und 1980er Jahren sind wenig neue Erkenntnisse publiziert worden. Dies ist angesichts veränderter Arbeitszeitregime, aber auch Geschlechterrollen misslich, aber nicht zu ändern. Im Rahmen dieser Untersuchung musste deshalb teilweise auf ältere Literatur zurückgegriffen werden.

II. Grundrechte des Nachtarbeitnehmers I: Gesundheit

Nachtarbeit wirkt sich in zwei Dimensionen aus. Einerseits zwingt sie die Arbeitnehmer dazu, entgegen ihrem Körperrhythmus zu arbeiten und zu ruhen, was zu biologischer Desynchronisation führt. Andererseits zwingt sie die Arbeitnehmer dazu, im Gegensatz zum sozialen Rhythmus der Gesellschaft zu arbeiten und zu ruhen, was in soziale Desynchronisation mündet. Diese tatsächlichen Folgen, die noch genauer in den Blick genommen werden, betreffen in rechtlicher Hinsicht verschiedene Grundrechtsgüter.

In Hinblick auf die biologische Desynchronisation springen die Grundrechte des Art. 2 Abs. 2 S. 1 GG ins Auge. Denn es ist heutzutage Konsens, dass Nachtarbeit für jeden Menschen schädlich ist und negative gesundheitliche Auswirkungen hat,[256] wenn auch deren genaue Gestalt noch keineswegs vollständig bekannt ist. Allerdings ist die arbeitsmedizinische Forschung in den letzten Jahren insbesondere auf dem Gebiet der sog. Chronobiologie deutlich fortgeschritten.[257]

Rechtlich könnte daher der Tatbestand der Schutzpflicht für das Grundrecht auf körperliche Unversehrtheit und für das Grundrecht auf Leben erfüllt sein. Zunächst wird die Unterschiedlichkeit der beiden Grundrechte sowie jeweils Schutzbereich und Gefahrenschwelle dargestellt. Im Anschluss wird verglichen, wie der For-

[255] *Tieves-Sander*, Die sozialen Auswirkungen der Schichtarbeit, S. 11 f.

[256] BT-Drs. 12/5888, S. 25; BVerfG 28.1.1992 – 1 BvR 1025/84, 1 BvL 16/83, 1 BvL 10/91, E 85, 191, 208; BAG 26.8.1997 – 1 ABR 16/97, NZA 1998, 441, 444; BAG 15.7.2020 – 10 AZR 123/19, NZA 2021, 44 Rn. 27; BeckOK ArbR/*Kock*, ArbZG, § 6 Rn. 1; *Beermann*, in: Badura et al. (Hg.), Fehlzeitenreport 2009. Arbeit und Psyche, S. 71, 76; *Brandt/Lueken*, AuR 2023, 29, 29; *Creutzfeldt/Eylert*, ZFA 2020, 239, 240; *Däubler-Gmelin*, in: Battis/Schultz (Hg.), Frauen im Recht, S. 161, 168; ErfK/*Roloff*, ArbZG, § 6 Rn. 1; EuArbRK/*Gallner*, Art. 8 RL 2003/88/EG Rn. 3 m.w.N.; *Kohte*, in: FS Buschmann, S. 71, 78; *Langhoff/Satzer/Richter*, ZArbWiss 2019, 465, 466; *Neumann/Biebl*, ArbZG, § 6 Rn. 4; *Polzin*, SR 2019, 303, 303; Preis/Sagan/*Ulber*, EuArbR, § 14 Rn. 178; *Raab*, ZfA 2014, 237, 238.

[257] *Langhoff/Satzer*, Gutachten zu arbeitswissenschaftlichen Erkenntnissen zu Nachtarbeit und Nachtschichtarbeit, S. 28.

schungsstand zu den gesundheitlichen Folgen von Nachtarbeit zum Zeitpunkt der Entscheidung des Bundesverfassungsgerichts im Jahr 1992 aussah und wie er sich heute darstellt. Dadurch kann abschließend beurteilt werden, ob die vom Bundesverfassungsgericht vorgenommene rechtliche Würdigung noch Bestand haben kann oder ob nicht unter dem Eindruck der neugewonnenen Erkenntnisse mittlerweile ein strengerer Maßstab anzulegen ist.

1. Leben und körperliche Unversehrtheit

Art. 2 Abs. 2 S. 1 GG enthält zwei Grundrechte, die zwar tatbestandlich miteinander verwandt, aber dennoch zu unterscheiden sind.[258]

a) Rechtlicher Rang der Grundrechte

Zwar geht tödlichen Erkrankungen in aller Regel eine Phase voraus, in der die körperliche Unversehrtheit beeinträchtigt ist. Dennoch ist das Recht auf Leben nicht einfach die Steigerung des Rechts auf körperliche Unversehrtheit. Denn das Recht auf Leben schützt die (biologische Voraussetzung der) Existenz des Menschen.[259] Es ist damit die vitale Basis der Menschenwürde, alle anderen Grundrechte hängen von ihm ab.[260]

Somit haben die Grundrechte unterschiedliches Gewicht.[261] Schon dem Recht auf körperliche Unversehrtheit kommt eine besondere Bedeutung innerhalb der Rechtsordnung zu.[262] Aber das Recht auf Leben „stellt innerhalb der grundgesetzlichen Ordnung einen Höchstwert dar“[263], wie Bundesverfassungsgericht und Bundesarbeitsgericht festgestellt haben. Daher muss alles, was im Hinblick auf die körperliche Unversehrtheit gilt, erst recht zum Schutze des Lebens gelten.[264] Zudem muss die Schutzverpflichtung des Staates umso ernster genommen werden, je höherrangiger das Rechtsgut ist.[265] Daraus resultiert eine abgesenkte Gefahrenschwelle. Die beiden Grundrechte unterscheiden sich also nicht nur hinsichtlich ihres Schutzbereichs, sondern auch ihrer Gefahrenschwelle.

---

[258] MKS/*Starck*, GG, Art. 2 Rn. 189.

[259] DHS/*Di Fabio*, GG, Art. 2 Abs. 2 S. 1 Rn. 9; MKS/*Starck*, GG, Art. 2 Rn. 192.

[260] BVerfG 25.2.1975 – 1 BvF 1, 2, 3, 4, 5, 6/74, E 39, 1, 42.

[261] A.A. aber *Calliess*, in: FS Starck, S. 201, 208: In der Verfassung würden beide Schutzgüter gleichwertig nebeneinander genannt.

[262] BVerfG 23.3.2011 – 2 BvR 882/09, E 128, 282, 302.

[263] BVerfG 25.2.1975 – 1 BvF 1, 2, 3, 4, 5, 6/74, E 39, 1, 42; BVerfG 1.8.1978 – 2 BvR 1013, 1019, 1034/77, E 49, 24, 53; BVerfG 9.11.2005 – 1 BvR 357/05, E 115, 118, 139; BAG 8.6.2000 – 2 AZR 638/99, NZA 2000, 1282, 1285.

[264] MKS/*Starck*, GG, Art. 2 Rn. 189.

[265] BVerfG 25.2.1975 – 1 BvF 1, 2, 3, 4, 5, 6/74, E 39, 1, 42.

b) Schutzbereich und Schutzpflichtenseite des Grundrechts auf Leben

Das Grundrecht auf Leben schützt das körperliche Dasein, die biologisch-physische Existenz vom Zeitpunkt ihres Entstehens bis zum Eintritt des Todes.[266] Es verbietet auch Verhaltensweisen, die unbeabsichtigt den Tod eines Menschen herbeiführen.[267]

Das Verbot richtet sich nicht nur gegen staatliches Handeln, sondern verpflichtet den Staat auch, vor dem Verhalten anderer Privater zu schützen.[268] Dazu muss er präventiv handeln, weil eine Schädigung des Grundrechts auf Leben stets irreversibel ist. Ein effektiver Schutz ist nur möglich, wenn es als Eingriff[269] genügt, dass ein Risiko verursacht wird, weil nur dann unbeabsichtigte Schutzgutverletzungen vermieden werden können.[270] Die Gefahrenschwelle ist niedrig anzusetzen.[271] So reicht bei Risiken für menschliches Leben oder für schwerwiegende und bleibende Körperschäden angesichts der Fundamentalität dieser Rechtsgüter schon eine sehr geringe („entfernte") Wahrscheinlichkeit aus, um eine Gefahr zu begründen.[272]

c) Schutzbereich und Schutzpflichtenseite des Grundrechts auf körperliche Unversehrtheit

Das Grundrecht auf körperliche Unversehrtheit schützt die Körpersphäre im biologisch-physiologischen Sinn, also die Integrität der körperlichen Substanz.[273] Darüber hinaus ist der geistig-seelische Bereich, das psychische Wohlbefinden mit in den Schutzbereich einzubeziehen, soweit die Einwirkung zu körperlichen Schmerzen oder mit anderen körperlichen Beeinträchtigungen vergleichbaren Wirkungen führt.[274] Dies erklärt sich daraus, dass der Mensch als Einheit von Leib, Seele und Geist zu ver-

---

[266] BVerfG 15.2.2006 – 1 BvR 357/05, E 115, 118, 139; JP/*Jarass*, GG, Art. 2 Rn. 97.

[267] Sachs/*Rixen*, GG, Art. 2 Rn. 141.

[268] BVerfG 25.2.1975 – 1 BvF 1, 2, 3, 4, 5, 6/74, E 39, 1, 42; BVerfG 16.10.1977 – 1 BvQ 5/77, E 46, 160, 164; BVerfG 28.5.1993 – 2 BvF 2/90, 2 BvF 4/92, 2 BvF 5/92, E 88, 203, 251; BVerfG 30.7.2008 – 1 BvR 3262/07, 1 BvR 402/08, 1 BvR 906/08, NJW 2008, 2409 Rn. 119; BVerfG 12.5.2020 – 1 BvR 1027/20, NVwZ 2020, 1823 Rn. 6; DHS/*Di Fabio*, GG, Art. 2 Abs. 2 S. 1 Rn. 7 f.; ErfK/*Schmidt*, GG, Art. 2 Rn. 101; MK/*Kunig/Kämmerer*, GG, Art. 2 Rn. 101; Sachs/*Rixen*, GG, Art. 2 Rn. 180, 188.

[269] Bzw. bei Verursachung durch einen privaten Dritten als Übergriff.

[270] Sachs/*Rixen*, GG, Art. 2 Rn. 160.

[271] DHS/*Di Fabio*, GG, Art. 2 Abs. 2 S. 1 Rn. 49.

[272] BVerfG 8.8.1978 – 2 BvL 8/77, E 49, 89, 142; BVerfG 18.2.2010 – 2 BvR 2502/08, NVwZ 2010, 702 Rn. 12; *Hermes*, Das Grundrecht auf Schutz von Leben und Gesundheit, S. 236 ff.; KKS/*Schmidt am Busch*, Einl. A Rn. 29; Sachs/*Rixen*, GG, Art. 2 Rn. 179.

[273] BeckOK GG/*Lang*, Art. 2 Rn. 185; DHS/*Di Fabio*, GG, Art. 2 Abs. 2 S. 1 Rn. 55; Dreier/*Krüper*, GG, Art. 2 Abs. 2.1 Rn. 43; JP/*Jarass*, GG, Art. 2 Rn. 99.

[274] DHS/*Di Fabio*, GG, Art. 2 Abs. 2 S. 1 Rn. 55; Dreier/*Krüper*, GG, Art. 2 Abs. 2.1 Rn. 44; Sachs/*Rixen*, GG, Art. 2 Rn. 149.

stehen ist und sich psychische sowie physische Gesundheitsstörungen wechselseitig beeinflussen.[275]

Derartige Wechselwirkungen bestehen auch zwischen dem sozialen Wohlbefinden und der Gesundheit. Ob Art. 2 Abs. 2 S. 1 GG damit der Gesundheitsbegriff der WHO zugrunde liegt, der einen „Zustand des vollständigen körperlichen, geistigen und sozialen Wohlbefindens und nicht nur das Freisein von Krankheit und Gebrechen" bezeichnet, hat das BVerfG offengelassen.[276] In der Literatur wird eine solche Gleichsetzung kritisch betrachtet und die Differenz zwischen körperlicher Unversehrtheit und dem WHO-Gesundheitsbegriff betont.[277] Jedenfalls das soziale Wohlbefinden sei allenfalls unter dem Aspekt des allgemeinen Persönlichkeitsrechts grundrechtlich relevant.[278] Ob diese Auffassung unter dem Einfluss des Unionsrechts noch Gültigkeit haben kann, wird später in diesem Kapitel diskutiert (siehe IV. 2. c)). Hier soll zunächst der herrschenden Meinung gefolgt werden, um die Rechtslage nachvollziehbar und anschlussfähig darzustellen.

Die Schutzpflicht des Staates besteht auch zugunsten der körperlichen Unversehrtheit.[279] Wie beim Leben darf nicht gewartet werden, bis der Schadensfall eingetreten oder konturscharf in Sicht ist.[280] Vielmehr gebietet die Schutzpflicht schon, Gefahren einzudämmen, weshalb eine geringe Wahrscheinlichkeit, dass sich ein Risiko realisiert, ausreichen kann.[281] Abgesenkt ist aber das Mindestmaß des Schutzniveaus: Die Intensität des Schutzes kann in Relation zur Intensität des Eingriffs geringer sein als beim Grundrecht auf Leben.[282]

---

[275] BVerfG 14.1.1981 – 1 BvR 612/72, E 56, 54, 74f.

[276] BVerfG 14.1.1981 – 1 BvR 612/72, E 56, 54, 74f.

[277] DHS/*Di Fabio*, GG, Art. 2 Abs. 2 S. 1 Rn. 58; MKS/*Starck*, GG, Art. 2 Rn. 229; Sachs/*Rixen*, GG, Art. 2 Rn. 150; abwägend, im Ergebnis offen Dreier/*Krüper*, GG, Art. 2 Abs. 2.1 Rn. 44.

[278] *Kingreen/Pieroth*, Personale und kalendarische Arbeitszeitbeschränkungen, S. 14.

[279] BVerfG 14.1.1981 – 1 BvR 612/72, E 56, 54, 73; BVerfG E BVerfG 30.7.2008 – 1 BvR 3262/07, 1 BvR 402/08, 1 BvR 906/08, E 121, 317, 356; BVerfG 8.6.2010 – 1 BvR 2011/07, 1 BvR 2959/07, E 126, 112, 140; BVerfG 26.7.2016 – 1 BvL 8/15, E 142, 313 Rn. 69; BVerfG 12.5.2020 – 1 BvR 1027/20, NVwZ 2020, 1823 Rn. 6; *Cremer*, Freiheitsgrundrechte, S. 265; DHS/*Di Fabio*, GG, Art. 2 Abs. 2 S. 1 Rn. 81; Dreier/*Krüper*, GG, Art. 2 Abs. 2.1 Rn. 80; *Kuch*, DÖV 2019, 723, 725; MK/*Kunig/Kämmerer*, GG, Art. 2 Rn. 123; MKS/*Starck*, GG, Art. 2 Rn. 229; Sachs/*Rixen*, GG, Art. 2 Rn. 189.

[280] DHS/*Di Fabio*, GG, Art. 2 Abs. 2 S. 1 Rn. 90.

[281] BVerfG 8.8.1978 – 2 BvL 8/77, E 49, 89, 142; BVerfG 19.6.1979 – 2 BvR 1060/78, E 51, 324, 346f.

[282] KKS/*Schmidt am Busch*, Einl. A Rn. 29; Sachs/*Rixen*, GG, Art. 2 Rn. 189.

2. Forschungsstand und rechtliche Würdigung im Nachtarbeitsurteil 1992

Das BVerfG hat in seiner Entscheidung aus dem Jahr 1992 umfangreiche arbeitswissenschaftliche und -medizinische Literatur verwertet und gewürdigt.[283]

a) Berücksichtigung arbeitswissenschaftlicher und -medizinischer Erkenntnisse

Diese Heranziehung fachwissenschaftlicher Erkenntnisse entspricht auch sonst dem Vorgehen des Gerichts bei der Beurteilung von Gefahren für Leben und Gesundheit.[284] Aufgrund dieser Auseinandersetzung mit der Forschung hat es festgestellt: „Nachtarbeit ist grundsätzlich für jeden Menschen schädlich. Sie führt zu Schlaflosigkeit, Appetitstörungen, Störungen des Magen-Darmtraktes, erhöhter Nervosität und Reizbarkeit sowie zu einer Herabsetzung der Leistungsfähigkeit."[285] Dies entspricht weitgehend dem damaligen Forschungsstand.

Das Bundesverfassungsgericht ging allerdings nur am Rande darauf ein, dass Nachtarbeit den Biorhythmus stört, nämlich als es die Doppelbelastung für Frauen darstellte.[286] Die schon bekannte Circadianrhythmik zahlreicher körperlicher Funktionen nannte es nicht. Hahn hatte in seinen vom Bundesverfassungsgericht zitierten Ergebnissen des „Aktionsprogramms Humanisierung des Arbeitslebens" beschrieben, dass nachts Herztätigkeit und Kreislauf ebenso ihr Minimum haben wie das Atmungssystem, Leber- und Nierentätigkeit, Hormonausschüttung, Körpertemperatur sowie psychische und psychomotorische Leistungen.[287] Nächtliche Arbeit laufe dem menschlichen Biorhythmus zuwider, woraus eine dauerhafte Beanspruchung des gesamten Organismus folge, insbesondere würden Kreislauf und Verdauungsapparat überbeansprucht.[288] Gerade die aus dieser Überbeanspruchung des Kreislaufs resultierende erhöhte Gefahr von Herz-Kreislauf-Erkrankungen, mit dem Herzinfarkt als schlimmster Ausprägung, fand keinen Eingang in die oben zitierte Aufzählung gesundheitlicher Gefährdungen in der Entscheidung des Bun-

---

[283] Die allgemeinen gesundheitlichen Risiken der Nachtarbeit werden mit sieben Quellen belegt, vgl. BVerfG 28.1.1992 – 1 BvR 1025/84, 1 BvL 16/83, 1 BvL 10/91, E 85, 191, 208.

[284] Z.B. BVerfG 30.7.2008 – 1 BvR 3262/07, 1 BvR 402/08, 1 BvR 906/08, NJW 2008, 2409 Rn. 119 (Gefahren des Passivrauchens); BVerfG 12.5.2020 – 1 BvR 1027/20, NVwZ 2020, 1823 Rn. 8 (Auswirkung von Lockerungsmaßnahmen auf das Corona-Infektionsgeschehen); BVerfG 24.3.2021 – 1 BvR 2656/18, 1 BvR 78/20, 1 BvR 96/20, 1 BvR 288/20, NJW 2021, 1723 Rn. 161 (Auswirkungen der Klimaerwärmung).

[285] BVerfG 28.1.1992 – 1 BvR 1025/84, 1 BvL 16/83, 1 BvL 10/91, E 85, 191, 208; wiederholt in BVerfG 9.6.2004 – 1 BvR 636/02, E 111, 10, 32.

[286] BVerfG 28.1.1992 – 1 BvR 1025/84, 1 BvL 16/83, 1 BvL 10/91, E 85, 191, 208.

[287] *Hahn*, Nacht- und Schichtarbeit I, S. 62 ff.; eine entsprechende Zusammenstellung enthält der ebenfalls vom BVerfG zitierte Beitrag von *Streich*, in: Schmidt u. a. (Hg.), Arbeit und Gesundheitsgefährdung, S. 95, 100.

[288] *Hahn*, Nacht- und Schichtarbeit I, S. 68; ebenso *Elsner*, AiB 1988, 300, 300.

desverfassungsgerichts.[289] Allerdings entsprach dieser Zusammenhang noch keinem arbeitsmedizinischen Konsens, obwohl er von zahlreichen Studien angenommen wurde.[290]

b) Rechtliche Würdigung

Dass das Herzinfarktrisiko in das Urteil des Bundesverfassungsgerichts nicht aufgenommen wurde, schlug sich in der rechtlichen Würdigung nieder. Denn nach dem BVerfG sei eine Regelung der Nachtarbeit notwendig, „um dem objektiven Gehalt der Grundrechte, insbesondere des Rechts auf körperliche Unversehrtheit (Art. 2 Abs. 2 Satz 1 GG), Genüge zu tun.“[291] Die unbeschränkte Freigabe der Nachtarbeit verstoße gegen den objektiven Gehalt des Art. 2 Abs. 2 S. 1 GG.[292] Die Nennung der Grundrechte im Plural sowie des Art. 2 Abs. 2 S. 1 GG lässt zwar die Interpretationsmöglichkeit offen, dass das Bundesverfassungsgericht auch eine Schutzpflicht zugunsten des Rechts auf Leben angenommen hat. Jedenfalls trat eine solche Schutzpflicht aber stark hinter der „insbesondere“ bestehenden Pflicht zum Schutz des Grundrechts auf körperliche Unversehrtheit zurück. Im gleichen Jahr rechtfertigte das BVerfG das Nachtbackverbot ebenfalls mit einer Schutzpflicht zugunsten der körperlichen Unversehrtheit der Bäcker.[293]

Außerdem beschäftigte sich das Bundesverfassungsgericht auch nicht mit der Frage, inwiefern eine Anpassung des Menschen an die Nachtarbeit möglich sei. Eine positive Gewöhnung des Körpers bei längerer oder dauerhafter Nachtarbeit wurde teilweise bis zur Mitte der 1990er Jahre angenommen.[294] Allerdings hatte das Forschungsprogramm zur Humanisierung des Arbeitslebens bereits Mitte der 1980er Jahre ergeben, dass eine solche Anpassung unmöglich ist, solange äußere Faktoren wie die soziale Umwelt dem Nachtarbeitnehmer verdeutlichen, dass er entgegen des sozialen Lebens arbeitet.[295] Ausführungen zur Anzahl aufeinanderfolgender Nachtschichten und insbesondere zur Dauernachtarbeit finden sich im Urteil des Bundesverfassungsgerichts nicht.

---

[289] *Elsner*, Risiko Nachtarbeit, S. 112.

[290] *Elsner*, Risiko Nachtarbeit, S. 62 ff., 73 mit Nachweisen zu Studien, die den Zusammenhang bejahten und der dies als verfrüht ablehnenden Ansicht von *Knauth.*

[291] BVerfG 28.1.1992 – 1 BvR 1025/84, 1 BvL 16/83, 1 BvL 10/91, E 85, 191, 212.

[292] BVerfG 28.1.1992 – 1 BvR 1025/84, 1 BvL 16/83, 1 BvL 10/91, E 85, 191, 213.

[293] BVerfG 17.11.1992 – 1 BvR 168/89, 1 BvR 1509/89, 1 BvR 638/90, 1 BvR 639/90, NVwZ 1993, 878, 879.

[294] *Langhoff/Satzer*, Gutachten zu arbeitswissenschaftlichen Erkenntnissen zu Nachtarbeit und Nachtschichtarbeit, S. 32; beispielsweise *Däubler-Gmelin*, in: Battis/Schultz (Hg.), Frauen im Recht, S. 161, 168: „Nur der ständige Wechsel von Früh- und Nachtschicht ist noch weniger verträglich [als Dauernachtschicht].“

[295] *Hahn*, Nacht- und Schichtarbeit I, S. 69; *Streich*, in: Schmidt u. a. (Hg.), Arbeits- und Gesundheitsgefährdung, S. 95, 100 bezeichnet die Anpassung als „zweifelhaft“, die nur teilweise Umstellung hingegen als „wahrscheinlich“.

In der Entscheidung zum Ladenschluss wiederholte das Bundesverfassungsgericht die Formel zu den Gesundheitsgefahren aus dem Nachtarbeitsurteil und hat dem Schutz vor Nachtarbeit besonderes verfassungsrechtliches Gewicht zugemessen.[296]

3. Neue Erkenntnisse zur Chronobiologie des Menschen

Die negativen gesundheitlichen Folgen der Nachtarbeit resultieren in erster Linie daraus, dass Arbeits- und Ruhe- bzw. Schlafenszeit nicht mit dem circadianen (= in seiner Länge ungefähr einem Tag entsprechenden) Rhythmus des Menschen übereinstimmen. Die Erforschung dieses Rhythmus und der negativen Folgen einer davon abweichenden Arbeits- und Lebensweise ist Aufgabe der Chronobiologie. Auf diesem Gebiet wurden seit dem Urteil des Bundesverfassungsgerichts grundlegende Fortschritte erzielt,[297] die aufgrund ihrer herausgehobenen Bedeutung für die gesundheitlichen Folgen hier vorab dargestellt werden.

Wie bereits erwähnt, war schon in den 1980er Jahren bekannt, dass zahlreiche Körperfunktionen im Verlauf des Tages Schwankungen unterliegen.[298] In der Zwischenzeit wurde herausgefunden, dass jede einzelne der Billionen Zellen des menschlichen Körpers einen eigenen Taktgeber besitzt, die gemeinsam die circadianen Schwingung bewirken.[299] Sie sind aufeinander abgestimmt und determinieren den Wechsel zwischen Leistungsbereitschaft am Tag und Erholungsbereitschaft in der Nacht.[300] Synchronisiert werden diese über einen biochemischen Mechanismus: Bestimmte Sinneszellen auf der Netzhaut können das Sonnenlicht identifizieren, von wo ein Signal an den Suprachiasmatischen Nucleaus (SCN) im Gehirn weitergeleitet wird.[301] Dieses bewirkt, dass in der Zirbeldrüse mehr oder weniger Melatonin ausgeschüttet wird, abhängig von Helligkeitsänderungen in der Umwelt.[302] Der SCN bzw. der Melatoninspiegel steuert und koordiniert als Zeitgeber die circadianrhythmischen Vorgänge im Körper.[303] Wichtigster äußerer Faktor für

---

[296] BVerfG 9.6.2004 – 1 BvR 636/02, E 111, 10, 32, 39.

[297] *Langhoff/Satzer*, Gutachten zu arbeitswissenschaftlichen Erkenntnissen zu Nachtarbeit und Nachtschichtarbeit, S. 28 f.

[298] *Hahn*, Nacht- und Schichtarbeit I, S. 62 ff.; *Streich*, in: Schmidt u. a. (Hg.), Arbeits- und Gesundheitsgefährdung, S. 95, 100.

[299] Für diese Entdeckung wurde im Jahr 2017 der Nobelpreis für Medizin vergeben, vgl. *Langhoff/Satzer*, Gutachten zu arbeitswissenschaftlichen Erkenntnissen zu Nachtarbeit und Nachtschichtarbeit, S. 29 f. m. w. N. zu den wichtigsten Veröffentlichungen der Nobelpreisträger.

[300] *Langhoff/Satzer*, Gutachten zu arbeitswissenschaftlichen Erkenntnissen zu Nachtarbeit und Nachtschichtarbeit, S. 28.

[301] *Klug et al.*, Wer schlecht schläft, stirbt früher, S. 11; *Langhoff/Satzer*, Gutachten zu arbeitswissenschaftlichen Erkenntnissen zu Nachtarbeit und Nachtschichtarbeit, S. 28 m. w. N.

[302] *Paridon et al.*, DGUV Report 1–2012 Schichtarbeit, S. 82.

[303] *Klug et al.*, Wer schlecht schläft, stirbt früher, S. 11 f.; *Moreno et al.* (Working Time Society consensus statement), Industrial Health 2019, 139, 140; *Tucker/Folkard*, Working Time, Health and Safety, S. 4.

die Steuerung der Circadianrhythmik ist also der vom Nachtarbeitnehmer nicht beeinflussbare Tag-Nacht-Wechsel, dazu kommen soziale Faktoren.[304] Diese biochemischen Vorgänge sind genetisch festgelegt und lassen sich nicht einfach „umprogrammieren".[305] Eine vollständige Umstellung auf einen anderen als den natürlichen Tag-Nacht-Rhythmus ist daher fast unmöglich.[306]

Vielmehr belastet der Versuch, sich an eine Lebensweise entgegen des natürlichen Rhythmus zu gewöhnen, dauerhaft den Körper.[307] Zudem stellen sich verschiedene Körperfunktionen unterschiedlich schnell auf einen anderen Rhythmus ein, was zu einer Desynchronisation verschiedener Körperfunktionen führt.[308] Die daraus resultierende Gefährdung ist unabhängig von einem individuellen Chronotyp (in der populären Literatur werden die beiden Extreme als „Lerchen" und „Eulen" bezeichnet), weil kein Mensch eine Disposition für Arbeit zur Nachtzeit hat. Zudem ist weitgehend unbekannt, ob eine größere Abweichung des circadianen Systems bei Schichtarbeitern das Gesundheitsrisiko erhöht.[309]

4. Neue Erkenntnisse zu Gefahren für die körperliche Unversehrtheit

Nach diesen Grundlagen zur Chronobiologie werden die häufigsten gesundheitlichen Probleme betrachtet, zu denen eine gestörte Circadianrhythmik führt.

a) Schlafstörungen

Schlafstörungen sind die am häufigsten von Nachtarbeitnehmern genannte körperliche Belastung.[310] Arbeitsmedizinisch bestehen deutliche Hinweise auf einen Zusammenhang mit Nachtarbeit.[311] Der durch die nächtliche Arbeit erzwungene Schlaf am Tag ist sowohl quantitativ beeinträchtigt, nämlich deutlich kürzer, als auch qualitativ, nämlich leichter und häufiger unterbrochen, was zu weniger REM-Phasen

---

[304] *Klug et al.*, Wer schlecht schläft, stirbt früher, S. 12 f.; *Paridon et al.*, DGUV Report 1–2012 Schichtarbeit, S. 82; *Tucker/Folkard*, Working Time, Health and Safety, S. 4.

[305] *Paridon et al.*, DGUV Report 1–2012 Schichtarbeit, S. 81 f.

[306] *Tucker/Folkard*, Working Time, Health and Safety, S. 4.

[307] *Beermann*, in: Badura et al. (Hg.), Fehlzeitenreport 2009. Arbeit und Psyche, S. 71, 75; Landau/Pressel/*Knauth*, Medizinisches Lexikon der beruflichen Belastungen und Gefährdungen, Nachtarbeit, S. 715.

[308] *Beermann*, in: Badura et al. (Hg.), Fehlzeitenreport 2009. Arbeit und Psyche, S. 71, 75; *Moreno et al.* (Working Time Society consensus statement), Industrial Health 2019, 139, 140; *Tucker/Folkard*, Working Time, Health and Safety, S. 4.

[309] *Moreno et al.* (Working Time Society consensus statement), Industrial Health 2019, 139, 141.

[310] *Langhoff/Satzer*, GArb 10/2021, 15, 17; *Paridon et al.*, DGUV Report 1–2012 Schichtarbeit, S. 86.

[311] *Beermann*, in: Badura et al. (Hg.), Fehlzeitenreport 2009. Arbeit und Psyche, S. 71, 76.

führt.[312] Die Gründe sind einerseits genetisch festgelegt, weil die circadiane Uhr tagsüber die Wachsamkeit fördert (etwa die Erhöhung der Körpertemperatur zur Tagzeit), andererseits äußerlich, wie störender Lärm, Licht und soziale Verpflichtungen.[313] So ist etwa der Schallpegel tagsüber um 8–15 Dezibel höher als in der Nacht und enthält einen besonders großen Anteil stark störender Geräusche des Verkehrs oder von Nachbarn.[314] Über einen längeren Nachtarbeitszeitraum kann sich dadurch ein Schlafdefizit summieren, die Beeinträchtigung wächst also an.[315] Der normale Schlaf kann irreversibel geschädigt werden, sodass die Probleme selbst nach dem Wechsel in die Tagschicht bei einem Teil der Nachtarbeitnehmer fortbestehen.[316]

Aus dem gestörten Schlaf resultieren nicht nur chronische Müdigkeit und verminderte Konzentration.[317] Denn der Schlaf ist eine Phase, in welcher der menschliche Körper verschiedene, wichtige physiologische Zustände durchläuft.[318] Beispielsweise ist das Immunsystem höchst aktiv, um den Körper zu regenerieren und schädliche Einflüsse abzuwehren. Auch das Gehirn ist fast ebenso aktiv wie im Wachzustand.[319] In den REM-Schlafphasen werden neue Erfahrungen verarbeitet und gelernt.[320] Schlafmangel kann somit zu kognitiven und psychomotorischen Einbußen führen sowie das Immunsystem schwächen.[321] Diese negativen Folgen eines gestörten Schlafes werden häufig nicht ausreichend beachtet und unten behandelt (siehe b) und e)).

b) Immunfunktion und Hormonausschüttung

Schlafmangel wirkt sich negativ auf das menschliche Immunsystem aus.[322] Folgerichtig deuten Erkenntnisse aus epidemiologischen Studien darauf hin, dass kurze Schlafdauer, gestörter Schlaf und Schlaflosigkeitssymptome wichtige Faktoren sind,

---

[312] *Beermann*, in: Badura et al. (Hg.), Fehlzeitenreport 2009. Arbeit und Psyche, S. 71, 76; Landau/Pressel/*Knauth*, Medizinisches Lexikon der beruflichen Belastungen und Gefährdungen, Nachtarbeit, S. 716; *Paridon et al.*, DGUV Report 1–2012 Schichtarbeit, S. 92 f.

[313] *Beermann*, in: Badura et al. (Hg.), Fehlzeitenreport 2009. Arbeit und Psyche, S. 71, 76; *Moreno et al.* (Working Time Society consensus statement), Industrial Health 2019, 139, 141.

[314] *Langhoff/Satzer*, GArb 10/2021, 15, 17.

[315] *Paridon et al.*, DGUV Report 1–2012 Schichtarbeit, S. 93.

[316] Landau/Pressel/*Knauth*, Medizinisches Lexikon der beruflichen Belastungen und Gefährdungen, Nachtarbeit, S. 716.

[317] *Paridon et al.*, DGUV Report 1–2012 Schichtarbeit, S. 93.

[318] *Paridon et al.*, DGUV Report 1–2012 Schichtarbeit, S. 91.

[319] *Klug et al.*, Wer schlecht schläft, stirbt früher, S. 16.

[320] *Tschepp*, Schlaf und Glukosestoffwechsel bei chronischer primärer Insomnie, S. 15.

[321] *Klug et al.*, Wer schlecht schläft, stirbt früher, S. 18 f.

[322] *Klug et al.*, Wer schlecht schläft, stirbt früher, S. 16, 18, 27 ff.

die mit einem erhöhten Risiko für einen schlechten Gesundheitszustand und Krankheiten bei Schichtarbeitern einhergehen.[323]

Die Ursache dafür ist, dass im Blutkreislauf zirkulierende T-Zellen, die Krankheitserreger erkennen und infizierte Zellen unschädlich machen können, diese Fähigkeiten bei Schlafmangel verlieren.[324] Zudem werden bei Schlafmangel verstärkt Stresshormone wie Cortisol und Adrenalin ausgeschüttet. Diese senken wiederum die krankheitshemmenden Fähigkeiten der T-Zellen.[325] Cortisol wirkt somit immunsuppressiv. Zudem beeinflussen sie den Zuckerstoffwechsel negativ, was Übergewicht und Diabetes befördern kann.[326] Immunsystem und Hormonausschüttung werden also gestört, was die betroffenen Nachtarbeitnehmer anfälliger für Erkrankungen macht.

c) Magen-Darm-Erkrankungen und Stoffwechselstörungen

Auch gastrointestinale Beschwerden und Erkrankungen werden sehr häufig von Nachtarbeitnehmern genannt.[327] Die Probleme gehen dabei von Appetitstörungen, Bauchschmerzen, Verdauungsproblemen, Verstopfungen, Sodbrennen, Magenknurren oder Blähungen bis hin zu Magen- und Darmgeschwüren.[328] Diese (Selbst-)Beobachtungen decken sich mit dem medizinischen Kenntnisstand, denn es gibt deutliche Hinweise auf einen Zusammenhang zwischen Schichtarbeit und negativen gesundheitlichen Folgen wie Magen-Darm-Erkrankungen und Stoffwechselstörungen (Typ-2-Diabetes; metabolisches Syndrom).[329]

Dies liegt daran, dass der Mensch nachts nicht auf die Einnahme größerer Mengen an Nahrung eingestellt ist. So ergibt die nächtliche Nahrungsaufnahme eine gegen die innere Uhr getaktete Magensaftsekretion und Verdauung des Darmbioms, was zu Gewichtszunahme führen kann, die bei Schichtarbeitern signifikant zu beobachten ist.[330] Teilweise wird angeführt, es könne nicht mit Sicherheit festgestellt werden, ob für die gastrointestinalen Beschwerden und Erkrankungen die Essgewohnheiten, der Lebensstil oder direkt die Schichtarbeit im Vordergrund stünden.[331]

---

[323] *Moreno et al.* (Working Time Society consensus statement), Industrial Health 2019, 139, 141.

[324] *Dimitrov et al.*, Journal of Experimental Medicine 2019, 517, 522.

[325] *Dimitrov et al.*, Journal of Experimental Medicine 2019, 517, 522.

[326] *Paridon et al.*, DGUV Report 1–2012 Schichtarbeit, S. 83.

[327] *Langhoff/Satzer*, GArb 10/2021, 15, 17.

[328] *Langhoff/Satzer*, GArb 10/2021, 15, 17; *Elsner*, Risiko Nachtarbeit, S. 49 ff.

[329] *Beermann*, in: Badura et al. (Hg.), Fehlzeitenreport 2009. Arbeit und Psyche, S. 71, 76; *Bolino et al.*, Journal of Organizational Behavior 2018, 188, 195; *Moreno et al.* (Working Time Society consensus statement), Industrial Health 2019, 139, 140; *Müller*, Organization Studies 2020, 1101, 1104.

[330] *Paridon et al.*, DGUV Report 1–2012 Schichtarbeit, S. 94.

[331] *Paridon et al.*, DGUV Report 1–2012 Schichtarbeit, S. 94.

Eine solche Aufspaltung erscheint jedoch lebensfremd. Das Essen zu körperlich unpassenden Zeiten ist unweigerlich mit den Arbeitszeiten verknüpft, da die Arbeitszeit die Freizeit (sowohl den Umfang als auch den Zeitpunkt) bestimmt und somit das Verhalten beeinflusst.[332] Wer nachts arbeitet, muss tagsüber schlafen und verlagert daher die Essenszeiten in die Nachtstunden.[333] Unregelmäßige Arbeitszeiten von Schichtarbeitnehmern erschweren das Einhalten von regelmäßigen Essens- und Aktivitätszeiten.[334] Eine solche getrennte Betrachtung individualisiert somit bloß die Verantwortung für Folgen der Nacht- und Schichtarbeit.

d) Unfallrisiko

Neben Krankheitsrisiken erhöht Nachtarbeit auch die Gefahr von Arbeitsunfällen.[335] So steigt das Unfallrisiko in der Nachtschicht um 30,6% gegenüber der Frühschicht.[336] Der Grund für den Anstieg des Unfallrisikos liegt in der Desynchronisierung mit biologischen oder sozialen Rhythmen.[337] Nachts ist die Leistungsfähigkeit abgesenkt, etwa hinsichtlich Fingerfertigkeit, Handgeschicklichkeit und Muskelkoordination.[338] Verminderte Leistungsfähigkeit und Müdigkeit führen zur Erhöhung der Fehlerfrequenz und einer Verlängerung der Reaktionszeiten.[339] Es kann daher nicht verwundern, dass die Zahl der Unfälle erhöht ist, was zu gravierenden Gesundheitsschäden führen kann.

e) Psychische Erkrankungen

Nachtarbeit kann negative Folgen für die psychische Gesundheit haben.[340] Nach einer aktuellen Metaanalyse ist das Depressionsrisiko bei Nachtarbeitnehmern, ins-

---

[332] *Moreno et al.* (Working Time Society consensus statement), Industrial Health 2019, 139, 141, 149.

[333] *Moreno et al.* (Working Time Society consensus statement), Industrial Health 2019, 139, 141.

[334] *Paridon et al.*, DGUV Report 1–2012 Schichtarbeit, S. 94.

[335] *de Cordova et al.*, Work 2016, 825; *Paridon et al.*, DGUV Report 1–2012 Schichtarbeit, S. 112.

[336] *Beermann*, in: Badura et al. (Hg.), Fehlzeitenreport 2009. Arbeit und Psyche, S. 71, 78; *Langhoff/Satzer*, GArb 10/2021, 15, 17.

[337] *Nachreiner/Arlinghaus/Greubel*, ZArbWiss 2019, 369, 377 f.

[338] *Elsner*, Risiko Nachtarbeit, S. 36.

[339] *Beermann*, in: Badura et al. (Hg.), Fehlzeitenreport 2009. Arbeit und Psyche, S. 71, 75.

[340] *Amlinger-Chatterje*, Psychische Gesundheit in der Arbeitswelt – Atypische Arbeitszeiten, S. 48; *Bolino et al.*, Journal of Organizational Behavior 2018, 188, 194, 198; *Müller*, Organization Studies 2020, 1101, 1104; Landau/Pressel/*Knauth*, Medizinisches Lexikon der beruflichen Belastungen und Gefährdungen, Nachtarbeit, S. 715; *Langhoff/Satzer*, GArb 10/2021, 15, 17; *Paridon et al.*, DGUV Report 1–2012 Schichtarbeit, S. 98; *Schlick/Bruder/Luczak*, Arbeitswissenschaft, S. 617; *Torquati et al.*, American Journal of Public Health 2019, e13, e19 f.; *Zhao et al.*, International archives of occupational and environmental health 2019, 763, 792.

besondere Frauen, um über 30% erhöht.[341] Nach einem Bericht der BAuA äußern sich die negativen Effekte vor allem als akute und chronische Erschöpfung.[342] Dabei gibt es aber große Unterschiede zwischen den Nachtarbeitnehmern, je nach ihrer Einstellung zur Nachtarbeit.

Die psychischen Gefahren haben zwei Gründe: Einerseits sind atypische Arbeitszeiten mit einem erhöhten Stresserleben und einem größeren Risiko für Burnout-Symptome verknüpft.[343] Im Fall der Nachtarbeit ist insbesondere das Arbeiten gegen den eigenen körperlichen Rhythmus eine Quelle von Stress. Zweitens wirkt sich die erschwerte Vereinbarkeit von Berufs- und Privatleben indirekt negativ auf das psychische Wohlbefinden aus.[344] Denn die sozialen Einschränkungen durch die Nachtarbeit können Ursache von Konflikten etwa mit dem Ehepartner sein und erschweren es, soziale Kontakte zu finden und zu pflegen.[345] Hier zeigt sich, dass Gesundheitsschutz und die Möglichkeit zur Teilhabe am sozialen, kulturellen und politischen Geschehen untrennbar verbunden sind (ausführlich III. 1.).[346] Problematisch ist, dass ein arbeitsmedizinisch vorteilhafter, schneller Wechsel von Tag- und Nachtschicht psychologisch als Belastung erlebt werden kann, weil das Sozialleben schwerer planbar ist.[347] Verschiedene Studien weisen aber darauf hin, dass Vorbehalten begegnet werden kann, indem zunächst probeweise umgestellt wird und die Belegschaft informiert und einbezogen wird.[348]

Ein wichtiger Kernbefund der arbeitspsychologischen Forschung ist ferner, dass es interindividuelle Unterschiede zwischen Nachtarbeitnehmern gibt.[349] Dies bedeutet, dass Nachtarbeit je nach eigener Einstellung als mehr oder weniger nachteilhaft empfunden wird. Insbesondere die Frage, inwiefern eine selbstgewählte Entscheidung über die Aufnahme der Nachtarbeit möglich war und welche Motivation dieser zugrunde lag, kann das eigene Erleben beeinflussen und die negativen Folgen verringern.[350] Der Grad der Erschöpfung entscheidet hingegen darüber, ob die Freizeit am Tag als für Aktivitäten, etwa mit den eigenen Kindern, gewonnene oder verlorene Zeit betrachtet wird.[351]

---

[341] *Torquati et al.*, American Journal of Public Health 2019, e13, e17, e19 f.

[342] *Amlinger-Chatterje*, Psychische Gesundheit in der Arbeitswelt – Atypische Arbeitszeiten, S. 48.

[343] *Amlinger-Chatterje*, Psychische Gesundheit in der Arbeitswelt – Atypische Arbeitszeiten, S. 56.

[344] *Amlinger-Chatterje*, Psychische Gesundheit in der Arbeitswelt – Atypische Arbeitszeiten, S. 57.

[345] *Ulich*, Arbeitspsychologie, S. 530 f.

[346] Juristisch: *Preis/Schwarz*, Dienstreisen als Rechtsproblem, S. 41; medizinisch: *Arlinghaus/Nachreiner*, ZArbWiss 2012, 291, 293 m.w.N.

[347] *Bolino et al.*, Journal of Organizational Behavior 2018, 188, 198.

[348] *Arlinghaus/Lott*, Schichtarbeit gesund und sozialverträglich gestalten, S. 18 ff.

[349] *Bolino et al.*, Journal of Organizational Behavior 2018, 188, 193.

[350] *Barton*, Journal of Applied Psychology 1994, 449.

[351] *Müller*, Organization Studies 2020, 1101, 1111, 1116 f.

Nachtarbeitnehmer entwickeln sog. „nocturnal mindsets“.[352] Diese basieren auf einem Autonomieerleben durch eine nachts verringerte Überwachung durch Vorgesetzte und dem Gefühl eines besonderen Zusammenhalts innerhalb der Nachtschicht, beispielsweise wenn entlastende Regelverstöße wie zusätzliche Pausen von Kollegen gedeckt werden.[353] Festzuhalten ist aber, dass dies die nachteiligen Effekte nur abschwächen, jedoch nicht vermeiden kann. Es besteht eine klare Evidenz, dass Nachtarbeit die psychische Gesundheit belastet.[354] Insbesondere Dauernachtarbeit kann auch zu einem geringeren Zusammengehörigkeitsgefühl mit Kollegen führen.[355] Die Nachtarbeitnehmer begründen ihr nächtliches Abweichen von Verhaltensregeln damit, dass die Arbeit an die physischen Grenzen des Körpers geht.[356] Auch stellen die monetären Zuschläge weiterhin den größten Anreiz dar, nachts zu arbeiten.[357] Beides zeigt die erlebten Belastungen und dass Nachtarbeit im Regelfall nur eingeschränkt freiwillig geleistet wird.

f) Kognitive Beeinträchtigungen

Kognitive Beeinträchtigungen können aus dem gestörten Schlaf resultieren.[358] Wie bereits oben dargestellt, ist das menschliche Gehirn im Schlaf hoch aktiv. So werden im Leichtschlafstadium N2 Gedächtnisinhalte aus dem Kurzzeitgedächtnis in der Gehirnrinde verfestigt, im Tiefschlafstadium N3 wird durch Ausschüttung von Wachstumshormonen und dem Abbau von neurotoxischen Eiweißkörpern die Funktionsfähigkeit und Lebensdauer von Nervenzellen im Gehirn gesteigert und im REM-Schlaf Erlebnisse emotional verarbeitet und das Ernährungsverhalten reguliert.[359] Schläft der Mensch zu wenig, nehmen die kognitiven Leistungen ab. Dies kann sich negativ auf die Erhaltung der geistig-seelischen Leistungsfähigkeit, die Aufrechterhaltung des normalen Antriebsniveaus und die Verarbeitung von Gedächtnisinhalten auswirken und das Erlernen von Sprache oder Bewegungsabläufen erschweren.[360] Die erhöhte Fehler- und Unfallrate dürfte auch aus der verminderten kognitiven Leistung resultieren. Nachtarbeit wird auch mit Alzheimererkrankungen assoziiert.[361]

---

[352] *Müller*, Organization Studies 2020, 1101, 1112 f.

[353] *Evers*, Prokla 2019, 201, 210 ff.; *Müller*, Organization Studies 2020, 1101, 1112 f.

[354] *Torquati et al.*, American Journal of Public Health 2019, e13, e17, e19 f.

[355] *Bolino et al.*, Journal of Organizational Behavior 2018, 188, 194.

[356] *Müller*, Organization Studies 2020, 1101, 1116 f.

[357] *Evers*, Prokla 2019, 201, 213.

[358] *Paridon et al.*, DGUV Report 1–2012 Schichtarbeit, S. 98.

[359] *Seidel*, Der Schlaf, S. 19.

[360] *Klug et al.*, Wer schlecht schläft, stirbt früher, S. 19.

[361] *Müller*, Organization Studies 2020, 1101, 1104.

g) Menstruations- und Schwangerschaftsbeschwerden

In verschiedenen Studien wurde ein Zusammenhang zwischen Nachtarbeit und Störungen der weiblichen Periode berichtet. Nachtarbeiterinnen klagten häufiger über unregelmäßige Zyklen und Menstruationsbeschwerden.[362] Hinsichtlich der Fruchtbarkeit haben einige umfangreiche epidemiologische Studien ein deutlich höheres Risiko für Fehlgeburten sowie eine niedrigere Schwangerschafts- und Entbindungsraten bei Schichtarbeitnehmerinnen festgestellt.[363] Nachtarbeit erhöht außerdem das Risiko des frühen Eintritts der Menopause.[364] Sie kann somit Ursache eines unerfüllten Kinderwunsches sein.

h) Mehrfachbelastung mit Gefahrstoffen

Ein weiteres Problem ist, dass Nachtarbeitnehmer überdurchschnittlich oft besonders belastenden Arbeitsbedingungen ausgesetzt sind.[365] Zudem wirken diese zu einer circadianen Zeit auf den menschlichen Körper, die für eine höhere Anfälligkeit verantwortlich sein kann.[366] Denn nachts ist die Organaktivität vermindert, weshalb die Entgiftung des Körpers schlechter als am Tag funktioniert und es bei der nächtlichen Arbeit mit gefährlichen Stoffen zur erhöhten Anreicherung dieser im Körper kommt, was insbesondere bei Dauernachtarbeit zur Ansammlung der Gefahrstoffe im Organismus führt.[367]

5. Neue Erkenntnisse zu Gefahren für das Leben

Daneben gibt es mittlerweile deutliche Hinweise auf potenziell tödliche Folgen der Nachtarbeit durch Herzinfarkt oder Krebs. Allerdings steht ein sicherer Nachweis aufgrund der schwer von anderen Faktoren isolierbaren Folgen der Nachtarbeit hinsichtlich letzterem noch aus. Sicher ist, dass die Lebenserwartung von Nachtarbeitnehmern deutlich verkürzt ist, nämlich um circa acht Jahre gegenüber Arbeitnehmern mit normaler Arbeitszeit.[368] Dies wird gestützt durch eine feststellbare erhöhte Sterblichkeit bei Personen, die dauerhaft zu wenig schlafen[369] oder über längere Zeit in Wechselschicht mit Nachtarbeitsanteilen arbeiten.[370]

---

[362] *Wedderburn*, Shiftwork and Health, S. 23 m. w. N.

[363] *Wedderburn*, Shiftwork and Health, S. 23 m. w. N.

[364] *Stock et al.*, Human Reproduction 2019, 539, 546.

[365] *Beermann*, in: Badura et al. (Hg.), Fehlzeitenreport 2009. Arbeit und Psyche, S. 71, 73.

[366] *Smolensky et al.* (Working Time Society consensus statement), Industrial Health 2019, 158, 168.

[367] *Klug et al.*, Wer schlecht schläft, stirbt früher, S. 30; *Langhoff/Satzer*, GArb 10/2021, 15, 18.

[368] *Langhoff/Satzer*, Gestaltung von Schichtarbeit in der Produktion, S. 20.

[369] *Åkerstedt et al.*, Journal of Sleep Research 2019, e12712, 7.

[370] *Gu et al.*, Am J Prev Med. 2015, 241.

a) Herzinfarktrisiko

Nachtarbeit steigert das Krankheitsrisiko der Herzgefäße.[371] Darauf deutet zumindest eine Vielzahl von Studien hin, auch wenn deren Bewertung nicht einheitlich ausfällt.[372] Wie bei anderen Erkrankungen ist auch hier eine Abgrenzung zwischen Gefährdung der körperlichen Unversehrtheit und des Lebens nicht möglich. Dieses Risiko wird unter Gefahren für das Leben aufgeführt, weil die sog. koronare Herzerkrankung zum Herzinfarkt führen kann. In Deutschland sind Herz-/Kreislauferkrankungen die häufigste Todesursache.[373]

Nachtarbeit führt dabei zu einer deutlichen Erhöhung des Risikos, Vorhofflimmern oder eine koronare Herzerkrankung auszubilden.[374] Vyas et al. ermittelten in einer Metaanalyse des internationalen Forschungsstandes gar eine bei Nachtarbeitnehmern um 41 % erhöhte Wahrscheinlichkeit, einen Herzinfarkt zu erleiden.[375] Auch wenn der genaue Wirkmechanismus bisher nicht vollständig geklärt ist, spielt die zum circadianen Rhythmus versetzte Schlafzeit jedenfalls eine Rolle.[376] Zudem wirkt Schichtarbeit als Stressor und die dadurch verstärkte Ausschüttung von Stresshormonen kann zu ungünstigen Veränderungen des Blutdrucks, der Herzfrequenz und der Verstoffwechslung von Fetten und Zuckern führen.[377]

b) Krebsrisiken

Neueren Datums sind Erkenntnisse über eine mögliche Begünstigung von Krebserkrankungen durch Nachtarbeit.

Die Internationale Agentur für Krebsforschung, eine Einrichtung der WHO, hat Schichtarbeit, die den Circadianrhythmus stört, erstmals im Jahr 2007 als möglicherweise krebserregend eingestuft.[378] Diese Einschätzung wurde nach einer Analyse der in der Zwischenzeit veröffentlichten neueren Studien im Jahr 2019 für Nachtschichtarbeit erneuert.[379] Vermutet wird eine Begünstigung von Brust-, Pros-

---

[371] *Beermann*, in: Badura et al. (Hg.), Fehlzeitenreport 2009. Arbeit und Psyche, S. 71, 76; *Schlick/Bruder/Luczak*, Arbeitswissenschaft, S. 617.

[372] Die Working Time Society sieht in einem consensus statement deutliche Hinweise auf einen Zusammenhang (*Moreno et al.*, Industrial Health 2019, 139, 140); *Paridon et al.*, DGUV Report 1–2012 Schichtarbeit, S. 95 lehnen hingegen Schlussfolgerungen nach gegenwärtigem Forschungsstand ab.

[373] *Statistisches Bundesamt* unter https://www.destatis.de/DE/Themen/Gesellschaft-Umwelt/Gesundheit/Todesursachen/todesfaelle.html?nn=210776 (zuletzt abgerufen am 1.10.2024).

[374] *Wang et al.*, European Heart Journal 2021, 1, 9.

[375] *Vyas et al.*, BMJ 2012, 345, 347.

[376] *Beermann*, in: Badura et al. (Hg.), Fehlzeitenreport 2009. Arbeit und Psyche, S. 71, 76.

[377] *Paridon et al.*, DGUV Report 1–2012 Schichtarbeit, S. 95.

[378] *IARC*, Night shift work, S. 41.

[379] *IARC*, Night shift work, S. 365.

tata- sowie Darmkrebs. Nach Ansicht der großen Mehrheit der Arbeitsgruppe bestehe ein positiver Zusammenhang zwischen Nachtschichtarbeit und dem Brustkrebsrisiko, allerdings konnte ein Bias in den Studien nicht mit hinreichender Sicherheit ausgeschlossen werden.[380] Geringer sei der Forschungsstand zum Prostatakrebsrisiko, doch auch hier gebe es Hinweise darauf, dass das Risiko für Prostatakrebs durch Nachtschichtarbeit erhöht wird.[381] Auch hinsichtlich Darmkrebs existierten Hinweise für ein gesteigertes Risiko durch Nachtschichtarbeit.[382] Eine von der ILO im Jahr 2012 herausgegebene Übersicht hat auf Grundlage verschiedener Studie ebenfalls Hinweise auf einen Zusammenhang zwischen Nachtarbeit und Krebserkrankungen erkannt.[383]

Als mögliche biologische Ursache wird angenommen, dass die Störung des biologischen Rhythmus der Mechanismus ist, der über weitere hormonelle Wirkungen Krebszellen zum Wachstum anstößt.[384] Eine andere Hypothese vermutet, dass Melatonin das Wachstum von Tumorzellen hemmen kann und dass nächtliche Lichtexposition zu einem Melatoninmangel führt, weshalb das Immunsystem Krebszellen in geringerem Maße bekämpfen kann, als dies bei gesunden Menschen der Fall ist.[385] Ein derartiger Zusammenhang zwischen einem durch nächtliche Lichtexposition verringerten Melatoninspiegel und einem erhöhten Krebsrisiko wird durch Tierstudien nahegelegt.[386]

Verschiedene Institutionen haben die zu diesem Thema erschienenen Studien bewertet. Die Deutsche Gesellschaft für Arbeitsmedizin und Umweltmedizin kam im Jahr 2020 nach einem Literaturreview zu dem Fazit, dass die einbezogenen Publikationen mit Anhaltspunkten auf mögliche moderate positive Assoziationen zwischen Nacht- und Schichtarbeit und der Entwicklung von malignen Erkrankungen vereinbar seien, insbesondere in Bezug auf Brust- und Prostatakrebs.[387] Dennoch könne ein entsprechender Kausalzusammenhang derzeit nicht als hinreichend belegt angesehen werden.[388] Zu einem ähnlichen Ergebnis kamen Paridon et al. in einer von der DGUV veröffentlichten Schrift aus dem Jahr 2012, wonach es zwar theoretische Überlegungen und tierexperimentelle Untersuchungen gebe, sich ein erhöhtes Krebsrisiko für den Menschen aufgrund von Schichtarbeit aber bisher

---

[380] *IARC*, Night shift work, S. 237.

[381] *IARC*, Night shift work, S. 238.

[382] *IARC*, Night shift work, S. 238.

[383] *Tucker/Folkard*, Working Time, Health and Safety, S. 8.

[384] *Beermann*, in: Badura et al. (Hg.), Fehlzeitenreport 2009. Arbeit und Psyche, S. 71, 76; *Hien*, GArb 10/2013, 24, 26.

[385] *Schernhammer et al.*, Journal of the National Cancer Institute 2001, 1563, 1563 m. w. N.

[386] *Moreno et al.* (Working Time Society consensus statement), Industrial Health 2019, 139, 141.

[387] *DGAUM*, Leitlinie „Gesundheitliche Aspekte und Gestaltung von Nacht- und Schichtarbeit“, S. 91.

[388] *DGAUM*, Leitlinie „Gesundheitliche Aspekte und Gestaltung von Nacht- und Schichtarbeit“, S. 91.

nicht belegen lasse.[389] Eine weitere Auswertung und Beurteilung veröffentlichte im Jahr 2019 die Working Time Society. Herangezogen wurden insgesamt zwölf Metaanalysen zum Zusammenhang von Schicht- bzw. Nachtarbeit und Krebserkrankungen, ganz überwiegend zu Brustkrebs, von denen zehn eine Erhöhung des Risikos zum Ergebnis hatten.[390] Dementsprechend wurde als Konsens festgestellt, dass es Hinweise für einen Begünstigung von Krebserkrankungen gäbe, die allerdings weniger stichhaltig als die hinsichtlich Herz-Kreislauf- sowie Magen-Darm-Erkrankungen seien.[391]

Insgesamt ist also ein kausaler Zusammenhang zwischen Nacht- bzw. Schichtarbeit und Krebserkrankungen derzeit nicht sicher belegt.[392] Dies liegt unter anderem an der noch kurzen Forschungszeit, der unterschiedlichen Erfassung der Probanden und der schwer leistbaren Isolierbarkeit der möglichen Ursachen für die Krebserkrankungen. Zudem würden selbstverständlich auch bei einem Zusammenhang nicht alle Nachtarbeiter erkranken. Es handelt sich daher nach derzeitigem Erkenntnisstand um das „Risiko eines Risikos". Dennoch verdichten sich die Anhaltspunkte für eine Begünstigung von Krebserkrankungen. Die weit überwiegende Zahl an Metaanalysen hat eine Erhöhung des Risikos festgestellt.

6. Rechtliche Würdigung des aktuellen Kenntnisstandes

Im Ergebnis erfüllen die Gefahren durch die Nachtarbeit den Tatbestand der Schutzpflicht zugunsten beider Grundrechte.

a) Körperliche Unversehrtheit

Hinsichtlich der körperlichen Unversehrtheit besteht Einigkeit, dass von Nachtarbeit Gefahren für diese ausgehen können. Dies wurde vom Bundesverfassungsgericht auch im Jahr 1992 klar ausgesprochen und vom Gesetzgeber dem ArbZG zugrunde gelegt. Allerdings ist der medizinische Erkenntnisstand heute fortgeschritten. Durch die Forschungen zur Chronobiologie ist mittlerweile bekannt, dass in jeder Zelle des menschlichen Körpers Prozesse in einem circadianen Rhythmus ablaufen. Somit dürften potenziell alle Organe und Körperfunktionen von der durch die Nachtarbeit erzwungenen Umstellung betroffen sein. Konkret sind heute etwa auch Beeinträchtigungen des Immunsystems, der psychischen Gesundheit, Menstruations- und Schwangerschaftsbeschwerden sowie ein höheres Risiko bei Mehrfachbelastung als

---

389 *Paridon et al.*, DGUV Report 1–2012 Schichtarbeit, S. 97.

390 *Moreno et al.* (Working Time Society consensus statement), Industrial Health 2019, 139, 142 f.

391 *Moreno et al.* (Working Time Society consensus statement), Industrial Health 2019, 139, 140.

392 *Ijaz et al.*, Scandinavian journal of work, environment & health 2013, 431; *Rabstein et al.*, Zentralblatt für Arbeitsmedizin, Arbeitsschutz und Ergonomie 2020, 249, 254.

Folgen der Nachtarbeit bekannt, die im Urteil des Bundesverfassungsgerichts noch fehlten. Die Anpassung des Körpers an den verschobenen Rhythmus läuft zudem in unterschiedlicher Geschwindigkeit ab, sodass es zu einer Desynchronisation verschiedener Körperfunktionen kommt. Die Gefahren sind also gravierender, als zum Zeitpunkt der Entscheidung des Bundesverfassungsgerichts bekannt war. Als Fazit lässt sich also festhalten, dass nach derzeitigem Erkenntnisstand die körperliche Unversehrtheit in größerem Maße beeinträchtigt wird, als in die damalige Entscheidung eingestellt wurde. Ihr rechtliches Gewicht ist daher erhöht.

b) Leben

Zudem ist auch das Grundrecht auf Leben potenziell betroffen. Zwar ist sowohl hinsichtlich der im schlimmsten Fall tödlichen Herz-Kreislauf-Erkrankungen als auch hinsichtlich des Krebsrisikos ein Zusammenhang zur Nachtarbeit bisher medizinisch bisher nicht mit gänzlicher Sicherheit nachweisbar. Angesichts der fundamentalen Bedeutung des Rechtsguts Leben, von dem die Ausübung aller weiteren grundrechtlichen Freiheiten abhängt, ist der Maßstab für eine hinreichende abgesenkt. Die sich erhärtenden Hinweise auf Erhöhung des Herzinfarkt- und Krebsrisikos genügen daher dafür, dass der Staat schützend tätig werden muss. Auch das Grundrecht auf Leben ist daher zu berücksichtigen.

c) Zwischenergebnis

Die Grundrechte aus Art. 2 Abs. 2 S. 1 GG sind im Ergebnis beide und mit höherem Gewicht als vom Bundesverfassungsgericht im Jahr 1992 bei der Kontrolle der Erfüllung der Schutzpflicht einzustellen.

III. Grundrechte des Nachtarbeitnehmers II: Sozialleben sowie Erwerbsarbeit

Neben der biologischen Desynchronisation zieht Nachtarbeit, wie bereits erwähnt, auch eine soziale Desynchronisation der betroffenen Arbeitnehmer nach sich. Deshalb hat Nachtarbeit auch schwerwiegende soziale Folgen. Der Grund dafür ist der soziale Rhythmus der Gesellschaft. Die meisten Menschen arbeiten tagsüber oder gehen dann zur Schule, haben am Abend frei und erholen sich nachts durch Schlaf. Nachtarbeitnehmer hingegen arbeiten nachts, müssen sich tagsüber erholen und abends auf die Arbeit einstellen bzw. zu dieser aufbrechen. Ihr Rhythmus ist daher versetzt zu dem der Gesellschaft, was als soziale Desynchronisation bezeichnet wird. Sie beschränkt die Nutzbarkeit der Freizeit. Denn es kommt nicht nur auf die Lage der Arbeitszeit an, sondern auch auf die komplementäre Lage der Freizeit. Die gleiche Menge an Freizeit kann unterschiedlich gut verwendbar sein. Betroffen sind durch diesen Widerspruch zwischen dem eigenen Alltag und dem sozialen Rhythmus die Grundrechte auf Ehe und Familie, die demokratische Partizipation und gesellschaftliche Teilhabe sowie die „bloße" Freizeit, deren grundrechtlicher Schutz ebenfalls untersucht wird.

Zudem beschränkt Nachtarbeit die Berufswahl und berufliche Entwicklung. Gründe sind die körperlichen Folgen, die häufig zu unterbrochenen und kürzeren Erwerbsverläufen führen. Aber auch eine geringere Sichtbarkeit für Vorgesetzte, die aus der versetzten Arbeitszeit resultiert und beruflichen Aufstieg erschwert. Deshalb werden die Einschränkungen des Arbeitnehmers bei Berufswahl und Weiterbildung ebenfalls in diesem Kapitel betrachtet.

1. Übertragbarkeit der Rechtsprechung zu gemeinsamen arbeitsfreien Zeiten

Das Bundesverfassungsgericht hat in zwei Entscheidungen die besondere Bedeutung gemeinsamer arbeitsfreier Zeiten für das Sozialleben herausgearbeitet. So wurde das Ladenschlussgesetz damit gerechtfertigt, dass der Gesetzgeber den Rhythmus des öffentlichen Lebens und der Freizeit beeinflusste und die Regeln dazu dienten, dem Personal möglichst weitgehend den arbeitsfreien Abend und die arbeitsfreie Nacht sowie ein zusammenhängendes freies Wochenende zu sichern.[393] Noch deutlicher wurde das BVerfG in der Entscheidung zur Ladenöffnung an den Adventssonntagen. Die soziale Bedeutung des Sonn- und Feiertagsschutzes und mithin der generellen Arbeitsruhe im weltlichen Bereich resultiere wesentlich aus der synchronen Taktung des sozialen Lebens.[394] Denn dieses könne nur gemeinsam im Freundeskreis, im aktiven Vereinsleben und in der Familie gestaltet werden, sofern ein zeitlicher Gleichklang arbeitsfreier Zeiten gegeben sei.[395]

Diese Erwägungen können auf die Situation der Nachtarbeitnehmer übertragen werden.[396] Dies soll hier „vor der Klammer" begründet werden, bevor dann bei den einzelnen Grundrechten auf die Rechtsprechung des Bundesverfassungsgerichts zurückgekommen wird. Zudem wird vorab dargestellt, dass auch bezüglich der sozialen Grundrechte einer Schutzpflichtenkonstellation gegeben ist.

a) Vergleichbarkeit mit der Nachtarbeit

Die Kernaussage des BVerfG ist, dass gemeinsame arbeitsfreie Zeiten wichtig sind, um diverse soziale Aktivitäten ausüben zu können. Wer zu gesellschaftlich prägenden Frei- und Ruhezeiten arbeiten muss, der kann an diesen Aktivitäten nicht

---

[393] BVerfG 9. 6. 2004 – 1 BvR 636/02, NJW 2004, 2363, 2365.

[394] BVerfG 1. 12. 2009 – 1 BvR 2857/07, 1 BvR 2858/07, E 125, 39, 83.

[395] BVerfG 1. 12. 2009 – 1 BvR 2857/07, 1 BvR 2858/07, E 125, 39, 86.

[396] Selbstverständlich ist der Sonntag gem. Art. 140 GG i. V. m. Art. 139 WRV ausdrücklich geschützt, was für die Abend- und Nachtstunden nicht gilt. Dies ändert aber nichts an der Vergleichbarkeit, sondern höchstens am Schutzniveau.

teilhaben, sondern ist davon ausgeschlossen. Zugleich kann er seine eigene Freizeit schlechter nutzen, weil dann vieles nicht möglich ist.

Die gesellschaftlich prägenden und kollektiv wertvollen Freizeiten sind an Sonn- und Feiertagen sowie abends.[397] Damit kann die Rechtsprechung zur sozialen Bedeutung der gemeinsamen wöchentlichen Ruhezeit am Sonntag auf die gemeinsame tägliche Ruhezeit in den Abend- und Nachtstunden übertragen werden.[398] Dies legt schon die begriffliche Nähe von Sonn- und Feiertag[399] mit Feierabend nahe. Zugleich wird aus der Bezeichnung Feierabend deutlich, dass die sozial nutzbare Zeit nach üblicher Auffassung nach der Arbeit am Abend liegt. Auf die Rechtsprechung des Bundesverfassungsgerichts wird bei den einzelnen Grundrechten zurückgekommen. Klar ist jedoch, dass die Abendstunden nur eingeschränkt für Soziales nutzen kann, wer sich zu dieser Zeit auf die Arbeit einstellen oder zu dieser aufbrechen muss. Hinzu kommt, dass viele Nachtarbeitnehmer in Schichtsystemen arbeiten, die auch die Wochenenden einschließen, was die Belastung noch verstärkt.[400]

b) Schutzpflichtenkonstellation

Auch bei den sozialen Grundrechten liegt eine Schutzpflichtenkonstellation vor, in welcher der Arbeitgeber Grundrechtsgüter gefährdet. So hat das Bundesverfassungsgericht in seinem Urteil zum Sonn- und Feiertagsschutz festgestellt, die gesetzliche Möglichkeit der Ladenöffnung richte sich an die Inhaber der Verkaufsstellen und greife nicht in die Grundrechte der Arbeitnehmer ein. Die grundrechtlichen Schutzpflichten in Verbindung mit dem Sozialstaatsgebot verpflichteten den Staat aber zu einem Mindestmaß an Schutz der Arbeitnehmer.[401] Das Gericht sieht also die Weisung des Ladeninhabers, am Sonntag zu arbeiten, als gefährdendes Verhalten an, vor dem der Staat den betroffenen Arbeitnehmern einen Minimalschutz gewähren müsse. Bei der Anordnung von Nachtarbeit gilt das Gleiche.

c) Zwischenergebnis: Staat schuldet Minimalschutz vor sozialen Belastungen

Die Rechtsprechung des BVerfG ist somit auf die Nachtarbeit übertragbar. Mit der ungünstigen Lage der Arbeitszeit und komplementär der Freizeit gehen soziale Belastungen einher. Auch wenn die Nachtarbeit vom Arbeitgeber als Privaten angeord-

---

[397] *Beermann*, in: Badura et al. (Hg.), Fehlzeitenreport 2009. Arbeit und Psyche, S. 71, 76; *Jürgens*, in: Seifert (Hg.), Flexible Zeiten, S. 169, 177 f.

[398] Ebenso *Lueken*, NZA 2024, 452, 454 f.

[399] Zur Gemeinsamkeit von Sonntagen und Feiertagen hinsichtlich des jeweils „nicht werktäglichen“ Charakters und des sozio-kulturellen Doppelaspekts der allgemeinen Arbeitsruhe und seelischen Erbauung siehe *Häberle*, Der Sonntag als Verfassungsprinzip, S. 79 f.

[400] Über 40 % der Schichtarbeitnehmer arbeiten auch am Wochenende (sog. kontinuierliche Schichtarbeit), *Evers*, Prokla 2019, 201, 206.

[401] BVerfG 1. 12. 2009 – 1 BvR 2857/07, 1 BvR 2858/07, E 125, 39, 78, 82.

net wird, schuldet der Staat einen Minimalschutz vor dem damit drohenden Übergriff in Grundrechtsgüter des Nachtarbeitnehmers. Im Einzelnen werden dabei Ehe und Familie, die demokratische Partizipation und gesellschaftliche Teilhabe sowie die „bloße" Freizeit gefährdet. Inwiefern diese Positionen grundrechtlichen Schutz genießen, wird im Folgenden dargestellt.

2. Ehe und Familie

Zu beginnen ist aufgrund ihrer besonderen Bedeutung mit den Grundrechten aus Art. 6 Abs. 1 GG, der Ehe und der Familie. Die beiden Grundrechte hängen thematisch eng zusammen, sind aber nach herrschender Meinung rechtlich vollständig voneinander entkoppelt.[402] Denn die Ehe ist auch dann geschützt, wenn sie kinderlos bleibt, gleichzeitig ist der Schutz der Familie nicht auf die „traditionelle" Kleinfamilie mit verheirateten Elternteilen beschränkt, sondern umfasst jede Lebensgemeinschaft von Eltern und Kindern.[403] Darüber hinaus können nach neuer Rechtsprechung des BVerfG auch sonstige nahe Verwandtschaftsverhältnisse umfasst sein.[404] Das Erziehungsverhältnis zwischen Eltern und Kindern wird zudem durch Art. 6 Abs. 2 GG geschützt.[405] Zu beachten ist selbstverständlich, dass diese Grundrechte nicht alle Nachtarbeitnehmern schützen, sondern nur diejenigen, die verheiratet sind und/oder eine Familie haben.

a) Schutzbereich der Ehe

Eine Ehe ist die unter Mitwirkung des Staates geschlossene, auf Lebenszeit oder jedenfalls auf Dauer angelegte, auf freiem Entschluss und der Gleichberechtigung der Partner beruhende Lebensgemeinschaft von Mann und Frau.[406] Außerdem kann eine Ehe auch zwischen zwei Menschen gleichen Geschlechts bestehen, sofern die anderen Merkmale gegeben sind. Denn die Verschiedengeschlechtlichkeit der Ehegatten ist kein durch die Verfassung gebotenes Merkmal, sondern konnte durch den einfachen Gesetzgeber bei dessen Ausgestaltung des Ehegrundrechts als normgeprägten Grundrechts auch auf gleichgeschlechtliche Paare erstreckt werden, wie er dies im

---

[402] Dreier/*Brosius-Gersdorf*, GG, Art. 6 Rn. 76; MK/*Heiderhoff*, GG, Art. 6 Rn. 53; a.A. BeckOK GG/*Uhle*, Art. 6 Rn. 18.

[403] Dreier/*Brosius-Gersdorf*, GG, Art. 6 Rn. 79; *Kirchhof*, AöR 2004, 542, 549; Merten/Papier/*Steiner*, Handbuch der Grundrechte IV, § 108 Rn. 7, 28, 43.

[404] BVerfG 24.6.2014 – 1 BvR 2926/13, E 136, 382 Rn. 22f.; zustimmend *Uhle*, NVwZ 2015, 272, 274f.; so auch bereits *Kingreen/Pieroth*, NVwZ 2006, 1221, 1221f.; a.A. BVerfG 31.5.1978 – 1 BvR 683/77, E 48, 327, 339.

[405] BeckOK GG/*Uhle*, Art. 6 Rn. 47.

[406] BVerfG 29.7.1959 – 1 BvR 205/58, 1 BvR 332/58, 1 BvR 333/58, 1 BvR 367/58, 1 BvL 27/58, 1 BvL 100/58, E 10, 59, 66; BVerfG 17.7.2002 – 1 BvF 1/01, 1 BvF 2/01, E 105, 313, 345; DHS/*Badura*, GG, Art. 6 Rn. 42; JP/*Jarass*, GG, Art. 6 Rn. 4; Sachs/*v. Coelln*, GG, Art. 6 Rn. 4.

Jahr 2017 mit der sog. „Ehe für alle" getan hat.[407] Die nichteheliche Lebensgemeinschaft hingegen nimmt am besonderen verfassungsrechtlichen Schutz der Ehe nicht teil, sondern wird nur von Art. 2 Abs. 1 GG geschützt.[408]

Der Schutz der Ehe erstreckt sich unter anderem darauf, wie die Ehegatten ihr Zusammenleben gestalten.[409] Das alte Leitbild der „Hausfrauenehe" wurde aufgegeben.[410] Die Ehepartner sollen also frei entscheiden können, wie sie Erwerbs- und Haushaltsarbeit verteilen.[411] Der Staat hat sich bei der Entscheidung, ob ein Ehepartner sich ausschließlich dem Haushalt und der Erziehung der Kinder widmen oder beruflich tätig sein und eigenes Einkommen erwerben will, zu enthalten.[412]

Die Rechtsprechung des Bundesverfassungsgerichts zu gemeinsamen arbeitsfreien Zeiten schützt unter anderem Ehe und Familie gem. Art. 6 Abs. 1 GG.[413] Denn um diese Grundrechte wahrnehmen zu können, seien eine allgemeine Arbeitsruhe und eine synchrone Taktung des sozialen Lebens grundlegend.[414] Diese Erwägung lässt sich auf die Nachtarbeit übertragen, wie unter 1. dargelegt wurde.

b) Schutzbereich der Familie

Im Zentrum des Schutzbereichs der Familie steht die Gemeinschaft von Eltern und minderjährigen Kindern, wobei eine Eltern-Kind-Beziehung auch durch tatsächliche Pflege begründet werden kann und gleichgeschlechtliche Paare mit Kindern den gleichen Schutz genießen wie verschiedengeschlechtliche.[415] Die leibliche und seelische Entwicklung der prinzipiell schutzbedürftigen Kinder soll in der Familie und der elterlichen Erziehung eine wesentliche Grundlage finden.[416]

---

[407] Ebenso *Blome*, NVwZ 2017, 1658, 1663; Dreier/*Brosius-Gersdorf*, GG, Art. 6 Rn. 118; i.E. ebenso MKS/*Robbers*, GG, Art. 6 Rn. 38: Verfassungswandel sowie *Möller*, DÖV 2005, 64, 68 ff.: Auslegung des Ehebegriffs im Lichte von Art. 1, 2, 3 GG; a.A. *Bäcker*, AöR 2018, 339, 374 ff.; DHS/*Badura*, GG, Art. 6 Rn. 42 f.; Merten/Papier/*Steiner*, Handbuch der Grundrechte IV, § 108 Rn. 9; Sachs/*von Coelln*, GG, Art. 6 Rn. 6 f.

[408] DHS/*Badura*, GG, Art. 6 Rn. 55; Merten/Papier/*Steiner*, Handbuch der Grundrechte IV, § 108 Rn. 9, 24, 27.

[409] JP/*Jarass*, GG, Art. 6 Rn. 6; MK/*Heiderhoff*, GG, Art. 6 Rn. 84; Isensee/Kirchhof/*Ipsen*, Handbuch des Staatsrechts VII, § 154 Rn. 38.

[410] *Badura*, Bitburger Gespräche 2001, S. 87, 94.

[411] Merten/Papier/*Steiner*, Handbuch der Grundrechte IV, § 108 Rn. 11; MKS/*Robbers*, GG, Art. 6 Rn. 75.

[412] BVerfG 7.5.2013 – 2 BvR 909/06, 2 BvR 1981/06, 2 BvR 288/07, E 133, 377 Rn. 82.

[413] BVerfG 1.12.2009 – 1 BvR 2857/07, 1 BvR 2858/07, E 125, 39, 82.

[414] BVerfG 1.12.2009 – 1 BvR 2857/07, 1 BvR 2858/07, E 125, 39, 82 f.

[415] MK/*Heiderhoff*, GG, Art. 6 Rn. 69; Darstellung der möglichen Konstellationen bei Sachs/*v. Coelln*, GG, Art. 6 Rn. 16.

[416] BVerfG 18.4.1989 – 2 BvR 1169/84, E 80, 81, 90; BVerfG 19.2.2013 – 1 BvL 1/11, 1 BvR 3247/09, E 133, 59 Rn. 62.

Über den Schutz des Verhältnisses von Eltern und Kindern hinaus zielt das Grundrecht auf den Schutz spezifisch familiärer Bindungen, wie sie auch zwischen erwachsenen Familienmitgliedern und über mehrere Generationen hinweg zwischen den Mitgliedern einer Großfamilie bestehen können.[417] Bestehen tatsächlich von familiärer Verbundenheit geprägte engere Bindungen, so sind diese vom Schutz umfasst.[418]

Mit der Rechtsprechung zu gemeinsamen arbeitsfreien Zeiten ist auch hier eine Gefährdung zu konstatieren. Denn das Gericht sieht Familien, insbesondere jene mit mehreren Berufstätigen, als besonders betroffen an, wenn ein Familienmitglied während der allgemeinen gesellschaftlichen Ruhezeiten arbeiten muss.[419] Eine gemeinsame Freizeitgestaltung sei in der Familie nur möglich, wenn ein zeitlicher Gleichklang der Arbeitsruhe sichergestellt sei.[420] In der Entscheidung zum Ladenschluss hat das Bundesverfassungsgericht anerkannt, dass Arbeitszeiten am Abend einem geregelten Familienleben zuwiderlaufen.[421] Diese Argumente lassen sich auch auf die Nachtarbeit anwenden, weil diese dazu führt, dass (mindestens) ein Familienmitglied während der gesellschaftlichen Ruhezeiten arbeiten oder jedenfalls zur Arbeit aufbrechen muss.

c) Schutzpflichtenseite und Schutzniveau

Beide Grundrechte stehen gem. Art. 6 Abs. 1 GG unter dem besonderen Schutze der staatlichen Ordnung. Eine Herleitung der staatlichen Schutzpflicht ist daher für diese Grundrechte nicht notwendig, weil sie sich bereits aus dem Text entnehmen lässt.[422] Entstehungsgeschichtlich ist belegbar, dass die Urheber der Verfassung in Art. 6 Abs. 1 GG in bewusstem Gegensatz zu den anderen, zunächst als reinen Abwehrrechten ausgestalteten Grundrechten, eine Schutzpflicht aller staatlichen Gewalt regeln wollten.[423]

---

[417] BVerfG 24.6.2014 – 1 BvR 2926/13, E 136, 382 Rn. 22; *Uhle*, NVwZ 2015, 272, 274 f.; a.A. Isensee/Kirchhof/*Ipsen*, Handbuch des Staatsrechts VII, § 154 Rn. 70 f.

[418] BVerfG 24.6.2014 – 1 BvR 2926/13, E 136, 382 Rn. 23; JP/*Jarass*, GG, Art. 6 Rn. 10; MKS/*Robbers*, GG, Art. 6 Rn. 88.

[419] BVerfG 1.12.2009 – 1 BvR 2857/07, 1 BvR 2858/07, E 125, 39, 78, 83.

[420] BVerfG 1.12.2009 – 1 BvR 2857/07, 1 BvR 2858/07, E 125, 39, 78, 86.

[421] BVerfG 9.6.2004 – 1 BvR 636/02, E 111, 10, 40 f.

[422] BeckOK GG/*Uhle*, GG, Art. 6 Rn. 20, 33; *Dietlein*, Die Lehre von den grundrechtlichen Schutzpflichten, S. 30; MK/*Heiderhoff*, GG, Art. 6 Rn. 49; MKS/*Robbers*, GG, Art. 6 Rn. 10; *Unruh*, Zur Dogmatik der grundrechtlichen Schutzpflichten, S. 27 f.; im Ergebnis bereits BVerfG 17.1.1957 – 1 BvL 4/54, E 6, 55, 76, wonach der Staat zur Abwehr von Störungen oder Schädigungen verpflichtet ist; ebenso BVerfG 21.10.1980 – 1 BvR 179/78, 1 BvR 464/78, E 55, 114, 126, wonach der Staat Ehe und Familie vor Beeinträchtigungen durch andere Kräfte bewahren muss.

[423] *Kirchhof*, AöR 2004, 542, 554 f.

Das Grundgesetz stellt Ehe und Familie aber nicht nur unter Schutz, sondern unter besonderen Schutz. Daraus folgt, dass der staatliche Schutz im Vergleich zur allgemeinen grundrechtlichen Schutzpflicht bei anderen Grundrechten weiterreichen bzw. intensiver sein muss.[424] Eine qualitative Steigerung der Schutzpflicht bedeutet eine Einschränkung der staatlichen Gestaltungsfreiheit.[425] Der Ermessensspielraum des Gesetzgebers ist somit beschränkt,[426] das Untermaß erhöht.[427]

d) Schutzbereich und -pflicht des „Elternrechts"

Das Erziehungsrecht der Eltern gegenüber den Kindern ist zudem durch Art. 6 Abs. 2 GG geschützt, der Pflege und Erziehung der Kinder den Eltern als natürliches Recht und die zuvörderst ihnen obliegende Pflicht zuweist. Dieses „Elternrecht"[428] hat ebenfalls den Charakter eines mehrdimensionalen Grundrechts.[429] Obwohl sie an das Kindswohl gebunden sind, können die Eltern Betreuung, Begegnung und Erleben mit dem Kind autonom nach ihren Vorstellungen zu gestalten.[430] Das Recht endet, wenn das Kind volljährig wird.[431]

Aus Art. 6 Abs. 2 GG folgt eine Schutzpflicht des Gesetzgebers zugunsten von Familien mit minderjährigen Kindern, wonach der Gesetzgeber dafür Sorge tragen muss, dass Familien- und Erwerbstätigkeit miteinander vereinbar sind.[432]

e) Tatsächliche Beeinträchtigungen des Ehe- und Familienlebens und der Kindererziehung

In der Praxis beeinträchtigt die Anordnung von Nachtarbeit für einen oder beide das Ehe- und Familienleben erheblich. Untypische Arbeitszeiten erschweren es stark, Arbeits- und Privatleben miteinander zu vereinbaren.[433] Vollzeit-

---

[424] Dreier/*Brosius-Gersdorf*, GG, Art. 6 Rn. 157; *Kirchhof*, AöR 2004, 542, 559; Stern/*Stern*, StaatsR IV/1, 1. Aufl. 2006, S. 446 m.w.N., 453; a.A. wohl DHS/*Badura*, GG, Art. 6 Rn. 11, der auf den allgemein bei der Erfüllung von Schutzpflichten bestehenden Spielraum abstellt.

[425] Stern/*Stern*, StaatsR IV/1, 1. Aufl. 2006, S. 452.

[426] Stern/*Stern*, StaatsR IV/1, 1. Aufl. 2006, S. 452.

[427] *Kirchhof*, AöR 2004, 542, 562; zustimmend Stern/*Stern*, StaatsR IV/1, 1. Aufl. 2006, S. 452 f.

[428] Vgl. zum Begriff Stern/*Stern*, StaatsR IV/1, 1. Aufl. 2006, S. 498.

[429] DHS/*Badura*, GG, Art. 6 Rn. 97; MK/*Heiderhoff*, GG, Art. 6 Rn. 102 ff.; Stern/*Stern*, StaatsR IV/1, 1. Aufl. 2006, S. 506 f.

[430] Merten/Papier/*Burgi*, Handbuch der Grundrechte IV, § 109 Rn. 23.

[431] MK/*Heiderhoff*, GG, Art. 6 Rn. 147.

[432] BVerfG 14.1.2015 – 1 BvR 931/12, E 138, 261 Rn. 60; ähnlich bereits BVerfG 28.5.1993 – 2 BvF 2/90, 2 BvF 4/92, 2 BvF 5/92, E 88, 203, 260; BVerfG 18.6.2008 – 2 BvL 6/07, E 121, 241, 263 f.

[433] *Rinderspacher*, Am Ende der Woche, S. 80.

beschäftigte Nachtarbeitnehmer berichten dabei die schlechteste Work-Life-Balance.[434]

aa) Beeinträchtigung der freien Rollenwahl

Nachtarbeit ist mit den institutionellen Betreuungszeiten für Kinder nicht kompatibel.[435] Ist ein Ehegatte in Nachtarbeit beschäftigt, muss der andere Ehegatte daher sein Berufsleben so ausrichten, dass er diese Aufgabe übernehmen kann, sofern dies nicht anderweitig privat organisiert werden kann. Er wird häufig ganz auf Erwerbsarbeit verzichten oder einer (Teilzeit-)Arbeit während des Tages nachgehen. Nach wie vor arbeiten doppelt so viele Männer wie Frauen nachts (siehe 2. Kapitel F. II. 5. und G. V.).[436] Mit der Nachtarbeit geht somit oft ein traditionelles Familienarrangement einher, in dem der Mann in Lohnarbeit tätig ist, während die Frau für die Kindererziehung verantwortlich ist und daneben möglicherweise in Teilzeit arbeitet.[437]

Die sozialwissenschaftliche Forschung zeigt, dass Frauen bei Konflikten zwischen Arbeit und Familie eher geneigt sind, ihre Arbeitszeiten „anzupassen".[438] Dies geschieht möglicherweise gegen den Willen der betroffenen Frauen und Männer. Aber Nachtarbeit ist etwa in vielen Tätigkeiten in der industriellen Produktion, in der ganz überwiegend Männer arbeiten, prägend und ohne Wechsel des Berufes kaum vermeidbar. Außerdem sind hier die Grundlöhne verhältnismäßig hoch, sodass sich ein Zuschlag in gleicher prozentualer Höhe im Ergebnis stärker „auszahlt" als bei einer Arbeit mit einem geringeren Grundlohn, wie sie in vielen von Frauen dominierten Branchen verbreitet sind. Aus diesen Zwängen und Anreizen kann ein Druck auf Frauen resultieren, keiner eigenen Vollzeiterwerbstätigkeit nachzugehen, was sich nachteilig auf die Rentenanwartschaften auswirkt und das Konfliktpotenzial innerhalb der Ehe erhöhen kann. Außerdem steht dies dem öffentlichen Interesse an einer tatsächlichen Gleichstellung der Geschlechter entgegen (siehe ausführlich VI. 2.).

Für einige Berufsgruppen hingegen ist Schichtarbeit eine Chance, eine Erwerbstätigkeit aufrechtzuerhalten, indem in „Gegenschicht" zum Partner gearbeitet wird.[439] Wo Mütter ihre Erwerbstätigkeit in Schichtarbeit aufrechterhalten, indem die Kinderbetreuung privat organisiert wird, führt dies aufgrund der fortbestehen-

---

[434] *Wöhrmann et al.*, Arbeitszeitreport 2016, S. 50.

[435] *Jürgens*, in: Seifert (Hg.), Flexible Zeiten, S. 169, 177, ablehnend aber gegenüber der „Alternative" einer Rund-um-die-Uhr-Betreuung ebd., S. 183; *Seifert*, APuZ 4–5/2007, 17, 19.

[436] *BMAS/BAuA*, Sicherheit und Gesundheit bei der Arbeit – Berichtsjahr 2016, S. 174.

[437] *Elsner*, Risiko Nachtarbeit, S. 79.

[438] *Arlinghaus et al.* (Working Time Society consensus statement), Industrial Health 2019, 184, 191; *Stolz-Willig*, in: Büssing/Seifert (Hg.), Sozialverträgliche Arbeitszeitgestaltung, S. 119, 121.

[439] *Jürgens*, in: Seifert (Hg.), Flexible Zeiten, S. 169, 177.

den geschlechtsspezifischen Aufteilung der Hausarbeit zu erheblichen physischen und psychischen Belastungen.[440]

bb) Beeinträchtigung des Zusammenlebens in Ehe und Familie

Nachtarbeit eines Partners führt zu einer Desynchronisation des Tagesablaufs mit jenem des Ehepartners und der Kinder.[441] Die Folge ist nicht nur, dass die Angehörigen gezwungen sind, tagsüber besondere Rücksicht zu nehmen, wenn der notwendige Schlaf nachgeholt werden muss.[442] Es kann auch weniger Zeit gemeinsam miteinander verbracht werden. Aufgrund der sozialen Rhythmik sind unterschiedliche Zeitabschnitte des Tages unterschiedlich nutzbar und etwa die Abendstunden wertvoller.[443] Komplementär zur Lage der Arbeitszeit kommt es also auch hinsichtlich der Freizeit entscheidend auf die Lage am Tag an.[444]

Zahlreiche Freizeitangebote wie etwa Kino, Theater oder Konzerte konzentrieren sich auf die Abendstunden und können somit von Arbeitnehmern mit Normalarbeitszeit in Anspruch genommen werden. Auch für die Aussprache zwischen den Ehegatten ist die Zeit nach dem Zubettgehen der Kinder günstig.[445] Entsprechend hat das Bundesverfassungsgericht in der Entscheidung zum Ladenschlussgesetz festgestellt, dass abendliche Arbeitszeiten eine regelmäßige Teilnahme am Familienleben verhindern.[446] Das gleiche gilt für Nachtarbeit. Denn ein Schichtbeginn um 22 Uhr mit einem normalen Arbeitsweg ist mit der abendlichen Beteiligung am Familienleben in aller Regel schwer vereinbar: Der „Feierabend“ ist beim Schichtarbeitnehmer selten wirklich abends.[447]

Nachtarbeitnehmer und ihre Partner und Kinder haben also nicht nur weniger gemeinsame Zeit, es geht auch besonders wertvolle Zeit für die gemeinsame Nutzung verloren. Dies zeigt sich sogar in der Beeinträchtigung des Sexuallebens durch

---

[440] *Jürgens*, in: Seifert (Hg.), Flexible Zeiten, S. 169, 177.

[441] *Arlinghaus et al.* (Working Time Society consensus statement), Industrial Health 2019, 184, 186 m.w.N.; *Beermann*, in: Badura et al. (Hg.), Fehlzeitenreport 2009. Arbeit und Psyche, S. 71, 76f.; *Langhoff/Satzer*, GArb 10/2021, 15, 16.

[442] *Elsner*, Risiko Nachtarbeit, S. 75, 79f.; *Hahn*, Nacht- und Schichtarbeit I, S. 135; *Paridon et al.*, DGUV Report 1–2012 Schichtarbeit, S. 120; *Schiek*, Nachtarbeitsverbot für Arbeiterinnen, S. 83f.

[443] *Arlinghaus et al.* (Working Time Society consensus statement), Industrial Health 2019, 184, 186; *Arlinghaus/Nachreiner*, ZArbWiss 2012, 291, 293 m.w.N.; *Nachreiner*, Universitas 1984, 349, 355; *Paridon et al.*, DGUV Report 1–2012 Schichtarbeit, S. 119; *Seifert*, in: Büssing/Seifert (Hg.), Sozialverträgliche Arbeitszeitgestaltung, S. 15, 26f.

[444] *Seifert*, in: Büssing/Seifert (Hg.), Sozialverträgliche Arbeitszeitgestaltung, S. 15, 21.

[445] *Hahn*, Nacht- und Schichtarbeit I, S. 129.

[446] BVerfG 9.6.2004 – 1 BvR 636/02, E 111, 10, 40f.

[447] *Elsner*, Risiko Nachtarbeit, S. 77.

Nachtschichtarbeit.[448] Zur aus Sonntagsarbeit eines Familienmitglieds folgenden Desynchronisation hat das Bundesverfassungsgericht geurteilt, dass diese zwangsläufig die sozialen Interaktionsdichte und -qualität verringere, was sich auf den Familienverband und die zu betreuenden Kinder auswirke.[449] Aus den genannten Gründen ist dieses Fazit auf Nachtarbeit übertragbar. In der Tat zeigen viele Studien schlechtere emotionale und entwicklungsbezogene Ergebnisse im Vergleich zu Kindern, deren von Eltern normale Arbeitszeiten haben.[450] Dazu tragen verschiedene Aspekte des familiären Umfelds bei, wie etwa depressive Symptome der Eltern, reduzierte Eltern-Kind-Interaktion und ein weniger unterstützendes häusliches Umfeld.[451] Besonders stark wirkt sich dies bei kleinen Kindern aus.[452]

cc) Erhöhte Trennungs- und Scheidungsrate

Mit den dargestellten Beeinträchtigungen geht ein erhöhtes Konfliktpotenzial einher.[453] Nachtarbeit eines Ehepartners setzt besonderes Engagement des anderen Partners bei der Haus- und Sorgearbeit voraus.[454] Zugleich erfordert sie besondere Rücksicht, sowohl hinsichtlich des Verhaltens, solange der in Nachtarbeit tätige Partner tagsüber der Erholung bedarf, als auch hinsichtlich der eingeschränkten Möglichkeit, gemeinsam am Sozialleben teilzunehmen. Außerdem leiden die außerhäuslichen Aktivitäten des Nachtarbeitnehmers, sodass die Familie häufig zum hauptsächlichen sozialen Interaktionsraum wird und auch deshalb besonderen Belastungen ausgesetzt ist.[455] Schon eine Untersuchung in den 1980er Jahren erwies daher ein deutlich höheres Risiko für das Auseinanderbrechen von (Ehe-)Partnerschaften bei Schichtarbeitern.[456]

Angesichts der veränderten gesellschaftlichen Rahmenbedingungen ist dieses Risiko noch gestiegen. Denn der Partner des Nachts arbeitenden Arbeitnehmers wird häufig auf eine eigene Erwerbsarbeit (im gewünschten Umfang) verzichten müssen. So ergab das Forschungsprogramm zur Humanisierung der Arbeit Mitte

---

[448] *Hahn*, Nacht- und Schichtarbeit I, S. 135 f.; *Paridon et al.*, DGUV Report 1–2012 Schichtarbeit, S. 120; *Schiek*, Nachtarbeitsverbot für Arbeiterinnen, S. 84.

[449] BVerfG 1. 12. 2009 – 1 BvR 2857/07, 1 BvR 2858/07, E 125, 39, 78, 93.

[450] *Arlinghaus et al.* (Working Time Society consensus statement), Industrial Health 2019, 184, 191; *Elsner*, Risiko Nachtarbeit, S. 79, 82 f.; *Kaiser et al.*, Community, Work & Family 2017, 167, 178.

[451] *Arlinghaus et al.* (Working Time Society consensus statement), Industrial Health 2019, 184, 191.

[452] *Arlinghaus et al.* (Working Time Society consensus statement), Industrial Health 2019, 184, 191.

[453] *Bolino et al.*, Journal of Organizational Behavior 2018, 188, 199 f.; *Paridon et al.*, DGUV Report 1–2012 Schichtarbeit, S. 119 f.

[454] *Schiek*, Nachtarbeitsverbot für Arbeiterinnen, S. 83.

[455] *Elsner*, Risiko Nachtarbeit, S. 75 ff.

[456] *Nachreiner*, Universitas 1984, 349, 353.

der 1980er Jahre noch, dass Schichtarbeitnehmer nicht wesentlich weniger Zeit als Nichtschichtarbeiter mit ihren Familien verbrachten, weil sich die Ehefrauen hinsichtlich ihres Lebensstils anpassten.[457] Das traditionelle Ehemodell ist allerdings auf dem Rückzug, immer mehr Frauen nehmen am Erwerbsleben teil.[458] Dahinter steht nicht nur eine Kritik des „Familienlohn"-Modells, sondern auch ein sinkendes Lohnniveau und geringere Arbeitsplatzsicherheit, im Ergebnis steigen die pro Haushalt geleisteten Lohnarbeitsstunden steil an.[459] Damit schrumpfen aber die Möglichkeiten, ungünstige Arbeitszeiten wie Nachtarbeit innerfamiliär durch kostenlose Sorgearbeit zu kompensieren.[460] Die veränderte Lebensorientierung wirkt wie ein „Sprengsatz"[461] auf die bisherige Struktur von Arbeitszeit und Freizeit.

Bei einer Partnerschaft zweier berufstätiger Partner ergibt sich ein zusätzlicher Synchronisationsaufwand.[462] Damit steigt das familiäre Konfliktpotenzial.[463] Es fehlt an Zeit, um über Organisations- und Koordinationsfragen hinaus einen gemeinsamen Lebensbezug aufrechtzuerhalten und gemeinsame Erfahrungen zu machen, die emotionale Nähe ermöglichen.[464] Es verwundert daher nicht, dass auch neuere Studien generell ein höheres Trennungsrisiko bestätigen,[465] dies von der sog. Working Time Society gar als arbeitswissenschaftlicher Konsens bei Nachtarbeitnehmern bezeichnet wird.[466] Dies gilt insbesondere, wenn noch Kinder zu betreuen sind.[467]

---

[457] *Hahn*, Nacht- und Schichtarbeit I, S. 130 ff.

[458] *Stolz-Willig*, in: Büssing/Seifert (Hg.), Sozialverträgliche Arbeitszeitgestaltung, S. 119, 120; *Wanger*, Entwicklung von Erwerbstätigkeit, Arbeitszeit und Arbeitsvolumen nach Geschlecht, S. 25 f.

[459] *Fraser*, Blätter 8/2009, 43, 47, 51 f.

[460] *Ulber*, SR 2021, 189, 189.

[461] *Raasch*, in: FS Seifert, S. 390, 392.

[462] *Beermann*, in: Badura et al. (Hg.), Fehlzeitenreport 2009. Arbeit und Psyche, S. 71, 77.

[463] So bereits *Hahn*, Nacht- und Schichtarbeit I, S. 136: „Bei Familien, in denen nicht nur der Mann, sondern auch die Ehefrau und evtl. bereits Kinder im Berufsleben stehen […], verstärken sich die aufgezeigten Probleme." In diese Richtung auch schon *Elsner*, Risiko Nachtarbeit, S. 117.

[464] *Jürgens*, in: Seifert (Hg.), Flexible Zeiten, S. 169, 184 in Bezug auf lange Arbeitszeiten. Wegen der vergleichbaren Problematik fehlender gemeinsamer Zeiten ist dies auf Nachtarbeit übertragbar.

[465] *Bolino et al.*, Journal of Organizational Behavior 2018, 188, 199; *Tieves-Sander*, Die sozialen Auswirkungen der Schichtarbeit, S. 64 m.w.N.

[466] *Arlinghaus et al.* (Working Time Society consensus statement), Industrial Health 2019, 184, 184.

[467] *Arlinghaus et al.* (Working Time Society consensus statement), Industrial Health 2019, 184, 191.

dd) Unerfüllter Kinderwunsch

Daneben kann sogar die Freiheit, eine Familie zu gründen, betroffen sein. Dies stellt eine besonders gravierende Beeinträchtigung des Familiengrundrechts dar. Wie bereits oben dargestellt, kann Nachtarbeit die weibliche Fortpflanzungsfähigkeit schädigen und zu Fehlgeburten führen (II. 4. g)).[468] In der Folge bleibt ein Kinderwunsch der Partner möglicherweise unerfüllt.

f) Rechtliche Würdigung

In Nachtarbeitsurteil des Bundesverfassungsgerichts von 1992 wird eine Schutzpflicht zugunsten von Art. 6 Abs. 1 GG nicht ausdrücklich bejaht. Eher unbestimmt sprach das Gericht aus, dass sich aus dem objektiven Gehalt der Grundrechte die Pflicht zu weitergehender gesetzgeberischer Vorsorge ergeben könne, soweit einzelne Gruppen von Arbeitnehmern besonders schutzbedürftig sind.[469] Die besondere Schutzbedürftigkeit von Arbeitnehmerfamilien mit kleinen Kindern dürfe aber nicht zum Anlass für frauenspezifische Verbote genommen werden.[470] Das Gericht erwog also eine Schutzpflicht insbesondere für Familien mit kleinen Kindern.

Die Feststellungen betreffen somit nur eine kleine, umgrenzte Gruppe von Nachtarbeitnehmern. Richtig daran ist, dass aufgrund des hohen Betreuungsbedarfs kleiner Kinder insbesondere bei diesen Familien die freie Rollenwahl betroffen sein kann, weil Betreuungsangebote fehlen und die Versorgung privat erbracht werden muss. Nachtarbeit ist aber auch über diese Gruppe hinaus eine Belastungsquelle für eheliches und familiäres Zusammenleben. Dies liegt unter anderem an der sozialen Rhythmik. Auch andere Familienmitglieder haben soziale und berufliche Verpflichtungen (Erwerbs- und Hausarbeit, Schule etc.). Sie haben daher vor allem in den Abendstunden frei, auch stehen viele Freizeitangebote nur dann zur Verfügung. Nachtarbeit kollidiert mit dieser sozialen Rhythmik, weil Nachtarbeitnehmer sich in den Abendstunden auf die Arbeit einstellen und daher nicht entspannt sind, außerdem zu einem bestimmten Zeitpunkt aufbrechen müssen. Dies führt zu einem erhöhten Konfliktpotenzial, was sich in Trennungs- und Scheidungsraten ebenso wie in der Entwicklung der Kinder niederschlägt. Als besonders drastische Folge kann zudem ein unerfüllter Kinderwunsch das Zusammenleben der Ehegatten belasten.

Diese vielfältigen Beeinträchtigungen führen dazu, dass der Tatbestand der beiden Grundrechte in viel größerem Maß betroffen ist, als die Entscheidung des Bundesverfassungsgerichts ausgesprochen hat. Zwar mag eine gewisse Priorisierung geboten sein, weil es zu Verteilungskonflikten kommen kann, wer von ver-

---

[468] *Ulber*, Tarifdispositives Gesetzesrecht, S. 518.

[469] BVerfG 28. 1. 1992 – 1 BvR 1025/84, 1 BvL 16/83, 1 BvL 10/91, E 85, 191, 213.

[470] BVerfG 28. 1. 1992 – 1 BvR 1025/84, 1 BvL 16/83, 1 BvL 10/91, E 85, 191, 213.

kürzten oder flexiblen Arbeitszeiten profitieren kann und wer nicht.[471] Dies lässt aber nicht das Schutzbedürfnis anderer Arbeitnehmer entfallen. Vor allem können solche Grundrechte anderer Arbeitnehmer nicht mit den Interessen des Arbeitgebers gleichgesetzt werden, mit denen in erster Linie die begrenzte Abwägung vorzunehmen ist. Eine Schutzpflicht zugunsten von Art. 6 Abs. 1 GG ist daher zunächst einmal für alle Arbeitnehmer, die Ehe oder Familie haben, einzustellen. Dies schließt nicht aus, dass der Gesetzgeber auch die Grundrechte anderer Arbeitnehmer mit einbezieht und differenzierende Regelungen schafft.

3. Demokratische Partizipation und gesellschaftliche Teilhabe

Nachtarbeit beschränkt auch die Möglichkeit, am gesellschaftlichen Leben teilzunehmen. Ein einheitliches Grundrecht, das diese schützen würde, fehlt zwar. Zumindest ausschnitthaft ist das gesellschaftliche Leben aber in verschiedenen grund- und verfassungsrechtlichen Positionen erfasst. So gewährleistet Art. 9 Abs. 1 GG das Recht, Vereinigungen zu bilden. Umfasst sind die freie Organisation und interne Betätigung.[472] Art. 9 Abs. 3 GG schützt das Recht, zur Wahrung und Förderung der Arbeits- und Wirtschaftsbedingungen Vereinigungen zu bilden, also unter anderem die gewerkschaftliche Betätigung von Arbeitnehmern.[473] Das Demokratieprinzip aus Art. 20 Abs. 1, 2 GG setzt einen prinzipiell offenen Kommunikations- und Willensbildungsprozess voraus, für den die Mitwirkung in politischen Parteien eine zentrale Rolle spielt und die „Kommunikationsgrundrechte" aus Art. 5 Abs. 1, 8 und 9 GG Schutz bieten.[474]

a) Tatsächliche Beeinträchtigung

Nachtarbeit berührt auch die Möglichkeit, über das Mitwirken in Parteien, Bürgerinitiativen sowie betrieblichen Gremien an demokratischen Willensbildungs- und Entscheidungsprozessen teilzuhaben oder sich gesellschaftlich zu engagieren, etwa ehrenamtlich in Vereinen und Gewerkschaften.[475] Allgemein ist genügend arbeitsfreie Zeit, die nicht durch die Regeneration von einer ermüdenden, anstrengenden Arbeit gebunden ist, eine wichtige Voraussetzung für demokratische Partizipation und gesellschaftliche Teilhabe.[476] Denn sich zu informieren, mit anderen auszutauschen und öffentlich Stellung zu nehmen, erfordert schlicht Zeit.[477]

---

[471] Dazu *Ulber*, SR 2021, 189, 202.

[472] MKS/*Kemper*, GG, Art. 9 Rn. 40 ff.; Sachs/*Höfling*, GG, Art. 9 Abs. 17 ff.

[473] DHS/*Scholz*, GG, Art. 9 Rn. 154, 169; Dreier/*Barczak*, GG, Art. 9 Rn. 84.

[474] Dreier/*Dreier*, GG, Art. 20 (Demokratie) Rn. 76, 78.

[475] *Elsner*, Risiko Nachtarbeit, S. 87; *Rinderspacher*, Am Ende der Woche, S. 80.

[476] *Honneth*, Der arbeitende Souverän, S. 96 ff.; *Ulber*, SR 2021, 189, 194.

[477] *Honneth*, Der arbeitende Souverän, S. 96.

Die Nachtarbeit wirkt sich in zweierlei Hinsicht negativ aus: Erstens ist sie durch ihre besondere Lage eine Belastungsquelle, die mehr Regeneration erfordert. Zweitens kommt es nicht nur auf die Länge, sondern auch auf die Lage der Arbeitszeit und komplementär der Freizeit an, weil gesellschaftliche Aktivitäten einem sozialen Rhythmus unterliegen.

Bereits in den 1980er Jahren wurde vielfach festgestellt, dass sich Nacht- und Schichtarbeitnehmer weniger an politischen Aktivitäten und Interessenvertretungen beteiligen.[478] Als Grund wurde ausgemacht, dass etwa Partei- und Gewerkschaftsveranstaltungen fast nur abends stattfinden.[479] Öffentliche Veranstaltungen entziehen sich dabei dem Zugriff individueller Beeinflussung.[480] Neuere Untersuchungen weisen darauf hin, dass sich an dieser Situation nichts Wesentliches verändert hat. Nachtarbeitnehmer, die sich gern ehrenamtlich engagieren würden, werden daran häufig durch die Lage der Arbeitszeit gehindert, weil es diese erschwert, die zeitlichen Anforderungen des Ehrenamts mit beruflichen und familiären Zeiten abzustimmen.[481] Dabei ist zu beachten, dass Nachtarbeit auch dann, wenn eine Teilnahme etwa an einer Vereinssitzung vor Arbeitsbeginn zeitlich möglich wäre, eine solche durch Übermüdung beeinträchtigen kann.[482]

Nacht- und Schichtarbeitnehmer sind daher erheblich gehindert, am demokratischen Diskurs teilzunehmen.

b) Rechtliche Würdigung

Dieser Befund wiegt schwer. Denn verfassungsrechtlich sind damit etwa die Vereinigungsfreiheit aus Art. 9 Abs. 1 GG, die Koalitionsfreiheit aus Art. 9 Abs. 3 GG sowie das Demokratieprinzip aus Art. 20 Abs. 1, 2 GG berührt. Nach dem Bundesverfassungsgericht erleichtert die Sonntagsruhe die effektive Wahrnehmung der Vereinigungsfreiheit und ist für die Rahmenbedingungen des Wirkens der politischen Parteien, der Gewerkschaften und sonstigen Vereinigungen bedeutsam, weshalb ihr „erhebliche Bedeutung für die Gestaltung der Teilhabe im Alltag einer gelebten Demokratie zu[kommt].“[483] Auch dies lässt sich auf die Nachtarbeit übertragen. Demokratische Legitimation rührt gerade daher, dass prinzipiell alle die Möglichkeit haben, ihre Meinung einzubringen und mitzuentscheiden.[484] Zentral dafür ist, dass es ge-

---

[478] *Nachreiner*, Universitas 1984, 349, 354.

[479] *Hahn*, Nacht- und Schichtarbeit I, S. 138.

[480] *Seifert*, in: Büssing/Seifert (Hg.), Sozialverträgliche Arbeitszeitgestaltung, S. 15, 26 f.

[481] *Klenner/Pfahl*, WSI-Mitt. 2001, 179, 184; *Paridon et al.*, DGUV Report 1–2012 Schichtarbeit, S. 123; *Seifert/Groß/Maylandt*, Erwerbsarbeit und Ehrenamt, S. 13.

[482] *Elsner*, Risiko Nachtarbeit, S. 84; *Schiek*, Nachtarbeitsverbot für Arbeiterinnen, S. 84.

[483] BVerfG 1.12.2009 – 1 BvR 2857/07, 1 BvR 2858/07, E 125, 39, 83.

[484] *Ulber*, SR 2021, 189, 204. Vor diesem Hintergrund ist es abseits der hier behandelten Thematik äußerst bedenklich, dass eine große Minderheit der dauerhaft hier lebenden Bevöl-

meinsame arbeitsfreie Zeiten gibt, an denen Versammlungen abgehalten werden können.[485] Ein Freiraum von Arbeit gewährleistet somit auch demokratische Partizipation und gesellschaftliche Teilhabe.[486] Auch aus demokratischer Sicht erscheint es daher sehr bedenklich, dass einem Teil der arbeitenden Bevölkerung durch ihre nächtlichen Arbeitszeiten die Teilhabe an gesellschaftlichen Prozessen erschwert, wenn nicht faktisch unmöglich gemacht wird.

4. Freizeit

Schließlich ist der Arbeitnehmer auch über diese speziellen Gewährleistungen hinaus durch die Nachtarbeit in der Gestaltung seiner Freizeit betroffen.

a) Grundrechtliche Fundierung der Freizeit

Fraglich ist aber, ob Freizeit an sich überhaupt grundrechtlichen Schutz genießt, der über Art. 2 Abs. 1 GG hinausreicht.[487] Ein solches Grundrecht kennt das Grundgesetz nicht ausdrücklich.

aa) Freizeitschutz durch das allgemeine Persönlichkeitsrecht

Das Bundesverwaltungsgericht leitet einen solchen Schutz jedoch aus den Grundrechten ab. Nach ihm sei es Aufgabe des Arbeitszeitgesetzes, den Arbeitnehmern – neben dem Gesundheitsschutz – im Interesse ihrer Menschenwürde und der Entfaltung ihrer Persönlichkeit ausreichend Freizeit zu erhalten.[488] Dies wird also nicht (nur) dem ArbZG als einfachem Gesetz durch Auslegung entnommen, sondern grundrechtlich fundiert. Basis ist nach dem Entscheidungstext das allgemeine Persönlichkeitsrecht, welches nach ständiger Rechtsprechung aus dem Zusammenspiel

---

kerung aufgrund ihrer ausländischen Staatsangehörigkeit von politischen Wahlen ausgeschlossen ist.

[485] Vgl. BVerfG 1.12.2009 – 1 BvR 2857/07, 1 BvR 2858/07, E 125, 39, 83 zum Sonntagsschutz.

[486] *Ulber*, SR 2021, 189, 194.

[487] Dass die allgemeine Handlungsfreiheit auch bloße Freizeitaktivitäten erfasst, ist ganz herrschende Meinung, siehe nur die Entscheidungen zum Taubenfüttern (BVerfG 23.5.1980 – 2 BvR 854/79, NJW 1980, 2572, 2572), Reiten im Wald (BVerfG 6.6.1989 – 1 BvR 921/85, NJW 1989, 2525, 2525 f.) oder Besuchen eines Solariums (BVerfG 21.12.2011 – 1 BvR 2007/10, NJW 2012, 1062, 1062 f.), zustimmend mit zahlreichen Nachweisen auch zur anderen Ansicht Dreier/*Barczak*, GG, Art. 2 Abs. 1 Rn. 31 f. Dies gilt jedenfalls für die Abwehr staatlicher Eingriffe, die Frage der Schutzpflicht ist wiederum getrennt davon zu betrachten.

[488] BVerwG 3.2.2021 – 8 C 2/20, NVwZ-RR 2021, 529 Rn. 19; ähnlich bereits BVerwG 19.9.2000 – 1 C 17/99, NZA 2000, 1232, 1233, wo aber enger von „Erhaltung der Persönlichkeit“ die Rede ist.

von Art. 1 Abs. 1 und Art. 2 Abs. 1 GG hergeleitet wird.[489] Das allgemeine Persönlichkeitsrecht zielt darauf, dass dem Einzelnen ein Innenraum verbleibt, in den er sich zurückziehen kann, zu dem die Umwelt keinen Zutritt hat, in dem man in Ruhe gelassen wird und ein Recht auf Einsamkeit genießt.[490] Nach dem Bundesverfassungsgericht verbürgt das allgemeine Persönlichkeitsrecht einen autonomen Bereich privater Lebensgestaltung, in dem der Einzelne seine Individualität entwickeln und wahren kann.[491] Dies wird zwar auf die Freiheit von Überwachung bezogen wird, also keinen neugierigen Blicken ausgesetzt zu sein und nicht belauscht zu werden. Eine ungestörte Entwicklung der Persönlichkeit setzt aber auch voraus, dass dem Einzelnen genügend Zeit verbleibt, eigenen Interessen und Neigungen nachzugehen. Insofern überzeugt die Ansicht des BVerwG, den Schutz der Freizeit vor zeitlich übermäßiger Inanspruchnahme durch Arbeit im allgemeinen Persönlichkeitsrecht zu verankern.

Auch das allgemeine Persönlichkeitsrecht ist nicht nur auf die Abwehr staatlicher Eingriffe gerichtet. Es hat ebenfalls eine Schutzpflichtenseite, die den Staat verpflichtet, einen Mindestschutz vor Übergriffen anderer Privater sicherzustellen.[492]

bb) Völkerrechtsfreundliche Auslegung des Grundgesetzes

Belege für einen grundrechtlichen Schutz der Freizeit finden sich auch im internationalen Recht. Zu nennen ist die Allgemeine Erklärung der Menschenrechte aus dem Recht der Vereinten Nationen, die Normen enthält, die aufgrund ihrer allgemeinen Anerkennung als Völkergewohnheitsrecht oder als allgemeine Rechtsgrundsätze zu betrachten und somit rechtlich verbindlich sind.[493] Art. 24 AEMR wird durch den von Deutschland durch Gesetz vom 23. 11. 1973 ratifizierten Internationalen Pakt über wirtschaftliche, soziale und kulturelle Rechte ausgestaltet.[494]

Art. 24 AEMR spricht im Zusammenhang mit Begrenzungen der Arbeitszeit und der Urlaubsgewährung ausdrücklich von einem Anspruch der Arbeitnehmer auf Erholung *und Freizeit*.[495] Auch Freizeit wird also als Menschenrecht angesehen.[496]

---

[489] BVerfG 3. 6. 1980 – 1 BvR 185/77, E 54, 148, 153; BVerfG 13. 5. 1986 – 1 BvR 1542/84, E 72, 155, 170; kritisch zur Fundierung in Art. 1 Abs. 1 GG: MK/*Kunig/Kämmerer*, GG, Art. 2 Rn. 52.

[490] MK/*Kunig/Kämmerer*, GG, Art. 2 Rn. 58; *Wintrich*, Zur Problematik der Grundrechte, S. 15 f.

[491] BVerfG 5. 6. 1973 – 1 BvR 536/72, E 35, 202, 220; BVerfG 31. 1. 1989 – 1 BvL 17/87, E 79, 256, 268.

[492] Dreier/*Barczak*, GG, Art. 2 Abs. 1 Rn. 108.

[493] *Schiek*, EuArbR, Teil 1 A Rn. 35.

[494] BGBl. II, S. 1570.

[495] *Buschmann*, FS Etzel, S. 103, 106; Heuschmid/Schlachter/Ulber/*Räuchle/Schmidt*, § 4 Rn. 27; Pärli u. a./*Demir*, Arbeitsrecht im internationalen Kontext, Rn. 91, 349; Schubert/*Buschmann*, Arbeitsvölkerrecht, S. 190.

[496] *Buschmann*, FS Etzel, S. 103, 106.

Konkretisiert wird dies durch Art. 7 d) des IPwskR, der das Recht auf Freizeit neben anderen Arbeitszeitregelungen als einen Bestandteil gerechter und günstiger Arbeitsbedingungen ansieht.[497]

Dieses wird wiederum konkretisiert durch die Allgemeine Bemerkung Nr. 23 des Ausschusses für wirtschaftliche, soziale und kulturelle Rechte.[498] Art. 7 d) I-PwskR soll demnach den Arbeitnehmern zu helfen, ein angemessenes Gleichgewicht zwischen beruflichen, familiären und persönlichen Verpflichtungen zu wahren und arbeitsbedingten Stress, Unfälle und Krankheiten zu vermeiden.[499] Trotz Betonung der engen Verknüpfung mit Gesundheitsgefahren wird hier also ganz deutlich, dass der Schutz einer persönlichen Sphäre im Sinne einer angemessenen „work-life-balance" ein eigenes Schutzziel der internationalen Vereinbarungen ist. Die Staaten sind verpflichtet, einen Mindestschutz bereitzustellen, der nicht mit dem Verweis auf wirtschaftliche oder Produktivitätsargumente relativiert werden darf.[500]

Aus der Verbürgung der Freizeit in Art. 24 AEMR wird abgeleitet, dass eine menschengerechte Gestaltung der Arbeitszeit nicht nur deren Länge, sondern auch Lage regeln muss.[501]

cc) Eigene Position: Auch „bloße" Freizeit grundrechtlich geschützt

Dem ist zuzustimmen. Eine menschenwürdige Arbeitswelt, die eine freie Entfaltung der Persönlichkeit ermöglicht, setzt ausreichend Freizeit voraus, in der Arbeitnehmer ihren eigenen Interessen und Bedürfnissen nachgehen können. Würden sie darauf beschränkt, ihre Arbeitskraft wiederherzustellen und ansonsten zur Arbeit herangezogen, so würden sie reine Anhängsel ihrer Arbeit. Als programmatische Leit- und Auslegungsrichtlinie des allgemeinen Persönlichkeitsrechts fungiert der Menschenwürde-Satz.[502] Eng damit verbunden ist die sog. Objekt-Formel, wonach der Einzelne nicht seinen Subjektstatus verlieren darf, indem er zum bloßen Objekt fremden Handelns wird. Dies setzt voraus, dass ihm Freiraum zur Verfolgung eigener Interessen verbleibt, weil erst darin das spezifisch Menschliche, das den Einzelnen ausmacht, zum Ausdruck kommt. Weil diese Interessen nicht die von isolierten Individuen, sondern von gesellschaftlichen Menschen sind, kommt es zudem auf die

---

[497] *Buschmann*, FS Etzel, S. 103, 106 f.; Pärli u. a./*Demir*, Arbeitsrecht im internationalen Kontext, Rn. 349.

[498] Heuschmid/Schlachter/Ulber/*Räuchle/Schmidt*, § 4 Rn. 45; UN Dokument E/C.12/GC/23 vom 27.4.2016.

[499] UN Dokument E/C.12/GC/23 vom 27.4.2016, Rn. 34. Eigene Übersetzung der englischen Fassung.

[500] UN Dokument E/C.12/GC/23 vom 27.4.2016, Rn. 34. Eigene Übersetzung der englischen Fassung.

[501] *Buschmann*, FS Etzel, S. 103, 106.

[502] Dreier/*Barczak*, GG, Art. 2 Abs. 1 Rn. 76.

Lage der Freizeit an. Denn die Freizeit kann in vielen Fällen nur sinnvoll genutzt werden, wenn sie so liegt, dass dann auch gemeinsame Aktivitäten möglich sind. Dies hängt von der Freizeit der anderen ebenso ab wie von den Zeiten, in denen geplante Aktivitäten möglich sind, also beispielsweise den Öffnungszeiten von Kultur- oder Sporteinrichtungen.

b) Tatsächliche Betroffenheit der Freizeit

Arbeitet der Nachtarbeitnehmer ebenso lang, wie der Tagarbeitnehmer, so steht ihm zwar gleich viel Freizeit zur Verfügung. Hinsichtlich der Nutzbarkeit der Freizeit hingegen ist er beschränkt, denn tagsüber arbeiten die meisten anderen Menschen und es werden deutlich weniger Freizeitaktivitäten angeboten.[503] Auch hier ist also der Fakt, dass Arbeit und Freizeit konträr zum sozialen Rhythmus der Gesellschaft liegen, Grundlage der Betroffenheit: Freizeit am Tag und frühen Abend ist, wie bereits dargestellt wurde, aufgrund eingeschränkter Nutzungsmöglichkeiten weniger „wertvoll". Erhält ein Nachtarbeitnehmer die gleiche Menge an Freizeit wie ein Tagarbeitnehmer, so ist diese aufgrund ihrer eingeschränkten Nutzbarkeit doch von geringerer Qualität.

5. Einschränkungen bei Berufswahl und Weiterbildung

Außerdem kann die Nachtarbeit den Arbeitnehmer auch bei seiner freien Berufs- und Ausbildungswahl sowie Berufsausübung einschränken. Alle diese Freiheiten werden grundsätzlich durch Art. 12 Abs. 1 GG als einheitlichem Grundrecht geschützt.[504] Das Grundrecht garantiert die freie Wahl des Arbeitsplatzes und schützt den Entschluss, eine konkrete Beschäftigungsmöglichkeit in dem gewählten Beruf zu ergreifen, ein Arbeitsverhältnis beizubehalten oder es aufzugeben.[505] Das Grundrecht verleiht jedoch weder einen Anspruch auf Bereitstellung eines Arbeitsplatzes eigener Wahl noch eine Bestandsgarantie für den einmal gewählten Arbeitsplatz und ebenso wenig unmittelbaren Schutz gegen den Verlust eines Arbeitsplatzes aufgrund privater Dispositionen.[506] Auch hinsichtlich Art. 12 GG hat das Bundesverfassungsgericht aber eine Schutzpflichtenseite anerkannt.[507]

---

[503] *Lueken*, NZA 2024, 452, 454.

[504] BVerfG 21.2.1995 – 1 BvR 1397/93, E 92, 140, 151; MKS/*Manssen*, GG, Art. 12 Rn. 2.

[505] BVerfG 6.6.2018 – 1 BvL 7/14, 1 BvR 1375/14, NZA 2018, 774 Rn. 38.

[506] BVerfG 24.4.1991 – 1 BvR 1341/90, NJW 1991, 1667, 1667.

[507] BVerfG 7.2.1990 – 1 BvR 26/84, E 81, 242, 261; BVerfG 24.4.1991 – 1 BvR 1341/90, NJW 1991, 1667, 1667; BVerfG 25.1.2011 – 1 BvR 1741/09, E 128, 157, 177; BVerfG 6.6. 2018 – 1 BvL 7/14, 1 BvR 1375/14, NZA 2018, 774 Rn. 47.

Schichtarbeit führt sowohl zu längeren Erwerbsunterbrechungen als auch zu kürzeren Erwerbsverläufen.[508] Ein Grund könnte darin liegen, dass private Weiterbildungsmaßnahmen im Rahmen von Abendschulen betroffen sind, welche nicht nur erschwert, sondern zum Teil sogar verhindert werden.[509] Nachtarbeit, die gerade für ungelernte und niedrig qualifizierte Arbeitnehmer wegen der Zuschläge attraktiv ist, indem sie ein sonst nicht erreichbares Lohnniveau ermöglicht, kann damit zur Falle werden: Muss der Arbeitnehmer zu einem späteren Zeitpunkt gesundheitsbedingt aus der Nachtarbeit ausscheiden und kann ihn der Arbeitgeber nicht in die Tagschicht umsetzen, stehen ihm möglicherweise keine anderen Beschäftigungsmöglichkeiten offen, weil eine Weiterqualifizierung verhindert wurde. Die Regelung des § 6 Abs. 6 ArbZG erstreckt sich nur auf betriebliche Förderungsmaßnahmen. Sie bietet somit keinen Schutz in den Fällen außerbetrieblicher, privater Qualifizierung.

Betroffen sein können somit die Wahl einer Ausbildung sowie Wahl und Beibehaltung eines Arbeitsverhältnisses.

IV. Grundrechte des Nachtarbeitnehmers III: Gesamtbelastung und Grundrecht auf gesunde Arbeit

Die einzelnen, gefährdeten Grundrechtspositionen der Arbeitnehmer wurden bisher voneinander getrennt betrachtet. Dies entspricht der hergebrachten Grundrechtsdogmatik. Allerdings kann diese getrennte Betrachtung das Gesamtbild der Beeinträchtigungen in zwei Hinsichten nicht vollständig erfassen.

1. Gesamtbelastung durch multiple Beeinträchtigung

Die erste Dimension betrifft die Gesamtbelastung. Es werden gleichzeitig unterschiedliche Grundrechtsgüter beeinträchtigt. Die Probleme beeinflussen und verstärken sich dabei gegenseitig. Insofern erscheint es künstlich und lebensfremd, in verschiedene betroffene Grundrechtspositionen aufzuspalten. Vielmehr ist eine Gesamtbetrachtung angezeigt, um die Gesamtbelastung adäquat zu erfassen.

Besonders deutlich wird dies für das Wechselspiel von Gesundheitsschutz und Teilhabe am sozialen Leben. Die eingeschränkte Beteiligung am sozialen Leben und daraus resultierende Probleme wie weniger Freundschaften, Konflikte in der Partnerschaft und Isolation können zu gesundheitlichen Folgen führen, diese reichen von unbewältigtem Stress bis hin zu psychischen Erkrankungen.[510] Stress

[508] *Arlinghaus/Lott*, Schichtarbeit gesund und sozialverträglich gestalten, S. 1; *Evers*, Prokla 2019, 201, 201.

[509] *Paridon et al.*, DGUV Report 1–2012 Schichtarbeit, S. 123.

[510] *Elsner*, Risiko Nachtarbeit, S. 111; *Paridon et al.*, DGUV Report 1–2012 Schichtarbeit, S. 120; *Ulber*, Tarifdispositives Gesetzesrecht, S. 521 f.

durch belastende Arbeitszeiten wirkt sich wiederum körperlich aus: So werden sog. Telomere, welche die Enden der DNA-Stränge schützen, bei anhaltendem Stress deutlich schneller abgebaut, was die Alterung beschleunigt.[511] Für die Gesundheit der Beschäftigten ist daher bedeutsam, zu welchen Zeiten gearbeitet wird und ob die Arbeit sozial wertvolle Zeiten besetzt.[512] Beispielsweise führt die Arbeit zu familien- und sozialwirksamer Zeit zu Schlafproblemen. Auf der anderen Seite schränkt ein schlechter Gesundheitszustand wiederum die Möglichkeiten ein, am sozialen und gesellschaftlichen Leben teilzunehmen.

Diese Erkenntnisse finden auch verstärkt Berücksichtigung im juristischen Diskurs. So sehen Preis und Schwarz die Möglichkeit zur Teilhabe am sozialen, kulturellen und politischen Geschehen im Rahmen des ArbZG als untrennbar mit dem Gesundheitsschutz verbunden an.[513] In die gleiche Richtung geht die Ansicht Ulbers, dass Freizeit- und Gesundheitsschutz nicht getrennt zu betrachten sind.[514] Auch Anzinger und Koberski konstatieren, dass Arbeit entgegen dem biologischen, physiologischen und sozialen Tagesrhythmus zu gesundheitlichen Beeinträchtigungen führt.[515] Überträgt man dies von der einfachrechtlichen auf die verfassungsrechtliche Ebene, müssen die Gefährdungen der verschiedenen Grundrechte im Zusammenhang betrachtet werden, um sie insgesamt zu erfassen.

Diese Verbindung von Gesundheits- und Sozialschutz klingt auch in einer Entscheidung des Bundesverfassungsgerichts zur Sonntagsöffnung von Apotheken an. Dort heißt es, dass die Nacht- und Sonntagsdienste zu einer Überforderung des Personals führen könnten und das Sonntagsöffnungsverbot dem Arbeitszeitschutz diene, indem es das Ziel verfolge, den arbeitsfreien Abend und ein zusammenhängendes freies Wochenende zu sichern.[516] Das Bundesverfassungsgericht erkennt also an, dass fehlende Freizeit am Abend und Wochenende gesundheitliche Folgen durch Überforderung auslösen kann.

2. Verschränkung im Normumfeld zu einem Grundrecht auf gesunde Arbeit

Damit verbunden ist eine zweite Dimension, in der das Bild ebenfalls als unvollständig erscheint. Denn der Schutz der Teilhabe am sozialen, kulturellen und politischen Geschehen ist nicht ausdrücklich geschützt, sondern nur ausschnitthaft durch verschiedene verfassungsrechtliche Positionen. Er ist daher notwendig fragmentiert. Zudem erfasst der Schutz von Leben und körperlicher Unversehrtheit nach bisheriger

[511] *Ridout et al.*, Biol Psychiatry 2019, 725.

[512] *Wöhrmann et al.*, Arbeitszeitreport 2016, S. 52.

[513] *Preis/Schwarz*, Dienstreisen als Rechtsproblem, S. 41.

[514] *Ulber*, SR 2021, 189, 194.

[515] *Anzinger/Koberski*, ArbZG, § 1 Rn. 8.

[516] BVerfG 16.1.2002 – 1 BvR 1236/99, E 104, 357, 365.

Dogmatik in Deutschland die Verbindung von körperlichen und sozialen Belastungen nicht. Denn er ist nach herrschender Meinung auf das physische und psychische Wohlbefinden beschränkt und enger als der WHO-Gesundheitsbegriff.[517] Daraus resultiert ein nur lückenhafter Schutz durch spezielle Verfassungspositionen, ergänzend greift Art. 2 Abs. 1 GG ein.

a) Vorgehen des Bundesverfassungsgerichts in ähnlichen Fällen

In ähnlichen Konstellationen hat das Bundesverfassungsgericht in der Vergangenheit verschiedene Normen des Grundgesetzes zu neuen Grundrechtsausprägungen zusammengelesen. Prominent ist das Recht auf informationelle Selbstbestimmung gem. Art. 2 Abs. 1 i.V.m. Art. 1 Abs. 1 GG, das erstmals im Volkszählungsurteil geprägt wurde.[518] Auch leitet das Gericht übergreifende Prinzipien ab, indem es unterschiedliche Normen des Grundgesetzes vereint. Als Beispiel kann die staatliche Pflicht zur Wahrung religiöser und weltanschaulicher Neutralität dienen. Diese ergibt sich aus einer Zusammenschau der Art. 4 Abs. 1, Abs. 2 GG, Art. 3 Abs. 3 Satz 1 GG, Art. 33 Abs. 3 GG, Art. 140 GG i.V.m. Art. 136 Abs. 1, Abs. 4 WRV und Art. 137 Abs. 1 WRV.[519]

b) Prägung eines Grundrechts auf gesunde Arbeit?

Der Grundrechtsschutz vor den körperlichen, psychischen und sozialen Folgen von ungünstigen Arbeitszeiten und insbesondere Nachtarbeit ist bisher zerklüftet und lückenhaft. Dem kann begegnet werden, indem Art. 1 Abs. 1, Art. 2 Abs. 2 S. 1, Abs. 1, Art. 6 Abs. 1, Abs. 2, Art. 8 Abs. 1, Art. 9 Abs. 1, Abs. 3 und Art. 20 Abs. 1, Abs. 2 GG zu einem Grundrecht auf gesunde Arbeit zusammengelesen werden. Inhaltlich entspricht es dem Gesundheitsbegriff der WHO. Diese definiert Gesundheit als Zustand des vollständigen körperlichen, geistigen und sozialen Wohlergehens und nicht nur des Fehlens von Krankheit oder Gebrechen. Die Erwerbsarbeit würde dadurch nicht mehr losgelöst vom sonstigen Leben betrachtet. Vielmehr würde abgebildet, dass die Lage der Arbeitszeit und Freizeit das gesamte Leben beeinflusst. Eine solche Betrachtung würde Sinn und Zweck der Normen entsprechen.

Um Missverständnissen vorzubeugen: Behauptet wird nicht, dass damit zugleich ein Grundrecht auf Arbeit bestünde. Es geht vielmehr darum, dass in Arbeitsver-

---

[517] DHS/*Di Fabio*, GG, Art. 2 Abs. 2 S. 1 Rn. 58; *Kingreen/Pieroth*, Personale und kalendarische Arbeitszeitbeschränkungen, S. 14; MKS/*Starck*, GG, Art. 2 Rn. 229; Sachs/*Rixen*, GG, Art. 2 Rn. 150; offengelassen von BVerfG 14.1.1981 – 1 BvR 612/72, E 56, 54, 74 f.; Dreier/*Krüper*, GG, Art. 2 Abs. 2.1 Rn. 44.

[518] BVerfG 15.12.1983 – 1 BvR 209/83, 1 BvR 269/83, 1 BvR 362/83, 1 BvR 420/83, 1 BvR 440/83, 1 BvR 484/83, E 65, 1, 43; MK/*Kunig/Kämmerer*, GG, Art. 2 Rn. 75; DHS/*Di Fabio*, GG, Art. 2 Rn. 173 betont, es handle sich nicht um ein neues Grundrecht, sondern einen Unterfall des allgemeinen Persönlichkeitsrechts.

[519] BVerfG 12.5.2009 – 2 BvR 890/06, E 123, 148, 178.

hältnissen ein einheitliches Grundrecht vor physischen, psychischen und sozialen Folgen schützt, indem es den Staat zu einem Mindestschutz gegenüber ungesunden Arbeitsweisungen verpflichtet. Präziser, aber weniger einprägsam wäre daher, von einem Grundrecht auf gesunde und sichere Arbeitsbedingungen zu sprechen.[520]

c) Unionsrechtliche Vorgaben

Neben teleologischen Erwägungen sprechen dafür außerdem unionsrechtliche Vorgaben. Der EuGH billigt, dass in nicht vollständig vereinheitlichten Materien die nationalen Grundrechte angewendet werden, sofern dies das Schutzniveau der Grundrechte-Charta nicht beeinträchtigt.[521] Es spricht eine Vermutung dafür, dass die Grundrechte des Grundgesetzes das Schutzniveau der Charta mitgewährleisten.[522] Diese kann aber widerlegt werden, zum Beispiel wenn die einschlägigen Rechte der Charta keine Entsprechung im Grundgesetz in seiner Auslegung durch die Rechtsprechung haben.[523] Zu prüfen ist, ob die Charta-Grundrechte einen weitergehenden Schutz als das Grundgesetz gewähren.

Oben wurde dargestellt, dass Art. 31 GRCh keine ausdrückliche Entsprechung im Grundgesetz hat,[524] dass BVerfG einen grundrechtlichen Mindestschutz der Nachtarbeitnehmer aber aus staatlichen Schutzpflichten ableitet, insbesondere zugunsten von Art. 2 Abs. 2 S. 1.[525] Dies ist grundsätzlich genügend. Allerdings legt der EuGH bei der Auslegung arbeitsbezogener Normen den Gesundheitsbegriff der WHO zugrunde, der sämtliche Mitgliedstaaten angehören.[526] Damit geht dieser inhaltlich weiter. Auch wenn die Vermutung des gleichen Grundrechtsschutzes durch das Grundgesetz nicht wiederlegt wurde, ist dies zu berücksichtigen. Nach dem Grundsatz der Europarechtsfreundlichkeit gem. Art. 23 Abs. 1 GG sind die Grundrechte der Charta bei der Auslegung der nationalen Grundrechte heranzuziehen.[527]

---

[520] Für ein solches Grundrecht *Klein*, SR 2024, 85, 95.

[521] EuGH 26.2.2013 – C-617/10 (Åkerberg Fransson), NJW 2013, 1415 Rn. 29; EuGH 26.2.2013 – C-399/11 (Melloni), NJW 2013, 1215 Rn. 60; EuGH 29.7.2019 – C-476/17 (Pelham), NJW 2019, 2913 Rn. 80; kritisch *Junker*, ZfA 2013, 91, 109 f.

[522] BVerfG 6.11.2019 – 1 BvR 16/13, NJW 2020, 300 Rn. 66.

[523] BVerfG 6.11.2019 – 1 BvR 16/13, NJW 2020, 300 Rn. 69.

[524] *Klein/Leist*, ZESAR 2020, 449, 457.

[525] BVerfG 28.1.1992 – 1 BvR 1025/84, 1 BvL 16/83, 1 BvL 10/91, E 85, 191, 212 f.

[526] EuGH 12.11.1996 – C-84/94 (Vereinigtes Königreich/Rat), NZA 1997, 23 Rn. 15; EuGH 9.9.2003 – C-151/02 (Jaeger), NZA 2003, 1019 Rn. 93; EuGH 19.9.2013 – C-579/12 RX II (Strack), BeckRS 2013, 81828 Rn. 44; Frankfurter Kommentar/*Kocher*, GRCh, Art. 31 Rn. 17; Preis/Sagan/*Ulber*, EuArbR, § 14 Rn. 40.

[527] BVerfG 6.11.2019 – 1 BvR 16/13, NJW 2020, 300 Rn. 60 ff.; *Klein/Leist*, ZESAR 2020, 449, 451.

d) Zwischenergebnis: Grundrecht auf gesunde Arbeit geboten

Aus diesen Gründen ist es geboten, die Gesamtbelastungen ungünstiger Arbeitszeiten zusammenzufassen und als Übergriff in das Grundrecht auf gesunde Arbeit zu betrachten. Nur so ist ein lückenloser Grundrechtsschutz möglich, der die Wechselwirkungen der unterschiedlichen Folgen der Nachtarbeit erfasst. Zudem erfordern die Vorgaben des EuGH zum charta-äquivalenten Grundrechtsschutz durch die nationalen Grundrechte und das Gebot der Europarechtsfreundlichkeit des Grundgesetzes eine solche Auslegung.

V. Grundrechte des Arbeitgebers

Die Anordnung von Nachtarbeit berührt also den Schutzbereich verschiedener Grundrechte der betroffenen Arbeitnehmer in so erheblichem Maße, dass grundrechtliche Schutzpflichten des Staates ausgelöst werden. Dies genügt jedoch für sich nicht als Befund. Denn in welchem Maße der Staat zum Schutz verpflichtet ist, ergibt sich nicht aus den betroffenen Grundrechten allein, sondern erfordert eine begrenzte Abwägung mit den entgegenstehenden Grundrechten. Begrenzt ist diese, weil der Staat keinen optimalen Schutz schuldet und verschiedene Maßnahmen zur Verfügung hat. Eine detaillierte Abwägung nach den Kriterien der praktischen Konkordanz ist deshalb weder erforderlich noch möglich. Dennoch kann das geschuldete Mindestniveau nicht generell, sondern nur in Ansehung entgegenstehender Grundrechte bestimmt werden. Dies wird hier als begrenzte Abwägung bezeichnet (siehe ausführlich C. III. 3. a)).

In Betracht kommen hier vor allem die Grundrechte des Arbeitgebers. Praktisch jede Regelung, die der Staat zur Erfüllung der Schutzpflicht gegenüber den Nachtarbeitnehmern trifft, berührt zugleich die entgegenstehende Position des Arbeitgebers. Dies ergibt sich aus der „Dreieckskonstellation" (siehe B. I. 1.). Allerdings ist eine gesetzliche Regelung, soweit sie Grundrechte des Arbeitgebers berührt, ein staatlicher Eingriff. Die Grundrechte werden also in der „klassischen" Funktion als Abwehrrechte relevant.

Nachtarbeit wird in aller Regel von natürlichen oder juristischen Personen im Rahmen ihrer unternehmerischen Betätigung angeordnet. Diskutiert wird ein Schutz dieser Betätigung durch Art. 12 Abs. 1 GG, durch Art. 14 Abs. 1 GG oder durch die „Unternehmerfreiheit". Das Bundesverfassungsgericht fasst sowohl finale als auch faktische Arbeitszeitregelungen, die zugunsten der Arbeitnehmer erlassen wurden, als Eingriff in die Berufsausübungsfreiheit des Arbeitgebers aus Art. 12 GG.[528] So

[528] BVerfG 29.11.1961 – 1 BvR 760/57, E 13, 237, 239 f.; BVerfG 3.5.1967 – 2 BvR 134/63, E 22, 1, 20; BVerfG 23.1.1968 – 1 BvR 709/66, E 23, 50, 56; BVerfG 17.11.1992 – 1 BvR 168/89, 1 BvR 1509/89, 1 BvR 638/90, 1 BvR 639/90, E 87, 363, 382; BVerfG 9.6.2004 – 1 BvR 636/02, E 111, 10, 52; BVerfG 1.12.2009 – 1 BvR 2857, 2858/07, E 125, 39, 90.

heißt es in einer älteren Entscheidung schlicht: „Die Arbeitszeitordnung regelt die Berufsausübung."[529] Das BAG prüft die Regelungen zur Nachtarbeit an Art. 12 GG des Arbeitgebers, teilweise auch an Art. 14 Abs. 1 GG.[530]

1. Berufsfreiheit

Die größte Bedeutung kommt somit Art. 12 Abs. 1 GG zu. Inländische Arbeitgeber können sich bei Ausübung ihrer Tätigkeit auf diese Norm berufen, welche die Berufsfreiheit aller Deutschen[531] schützt. Nachdem dies entfaltet wurde, wird anhand der Ursachen, weshalb Nachtarbeit angeordnet wird, die tatsächliche Betroffenheit ermittelt. Dabei wird zwischen wirtschaftlich sinnvoller und technisch oder gesellschaftlich notwendiger Nachtarbeit zu unterscheiden.

a) Sachlicher Schutzbereich und Schutzintensität

Beruf ist jede auf Dauer angelegte Tätigkeit, die dazu dient, eine Lebensgrundlage zu schaffen und zu erhalten.[532] Somit ist auch der Beruf des Unternehmers umfasst. Teilweise wird Art. 12 Abs. 1 GG so verstanden, dass die Berufswahl unbeschränkt gewährleistet werde und sich der Gesetzesvorbehalt nur auf die Berufsausübung beziehe.[533] Das Bundesverfassungsgericht und die herrschende Literatur gehen hingegen zutreffend davon aus, dass Art. 12 Abs. 1 GG ein einheitliches Grundrecht schützt, weil beide Bereiche nicht trennscharf abgegrenzt werden können.[534]

Aus dieser Einheitlichkeit des Grundrechts folgt, dass die sog. Drei-Stufen-Lehre nicht überzeugt, weshalb das BVerfG diese heute nicht mehr vertritt.[535] Be-

[529] BVerfG 3.5.1967 – 2 BvR 134/63, E 22, 1, 20.

[530] Art. 12 Abs. 1 GG: BAG 9.12.2015 – 10 AZR 423/14, NZA 2016, 426 Rn. 44 ff.; Art. 12 Abs. 1 GG und Art. 14 Abs. 1 GG: BAG 10.11.2021 – 10 AZR 261/20, NZA 2022, 707 Rn. 26 ff.

[531] Zur Anwendbarkeit der Norm auf EU-Ausländer siehe BeckOK GG/*Ruffert*, Art. 12 Rn. 36 f.

[532] BVerfG 19.7.2000 – 1 BvR 539/96, E 102, 197, 212; BVerfG 9.6.2004 – 1 BvR 636/02, E 111, 10, 28; BeckOK GG/*Ruffert*, Art. 12 Rn. 40; DHS/Scholz, GG, Art. 12 Rn. 29; JP/*Jarass*, GG, Art. 12 Rn. 6; MK/*Kämmerer*, GG, Art. 12 Rn. 27; MKS/*Manssen*, GG, Art. 12 Rn. 37. Ob darüber hinaus einschränkende Kriterien wie Erlaubtheit oder Sozialadäquanz des Verhaltens als Korrektiv heranzuziehen sind, braucht hier nicht erörtert zu werden, dazu MK/*Kämmerer*, GG, Art. 12 Rn. 27, 31 ff., jeweils m. w. N.

[533] *Hufen*, NJW 1994, 2913, 2917.

[534] BVerfG 11.6.1958 – 1 BvR 596/56, E 7, 377, 400 ff.; BVerfG 18.7.1972 – 1 BvL 32/70, 1 BvL 25/71, E 33, 303, 329 f.; BVerfG 21.2.1995 – 1 BvR 1397/93, E 92, 140, 151; BVerfG 20.3.2001 – 1 BvR 491/96, E 103, 172, 183; DHS/*Scholz*, GG, Art. 12 Rn. 23; MKS/*Manssen*, GG, Art. 12 Rn. 2; Sachs/*Mann*, GG, Art. 12 Rn. 14, 77.

[535] BVerfG 14.1.2015 – 1 BvR 931/12, E 138, 261, 284 f.; BVerfG 21.4.2015 – 2 BvR 1322/12, 2 BvR 1989/12, E 139, 19 Rn. 58; anders früher BVerfG 11.6.1958 – 1 BvR 596/56, E 7, 377, 405 ff.

rufsausübungsregelungen sowie subjektive und objektive Berufswahlbeschränkungen lassen sich nämlich nicht immer eindeutig voneinander abgrenzen.[536] Stattdessen wird nun eine einheitliche Verhältnismäßigkeitsprüfung vorgenommen, bei der ein intensiverer Eingriff in die Berufsfreiheit jedoch gewichtigere Rechtfertigungsgründe erfordert und eine strengere Kontrolle nach sich zieht.[537] Bildlich kann man von einer „ansteigenden Rampe"[538] sprechen.

Teilweise ist die Berufsfreiheit des Unternehmers in weitere Einzelfreiheiten oder Sektoren untergliedert worden. So unterscheidet Ossenbühl die Gründungs-, Organisations-, Unternehmensführungs- und Marktbetätigungsfreiheit.[539] Einigkeit dürfte aber bestehen, dass diese Aufzählungen weder abschließenden Charakter haben, noch Schutzumfang und -intensität des Grundrechts verändern, weshalb ihre Sinnhaftigkeit teilweise in Frage gestellt wird.[540] Ein Konfliktpunkt ist allerdings die Frage, ob die Dispositions-, Wettbewerbs- und Vertragsfreiheit des Arbeitgebers unter den Schutz des Art. 12 Abs. 1 GG zu fassen ist oder lediglich unter Art. 2 Abs. 1 GG. Die ganz herrschende Meinung[541] betrachtet diese Freiheiten als Teilbereiche der Berufsfreiheit, weil Art. 12 GG das speziellere Grundrecht sei[542] und sonst einheitliche Lebensbereiche aufgespalten würden.[543] Dem soll hier gefolgt werden, um auf Grundlage geteilter Annahmen zu prüfen.

---

536 ErfK/*Schmidt*, GG, Art. 12 Rn. 28; *Ossenbühl*, AöR 1990, 1, 10 f.

537 BVerfG 21.2.1995 – 1 BvR 1397/93, E 92, 140, 151; BVerfG 20.3.2001 – 1 BvR 491/96, E 103, 172, 183; *Däubler*, in: Blank (Hg.), Reform der Betriebsverfassung und Unternehmerfreiheit, S. 11, 13 f.; *Dieterich*, AuR 2007, 65, 67; MKS/*Manssen*, GG, Art. 12 Rn. 2 f., 139 ff.

538 ErfK/*Schmidt*, GG, Art. 12 Rn. 28.

539 *Ossenbühl*, AöR 1990, 1, 12 ff., hinzu kommt der Schutz des Unternehmensbestandes, als dessen Grundlage er neben Art. 14 GG auch Art. 12 GG ansieht, *ebd.*, 25 ff.; ähnliche Aufzählung bei DHS/*Scholz*, GG, Art. 12 Rn. 132 ff.; MKS/*Manssen*, GG, Art. 12 Rn. 69 f.; Isensee/Kirchhof/*Breuer*, Handbuch des Staatsrechts VIII, § 170 Rn. 87 ff.; Stern/*Dietlein*, StaatsR IV/1, 1. Aufl. 2006, S. 1816.

540 Sachs/*Mann*, GG, Art. 12 Rn. 80; aus diesem Grund kritisch Dreier/*Wieland*, GG, 3. Aufl. 2013, Art. 12 Rn. 53.

541 BVerfG 7.2.1990 – 1 BvR 26/84, E 81, 242, 254; BVerfG 10.6.2009 – 1 BvR 706/08, 1 BvR 814/08, 1 BvR 819/08, 1 BvR 832/08, 1 BvR 837/08, E 123, 186, 252; BVerfG 6.6.2018 – 1 BvL 7/14, 1 BvR 1375/14, E 149, 126 Rn. 38; DHS/*Scholz*, GG, Art. 12 Rn. 132 f.; Isensee/Kirchhof/*Breuer*, Handbuch des Staatsrechts VIII, § 170 Rn. 89; MK/*Kämmerer*, GG, Art. 12 Rn. 77; MKS/*Manssen*, GG, Art. 12 Rn. 69; *Raab*, ZfA 2014, 237, 252; Sachs/*Mann*, GG, Art. 12 Rn. 194; *Schneider*, VVDStRL 43, 7, 38 f.; Stern/*Dietlein*, StaatsR IV/1, 1. Aufl. 2006, S. 1816, 1818; anders noch die Prüfung in BVerfG 16.5.1961 – 2 BvF 1/60, E 12, 341, 347; BVerfG 27.1.1965 – 1 BvR 213/58, 1 BvR 715/58, 1 BvR 66/60, E 18, 315, 327 ff.; kritisch unter Bezug auf die historische Auslegung des GG *Bryde*, NJW 1984, 2177, 2179 f.

542 Sachs/*Mann*, GG, Art. 12 Rn. 194 m.w.N.

543 MK/*Kämmerer*, GG, Art. 12 Rn. 77.

b) Persönlicher Schutzbereich und Schutzintensität

Die dargestellte Freiheit schützt auf Arbeitgeberseite den selbstständigen Unternehmer.[544] Daneben wird Art. 12 Abs. 1 GG auch auf juristische Personen erstreckt. Voraussetzung dafür ist gem. Art. 19 Abs. 3 GG, dass das Grundrecht seinem Wesen nach auf juristische Personen anwendbar ist. Zwar wird dies in Hinblick auf den personalen Bezug des Wortlauts[545] und die Historie[546] des Art. 12 Abs. 1 GG teilweise angezweifelt. Die absolut herrschende Meinung wendet Art. 12 Abs. 1 GG aber auf Unternehmen an, unabhängig von ihrer Rechtsform und Größe, soweit sie eine Erwerbszwecken dienende Tätigkeit ausüben, die ihrem Wesen und ihrer Art nach in gleicher Weise einer natürlichen Person offen stünde.[547] Als Begründung wird angeführt, dass der weite Berufsbegriff jede Erwerbszwecken dienende Tätigkeit schütze.[548] Außerdem wird mit dem „Durchgriff" auf die natürlichen Personen argumentiert, denen juristische Personen Möglichkeiten beruflicher und gewerblicher Betätigung böten.[549]

Den Schutzbereich des Grundrechts auch auf juristische Personen zu erstrecken, ist überzeugend, jedenfalls unter Rückgriff auf Art. 19 Abs. 3 GG. Sieht man die Tätigkeit des Einzelunternehmers vom Wesen des Grundrechts erfasst, so trifft dies auch auf verselbstständigte Unternehmen zu. Allerdings ist mit dem Bundesverfassungsgericht und der Literatur zu betonen, dass mit steigender Unternehmensgröße und sinkender persönlicher Bedeutung der soziale Bezug zunimmt, weil die Wirkungen weit über das Unternehmen hinaus reichen und aus diesem Grund auch

---

[544] *Dieterich*, AuR 2007, 65, 66; HK-ArbR/*Lakies*, GG, Art. 12 Rn. 11; *Hufen*, NJW 1994, 2913, 2914; Isensee/Kirchhof/*Breuer*, Handbuch des Staatsrechts VIII, § 170 Rn. 44; MK/*Kämmerer*, GG, Art. 12 Rn. 39; *Schneider*, VVDStRL 43, 7, 25; Stern/*Dietlein*, StaatsR IV/1, 1. Aufl. 2006, S. 1816.

[545] Starke Betonung des Persönlichkeitsbezugs etwa in BVerfG 16. 3. 1971 – 1 BvR 52/66, 1 BvR 665/66, 1 BvR 667/66, 1 BvR 754/66, E 30, 292, 334, indem Art. 12 GG als Konkretisierung des Grundrechts auf freie Entfaltung der Persönlichkeit bezeichnet wird. Detailliert zum personalen Bezug auch *Schneider*, VVDStRL 43, 7, 15, 40. Sehr kritisch zur Anwendung auf juristische Personen daher *Däubler*, in: Blank (Hg.), Reform der Betriebsverfassung und Unternehmerfreiheit, S. 11, 20.

[546] *Bryde*, NJW 1984, 2177, 2178.

[547] BVerfG 16. 3. 1971 – 1 BvR 52/66, 1 BvR 665/66, 1 BvR 667/66, 1 BvR 754/66, E 30, 292, 312; BVerfG 1. 3. 1979 – 1 BvR 532, 533/77, 419/78 und BvL 21/78, E 50, 290, 363; BVerfG 26. 6. 2002 – 1 BvR 558/91, 1 BvR 1428/91, E 105, 252, 265; BVerfG 17. 12. 2002 – 1 BvL 28/95, 1 BvL 29/95, 1 BvL 30/95, E 106, 275, 298; BVerfG 8. 6. 2010 – 1 BvR 2011/07, 1 BvR 2959/07, E 126, 112, 136; BeckOK GG/*Ruffert*, Art. 12 Rn. 38; DHS/*Scholz*, GG, Art. 12 Rn. 106; Isensee/Kirchhof/*Breuer*, Handbuch des Staatsrechts VIII, § 170 Rn. 45; JP/*Jarass*, GG, Art. 12 Rn. 16; Merten/Papier/*Schneider*, Handbuch der Grundrechte V, § 113 Rn. 49; MK/*Kämmerer*, GG, Art. 12 Rn. 23, 27, 39; MKS/*Manssen*, GG, Art. 12 Rn. 268; *Ossenbühl*, AöR 1990, 1, 4.

[548] BeckOK GG/*Ruffert*, Art. 12 Rn. 38; Merten/Papier/*Schneider*, Handbuch der Grundrechte V, § 113 Rn. 49.

[549] DHS/*Scholz*, GG, Art. 12 Rn. 106.

weitergehende Eingriffe gerechtfertigt sein können.[550] Der personale Grundzug ist also entscheidend für die Schutzintensität.[551]

c) Tatsächliche Betroffenheit durch staatliche Regulierung der Nachtarbeit

Aus Sicht des Arbeitgebers kann die Anordnung der Nachtarbeit verschiedene Gründe haben. Der Gesetzgeber hat zwar nur undifferenziert angegeben, dass auf Nachtarbeit in einer modernen Industriegesellschaft nicht verzichtet werden könne.[552] Unverzichtbar ist Nachtarbeit aber nicht in allen Fällen. Unterschieden werden kann zwischen wirtschaftlich sinnvoller sowie technisch oder gesellschaftlich erforderlicher Nachtarbeit.[553] Auch das Bundesarbeitsgericht differenziert danach, weshalb die Nachtarbeit angeordnet wird und senkt den geschuldeten Zuschlag bzw. Freizeitausgleich ab, wenn diese aus überragenden Gründen des Allgemeinwohls zwingend erforderlich sei (siehe 3. Kapitel A. II. 5. c) bb), zur Kritik E. I. 1. a)). Wie sich zeigen wird, kann diese Unterscheidung auch juristisch sinnvoll abgebildet werden und soll daher übernommen werden.

aa) Wirtschaftlich sinnvolle Nachtarbeit

Der erste Grund verweist darauf, dass es für die Arbeitgeber große wirtschaftliche Bedeutung haben kann, Nachtarbeit anzuordnen.

(1) Mögliche ökonomische Vorteile von Nachtarbeit

Aus Sicht von Unternehmen kann es darum gehen, Kosten zu senken, indem die Betriebszeiten ausgedehnt werden.[554] Dies ist insbesondere in kapitalintensiven Branchen relevant, in denen teure Maschinen eingesetzt werden.[555] Werden diese länger genutzt, lässt sich in einer vorgegeben Zeitspanne mit dem gleichen Sachkapital eine größere Menge herstellen, als wenn die Maschinen zwischenzeitlich nicht genützt würden. Dadurch verteilen sich die Kapitalkosten auf mehr Produkteinheiten und die Kapitalstückkosten sinken.[556] In abgeschwächter Form entsteht der gleiche

---

[550] BVerfG 1.3.1979 – 1 BvR 532, 533/77, 419/78 und BvL 21/78, E 50, 290, 363 ff.; *Dieterich*, AuR 2007, 65, 67; Isensee/Kirchhof/*Breuer*, Handbuch des Staatsrechts VIII, § 170 Rn. 87; *Schneider*, VVDStRL 43, 7, 38; Stern/*Dietlein*, StaatsR IV/1, 1. Aufl. 2006, S. 1818 f.

[551] *Bryde*, NJW 1984, 2177, 2182; *Däubler*, in: Blank (Hg.), Reform der Betriebsverfassung und Unternehmerfreiheit, S. 11, 20; Dreier/*Wieland*, GG, 3. Aufl. 2013, Art. 12 Rn. 31.

[552] BT-Drs. 12/5888, S. 19.

[553] *Polzin*, SR 2019, 303, 305; ähnlich *Raab*, ZfA 2014, 237, 253, der aber auch Nachtarbeit als erforderlich ansieht, ohne die der angestrebte wirtschaftliche Zweck nicht erreicht werden könne.

[554] *Oechsler/Paul*, Personal und Arbeit, S. 256.

[555] *Hinrichs*, Motive und Interessen im Arbeitszeitkonflikt, S. 278, 283.

[556] *Seifert*, WSI-Mitt. 1991, 613, 617.

Effekt, wenn durch die Verlängerung der Betriebszeit durchgehend mit einer neueren, produktiveren Maschine gearbeitet und dafür andere, ältere Maschinen ausgemustert werden können.[557] Dies verweist auf eine weitere Folge: Schon die historische Betrachtung hat gezeigt, dass die schnellere Amortisation teurer Maschinen während der Frühindustrialisierung einer der Gründe für die Einführung von Schicht- und Nachtarbeit war (siehe 2. Kapitel A. II. 1. b)). Denn eine Maschine kann in kürzerer Zeit ersetzt werden, wenn sie in einem vorgegebenen Zeitraum länger genutzt wird.[558] Schließlich kann Nachtarbeit die Anpassung an saisonale oder konjunkturelle Auslastungsschwankungen ermöglichen.[559] Deutlich wird, dass die Möglichkeit, Nachtarbeit anzuordnen, entscheidend für Investitionen sein kann. Ein weiterer wirtschaftlicher Grund für Nachtarbeit können günstigere Energiekosten sein. Die Energieerzeuger bieten zu sog. „Schwachlastzeiten", in denen eine geringere Nachfrage besteht, wie etwa nachts, verbilligte Energiepreise an.[560] Insbesondere in energieintensiven Branchen kann sich dadurch erheblich eingespart werden.

Kontinuierliche Betriebsnutzungszeiten können auch einen Vorteil, eingeschränkte einen Nachteil in der internationalen Konkurrenz darstellen. Dementsprechend hält das Bundesverfassungsgericht eine Ausnahme vom Sonntagsarbeitsverbot für die industrielle Produktion als gerechtfertigt an, weil damit beschäftigungspolitische Erwägungen verbunden seien.[561] Aber auch über den Bereich der Produktion hinaus kann Nachtarbeit im Wettbewerb Vorteile bringen. So kann ein Kundenservice durch längere Ansprechzeiten attraktiver sein[562] oder ein Logistikunternehmen erfolgreich sein, dass Waren über Nacht transportiert.[563] Neuere Produktionskonzepte setzen auf kürzere Wertschöpfungszeiten und zielen darauf, Lagerhaltung weitgehende zu vermeiden (Just-in-time) und kürzere Reaktionszeiten zu ermöglichen.[564] Indem Produkte nachts befördert werden, treffen diese morgens zur Hauptarbeitszeit beim Abnehmer ein und Risiken für die pünktliche Lieferung werden verringert, weil die Verkehrswege nachts weniger genutzt werden.

---

[557] *Seifert*, WSI-Mitt. 1991, 613, 617.

[558] *Hinrichs*, Motive und Interessen im Arbeitszeitkonflikt, S. 278; *Seifert*, WSI-Mitt. 1991, 613, 617.

[559] *Hinrichs*, Motive und Interessen im Arbeitszeitkonflikt, S. 279 f.; *Oechsler/Paul*, Personal und Arbeit, S. 256.

[560] *Seifert*, WSI-Mitt. 1991, 613, 617.

[561] BVerfG 1. 12. 2009 – 1 BvR 2857, 2858/07, E 125, 39, 86 f.

[562] *Oechsler/Paul*, Personal und Arbeit, S. 256.

[563] *Fergen/Schulte-Meine/Vetter*, in: Meine/Schumann/Wagner (Hg.), Handbuch Arbeitszeit, S. 206, 206.

[564] *Berthel/Becker*, Personal-Management, S. 833; *Hinrichs*, Motive und Interessen im Arbeitszeitkonflikt, S. 280; *Fergen/Schulte-Meine/Vetter*, in: Meine/Schumann/Wagner (Hg.), Handbuch Arbeitszeit, S. 206, 206.

Entsprechend ist die Lage der Arbeitszeit (sog. Chronologie) ein wichtiger Faktor der betrieblichen Arbeitszeitgestaltung.[565]

(2) Mögliche ökonomische Nachteile

Den wirtschaftlichen Vorteilen stehen Nachteile gegenüber. Diese folgen zum Teil aus tatsächlichen Gegebenheiten, zum Teil aus rechtlichen Regelungen.

Der größte wirtschaftliche Faktor ist der rechtlich verpflichtende Zuschlag, der nächtliche Arbeit im Verhältnis zu jener am Tag verteuert. Genau so wirkt sich auch alternativ zu gewährende, zusätzliche bezahlte Freizeit aus. Die Verpflichtung zu beidem folgt entweder aus Tarifvertrag oder aus Gesetz (§ 6 Abs. 5 ArbZG).

Nachtarbeit kann außerdem zu einem höheren Krankenstand führen, weil sie die Gefahr von Unfällen und Erkrankungen erhöht.[566] Zudem kann sie eine geringere Produktivität bedingen, weil Arbeitnehmer öfter wechseln, deshalb aufgrund von Personalfluktuation unerfahren sind und erst eingearbeitet werden müssen.[567] Insbesondere ein erhöhter Krankenstand kann bezifferbare Kosten verursachen, denn hat der Arbeitgeber muss gem. § 3 Abs. 1 EFZG bei Arbeitsunfähigkeit infolge von Krankheit für sechs Wochen den Lohn weiterzahlen. Krankheit meint dabei einen regelwidrigen Körper- und Geisteszustand, dessen Ursache für die Begriffsbestimmung ohne Bedeutung ist.[568] Somit wird auch der müdigkeitsbedingte Arbeitsunfall erfasst. Die Norm soll die gesetzlichen Krankenkassen entlasten.[569] Zudem hat sie eine ökonomische Lenkungswirkung, denn sie verringert den Anteil der krankheitsbedingten Kosten, der vom Arbeitgeber durch Abwälzung auf die Solidargemeinschaft sozialisiert werden kann. Damit setzt sie einen Anreiz, gesunde Arbeitsbedingungen zu fördern. Zusätzliche Kosten in geringem Umfang können gem. § 6 Abs. 3 S. 3 ArbZG entstehen, weil der Arbeitgeber die Kosten der medizinischen Untersuchung trägt.

Problematisch ist allerdings, dass auch Unternehmensleitungen nicht immer wirtschaftlich rational handeln. Manager können beispielsweise aus Karrieregründen Eigeninteressen über langfristige Unternehmensziele stellen. Außerdem kann auch Personalleitern das Wissen über die gesundheitlichen und wirtschaftlichen Folgekosten einer unzureichenden Schichtplangestaltung fehlen. Zudem wurde

---

[565] *Berthel/Becker*, Personal-Management, S. 834; *Oechsler/Paul*, Personal und Arbeit, S. 257; *Scherm/Süß*, Personalmanagement, S. 167.

[566] *Seifert*, WSI-Mitt. 1991, 613, 617; auch *Bolino et al.*, Journal of Organizational Behavior 2018, 188, 192.

[567] *Seifert*, WSI-Mitt. 1991, 613, 617; auch *Bolino et al.*, Journal of Organizational Behavior 2018, 188, 192.

[568] BeckOK ArbR/*Ricken*, EFZG, § 3 Rn. 10; ErfK/*Reinhard*, EFZG, § 3 Rn. 5 f.; MüKoBGB/*Müller-Glöge*, EFZG, § 3 Rn. 4.

[569] ErfK/*Reinhard*, EFZG, § 3 Rn. 1; MüKoBGB/*Müller-Glöge*, EFZG, § 3 Rn. 2.

insbesondere seit den 1990er Jahren aus verschiedenen strukturellen Gründen[570] überschüssiges Kapital in großen Dimensionen in die Finanzmärkte anstatt in den Ausbau der Produktionstechnologie investiert.[571] Diese Finanzialisierung der Weltwirtschaft führte dazu, dass große Unternehmen selbst zunehmend zu Finanzmarktprodukten wurden, was mit einer Shareholder-Value-Orientierung einherging, also einer Ausrichtung an den kurzfristigen Renditeerwartungen der Aktionäre.[572] Aus gewerkschaftlicher Perspektive wird beklagt, dass dies längerfristige Versuche einer Humanisierung der Arbeitswelt und eines ganzheitlichen Arbeits- und Gesundheitsschutzes behindere.[573]

(3) Folgen für die betriebswirtschaftliche Kalkulation

Die jeweiligen Vor- und Nachteile lassen sich zum großen Teil leicht ermitteln, insbesondere im Bereich der industriellen Produktion. So kann errechnet werden, welcher zusätzliche Gewinn durch die erhöhte Produktion erzielt würde und in welchem Umfang Energiekosten eingespart werden können. Dem sind die Mehrkosten durch die Zuschlagszahlung und den erhöhten Krankenstand gegenüberzustellen. Beide Seiten können betriebswirtschaftlich gegeneinander abgewogen und so ermittelt werden, ob die Nachtarbeit wirtschaftlich sinnvoll ist. Gesundheitliche Belastungen der Arbeitnehmer zu vermeiden, ist hingegen ist bei einer solchen Betrachtung nicht vorrangig. Auch die monetären Kosten eingetretener Schäden sind nur teilweise einzustellen, weil sie zum anderen Teil von der Solidargemeinschaft getragen werden.

bb) Technisch notwendige Nachtarbeit

In einigen Branchen ist Nachtarbeit dagegen nicht allein ökonomisch motiviert, sondern durch den Arbeitsprozess vorgegeben. Bestimmte Technologien erfordern unterbrechungslose Arbeit über einen längeren Zeitraum als die 17 Tagstunden, die nach Abzug der Nachtzeit gem. § 2 Abs. 3 ArbZG verbleiben, dies ist beispielsweise in der Chip-Produktion oder Eisenverhüttung der Fall.[574] Auf Nachtarbeit kann hier

[570] Gründe der Finanzialisierung sind die Aufgabe des Bretton-Woods-Systems im Jahr 1973 und der darauffolgende Abbau der Kapitalverkehrskontrollen durch die Industrieländer, das Scheitern des Versuchs, durch Automatisierung wieder zu den Wachstumsraten vor der sog. „Ölkrise" 1973 zurückzukehren und der Einbruch der Konsumnachfrage in der westlichen Welt infolge sinkender Lohnquoten und des Niedergangs sozialer Sicherungssysteme, was wiederum Investitionen in die Konsumgüterproduktion als unsicher erscheinen ließ (*Nölke*, WSI-Mitt. 2016, 41, 44 f.; *Schaupp*, Technopolitik von unten, S. 35 f.). Es wurden also die Finanzmärkte liberalisiert, während Investitionen in die Güterproduktion zunehmend weniger Rendite versprachen, weshalb überschüssiges Kapital verstärkt in Finanzprodukte investiert wurde.

[571] *Schaupp*, Technopolitik von unten, S. 36.

[572] *Schaupp*, Technopolitik von unten, S. 36.

[573] *Pickshaus*, WSI-Mitt. 2019, 52, 52 f.

[574] *Berthel/Becker*, Personal-Management, S. 724, 732.

nicht gänzlich verzichtet werden, sie ist jedenfalls in einem Mindestmaß erforderlich, um die Produktion weiterzuführen. Die daraus entstehenden Mehrkosten sind dennoch einzustellen, die Alternative bei Unrentabilität des Geschäfts kann aber nicht der Verzicht auf Nachtarbeit sein, sondern nur die Einstellung des Geschäftsbetriebes insgesamt.

cc) Gesellschaftlich notwendige Nachtarbeit

Außerdem kann Nachtarbeit gesellschaftlich notwendig sein. Sie wird also angeordnet, weil die dadurch zur Verfügung gestellten Dienstleistungen als notwendig für das Funktionieren der Gesellschaft angesehen werden. Allerdings ist zu bemerken, dass dieses Kriterium unscharf und, wie sich aus der historischen Betrachtung gezeigt hat, wandelbar ist. Übereinstimmung dürfte bestehen, dass ein gewisses Niveau der Versorgung im Gesundheitsbereich, durch Energie- und Wasserwerke sowie bei der Polizei und Feuerwehr unverzichtbar ist und rund um die Uhr zur Verfügung stehen muss. In anderen Bereichen ist dies lebhaft umstritten, etwa bei der Frage, ob gedruckte Tageszeitungen an die Leser zur Nachtzeit verteilt werden müssen.[575] Ähnliches dürfte für die Frage gelten, ob Gaststätten und Vergnügungsstätten nachts öffnen müssen.

Dienstleistungen können überwiegend nur bedarfssynchron erbracht werden.[576] So erschließt sich unmittelbar, dass die Nachtwache eines Krankenpflegers nicht von diesem zur Tagzeit „vorgearbeitet“ werden kann. Hier bestehen also Mindestanforderungen an die nächtlichen Personalkapazitäten, um die durchgehende Versorgung der Bevölkerung mit dieser Dienstleistung sicherzustellen.[577]

d) Rechtliche Würdigung

Regelt der Staat einschränkend die Möglichkeit, Arbeitnehmer zur Nachtzeit einzusetzen, so betrifft dies das Recht des Arbeitgebers aus Art. 12 Abs. 1 GG. Das Gewicht des Eingriffs lässt sich, weil die Abwehrseite der Grundrechte betroffen ist, nicht bestimmen, ohne auf die staatlichen Maßnahmen einzugehen. Zu unterscheiden ist zwischen Maßnahmen, die Nachtarbeit verteuern oder den Einsatz von Arbeitnehmern einschränken und solchen, die Nachtarbeit verbieten.

---

[575] Ablehnend BAG 10.11.2021 – 10 AZR 261/20, NZA 2022, 707 Rn. 52.

[576] *Hinrichs*, Motive und Interessen im Arbeitszeitkonflikt, S. 281.

[577] *Oechsler/Paul*, Personal und Arbeit, S. 260.

aa) Grundsätzlich Regelung der Berufsausübung

Möchte man der oben dargestellten Aufgliederung in „Unterfreiheiten" folgen, so ist speziell die Unternehmensführungsfreiheit tangiert.[578] Denn diese umfasst unter anderem die freie wirtschaftliche Planung und die Personalpolitik.[579] Arbeitgeber werden darin eingeschränkt, ihr Personal frei einzusetzen.[580] Außerdem ist die Vertragsfreiheit betroffen, weil bestimmte Vertragsinhalte zumindest in einem gewissen Rahmen vorgegeben werden.[581] Es handelt sich in beiden Fällen um Regelungen der Berufsausübung.

bb) Abweichende Wertung bei technologisch notwendiger Nachtarbeit?

Eine andere Wertung könnte sich dort, wo Nachtarbeit technologisch notwendig ist, ergeben, wenn die Einschränkung prohibitiv wirken würde.[582] Würde der Gesetzgeber die Nachtarbeit hier ohne Ausnahme verbieten oder in einem solchen Maß einschränken, dass die darauf angewiesenen Betriebe sie nicht mehr einsetzen könnten, läge darin eine Einschränkung der Berufswahlfreiheit.[583] Ebenso könnte es zu beurteilen sein, wenn Nachtarbeit so verteuert würde, dass die Produktion unwirtschaftlich wäre.[584] Dies müsste allerdings der Regelfall sein und nicht nur einzelne Unternehmen betreffen. Ausreichend für eine Berufswahlregelung ist aber nicht, dass der Arbeitgeber sein Geschäftsmodell in einer bestimmten Weise ausrichtet und deshalb meint, er könne auf Nachtarbeit nicht verzichten. Dies betrifft etwa Arbeitgeber, die rund um die Uhr erreichbare Servicehotlines bereitstellen oder das bestimmte Lieferversprechen machen, die nächtliche Arbeit voraussetzen. Die Nachtarbeit ist hier möglicherweise notwendig, damit das Geschäftsmodell in der Konkurrenz mit anderen Unternehmen funktioniert. Dadurch wird sie aber nicht technisch notwendig. Vielmehr könnten die entsprechenden Dienstleistungen auch am Tage erbracht werden. Es handelt sich mithin um aus Sicht des Arbeitgebers wirtschaftlich sinnvolle, aber nicht technisch erforderliche Nachtarbeit.[585]

Unter der Ebene des Verbots oder verbotsähnlicher Eingriffe ist aber sowohl beim wirtschaftlich sinnvollen als auch beim technologisch notwendigen Einsatz

---

[578] Ähnlich KKS/*Schmidt am Busch*, ArbSchG, Einl. A Rn. 39: Unternehmerische Organisationsfreiheit.

[579] *Ossenbühl*, AöR 1990, 1, 18.

[580] *Raab*, ZfA 2014, 237, 252 f.

[581] *Raab*, ZfA 2014, 237, 252.

[582] So *Raab*, ZfA 2014, 237, 253 f., der in diesen Fällen eine „objektiv berufsregelnde Tendenz" sieht.

[583] *Loritz*, ZfA 1991, 607, 649.

[584] BVerfG 16. 3. 1971 – 1 BvR 52/66, 1 BvR 665/66, 1 BvR 667/66, 1 BvR 754/66, E 30, 292, 313 f.

[585] Ebenso BAG 9. 12. 2015 – 10 AZR 423/14, NZA 2016, 426 Rn. 43 für einen LKW-Fahrer bei einem Logistikunternehmen.

von Nachtarbeit nur die Berufsausübungsfreiheit betroffen.[586] Daraus ergibt sich ein geringeres Gewicht dieser Grundrechtsbetroffenheit im Rahmen der eingeschränkten Abwägung.

cc) Abweichende Wertung bei gesellschaftlich notwendiger Nachtarbeit?

Anders stellt sich dies bei der gesellschaftlich notwendigen Nachtarbeit dar. Wie oben beschrieben, ist diese Kategorie nicht trennscharf. Im Rahmen einer juristischen Betrachtung kann sich die Notwendigkeit, solange der Gesetzgeber nicht tätig geworden ist,[587] nur aus der Verfassung ergeben. Gesellschaftlich notwendig ist Nachtarbeit im juristischen Sinn, wenn sie zum Schutz anderer Grundrechte oder Verfassungspositionen nicht entbehrlich ist. So ergibt sich etwa die Notwendigkeit der Nachtarbeit im Krankenhaus aus der Gesundheit der Bevölkerung, die nach der Rechtsprechung des Bundesverfassungsgerichts ein besonders wichtiges Gemeinschaftsgut darstellt.[588] Polizei, Feuerwehr und Sicherheitsdienste werden zum Schutz von Rechtsgütern gem. Art. 2 Abs. 2 S. 1 GG sowie Art. 14 Abs. 1 GG tätig. Zuzugeben ist, dass auch dieser Versuch der Abgrenzung in Randbereichen unscharf wird. Ist beispielsweise das nächtliche Austragen von Tageszeitungen Ausfluss der Pressefreiheit gem. Art. 5 Abs. 1 S. 2 GG oder ein überragend wichtiger Gemeinwohlbelang? Dazu werden unterschiedliche Positionen vertreten.[589] Dennoch können im juristischen Sinn nur Wertungen der Verfassung entscheiden, ob eine Arbeit gesellschaftlich notwendig ist oder nicht. Sind weitere verfassungsrechtlich abgesicherte Positionen betroffen, so können diese summiert werden und das Gewicht in der Abwägung verstärken.[590]

---

[586] *Baeck/Deutsch/Winzer*, ArbZG, § 1 Rn. 11; KKS/*Schmidt am Busche*, ArbSchG, Einl. A Rn. 39; *Loritz*, ZfA 1991, 607, 649; MHdB ArbR/*Koberski*, § 181 Rn. 7; *Raab*, ZfA 2014, 237, 252 f.; *Schliemann*, ArbZG, § 1 Rn. 9.

[587] Denkbar wäre ein Katalog entsprechend § 10 ArbZG, der Ausnahmen vom Arbeitsverbot am Sonntag statuiert, auch wenn dieser nicht gänzlich auf die Nachtarbeit übertragbar ist.

[588] BVerfG 10.5.1988 – 1 BvR 482/84, 1 BvR 1166/85, 78, 179, 192. Auf die Problematik des in der zitierten Entscheidung ebenfalls verwendeten, nationalsozialistisch vorgeprägten und den Kreis der geschützten Personen verengenden Terminus „Volksgesundheit" weist zu Recht *Frenzel*, DÖV 2007, 243 hin. Dieser Begriff wird hier daher bewusst nicht gebraucht.

[589] Für eine Verringerung der Zuschlagshöhe wegen Unvermeidbarkeit der Nachtarbeit: LAG Köln, 25.10.2017 – 3 Sa 400/17, BeckRS 2017, 144237 Rn. 27; LAG Bremen 7.12.2016 – 3 Sa 43/16, BeckRS 2016, 132585 Rn. 51; keine Verringerung, weil nicht „überragende Gründe des Gemeinwohls die Nachtarbeit zwingend erfordern": BAG 25.4.2018 – 5 AZR 25/17, NZA 2018, 1145 Rn. 56; keine Herabsetzung des Zuschlags annehmend und dabei ausdrücklich eine Betroffenheit der Pressefreiheit verneinend: LAG Hamm 1.10.2020 – 18 Sa 1486/19, BeckRS 2020, 43312 Rn. 60; eine Betroffenheit der Pressefreiheit annehmend, die aber gerechtfertigt sei und deshalb keine Verringerung des Zuschlags begründe: LAG Hamm 4.2.2020 – 14 Sa 485/19, BeckRS 2020, 40398 Rn. 49 ff.; ebenso LAG Hamm 27.11.2019 – 6 Sa 911/19, BeckRS 2019, 34847 Rn. 44 ff.

[590] *Calliess*, in: FS Starck, S. 201, 217.

dd) Einfluss der typisierten Unternehmensgröße

Wie oben dargestellt, genießen auch juristische Personen den Schutz des Art. 12 Abs. 1 GG. Die Intensität des Schutzes sinkt jedoch mit zunehmender Unternehmensgröße, weil damit der personale Charakter des Grundrechts weniger zum Tragen kommt und zugleich die soziale Eingebundenheit zunimmt. Schichtarbeit nimmt mit steigender Betriebsgröße zu.[591] Im produzierenden Gewerbe ist der Unterschied sehr groß. So arbeiten in Betrieben mit weniger als 250 Arbeitnehmern 16,4% der Beschäftigten in Schicht, während es in größeren Betrieben 37,7% der Beschäftigten sind; aber auch im Dienstleistungsbereich ist der Unterschied deutlich (13,1% zu 20,1%).[592] Die Arbeitgeber sind in der Regel mittlere und große Unternehmen und die öffentliche Hand. Diesen sind nach der Rechtsprechung des Bundesverfassungsgerichts größere Einschränkungen ihrer Berufsausübungsfreiheit zumutbar als kleinen Unternehmern.

2. Eigentumsfreiheit

Daneben kann sich der Arbeitgeber bei Ausübung seines Gewerbes regelmäßig auch auf das Grundrecht auf Eigentum gem. Art. 14 GG berufen, der Art. 12 Abs. 1 GG ergänzt.[593] Nach herrschender Meinung ist danach zu fragen, welches Grundrecht das sachnähere ist, das dann das andere verdränge.[594] Der Unternehmer ist daher nicht stets durch mehrere Grundrechte und daher besonders weitgehend geschützt.[595] Dieser Gedanke liegt auch der Formel des Bundesverfassungsgerichts zugrunde, wonach die Berufsfreiheit den Erwerb, also die Betätigung selbst, das Eigentum hingegen das Erworbene, somit das Ergebnis der Betätigung schütze.[596] Etwas konkreter formuliert dies Ossenbühl, nach dem Art. 12 Abs. 1 GG die unternehmerische Initiative und Art. 14 Abs. 1 GG den Bestand des Unternehmens als materielle Basis unternehmerischen Handelns schütze.[597] Nach diesen Definitionen ist bei Arbeitszeitbeschrän-

---

[591] *Groß/Schwarz*, Arbeitszeit, Altersstrukturen und Corporate Social Responsibility, S. 71.

[592] *Groß/Schwarz*, Arbeitszeit, Altersstrukturen und Corporate Social Responsibility, S. 71.

[593] DHS/*Scholz*, GG, Art. 12 Rn. 130 f.; *Dieterich*, AuR 2007, 65, 66; *Ossenbühl*, AöR 1990, 1, 3; a. A. wohl MKS/*Manssen*, GG, Art. 12 Rn. 69: Nur Art. 12 Abs. 1 GG.

[594] JP/*Jarass*, GG, Art. 12 Rn. 4; HK-ArbR/*Lakies*, GG, Art. 12 Rn. 7; kritisch *Lerche*, in: FS R. Schmidt, S. 377, 379: Es müsse zunächst dargelegt werden, weshalb „an sich" der Schutzbereich beider Grundrechte eröffnet sei, bevor eine Verdrängungswirkung angenommen werden könne.

[595] Dreier/*Kempny*, GG, Art. 14 Rn. 224; HK-ArbR/*Lakies*, GG, Art. 12 Rn. 7; a. A. DHS/*Scholz*, GG, Art. 12 Rn. 130.

[596] BVerfG 16. 3. 1971 – 1 BvR 52/66, 1 BvR 665/66, 1 BvR 667/66, 1 BvR 754/66, E 30, 292, 335; BVerfG 8. 6. 2010 – 1 BvR 2011/07, 1 BvR 2959/07, E 126, 112, 135; MKS/*Depenheuer/Froese*, GG, Art. 14 Rn. 101; kritisch *Ossenbühl*, AöR 1990, 1, 25 f., der teilweise Idealkonkurrenz von beruflicher Betätigung und Eigentumsgebrauch annimmt und daraus einen verstärkten Schutz ableitet.

[597] *Ossenbühl*, AöR 1990, 1, 3.

kungen schon nicht der Schutzbereich von Art. 14 GG eröffnet, weil keine Beeinträchtigung des Erworbenen bzw. des Bestandes des Unternehmens vorliegt. Jedenfalls aber ist Art. 12 Abs. 1 GG näherliegend, weil Arbeitszeitbeschränkungen, wie oben dargelegt, die Betätigung des Unternehmens beschränken können, indem sie bestimmte zeitliche Schranken oder andere Anforderungen für die Beschäftigung von Arbeitnehmern zur Nachtzeit setzen. Eine Beeinträchtigung des Unternehmenseigentums ist hingegen nicht zu befürchten. Entsprechend hat auch das BAG eine Betroffenheit von Art. 14 Abs. 1 GG durch Nachtarbeitsgesetze verneint, weil bloße Umsatz- und Gewinnchancen oder tatsächliche Gegebenheiten auch unter dem Gesichtspunkt des eingerichteten und ausgeübten Gewerbebetriebs nicht von der Eigentumsgarantie erfasst würden.[598] Art. 14 GG ist daher nicht in die begrenzte Abwägung zur Ermittlung des Mindestschutzes einzustellen.

3. „Unternehmerfreiheit“

Teilweise wird in der Literatur und Rechtsprechung auch von geschützter „Unternehmerfreiheit“ gesprochen.[599] Ein solches Grundrecht nennt das Grundgesetz nicht ausdrücklich, weil der Verfassungstext sozial- und wirtschaftspolitisch neutral ist.[600] Ein Schutz ergibt sich aber, wie bereits dargestellt, aus Art. 12 Abs. 1 GG und Art. 14 Abs. 1 GG. Zwischen diesen besteht ein enger Zusammenhang und sie ergänzen sich.[601] Im Regelfall ist aber nur eines der beiden Grundrechte einschlägig. Denn die Berufsfreiheit schützt den Erwerb, das Eigentum hingegen das Erworbene.[602] Deshalb können beide gemeinsam zwar als Unternehmerfreiheit bezeichnet werden, ein eigenständiger oder weitergehender Schutz folgt daraus jedoch nicht.

---

[598] BAG 10.11.2021 – 10 AZR 261/20, NZA 2022, 707 Rn. 32.

[599] BVerfG 1.3.1979 – 1 BvR 532, 533/77, 419/78 und BvL 21/78, E 50, 290, 363; BVerfG 3.12.1997 – 2 BvR 882/97, E 97, 67, 83; *Dieterich*, AuR 2007, 65, 66; HK-ArbR/*Lakies*, GG, Art. 12 Rn. 11; Isensee/Kirchhof/*Breuer*, Handbuch des Staatsrechts VIII, § 170 Rn. 87; Merten/Papier/*Schneider*, Handbuch der Grundrechte V, § 113 Rn. 17; MK/*Kämmerer*, GG, Art. 12 Rn. 23; *Ossenbühl*, AöR 1990, 1, 12 ff.; kritisch *Däubler*, in: Blank (Hg.), Reform der Betriebsverfassung und Unternehmerfreiheit, S. 11, 13; *Dieterich*, AuR 2007, 65, 66.

[600] *Däubler*, in: Blank (Hg.), Reform der Betriebsverfassung und Unternehmerfreiheit, S. 11, 13; *Dieterich*, AuR 2007, 65, 66.

[601] DHS/*Scholz*, GG, Art. 12 Rn. 130 f.; *Dieterich*, AuR 2007, 65, 66; *Ossenbühl*, AöR 1990, 1, 3 f., der daneben noch Art. 11 Abs. 1, 9 Abs. 1 sowie 2 Abs. 1 GG nennt; MKS/*Manssen*, GG, Art. 12 Rn. 69 zieht hingegen nur Art. 12 Abs. 1 GG heran.

[602] BVerfG 16.3.1971 – 1 BvR 52/66, 1 BvR 665/66, 1 BvR 667/66, 1 BvR 754/66, E 30, 292, 335; BVerfG 8.6.2010 – 1 BvR 2011/07, 1 BvR 2959/07, E 126, 112, 135; MKS/*Depenheuer/Froese*, GG, Art. 14 Rn. 101; kritisch *Ossenbühl*, AöR 1990, 1, 25 f., der teilweise Idealkonkurrenz von beruflicher Betätigung und Eigentumsgebrauch annimmt und daraus einen verstärkten Schutz ableitet.

VI. Interessen der Allgemeinheit

Neben den entgegenstehenden Grundrechtspositionen sind bei der verfassungsrechtlichen Kontrolle der Schutzpflichterfüllung auch Interessen der Allgemeinheit zu berücksichtigen. Dabei geht es im Zusammenhang mit grundrechtlichen Schutzpflichten weniger um die Frage, ob eine Schutzpflicht besteht, denn diese ist aus den Grundrechten der Betroffenen herzuleiten. Ob darüber hinaus auch Schutzpflichten zugunsten von Allgemeinwohlinteressen bestehen können, ist an dieser Stelle nicht zu entscheiden. Denn im Fall der Nachtarbeit ergibt sich bereits aus den Grundrechten der Nachtarbeitnehmer, dass der Staat zum Eingreifen verpflichtet ist und auch das gebotene Schutzniveau ist durch die begrenzte Abwägung von Grundrechten der Nachtarbeitnehmer mit jenen der Arbeitgeber zu ermitteln. Interessen der Allgemeinheit können aber eine Rolle bei der Bewertung der Frage spielen, welche gesetzgeberischen Mittel als geeignet bzw. ungeeignet anzusehen sind. Denn ein Mittel kann auch deshalb ungeeignet sein, weil es Gemeinwohlbelange verletzt, beispielsweise zu unzumutbaren Belastungen der Allgemeinheit führt.

1. Funktionsfähigkeit der Sozialversicherungssysteme

Nachtarbeit berührt aufgrund ihrer negativen Folgen die Funktionsfähigkeit der Sozialversicherungssysteme. Diese hat die in der Vergangenheit als gesetzgeberische Begründung gedient hat und wurde vom Bundesverfassungsgericht und der Literatur in verschiedenen Konstellationen als bedeutender Gemeinwohlbelang und Rechtfertigungsgrund für Grundrechtseingriffe anerkannt.

a) Gesetzgeberische Begründung zum Mindestlohngesetz

Der Gesetzgeber des Mindestlohngesetzes hat diesen unter anderem damit begründet, die Sozialversicherungssysteme zu schützen. Der Mindestlohn soll einen Unterbietungswettbewerb zwischen Unternehmen durch seine Kartellfunktion verhindern. Die höheren Arbeitsentgelte müssen nicht durch staatliche Leistungen „aufgestockt" werden, wodurch Einnahmeausfälle bei der Sozialversicherung und negative Folgen bei der Alterssicherung der Arbeitnehmer vermieden werden.[603] Die Literatur sieht darin einen legitimen Grund des Gesetzes.[604]

---

[603] BT-Drs. 18/1558, S. 28, 30.

[604] *Barczak*, RdA 2014, 290, 296; *Dorr/Brandt*, Jura 2019, 1027, 1028; Düwell/Schubert/*Schubert*, MiLoG, Einl. Rn. 46; *Picker*, RdA 2014, 25, 29 f.; *Preis/Ulber*, in: Fischer-Lescano/Preis/Ulber, Verfassungsmäßigkeit des Mindestlohns, S. 59, 87 f., 121 ff.; *Riechert/Nimmerjahn*, MiLoG, Einf. Rn. 90, 177; Thüsing/*Thüsing*, MiLoG/AEntG, Einl. Rn. 38; *Waltermann*, NZA 2013, 1041, 1046.

b) Rechtsprechung des Bundesverfassungsgerichts

Der allgemeine Mindestlohn wurde verfassungsgerichtlich nicht angegriffen, sodass das Bundesverfassungsgericht über dessen Verfassungsmäßigkeit nicht entschieden hat. Allerdings hat das Gericht in anderen Entscheidungen die finanzielle Stabilität des Systems der sozialen Sicherung als Gemeinwohlbelang von hoher Bedeutung beurteilt.[605]

c) Anwendung auf das Arbeitszeitrecht und die Nachtarbeit im Besonderen

Die dahinterstehende Erwägung ist auch auf das Arbeitszeitrecht als besondere Form des Arbeitsschutzrechts übertragbar.

aa) Arbeitszeitrecht

Das Arbeitszeitrecht soll in erster Linie die einzelnen Arbeitnehmer vor Gesundheits- und Sicherheitsgefahren durch Überbelastung schützen.[606] Es dient aber auch Interessen der Allgemeinheit, denn die negativen Folgen von gesundheitsschädlicher Arbeit belasten die Sozialversicherungssysteme durch Kosten und Einnahmeausfälle.[607] Eine „privatautonome" Vereinbarung zu übermäßig belastender Arbeit – die aufgrund der im Arbeitsrecht typischerweise gestörten Vertragsparität ohnehin nicht einfach hingenommen werden darf – wirkt somit de facto als Vertrag zu Lasten Dritter, nämlich der Allgemeinheit der Beitragszahler und der Konkurrenz des jeweiligen Arbeitgebers.[608] Wird der Gesundheitsschutz kommerzialisiert, indem sich der Arbeitnehmer für einen höheren Lohn zur Leistung gesundheitsschädlicher Arbeit verpflichtet, werden entstehende Kosten externalisiert.[609] Dies soll verhindert werden.

Unzutreffend ist daher die Auffassung, der öffentlich-rechtliche Arbeitszeitschutz schütze Arbeitnehmer vor sich selbst.[610] Das Arbeitszeitgesetz schützt vielmehr Arbeitnehmer vor Fremdbestimmung durch den wirtschaftlich überlegenen Arbeitgeber. Dies dient auch dem Schutz der Allgemeinheit davor, dass Kosten auf

---

[605] BVerfG 14.5.1985 – 1 BvR 449/82, 1 BvR 523/82, 1 BvR 700/82, 1 BvR 728/82, E 70, 1, 26, 30; BVerfG 6.10.1987 – 1 BvR 1086/82, 1 BvR 1468/82, 1 BvR 1623/82, E 77, 84, 107; BVerfG 12.6.1990 – 1 BvR 355/86, E 82, 209, 230; BVerfG 3.4.2001 – 1 BvL 32/97, NZA 2001, 777, 779; BVerfG 11.7.2006 – 1 BvL 4/00, E 116, 202, 223 f.

[606] BVerwG 3.2.2021 – 8 C 2/20, NVwZ-RR 2021, 529 Rn. 15; BeckOK ArbR/*Kock*, § 1 ArbZG Rn. 1; Buschmann/Ulber/*Buschmann*, ArbZR, § 1 ArbZG Rn. 4, 15; ErfK/*Roloff*, § 1 ArbZG Rn. 1.

[607] Detailliert *Ulber*, SR 2021, 189, 190 f.; ebenso *Gallner*, SR 2020, 45, 45; *Ulber*, SR 2018, 85, 94.

[608] *Ulber*, SR 2021, 189, 190 f.

[609] *Ulber/Stein*, AuR 2022, 148, 149.

[610] *Neumann/Biebl*, ArbZG, § 1 Rn. 3.

die Sozialversicherungssysteme externalisiert werden.[611] Außerdem soll auch verhindert werden, dass in Betrieben schädliche soziale Standards herrschen, die einen negativen Anpassungsdruck bei Kollegen auslösen.[612]

bb) Nachtarbeit

Aufgrund ihrer besonderen Schädlichkeit führt Nachtarbeit zu hohen Kosten für die Sozialversicherungssysteme. Dies betrifft zunächst die Krankenversicherungen, weil sie die physische und psychische Gesundheit der Nachtarbeitnehmer schädigt. Zudem sind Erwerbsverläufe von Nachtarbeitnehmern insgesamt kürzer und häufiger unterbrochen.[613] Es kommt dadurch zu Einnahmeausfällen der Sozialversicherung, Kosten für die Arbeitslosenversicherung und Rentenanwartschaften, die möglicherweise das Niveau der Grundsicherung unterschreiten.

Verschärft wird das Problem noch dadurch, dass die Nachtarbeitszuschläge in bestimmtem Umfang gem. § 1 Abs. 1 Nr. 1 SvEV abgabenbefreit sind. Für die besonders schädliche Nachtarbeit wird also nicht in höherem Maß in die Sozialversicherungssysteme eingezahlt. Stattdessen müssen auch Arbeitnehmer und Arbeitgeber, die nicht von den Vorteilen der Nachtarbeit profitieren, in gleichem Maß für deren Nachteile aufkommen.

2. Tatsächliche Gleichstellung von Männern und Frauen

Darüber hinaus besteht ein Interesse der Allgemeinheit an der tatsächlichen Gleichstellung von Männern und Frauen. Diese ist im Bereich der Nachtarbeit längst nicht erreicht. Stattdessen wird Nachtarbeit zu zwei Dritteln von Männern erbracht und zu einem Drittel von Frauen.[614] Die Aufhebung des Nachtarbeitsverbots für Arbeiterinnen hat diese Ungleichverteilung nicht behoben. Es arbeiten inzwischen bloß mehr Personen beider Geschlechter nachts (siehe 2. Kapitel F. II. 5.).

a) Gleichstellungsgebot aus Art. 3 Abs. 2 S. 2 GG

Art. 3 Abs. 2 S. 2 GG enthält den Verfassungsauftrag, Männer und Frauen tatsächlich gleichzustellen. Die Norm verlangt, dass über eine bloß formale Gleichstellung hinaus die Lebensverhältnisse von Männern und Frauen in allen Lebensberei-

---

[611] BAG 28.10.1971 – 2 AZR 15/71, AP BGB § 626 Nr. 62 unter II. 2. b): „der überindividuelle Schutzzweck"; ThürOLG 2.9.2010 – 1 Ss Bs 57/10, juris Rn. 18: „öffentliche Interessen"; *Krause*, in: Hanau/Matiasek (Hg.), Entgrenzung von Arbeitsverhältnissen, S. 151, 177.

[612] *Krause*, in: Hanau/Matiasek (Hg.), Entgrenzung von Arbeitsverhältnissen, S. 151, 177.

[613] *Arlinghaus/Lott*, Schichtarbeit gesund und sozialverträglich gestalten, S. 1; *Evers*, Prokla 2019, 201, 201.

[614] *BMAS/BAuA*, Sicherheit und Gesundheit bei der Arbeit – Berichtsjahr 2016, S. 174.

chen angeglichen werden.[615] Der Staat muss besonders in gesellschaftlichen Bereichen wie dem Arbeitsleben tätig werden, in denen die gesellschaftliche Wirklichkeit diesem angestrebten Ideal noch nicht entspricht.[616] Ziel ist, dass Männer und Frauen gleichberechtigt am Arbeits- und Sozialleben teilhaben.[617]

b) Nachtarbeit als Gleichstellungshindernis

Indem das Nachtarbeitsverbot für Arbeiterinnen aus § 19 AZO aufgehoben wurde, hat der Gesetzgeber vordergründig rechtliche Gleichheit hergestellt.[618] Eine tatsächliche Gleichstellung ist jedoch bisher nicht erreicht worden. Dies liegt daran, dass die gesetzliche Neuregelung nur unzureichend das Sozialleben schützt. Indem Zuschlag und Freizeitausgleich als gleichwertig konzipiert wurden, kann Zeit für Soziales „abgekauft“ werden. Der von der Rechtsprechung angenommene prozentuale Zuschlagssatz, der unabhängig vom Grundlohn festgelegt wird, verstärkt zudem den Gender Pay Gap.

aa) Gleichrangigkeit von Zuschlag und Freizeitausgleich widerspricht Vereinbarkeit

Insbesondere in Kleinfamilien mit Kindern werden die zeitlichen Konflikte zwischen Erwerbs- und Carearbeit immer noch überwiegend dadurch gelöst, dass vor allem Frauen die Sorgearbeit erbringen.[619] Die funktionale Arbeitsteilung im Privaten und die strukturelle Ausgestaltung von Erwerbsarbeit unterlaufen die Gleichstellung, die mit der Aufhebung des Nachtarbeitsverbots angestrebt wurde.[620]

Gem. Art. 3 Abs. 2 S. 2 GG muss der Staat dafür sorgen, dass „Familientätigkeit und Erwerbstätigkeit aufeinander abgestimmt werden können“.[621] Dies kann nur erreicht werden, indem die Arbeitszeit verkürzt wird, gerade bei einer ungünstigen Lage der Arbeitszeit wie im Falle der Nachtarbeit. Denn diese erschwert es ohnehin, am Familienleben teilzunehmen (siehe III. 2. e)). Ein Zuschlag hingegen setzt sogar einen Anreiz, nicht in Teilzeit zu arbeiten, weil der Einkommensverlust bei Verkürzung der Arbeitszeit noch größer ausfällt.

---

[615] BVerfG 28.1.1992 – 1 BvR 1025/84, 1 BvL 16/83, 1 BvL 10/91, E 85, 191, 207; BVerfG 14.4.2010 – 1 BvL 8/08, E 126, 29, 53; DHS/*Langenfeld*, GG, Art. 3 Abs. 2 Rn. 58.

[616] DHS/*Langenfeld*, GG, Art. 3 Abs. 2 Rn. 59.

[617] BVerfG 28.1.1992 – 1 BvR 1025/84, 1 BvL 16/83, 1 BvL 10/91, E 85, 191, 207.

[618] *Anzinger/Koberski*, ArbZG, § 6 Rn. 9; HWK/*Gäntgen*, ArbZG, § 6 Rn. 1; *Schliemann*, ArbZG, § 6 Rn. 2

[619] *Brehm/Huebener/Schmitz*, 15 Jahre Elterngeld – Erfolge, aber noch Handlungsbedarf, S. 5.

[620] *Wehling/Müller*, AIS-Studien 2014, 22, 34.

[621] BVerfG, NJW 1998, 2128, 2131.

bb) Fester Zuschlagssatz bei bestehendem Gender-Pay-Gap als faktische Ungleichbehandlung

In Deutschland besteht außerdem nach wie vor ein Gender-Pay-Gap in Höhe von etwa 18%.[622] Männer verdienen also deutlich mehr als Frauen. Kann nun wegen sonstigen Verpflichtungen nur einer von beiden Partnern einer Beschäftigung mit Nachtarbeit nachgehen, dann setzt der feste prozentuale Zuschlag einen Anreiz, dass der Ehegatte mit dem höheren Einkommen der Nachtarbeit nachgeht und der andere diese verringert. Denn bei einem prozentualen Zuschlag von regelmäßig 25% fällt dessen absolute Höhe umso größer aus, je höher der Grundlohn ist.

Auch vor diesem Hintergrund sind die gesetzlichen Regelungen der Zuschlagspflicht sowie der Abgaben- und Steuerfreiheit der Zuschläge kritisch zu betrachten. Obwohl damit nach den Urteilen von Bundesverfassungsgericht und EuGH eine vermeintlich geschlechtsneutrale Regelung gefunden wurde, setzt sie unter den derzeitigen gesellschaftlichen und ökonomischen Umständen einen finanziellen Anreiz dafür, dass eher Männer der Nachtarbeit nachgehen. Die Regelung ist daher dazu geeignet, eine überkommene Rollenverteilung, die zu einer höheren Belastung oder sonstigen Nachteilen für Frauen führt, zu verfestigen. Genau dies verbietet Art. 3 Abs. 2 GG.[623] Aus den genannten Gründen ist ein monetärer Zuschlags dazu jedoch nicht geeignet, was durch die empirischen Zahlen bestätigt wird.

3. Interesse an Versorgungssicherheit

In einigen Bereichen ist Nachtarbeit gesellschaftlich notwendig. Würde vollständig auf sie verzichtet, wären bestimmte Dienstleistungen nur tagsüber verfügbar. Dies würde zu Versorgungslücken im Gesundheitssystem und bei der Energieversorgung führen. Die Funktionsfähigkeit des Gesundheitssystems wurde vom Bundesverfassungsgericht als überragend gewichtiges Gemeingut anerkannt.[624] In der Sicherung der Stromversorgung sieht das BVerfG ein legitimes Gemeinwohlziel.[625] Regelungen der gesellschaftlich notwendigen Nachtarbeit berühren also auch Interessen der Allgemeinheit. Diese sind in die Abwägung einzustellen.[626]

4. Sicherheit Dritter

Schließlich schützt Arbeitszeitrecht stets auch die Rechtsgüter Dritter, die der Arbeitsleistung der Arbeitnehmer ausgesetzt sind oder sonst durch diese gefährdet

---

[622] *Statistisches Bundesamt*, Gender Pay Gap 2022, unter: https://www.destatis.de/DE/Presse/Pressemitteilungen/2023/01/PD23_036_621.html (zuletzt abgerufen am 1.10.2024).

[623] BVerfG 28.1.1992 – 1 BvR 1025/84, 1 BvL 16/83, 1 BvL 10/91, E 85, 191, 207.

[624] BVerfG 19.11.2021 – 1 BvR 781/21 u.a., NJW 2022, 139 Rn. 174.

[625] BVerfG 23.3.2022 – 1 BvR 1187/17, NVwZ 2022, 861 Rn. 106.

[626] *Freyler*, Anm. zu BAG AP ArbZG, § 6 Nr. 22 unter III. 1. b).

werden können.[627] Werden Arbeitnehmer durch die Arbeitsleistung überlastet, erhöht dies die Häufigkeit von Unfällen. Dies gefährdet nicht nur die Arbeitnehmer selbst, sondern auch Dritte.

Besonders deutlich wird dies bei den Arbeitszeitbeschränkungen für Fahrpersonal in § 21a ArbZG.[628] Sie dienen neben der Gesundheit der geschützten Personen auch der Sicherheit des Straßenverkehrs.[629] Es handelt sich aber nicht um eine spezielle Zweckbestimmung. Vielmehr wurde in Art. 1 Fahrpersonal-RL[630] ein Ziel ausdrücklich geregelt, das dem Arbeitszeitrecht allgemein inhärent ist, nämlich auch Dritte zu schützen.

ErwG 11 der Fahrpersonal-RL hält fest, dass insbesondere Nachtarbeit ein Sicherheitsrisiko für den Straßenverkehr darstellt. Dass die Zahl der Verkehrsunfälle nachts relativ höher liegt als am Tag, unterstreicht diesen Zusammenhang.[631] Ähnliches trifft auf alle Bereiche zu, in denen Dritte durch die Arbeitsleistung gefährdet werden können. So ereigneten sich viele der schlimmsten technischen Katastrophen der Menschheitsgeschichte wie Tschernobyl, Three Mile Island und Exxon Valdez nachts.[632] Aber natürlich müssen gar nicht derartig eklatante Fälle herangezogen werden. Auch etwa im Gesundheitsbereich stellt übermüdetes Personal ein Gesundheitsrisiko für Patienten dar, die mittelbar durch die Arbeitszeitvorschriften geschützt werden sollen.[633] Dabei können die Grundrechte Dritter unter anderem aus Art. 2 Abs. 2 S. 1 GG und aus Art. 14 Abs. 1 GG gefährdet werden. Ihr Interesse an Sicherheit ist als Allgemeinwohlbelang einzustellen.

Auch die Sicherheit Dritter ist somit bei der begrenzten Abwägung zu berücksichtigen.

VII. Begrenzte Abwägung der unterschiedlichen Rechte

Zusammenfassend lässt sich festhalten, dass der Tatbestand der grundrechtlichen Schutzpflichten zugunsten der Nachtarbeitnehmer erfüllt ist. Der Staat muss daher schützende Regelungen schaffen, die einen hinreichenden Schutz der Gesundheit und des Soziallebens gewähren. Welches Mindestniveau dieser Schutz erreichen muss, ist nicht abstrakt bestimmbar. Notwendig ist hierfür eine begrenzte Abwägung mit den

[627] *Brandt*, EuZA 2023, 383, 385; *Ulber*, SR 2021, 189, 191.

[628] *Ulber*, SR 2021, 189, 191.

[629] BAG 19.5.2021 – 5 AS 2/21, AP ArbZG, § 21a Nr. 1 Rn. 12; *Baeck/Deutsch/Winzer*, ArbZG, § 21a Rn. 2; BeckOK ArbR/*Kock*, ArbZG, § 21a Rn. 4.

[630] Richtlinie 2002/15/EG des Europäischen Parlaments und des Rates vom 11. März 2002 zur Regelung der Arbeitszeit von Personen, die Fahrtätigkeiten im Bereich des Straßentransports ausüben, ABl. EG 2002 L 80, S. 35 (im Folgenden: Fahrpersonal-RL).

[631] *Ulber*, Tarifdispositives Gesetzesrecht, S. 519 Fn. 15.

[632] *DGAUM*, Arbeitsmed. Sozialmed. Umweltmed. 2006, 390, 392.

[633] *Büchner/Stöhr*, NJW 2012, 487, 491; *Ulber*, Tarifdispositives Gesetzesrecht, S. 581 ff.

entgegenstehenden Grundrechten der Arbeitgeber. Einzubeziehen sind zudem die Interessen der Allgemeinheit.

Zu betonen ist erneut, dass es nicht um eine möglichst schonende und optimale Abwägung wie im Rahmen der Verhältnismäßigkeit im engeren Sinn bei der Prüfung des Übermaßverbots geht. Eine solche ist auf der „entgegenstehenden" Seite des Untermaßgebots nicht angezeigt, weil kein optimaler Schutz geschuldet wird, sondern nur ein Mindestniveau an realer Grundrechtsverwirklichung. Dieses Mindestniveau ist nicht abstrakt zu ermitteln, sondern im Verhältnis zu den entgegenstehenden Grundrechten und unter Einbeziehung des Gewichts und des Ausmaßes ihrer jeweiligen Betroffenheit.[634] Denn das Bundesverfassungsgericht verpflichtet den Gesetzgeber in Entscheidungen zu den grundrechtlichen Schutzpflichten zu einem „Ausgleich gegenläufiger Schutzgüter"[635] und kontrolliert, ob die gesetzliche Regelung dem genügt. Die begrenzte Abwägung konzentriert sich dabei auf die Fragen, ob alle betroffenen Grundrechte berücksichtigt wurden und ob sie angesichts ihrer Betroffenheit vertretbar gewichtet wurden.

Die jeweilige Betroffenheit anhand des Tatsachenmaterials wurde oben umfassend erarbeitet und soll hier jeweils nur kurz wiedergegeben werden, um unnötige Wiederholungen zu vermeiden. Dabei wird jeweils auch darauf eingegangen, ob und in welchem Maß die heutigen Erkenntnisse bereits in der Entscheidung des Bundesverfassungsgerichts zur Nachtarbeit reflektiert wurden oder in Entscheidungen der obersten Gerichtshöfe (Art. 95 Abs. 1 GG) anerkannt wurden. Teilweise liegen heute deutlich mehr Erkenntnisse vor als im Jahr 1992, was auch rechtliche Folgen hat.

1. Gewichtung der grundrechtlichen Position des Nachtarbeitnehmers

Auf Seiten des Nachtarbeitnehmers sind verschiedene Grundrechte und sonstige Verfassungsnormen betroffen, weil durch die Nachtarbeit Arbeits- sowie Ruhe- und Freizeit im Widerspruch zum biologischen Rhythmus des Körpers sowie zum sozialen Rhythmus der Gesellschaft liegen.

a) Leben und körperliche Unversehrtheit

Das größte Gewicht kommt dabei den Grundrechten aus Art. 2 Abs. 2 S. 1 GG zu. Das Grundrecht auf körperliche Unversehrtheit wurde bereits im Jahr 1992 umfassend vom Bundesverfassungsgericht gewürdigt. Damals wurde festgestellt, dass Nachtar-

---

[634] Ähnlich BVerfG 28.5.1993 – 2 BvF 2/90, 2 BvF 4/90, 2 BvF 5/92, E 88, 203, 254; BVerfG 27.1.1998 – 1 BvL 15/87, E 97, 169, 176 f.; *Cremer*, Freiheitsgrundrechte, S. 309 f.; *Merten*, in: GS Burmeister, S. 227, 241; *Ruffert*, Vorrang der Verfassung und Eigenständigkeit des Privatrechts, S. 203, 217 f.; SSM/*Möstl*, Staatsrecht III, § 68 Rn. 38; *Wank*, Auslegung und Rechtsfortbildung im Arbeitsrecht, S. 51 f., 54.

[635] BVerfG 1.12.2009 – 1 BvR 2857, 2858/07, E 125, 39, 86.

beit für jeden Menschen schädlich ist und zu Schlaflosigkeit, Appetitstörungen, Störungen des Magen-Darmtraktes, erhöhter Nervosität und Reizbarkeit sowie zu einer Herabsetzung der Leistungsfähigkeit führt.[636] Nach heutigem arbeitsmedizinischem Erkenntnisstand sind die Rechtsgüter des Art. 2 Abs. 2 S. 1 GG aber noch stärker gefährdet, als dies in der Entscheidung des Bundesverfassungsgerichts dargelegt wurde.

Dies betrifft zum einen die Gefahren für die körperliche Unversehrtheit. Neuere Forschungen haben unter anderem ergeben, dass alle Zellen des menschlichen Körpers in einem circadianen Takt geschaltet sind. Daraus ergibt sich die potenzielle Betroffenheit sämtlicher Körperfunktionen, weil der Nachtarbeitnehmer im Widerspruch zu seinem biologischen Rhythmus arbeitet und ruht. Konkrete neue Erkenntnisse liegen etwa zur Schwächung des Immunsystems durch Schlafmangel sowie zu Gefährdungen der psychischen Gesundheit und der kognitiven Leistungsfähigkeit vor. Auch ist mittlerweile bekannt, dass sich Nachtarbeit negativ auf die weibliche Menstruation und auf Schwangerschaften auswirkt. Außerdem werden Gefahrstoffe nachts schlechter abgebaut, sodass Mehrfachbelastungen ein höheres Gewicht zukommt. Zudem ist heute bekannt, dass die unterschiedlich schnelle Umstellung der Körperfunktionen zu deren Desynchronisation führt, woraus weitere Gefahren resultieren. Im Ergebnis ist die körperliche Unversehrtheit deutlich stärker betroffen, als im Jahr 1992 bekannt war und vom Bundesverfassungsgericht rechtlich gewürdigt wurde.

Zudem wird heute auch ein Zusammenhang von Nachtarbeit und potenziell tödlichen Erkrankungen des Herz-Kreislauf-Systems sowie Krebs vermutet. Hinsichtlich des Herz-Kreislauf-Systems liegt dabei eine starke Evidenz vor. Bei Krebserkrankungen, insbesondere Brustkrebs, haben zahlreiche Studien und Metastudien Hinweise für einen Zusammenhang erbracht. Auch wenn die Begünstigung von Krebs noch nicht gänzlich gesichert ist, genügt dies angesichts der besonders hervorgehobenen Bedeutung des Grundrechts auf Leben, von dem die Ausübung aller anderen Grundrechte abhängt, um auch hier die Schutzpflicht zu bejahen. Denn diese zielt gerade darauf, auch potenzielle Gefahren präventiv zu bekämpfen.

Aus den neuen Erkenntnissen folgt, dass die Grundrechte beide und im Fall der körperlichen Unversehrtheit mit größerem Gewicht einzustellen sind. Stellt man sich bildlich eine Waage vor, müssen daher auf der anderen Seite Schutzmaßnahmen mit einem größeren Gewicht ergriffen werden, um das Gleichgewicht zu erreichen und damit einen verfassungskonformen Schutz bereitzustellen, sofern sich nicht auch hinsichtlich der Grundrechte des Arbeitgebers oder Dritter eine stärkere Betroffenheit und ein größeres Gewicht ergibt.

---

[636] BVerfG 28.1.1992 – 1 BvR 1025/84, 1 BvL 16/83, 1 BvL 10/91, E 85, 191, 208; wiederholt in BVerfG 9.6.2004 – 1 BvR 636/02, E 111, 10, 32.

b) Ehe und Familie

Den Schutz der Grundrechte aus Art. 6 Abs. 1, 2 GG genießen selbstverständlich nur jene Nachtarbeitnehmer, bei denen der Schutzbereich des jeweiligen Grundrechts eröffnet ist. Mit anderen Worten, sie sind entweder verheiratet und/oder leben in einer Familie, was insbesondere bei Elternschaft oder Sorge für Kinder der Fall ist.

Dieses Grundrecht wurde im Urteil des Bundesverfassungsgerichts zur Nachtarbeit nur am Rande gewürdigt, indem Arbeitnehmerfamilien mit kleinen Kindern als besonders schutzbedürftig erwähnt werden.[637] In seiner Entscheidung zum Sonntagsschutz hat das Gericht aber in der Zwischenzeit ausführlich dargestellt, dass arbeitszeitrechtliche Regelungen großen Einfluss auf das Ehe- und Familienleben haben können und daher am Schutzauftrag aus Art. 6 Abs. 1 GG zu messen sind.[638] Die Ausführungen zur Bedeutung des zeitlichen Gleichklangs der sonn- und feiertäglichen Arbeitsruhe für das Ehe- und Familienleben sind auf die Nachtarbeit übertragbar.

Die Belastungen sind zudem keineswegs auf Familien mit kleinen Kindern beschränkt. Das Zusammenleben in der Ehe wird durch die Nachtarbeit eines Ehegatten regelmäßig stark belastet, erfordert eine solche Gestaltung doch besonderes Engagement und Rücksichtnahme vom anderen Ehegatten. Es fehlt an Zeiten für gemeinsame Besorgungen und Erlebnisse. Zudem gehen gesellschaftlich als besonders wertvoll angesehene Zeiten, in denen viele soziale Aktivitäten und Freizeitbeschäftigungen möglich sind, verloren, weil diese vor allem in den Abendstunden liegen. Der in Nachtarbeit tätige Ehepartner kann an diesen häufig nicht teilnehmen, weil er sich, je nach Arbeitsbeginn, dann auf die Arbeit einstellen, zu dieser aufbrechen oder bereits arbeiten muss. Arbeit und Freizeit liegen bei ihm im Widerspruch zum sozialen Rhythmus. Daraus resultiert ein erhöhtes Konfliktpotenzial, was in überdurchschnittlichen Trennungs- und Scheidungsraten zum Ausdruck kommt.

Vergrößert werden die Beeinträchtigungen, sobald noch Sorgeverpflichtungen für Kinder oder andere Angehörige hinzukommen. Der nicht nachts arbeitende Ehegatte wird dann häufig seine eigene Erwerbsarbeit einschränken müssen, weil er bei vielen Sorgeverpflichtungen keine Unterstützung erhalten kann. Dies beeinträchtigt die freie Rollenwahl der Partner. Im Zuge des Trends zur Erwerbstätigkeit beider Partner kann sich daraus ein weiter steigendes Konfliktpotenzial ergeben. Auch das familiäre Zusammenleben wird gestört, der nachtarbeitende Gatte ist zudem in seinem Umgang mit den Kindern eingeschränkt, weil er tagsüber Schlaf nachholen muss und abends möglicherweise nicht anwesend ist. Noch vor der Familiengründung, aber ebenfalls vom Schutz des Familiengrundrechts erfasst ist der Kinderwunsch, der durch Beeinträchtigungen des Sexuallebens ebenso wie durch körperliche Folgen der Nachtarbeit für den weiblichen Körper unerfüllt bleiben kann.

---

[637] BVerfG 28.1.1992 – 1 BvR 1025/82, 1 BvL 16/83, 1 BvL 10/91, E 85, 191, 213.

[638] BVerfG 1.12.2009 – 1 BvR 2857/07, 1 BvR 2858/07, E 125, 39, 82 f.

Im Ergebnis werden beide Grundrechte stark betroffen. Wie dargestellt, können auch Ehen ohne Kinder sowie Familien mit größeren Kindern oder andere Familienkonstellationen betroffen sein. Zwar ist das Sorgebedürfnis von Kleinkindern am größten und damit auch die Doppelbelastung der Eltern, auch die anderen Fälle begründen aber eine Schutzpflicht des Staates. Diese hat jeweils besonderes Gewicht, was direkt aus der Wertung des Grundgesetzes im Normtext von Art. 6 Abs. 1 GG folgt.

c) Demokratische Partizipation und gesellschaftliche Teilhabe

Da Nachtarbeit dazu führt, dass sozial besonders wertvolle Zeiten nur noch eingeschränkt oder gar nicht nutzbar sind, wirkt sie sich auch auf das sonstige Sozialleben der Nachtarbeitnehmer aus. Diese Erwägung fand im Nachtarbeitsurteil des Bundesverfassungsgerichts keine Erwähnung. Auch insoweit kann aber auf die Entscheidung zum Sonntagsschutz abgestellt werden. Nach dieser kommt gemeinsamen Ruhezeiten eine erhebliche Bedeutung für die Gestaltung der Teilhabe im Alltag einer gelebten Demokratie zu.[639]

Dies ist einleuchtend und auf die Nachtarbeit übertragbar. Das gesellschaftliche Leben folgt noch stärker als das Familienleben einer sozialen Rhythmik. Vereinsaktivitäten, Partei- und Gremiensitzungen oder kulturelle Veranstaltungen finden ganz überwiegend am Abend statt. Aufgrund ihres Arbeitsbeginns und Übermüdung sind Nachtarbeitnehmer davon weitgehend ausgeschlossen, was darin zum Ausdruck kommt, dass sie sich beispielsweise häufig daran gehindert fühlen, sich ihren Wünschen entsprechend ehrenamtlich zu engagieren.

Dies führt nicht nur zu einer Betroffenheit ihrer Grundrechte aus Art. 9 Abs. 1, Abs. 3, 2 Abs. 1 GG, sondern ist auch gesamtgesellschaftlich bedenklich, weil das Demokratieprinzip aus Art. 20 Abs. 1, 2 GG darauf fußt, dass grundsätzlich allen die Beteiligung am gesellschaftlichen Diskurs und der politischen Willensbildung offensteht.

d) Freizeit

Neben diesen gesellschaftlich wertvollen und deshalb ausdrücklich geschützten Tätigkeiten ist auch die „bloße“ Freizeit grundrechtlich geschützt. Auch dies spielte in der Nachtarbeitsentscheidung keine Rolle. Wegweisend ist hier aber eine Entscheidung des BVerwG aus dem Jahr 2021, in der der Schutz der Freizeit der Arbeitnehmer damit begründet wurde, dass dies ihrer Menschenwürde und der Entfaltung ihrer Persönlichkeit diene.[640] Verortet wird der Schutz somit in Art. 1 Abs. 1 und 2 Abs. 1 GG, folglich im Allgemeinen Persönlichkeitsrecht. Dies überzeugt, weil Vorausset-

---

[639] BVerfG 1.12.2009 – 1 BvR 2857/07, 1 BvR 2858/07, E 125, 39, 83.

[640] BVerwG 3.2.2021 – 8 C 2/20, NVwZ-RR 2021, 529 Rn. 19.

zung der Persönlichkeitsentfaltung genügend arbeitsfreie, ungestörte Zeit ist, um eigene Interessen und Neigungen verfolgen zu können. Aufgrund der sozialen Rhythmik kommt es entscheidend auf die Lage der Freizeit an. Auch das BAG spricht § 6 Abs. 5 ArbZG neben dem Gesundheitsschutz eine Kompensationsfunktion für die erschwerte Teilhabe am sozialen Leben zu.[641]

e) Berufswahl und Weiterbildung

Außerdem kann auch Art. 12 Abs. 1 GG des Nachtarbeitnehmers in seiner Schutzpflichtenseite betroffen sein. Auch dies spielte im Urteil zur Nachtarbeit keine Rolle. Die Dimension der Schutzpflicht ist aber auch für dieses Grundrecht verfassungsgerichtlich anerkannt.[642]

Statistisch kommt es bei Schichtarbeitnehmern zu längeren Erwerbsunterbrechungen und kürzeren Erwerbsverläufen. Ursache sind berufsbedingte Erkrankungen sein, die bei ihrer Verschlimmerung zu fehlenden Einsatzmöglichkeiten führen können. Dies wird noch dadurch verschärft, dass Nachtarbeitnehmer aufgrund der Lage ihrer Arbeitszeit von vielen freiwilligen Weiterbildungsmöglichkeiten, die am Abend stattfinden, ausgeschlossen sind. Die Nachtarbeit kann so zur beruflichen „Sackgasse" werden.

f) Die einzelnen Beeinträchtigungen übersteigende Gesamtbelastung

Über diese einzelnen Grundrechtsbeeinträchtigungen hinaus gibt es eine Wechselwirkung dieser multiplen Belastungen, die sich dadurch gegenseitig verstärken. Dies kann bei isolierter Betrachtung der einzelnen Grundrechtsgüter nicht adäquat abgebildet werden und führt zu einer lebensfremden Aufspaltung. Denn die Arbeit zu sozial wertvollen Zeiten verringert die Möglichkeiten, im Familien- oder Freundeskreis Entspannung und Ausgleich zu finden, was psychische und physische Probleme nach sich ziehen oder diese verstärken kann. Andersherum ist ein schlechter gesundheitlicher Zustand ein weiteres Hemmnis bei der Teilnahme am gesellschaftlichen Leben und der Gestaltung eines erfüllten Soziallebens. Beides ist daher im Zusammenhang miteinander zu betrachten, was das rechtliche Gewicht erhöht. Dem Arbeitnehmer kommt ein Grundrecht auf gesunde Arbeit zu, was diese beiden Dimensionen erfasst und Schutzlücken schließt.

2. Gewichtung der grundrechtlichen Position des Arbeitgebers

Der Arbeitgeber, der zur Verfolgung seiner Unternehmenszwecke Nachtarbeit anordnet, kann sich auf seine Grundrechte in deren „klassischer" Funktion als Ab-

[641] StRspr, BAG 10.11.2021 – 10 AZR 261/20, NZA 2022, 707 Rn. 20 m. w. N.

[642] BVerfG 7.2.1990 – 1 BvR 26/84, E 81, 242, 261; BVerfG 6.6.2018 – 1 BvL 7/14, 1 BvR 1375/14, NZA 2018, 774 Rn. 47.

wehrrechte berufen, wenn der Staat Regelungen erlässt, die in ihren Schutzbereich eingreifen. Weil dabei die unternehmerische Betätigung selbst betroffen ist, aber nicht das bereits Erworbene tangiert wird, ist die Berufsfreiheit gem. Art. 12 Abs. 1 GG einschlägig.

a) Berufsausübungsregelung

Obwohl das Bundesverfassungsgericht mittlerweile nicht mehr strikt der sog. Drei-Stufen-Lehre folgt, ist die Einteilung in Berufsausübungs- und Berufswahlregelungen sinnvoll, um die Eingriffstiefe zu bestimmen. Um dies beurteilen zu können, ist auf die konkreten gesetzlichen Maßnahmen abzustellen. Ein Verbot ohne entsprechende Ausnahmetatbestände würde im Fall der technischen Nachtarbeit faktisch als Berufsverbot wirken und bei der gesellschaftlich notwendigen Nachtarbeit Interessen der Allgemeinheit verletzen, etwa an der Funktionsfähigkeit des Gesundheitssystems. In der vorliegenden Arbeit wird jedoch nur untersucht, ob der Staat seine grundrechtliche Pflicht erfüllt hat, für einen den daraus erwachsenden Minimalanforderungen genügenden Schutz zu sorgen. Ein ausnahmsloses Verbot wird dadurch nicht geboten, sondern nur Beschränkungen der Nachtarbeit zugunsten der Grundrechtsgüter der Nachtarbeitnehmer. Diese Beschränkungen sind somit bloße Berufsausübungsregelungen und betreffen nicht die Berufswahl des Arbeitgebers oder die Interessen der Allgemeinheit.

b) Wirtschaftliche Effekte von Nachtarbeit in der Praxis

Die Möglichkeit der Rechtfertigung von Eingriffen ist daher weitergehender, als sie es bei einer Berufswahlregelung wäre und das Gewicht dieser Rechtsposition ist bei der begrenzten Abwägung gegenüber einer Berufswahlregelung verringert. Zudem wirkt sich hinsichtlich der Betroffenheit des Art. 12 Abs. 1 GG aus, dass die Effekte der Nachtarbeit aus Arbeitgebersicht ambivalent sind. Zwar können erhebliche ökonomische Potenziale bei einer Verlängerung oder Verlagerung der Arbeit in die Nachtzeit bestehen. Diese bestehen insbesondere, wenn kapitalintensive Maschinen dadurch länger genutzt oder von geringeren Energiekosten profitiert werden kann. Demgegenüber können aber ein erhöhter Krankenstand oder Personalfluktuation auch wirtschaftlich belasten.

Außerdem ist zu konstatieren, dass Nachtarbeit vor allem in mittleren und großen Unternehmen angeordnet wird. Die herrschende Meinung billigt zwar auch juristischen Personen und Großunternehmen den Schutz von Art. 12 Abs. 1 GG zu. Weil hier aber weniger die Freiheitsentfaltung des einzelnen Unternehmers im Vordergrund steht und der personale Grundzug des Grundrechts somit geringere Bedeutung hat, führt auch dies dazu, dass dem Grundrecht in der Abwägung geringere Bedeutung zukommt. Eine gesetzliche Beschränkung der Nachtarbeit stellt also selbstverständlich einen Eingriff in Art. 12 Abs. 1 GG dar, dessen Gewicht ist aber durch die genannten Faktoren verringert.

c) *Keine Veränderung seit der Entscheidung des Bundesverfassungsgerichts*

Änderungen seit der Entscheidung des Bundesverfassungsgerichts sind nicht zu konstatieren. Denn durch eine zunehmende Shareholder-Value-Orientierung mögen zwar viele Unternehmen langfristig wirkende, gesundheitsschützende Maßnahmen stärker vernachlässigen. Dabei handelt es sich aber um eine unternehmerische Entscheidung, die nicht aus sich heraus dazu führen kann, dass gesundheitsschützende Gesetze einen schwerwiegenderen Eingriff darstellen würden. Die Grundrechtspositionen des Arbeitgebers sind also mit dem gleichen Gewicht in die begrenzte Abwägung einzustellen wie von Bundesverfassungsgericht im Jahr 1992.

3. Gewichtung der Interessen der Allgemeinheit

Neben diesen entgegenstehenden Grundrechtspositionen gibt es ein zu berücksichtigendes Interesse der Allgemeinheit an der finanziellen Stabilität des Systems der sozialen Sicherung.[643] Belastende Arbeitszeiten können dazu führen, dass der Sozialversicherung Einnahmen entgehen und Kosten entstehen, während die wirtschaftlichen Vorteile derartiger Arbeitszeitarrangements privat vereinnahmt werden. Das Allgemeininteresse steht daher einer derartigen Externalisierung von Kosten entgegen und erfordert effektive Schranken für eine Kommerzialisierung des Gesundheitsschutzes.[644] Gerade Nachtarbeit als besonders belastende Arbeitsform führt zu kurzfristigen Kosten für die Krankenversicherungen sowie langfristigen Belastungen der Arbeitslosen- und Rentenversicherung durch kürzere und unterbrochene Erwerbsbiographien. Verschärft wird das Problem der Externalisierung noch durch die Abgabenfreiheit der Nachtarbeitszuschläge innerhalb bestimmter Grenzen.

Zudem unterläuft Nachtarbeit bei der bestehenden funktionalen Arbeitsteilung zwischen den Geschlechtern und der strukturellen Ausgestaltung von Erwerbsarbeit die angestrebte Gleichstellung der Geschlechter. Dass der Gesetzgeber das frauenspezifische Nachtarbeitsverbot für Arbeiterinnen abgeschafft hat, hat nicht zu einer tatsächlichen Gleichstellung geführt. Der gesetzliche Nachtarbeitszuschlag verfestigt bei einem bestehenden Gender-Pay-Gap die geschlechtsspezifische Arbeitsteilung.

Demgegenüber steht ein Interesse der Allgemeinheit daran, dass bestimmte Dienstleistungen nachts angeboten werden, weil sie gesellschaftlich unverzichtbar sind oder weil sie gerade dem nächtlichen Vergnügen dienen.[645] So hat das Bundesverfassungsgericht sowohl im Gesundheitssystem als auch der Stromversorgung

---

[643] BVerfG 14.5.1985 – 1 BvR 449/82, 1 BvR 523/82, 1 BvR 700/82, 1 BvR 728/82, E 70, 1, 26, 30; BVerfG 6.10.1987 – 1 BvR 1086/82, 1 BvR 1468/82, 1 BvR 1623/82, E 77, 84, 107; BVerfG 12.6.1990 – 1 BvR 355/86, E 82, 209, 230; BVerfG 3.4.2001 – 1 BvL 32/97, NZA 2001, 777, 779; BVerfG 11.7.2006 – 1 BvL 4/00, E 116, 202, 223 f.

[644] *Ulber/Stein*, AuR 2022, 148, 149.

[645] Vgl. den Katalog der Arbeiten trotz und für den Sonntag in § 10 Abs. 1 ArbZG.

legitime Gemeinwohlziele erkannt. Dem kann aber begegnet werden, indem Nachtarbeit nicht verboten wird, sondern der Schutz der Arbeitnehmer durch flankierende Regelungen sichergestellt wird.

Schließlich haben auch Dritte ein Interesse daran, nicht durch übermüdete Arbeitnehmer gefährdet zu werden. Sei es, dass sie deren Arbeitsleistung unmittelbar ausgesetzt sind, wie etwa im Gesundheitswesen. Oder sei es, weil sie sich in der Nähe von Gefahrquellen befinden, die von diesen Arbeitnehmern gesteuert werden, wie beispielsweise Verkehrsmitteln oder technischen Anlagen.

4. Begrenzte Abwägung der Grundrechts- und Verfassungspositionen

Der Vergleich der im Jahr 1992 vom Bundesverfassungsgericht vorgenommenen rechtlichen Würdigung des Tatsachenmaterials mit den soeben zusammengefassten Ergebnissen zeigt, dass die begrenzte Abwägung der konfligierenden Grundrechts- und Verfassungspositionen nach heutigem Erkenntnisstand stärker zugunsten der Nachtarbeitnehmer ausfallen müsste.

a) Neue Erkenntnisse über weitere gesundheitliche Gefahren

Zunächst ist festzuhalten, dass sich der Kenntnisstand vor allem über die medizinischen Folgen der Nachtarbeit seit dem Urteil des Bundesverfassungsgerichts im Jahr 1992 deutlich weiterentwickelt hat und mittlerweile noch deutlich schwerwiegendere pathologische Entwicklungen darauf zurückgeführt werden. Die Erforschung der Circadianrhythmik des menschlichen Körpers hat in der Zwischenzeit große Fortschritte gemacht und belegt, dass zahlreiche Körperfunktionen durch den verschobenen Rhythmus von Aktivität und Ruhe, den die Nachtarbeit erfordert, belastet werde. Alleine aus diesem Grund wäre es fehlerhaft, das Grundrecht auf körperliche Unversehrtheit gem. Art. 2 Abs. 2 S. 1 GG unverändert mit dem gleichen Gewicht in die begrenzte Abwägung einzustellen.

Darüber hinaus hat das Bundesverfassungsgericht die aus der Nachtarbeit für das Grundrecht auf Leben gem. Art. 2 Abs. 2 S. 1 GG resultierenden Risiken nicht gewürdigt. Auch wenn diese noch nicht mit absoluter Sicherheit erwiesen sind, sind sie aufgrund der überragenden Bedeutung des Lebens einzustellen, denn die Schutzpflicht bezieht sich auch auf potenzielle Gefahren. Zudem besteht jedenfalls hinsichtlich des Zusammenhangs von Nachtarbeit und Herz-Kreislauf-Erkrankungen eine starke Evidenz.

b) Notwendige Einbeziehung aller Grundrechtspositionen des Nachtarbeitnehmers

Außerdem verwendet das Bundesverfassungsgericht in seiner Entscheidung zur Nachtarbeit zwar die Formulierung, dass „insbesondere“ das Grundrecht auf körperliche Unversehrtheit der Arbeitnehmer zu schützen sei und geht auch am Rande auf Arbeitnehmerfamilien mit kleinen Kindern ein. Weil aber neben Art. 2 Abs. 2 S. 1 GG keine Grundrechte ausdrücklich genannt wurden, ist dies in der Literatur überwiegend so rezipiert worden, dass sich die Schutzpflicht auf die körperliche Unversehrtheit beschränkt. Die Betrachtung oben hat aber gezeigt, dass auch weitere Grundrechts- und Verfassungspositionen betroffen sein können, konkret jene aus Art. 2 Abs. 1 i.V.m. Art. 1 Abs. 1, 6 Abs. 1 und 2, 9 Abs. 1 und 3, 12 Abs. 1, 20 Abs. 1 und 2 GG. Es wäre nicht vertretbar, diese Positionen bei einer erneuten Entscheidung über die Nachtarbeit nicht einzubeziehen. In neueren Entscheidungen zu arbeitszeitrechtlichen Problemen hat das Bundesverfassungsgericht diese Grundrechte auch teilweise in seine Betrachtung einbezogen.

c) Einbeziehung der daraus resultierenden Gesamtbelastung

Das Bundesverfassungsgericht hat zudem nicht gewürdigt, dass über die Betroffenheit einzelner Grundrechte hinaus zudem sich verstärkende Wechselwirkungen zwischen dem Gesundheits- und dem Sozialschutz bestehen. Treffend auf den Punkt bringt dies die Arbeitspsychologin Müller, nach der bei der Nachtarbeit nicht einfach Arbeitskraft gegen Lohn getauscht wird, sondern die Nachtarbeit Körper, Geist und Sozialleben der Nachtarbeitnehmer in den Mittelpunkt des Austauschs von Arbeit und Lohn stellt.[646] Die Gesamtbelastung wird darin deutlich, dass die Lebenserwartung von Menschen, die ihr Leben lang in Wechselschicht mit Nachtarbeit gearbeitet haben, um circa acht Jahre geringer ist als bei Tagarbeitnehmern.[647] In dieser einfachen Zahl wird deutlich, in welch enormem Ausmaß der menschliche Körper durch die Schicht- und Nachtarbeit belastet wird.

d) Keine veränderten Erkenntnisse bei den Grundrechtspositionen des Arbeitgebers

Eine vergleichbare stärkere Betroffenheit der Grundrechte des Arbeitgebers ist nicht festzustellen. Weder sind in rechtlicher Hinsicht neben Art. 12 Abs. 1 GG weitere Grundrechte zu würdigen, die in der Entscheidung des Bundesverfassungsgerichts fehlen würden, noch ergibt die Untersuchung der Tatsachen eine stärkere Belastung. Vielmehr ist zu berücksichtigen, dass ist der Schutz des Arbeitgebers durch den in Großunternehmen häufig fehlenden personalen Bezug bei typisierender Betrachtung verringert ist.

---

[646] *Müller*, Organization Studies 2020, 1101, 1104.

[647] *Langhoff/Satzer*, Gestaltung von Schichtarbeit in der Produktion, S. 20.

e) Ergebnis für die Gegenüberstellung der Grundrechtspositionen

Wäre die gleiche Fallgestaltung heute erneut zu entscheiden, wäre es aus diesen Erwägungen heraus fehlerhaft, zum gleichen Ergebnis wie im Jahr 1992 zu kommen. Denn alle betroffenen Grundrechte sind einzubeziehen und entsprechend ihrer Bedeutung zu berücksichtigen. Außerdem sprechen auch Interessen der Allgemeinheit für einen besseren Gesundheits- und Sozialschutz der Nachtarbeitnehmer, um die Funktionsfähigkeit der Sozialversicherungssysteme sicherzustellen. Um das Ziel der tatsächlichen Gleichstellung zu erreichen, sind ebenfalls das Sozialleben schützende Regelungen notwendig. Das Funktionieren des Gesundheitssystems und der Energieversorgung werden durch einen besseren Schutz der Nachtarbeitnehmer nicht betroffen, sofern Nachtarbeit nicht ohne Erlaubnisvorbehalt verboten würde.

Um diesem veränderten Blick gerecht zu werden, muss das Untermaß nach heutigem Stand „höher" liegen. Es erfordert also umfangreichere Schutzmaßnahmen. Selbst wenn man davon ausgeht, dass § 6 ArbZG bei seinem Erlass im Jahr 1994 verfassungskonform war, bestehen also erhebliche Zweifel daran, ob dies heute noch gilt. Denn dafür hätte der Schutz bei Einführung des ArbZG deutlich über dem verfassungsrechtlich vorgegebenen Niveau liegen müssen. Die damalige Regierungsmehrheit verfolgte jedoch vor dem Hintergrund von Deregulierung und Wirtschaftskrise nur einen restriktiven Schutzansatz (siehe 2. Kapitel F. I. 4.).

5. Schlussfolgerungen für die Ermittlung des Mindestschutzniveaus

Ein geschuldetes Mindestniveau festzulegen, ist außerordentlich schwierig, weil eine Vielzahl an Schutzmaßnahmen denkbar ist und deren Auswirkungen schwer beziffer- und vergleichbar sind. Das Grundproblem der Schutzpflichtendogmatik stellt sich also auch in diesem Fall: Sie ist wenig geeignet, konkrete Ergebnisse zu liefern und damit zu einem wirksamen Schutz der – häufig auch wirtschaftlich – schwächeren Partei beizutragen. Dies bedeutet aber nicht, dass die Schutzpflicht reine Kosmetik wäre, denn bestimmte Schlussfolgerungen lassen sich ziehen.

a) Verpflichtung zum präventiven Mindestschutz

Die Feststellung des Bundesverfassungsgerichts, dass eine Freigabe der Nachtarbeit ohne flankierende Schutzmaßnahmen verfassungswidrig wäre,[648] bleibt gültig. Die Aussage an gleicher Stelle, dass es Aufgabe des Gesetzgebers sei, zu bestimmen, welche Regelungen erforderlich sind, muss allerdings konkretisiert werden. Zutreffend ist, dass es Aufgabe des Gesetzgebers ist, die Maßnahmen festzulegen, mit denen der Schutz der Nachtarbeitnehmer erreicht werden soll.

Wie oben ausgeführt, schuldet der Staat aber nicht nur irgendeine gesetzliche Regelung, sondern diese muss zumindest den Minimalschutz der Gesundheit, aber

[648] BVerfG 28.1.1992 – 1 BvR 1025/84, 1 BvL 16/83, 1 BvL 10/91, E 85, 191, 213.

auch der Teilhabe am familiären und gesellschaftlichen Leben sicherstellen. Das heißt, Gefahren für diese Rechtsgüter müssen nicht ausgeschlossen werden. Dies folgt daraus, dass die genannten Güter im Gegensatz zur Menschenwürde nicht abwägungsfest sind und aus der grundrechtlichen Schutzpflicht nur der Anspruch auf einen Minimalschutz resultiert. Die staatlichen Maßnahmen müssen aber dazu führen, dass die Gefahren für diese Rechtsgüter spürbar abgemildert werden und zwar, bevor Schädigungen eingetreten sind. Denn gefährdet werden höchstrangige Rechtsgüter der Nachtarbeitnehmer, deren Schädigung unter Umständen irreversibel ist. Der Staat muss Regelungen treffen und durchsetzen, denen eine gesundheits- und sozialschützende Wirkung zukommt und die den Schutz von Tagarbeitnehmern übertreffen, um den zusätzlichen Belastungen durch die Nachtarbeit gerecht zu werden.

b) Keine Kommerzialisierung von Gesundheit und Sozialleben ohne gesetzliche Eingrenzung

Keinesfalls darf der Schutz der Grundrechte des Arbeitnehmers allein von ökonomischen Erwägungen des Arbeitgebers abhängig gemacht werden. Denn sonst wird gerade nicht sichergestellt, dass sie nicht in bestimmten Situationen vollständig zurücktreten und nicht einmal minimal geschützt werden. Notwendig ist also eine gesetzliche Regelung, die dafür sorgt, dass Gesundheit und Sozialleben nicht schrankenlos kommerzialisiert werden können. Es darf nicht für besonders belastende Arbeiten ein höherer Lohn gezahlt werden, ohne dass der Mindestschutz von Gesundheit und Sozialleben sichergestellt ist. Vielmehr ist der Staat verpflichtet, durch zwingende Regelungen für effektiven und präventiven Schutz zu sorgen. Gesetzliche Regelungen, die eine enorme und klar quantifizierbare Differenz in der Lebenserwartung von circa acht Jahren zwischen Tag- und Nachtarbeitnehmern ermöglichen, sind mit der Verfassung nicht vereinbar. Der Staat darf nicht zulassen, dass Teilen der Bevölkerung bedeutende Grundrechtsgüter „abgekauft" werden – zumal in einem Vertragsverhältnis, in dem ein Teil dem anderen strukturell unterlegen ist. Erst, wenn durch gesetzliche Regelungen der Schutz von Gesundheit und Sozialleben in gebotenem Maß sichergestellt ist, kann es der Vertragsfreiheit der Arbeitsvertrags- und Tarifparteien überlassen werden, für belastende Arbeitsformen gegebenenfalls zusätzlich höhere Löhne zu vereinbaren.

c) Beschränkung der Nachtarbeit auf ein erträgliches Maß

Schutzmaßnahmen können die aus der Nachtarbeit resultierenden Gefahren zudem nur abmildern. An den verkehrten biologischen und sozialen Rhythmus kann man sich nicht gewöhnen und diesen auch nicht umstellen. Die davon betroffenen Grundrechtsgüter sind zwar, wie dargestellt, nicht abwägungsfest und die Gefährdungen müssen nicht vollständig ausgeschlossen werden. Nachtarbeit bleibt aber objektiv in hohem Maß schädlich, auch wenn sie durch schützende Regelungen flankiert wird. Deshalb ist der Staat verpflichtet, diese auf einen individuell erträglichen Umfang zu begrenzen. Ein Höchstmaß an Belastung des einzelnen Nachtarbeitnehmers darf nicht überschritten werden.

Damit werden zugleich auch die Interessen der Allgemeinheit geschützt. Wird die Nachtarbeit auf ein für den Einzelnen erträgliches Maß beschränkt, verringert dies krankheitsbedingte Folgekosten, die die Sozialversicherungssysteme tragen müssen und Gefahren für Dritte, die aus möglichen Unfällen resultieren.

VIII. Ergebnis

Nach Darstellung, Gewichtung und Abwägung der unterschiedlichen Rechte kann zusammenfassend festgestellt werden, dass der Staat Regelungen schaffen muss, welche die Gefährdung der Grundrechtsgüter der Nachtarbeitnehmer durch die Nachtarbeit präventiv verringern. Dies muss in einem Umfang geschehen, der an den Grad der Gefährdung und das Gewicht der betroffenen Grundrechtsgüter angepasst ist. Daher ist ein hohes Maß an Schutz zu fordern. Es ist nicht tragbar, dass Nachtarbeitnehmer eine um mehrere Jahre verkürzte Lebenserwartung haben. Zumal dem Tod in aller Regel Erkrankungen vorausgehen, sodass sie auch ihre Rente in deutlich geringerem Umfang genießen können. Der Schutz der Nachtarbeitnehmer muss den bestehenden Schutz zugunsten der Tagarbeitnehmer übertreffen, um die zusätzlichen Belastungen durch die Lage der Arbeitszeit zu berücksichtigen. Eine gesetzliche Regelung, nach der die Schutzansprüche vollständig unter die wirtschaftlichen Interessen des Arbeitgebers untergeordnet werden können, ist nicht verfassungsmäßig. Vielmehr ist die Nachtarbeit auf ein für den Einzelnen erträgliches Maß zu beschränken.

E. Beurteilung der Verfassungsmäßigkeit der gesetzlichen Mittel

Genügt der gesetzliche Schutz der Nachtarbeitnehmer den Vorgaben des Verfassungsrechts oder genügt er ihnen nicht? Entspricht der Ist-Zustand des gesetzlichen Schutzes also dem Soll-Zustand, wie er sich verbindlich aus der Verfassung ergibt, oder verfehlt er dieses Minimum? Um diese Fragen zu beantworten, sollen nun alle bisher erarbeiteten Erkenntnisse angewendet werden, um die Gesetzeslage hinsichtlich der Nachtarbeit zu beurteilen. Insgesamt darf der Gesetzgeber nicht gegen das Untermaßverbot verstoßen. Die von ihm bei Ausfüllung des ihm zustehenden Spielraums gewählten Mittel müssen geeignet sein, das vorgegebene Schutzniveau zu erreichen. Nach dem BVerfG dürfen die getroffenen Regelungen und Maßnahmen nicht offensichtlich ungeeignet oder völlig unzulänglich sein, das gebotene Schutzziel zu erreichen, oder erheblich hinter dem Schutzziel zurückbleiben (siehe ausführlich C.

III. 1.).[649] Zu prüfen ist zunächst, ob die Schutzmittel geeignet sind, zum Gesundheits- und Sozialschutz der Nachtarbeitnehmer beizutragen. Ist schon dies zu verneinen, so sind sie offensichtlich ungeeignet oder bleibt jedenfalls das Gesamtniveau des Schutzes erheblich hinter dem gebotenen Ziel zurück.

Im Fokus der Untersuchung steht § 6 Abs. 5 ArbZG in der Auslegung durch das BAG. Diese Schwerpunktsetzung ergibt sich aus der oben vorgenommenen Analyse des geltenden Gesetzesrechts (siehe 3. Kapitel E.). Nach der Konzeption des Gesetzgebers kommt § 6 Abs. 5 ArbZG eine zentrale Rolle als Steuerungselement innerhalb der Regelungen zur Nachtarbeit zu. Diese herausgehobene Rolle wird dadurch bestätigt, dass die anderen Regelungen zur Nachtarbeit nur eine geringe präventive Schutzwirkung haben. Die Verfassungsmäßigkeit des gesetzlichen Schutzkonzepts hängt also an § 6 Abs. 5 ArbZG.

Diese Norm verpflichtet den Arbeitgeber, dem Nachtarbeitnehmer entweder Zuschläge zu zahlen oder zusätzliche bezahlte freie Tage zu gewähren. Um ihre Eignung zu beurteilen, werden die beiden Alternativen, die § 6 Abs. 5 ArbZG vorsieht, getrennt voneinander betrachtet. Der Beurteilung zugrunde zu legen ist, wie die Rechtsprechung diese Norm auslegt und anwendet.[650] Danach kann der Arbeitgeber frei zwischen den Alternativen wählen, sofern keine vorrangige tarifvertragliche Regelung besteht. Während Freizeit unmittelbar die Gesundheit schütze, habe der Zuschlag nach herrschender Meinung durch seine ökonomische Lenkungsfunktion einen mittelbar gesundheitsschützenden Charakter.[651] Das Bundesarbeitsgericht sieht dabei einen Zuschlag bzw. Freizeitausgleich von 25% als angemessen an, der bei Dauernachtarbeit auf 30% steigt und bei notwendiger Verfehlung des Schutzzwecks, etwa im Fall von Nachtarbeit, die aus überragenden Gemeinwohlgründen nicht verzichtbar ist, auf minimal zehn Prozent sinkt (siehe 3. Kapitel A. II. 5. c)). Mit dieser Auffassung, die Zuschläge als verfassungskonformes Mittel des Arbeitsschutzes ansieht, soll sich im Folgenden kritisch auseinandergesetzt werden.

---

[649] BVerfG 10.1.1995 – 1 BvF 1/90, 1 BvR 342/90, 1 BvR 348/90, E 92, 26, 46; BVerfG 1.12.2009 – 1 BvR 2857/07, 1 BvR 2858/07, E 125, 39, 78 f.; BVerfG 26.7.2016 – 1 BvL 8/15, E 142, 313, 337 f.; BVerfG 17.2.2017 – 1 BvR 781/15, NJW 2017, 1593 Rn. 25; BVerfG 12.5.2020 – 1 BvR 1027/20, NVwZ 2020, 1823 Rn. 7; BVerfG 24.3.2021 – 1 BvR 2656/18, 1 BvR 78/20, 1 BvR 96/20, 1 BvR 288/20, NJW 2021, 1723 Rn. 152; BVerfG 16.12.2021 – 1 BvR 1541/20, NJW 2022, 380 Rn. 98; früher noch enger: Nur zu nicht gänzlich ungeeigneten oder völlig unzulänglichen Maßnahmen verpflichtet: BVerfG 29.10.1987 – 2 BvR 624, 1080, 2029/83, E 77, 170, 215; BVerfG 30.11.1988 – 1 BvR 1301/84, E 79, 174, 202.

[650] *Badura*, in: FS R. Schmidt, S. 333, 341 betont, dass die Norm gemäß ihrer Auslegung und Anwendung zu beurteilen ist. Diese wird jeweils durch die höchstrichterliche Rechtsprechung des Bundesarbeitsgerichts für die Praxis verbindlich festgelegt, auch wenn diese keine Gesetzeskraft erlangt und das Gericht seine Rechtsprechung selbstverständlich verändern kann (vgl. BVerfG 5.11.2015 – 1 BvR 1667/15, NZG 2016, 61 Rn. 11).

[651] BAG 5.9.2002 – 9 AZR 202/01, NZA 2003, 563, 564; BAG 26.4.2005 – 1 ABR 1/04, NZA 2005, 884, 886 f.; BAG 9.12.2015 – 10 AZR 423/14, NZA 2016, 426 Rn. 18; BAG 21.3.2018 – 10 AZR 34/17, NZA 2019, 622 Rn. 49; zurückhaltender BAG 15.7.2020 – 10 AZR 123/19, NZA 2021, 44 Rn. 28, wonach der Zuschlag der Eindämmung von Nachtarbeit allgemein diene, sich aber nicht auf den einzelnen Nachtarbeitnehmer auswirke.

Dabei ist einzubeziehen, dass die zentrale Regelung zur Erfüllung der Schutzpflicht in § 6 ArbZG bereits im Jahr 1994 erlassen wurde, sodass eine empirische Überprüfung auch aufgrund neuer tatsächlicher Erkenntnisse verfassungsrechtlich geboten ist (siehe 4. Kapitel C. III. 3. c)). Denn das Bundesverfassungsgericht nimmt eine solche Pflicht bei grundrechtlichen Schutzpflichten an.[652] Dabei ist auf die Erkenntnisse der Sozialwissenschaften zurückzugreifen.[653] Die Überprüfung kann folglich nicht mit dem Verweis auf grundsätzlich bestehende Einschätzungsspielräume des Gesetzgebers relativiert werden kann.

Daneben wird auch § 6 Abs. 1 ArbZG betrachtet, der möglicherweise einen Beitrag zum Grundrechtsschutz leisten kann. Zugrunde gelegt wird auch hier die Auslegung durch das Bundesarbeitsgericht.

I. Monetärer Zuschlag gem. § 6 Abs. 5 Alt. 2 ArbZG

Zunächst ist in den Blick zu nehmen, ob die Anordnung, einen Zuschlag zu zahlen, ein geeignetes Mittel des Arbeitsschutzes ist. Weil das Bundesarbeitsgericht nach der Art der Arbeit und der daraus folgenden Erreichbarkeit des verfolgten Zwecks differenziert, ist es sinnvoll, hier ebenfalls zu unterscheiden.

1. Gemeinwohlbedingt erforderliche Nachtarbeit

Auf bestimmte Nachtarbeiten kann nicht verzichtet werden. Jedenfalls für Menschen, die wegen ihrer Gesundheit, ihres Alters oder aufgrund von Behinderungen pflegebedürftig sind, dürfte diesbezüglich Konsens bestehen. Teilweise ist Nachtarbeit in diesen Bereichen auch gesetzlich oder tariflich in einem bestimmten Umfang vorgeschrieben.[654]

a) Widersprüchliche Argumentation des BAG

Dies führt aber zu einem Widerspruch in der Argumentation des BAG, die Zuschläge würden mittelbar die Gesundheit schützen. Das BAG gesteht zu, dass der angenommene Zweck, nach dem die Zuschläge die Nachtarbeit begrenzen sollten, gar nicht erreicht werden kann, wenn die Nachtarbeit unvermeidbar ist.[655] Dies führt nach

---

[652] *Bieback*, ZfRSoz 2018, 42, 43 f.; *Kießling*, ZfRSoz 2018, 60, 66.

[653] *Bieback*, ZfRSoz 2018, 42, 47 f.

[654] BAG 10.11.2021 – 10 AZR 261/20, AP ArbZG, § 6 Nr. 22 Rn. 52; BAG 25.5.2022 – 10 AZR 230/19, AP ArbZG, § 6 Nr. 26 Rn. 34.

[655] BAG 31.8.2005 – 5 AZR 545/04, NZA 2006, 324 Rn. 16 f.; BAG 11.2.2009 – 5 AZR 148/08, NJOZ 2010, 62 Rn. 12; BAG 16.4.2014 – 4 AZR 802/11, NZA 2014, 1277 Rn. 59; BAG 9.12.2015 – 10 AZR 423/14, NZA 2016, 426 Rn. 29; BAG 25.4.2018 – 5 AZR 25/17, NZA 2018, 1145 Rn. 44; BAG 15.7.2020 – 10 AZR 123/19, NZA 2021, 44 Rn. 34.

dem Gericht aber nicht dazu, dass die betroffenen Nachtarbeitnehmer auf anderem Weg geschützt werden müssten. Vielmehr werden sie aus dem Schutz des § 6 Abs. 5 ArbZG weitgehend ausgenommen, indem ihr Zuschlag verringert werden kann, wobei zehn Prozent die Untergrenze bilden sollen.[656]

b) Reaktionen der Rechtsprechung auf die Kritik

Diese Fallgruppe hat das BAG in seiner Rechtsprechung bereits eingegrenzt. Es hält die Verringerung aber weiter für möglich, sofern die Nachtarbeit aus überragenden Gemeinwohlgründen notwendig ist.[657] Allerdings sei zu prüfen, ob Dauernachtarbeit durch Wechselschichtarbeit ersetzt werden könne, um die individuelle Belastung zu verringern.[658] Sei dies möglich, der Arbeitgeber verzichte aber darauf, so dürfte dies einer Absenkung des Zuschlags „eher entgegenstehen".[659] In Fällen, in denen die Nachtarbeit in Wechselschicht erbracht wird, ist es somit weiterhin möglich, den Zuschlag abzusenken. Damit wird ein stärkerer Lenkungseffekt von der besonders schädlichen Dauernachtarbeit hin zur Wechselschichtarbeit erreicht. Anzunehmen ist, dass das BAG damit auf Kritik an seiner Rechtsprechung reagiert hat. Dafür spricht auch, dass das Gericht stärker die Ausgleichsfunktion betont, die die Zuschläge bei unvermeidbarer Nachtarbeit erfüllen könnten.[660]

Allerdings bleibt diese Reaktion unvollständig. Das BAG hat auch in den neueren Entscheidungen, in denen es die Fallgruppe im Ergebnis eingegrenzt hat, grundsätzlich an dieser festgehalten und sie bekräftigt.[661] Objektiv unvermeidbare Nachtarbeit führe nur nicht zwangsläufig zu einem abgesenkten Zuschlag.[662] Damit werden Arbeitnehmer, die gesellschaftlich besonders wichtige und wertvolle Arbeit leisten, benachteiligt. Das BAG sieht zwar, dass die Unvermeidbarkeit der Nachtarbeit nicht bedeutet, dass individuell die Gesundheit und das Sozialleben nicht geschützt werden könnten. Denn der einzelne Nachtarbeitnehmer profitiert davon, wenn die Nachtarbeit auf mehr Schultern verteilt wird und er deshalb weniger

---

[656] BAG 31.8.2005 – 5 AZR 545/04, NZA 2006, 324 Rn. 17; BAG 11.2.2009 – 5 AZR 148/08, NJOZ 2010, 62 Rn. 12; BAG 9.12.2015 – 10 AZR 423/14, NZA 2016, 426 Rn. 29; zustimmend *Freyler*, Anm. zu AP ArbZG, § 6 Nr. 22 unter III. 1. b); NK-GA/*Wichert*, ArbZG, § 6 Rn. 47; *Raab*, ZfA 2014, 237, 273.

[657] BAG 25.4.2018 – 5 AZR 25/17, NZA 2018, 1145 Rn. 44, 56; BAG 15.7.2020 – 10 AZR 123/19, NZA 2021, 44 Rn. 34, 40; BAG 10.11.2021 – 10 AZR 261/20, AP ArbZG, § 6 Nr. 22 Rn. 31; zur Entwicklung dieser ursprünglich weiter gefassten Gruppe siehe 3. Kapitel A. II. 5. c) bb).

[658] BAG 25.5.2022 – 10 AZR 230/19, AP ArbZG, § 6 Nr. 26 Rn. 33 f.

[659] BAG 25.5.2022 – 10 AZR 230/19, AP ArbZG, § 6 Nr. 26 Rn. 36.

[660] BAG 9.12.2015 – 10 AZR 423/14, NZA 2016, 426 Rn. 18; BAG 15.7.2020 – 10 AZR 123/19, NZA 2021, 44 Rn. 44; BAG 10.11.2021 – 10 AZR 261/20, AP ArbZG, § 6 Nr. 22 Rn. 39; BAG 25.5.2022 – 10 AZR 230/19, AP ArbZG, § 6 Nr. 26 Rn. 36.

[661] BAG 10.11.2021 – 10 AZR 261/20, AP ArbZG, § 6 Nr. 22 Rn. 31; BAG 25.5.2022 – 10 AZR 230/19, AP ArbZG § 6 Nr. 26 Rn. 28.

[662] BAG 25.5.2022 – 10 AZR 230/19, AP ArbZG, § 6 Nr. 26 Rn. 36.

nachts arbeiten muss. Das BAG bezieht diese Erkenntnis aber nur auf die Dauernachtarbeit und bleibt so auf halbem Weg stehen. Auch bei Wechselschicht bleibt Nachtarbeit schädlich. Auch hier könnte ein besserer individueller Schutz erreicht werden, indem die Arbeitszeit verkürzt und die Nachtarbeit auf mehr Arbeitnehmer verteilt wird. Diesen Schluss zieht das BAG aber nicht, sondern verwehrt bei dieser Gestaltung den verfassungsrechtlich vorgegebenen Schutz.

c) Verfassungsrechtliche Beurteilung: Kein effektiver Schutz

Die Beurteilung fällt daher leicht: Der verfassungsrechtlich verpflichtende Minimalschutz wird verfehlt. Denn selbst das Bundesarbeitsgericht geht davon aus, dass der Gesundheitsschutz nicht erreicht werden kann. Es verpflichtet die Arbeitgeber aber auch nicht ersatzweise zu anderen Schutzmaßnahmen, sondern senkt das Schutzniveau ab. Auch die anderen Normen in § 6 ArbZG genügen für sich genommen nicht. Weil § 6 Abs. 5 ArbZG in diesem Fall keinen Beitrag zum Schutz leisten kann, ist das gesamte Regelungskonzept zum Schutz der fraglichen Nachtarbeitnehmer nicht ausreichend.

2. Sonstige Nachtarbeit

Schwieriger sind sonstige Fälle der Nachtarbeit zu beurteilen. Wie dargestellt, argumentiert das Bundesarbeitsgericht hier mit einer ökonomischen Lenkungsfunktion der Zuschläge: Indem sie Nachtarbeit verteuerten, werde sie für Arbeitgeber weniger attraktiv und so in der Tendenz eingedämmt.

Es ist schon sehr fraglich, ob der Gesetzgeber des ArbZG überhaupt diesen Zweck verfolgt hat. Denn die Gesetzesbegründung spricht bei § 6 Abs. 5 ArbZG von einem Ausgleich für die mit Nachtarbeit verbundenen Beeinträchtigungen.[663] Dies setzt aber gerade voraus, dass Beeinträchtigungen erlitten werden und nicht vor diesen geschützt wird. Die Idee, Nachtarbeit durch Verteuerung einzudämmen, stammt hingegen aus dem Entwurf der SPD-Fraktion.[664] Dieser wurde aber nicht Gesetz. Außerdem sollte Nachtarbeit gerade nicht durch einen Zuschlag verteuert werden, sondern bezeichnenderweise, indem die Nachtschicht bei vollem Lohnausgleich auf sechs Stunden verkürzt werde sowie indem der zusätzliche, bezahlte freie Tage gewährt würden.[665]

Dennoch soll die Annahme des BAG zunächst zugrunde gelegt und sich genauer mit dessen Argumenten auseinandergesetzt werden. Im Ergebnis erweist sich aber, dass das grundrechtlich geschuldete Mindestniveau an Schutz nicht erreicht wird,

---

663 BT-Drs. 12/5888, S. 26.

664 BT-Drs. 12/5282, S. 13; BT-Drs. 12/6990, S. 3.

665 BT-Drs. 12/5282, S. 5, 13.

selbst wenn man davon ausgeht, dass Zuschläge zum Gesundheits- und Sozialschutz beitragen sollen.

a) Schutzpflicht zugunsten des einzelnen Nachtarbeitnehmers

Auch das Bundesarbeitsgericht gesteht zu, dass ein monetärer Zuschlag nicht direkt die Gesundheit des einzelnen Nachtarbeitnehmers schützt.[666] Es trete aber ein mittelbarer Schutzeffekt ein, weil durch die Verteuerung ein Anreiz gesetzt werde, Arbeitnehmer nicht nachts zu beschäftigen.[667] Zuschläge schützen also höchstens eine abstrakte Gesamtheit aller Nachtarbeitnehmer. Früher wurde in der Tat vertreten, dass der Arbeitszeitschutz nicht in erster Linie dem einzelnen Arbeitnehmer als Individuum, sondern der „Volksgesundheit"[668] sowie der Existenz und Lebensfähigkeit der staatlichen Gemeinschaft diene.[669] Der einzelne Arbeitnehmer erhalte daher kein subjektiv-öffentliches Recht, sondern werde nur reflexhaft vom Schutz der Gemeinschaft erfasst.[670]

Diese Auffassung ist aber durch die Lehre von den grundrechtlichen Schutzpflichten überholt und so nicht mehr vertretbar. Zum Grundrecht auf Leben hat das BVerfG auch dezidiert geurteilt, dass die Schutzpflicht auf das einzelne Leben, nicht nur auf menschliches Leben allgemein bezogen ist.[671] Denn die staatliche Verpflichtung zum Schutz rührt aus den Grundrechten. Träger der Grundrechte ist aber gerade nicht die staatliche Gemeinschaft, sondern das private Individuum. Dies ist unabhängig davon, welcher dogmatische Ansatz zur Begründung der Schutzpflichtenlehre stärker gewichtet wird. Sieht man in erster Linie Art. 1 Abs. 1 GG als Grundlage der Schutzpflicht, so ergibt sich dies bereits unmittelbar aus dem Wortlaut, wonach die Würde des *Menschen* von aller staatlichen Gewalt zu achten und zu schützen ist. Das Grundgesetz stellt hier ausdrücklich auf den einzelnen Menschen als Grundrechtsträger ab. Auch beim gesellschaftsvertragstheoretischen Ansatz ist dies der Fall, denn „Vertragspartei" sind die einzelnen Menschen, die durch den Gesellschaftsvertrag gerade erst die Gesellschaft und den Staat konstituieren und

---

[666] BAG 5.9.2002 – 9 AZR 202/01, NZA 2003, 563, 564; BAG 9.12.2015 – 10 AZR 423/14, NZA 2016, 426 Rn. 18; BAG 21.3.2018 – 10 AZR 34/17, NZA 2019, 622 Rn. 49; BAG 15.7.2020 – 10 AZR 123/19, NZA 2021, 44 Rn. 28.

[667] BAG 5.9.2002 – 9 AZR 202/01, NZA 2003, 563, 564; BAG 9.12.2015 – 10 AZR 423/14, NZA 2016, 426 Rn. 18; BAG 23.8.2017 – 10 AZR 859/16, NZA 2017, 1548 Rn. 43; BAG 21.3.2018 – 10 AZR 34/17, NZA 2019, 622 Rn. 49; BAG 15.7.2020 – 10 AZR 123/19, NZA 2021, 44 Rn. 28.

[668] Siehe zur Kritik an diesem nationalsozialistisch belasteten Begriff *Frenzel*, DÖV 2007, 243.

[669] *Peters/Ossenbühl*, Die Übertragung von öffentlich-rechtlichen Befugnissen auf die Sozialpartner, S. 24 f.

[670] *Peters/Ossenbühl*, Die Übertragung von öffentlich-rechtlichen Befugnissen auf die Sozialpartner, S. 25; *Sinzheimer*, Der korporative Arbeitsnormenvertrag, S. 21.

[671] BVerfG 28.5.1993 – 2 BvF 2/90, 2 BvF 4/90, 2 BvF 5/92, E 88, 203, 252.

denen der Staat im Gegenzug für die Einräumung des Gewaltmonopols seinen Schutz schuldet. Folgt man dem Bundesverfassungsgericht und sieht die Schutzpflichtendimension in einem objektiv-rechtlichen Gehalt der Grundrechte wurzeln, so führt dies zwar zu einer gewissen Objektivierung. Dies führt aber nicht dazu, dass die Schutzpflicht vom einzelnen Subjekt als Grundrechtsträger losgelöst wäre. Dies erkennt das Bundesverfassungsgericht an, indem es dem Einzelnen prozessual die Möglichkeit der Verfassungsbeschwerde gibt, um mögliche Verletzungen der Schutzpflicht zu rügen. Dies setzt eine eigene Betroffenheit voraus.

Geht man also von der Existenz grundrechtlicher Schutzpflichten aus, so schützen diese den einzelnen Nachtarbeitnehmer und keine abstrakte Gesamtheit der Nachtarbeitnehmer.[672] Eine Regelung, die Nachtarbeit zwar allgemein eindämmen soll, den Einzelnen aber in bestimmten, die Praxis prägenden Konstellationen ohne Schutz lässt, kann dem nicht genügen. Dies spiegelt sich im Übrigen auch in der heute allgemeinen Ansicht, wonach die Vorschriften des öffentlich-rechtlichen Arbeitszeitschutzes – entweder unmittelbar oder transformiert über § 618 Abs. 1 BGB – sehr wohl dem einzelnen Arbeitnehmer subjektive, vertragliche Rechte vermitteln (siehe ausführlich 3. Kapitel A. I. 2.).[673]

Der ökonomische Lenkungsansatz kann den geschuldeten Mindestschutz nicht sicherstellen, weil er vom einzelnen Grundrechtsträger abstrahiert. Selbst, wenn nachts aufgrund der Zuschläge zum Beispiel eine geringere Schicht eingesetzt würde, schützt dies den einzelnen Arbeitnehmer, der dennoch nachts arbeiten muss, nicht. Seine Gesundheit und Sicherheit sowie sein Sozialleben werden gefährdet. Damit wird die grundrechtliche Schutzpflicht ihm gegenüber nicht erfüllt.

b) Unterordnung unter die wirtschaftlichen Erwägungen des Arbeitgebers

Außerdem verfehlt die bestehende Regelung das geschuldete Mindestniveau. Dieses Niveau ergibt sich, wie oben dargestellt, aus einer begrenzten Abwägung der entgegenstehenden Grundrechtspositionen. Die Schutzpflicht ist darauf gerichtet, dass dieses Mindestniveau erfüllt wird. Die hochrangigen Grundrechtsgüter des Nachtarbeitnehmers, insbesondere jene aus Art. 2 Abs. 2 S. 1 GG, dürfen dabei nicht vollständig hinter den Interessen des Arbeitgebers zurücktreten. Stattdessen muss das Schutzkonzept die körperlichen und sozialen Belastungen abmildern.

---

[672] Ebenso *Ulber/Stein*, AuR 2022, 148, 148: „Damit ist Arbeitszeitrecht strukturell auf […] den Schutz der individuellen Gesundheit ausgerichtet."

[673] Zur Ansicht einer Transformation über § 618 BGB: BAG 16.3.2004 – 9 AZR 93/03, NZA 2004, 927, 928 f.; BeckOK ArbR/*Joussen*, BGB, § 618 Rn. 2; BeckOK BGB/*Baumgärtner*, § 618 Rn. 5; ErfK/*Roloff*, BGB, § 618 Rn. 4; HWK/*Krause*, BGB, § 618 Rn. 6; MHdB ArbR/*Nebe*, § 175 Rn. 1; MüKoBGB/*Henssler*, § 618 Rn. 9; zur originären Gestaltung des Arbeitsverhältnisses durch die öffentlich-rechtlichen Normen: *Dieckmann*, AcP 213 (2013), 1, 6; *Wlotzke*, in: FS Hilger/Stumpf, S. 723, 738 f.

§ 6 Abs. 5 ArbZG ermöglicht in der Alternative der Zuschlagszahlung aber, dass die Schutzinteressen des Nachtarbeitnehmers vollständig durch die wirtschaftlichen Interessen des Arbeitgebers verdrängt werden. Mit der Norm wird kein festes Niveau des Schutzes erreicht. Verzichtet der Arbeitgeber darauf, Nachtarbeit anzuordnen, weil diese teurer ist, so wird der Schutzzweck gänzlich erfüllt. Der Arbeitnehmer wird dann nicht durch die Nachtarbeit gefährdet.

Ist die Nachtarbeit aber für den Arbeitgeber wirtschaftlich sinnvoll und ordnet er sie daher an, so wird der angestrebte Schutzzweck gänzlich verfehlt.[674] Damit schützt die Norm unter diesen Umständen nicht. Der Staat ist aber dazu verpflichtet, einen Mindestschutz zu schaffen. Dieser ist unentbehrlich, weil aufgrund der strukturellen Überlegenheit des Arbeitgebers kein hinreichender privatautonomer Schutz besteht.[675] Mit einer solchen Regelung, die den Gesundheitsschutz vollständig vernachlässigt, sofern dies nur wirtschaftlich und vom Arbeitgeber gewollt ist, kann der Staat seine grundrechtliche Schutzpflicht nicht erfüllen. Die Nachtarbeitszuschläge laufen auf einen Verkauf von Gesundheit gegen Geld hinaus und entsprechen damit gerade nicht dem objektiven Gehalt des Art. 2 Abs. 2 S. 1 GG.[676] Damit wird das gesamte Regelungssystem unzureichend, weil, wie oben dargestellt, die anderen Regelungen des § 6 ArbZG allein nicht genügen, einen verfassungskonformen, präventiven Mindestschutz zu gewährleisten.

Auch das Bundesarbeitsgericht scheint davon auszugehen, dass in bestimmten Konstellationen das wirtschaftliche Interesse stets die Oberhand hat. Ansonsten müsste es nicht nur problematisieren, was bei Nachtarbeit gilt, die aus überragenden Gemeinwohlgründen unverzichtbar ist, sondern auch, wie sich die technische Notwendigkeit der Nachtarbeit auswirkt. Denn den kontinuierlichen Betrieb eines Hochofens im privaten Profitinteresse wird man nicht als überragenden Gemeinwohlbelang ansehen können. Würde die Nachtarbeit aber derart verteuert, dass sie unwirtschaftlich würde, wäre dies aber immerhin eine Berufswahlregelung. Dass das Bundesarbeitsgericht dazu kein Wort verliert, mag mit den entschiedenen Fällen zusammenhängen. Es dürfte aber auch daran liegen, dass eine entsprechende Wirkung des Zuschlags außerhalb der Vorstellungskraft liegt. Der Zuschlag dürfte hier höchstens zu kleineren Nachtschichtbelegschaften führen. Dies hilft aber dem einzelnen Arbeitnehmer nicht, der dennoch nachts arbeiten muss.

Im allgemeinen Arbeitsschutzrecht wird hingegen abgelehnt, dass der Arbeitgeber aus eindimensionalen wirtschaftlichen Erwägungen eine für den Arbeitsschutz schlechtere Lösung wählen dürfe, weil wirtschaftliche Erwägungen nicht dieselbe Wertigkeit wie die Rechtsgüter Leben und Gesundheit haben.[677]

---

[674] *Raab*, ZfA 2014, 237, 258.

[675] BVerfG 28.1.1992 – 1 BvR 1025/84, 1 BvL 16/83, 1 BvL 10/91, E 85, 191, 213.

[676] So pointiert bereits *Colneric*, NZA 1992, 393, 398.

[677] KKS/*Kohte*, ArbSchG, § 4 Rn. 10; MHdB ArbR/*Nebe*, § 176 Rn. 14; HK-ArbSchR/*Blume/Faber*, ArbSchG, § 4 Rn. 18.

c) Vergütungsregelung als Fremdkörper im Gefahrenabwehrrecht

Das Arbeitszeitrecht ist Teil des öffentlichen Gefahrenabwehrrechts.[678] Dies hat gute Gründe. Privatautonom wäre ein hinreichender Schutz der strukturell unterlegenen Arbeitnehmer nicht gewährleistet. Außerdem ist es aus Sicht der Allgemeinheit nicht wünschenswert, das Folgekosten auf die Sozialversicherungssysteme externalisiert werden, die aus einem „Vertrag zu Lasten Dritter“ zwischen Arbeitgeber und Arbeitnehmer resultieren. Das Arbeitszeitrecht weist somit in seiner Grundstruktur deutliche Unterschiede zum Arbeitsvertragsrecht auf.[679] Das Arbeitszeitrecht operiert mit festen Grenzwerten, beispielsweise für die tägliche Höchstarbeitszeit, die Ruhezeiten oder Pausen. Eine besondere Arbeitszeitverkürzung bei gesundheitsschädlichen Arbeitsbedingungen regelte § 15a GefahrstoffVO a.F., der bei der Arbeit mit krebserregenden Stoffen eine verkürzte tägliche und wöchentliche Höchstarbeitszeit vorschrieb, um die Dauer der Exposition zu begrenzen.[680]

Die Vergütungsregelung des § 6 Abs. 5 ArbZG ist dagegen eine Ausnahme im ArbZG.[681] Sie steht im Widerspruch zu § 7 Abs. 2 ArbZG, der als Mittel des Gesundheitsschutzes einen Zeitausgleich erfordert.[682] Der Zeitausgleich kann nach dieser Norm nicht durch andere Maßnahmen, insbesondere Ausgleichszahlungen oder Zuschläge, ersetzt werden, weil diese dem Gesundheitsschutz nicht genügen.[683] Es leuchtet nicht ein, weshalb dies bei § 6 Abs. 5 ArbZG anders sein sollte. Für den Schutz der Sicherheit und Gesundheit der Arbeitnehmer kommt es nicht auf die Vergütungspflicht an.[684]

Bis zur Einführung des ArbZG regelte allerdings § 15 Abs. 1 S. 1 AZO die Pflicht des Arbeitgebers, Überstunden mit einem angemessenen Zuschlag zu vergüten (siehe 2. Kapitel C. III.). Als angemessen legte § 15 Abs. 2 AZO vorbehaltlich anderer Vereinbarung eine Höhe von 25% fest. Die Norm sollte eine ökonomische Lenkungsfunktion entfalten. Arbeitgeber sollten zusätzlicher Arbeitnehmer einstellen, anstatt Mehrarbeit für die Mitglieder der bestehenden Belegschaft anzuordnen.[685] Auch darin konnte man den Versuch sehen, eine mittelbar gesund-

---

[678] *Gallner*, SR 2020, 45, 45; *Peters/Ossenbühl*, Die Übertragung von öffentlich-rechtlichen Befugnissen auf die Sozialpartner, S. 25 f.; *Ulber*, SR 2018, 85, 94; *Ulber*, SR 2021, 189, 190 f.; *Ulber/Brandt*, Anm. zu AP ArbZG, § 21a Nr. 1 unter IV. 3.

[679] *Ulber/Stein*, AuR 2022, 148, 149.

[680] *Neumann/Biebl*, ArbZG, § 2 Rn. 10.

[681] BeckOK ArbR/*Kock*, ArbZG, § 1 vor Rn. 1. Die einzige weitere Norm, die nach der Rechtsprechung auch die Vergütung regelt, ist § 2 Abs. 1 S. 2 ArbZG, vgl. BAG 11.12.2019 – 5 AZR 579/18, NZA 2020, 664 Rn. 15 ff.

[682] *Schliemann*, ArbZG, § 7 Rn. 63.

[683] *Anzinger/Koberski*, ArbZG, § 7 Rn. 40; *Baeck/Deutsch/Winzer*, ArbZG, § 7 Rn. 82; *Neumann/Biebl*, ArbZG, § 7 Rn. 32; *Schliemann*, ArbZG, § 7 Rn. 63.

[684] *Baeck/Deutsch/Winzer*, ArbZG, Einführung Rn. 56.

[685] *Bischoff*, Arbeitszeitrecht in der Weimarer Republik, S. 138 f.; *Frerich/Frey*, HdB GSD Bd. 1, S. 189 f.

heitsschützende Wirkung zu erzielen, indem Belastungen auf mehr Schultern verteilt und überlange Arbeitszeiten verhindert werden.[686] Teilweise wurde der Zuschlag auch als Entschädigung des Arbeitnehmers beurteilt.[687] Die Norm war also durchaus mit § 6 Abs. 5 ArbZG vergleichbar. Sie wurde als rein privatrechtlich angesehen[688] und war im Gefahrenabwehrrecht systemfremd, sodass sie bei ihrer Einführung kritisiert wurde.[689] Das Gleiche gilt konsequenterweise für die Regelung eines Nachtarbeitszuschlags, weil dieser ebenso eine Vergütungs- und keine Arbeitsschutzregelung darstellt.

d) Inkohärenz des Regelungssystems

Außerdem ist das Regelungssystem hinsichtlich der Zuschläge auch in sich nicht schlüssig. Denn die angeblich intendierte Lenkungswirkung durch die Verteuerung wird dadurch konterkariert, dass die Zuschläge in bestimmten Grenzen steuer- und abgabenfrei sind. Davon profitiert auch der Arbeitgeber. Im Falle der paritätisch zu leistenden Sozialabgaben wird er unmittelbar entlastet, im Fall der Einkommensteuer wird er mittelbar durch verhandlungstheoretisch zu erklärende Überwälzungseffekte begünstigt (siehe ausführlich 3. Kapitel C. I. 3. und II. 1.).

Im Ergebnis wirken beide Erleichterungen als Lohnsubventionen. Dies hat zur Folge, dass der Unterschied zwischen dem Lohn für eine Tages- und eine Nachtstunde aus Sicht des Arbeitgebers wieder verringert wird. Die Lenkungsfunktion wird also abgeschwächt. Zugleich werden für die besonders gesundheitsschädlichen Nachtdienste, die zu Krankheiten, Erwerbsunterbrechungen und Frühverrentungen führen, keine erhöhten Beiträge in die Sozialversicherung geleistet. Zurecht wird darauf hingewiesen, dass man, wenn man die Nachtarbeit ökonomisch steuern wolle, eigentlich bei der Beitragspflicht ansetzen und diese für Nachtarbeitnehmer erhöhen müsste.[690] Das Gegenteil ist Gesetzeslage. Das Regelungskonzept ist somit nicht kohärent. Auch dies ist verfassungsrechtlich zu berücksichtigen, denn es schwächt den vermeintlichen Schutzeffekt ab und führt daher dazu, dass das ge-

---

[686] So *Denecke*, AZO, 11. Aufl. 1991, § 15 Rn. 1; *Meisel/Hiersemann*, AZO, 2. Aufl. 1977, § 15 Rn. 1. Historisch stand allerdings der Zweck im Vordergrund, die Arbeitslosigkeit zu verringern, vgl. Buschmann/Ulber/*Buschmann*, ArbZR, Einleitung Rn. 16; *Denecke*, AZO, 1. Aufl. 1950, Einführung, S. 13; *Tietje*, Grundfragen des Arbeitszeitrechts, S. 39.

[687] *Schmidt*, Die neue AZO, § 15 Anm. 1; *Zmarzlik*, AZO, § 15 Rn. 2.

[688] BayObLG 29.10.1959 – 4 St 173/59, BB 1959, 1307; *Denecke*, AZO, 11. Aufl. 1991, § 15 Rn. 1; *Meisel/Hiersemann*, AZO, 2. Aufl. 1977, § 15 Rn. 2; *Schmidt*, Die neue AZO, § 15 Anm. 1; *Zmarzlik*, AZO, § 15 Rn. 2.

[689] Zur historischen Kritik durch die Gewerkschaften und Arbeitgeberverbände: *Bischoff*, Arbeitszeitrecht in der Weimarer Republik, S. 147; *Leuchten*, Der Kampf um den Achtstundentag, S. 235 f., 238 f.

[690] LAG Mecklenburg-Vorpommern 17.10.2017 – 2 Sa 57/17, BeckRS 2017, 146938 Rn. 82.

wählte Mittel weniger geeignet ist. Auch empirisch ist die Hoffnung, die Nachtarbeit durch Verteuerung einzudämmen, nicht aufgegangen.[691]

Vielmehr erreichen die Gesetze zu den Zuschlägen das Gegenteil. Durch die Steuer- und Abgabenbefreiung werden Zuschläge gegenüber zusätzlicher Freizeit bevorteilt. Hinzu kommen weitere betriebswirtschaftliche Vorteile von Zuschlägen. Durch diese werden weniger Arbeitnehmer benötigt, als wenn die Nachtarbeit durch Freizeitausgleich auf mehr Beschäftigte aufgeteilt würde. Somit ist die Personalverwaltung und Betriebsorganisation erleichtert. Auch müssen weniger Sonderzahlungen ausgeschüttet, weniger Geld für persönliche Schutzausrüstung oder Schulungen ausgegeben werden, als bei einem Freizeitausgleich. Entgegen der Konzeption des Gesetzgebers wird faktisch die Alternative der Zuschlagszahlung begünstigt. Um diesen Effekt zu vermeiden, müsste der Zuschlag eigentlich den Freizeitausgleich wertmäßig übersteigen. Stattdessen wird er durch staatliche Regelungen vergünstigt. Ökonomisch ist es für Arbeitgeber daher sinnvoller, Zuschläge zu zahlen, was den gesundheits- und sozialschützenden Effekt der Alternative zusätzlicher Freizeit untergräbt.

e) Zu geringe Zuschlagshöhe und verfehlte Orientierung an Tarifverträgen

Ein weiteres Problem ist, dass die Norm des § 6 Abs. 5 ArbZG hinsichtlich der Zuschlagshöhe sehr unbestimmt ist.[692] Sie spricht schlicht von einem „angemessenen“ Zuschlag. Die Ausfüllung wurde bewusst der Rechtsprechung überlassen. Das Problem ist aber, dass die Gerichte in einzelnen Verfahren nicht beurteilen zu können, ab welcher Zuschlagshöhe die Nachtschicht verkleinert oder gar keine Nachtarbeit angewiesen würde. Dies würde komplizierte betriebswirtschaftliche Kalkulationen erfordern und ist zudem abhängig von Entscheidungen des Arbeitgebers, die möglicherweise auf anderen Gründen beruhen. Die einschlägigen Zahlen dürften dem einzelnen Nachtarbeitnehmer regelmäßig gar nicht bekannt sein und somit auch nicht zur Grundlage der gerichtlichen Entscheidung werden.

Die Rechtsprechung ist dem begegnet, indem einfach ein fixer Wert von 25 % als regelmäßig angemessen ausgeurteilt wurde. Dies mag im Sinne der Rechtssicherheit zu begrüßen sein. Die vom BAG herangezogene Grundlage, nämlich ein Durchschnitt aus verschiedenen Tarifverträgen, ist aber ungeeignet, um zu prohibitiv wirkenden Zuschlägen zu kommen. Denn die Zuschläge in Nachtarbeit verfolgen einen ganz anderen Zweck, als das BAG ihnen zuschreibt. Das BAG wird an dieser Stelle selbst unkonkret und spricht den tariflichen Zuschlägen zu, sie sollten die mit der Nachtarbeit verbundenen gesundheitlichen Beeinträchtigungen ausgleichen.[693] Das ist aber etwas Anderes als Gesundheitsschutz. Treffender ist zu-

---

[691] Däubler/*Heuschmid/Klug*, TVG, § 1 Rn 661.

[692] *Raab*, ZfA 2014, 237, 264: In höchstem Maße unbestimmt.

[693] BAG 5.9.2002 – 9 AZR 202/01, NZA 2003, 563, 566.

dem, dass die tariflichen Zuschläge die Arbeitnehmer an der zusätzlichen Wertschöpfung beteiligen und ihre Belastungen finanziell anerkennen sollen.[694] Sie dienen nicht dazu, Nachtarbeit unwirtschaftlich zu machen, weil jedenfalls die Arbeitgeberseite an solchen Vereinbarungen kein Interesse hätte.[695] Eine allgemeine Feststellung, ab welchem Punkt die Zuschläge eine einschränkende Wirkung hätten, ist zudem nicht möglich. Dies hängt von anderen ökonomischen Faktoren ab, etwa der Kapitalintensität und den Energiepreisen. Nach LAG Mecklenburg-Vorpommern geht aber die Vorstellung, man könne betriebswirtschaftlich geprägte Entscheidungen zur Nachtarbeit dadurch beeinflussen, dass man Nachtarbeit um 25% verteuert, „an der Realität vollständig vorbei"[696]. Stattdessen müssten nach dem Gericht die Zuschläge die Nachtarbeit um den Faktor 3–5 verteuern, um angesichts der Vorteile, die längere Laufzeiten bei teuren, hochtechnisierten Maschinen bieten, einen Einfluss zu entfalten.[697] Dies wird dadurch unterstützt, dass etwa Tarifverträge in der Chemischen Industrie Zuschläge von 150% vorsehen.[698] Weil die Arbeit in der Chemieindustrie häufig technisch nicht unterbrochen werden kann, zeigt dies, dass auch ein sehr hoher Zuschlag die Arbeit offensichtlich nicht unwirtschaftlich macht. Mit derart erhöhten Zuschlägen würde aber selbstverständlich der Anreiz für Arbeitnehmer steigen, Nachtarbeit zu leisten, was aus Sicht des Gesundheitsschutzes verfehlt ist. Bereits jetzt sind diese das Hauptmotiv für die Beschäftigten, Nachtarbeit zu leisten.[699] Der Versuch, die Nachtarbeit durch Verteuerung einzuschränken, ist also auch in der betrieblichen Realität gescheitert[700] – und zum Scheitern verurteilt.

Diesem Befund entspricht, dass Nachtarbeit nicht weniger geworden ist, was Erhebungen zeigen. Vergleicht man die Zahlen im statistischen Mikrozensus, was leider aufgrund einer Änderung der Erhebungsgrundlage nur für den Zeitraum zwischen 1996 und 2016 möglich ist, so zeigt sich ein deutlicher Anstieg des Anteils an Nachtarbeitnehmern (siehe ausführlich 2. Kapitel F. II. 3.). Waren im Jahr 1996 nur 7,1% der Arbeitnehmer ständig oder regelmäßig nachts tätig, so waren es im Jahr 2016 9,6%.[701] Ihre Zahl liegt damit um circa 30% über dem Niveau zur Mitte der 1990er Jahre. Einzig im Zuge der Wirtschaftskrise 2009 sank die Zahl der

---

[694] So auch *Raab*, ZfA 2014, 237, 275.

[695] *Raab*, ZfA 2014, 237, 276.

[696] LAG Mecklenburg-Vorpommern 17.10.2017 – 2 Sa 57/17, BeckRS 2017, 146938 Ls. 4, Rn. 87.

[697] LAG Mecklenburg-Vorpommern 17.10.2017 – 2 Sa 57/17, BeckRS 2017, 146938 Rn. 87.

[698] TV Chemische Industrie Ost: 150% Zuschlag bei Feiertagsarbeit, *WSI-Tarifarchiv*, Tarifpolitik 2021, S. 80.

[699] *Evers*, Prokla 2019, 201, 213; s.a. Däubler/*Heuschmid/Klug*, TVG, § 1 Rn. 661.

[700] Däubler/*Heuschmid/Klug*, TVG, § 1 Rn. 661.

[701] *BMAS/BAuA*, Sicherheit und Gesundheit bei der Arbeit – Berichtsjahr 2016, S. 174. Durch Veränderungen im Mikrozensus des Statistischen Bundesamtes sind die vor 1996 und nach 2016 erhobenen Daten leider nicht vergleichbar.

Nachtarbeitnehmer deutlich ab, erholte sich danach aber ebenso schnell wieder. Während einer Krise werden also bevorzugt die teureren Nachtschichten eingespart. Im „Normalzustand" der Wirtschaft sind die Zuschläge hingegen zu gering, um prohibitiv zu wirken.

f) Verfassungsrechtliche Beurteilung: Kein effektiver Schutz

Aus all diesen Gründen leisten die Zuschläge keinen Beitrag zum Schutz der Nachtarbeitnehmer. Sie schützen deren Gesundheit und Sozialleben weder unmittelbar, noch mittelbar. Es handelt sich um Mittel, die offensichtlich ungeeignet sind, um den verfassungsrechtlich gebotenen Mindestschutz zu erreichen oder jedenfalls erheblich hinter diesem zurückbleiben. Deshalb ist § 6 Abs. 5 ArbZG in der Auslegung des BAG, die beide Alternativen als gleichrangig behandelt und dem Arbeitgeber das Wahlrecht überlässt, verfassungswidrig.

II. Gewährung bezahlter freier Tage gem. § 6 Abs. 5 Alt. 1 ArbZG

Als nächstes ist zu prüfen, ob die Alternative, zusätzliche bezahlte freie Tage zu gewähren, zum Schutz der Nachtarbeitnehmer geeignet ist. Dies ist grundsätzlich der Fall, wie auch das Bundesarbeitsgericht anerkannt hat. Jedenfalls dann, wenn die freien Tage zeitnah gewährt werden, hat zusätzliche Freizeit eine unmittelbar gesundheitsschützende Wirkung.[702] Sie ermöglicht dem Nachtarbeitnehmer, sich mehr zu erholen und seinen gestörten Biorhythmus auszugleichen.[703] Er kann sich ausschlafen und wieder einen normalen, synchronisierten Ablauf der Körperfunktionen erreichen. Darüber hinaus ist mehr Freizeit auch geeignet, den sozialen Belastungen der Nachtarbeit entgegenzuwirken, weil der Nachtarbeitnehmer mehr Zeit für die Teilhabe am sozialen Leben erhält.[704] Diese Zeit kann er mit seiner Familie verbringen, aber auch für den Besuch von Parteiveranstaltungen, Gewerkschaftssitzungen, Vereinsaktivitäten oder zur beruflichen Weiterbildung nutzen. Sowohl Freischichten als auch verkürzte Schichten können die Gesundheit schützen und Spielräume für sonstige Aktivitäten eröffnen.

Diese Alternative wahrt zudem die Interessen der Allgemeinheit. Belastungen der Sozialversicherungssysteme und Gefährdungen Dritter werden verringert, wenn Nachtarbeitnehmer mehr Zeit zur Erholung erhalten und ausgeruhter arbeiten. Ein

---

[702] BAG 9.12.2015 – 10 AZR 423/14, NZA 2016, 426 Rn. 18; BAG 15.7.2020 – 10 AZR 123/19, NZA 2021, 44 Rn. 28; BAG 22.2.2023 – 10 AZR 332/20, NZA 2023, 638 Rn. 27; LAG Mecklenburg-Vorpommern 17.10.2017 – 2 Sa 57/17, BeckRS 2017, 146938 Rn. 81; *Raab*, ZfA 2014, 237, 257 f.

[703] *Raab*, ZfA 2014, 237, 258.

[704] *Wirtz et al.*, Chronobiology Int. 2008, 249, 260.

Freizeitausgleich, der unabhängig vom Gehalt allen Arbeitnehmern gleich zu Gute kommt, vergrößert auch nicht den Gender-Pay-Gap und setzt keinen Anreiz, dass eher Frauen ihre Erwerbstätigkeit zu Gunsten von Sorgearbeit einschränken. Zugleich ist die Versorgungssicherheit nicht gefährdet, weil der Freizeitausgleich die individuelle Einsetzbarkeit des einzelnen Arbeitnehmers beschränkt, aber nicht die Zulässigkeit von Nachtarbeit insgesamt.

Ein Problem ist allerdings, dass § 6 Abs. 5 ArbZG keinen Zeitraum festlegt, in dem die Freizeit zu gewähren ist. Vor allem, um die gesundheitsschützende Wirkung zu erzielen, müsste dies aber zeitnah erfolgen. Würde etwa pro Nachtschichtwoche ein freier Tag gewährt, was rechnerisch einem Zuschlag 25% entspräche und somit im Rahmen der bisher vom Bundesarbeitsgericht ausgeurteilten Grundsätze zur Angemessenheit gem. § 6 Abs. 5 ArbZG läge, so könnte dieser genutzt werden, um die Woche in zwei kurze Blöcke von je zwei Nachtschichten zu zerlegen. Der Nachtarbeitnehmer hätte dadurch die Gelegenheit, sich an seinem freien Tag auszuschlafen, indem er zu später Abendstunde ins Bett geht und dadurch einen weniger gestörten und längeren Nachtschlaf genießt. Damit würde sich nicht das Schlafdefizit über die gesamte Woche summieren. Auch würde die Desynchronisation verschiedener, sich unterschiedlich schnell anpassender Körperfunktionen unterbunden oder zumindest verringert.

Ein weiteres Problem ist, sicherzustellen, dass die individuelle Belastung tatsächlich abnimmt. Dies kann erreicht werden, indem die betriebliche Nachtarbeit auf mehr Schultern verteilt wird.[705] Würden stattdessen Überstunden angeordnet, würde dies dem Einzelnen nicht helfen.

III. Arbeitszeitgestaltung gem. § 6 Abs. 1 ArbZG

Ein weiteres Mittel zur Verwirklichung präventiven Gesundheits- und Sozialschutzes soll § 6 Abs. 1 ArbZG sein. Allerdings ist diese Norm derart unbestimmt und umstritten, dass daraus eine eklatante Rechtsunsicherheit folgt und sie in der Praxis nicht umgesetzt wird (siehe ausführlich 3. Kapitel A. II. 1.). Nach einer älteren, aber bisher nicht revidierten Entscheidung des BAG gibt es keine gesicherten arbeitswissenschaftlichen Erkenntnisse über die menschengerechte Gestaltung der Arbeit.[706] Es liegt auf der Hand, dass jedenfalls nach dieser Auslegung § 6 Abs. 1 ArbZG keinen Beitrag zum Schutz der Grundrechte des Arbeitnehmers leisten kann, was durch die empirischen Erfahrungen bestätigt wird.

[705] *Seifert*, APuZ 4–5/2017, 17, 23 f.

[706] BAG 11.2.1998 – 5 AZR 472/97, NZA 1998, 647, 647.

IV. Ergebnis

§ 6 Abs. 5 ArbZG erfüllt in seiner aktuellen Auslegung durch das Bundesarbeitsgericht nicht die grundrechtlichen Schutzpflichten. Die geltende Rechtlage ist somit verfassungswidrig, weil auch die anderen Vorschriften zur Nachtarbeit nur einen geringen Schutz bieten (siehe dazu 3. Kapitel E.). Geldzuschlag und Freizeitausgleich sollen nach dem BAG gleichrangig sein und dem Arbeitgeber ein uneingeschränktes Wahlrecht zwischen diesen beiden Alternativen zukommen. In der Praxis werden fast ausschließlich monetäre Zuschläge gezahlt, die aber weder die Gesundheit noch das Sozialleben schützen. In bestimmten Branchen steht das laut dem BAG verfolgte Ziel, Nachtarbeit einzudämmen, im Gegensatz zu anderen, höherrangigen Interessen wie einer durchgehenden Gesundheitsversorgung der Bevölkerung. In der Folge lässt das Bundesarbeitsgericht den Schutzzweck ersatzlos zugunsten dieser höchstrangigen Interessen entfallen, was zu einem eklatanten Schutzdefizit auf Seiten der Nachtarbeitnehmer führt. Aber auch in den sonstigen Fällen gwähren die Zuschläge nicht den geschuldeten Mindestschutz. Sie sind nicht auf den einzelnen Arbeitnehmer als Grundrechtsträger bezogen und schützen höchstens eine abstrakte Allgemeinheit der Nachtarbeitnehmer. Sie gewähren keinen von ökonomischen Erwägungen des Arbeitgebers unabhängigen Mindestschutz, sondern ordnen diesen wirtschaftlichen Interessen unter. Und schließlich sind sie wirkungslos, was die empirische Entwicklung der Nachtarbeit zeigt.

Das Problem wird noch verschärft, weil auch § 6 Abs. 1 ArbZG nicht die intendierte Schutzwirkung entfaltet. Die Norm soll zwar ebenfalls eine präventiv gesundheitsschützende Wirkung haben, durch ihren äußerst unbestimmten und auslegungsbedürftigen Wortlaut ist sie aber gänzlich ineffektiv.

Den Vorgaben des Bundesverfassungsgerichts entspricht dies nicht. Die Zuschläge sind offensichtlich ungeeignet oder jedenfalls bleibt ihre Schutzwirkung erheblich hinter dem Schutzziel zurück. Die grundrechtlichen Schutzpflichten werden verletzt.

F. Verfassungskonforme Neuregelung und Auslegung

Die grundrechtliche Schutzpflicht zugunsten der Nachtarbeitnehmer wird derzeit nicht erfüllt, die Rechtslage ist verfassungswidrig. Nachdem dies feststeht, ist zu klären, wie ein verfassungskonformer Zustand herzustellen ist. Dies berührt grundlegende Fragen der Gewaltenteilung und der Gesetzesinterpretation.

Alle staatlichen Gewalten müssen die Schutzpflichten erfüllen.[707] Nach hier vertretener Auffassung ist primär die Legislative zur verfassungskonformen Neu-

[707] BVerfG 28.5.1993 – 2 BvF 2/90, 2 BvF 4/90, 2 BvF 5/92, E 88, 203, 252; SSM/*Möstl*, Staatsrecht III, § 68 Rn. 30.

regelung verpflichtet. Schon aus Gründen der Normenklarheit und -bestimmtheit ist der Gesetzeswortlaut zu novellieren. Daneben müssen auch Judikative und Exekutive die Schutzpflichten erfüllen, sind aber zugleich gem. Art. 20 Abs. 3 GG an Gesetz und Recht gebunden. Zu prüfen ist, ob die bestehende gesetzliche Regelung verfassungskonform ausgelegt werden kann. Die Antwort wirkt sich auf die Möglichkeiten des gerichtlichen Vorgehens aus, denn die konkrete Normenkontrolle setzt nach der Rechtsprechung des Bundesverfassungsgerichts voraus, dass keine verfassungskonforme Auslegung vertretbar ist. Sie wird ebenso wie die Urteilverfassungsbeschwerde zum Abschluss dieses Abschnitts behandelt.

I. Neuregelung durch die Legislative

Rechtsfolge des ungenügenden Schutzes ist vorrangig, dass der Gesetzgeber Abhilfe schaffen muss. Ein Vorschlag für eine Neuregelung muss auch die Vorgaben des Unions- und Tarifrechts erfüllen, die im 5. und 6. Kapitel erarbeitet werden und wird deshalb erst ganz am Ende der Untersuchung skizziert (siehe 7. Kapitel E.).

1. Gesetzgeber als primärer Adressat der Schutzpflicht

Der Gesetzgeber ist primärer Adressat der grundrechtlichen Schutzpflichten. Genügt das bestehende Regelungskonzept nicht, so muss er die bestehenden Regelungen evaluieren und überarbeiten (siehe C. III. 3. c)). Ihm obliegt dabei, die entgegenstehenden Rechte und Interessen abzuwägen sowie die gesetzlichen Mittel aus der Vielzahl der Möglichkeiten auszuwählen. Verfassungsrechtlich ist er verpflichtet, künftig das Untermaßgebot zu wahren und gleichzeitig nicht übermäßig in entgegenstehende Grundrechte des Arbeitgebers einzugreifen. Dabei muss die künftige Regelung einen effektiven Mindestschutz der gefährdeten Grundrechtsgüter schaffen. Es genügt nicht, wenn die künftige Regelung „nur" hinter dem Schutzziel zurückbleibt. Eine „Grauzone" zwischen bloßem und erheblichem Unterschreiten des Schutzes ist nicht zu dulden (siehe C. III.).

Mögliche effektive Schutzmaßnahmen müssen die individuelle Arbeitszeit verkürzen, um mehr Zeit für Erholung und soziale Aktivitäten zu bieten. Dies kann durch unterschiedliche Maßnahmen umgesetzt werden. Denkbar sind zusätzliche freie Tage, die in engem Zusammenhang zur Nachtarbeit zu gewähren sind. Es können aber auch die Nachtschichten verkürzt werden. Zusätzliche, bezahlte Kurzpausen während der Nachtschicht schützen nicht das Sozialleben, können aber zur Gesundheit, insbesondere zur Unfallsicherheit beitragen. Es ist vorrangig Aufgabe der Legislative, die tatsächliche Gefährdung zu erheben und die Mittel auszuwählen.

2. Vorteile einer bestimmten und klaren gesetzlichen Neuregelung

Eine solche Reform ist schon deshalb geboten, weil jede staatliche Regelung den Grundsätzen der Normenbestimmtheit und Normenklarheit gem. Art. 20 Abs. 3 GG[708] gerecht werden muss. Die Regelung muss den ihr Unterworfenen Verhaltensgebote erteilen, die aus sich heraus verständlich sind. Dies ist unabhängig davon, ob durch Auslegung ein verfassungskonformer Zustand erreicht werden kann. Denn eine verfassungskonform ausgelegte oder fortgebildete Norm ist für die ihr Unterworfenen und die Aufsichtsbehörden stets intransparent.[709] Eine tatsächliche Durchsetzung, die insbesondere bei der Schichtplangestaltung nur auf kollektiver Ebene erreicht werden kann, ist nur zu erwarten, wenn sich die Rechtslage unzweifelhaft aus dem Gesetz ergibt. Aus diesen Gründen ist eine judikative Umsetzung oder Ausfüllung grundrechtlicher Schutzaufträge gegenüber einer gesetzlichen Regelung grundsätzlich als qualitativ minderwertig anzusehen.[710] Die Verpflichtung der Legislative, dem Regelungsauftrag des Bundesverfassungsgerichts nachzukommen, besteht somit fort, wobei selbstverständlich auf den heutigen Stand der Forschung zu den negativen Folgen der Nachtarbeit zurückzugreifen ist.

3. Exekutive und Judikative als sekundäre Adressaten der Schutzpflicht

Allerdings verpflichten die Schutzpflichten nicht nur die Legislative zum Handeln, sondern auch die anderen staatlichen Gewalten.[711] Dies folgt bei Anerkennung der Schutzpflicht als weiterer Grundrechtsdimension aus Art. 1 Abs. 3 GG. Geltung behält aber selbstverständlich auch die Norm des Art. 20 Abs. 3 GG, wonach vollziehende Gewalt und Rechtsprechung an Gesetz und Recht gebunden sind. Die Schutzpflicht wirkt also (nur) kompetenzakzessorisch.[712] Entsprechend des Gewaltenteilungsgrundsatzes bedeutet dies, dass die Rechtsprechung nicht selbst Recht setzen darf. Sie darf und muss aber bestehende Gesetze, die die Schutzpflicht mediatisieren, verfassungskonform auslegen.

Der Grat zwischen Rechtserkennung und Rechtsschöpfung ist teilweise ein schmaler. Das Bundesverfassungsgericht sieht die Fachgerichte neben der verfassungskonformen Auslegung auch zur Rechtsfortbildung verpflichtet.[713] Bei der Rechtsfortbildung handelt es sich um ein allgemeines Problem der Kompetenzab-

---

[708] Zu diesen Geboten: Dreier/*Schulze-Fielitz*, GG, Art. 20 (Rechtsstaat) Rn. 129, 141; Herdegen/Masing/Poscher/Gärditz/*Lepsius*, Handbuch des Verfassungsrechts, § 12 Rn. 70.

[709] Däubler/*Ulber*, TVG, Einl. Rn. 676; *Voßkuhle*, AöR 2000, 177, 184.

[710] *Ulber*, Tarifdispositives Gesetzesrecht, S. 393 ff., 566.

[711] BVerfG 28.5.1993 – 2 BvF 2/90, 2 BvF 4/90, 2 BvF 5/92, E 88, 203, 252; SSM/*Möstl*, Staatsrecht III, § 68 Rn. 30.

[712] SSM/*Möstl*, Staatsrecht III, § 68 Rn. 30; ebenso für das europäische Recht *Suerbaum*, EuR 2003, 390, 409.

[713] BVerfG 25.1.2011 – 1 BvR 918/10, NJW 2011, 836 Rn. 53.

grenzung zwischen den Gewalten, das der Gesetzgeber gesehen und geregelt hat. Im Bereich der Schutzpflichten wird der daraus potenziell folgende Zustand aus den genannten Gründen wie mangelnder Bestimmtheit und Klarheit der Normen allerdings zu Recht kritisch gesehen.[714]

Weil es sich um eine gefestigte verfassungsgerichtliche Rechtsprechung handelt, soll dem hier aber gefolgt werden. Daher sind Möglichkeiten der verfassungskonformen Auslegung bzw. Fortbildung des geltenden Gesetzesrechts auszuloten. Sollte die fachgerichtliche Rechtsprechung zur Auffassung gelangen, dass methodengerecht kein verfassungskonformes Ergebnis möglich ist, so muss sie den Weg der Richtervorlage wegen gesetzgeberischen Unterlassens gem. Art. 100 Abs. 1 GG wählen. Zur Überprüfung der Verfassungsmäßigkeit der Normen ist dann das Bundesverfassungsgericht berufen. Eine Vorlage durch die Fachgerichte ist in diesem Fall unumgänglich, um nicht einer Partei des Rechtsstreits den gesetzlichen Richter zu entziehen.[715]

4. Recht und Pflicht des Gesetzgebers zur schutzpflichtenkonformen Neuregelung

Durch eine verfassungskonforme Auslegung oder Fortbildung des Rechts ist der Gesetzgeber selbstverständlich nicht gehindert, die Materie jederzeit an sich zu ziehen und das Gesetz schutzpflichtenkonform zu überarbeiten.[716] Wie dies aussehen könnte, wird im abschließenden Kapitel ausblickhaft dargestellt (siehe 7. Kapitel E.). Angesichts der historischen Erfahrung, dass in Westdeutschland ein gleichheitswidriger Zustand bei der Nachtarbeit über Jahrzehnte nicht verändert wurde, bis dies unausweichlich geworden war und der aktuellen Debatten um die Reform des ArbZG, die ganz andere Schwerpunkte haben, ist allerdings leider nicht zu erwarten, dass der Gesetzgeber dem in näherer Zukunft folgen wird.

II. Verfassungskonforme Auslegung durch die Judikative

Erfüllt ein Gesetz nicht die verfassungsrechtlichen Vorgaben, so sind die Fachgerichte nach dem Bundesverfassungsgericht verpflichtet, Möglichkeiten der verfassungskonformen Auslegung oder Fortbildung zu eruieren.[717] Durch die Arbeitsgerichtsbarkeit ist also nach Möglichkeit eine verfassungskonforme Auslegung der Vorschriften des § 6 ArbZG, insbesondere des Abs. 5 und Abs. 1 ArbZG vorzunehmen. Dies würde dann den Aufsichtsbehörden die Möglichkeit eröffnen, das ArbZG mit dem durch Auslegung gewonnenen Regelungsgehalt durchzusetzen.

[714] Däubler/*Ulber*, TVG, Einl. Rn. 676.

[715] BVerfG 16.12.2014 – 1 BvR 2142/11, NVwZ 2015, 510 Rn. 71.

[716] Däubler/*Ulber*, TVG, Einl. Rn. 676.

[717] BVerfG 25.1.2011 – 1 BvR 918/10, NJW 2011, 836 Rn. 53.

1. Methode und Grenzen der verfassungskonformen Auslegung

Es stellt sich also die Frage, ob eine Auslegung möglich ist, die verfassungskonform die grundrechtliche Schutzpflicht zugunsten der Nachtarbeitnehmer erfüllt und sich somit von der bisherigen Auslegung des Bundesarbeitsgerichts unterscheidet.

Die verfassungskonforme Auslegung hat drei Voraussetzungen: Erstens muss die auszulegende Norm mehrdeutig sein, zweitens muss mindestens eine mögliche Auslegung gegen die Verfassung verstoßen und drittens muss mindestens ein Auslegungsergebnis methodisch vertretbar sein, das den verfassungsrechtlichen Anforderungen entspricht.[718] Die verschiedenen Auslegungsvarianten sind nach den anerkannten Methoden zu ermitteln, die Interpretation muss also nach den anerkannten Auslegungsgrundsätzen zulässig sein.[719]

Die Grenze liegt dort, wo die Auslegung mit dem Wortlaut und dem klar erkennbaren Willen des Gesetzgebers in Widerspruch träte.[720] Dabei ist in der jüngeren Rechtsprechung des Bundesverfassungsgerichts der subjektive Willen des Gesetzgebers stärker als entscheidende Barriere betont worden.[721] Sonst droht die Gefahr, dass dem Gesetzgeber ein verfassungskonformes Ergebnis „untergeschoben" wird, das parlamentarisch nicht erreichbar gewesen wäre.[722] Zu ermitteln ist die subjektive Zielsetzung des Gesetzgebers in zwei Schritten: Durch eine Analyse der historischen Materialien und einen Abgleich, ob der historische Normzweck noch verbindlich ist.[723] Zu den verwertbaren Materialien zählen dabei neben der Gesetzesbegründung auch Ausschussberichte und Änderungsanträge.[724] Das Ergebnis der Auslegung muss diese prinzipielle Zielsetzung des Gesetzgebers wahren

[718] BVerfG 7.5.1953 – 1 BvL 104/52, E 2, 266, 282; BVerfG 10.6.2009 – 1 BvR 825/08, 1 BvR 831/08, E 124, 25, 39; BVerfG 11.7.2013 – 2 BvR 2302/11, 2 BvR 1279/12, E 134, 33 Rn. 77; *Höpfner*, RdA 2018, 321, 329; *Wank*, Auslegung und Rechtsfortbildung im Arbeitsrecht, S. 49 f.; *Voßkuhle*, AöR 2000, 177, 180 f.

[719] BVerfG 19.9.2007 – 2 BvF 3/02, E 119, 247, 274.

[720] BVerfG 3.6.1992 – 2 BvR 1041/88, 2 BvR 78/89, E 86, 288, 320; BVerfG 16.12.2014 – 1 BvR 2142/11, E 138, 64 Rn. 86; Dreier/*Sauer*, GG, Art. 1 Abs. 3 Rn. 91; *Höpfner*, RdA 2018, 321, 323; offener Dreier/*Schulze-Fielitz*, GG, Art. 20 (Rechtsstaat) Rn. 87; ErfK/*Schmidt*, GG, Einleitung Rn. 76; stärker das Problem der möglichen Überformung des legislativen Gestaltungswillens betonend DHS/*Walter*, GG, Art. 93 Rn. 113; MKS/*Voßkuhle*, GG, Art. 93 Rn. 52.

[721] *Höpfner*, RdA 2018, 321, 323 f., 330 f. unter Berufung auf BVerfG 25.1.2011 – 1 BvR 918/10, NJW 2011, 836 Rn. 53; BVerfG 26.9.2011 – 2 BvR 2216/06, NJW 2012, 669 Rn. 56; BVerfG 6.6.2018 – 1 BvL 7/14, 1 BvR 1375/14, E 149, 126 Rn. 75; *Wank*, Anm. zu AP TzBfG, § 14 Nr. 170 unter IV. 1.; starke Betonung der Bedeutung der historischen Auslegung, die das Verständnis des Wortlauts öffne, auch bei MK/*Meyer*, GG, Art. 97 Rn. 187.

[722] *Berkemann*, DÖV 2015, 393, 399; *Voßkuhle*, AöR 2000, 177, 183 f., 185 ff.

[723] *Höpfner*, RdA 2018, 321, 323 f., 328 f.

[724] *Frieling*, Gesetzesmaterialien und Wille des Gesetzgebers, S. 202 ff.

und darf sie nicht in einem wesentlichen Punkt verfehlen oder verfälschen.[725] In den Grenzen der Verfassung ist das Maximum dessen aufrechtzuerhalten, was der Gesetzgeber gewollt hat.[726] Die verfassungskonforme Auslegungsvariante muss also nicht die sein, die dem Willen des Gesetzgebers am ehesten entspricht, sofern jene Variante nicht verfassungskonform ist. Sie darf dem Willen des Gesetzgebers aber nicht entgegenlaufen und muss unter mehreren möglichen, verfassungskonformen Varianten die sein, die ihm am meisten entspricht.

2. Keine Bindung der Auslegung an die Gesetzeszwecke des § 1 ArbZG

Bevor der Frage nachgegangen wird, ob eine verfassungskonforme Auslegung von § 6 Abs. 5 ArbZG möglich ist, muss ein weiteres Problem geklärt werden: Können überhaupt alle verfassungsrechtlich gebotenen Schutzziele den Normen des Arbeitszeitgesetzes durch Auslegung entnommen werden? Problematisch wird dies für die vorliegende Arbeit beim Schutz des Soziallebens, dessen Dimensionen Ehe und Familie, Teilhabe am gesellschaftlichen Leben und „bloße" Freizeit in verschiedenen Verfassungsnormen verortet wurden (siehe D. III.). Denn der Sozialschutz wird im Gegensatz zu Sicherheit und Gesundheitsschutz der Arbeitnehmer nicht ausdrücklich in § 1 Nr. 1 ArbZG genannt und § 1 Nr. 2 ArbZG schützt zwar Arbeitsruhe und seelische Erhebung der Arbeitnehmer, bezieht dies aber nur auf die Sonn- und Feiertage. Man könnte daher argumentieren, dass der Rechtsanwender einer strikten Bindung an die in § 1 ArbZG festgeschriebenen Gesetzeszwecke unterliegt und der Sozialschutz bei der Auslegung nicht berücksichtigt werden kann.

a) Die Berücksichtigung des Sozialschutzes ablehnende Ansicht

Einige Autoren sind dementsprechend der Auffassung, dass soziale Gesichtspunkte wie Freizeit und Möglichkeit zur freien Entfaltung der Persönlichkeit durch das ArbZG nicht geschützt werden und daher bei der Auslegung nicht berücksichtigt werden dürfen.[727] Zur Begründung wird auf den Wortlaut des § 1 ArbZG abgestellt.[728] Außerdem wird darauf verwiesen, dass im Gesetzgebungsverfahren ein Vorschlag der

---

[725] BVerfG 11.6.1958 – 1 BvL 149/52, E 8, 28, 34; BVerfG 19.9.2007 – 2 BvF 3/02, E 119, 247, 274; BVerfG 19.3.2013 – 2 BvR 2628/10, 2 BvR 2883/10, 2 BvR 2155/11, E 133, 168 Rn. 66; BVerfG 16.12.2014 – 1 BvR 2142/11, E 138, 64 Rn. 86; BVerfG 6.6.2018 – 1 BvL 7/14, 1 BvR 1375/14, E 149, 126 Rn. 75.

[726] BVerfG 11.7.2013 – 2 BvR 2302/11, 2 BvR 1279/12, E 134, 33 Rn. 77.

[727] *Baeck/Deutsch/Winzer*, ArbZG, § 1 Rn. 9; ErfK/*Roloff*, ArbZG, § 1 Rn. 2 (widersprüchlich allerdings ebd. Rn. 1); *Hunold*, NZA-Beil. 2006, 38, 40; *Schliemann*, ArbZG, § 1 Rn. 6; differenzierend *Tietje*, Grundfragen des Arbeitszeitrechts, S. 53 f.: § 1 ArbZG sperrt die Berücksichtigung anderer Motive, wo sie sich nur aus teleologischen Erwägungen ergeben, aber nicht, wo diese ausdrücklich im Wortlaut verankert sind.

[728] *Baeck/Deutsch/Winzer*, ArbZG, § 1 Rn. 9; *Hunold*, NZA-Beil. 2006, 38, 40; *Tietje*, Grundfragen des Arbeitszeitrechts, S. 52.

SPD-Fraktion abgelehnt wurde, die Vereinbarkeit von Familie und Beruf sowie ausreichende arbeitsfreie Zeiten für Erholung, Freizeitgestaltung und Teilnahme der Beschäftigten am gesellschaftlichen Leben als Schutzziele in § 1 ArbZG aufzunehmen,.[729] Dies ist zutreffend, der Schutz kultureller und sozialer Belange bei der Arbeitszeitgestaltung sollte nach der Konzeption des Gesetzes den Tarif- und Betriebsparteien überlassen bleiben.[730]

b) Die Berücksichtigung des Sozialschutzes bejahende Ansicht

Dennoch sieht ein großer Teil der Rechtsprechung und Literatur auch soziale Zwecke als vom Arbeitszeitgesetz geschützt an.[731] Das BVerwG leitet den Schutz der Freizeit als weiteren Gesetzeszweck unmittelbar aus den Grundrechten des Arbeitnehmers ab.[732] Das BAG sieht in den Nachtarbeitszuschlägen in ständiger Rechtsprechung auch eine Entschädigung für die erschwerte Teilhabe am sozialen Leben.[733] Beide Gerichte gehen jedoch nicht auf das Verhältnis zu § 1 ArbZG ein.

In der Literatur wird teilweise auf höherrangiges Recht abgestellt, um zur Berücksichtigung sozialer Zwecke im Arbeitszeitrecht zu gelangen. So werden soziale Schutzzwecke unmittelbar aus den Grundrechten des Arbeitnehmers abgeleitet.[734] Außerdem gebe die Rechtsprechung des EuGH ein solches Verständnis vor.[735] In der Auseinandersetzung mit dem Wortlaut des § 1 Nr. 1 ArbZG wird einerseits auf die enge Verschränkung von Gesundheits- und Freizeitschutz verwiesen.[736] Ande-

---

[729] *Schliemann*, ArbZG, § 1 Rn. 6; *Tietje*, Grundfragen des Arbeitszeitrechts, S. 52; abgeschwächt *Neumann/Biebl*, ArbZG, § 1 Rn. 2, 8: Aus der Ablehnung im Gesetzgebungsverfahren folge, dass diese Erwägungen nur ergänzend hinzugezogen werden dürften.

[730] BT-Drs. 12/5888, S. 50.

[731] BAG 10.11.2021 – 10 AZR 261/20, NZA 2022, 707 Rn. 20; BVerwG 19.9.2000 – 1 C 17/99, NZA 2000, 1232, 1233; BVerwG 3.2.2021 – 8 C 2/20, NVwZ-RR 2021, 529 Rn. 19; *Anzinger/Koberski*, ArbZG, Einführung Rn. 2; *Bartl/Harker*, NZA 2020, 1669, 1672 f.; Buschmann/Ulber/*Buschmann*, ArbZR, § 1 ArbZG Rn. 5; ErfK/*Preis*, BGB, § 611a Rn. 561; HPS/*Schubert*, ArbZR Einl. Rn. 7; *Junker*, ZfA 1998, 105, 107; *Preis/Schwarz*, Dienstreisen als Rechtsproblem, S. 40 f.; *Ulber*, SR 2021, 189, 193 f.; für die Mindestruhezeit: BeckOK ArbR/*Kock*, ArbZG, § 1 Rn. 1; aus der Zeit vor Inkrafttreten des ArbZG: BayObLG 23.3. 1992 – 3 ObOWi 18/92, NZA 1992, 811; *Peters/Ossenbühl*, Die Übertragung von öffentlichrechtlichen Befugnissen auf die Sozialpartner, S. 64 f.; *Zmarzlik*, DB 1967, 1264, 1264.

[732] BVerwG 3.2.2021 – 8 C 2/20, NVwZ-RR 2021, 529 Rn. 19.

[733] BAG 5.9.2002 – 9 AZR 202/01, NZA 2003, 563, 566; BAG 9.12.2015 – 10 AZR 423/14, NZA 2016, 426 Rn. 18; BAG 15.7.2020 – 10 AZR 123/19, NZA 2021, 44 Rn. 28; BAG 9.12.2020 – 10 AZR 334/20, NZA 2021, 1110 Rn. 48; BAG 10.11.2021 – 10 AZR 261/20, NZA 2022, 707 Rn. 20; BAG 22.2.2023 – 10 AZR 332/20, NZA 2023, 638 Rn. 27.

[734] Buschmann/Ulber/*Buschmann*, ArbZR, § 1 ArbZG Rn. 5.

[735] *Bartl/Harker*, NZA 2020, 1669, 1672 f.; Buschmann/Ulber/*Buschmann*, ArbZR, § 1 ArbZG Rn. 5; ErfK/*Preis*, BGB, § 611a Rn. 561; Preis/Sagan/*Ulber*, EuArbR, § 14 Rn. 86; *Ulber*, SR 2021, 189, 194.

[736] *Bartl/Harker*, NZA 2020, 1669, 1672 f.; *Preis/Schwarz*, Dienstreisen als Rechtsproblem, 2020, S. 40 f.; *Ulber*, SR 2021, 189, 193 f.

rerseits wird versucht, der Formulierung „Sicherheit (…) bei der Arbeitszeitgestaltung“ in § 1 Nr. 1 ArbZG eine eigenständige Bedeutung abzugewinnen, wonach diese den Zweck der Gewährleistung von Planungssicherheit bei der Gestaltung des eigenen Lebens nahelege.[737]

c) Eigene Stellungnahme

Der zweiten Ansicht, wonach auch soziale Zwecke bei der Auslegung des ArbZG berücksichtigt werden können, ist zuzustimmen. Dies ergibt sich teilweise bereits dem Wortlaut des § 1 Nr. 1 ArbZG, darüber hinaus daraus, dass diese Norm bloß eine Auslegungshilfe darstellt und nicht verbindlich festlegen kann, welchen Inhalt die anderen Normen des Gesetzes haben.

aa) Wortlaut des § 1 ArbZG

Gem. § 1 Nr. 1 ArbZG verfolgt das Gesetz den Zweck, die Sicherheit und den Gesundheitsschutz der Arbeitnehmer bei der Arbeitszeitgestaltung zu gewährleisten. Wie bereits im Kapitel zu den betroffenen Grundrechten des Arbeitnehmers auch anhand arbeitsmedizinischer Literatur dargestellt wurde, sind Gesundheit und Sozialleben in der Tat untrennbar miteinander verbunden. Die Beeinträchtigung des einen kann sich schädlich auf das andere auswirken. Dieser Ansicht ist auch der Gesetzgeber des ArbZG gefolgt, wie an § 6 Abs. 4 S. 1 b) und c) deutlich wird. Diese Normen geben Nachtarbeitnehmern unter Umständen einen Anspruch auf Umsetzung in Tagarbeit, sofern diese kleine Kinder oder pflegebedürftige Angehörige versorgen. Diese Normen sollen nach der Gesetzesbegründung dem Gesundheitsschutz dienen.[738] Die besondere Schutzbedürftigkeit resultiert hier gerade aus der Doppelbelastung durch Nacht- und unbezahlte Sorgearbeit. Aufgrund der geringeren Erholungsmöglichkeit dieser Arbeitnehmer wird also angenommen, dass sie die gesundheitliche Belastung durch die Nachtarbeit nicht vertragen können. Aber auch über diese speziellen Normen hinaus ist ein erfülltes Sozialleben eine wichtige Ressource für Erholung und Stressabbau und somit der Gesundheit förderlich, während fehlende Teilhabe am sozialen Leben und Störungen in der Freizeit zu psychischen Erkrankungen führen können.[739] Das BVerfG hat den Schutz der Arbeitnehmer in diesem Sinne beispielsweise auf die Verteilung der Arbeits- und Freizeit im Tagesverlauf bezogen und dem arbeitsfreien Abend einen besonderen Wert zugesprochen.[740] Daher kann ein großer Teil der genannten Grundrechtspositionen bereits unter den Begriff des Gesundheitsschutzes gefasst werden.

---

[737] *Bartl/Harker*, NZA 2020, 1669, 1673.

[738] BT-Drs. 12/5888, S. 26; *Anzinger/Koberski*, ArbZG, § 6 Rn. 51.

[739] Zu letzterem Gesichtspunkt *Sasse/Schönfeld*, RdA 2016, 346, 354.

[740] BVerfG 9.6.2004 – 1 BvR 636/02, NJW 2004, 2363, 2365.

Der Ansicht, die der Passage „Sicherheit (…) bei der Arbeitszeitgestaltung“ zudem einen freizeitschützenden Charakter beimessen möchte, indem sie diesen auf die Voraussehbarkeit der Lage der Arbeit und Freizeit bezieht, ist zuzugeben, dass die Formulierung Sicherheit und Gesundheitsschutz in § 1 Nr. 1 ArbZG genaugenommen redundant ist, wenn man beides auf die Gesundheit bezieht. Die Gesetzesbegründung erklärt diese Wendung nicht weiter.[741] Dennoch ist davon auszugehen, dass beide Begriffe gemeinsam zu verstehen sind. Sicherheit bezieht sich auf die Unfallgefahren und Gesundheitsschutz auf Überforderung und Überbeanspruchung durch ungünstige Arbeitszeiten.[742] Weil die Unfallgefahren ebenso wie die Gefahr körperlichen Verschleißes aus der Überbeanspruchung resultieren, handelt es sich bei dem Begriff der Sicherheit um einen Unterbegriff zum Gesundheitsschutz.[743] Der Aspekt des Freizeitschutzes kann hier daher nicht verortet werden.

bb) § 1 ArbZG bloße Auslegungshilfe

Aber auch, sofern Aspekte des Sozialschutzes nicht bereits über den Konnex mit dem Gesundheitsschutz erfasst werden, können sie anderen Normen des ArbZG entnommen werden. Denn § 1 ArbZG ist eine bloße Hilfe zur Auslegung der folgenden Normen, kann deren Inhalt aber nicht verbindlich festlegen. Deren jeweiliger Zweck ist also eigenständig zu ermitteln, § 1 ArbZG entfaltet keine „Sperrwirkung“. Dementsprechend wird etwa der oben genannten Vorschrift des § 6 Abs. 4 S. 1 b) ArbZG in der Literatur verbreitet auch der Zweck zugesprochen, das Kind und damit die Familie zu schützen.[744] Ein anderes Beispiel ist die tägliche Höchstarbeitszeit des § 3 ArbZG. Der Gesetzgeber hat in der Begründung zwar nur auf arbeitswissenschaftliche und arbeitsmedizinische Erkenntnisse abgestellt, zugleich aber betont, dass damit der seit 1918 geltende Grundsatz des Achtstundentages aus § 3 AZO übernommen werden sollte.[745] Mit der gesetzlichen Fixierung des Achtstundentages wurde nach dem Ersten Weltkrieg aber eine Forderung der Arbeiterbewegung erfüllt, die nicht nur dem Gesundheitsschutz, sondern ebenso der allgemeinen Emanzipation der Arbeiterschaft diente.[746] Die Begrenzung auf acht Arbeitsstunden bezweckte von vornherein auch eine bessere Vereinbarkeit des Arbeitslebens mit Familie und Freizeit.[747] Diese dem Gesetz inhärente Ratio wurde bei der Neufassung im Jahr 1994 nicht

---

[741] BT-Drs. 12/5888, S. 23.

[742] ErfK/*Roloff*, ArbZG, § 1 Rn. 6; vgl. zum gleichlautenden § 1 ArbSchG KKS/*Kollmer*, ArbSchG, § 1 Rn. 20 f.

[743] Vgl. zum gleichlautenden § 1 ArbSchG: KKS/*Kollmer*, ArbSchG, § 1 Rn. 22.

[744] *Baeck/Deutsch/Winzer*, ArbZG, § 6 Rn. 66; Buschmann/Ulber/*Ulber*, ArbZR, § 1 ArbZG Rn. 48; *Junker*, ZfA 1998, 105, 107; *Neumann/Biebl*, ArbZG, § 6 Rn. 20.

[745] BT-Drs. 18/5888, S. 24.

[746] Buschmann/Ulber/*Buschmann*, ArbZR, Einleitung Rn. 2; *Krause*, in: Hanau/Matiasek (Hg.), Entgrenzung von Arbeitsverhältnissen, S. 151, 151; *Schneider*, Streit um Arbeitszeit, S. 52.

[747] *Tietje*, Grundfragen des Arbeitszeitrechts, S. 32.

beseitigt, sondern durch den Verweis auf § 3 AZO vielmehr übernommen. Diese Beispiele zeigen, dass die Vorschriften des Arbeitszeitgesetzes auch anderen Zwecken als den in § 1 ArbZG ausdrücklich normierten dienen können. Es kommt daher entscheidend auf die Auslegung der jeweiligen Norm an.

3. Verfassungskonforme Auslegung des § 6 Abs. 5 ArbZG

Fraglich ist nun, ob eine verfassungskonforme Auslegung von § 6 Abs. 5 ArbZG möglich ist. Nach dem Normtext hat der Arbeitgeber – vorbehaltlich tariflicher Regelung – entweder eine angemessene Zahl bezahlter freier Tage oder einen angemessenen Zuschlag zu gewähren. Um den Mindestschutz von Gesundheit und Sozialleben sicherzustellen, müsste dies so auslegbar sein, dass freie bezahlte Tage den Vorrang genießen. Ein freies Wahlrecht des Arbeitgebers ist damit nicht vereinbar und bestünde demnach nicht. Außerdem müssten die freien Tage zeitnah gewährt werden und die Arbeitszeit tatsächlich verkürzen, um den Schutzzwecken zu dienen.[748] Schließlich müsste ihr Umfang für den geschuldeten Mindestschutz ausreichen.

a) Vorrang der Gewährung bezahlter freier Tage

Entscheidend ist also die Frage, ob die Konjunktion „oder“ in der Norm zwingend eine Wahlfreiheit des Arbeitgebers vorgibt oder ob sie auch derart ausgelegt werden kann, dass die Alternative des Freizeitausgleichs vorrangig ist. Außerdem dürfte dies nicht mit dem klar erkennbaren Willen des Gesetzgebers in Konflikt treten.

aa) Wortlaut der Norm

Die Konjunktion „oder“ zeigt an, dass zwei Möglichkeiten alternativ zueinander bestehen. Darüber, ob eine der beiden Alternativen vorrangig oder vorzugswürdig ist, gibt sie isoliert keine Information. Zwar mag die gleichwertige Austauschbarkeit beider Alternativen nahe liegen, dennoch steht der Wortlaut der Annahme eines Rangverhältnisses nicht entgegen.[749] Er verhält sich dazu vielmehr neutral. Die verfassungskonforme Auslegung ist nicht auf das Ergebnis beschränkt, das nahe liegt. Im Gegenteil wird sie regelmäßig eine Auslegung zum Ergebnis haben, die sich nicht unmittelbar als Begriffsverständnis aufdrängt, aber möglich ist.

Der Wortlaut ist damit für eine verfassungskonforme Auslegung im oben genannten Sinn offen, zumal auch die Reihenfolge der Alternativen für ein Rangverhältnis spricht.[750] Dem wird entgegengehalten, dass es sprachlich unmöglich wäre,

---

[748] BAG 15.7.2020 – 10 AZR 123/19, NZA 2021, 44 Rn. 28.

[749] A.A. *Tietje*, Grundfragen des Arbeitszeitrechts, S. 194: Überschreitung der Wortlautgrenze durch Annahme eines Rangverhältnisses.

[750] Buschmann/Ulber/*Ulber*, ArbZR, § 6 Rn. 62.

eine Wahlmöglichkeit zu eröffnen, ohne eine Alternative zuerst zu nennen.[751] Dies ist aber unzutreffend. So hätte beispielsweise formuliert werden können, dass „entweder freie Tage oder ein Zuschlag“ gewährt werden müssten, um die Gleichwertigkeit und Austauschbarkeit beider Alternativen zu betonen. Dies ist jedoch nicht geschehen.

Ein weiteres Argument ist, dass der Wortlaut der Norm auch in anderen Fragen weit ausgelegt wird. Obwohl „oder“ grundsätzlich Alternativen anzeigt, wird das Wort im Rahmen von § 6 Abs. 5 ArbZG nach allgemeiner Ansicht so verstanden, dass es auch eine Kombination von Freizeit- und Geldausgleich ermöglicht, also wie „und“ gelesen wird.[752]

bb) Kein Widerspruch zum Willen des Gesetzgebers

Schwieriger zu beurteilen ist die Frage, ob die Annahme eines Rangverhältnisses im Widerspruch zum Willen des Gesetzgebers steht. Die Gesetzesbegründung schweigt zur Frage, ob eine von beiden Alternativen vorrangig sein sollte. Dort heißt es lediglich, dass nach der Vorschrift ein Ausgleich für die mit Nachtarbeit verbundenen Beeinträchtigungen gewährt wird.[753] Daraus lässt sich kein klarer Wille des Gesetzgebers in der Hinsicht entnehmen, dass damit eine andere Auslegung ausgeschlossen wäre.

Allerdings hatte der Bundesrat vorgeschlagen, den Absatz so umzuformulieren, dass für jeweils 20 Tage Nachtarbeitszeit ein zusätzlicher freier Tag zu gewähren wäre.[754] Dies hatte die Bundesregierung abgelehnt, weil auch ein Zuschlag als angemessener Ausgleich anzusehen sei und keine Vorgaben zur Art des Ausgleichs gemacht werden sollten, auch wenn freie Tage grundsätzlich den Vorzug verdienten.[755] Dies spricht dafür, kein Rangverhältnis anzunehmen. Allerdings stammt auch der angeblich verfolgte Zweck des Gesundheitsschutzes durch Verteuerung aus dem abgelehnten SPD-Entwurf.[756] Lehnt man es konsequent ab, Erwägungen aus diesem, nicht beschlossenen Entwurf zu berücksichtigen, so müsste man auch den Gesundheitsschutz als Zweck des § 6 Abs. 5 ArbZG ablehnen. Dann läge die – auch so gegebene – Verfassungswidrigkeit des Normkomplexes offen zu Tage.

---

[751] *Raab*, ZfA 2014, 237, 262.

[752] BAG 26. 8. 1997 – 1 ABR 16/97, NZA 1998, 441, 444; BAG 5. 9. 2002 – 9 AZR 202/01, NZA 2003, 563, 564; BAG 18. 5. 2011 – 10 AZR 369/10, AP ArbZG, § 6 Nr. 11 Rn. 15; BAG 9. 12. 2015 – 10 AZR 423/14, NZA 2016, 426 Rn. 15; BAG 13. 1. 2016 – 10 AZR 792/14, NZA-RR 2016, 333 Rn. 34; *Anzinger/Koberski*, ArbZG, § 6 Rn. 83; *Baeck/Deutsch/Winzer*, ArbZG, § 6 Rn. 83; ErfK/*Roloff*, ArbZG, § 6 Rn. 17; NK-GA/*Wichert*, ArbZG, § 6 Rn. 45; *Schliemann*, ArbZG, § 6 Rn. 88.

[753] BT-Drs. 12/5888, S. 26.

[754] BT-Drs. 12/5888, S. 41.

[755] BT-Drs. 12/5888, S. 52.

[756] BT-Drs. 12/5282, S. 5, 13; BT-Drs. 12/6990, S. 3, 39.

Ein solches Ergebnis ist zweifellos vertretbar. In Anbetracht des zeitlichen Abstandes von fast 30 Jahren seit der Neuregelung des ArbZG und der in der Zwischenzeit erarbeiteten neuen Erkenntnisse zur Schädlichkeit der Nachtarbeit erscheint es aber sinnvoller, sich noch einmal den Grundgedanken der Norm zu vergegenwärtigen. Die zentrale Zielsetzung der Norm ist, dass ein Ausgleich geleistet wird. Dieses Ziel wird auch erreicht, wenn man einen Vorrang freier bezahlter Tage annimmt. Außerdem hat auch die Bundesregierung anerkannt, dass freie Tage grundsätzlich den Vorzug verdienen. Dahinter steht das prinzipielle Ziel des besonderen Gesundheitsschutzes für Nachtarbeitnehmer, welches die ganze Norm des § 6 ArbZG prägt.[757] Angesichts dieser konfligierenden Ziele wird der Wille des Gesetzgebers nicht verfehlt, wenn die Gewährung freier Tage als vorrangig angesehen wird. Schließlich verbleibt auch bei dieser Auslegung ein kleiner Anwendungsbereich für die Alternative des Geldzuschlages, wenn das Arbeitsverhältnis bereits beendet wurde. Zudem ist das vom Gesetzgeber vorgezogene Verständnis, wonach beide Alternativen gleichrangig sein sollen, in sich nicht schlüssig. Aus verschiedenen betriebswirtschaftlichen und -organisatorischen Gründen ist die Zuschlagszahlung für Arbeitgeber günstiger und daher dem Freizeitausgleich nicht gleichrangig (siehe E. I. 2. e)).

cc) Ergebnis und Folgen

Eine verfassungskonforme Auslegung von § 6 Abs. 5 ArbZG, wonach die Alternative der Freizeitgewährung den Vorrang genießt, ist möglich. Die Zahlung eines monetären Zuschlags ist danach nur zulässig, wenn die Freizeitgewährung aus rechtlichen Gründen unmöglich ist. Freizeit kann nicht mehr gewährt werden, wenn das Arbeitsverhältnis bereits beendet ist.[758]

b) Zeitlicher Horizont des Freizeitausgleichs

Für den Gesundheitsschutz bedeutend ist aber nicht nur, ob ein Zuschlag oder Freizeit gewährt wird. Wichtig ist auch, ob die Freizeit in engem zeitlichem Zusammenhang zur Nachtarbeit liegt oder nicht. Denn wenn der Ausgleich etwa geblockt als Zusatzurlaub genommen wird, senkt dies selbstverständlich auch die Belastung des Arbeitnehmers gegenüber einer Ausbezahlung. Dennoch ist der Schutzeffekt geringer, als wenn der Freizeitausgleich kontinuierlich genutzt wird, um etwa Nachtschichtwochen durch Freischichten in kürzere Blöcke aufzuteilen. Denn durch diese erhält der Nachtarbeitnehmer Gelegenheit, sich auszuschlafen und es kommt zu einer Resynchronisierung der Körperfunktionen. Der Wortlaut des § 6 Abs. 5 ArbZG ent-

[757] BT-Drs. 12/5888, S. 25.

[758] BAG 24.2.1999 – 4 AZR 62/98, NZA 1999, 995, 997; BAG 31.8.2005 – 5 AZR 545/04, NZA 2006, 324 Rn. 15; BAG 11.2.2009 – 5 AZR 148/08, NJOZ 2010, 62 Rn. 12; *Raab*, ZfA 2014, 237, 246; vgl. auch § 7 Abs. 4 BUrlG.

hält keinerlei Anhaltspunkte dafür, den Zeitraum zu bestimmen, in dem der Ausgleich geschuldet wird.

Denkbar erscheint allerdings eine analoge Anwendung des Zeitraums aus § 6 Abs. 2 S. 2 ArbZG. Voraussetzungen für eine Analogie sind eine planwidrige Regelungslücke und eine vergleichbare Interessenlage.[759] Eine planwidrige Regelungslücke liegt vor, wenn keine gesetzliche Regelung besteht und diese Lücke nicht vom Gesetzgeber intendiert ist.[760] Aus der Gesetzesbegründung ist nur ersichtlich, dass der Gesetzgeber selbst keine Vorgaben zum Umfang des Ausgleichs machen wollte.[761] Weshalb keine Vorgaben zum Ausgleichszeitraum gemacht wurden, wurde nicht festgehalten. Angesichts der Tatsache, dass ein solcher beim Ausgleich der täglichen Höchstarbeitszeit geregelt wurde, kann davon ausgegangen werden, dass das Problem im Rahmen des § 6 Abs. 5 ArbZG nicht erkannt wurde.

Zusätzlich zu dieser planwidrigen Regelungslücke müsste auch die Interessenlage vergleichbar sein. Die Verkürzung des Ausgleichszeitraums bei § 6 Abs. 2 ArbZG dient dem Gesundheitsschutz der Nachtarbeitnehmer.[762] Dahinter steht der Gedanke, dass ein zeitnaher Ausgleich von Mehrarbeit eher der Erholung dient, als wenn dieser „geblockt" nach einer längeren Periode mit Mehrarbeit erfolgt. In beiden Fällen soll also durch Gewährung von Freizeit die Belastung durch Nachtarbeit ausgeglichen oder abgemildert werden. Nur geht es im einen Fall um nächtliche Mehrarbeit, im anderen um die Verkürzung der regulären Arbeitszeit. Auch die Interessenlage ist somit vergleichbar. Damit kann eine Analogie zum Ausgleichszeitraum in § 6 Abs. 2 S. 2 ArbZG gebildet werden. Die zusätzliche Freizeit ist daher innerhalb von einem Kalendermonat oder innerhalb von vier Wochen nach Erbringung der Nachtarbeit zu gewähren.

c) Tatsächliche Verringerung der Arbeitszeit

Außerdem müsste die Gewährung zusätzlicher freier, bezahlter Tage dazu führen, dass sich die Dauer der Arbeitszeit für den Arbeitnehmer durch den bezahlten Freizeitausgleich insgesamt verringert.[763] Ausgeschlossen werden müsste also die Möglichkeit, die Arbeitszeit an den anderen Arbeitstagen zu verlängern und so zu zusätzlichen Freischichten zu gelangen.[764] Denn nach dem Gesetz wäre es möglich, den Nachtarbeitnehmer beispielsweise an vier Tagen die Woche jeweils zehn Stunden zur Arbeit heranzuziehen, um am fünften Tag eine Freischicht zu gewähren. Darüber hinaus ermöglicht § 15 Abs. 1 Nr. 1 a) ArbZG der Aufsichtsbehörde sogar, in konti-

---

[759] *Beaucamp/Beaucamp*, Methoden und Technik der Rechtsanwendung, Rn. 303.

[760] *Wienbracke*, Juristische Methodenlehre, Rn. 253 f.

[761] BT-Drs. 12/5888, S. 26.

[762] BT-Drs. 12/5888, S. 26.

[763] BAG 15.7.2020 – 10 AZR 123/19, NZA 2021, 44 Rn. 28.

[764] Aus Perspektive des Gesundheitsschutzes ist daher auch die Norm des § 15 Abs. 1 Nr. 1 a) ArbZG kritisch zu betrachten.

nuierlichen Schichtbetrieben nach pflichtgemäßem Ermessen Abweichungen von der täglichen Höchstarbeitszeitgrenze des § 6 Abs. 2 ArbZG zu erlauben. Überlange Arbeitsschichten sind aber ebenfalls eine starke Gesundheitsbelastung, sodass darin keine sinnvolle Maßnahme erblickt werden kann. Die Belastung steigt nach gesicherten wissenschaftlichen Erkenntnissen mit dem Umfang der Nachtarbeit. Nachtarbeitnehmer würden also nicht entlastet, würde die Arbeitszeit bloß anders auf die Tage verteilt, ihr Gesamtumfang aber nicht verringert. Die gewöhnliche Arbeitszeit der Nachtarbeitnehmer müsste stattdessen von 40 auf 32 Stunden verkürzt werden, um einen zusätzlichen freien Tag zu erreichen. Aus § 6 Abs. 5 ArbZG ergibt sich, dass die bezahlten freien Tage *für* die während der Nachtzeit geleisteten Arbeitsstunden gewährt werden müssen. Daraus ergibt sich, dass Nachtarbeitnehmer zwingend gegenüber Tagarbeitnehmern bessergestellt werden müssen. Ihre Arbeitszeit muss daher kürzer als bei jenen sein. Orientierungspunkt ist daher die betriebsübliche Arbeitszeit und nicht allein die Zahl der wöchentlichen Arbeitstage.

Ferner dürfte der Arbeitnehmer an den freien Tagen auch nicht für andere Arbeitgeber tätig werden. Das ArbZG adressiert nur den Arbeitgeber und nimmt diesen in die Pflicht. In der Nebentätigkeit für einen anderen Arbeitgeber an einem bezahlten, freien Tag läge aber jedenfalls ein Verstoß des Nachtarbeitnehmers gegen seine vertragliche Nebenpflicht gem. § 241 Abs. 2 BGB gegenüber seinem Hauptarbeitgeber. Denn die bezahlte Freistellung dient auch dessen Interesse an einem verringerten Krankenstand. Dieses kann nur erreicht werden, wenn der Nachtarbeitnehmer den freien Tag auch tatsächlich zur Erholung nutzt.

d) Umfang der zusätzlichen freien Tage

Schließlich müssten die zusätzlichen freien Tage in ausreichender Zahl gewährt werden. Fraglich ist, inwiefern hinsichtlich des Umfangs der Freizeit der ständigen Rechtsprechung des Bundesarbeitsgerichts gefolgt werden kann. Diese legt das Merkmal „angemessen“ in § 6 Abs. 5 ArbZG so aus, dass regelmäßig ein Zuschlag von 25 % zu gewähren ist.[765] Außerdem seien Zuschlag und Freizeit in gleicher Höhe zu gewähren.[766] Eine Orientierung an diesem Wert hat den Vorteil, dass mit der Umstellung von monetären Zuschlägen auf Freizeitgewährung nur eine geringe finanzielle Mehrbelastung der Arbeitgeber einherginge.

Das Problem ist aber, dass das Bundesarbeitsgericht diesen Wert aus einem Durchschnitt untersuchter Tarifverträge gebildet hat, die Geldzuschläge geregelt hatten (E. I. 2. e) und 3. Kapitel A. II. 5. c) aa)). Dieser Wert kann daher nicht

[765] StRspr. seit BAG 5.9.2002 – 9 AZR 202/01, NZA 2003, 563, 566; BAG 27.5.2003 – 9 AZR 180/02, AP ArbZG, § 6 Nr. 5 unter I. 4. a) aa); zuletzt BAG 25.4.2018 – 5 AZR 25/17, NZA 2018, 1145 Rn. 43; BAG 15.7.2020 – 10 AZR 123/19, NZA 2021, 44 Rn. 30, 32.

[766] BAG 1.2.2006 – 5 AZR 422/04, NZA 2006, 494 Rn. 22; BAG 9.12.2015 – 10 AZR 423/14, NZA 2016, 426 Rn. 20; zustimmend etwa *Baeck/Deutsch/Winzer*, ArbZG, § 6 Rn. 85b; BeckOK ArbR/*Kock*, ArbZG, § 6 Rn. 30; Buschmann/Ulber/*Ulber*, ArbZR, § 6 Rn. 65; HWK/*Gäntgen*, ArbZG, § 6 Rn. 18b.

umstandslos auf den angemessenen Umfang des Freizeitausgleichs übertragen werden. Denn was die Tarifparteien als angemessenen Zuschlag für Nachtarbeit angesehen haben, folgt bestimmten Verteilungsregeln im Rahmen von Tarifverhandlungen, ist von Besonderheiten der jeweiligen Branche und der wirtschaftlichen Lage abhängig und wird auch durch die steuer- und abgabenrechtlichen Regeln zur teilweisen Befreiung von Nachtzuschlägen beeinflusst. Alle diese Faktoren haben aber nichts mit der Frage zu tun, in welchem Umfang freie Tage gewährt werden müssten, damit ein wirksamer Schutz der Nachtarbeitnehmer gewährleistet wird. Hierbei handelt es sich um eine Frage, die nicht von den Tarifparteien, sondern in erster Linie von der Arbeitsmedizin und -wissenschaft zu beantworten ist.

Stattdessen wäre die Arbeitszeit in größerem Umfang zu verkürzen. Nach Auffassung der Bundesanstalt für Arbeitsschutz und Arbeitsmedizin sollten auf sechs Arbeitstage, davon zwei Nachtschichten, vier freie Tage folgen.[767] Dies entspricht einer Wochenarbeitszeit von 33,5 Stunden. Auf das Jahr gerechnet ergeben sich daraus, abhängig von der Zahl der Feiertage, ungefähr vier Arbeits- und drei freie Tage pro Woche. Die Arbeitszeit ist somit um circa 17% verringert. Allerdings bezieht sich dies nicht nur auf die Nachtarbeitsstunden, sondern auf die gesamte Arbeitszeit. Lediglich auf die Nachtarbeit gerechnet, betrüge der Zuschlag bei einem Dreischichtsystem damit 51%.

4. Verfassungskonforme Auslegung des § 6 Abs. 1 ArbZG

Möglicherweise kann darüber hinaus auch § 6 Abs. 1 ArbZG verfassungskonform so ausgelegt werden, dass die Norm zur Erfüllung des grundrechtlich geschuldeten Schutzes beiträgt. Danach ist die Arbeitszeit der Nacht- und Schichtarbeitnehmer nach den gesicherten arbeitswissenschaftlichen Erkenntnissen über die menschengerechte Gestaltung der Arbeit festzulegen. Wie oben dargestellt, ist die von mehreren unbestimmten Rechtsbegriffen geprägte Norm sehr auslegungsbedürftig und juristisch derart umstritten, dass daraus eine große Rechtsunsicherheit resultiert (siehe ausführlich 3. Kapitel A. II. 1.). In einer älteren Grundsatzentscheidung sah das BAG keine gesicherten arbeitswissenschaftlichen Erkenntnisse zur Nachtarbeit vorliegen.[768] Eine neuere Entscheidung fehlt, sodass die Norm praktisch keine Wirkung entfaltet.

---

[767] So Frank Brenscheidt in einem Interview, unter: https://www.zeit.de/arbeit/2019-11/schichtarbeit-gesundheit-risiken-sozialleben/komplettansicht (zuletzt abgerufen am 1.10.2024). Siehe auch *BAuA*, Leitfaden zur Einführung und Gestaltung von Nacht- und Schichtarbeit, S. 21 zu einem ähnlichen Modell.

[768] BAG 11.2.1998 – 5 AZR 472/97, NZA 1998, 647, 647.

a) *Unzulässigkeit der Anordnung von Dauernachtarbeit*

Bisher wenig im Fokus der juristischen Diskussion stand die Frage, ob die Anordnung von Dauernachtarbeit eigentlich mit den Vorgaben dieser Norm in Einklang steht. In Deutschland arbeiten ca. zwei Prozent der Arbeitnehmer ausschließlich nachts.[769] Von diesen arbeiten ungefähr 31 % in Teilzeit, die restlichen 69 % allerdings in Vollzeit mit durchschnittlich 46 Stunden pro Woche.[770] Es handelt sich um die Form der Nachtarbeit, die mit den stärksten gesundheitlichen Belastungen verbunden ist, weil diese mit dem Umfang der Nachtarbeit steigen.

aa) Auslegung der Begriffe „arbeitswissenschaftlich gesicherte Erkenntnisse über die menschengerechte Gestaltung der Arbeit"

Fraglich ist, ob dies arbeitswissenschaftlich gesicherten Erkenntnissen über die menschengerechte Gestaltung der Arbeit entspricht. Wäre dies der Fall, wäre die Anordnung von Dauernachtarbeit unwirksam. Dafür ist zunächst eine Auslegung dieser Begriffe erforderlich. Die juristischen Meinungsverschiedenheiten entzünden sich zum einen an der Frage, wann von gesicherten Erkenntnissen auszugehen ist: Müssen sie dafür von der Mehrheit[771], den allermeisten[772] oder der Allgemeinheit[773] der mit der empirischen Forschung befassten Personen geteilt werden? Zum anderen ist problematisch, was menschengerechte Gestaltung der Arbeit meint: Ist das Merkmal objektivierbar[774] oder ist auf den individuellen Arbeitnehmer und dessen Anpassung an die Nachtarbeit abzustellen[775]?

Eine am Willen des Gesetzgebers[776] und den Vorgaben der Verfassung orientierte Auslegung muss diese Begriffe so verstehen, dass die Norm praktisch wirksam wird. Die Voraussetzung, dass die Allgemeinheit der Fachwelt eine Ansicht teilt, geht daher zu weit. Denn Wissenschaft lebt vom Streit unterschiedlicher Meinungen, weshalb es wünschenswert ist, dass unterschiedliche Hypothesen und Ansichten zur Diskussion gestellt werden. Wissenschaft als Methode zur Erkenntnis der Wahrheit würde aber ad absurdum geführt, wenn jede abweichende Meinung eine Art Sperrwirkung entfalten könnte. Es bestreiten auch wissenschaftlichen Publikationen, dass der Klimawandel durch die Menschheit beeinflusst werde. Dennoch handelt es sich um einen wissenschaftlichen Konsens, dass das Gegenteil der

---

[769] *Strauß/Brauner*, Dauernachtarbeit in Deutschland, S. 1.

[770] *Strauß/Brauner*, Dauernachtarbeit in Deutschland, S. 2.

[771] *Anzinger/Koberski*, ArbZG, § 6 Rn. 29; HPS/*Lorenz*, ArbZR, § 6 Rn. 31; MHdB ArbR/*Koberski*, § 184 Rn. 21; ähnlich: ErfK/*Roloff*, ArbZG, § 6 Rn. 3: „vorherrschend".

[772] *Schliemann*, ArbZG, § 6 Rn. 20.

[773] *Baeck/Deutsch/Winzer*, ArbZG, § 6 Rn. 20; *Ebert*, ArbRB 2016, 246, 247.

[774] *Schliemann*, ArbZG, § 6 Rn. 15: „bedarf noch näherer Untersuchung".

[775] So *Neumann/Biebl*, ArbZG, § 6 Rn. 8.

[776] BT-Drs. 12/5888, S. 25.

Fall ist und die von der Menschheit verursachten Emissionen einen entscheidenden Einfluss auf die Erderwärmung haben. Es muss daher genügen, dass eine bestimmte Erkenntnis von den allermeisten Fachleuten geteilt wird. Das Gleiche gilt für die Auslegung des Merkmals der menschengerechten Gestaltung. Die Vertreter der Ansicht, wonach dieses Merkmal subjektiv zu beurteilen sei, gestehen selbst zu, dass dies nicht feststellbar sei.[777] Dies führte aber dazu, dass der Norm kein Anwendungsbereich zukäme. Es genügt daher, dass eine Maßnahme der Arbeitszeitgestaltung aus objektiver Sicht zur Vermeidung von Belastungen beiträgt.

bb) Anwendung auf die Anordnung von Dauernachtarbeit

Nach der BAuA legen gesicherte arbeitswissenschaftliche Erkenntnisse nahe, dass möglichst wenige aufeinanderfolgende Nachtschichten gearbeitet und nach einer Nachtschichtphase eine möglichst lange Ruhephase eingehalten werden sollte.[778] Auch das BAG hat zu § 6 Abs. 5 ArbZG mehrfach ausgeurteilt, dass nach derzeitigem arbeitsmedizinischem Stand die Belastung durch die Anzahl der Nächte pro Monat und die Anzahl der Nächte hintereinander, in denen Nachtarbeit geleistet wird, steige.[779] Sowohl die Anzahl der Nachtschichten pro Monat als auch in Folge ist bei Dauernachtarbeit besonders hoch. Dass daraus eine besonders starke Belastung resultiert, wird nicht bestritten. Zugleich läuft diese Arbeitsgestaltung dem biologischen Rhythmus des menschlichen Körpers und der sozialen Rhythmik der menschlichen Gesellschaft in einem Maß zuwider, dass bei der Anordnung von Dauernachtarbeit nicht mehr von menschengerechter Gestaltung gesprochen werden kann. Letztlich ist es dabei auch unerheblich, ob auf die objektive oder subjektive Gestaltung abgestellt wird, weil es auch bei der Unterscheidung nach unterschiedlichen Chronotypen keine Menschen gibt, bei denen ein im Vergleich zum „Normalmenschen“ gänzlich umgekehrter Tag-Nacht-Rhythmus vorläge, sodass diesen die Erbringung von Dauernachtarbeit entspräche.

cc) Gesetzlicher Schutzbedarf auch bei „freiwilliger“ Dauernachtarbeit

Dass Nacht- und auch Dauernachtarbeit ausnahmslos aufgrund vertraglicher Verpflichtungen geschieht, ändert schon grundsätzlich nichts daran, dass der Staat verpflichtet ist, schützend einzugreifen.[780] Der gesetzliche Schutzbedarf erhöht sich bei Dauernachtarbeit aber noch dadurch, dass diese häufig genutzt wird, damit die bisher beschäftigten Arbeitnehmer auch weiterhin nur zur Tageszeit arbeiten müssen, wenn Nachtarbeit neu eingeführt wird. Die Nachtarbeit wird daher von einer eigens rekru-

---

[777] *Neumann/Biebl*, ArbZG, § 6 Rn. 8.

[778] *Strauß/Brauner*, Dauernachtarbeit in Deutschland, S. 3.

[779] BAG 11.12.2013 – 10 AZR 736/12, NZA 2014, 669 Rn. 19; BAG 9.12.2015 – 10 AZR 423/14, NZA 2016, 426 Rn. 17; BAG 9.12.2015 – 10 AZR 156/15, NZA 2016, 1021 Rn. 21; BAG 21.3.2018 – 10 AZR 34/17, NZA 2019, 622 Rn. 49.

[780] BVerfG 28.1.1992 – 1 BvR 1025/84, 1 BvL 16/83, 1 BvL 10/91, E 85, 191, 213.

tierten Schicht, die durch die Zahlung von Zuschlägen zu dieser körperlich und sozial ruinösen Arbeitsform motiviert wird, übernommen. Davon profitiert die bestehende Belegschaft, die von Nachtarbeit verschont bleibt. Deshalb können auch diese Arbeitnehmer sowie Betriebsrat und Gewerkschaft ein Interesse haben, die Dauernachtarbeit beizubehalten. Die Rechtfertigung ist, dass sich die in ihr Beschäftigten doch freiwillig dazu bereiterklärt hätten. Der Staat aber darf sich diese Erwägung, die den Gesundheitsschutz der Betroffenen vernachlässigt, keinesfalls zu Eigen machen. Vielmehr muss er auch und gerade die Grundrechte dieser besonders gefährdeten Arbeitnehmer durch gesetzliche Vorschriften schützen.

dd) Ergebnis für Dauernachtarbeiter in Vollzeit

§ 6 Abs. 1 ArbZG ist daher durch die Judikative so auszulegen, dass er der Anordnung von Dauernachtarbeit entgegensteht. Dies gilt jedenfalls, sofern der Nachtarbeitnehmer in Vollzeit tätig ist. Anders mag dies bei der Ausübung in kurzer Teilzeit zu beurteilen sein. So könnte die Erbringung von zwei Nachtdiensten in der Woche noch gesundheitsverträglich sein, vorausgesetzt selbstverständlich, dass der Arbeitnehmer lediglich in diesem geringen Stundenumfang arbeitet und somit mehr Erholungszeit hat. Keinesfalls aber kann es gebilligt werden, dass Arbeitnehmer in Vollzeit dauerhaft nur nachts tätig werden.

b) Vorgaben für die Schichtplangestaltung

Darüber hinaus könnte § 6 Abs. 1 ArbZG verfassungskonform so auszulegen sein, dass weitere Erkenntnisse zur Schichtplangestaltung berücksichtigt werden müssen. Dies hatte der Gesetzgeber des ArbZG vor Augen, nach dem Befindlichkeitsstörungen nicht nur aus der Tatsache der Nachtarbeit folgen, sondern auch aus unzureichend gestalteten Arbeitszeitsystemen bzw. Schichtplänen.[781] Genannt werden in der Gesetzesbegründung sodann die Zahl der Schichtbelegschaften, die Länge der Arbeitszeit, die Form und Richtung des Schichtwechsels, die Laufzeit des Schichtsystems und die Anzahl der aufeinanderfolgenden Nachtschichten.[782] Empfehlungen dazu weisen einen großen Teil übereinstimmender Vorschläge auf, die zu einer gesünderen Gestaltung der Nachtarbeit beitragen können, wenn sie auch deren Gefährlichkeit nicht ausschließen. Beispiele sind der Vorwärtswechsel der Schichten und die Einteilung in möglichst kurze Nachtschichtblöcke mit anschließender Erholungszeit.

Problematisch ist, dass Arbeitnehmer häufig längere Nachtschichtblöcke bevorzugen, weil bei diesen die Beteiligung am Sozialleben leichter planbar und gewährleistet ist. Es kommt somit zu einer Kollision verschiedener Grundrechte des Nachtarbeitnehmers. Auch die Vereinbarkeit von Familie und Beruf ist Bestandteil einer menschengerechten Gestaltung der Arbeit. Es kann daher nicht davon ausge-

---

[781] BT-Drs. 12/5888, S. 25.

[782] BT-Drs. 12/5888, S. 25.

gangen werden, dass der Gesetzgeber den Grundrechten auf Leben und körperliche Unversehrtheit bei Schaffung der Norm den Vorrang geben wollte. Denkbar wäre, dem durch differenzierende Regelungen nach Betroffenheit oder durch Wahlregelungen gerecht zu werden. Daraus können aber natürlich ein erhöhter Planungsbedarf und ein stärkerer Eingriff in die Grundrechte des Arbeitgebers resultieren. Hier die genaue Abwägung vorzunehmen, ist Aufgabe des Gesetzgebers.

Im Rahmen der verfassungskonformen Auslegung können somit nur die „unkritischen" Punkte, die in den verschiedenen Empfehlungen übereinstimmen, in die Norm hineingelesen werden. Dies sind vor allem der Vorwärtswechsel der Schichten und die Gewährung ausreichend langer Erholungszeiträume von mehreren Tagen nach Nachtschichten.

III. Verfassungsprozessuale Möglichkeiten und Entscheidung des BVerfG

Sollte das Bundesarbeitsgericht der Ansicht sein, dass eine verfassungskonforme Auslegung in der dargestellten Weise nicht möglich ist, so ist der Normkomplex verfassungswidrig, weil er hinter dem geschuldeten Mindestschutz zurückbleibt. Es stellte sich dann die Frage, was daraus prozessual folgt.

1. Richtervorlage gem. Art. 100 Abs. 1 S. 1 GG bei Schutzpflichtverletzung

Art. 100 Abs. 1 S. 1 GG sieht für den Fall, dass ein Gericht ein Gesetz, auf dessen Gültigkeit es bei der Entscheidung ankommt, für verfassungswidrig hält, die Verpflichtung vor, dies dem Bundesverfassungsgericht zur Entscheidung vorzulegen.

Ob diese konkrete Normenkontrolle oder Richtervorlage im Fall der Verletzung einer Schutzpflicht durch ein Unterlassen des Gesetzgebers möglich ist, ist umstritten. Zu unterscheiden ist zwischen dem gänzlichen Untätigbleiben des Gesetzgebers (sog. echtes Unterlassen) und einer unzureichenden gesetzlichen Regelung (sog. unechtes Unterlassen). Für die Alternative des echten Unterlassens wird die konkrete Normenkontrolle ganz überwiegend mit Verweis auf den Wortlaut des Art. 100 Abs. 1 GG abgelehnt, weil kein kontrollfähiges „Gesetz" im Sinne der Norm vorliege.[783] Für die Alternative des unechten Unterlassens hingegen wird die Möglichkeit der Richtervorlage in Rechtsprechung und Literatur fast allgemein

[783] BVerfG 26.7.2016 – 1 BvL 8/15, BeckRS 2016, 50313 Rn. 54; BVerfG 3.11.2021 – 1 BvL 1/19, NVwZ 2022, 59 Rn. 51; *Benda/Klein/Klein*, Verfassungsprozessrecht, Rn. 820; DHS/*Dederer*, GG, Art. 100 Rn. 83; *Lechner/Zuck*, BVerfGG, § 80 Rn. 17a; *Ruffert*, Vorrang der Verfassung und Eigenständigkeit des Privatrechts, S. 226 f.; Schmidt-Bleibtreu/Klein/Bethge/*Müller-Terpitz*, BVerfGG, § 80 Rn. 118 ff.; a.A. *Grimm*, in: FS Jaeger, S. 759, 763 ff. m.w.N. auf S. 759, Fn. 2.

bejaht.[784] Denn im Gegensatz zum echten Unterlassen des Gesetzgebers liegt in dieser Konstellation ein Gesetz vor, dessen Gültigkeit entscheidungserheblich sein kann, sodass kein Widerspruch zum Wortlaut des Art. 100 Abs. 1 S. 1 GG besteht. Die konkrete Normenkontrolle wird in diesem Fall nicht zum Instrument, ein vom Gericht für geboten gehaltenes, allgemeines gesetzgeberisches Tätigwerden zu erzwingen, wofür sie nach dem Bundesverfassungsgericht nicht gedacht sei.[785] Vielmehr prüft die Judikative nur, ob ein bestehendes Gesetz verfassungskonform ist und verpflichtet den Gesetzgeber gegebenenfalls zur verfassungskonformen Neugestaltung.

Im vorliegenden Fall der Arbeitszeit der Nachtarbeitnehmer ist die Legislative tätig geworden und hat in § 6 ArbZG eine Regelung geschaffen, die aber dem grundrechtlichen Schutzauftrag nicht genügt. Lehnte man die verfassungskonforme Auslegung ab, so handelt es sich um einen Fall des unechten Unterlassens des Gesetzgebers. Eine Vorlage zum Bundesverfassungsgericht gem. Art. 100 Abs. 1 S. 1 GG durch das Bundesarbeitsgericht ist daher möglich. Mehr als das, sie ist sogar geboten, wenn das BAG sich gehindert sieht, eine verfassungskonforme Auslegung der Normen zur Nachtarbeit vorzunehmen. Denn im anderen Fall droht, dass der betreffende Rechtsstreit aufgrund einer Rechtslage entschieden wird, die dem verfassungsrechtlich Vorgeschriebenen nicht gerecht wird, was Art. 100 GG gerade verhindern möchte.[786] Kann die Verfassungswidrigkeit also durch Auslegung nicht oder nur unter Überschreitung der Grenzen der Vertretbarkeit korrigiert werden, ist die Vorlage zum Bundesverfassungsgericht verpflichtend. Die Nichtvorlage stellt in diesen Fällen den Entzug des gesetzlichen Richters gem. Art. 101 Abs. 1 S. 2 GG dar.[787]

2. Verfassungsbeschwerde bei Schutzpflichtverletzung

Sollte das BAG das Schutzkonzept des § 6 ArbZG nicht verfassungskonform auslegen, aber auch nicht dem BVerfG vorlegen, so käme zudem eine Verfassungsbeschwerde eines Nachtarbeitnehmers in Betracht. Auch diese ist zulässig, sofern es

---

[784] BVerfG 16.1.2013 – 1 BvR 2004/10, NJW 2013, 1148 Rn. 21; BVerfG 26.7.2016 – 1 BvL 8/15, BeckRS 2016, 50313 Rn. 55; BVerfG 3.11.2021 – 1 BvL 1/19, NVwZ 2022, 59 Rn. 51; *Benda/Klein/Klein*, Verfassungsprozessrecht, Rn. 821; *Grimm*, in: FS Jaeger, S. 759, 760 f.; JP/*Kment*, GG, Art. 100 Rn. 9; *Lechner/Zuck*, BVerfGG, § 80 Rn. 17a; *Ruffert*, Vorrang der Verfassung und Eigenständigkeit des Privatrechts, S. 227 f.; Schmidt-Bleibtreu/Klein/Bethge/*Müller-Terpitz*, BVerfGG, § 80 Rn. 121; a.A. wohl Sachs/*Detterbeck*, GG, Art. 100 Rn. 7.

[785] BVerfG 26.7.2016 – 1 BvL 8/15, BeckRS 2016, 50313 Rn. 54.

[786] *Grimm*, in: FS Jaeger, S. 759, 764.

[787] BVerfG 16.12.2014 – 1 BvR 2142/11, NVwZ 2015, 510 Rn. 71 für den Fall, dass ein Gesetz in unvertretbarer Weise verfassungskonform ausgelegt und deshalb nicht vorgelegt wurde.

ein gesetzgeberisches Handeln gibt, welches aber keinen hinreichenden Schutz bietet und somit die Schutzpflicht verletzt.[788]

Denkbar wäre eine Klage auf Gewährung von Freizeit anstelle des Zuschlags vor den Fachgerichten. Eine abschlägige Entscheidung des BAG könnte mit einer Urteilsverfassungsbeschwerde gem. Art. 93 Abs. 1 Nr. 4a GG angegriffen werden. Dabei wären die Besonderheiten, die aus der Schutzpflichtenkonstellation folgen, zu berücksichtigen.[789] In der Zulässigkeit wäre schlüssig darzulegen, dass § 6 ArbZG in seiner Auslegung durch das BAG insgesamt nicht der grundrechtlichen Schutzpflicht genügt und somit eine Verletzung unter anderem der Grundrechte aus Art. 2 Abs. 2 S. 1 GG möglich erscheint. Durch die Anordnung des Arbeitgebers, Nachtarbeit zu leisten, wäre der Nachtarbeitnehmer selbst, gegenwärtig und unmittelbar betroffen. Nach Befassung des BAG wäre auch der Rechtsweg erschöpft und dem Gebot der Subsidiarität Genüge getan.

3. Entscheidung des BVerfG

Das BVerfG hätte gem. § 95 Abs. 1 S. 1 BVerfGG festzustellen, welche Grundrechte durch die ungenügenden Normen verletzt werden. Von einer Nichtigerklärung wäre abzusehen. Denn diese führt bei unzureichenden Schutznormen regelmäßig zu einem Zustand, der noch verfassungswidriger ist.[790] Stattdessen müsste das BVerfG dem Gesetzgeber aufgeben, innerhalb einer bestimmten Frist eine verfassungskonforme Neuregelung vorzunehmen.

IV. Ergebnis

Die Verfassungswidrigkeit des Schutzkonzepts zugunsten der Nachtarbeitnehmer ist vorrangig durch eine verfassungskonforme Neuregelung zu beheben. Eine mögliche gesetzliche Neuregelung wird im abschließenden Kapitel dieser Arbeit skizziert (siehe 7. Kapitel E.).

Es ist aber auch eine verfassungskonforme Auslegung möglich und geboten. Festzuhalten ist dabei: Im Rahmen von § 6 Abs. 5 ArbZG sind vorrangig zusätzliche freie Tage zu gewähren, um die Belastungen der Nachtarbeit abzumildern. Ein freies Wahlrecht des Arbeitgebers besteht nicht. Dabei ist analog auf den Zeitraum des § 6 Abs. 2 ArbZG zurückzugreifen, damit die zusätzliche Freizeit relativ zeitnah zur Nachtarbeit gewährt wird. Nur in Ausnahmefällen, insbesondere bei Beendigung des Arbeitsverhältnisses, darf ein Zuschlag anstelle der Freizeit ausgezahlt

[788] BVerfG 24.3.2021 – 1 BvR 2656/18, 1 BvR 78/20, 1 BvR 96/20, 1 BvR 288/20, E 157, 30 Rn. 91 f., 95; Dreier/*Wieland*, GG, Art. 93 Rn. 93; MKS/*Voßkuhle*, GG, Art. 93 Rn. 176; *Möstl*, DÖV 1998, 1029, 1032; Sachs/*Detterbeck*, GG, Art. 93 Rn. 86.

[789] Ausführlich *Möstl*, DÖV 1998, 1029, 1030 ff.

[790] *Möstl*, DÖV 1998, 1029, 1039.

werden. Dauernachtarbeit darf jedenfalls bei Arbeitnehmern, die in Vollzeit arbeiten, gem. § 6 Abs. 1 ArbZG nicht angewiesen werden, weil sie keine menschengerechte Gestaltung der Arbeitszeit ist. Zudem ist bei der Schichtplangestaltung darauf zu achten, dass die Schichten vorwärts rollieren und nach Nachtschichtblöcken mehrere Tage Zeit zur Erholung gewährt werden.

Hält das BAG eine derartige Auslegung für unmöglich, so ist der Normkomplex gem. Art. 100 Abs. 1 S. 1 GG dem Bundesverfassungsgericht vorzulegen, damit es das gesetzliche Regelungskonzept erneut beurteilen kann. Unterbleibt dies, könnte ein Nachtarbeitnehmer Verfassungsbeschwerde gem. Art. 93 Abs. 1 Nr. 4a GG erheben, mit der ein unechtes Unterlassen des Gesetzgebers gerügt werden kann. Das Bundesverfassungsgericht müsste dem Gesetzgeber aufgeben, eine verfassungskonforme Neuregelung zu treffen.

G. Resümee

Die verfassungsrechtliche Prüfung hat gezeigt, dass der gesetzliche Schutz nicht den Vorgaben der Verfassung genügt. Die Rechtslage ist somit verfassungswidrig.

Die nationalen Grundrechte sind parallel zum Unionsrecht anwendbar, weil dieses den Mitgliedstaaten bei der Regelung der Nachtarbeit Spielräume belässt und die Materie nicht vollständig harmonisiert. Aus den Grundrechten erwachsen Schutzpflichten, die den Staat verpflichten, einen Mindestschutz des Nachtarbeitnehmers bei der Anordnung von Nachtarbeit durch den Arbeitgeber zu schaffen. Dies gilt, obwohl das Weisungsrecht des Arbeitgebers aus freiwillig begründeten Arbeitsverhältnissen resultiert. Denn das Arbeitsverhältnis ist typischerweise von der strukturellen Unterlegenheit des Arbeitnehmers geprägt, sodass gesetzliche Einschränkungen der Vertragsfreiheit notwendig sind, damit die privatautonome Selbstbestimmung nicht in eine Fremdbestimmung durch den überlegenen Arbeitgeber umschlägt.

Ein gesetzlicher Schutz wurde mit § 6 ArbZG im Jahr 1994 erlassen. Dieser ist am Untermaßverbot zu messen. Das Problem einer derartigen Prüfung ist, dass zwar festgestellt werden kann, dass eine Schutzpflicht besteht, aber schwer zu prüfen ist, ob diese erfüllt wurde, weil die Schutzpflicht dem Gesetzgeber nur in seltenen Fällen konkrete Handlungen aufgibt. Im Normalfall besteht ein Spielraum des Gesetzgebers und die Schutzwirkung der ergriffenen Maßnahmen ist nur schwer quantifizierbar. Die Gegenüberstellung der verfassungsrechtlichen Positionen des Nachtarbeitnehmers, des Arbeitgebers und der Allgemeinheit konnte dennoch einige Klarheit schaffen. Dass der bestehende Schutz, der im Jahr 1994 erlassen wurde, noch ausreicht, ist schon deshalb zu bezweifeln, weil den Grundrechten des Nachtarbeitnehmers ein größeres Gewicht zukommt, als damals eingestellt wurde. Aufgrund neuer Erkenntnisse ist mittlerweile bekannt, dass Nachtarbeit noch gesundheitsschädlicher ist, als seinerzeit angenommen wurde und potenziell zum Tod führen kann. Zudem wurden die Grundrechte, die das Sozialleben des Nachtarbeitnehmers schützen, weder in der Entscheidung des Bundesverfassungsgerichts von 1992, noch in § 6 ArbZG ihrem Gewicht entsprechend berücksichtigt. Der Gesetzgeber ist verpflichtet, präventiv tätig zu werden, um einen Mindestschutz der Gesundheit und des Soziallebens des Nachtarbeitnehmers sicherzustellen, bevor Schädigungen eintreten. Dafür ist der individuelle Umfang der Nachtarbeit auf ein erträgliches Maß zu beschränken. Eine Kommerzialisierung der Arbeitnehmergrundrechte ohne effektiven Schutz ist dem Gesetzgeber hingegen verwehrt und erfüllt die Schutzpflicht nicht.

Gemessen daran ist die gesetzliche Regelung in § 6 ArbZG nicht genügend. Fokussiert wurde auf § 6 Abs. 5 ArbZG, weil die anderen Absätze der Norm nur einen geringen präventiven Schutz bringen, wie bereits zuvor herausgearbeitet wurde (siehe 3. Kapitel A. II., E.). Zuschläge gem. § 6 Abs. 5 Alt. 2 ArbZG schützen weder die Gesundheit, noch das Sozialleben der Nachtarbeitnehmer. Dies gilt nicht nur dort, wo eine Lenkungswirkung zur Tagarbeit gar nicht eintreten kann, weil Nachtarbeit unentbehrlich ist, etwa im Gesundheitswesen und der Altenpflege. Auch dort, wo Nachtarbeit grundsätzlich entbehrlich wäre, aber aus wirtschaftlichen Gründen angeordnet wird, schützen die Zuschläge nicht mit ausreichender Sicherheit die Nachtarbeitneher. Denn sie sind nicht auf den einzelnen Arbeitnehmer als Grundrechtsträger bezogen, sondern auf die abstrakte Allgemeinheit aller Nachtarbeitnehmer. Sie ermöglichen, den Schutz unter wirtschaftliche Erwägungen des Arbeitnehmers unterzuordnen und damit eine Kommerzialisierung der Grundrechte, die dem Gesetzgeber gerade verwehrt ist. Und außerdem sorgen sie empirisch nicht für eine Beschränkung der Nachtarbeit, sondern behindern sogar effektiven Arbeitsschutz, indem sie einen Fehlanreiz für Arbeitnehmer setzen, an der Nachtarbeit festzuhalten. Etwas anderes gilt für die in § 6 Abs. 5 Alt. 1 ArbZG vorgesehene Arbeitszeitverkürzung. Nach der Auslegung der herrschenden Meinung kann der Arbeitgeber jedoch frei zwischen beiden Alternativen wählen und in der Praxis werden fast nur Zuschläge gezahlt. Deshalb ist der Schutz insgesamt unzureichend. Daran ändert auch § 6 Abs. 1 ArbZG nichts, weil die Norm unbestimmt und ineffektiv ist. Damit ist das Untermaßverbot verletzt, weil die gesetzlichen Maßnahmen offensichtlich ungeeignet sind, das Schutzziel zu erreichen oder jedenfalls erheblich dahinter zurückbleiben.

Der Gesetzgeber ist verpflichtet, eine neue, verfassungskonforme Regelung zu erlassen, die klar und bestimmt für alle Rechtsanwender regelt, wie Nachtarbeitnehmer zu schützen sind. Daneben ist die Rechtsprechung verpflichtet, § 6 Abs. 5 ArbZG verfassungskonform so auszulegen, dass die Gewährung zusätzlicher freier Tage vorrangig vor der Zuschlagszahlung ist. Außerdem ist § 6 Abs. 1 ArbZG so auszulegen, dass Dauernachtarbeit in Vollzeit unzulässig ist, weil diese nicht mit den Anforderungen des § 6 Abs. 1 ArbZG für eine menschengerechte Festlegung der Arbeitszeit in Einklang steht. Sollten sich die Gerichte an einer entsprechenden Auslegung gehindert sehen, ist das BVerfG mit der Thematik zu befassen, sodass dieses den Gesetzgeber erneut in die Pflicht nehmen kann.

5. Kapitel

Unionsrechtswidrigkeit des § 6 Abs. 5 ArbZG

Diese Arbeit folgt der These, dass der gesetzliche Schutz bei Nachtarbeit nicht den Anforderungen des höherrangigen Rechts genügt (siehe 1. Kapitel A. V.). Nachdem dies für das Verfassungsrecht belegt wurde, ist nun das Unionsrecht als weitere höherrangige Rechtsquelle in den Blick zu nehmen. Darzulegen ist, dass die Gesetzeslage auch nicht den Vorgaben des Unionsrechts genügt. Konkret geht es dabei um die Arbeitszeit-Richtlinie, die im Lichte des Primärrechts auszulegen ist. Dabei ist unerheblich, ob man die vorstehende Auffassung zur Verfassungswidrigkeit der derzeitigen Gesetzeslage teilt. Denn das Unionsrecht kommt im Fall der Nachtarbeit parallel zum Verfassungsrecht zur Anwendung (siehe 4. Kapitel A.). Es macht dem Gesetzgeber ebenso wie das Verfassungsrecht Vorgaben für einen Mindestschutz hinsichtlich der Gesundheit und des Soziallebens der Nachtarbeitnehmer, die dieser zwingend erfüllen muss. Dabei ist es durchaus möglich, dass eine nationale Norm das Unionsrecht verletzt, auch wenn sie nicht gegen nationale Grundrechte verstößt.

Auch wenn der Nachtarbeit ein ganzes Kapitel der ArbZ-RL gewidmet ist (Kapitel 3 über Nachtarbeit, Schichtarbeit und Arbeitsrhythmus), wird dabei auf Art. 12 a) ArbZ-RL fokussiert. Der gewählte Fokus ist dadurch begründet, dass § 6 Abs. 5 ArbZG aufgrund seiner Bedeutung im Mittelpunkt der vorliegenden Untersuchung steht – und diese Norm setzt Art. 12 a) ArbZ-RL um, wie zu zeigen ist (A.). Bei der Prüfung der Unionsrechtskonformität von § 6 Abs. 5 ArbZG schließt sich dann der Kreis zur bisherigen Prüfung: Ist die vom BAG angenommene Gleichrangigkeit der beiden Alternativen des § 6 Abs. 5 ArbZG – Gewährung freier Tage und Zahlung eines Zuschlags – mit höherrangigem Recht vereinbar oder besteht ein Vorrang des Freizeitausgleichs?

Bevor dies beantwortet werden kann, ist jedoch zunächst eine umfassende Auslegung des Art. 12 a) ArbZ-RL notwendig (B.). Rechtsprechung und Literatur haben sich nämlich bisher nur äußerst knapp dazu geäußert, welche Maßnahmen diese Norm den Mitgliedstaaten vorgibt. In die Auslegung wird auch das Recht der ILO einbezogen, auf das ErwG 6 ArbZ-RL verweist. In diesem Zusammenhang ist die grundlegende Frage zu klären, in welchem Verhältnis das Recht der Europäischen Union zum Arbeitsvölkerrecht der ILO steht. Trotz einer weitgehenden Konvergenz der Regelungen zum Arbeitszeitrecht gab es in der Vergangenheit, insbesondere auf dem Feld der Nachtarbeit, auch Konflikte zwischen den Rechtsordnungen und die EU ist mangels Mitgliedschaft in der ILO auch nicht unmittelbar an deren Recht gebunden.[1]

Entscheidend für die Auslegung des Art. 12 a) ArbZ-RL sind schließlich die Vorgaben des Primärrechts, weil bei mehreren möglichen Auslegungsergebnissen das primärrechtskonforme zu wählen ist. Auf dem Weg dorthin sind grundlegende Fragen zu Art. 31 GRCh und den europäischen Grundrechten im Allgemeinen zu beantworten. So ist umstritten, ob Art. 31 GRCh den Schutz der Nachtarbeitnehmer umfasst und welcher seiner beiden Absätze einschlägig ist. Zudem stellt sich die Frage, ob den europäischen Grundrechten ebenso wie den deutschen Grundrechten neben ihrer Abwehrfunktion weitere Dimensionen inhärent sind. Insbesondere, ob sich aus ihnen (im Rahmen der Kompetenzen der EU) Schutzpflichten ergeben, zu deren Erfüllung die ArbZ-RL beitragen könnte.[2] Auf Grundlage dieser Erkenntnisse wird ermittelt, welche Maßnahmen Art. 12 a) ArbZ-RL den Mitgliedstaaten zur Umsetzung aufgibt.

Anschließend kann § 6 Abs. 5 ArbZG daran gemessen werden, um festzustellen, ob das deutsche Recht unionsrechtskonform ist (C.). Die Norm erweist sich als nicht unionsrechtskonform, weshalb Möglichkeiten der Korrektur dieses Zustands zu erörtern sind (D.). Neben der unionsrechtskonformen Auslegung stellt sich hier auch die im deutschen Rechtsdiskurs sehr umstrittene Frage nach einer Anwendung des Unionsrechts zwischen Privaten, die sog. unmittelbare Horizontalwirkung. Abschließend werden die Ergebnisse zusammengefasst (E.).

A. Begrenzung der Untersuchung auf Art. 12 a) ArbZ-RL

Die Arbeit beschäftigt sich vorrangig mit der Frage, ob § 6 Abs. 5 ArbZG in seiner Auslegung durch das Bundesarbeitsgericht mit höherrangigem Recht in Einklang steht. Diese Schwerpunktsetzung folgt aus der besonderen Bedeutung des Abs. 5 im gesetzlichen Schutzkonzept zur Nachtarbeit (siehe 1. Kapitel A. IV. 1., 3. Kapitel E. I. 1.). Zum höherrangigen Recht gehört neben dem Verfassungs- das Unionsrecht. Die Fragestellung bleibt dabei die Gleiche: Wird der durch höherrangiges Recht vorgegebene Arbeitnehmerschutz durch das nationale Recht gewährleistet oder ist der deutsche Gesetzgeber rechtlich verpflichtet, einen besseren Gesundheitsschutz bereitzustellen?

---

[1] *Seifert*, SR 2018, 169, 177 ff.

[2] Dazu grundlegend *Suerbaum*, EuR 2003, 390 ff.

I. § 6 Abs. 5 ArbZG als Umsetzungsnorm des Art. 12 a) ArbZ-RL

Als umzusetzende Rechtsnorm wird dabei Art. 12 a) ArbZ-RL in den Blick genommen. Denn diese Norm wurde durch § 6 Abs. 5 ArbZG umgesetzt, wie im Folgenden gezeigt wird.

Die Vorgaben zu Nacht- und Schichtarbeit sowie dem Arbeitsrhythmus aus Art. 8–13 ArbZ-RL hat der deutsche Gesetzgeber im ArbZG umgesetzt.[3] Besondere Bedeutung hat dabei § 6 ArbZG, der verschiedene Vorgaben für die Beschäftigung von Schicht- und Nachtarbeitnehmern enthält. Es handelt sich um eine Gesamtkonzeption zum Schutz der Nachtarbeitnehmer. Nach dem Bundesarbeitsgericht seien keine Anhaltspunkte ersichtlich, dass dieses Schutzkonzept des § 6 ArbZG den Anforderungen aus Art. 8–12 ArbZ-RL nicht genügen würde.[4] Um diese Aussage zu überprüfen, ist jedoch nicht nur ein Blick auf das Gesamtwerk zu werfen. Zu betrachten sind die einzelnen Absätze des § 6 ArbZG, die verschiedene Artikel der ArbZ-RL umsetzen. Denn jede einzelne Richtlinienvorschrift muss durch den Mitgliedstaat umgesetzt werden.[5] Eine Kompensation durch eine überschießende Umsetzung einer anderen Norm ist ausgeschlossen.[6]

Die Schwierigkeit bei Art. 12 a) ArbZ-RL ist, dass die Norm sehr offen formuliert ist, indem sie den Mitgliedstaat zu den erforderlichen Maßnahmen verpflichtet, um das geschuldete Schutzniveau zu erreichen. Bei dieser Norm ist eine Umsetzung nach dem EuGH dadurch möglich, dass über das verpflichtende Minimum deutlich hinausgegangen wird, dass eine andere Richtlinienvorschrift vorgibt.[7] Auf diese Weise würde die nationale Norm die Vorgaben der anderen Vorschrift und zudem auch die Anforderungen des Art. 12 a) ArbZ-RL erfüllen. Beispielsweise könnte eine nationale Regelung für Nachtarbeitnehmer eine tägliche Höchstarbeitszeit regeln, die jene aus Art. 8 ArbZ-RL in ihrer Schutzwirkung übertrifft und so zugleich Art. 12 a) ArbZ-RL erfüllt.[8] In diesem Fall handelt es sich nicht um die Kompensation einer mangelhaften Umsetzung durch eine überschießende Umsetzung einer anderen Vorschrift. Dafür müsste aber das Schutzminimum beispielsweise von Art. 8 ArbZ-RL deutlich übertroffen werden. Feststellbar ist dies nur, indem untersucht wird, in welcher Weise Deutschland die anderen Normen der ArbZ-RL zur Nachtarbeit umgesetzt hat. Es zeigt sich, dass keine dieser Normen so überschießend umgesetzt wurde, dass darin zugleich auch die Umsetzung von Art. 12 a) ArbZ-RL erblickt werden könnte.

[3] *Schliemann*, ArbZG, § 6 Rn. 3.

[4] BAG 15.7.2020 – 10 AZR 123/19, NZA 2021, 44 Rn. 52.

[5] EuGH 2.3.2023 – C-477/21 (MÁV-START), NJW 2023, 1561 Rn. 42.

[6] EuGH 2.3.2023 – C-477/21 (MÁV-START), NJW 2023, 1561 Rn. 50.

[7] EuGH 24.2.2022 – C-262/20 (Glavna direktsia I), NZA 2022, 467 Rn. 53.

[8] EuGH 24.2.2022 – C-262/20 (Glavna direktsia I), NZA 2022, 467 Rn. 53.

1. Keine Erfüllung des Art. 12 a) ArbZ-RL ohne § 6 Abs. 5 ArbZG

Art. 12 a) ArbZ-RL wurde nicht in ein anderes nationales Gesetz umgesetzt, sodass er ohne § 6 Abs. 5 ArbZG nicht erfüllt ist. Dies zeigt sich nach dem Ausschlussprinzip, wenn die anderen Absätze des § 6 ArbZG untersucht werden.

Vorgaben für die tägliche Höchstarbeitszeit der Nachtarbeitnehmer ergeben sich aus Art. 8 ArbZ-RL. Deren Umsetzung in deutsches Recht ist in § 6 Abs. 2 ArbZG erfolgt.[9] Problematisch, aber hier nicht zu vertiefen ist, dass es nach herrschender Meinung an einer Umsetzung von Art. 8 b) ArbZ-RL fehlt, der für besonders gefährliche sowie körperlich oder geistig erheblich beanspruchende Arbeiten ein Überschreiten der täglichen Höchstarbeitszeit von acht Stunden verbietet.[10]

Nach Art. 9 Abs. 1 a), Abs. 2, 3 ArbZ-RL müssen Nachtarbeitnehmer ein Recht auf regelmäßige Gesundheitsuntersuchung haben. Der Implementierung dieser Vorschrift dient § 6 Abs. 3 ArbZG.[11]

Bei gesundheitlichen Problemen müssen Nachtarbeitnehmer nach Art. 9 Abs. 1 b) ArbZ-RL einen Anspruch haben, auf einen Tagarbeitsplatz umgesetzt zu werden, sofern möglich. Dies regelt im nationalen Recht § 6 Abs. 4 a) ArbZG.[12]

Art. 10 ArbZ-RL ist eine bloße Ermächtigung, von der Deutschland keinen Gebrauch gemacht hat.[13]

Nach Art. 11 ArbZ-RL treffen die Mitgliedstaaten die erforderlichen Maßnahmen, damit der Arbeitgeber bei regelmäßiger Inanspruchnahme von Nachtarbeitern die zuständigen Behörden auf Ersuchen davon in Kenntnis setzt. Die Arbeitsschutzbehörden können diese Auskünfte gem. § 17 Abs. 4 ArbZG einholen.[14]

---

[9] *Anzinger/Koberski*, ArbZG, § 6 Rn. 12; EAS/*Balze*, B 3100, Rn. 166; Preis/Sagan/*Ulber*, EuArbR, § 14 Rn. 192; Schlachter/Heinig/*Schubert/Bayreuther*, EurArbSozR, § 11 Rn. 40; *Schliemann*, ArbZG, § 6 Rn. 3.

[10] Bemängelt von *Europäische Kommission*, COM(2017) 254 final, S. 10; ebenso *Buschmann/Ulber*, ArbZR, § 6 ArbZG Rn. 6; ErfK/*Roloff*, ArbZG, § 6 Rn. 6; EuArbRK/*Gallner*, RL 2003/88/EG, Art. 8 Rn. 28 ff.; Preis/Sagan/*Ulber*, EuArbR, § 14 Rn. 193; Schlachter/Heinig/*Schubert/Bayreuther*, EurArbSozR, § 11 Rn. 40; *Schliemann*, ArbZG, § 6 Rn. 4; a. A. *Anzinger/Koberski*, ArbZG, § 6 Rn. 12; *Baeck/Deutsch/Winzer*, ArbZG, § 6 Rn. 6, 31: Ermächtigung in § 8 ArbZG, Aufgabe der Tarifparteien.

[11] *Anzinger/Koberski*, ArbZG, § 6 Rn. 13; EAS/*Balze*, B 3100, Rn. 204; Preis/Sagan/*Ulber*, EuArbR, § 14 Rn. 197 f.; Schlachter/Heinig/*Schubert/Bayreuther*, EurArbSozR, § 11 Rn. 41; *Schliemann*, ArbZG, § 6 Rn. 46.

[12] *Anzinger/Koberski*, ArbZG, § 6 Rn. 13; Buschmann/Ulber/*Ulber*, ArbZG, § 6 Rn. 40; Preis/Sagan/*Ulber*, EuArbR, § 14 Rn. 200; Schlachter/Heinig/*Schubert/Bayreuther*, EurArbSozR, § 11 Rn. 41; *Schliemann*, ArbZG, § 6 Rn. 58.

[13] EAS/*Balze*, B 3100, Rn. 171; Preis/Sagan/*Ulber*, EuArbR, § 14 Rn. 201; Schlachter/Heinig/*Schubert/Bayreuther*, EurArbSozR, § 11 Rn. 42; a. A. *Anzinger/Koberski*, ArbZG, § 6 Rn. 13: Umsetzung in § 8 ArbZG.

[14] *Anzinger/Koberski*, ArbZG, § 6 Rn. 13; EAS/*Balze*, B 3100, Rn. 172; Preis/Sagan/*Ulber*, EuArbR, § 14 Rn. 203; Schlachter/Heinig/*Schubert/Bayreuther*, EurArbSozR, § 11 Rn. 42.

Art. 12 b) ArbZ-RL enthält ein Diskriminierungsverbot hinsichtlich der Vorsorgeleistungen für Nacht- und Schichtarbeitnehmer. Ein Gleichbehandlungsgebot, allerdings nur hinsichtlich des Zugangs zur betrieblichen Weiterbildung und zu aufstiegsfördernden Maßnahmen, normiert § 6 Abs. 6 ArbZG.[15]

Art. 13 ArbZ-RL schließlich gibt vor, dass die Mitgliedstaaten erforderliche Maßnahmen ergreifen müssen, damit Arbeitgeber bei der Gestaltung der Arbeit nach einem bestimmten Rhythmus dem allgemeinen Grundsatz Rechnung tragen, dass die Arbeitsgestaltung dem Menschen angepasst sein muss. § 6 Abs. 1 ArbZG macht Vorgaben für die Festlegung der Arbeitszeit der Nacht- und Schichtarbeitnehmer. Die Gesetzesbegründung legt dar, dass Belastungen nicht nur aus Lage und Dauer der Arbeitszeit resultieren, sondern auch aus ihrer Verteilung und Rhythmik, weshalb Schichtpläne entsprechend gestaltet werden sollten.[16] Mit der Norm wurde dementsprechend die Umsetzung von Art. 13 ArbZ-RL beabsichtigt.[17] Dies gilt ungeachtet der Tatsache, dass die Umsetzung in § 6 Abs. 1 ArbZG missglückt ist, weil die Norm aufgrund ihres unklaren und kaum subsumtionsfähigen Inhalts keine praktische Wirkung entfaltet, sondern vielmehr ein „intransparentes, ineffektives und subtanzloses legislatives Placebo“[18] darstellt (siehe ausführlich 3. Kapitel A. II. 1.).

Damit sind alle Richtlinienvorschriften außer Art. 12 a) ArbZ-RL angesprochen. Zugleich hat sich gezeigt, dass § 6 Abs. 1–4 und 6 ArbZG sowie § 17 Abs. 4 ArbZG diese Vorschriften umsetzen.

2. Die Umsetzung von Art. 12 a) ArbZ-RL in nationales Recht

Geht man davon aus, dass der Gesetzgeber alle unionsrechtlichen Vorgaben zur Nachtarbeit in § 6 ArbZG umsetzen wollte, ist es danach logisch, die Umsetzung von Art. 12 a) ArbZ-RL in § 6 Abs. 5 ArbZG zu sehen. Dies ist jedoch umstritten.

a) Meinungsspektrum zur Umsetzung

In welche Norm die Vorschrift des Art. 12 a) ArbZ-RL umgesetzt wurde, wird unterschiedlich beurteilt. Teilweise wird § 6 Abs. 1 ArbZG als Umsetzungsnorm angesehen.[19] Nach einer anderen Auffassung bedurfte es zur Umsetzung von Art. 12

---

[15] Preis/Sagan/*Ulber*, EuArbR, § 14 Rn. 206.

[16] BT-Drs. 12/5888, S. 25.

[17] *Anzinger/Koberski*, ArbZG, § 6 Rn. 13; HSW/*Wank*, HEAS, § 18 Rn. 349; Preis/Sagan/*Ulber*, EuArbR, § 14 Rn. 210; a. A. EAS/*Balze*, B 3100, Rn. 173: Umsetzung durch § 8 ArbZG.

[18] Preis/Sagan/*Ulber*, EuArbR, § 14 Rn. 210; ähnlich Buschmann/Ulber/*Ulber*, ArbZG, § 6 Rn. 11; a. A. *Anzinger/Koberski*, ArbZG, § 6 Rn. 13: Umfassende Umsetzung.

[19] HK-ArbSchR/*Habich*, ArbZG, § 6 Rn. 5; Schlachter/Heinig/*Schubert/Bayreuther*, EurArbSozR, § 11 Rn. 38; *Schliemann*, ArbZG, § 6 Rn. 5.

ArbZ-RL gar keines weiteren Aktes, weil Nachtarbeitnehmer bereits durch die Arbeitsschutzgesetze wie die während des Tages beschäftigten Arbeitnehmer geschützt würden (beispielsweise ASiG, ArbStättV, GefStoffV).[20] Ähnlich ist die Ansicht, welche die Umsetzung in den arbeitsschutzrechtlichen Generalklauseln in § 3 ArbSchG und § 618 Abs. 1 BGB erblickt.[21] Schließlich sieht die überwiegende Meinung § 6 Abs. 5 ArbZG als Umsetzungsnorm.[22] Allerdings wird von anderen Teilen der Rechtsprechung und Literatur bestritten, dass § 6 Abs. 5 ArbZG Regelungen aus der ArbZ-RL umsetze und deshalb auf seine Unionsrechtskonformität zu prüfen sei.[23]

b) Eigene Stellungnahme

Dass Nachtarbeitnehmer durch andere Rechtsvorschriften ebenso geschützt werden, wie Tagarbeitnehmer, kann höchstens das Diskriminierungsverbot des Art. 12 b) ArbZ-RL umsetzen. Art. 12 a) ArbZ-RL verpflichtet aber aufgrund der besonderen Schutzbedürftigkeit der Nachtarbeitnehmer zu Maßnahmen, die über den allgemeinen Schutz hinausgehen. Deshalb kann die Umsetzung auch nicht in arbeitsschutzrechtlichen Generalklauseln liegen, die unabhängig von der Lage der Arbeitszeit für alle Arbeitnehmer gleichermaßen gelten. Denn diese sind nicht an die aus der Nachtarbeit resultierenden, besonderen Gefahren angepasst und tragen somit nicht der Art der Arbeit Rechnung, wie es Art. 12 a) ArbZ-RL erfordert. Sie stellen auch keine transparente und effektive Umsetzung des Unionsrechts dar. Zudem ergibt sich aus der Gesetzesbegründung des ArbZG nicht, dass der Gesetzgeber Rechtsnormen außerhalb des ArbZG als Umsetzungsvorschriften angesehen hätte.

§ 6 Abs. 1 ArbZG hingegen zielt, wie oben dargelegt, auf die Umsetzung von Art. 13 ArbZ-RL. Art. 12 a) ArbZ-RL verpflichtet aber zu Schutzmaßnahmen, die über die Umsetzung anderer Richtlinienvorschriften hinausgehen. Der Artikel könnte nur in § 6 Abs. 1 ArbZG umgesetzt sein, wenn diese Norm über die Anforderungen des Art. 13 ArbZ-RL hinausginge und deshalb noch einen weiteren Beitrag zum Gesundheit- und Sicherheitsschutz leisten könnte. Das Gegenteil ist der Fall, die Norm ist absolut ineffektiv gestaltet (siehe ausführlich 3. Kapitel A. II. 1., 4. Kapitel E. III., F. II. 4.).

Es verbleibt somit nur § 6 Abs. 5 ArbZG als mögliche Umsetzungsnorm. Andere Normen sind nicht ersichtlich. Dass der Gesetzgeber Art. 12 a) ArbZ-RL gar nicht umgesetzt hat, ist ebenfalls nicht überzeugend. Denn es handelt sich um eine ei-

---

[20] *Anzinger/Koberski*, ArbZG, § 6 Rn. 13.

[21] HSW/*Wank*, HEAS, § 18 Rn. 348; *Thüsing*, EuArbR, § 7 Rn. 78; ähnlich EAS/*Balze*, B 3100, Rn. 172.

[22] EuArbRK/*Gallner*, RL 2003/88/EG, Art. 12 Rn. 2; *Habich*, Sicherheits- und Gesundheitsschutz, S. 196 f.; *Kohte*, jurisPR-ArbR 19/2019, Anm. 5 unter C.; Preis/Sagan/*Ulber*, EuArbR, § 14 Rn. 212; Schlachter/Heinig/*Schubert/Bayreuther*, EurArbSozR, § 11 Rn. 42.

[23] LAG Düsseldorf 2. 11. 2021 – 14 Sa 299/21, openJur 2022, 590 Rn. 179; *Anzinger/Koberski*, ArbZG, § 6 Rn. 13; *Bömer*, EuZA 2021, 479, 488 f.; ErfK/*Roloff*, ArbZG, § 6 Rn. 1; *Jacobs/Messner/Schindler*, EuZA 2022, 23, 26 ff.; *Raab*, ZfA 2014, 237, 250.

genständige Richtlinienvorschrift, deren Ziel gem. Art. 288 Abs. 3 AEUV durch nationale Regelungen erreicht werden muss. Die Vorschrift ist also zwingend umzusetzen und es ist anzunehmen, dass der Gesetzgeber unionsrechtskonform handeln wollte.[24] Die Historie und Systematik sprechen daher dafür, dass Art. 12 a) ArbZ-RL in § 6 Abs. 5 ArbZG umgesetzt wurde.

II. Ergebnis

Der deutsche Gesetzgeber wollte mit dem ArbZG die Vorgaben der ArbZ-RL umsetzen.[25] Dass die Gesetzesbegründung irreführend formuliert, die europäische Richtlinie folge der Konzeption des deutschen Gesetzes – und nicht andersherum – ändert daran nichts. Der in der Arbeit im Fokus stehende § 6 Abs. 5 ArbZG setzt Art. 12 a) ArbZ-RL in nationales Recht um. Die nationale Norm ist daher im Folgenden darauf zu untersuchen, ob er den Vorgaben des Art. 12 a) ArbZ-RL genügt. Fraglich ist, ob das freie Wahlrecht des Arbeitgebers zwischen zusätzlichen bezahlten freien Tagen oder einem Zuschlag eine geeignete Maßnahme darstellt, um die Vorgabe des Art. 12 a) ArbZ-RL in nationales Recht umzusetzen. Anderenfalls ist die Norm nicht unionsrechtskonform umgesetzt und gegebenenfalls korrigierend auszulegen.

B. Auslegung des Art. 12 a) ArbZ-RL im Hinblick auf Umsetzungsmaßnahmen

Um zu überprüfen, ob die nationale Regelung dem Unionsrechts genügt, muss zunächst festgestellt werden, welche Vorgaben das Unionsrecht macht. Diese sind durch Auslegung des Art. 12 a) ArbZ-RL zu ermitteln. Dabei ist Neuland zu betreten, weil Rechtsprechung und Literatur diese Frage bisher nur oberflächlich und widersprüchlich behandelt haben. Im Mittelpunkt steht, wie der gebotene Schutz zu erreichen ist. Konkret ist die Frage, ob der Schutz die Arbeitszeit verkürzen muss oder ob er auch durch Verteuerung der Nachtarbeit oder sonstige Maßnahmen erreicht werden kann. Es wird sich auf diese beiden Mittel konzentriert, weil sie vom deutschen Gesetzgeber in § 6 Abs. 5 ArbZG normiert wurden. Hinzu kommt, dass andere Möglichkeiten zwar einen Beitrag zum Schutz der Nachtarbeitnehmer leisten können, aber isoliert nicht genügen. Denn solche Maßnahmen adressieren von vornherein nur einen Teil der von der Nachtarbeit ausgehenden Gefährdungen. So können angepasste Mahlzeiten Erkrankungen des Magen-Darm-Trakts vorbeugen oder spezielle Pausenräume das Unfallrisiko verringern. Damit werden aber nur einzelne Gesundheitsgefährdungen adressiert.

---

[24] BT-Drs. 12/5888, S. 19 f.

[25] BT-Drs. 12/5888, S. 19 f.

I. Gesicherte Grundlagen zu Art. 12 a) ArbZ-RL

Die Überschrift des Art. 12 ArbZ-RL lautet „Sicherheits- und Gesundheitsschutz". Dabei konzentriert sich die Untersuchung auf Art. 12 a) ArbZ-RL, weil Art. 12 b) ArbZ-RL nur die Gleichstellung zwischen Nacht- und Tagarbeitern regelt.[26] Art. 12 a) ArbZ-RL verpflichtet die Mitgliedstaaten, die erforderlichen Maßnahmen zu treffen, damit Nacht- und Schichtarbeitern hinsichtlich Sicherheit und Gesundheit in einem Maß Schutz zuteil wird, das der Art ihrer Arbeit Rechnung trägt. Es handelt sich nach EuGH, Literatur und Europäischer Kommission um eine zwingende Richtlinienvorgabe, die von den Mitgliedstaaten so umzusetzen ist, dass die in der Richtlinie festgelegten Schutzziele erreicht werden.[27] Dem ist zuzustimmen. Der zwingende Charakter ergibt sich dabei aus dem Wortlaut („Die Mitgliedstaaten treffen die erforderlichen Maßnahmen [...]") und der systematischen Stellung im 3. Kapitel der ArbZ-RL. Dieses Kapitel enthält materielle Vorschriften, im Gegensatz zu den Erwägungsgründen. Allerdings räumt die Norm den Mitgliedstaaten einen Gestaltungsspielraum ein.[28] Weitgehend ungeklärt ist, durch welche Maßnahmen dieser erfüllt werden kann und welche den Gestaltungsspielraum verlassen.

II. Rechtsprechung des EuGH zu Umsetzungsmaßnahmen

Zunächst werden die relevanten Inhalte der bisherigen Rechtsprechung des EuGH dargestellt. Soweit ersichtlich, gibt es zwei wichtige Entscheidungen des EuGH zu Art. 12 a) ArbZ-RL, beide aus dem Jahr 2022.[29] Zum einen in der Rechtssache *Glavna direktsia I*,[30] zum anderen in der Rechtssache *Coca-Cola European Partners*.[31] Die Folgeentscheidung *Glavna direktsia II*[32] bringt zu Art. 12 a) ArbZ-RL hingegen keine neuen Erkenntnisse.

---

[26] EuGH 4.5.2023 – C-529/21 bis C-536/21 und C-732/21 bis C-738/21 (Glavna direktsia II), juris Rn. 43.

[27] EuGH 24.2.2022 – C-262/20 (Glavna direktsia), NZA 2022, 467 Rn. 51; EuArbRK/*Gallner*, RL 2003/88/EG, Art. 12 Rn. 1; *Europäische Kommission*, Mitteilung C/2017/2601 zu VIII. E.

[28] EuGH 24.2.2022 – C-262/20 (Glavna direktsia), NZA 2022, 467 Rn. 48; EuArbRK/*Gallner*, RL 2003/88/EG, Art. 12 Rn. 1; *Europäische Kommission*, Mitteilung C/2017/2601 zu VIII. E.

[29] Diese beiden Entscheidungen referiert auch *Europäische Kommission*, Mitteilung zu Auslegungsfragen in Bezug auf die Richtlinie 2003/88/EG des Europäischen Parlaments und des Rates über bestimmte Aspekte der Arbeitszeitgestaltung, 2023/C 109/01, S. 52.

[30] EuGH 24.2.2022 – C-262/20, NZA 2022, 467.

[31] EuGH 7.7.2022 – C-257/21, C-258/21, NZA 2022, 971.

[32] EuGH 4.5.2023 – C-529/21 bis C-536/21 und C-732/21 bis C-738/21 (Glavna direktsia II), juris.

1. Rechtssache Glavna direktsia I

In dem Urteil in dem bulgarischen Vorlageverfahren *Glavna direktsia I* hält der EuGH fest, dass Art. 12 a) ArbZ-RL den Mitgliedstaaten einen gewissen Gestaltungsspielraum belasse.[33] Er weist aber ausdrücklich darauf hin, dass die darin enthaltene Verpflichtung so umzusetzen sei, dass die in der Richtlinie festgelegten Schutzziele erreicht werden.[34] Der Gestaltungsspielraum der Mitgliedstaaten bezieht sich also auf die Frage, welche Mittel sie wählen, um den vorgegeben Schutz zu gewähren. Nicht zur Disposition der Mitgliedstaaten steht aber die Frage, ob entsprechende Maßnahmen getroffen werden.

Außerdem legt der EuGH Art. 12 a) ArbZ-RL hinsichtlich der möglichen Mittel aus und greift dabei auf ErwG 6 ArbZ-RL zurück, wonach hinsichtlich der Arbeitszeitgestaltung den Grundsätzen der ILO Rechnung zu tragen ist. Diesen Verweis interpretiert der Gerichtshof so, dass Art. 12 a) ArbZ-RL mithilfe von Art. 8 des ILO-Übereinkommens Nr. 171 zur Nachtarbeit ausgelegt werden kann. Diese Vorschrift gibt vor, dass Nachtarbeitern ein Ausgleich in Form von Arbeitszeit, Entgelt oder ähnlichen Vergünstigungen zu gewähren ist, der der Natur ihrer Arbeit Rechnung trägt.[35] Die Mitgliedstaaten müssten nach dem EuGH entsprechend Schutzmaßnahmen gewähren, welche die besonderen Belastungen der Nachtarbeit ausgleichen, etwa in Bezug auf Arbeitszeit, Arbeitsentgelt, Ausgleichszahlungen oder ähnliche Vergünstigungen.[36] In *Glavna direktsia II* wird die Formel weitgehend wiederholt, allerdings verwendet die deutsche Sprachfassung diesmal Abfindungen anstatt Ausgleichszahlungen.[37] Art. 12 a) ArbZ-RL schreibe nicht vor, dass die normale Dauer der Nachtarbeit kürzer als diejenige der Tagarbeit sein müsse.[38] Dies sei aber eine geeignete Maßnahme, ebenso wie die Gewährung von zusätzlichen Ruhezeiten oder von Freizeit.[39]

2. Rechtssache Coca-Cola European Partners

Das Urteil *Coca-Cola European Partners* erging in einem deutschen Vorlageverfahren, das sich um die Gleichheitswidrigkeit differenzierender tariflicher Zuschläge

---

[33] EuGH 24.2.2022 – C-262/20 (Glavna direktsia I), NZA 2022, 467 Rn. 48; EuGH 4.5.2023 – C-529/21 bis C-536/21 und C-732/21 bis C-738/21 (Glavna direktsia II), juris Rn. 49.

[34] EuGH 24.2.2022 – C-262/20 (Glavna direktsia I), NZA 2022, 467 Rn. 51; EuGH 4.5.2023 – C-529/21 bis C-536/21 und C-732/21 bis C-738/21 (Glavna direktsia II), juris Rn. 50.

[35] EuGH 24.2.2022 – C-262/20 (Glavna direktsia I), NZA 2022, 467 Rn. 54.

[36] EuGH 24.2.2022 – C-262/20 (Glavna direktsia I), NZA 2022, 467 Rn. 51, 55.

[37] EuGH 4.5.2023 – C-529/21 bis C-536/21 und C-732/21 bis C-738/21 (Glavna direktsia II), juris Rn. 50.

[38] EuGH 24.2.2022 – C-262/20 (Glavna direktsia I), NZA 2022, 467 Rn. 50; EuGH 4.5.2023 – C-529/21 bis C-536/21 und C-732/21 bis C-738/21 (Glavna direktsia II), juris Rn. 51.

[39] EuGH 24.2.2022 – C-262/20 (Glavna direktsia I), NZA 2022, 467 Rn. 53; EuGH 4.5.2023 – C-529/21 bis C-536/21 und C-732/21 bis C-738/21 (Glavna direktsia II), juris Rn. 51.

für regelmäßige und unregelmäßige Nachtarbeit drehte. Der EuGH urteilte nicht zur Frage der Gleichheitswidrigkeit, weil die tariflichen Zuschläge seiner Ansicht nach nicht die ArbZ-RL im Sinne des Art. 51 Abs. 1 GRCh durchführten und der allgemeine Gleichheitssatz des Art. 20 GRCh daher keine Anwendung fand.[40] Bemerkenswert ist aber, dass der EuGH darauf verweist, dass die ArbZ-RL nur die Arbeitszeitgestaltung regele, um den Schutz der Sicherheit und der Gesundheit der Arbeitnehmer zu gewährleisten, so dass sie mit Ausnahme der Urlaubsvergütung keine Anwendung auf die Vergütung der Arbeitnehmer finde.[41] Dies sei auch primärrechtlich vorgegeben, weil das Arbeitsentgelt gem. Art. 153 Abs. 5 AEUV ausdrücklich von der Kompetenz der EU ausgenommen sei.[42] Wörtlich betont der EuGH, Art. 12 ArbZ-RL regele den Gesundheitsschutz und die Sicherheit der Nachtarbeiter, „also nicht das Entgelt der Arbeitnehmer für Nachtarbeit"[43]. Eine solche Verpflichtung folge im Übrigen auch nicht aus dem Verweis auf Art. 3 Abs. 1, Art. 8 ILO-Übereinkommen Nr. 171 in ErwG 6 ArbZ-RL, weil dieser dem ILO-Übereinkommen keine rechtliche Verbindlichkeit verleihe.[44]

3. Zwischenergebnis: Widersprüchliche Rechtsprechung

Kontrastiert man die Aussagen in den beiden Urteilen, sind diese widersprüchlich.[45] In *Glavna direktsia I und II* nennt der EuGH Schutzmaßnahmen in Bezug auf Arbeitsentgelt oder Ausgleichszahlungen bzw. Abfindungen als mögliche Umsetzungen des Art. 12 a) ArbZ-RL.[46] Unklar bleibt allerdings, ob er die alleinige Gewährung von Zuschlägen als ausreichend ansieht.[47] Denn die konkret genannten Beispiele für Umsetzungsmaßnahmen – eine kürzere Höchstarbeitszeit, zusätzliche Ruhezeiten oder Pausen – verkürzen alle die Arbeitszeit. In *Coca-Cola European Partners* zählt er Zuschläge nicht zu den gesundheitsschützenden Maßnahmen, sondern sieht darin Vergütungsregelungen.[48] Erforderlich ist daher eine methodengerechte Auslegung der Norm des Art. 12 a) ArbZ-RL.

---

[40] EuGH 7.7.2022 – C-257/21, C-258/21 (Coca-Cola European Partners), NZA 2022, 971 Rn. 53.

[41] EuGH 7.7.2022 – C-257/21, C-258/21 (Coca-Cola European Partners), NZA 2022, 971 Rn. 45.

[42] EuGH 7.7.2022 – C-257/21, C-258/21 (Coca-Cola European Partners), NZA 2022, 971 Rn. 47.

[43] EuGH 7.7.2022 – C-257/21, C-258/21 (Coca-Cola European Partners), NZA 2022, 971 Rn. 48.

[44] EuGH 7.7.2022 – C-257/21, C-258/21 (Coca-Cola European Partners), NZA 2022, 971 Rn. 51.

[45] Ebenso *Tewocht*, ZESAR 2023, 79, 80.

[46] EuGH 24.2.2022 – C-262/20 (Glavna direktsia I), NZA 2022, 467 Rn. 51, 55.

[47] Ebenso *Klein/Kuhs*, ZESAR 2022, 348, 349.

[48] EuGH 7.7.2022 – C-257/21, C-258/21 (Coca-Cola European Partners), NZA 2022, 971 Rn. 45, 48.

III. Literaturauffassungen zu Umsetzungsmaßnahmen

Eine solche ist auch nötig, weil in der Literatur ebenfalls wenig Klarheit über den Regelungsgehalt des Art. 12 a) ArbZ-RL besteht. Nach Schubert und Bayreuther soll die Norm zu qualifizierten Schutzmaßnahmen verpflichten, wobei aber konstatiert wird, dass sie dabei sehr abstrakt bleibe.[49] Ähnlich heißt es bei Ulber, dass die nach der Vorschrift zu ergreifenden Maßnahmen zu einem qualifizierten Schutz führen müssten, was bedeute, dass sie ungeachtet des weiten Handlungsspielraums effektiv sein müssten.[50] Kohte konstatiert, die Norm verpflichte zu weitergehenden Maßnahmen, wobei er auf Art. 8 ILO-Übereinkommen Nr. 171 verweist.[51] Nach Gallner begründe Art. 12 a) ArbZ-RL eine Adaptionspflicht, wonach effektive Maßnahmen durch die Mitgliedstaaten zu ergreifen seien.[52] Auch Riesenhuber erkennt darin eine Adaptionspflicht, nach der bei Schutzvorkehrungen die spezifischen Probleme der Nachtarbeit gebührend bedacht werden müssten.[53] Habich versteht die Norm als umfassender Schutzanspruch im Sinne eines spezifischen Nachtarbeitnehmerschutzes, der die Mitgliedstaaten zu über Art. 8–11 ArbZ-RL hinausgehenden Schutzvorschriften verpflichte.[54] Nach Stärker sind Schutzmaßnahmen zu erlassen, welche werde jedoch nicht festgelegt.[55] Laut Leccese müssen die Maßnahmen über die gem. Art. 8 ArbZ-RL angeordnete Begrenzung der Arbeitszeit hinausgehen, eine genauere Bestimmung fehlt jedoch.[56] Risak nimmt an, dass Art. 12 a) ArbZ-RL spezifische Maßnahmen erfordert, die über das Diskriminierungsverbot und Anpassungsgebot aus Art. 12 b) ArbZ-RL hinausgehen, als Beispiel nennt er angemessene Beleuchtung.[57]

Eine Konkretisierung des Gehalts der Vorschrift ist – obwohl bereits bei Inkrafttreten der ArbZ-RL angemahnt[58] – bis heute ausgeblieben. Zusammengefasst ist sich die Literatur nur einig, dass die Norm zu Schutzmaßnahmen verpflichtet, die als effektiv, qualifiziert, weitergehend bzw. umfassend beschrieben werden. Dabei komme den Mitgliedstaaten aber ein weiter Gestaltungsspielraum zu.[59] Aufgrund des unbestimmten Wortlauts ist unklar, welche gesetzgeberischen Maßnahmen diese Anforderungen erfüllen und wo der Gestaltungsspielraum endet.

---

[49] Heinig/Schlachter/*Schubert/Bayreuther*, EuArbSozR, § 11 Rn. 42.

[50] Preis/Sagan/*Ulber*, EuArbR, § 14 Rn. 208.

[51] *Kohte*, jurisPR-ArbR 48/2022, Anm. 1 unter C.

[52] EuArbRK/*Gallner*, RL 2003/88/EG, Art. 12 Rn. 1.

[53] *Riesenhuber*, Europäisches Arbeitsrecht, § 17 Rn. 51.

[54] *Habich*, Sicherheits- und Gesundheitsschutz, S. 86 zum gleichlautenden Art. 12 Nr. 1 RL 93/104/EG.

[55] *Stärker*, ArbZ-RL, Art. 12 Rn. 4.

[56] IELLC/*Leccese*, Dir. 2003/88, Art. 9–12 Rn. 98, 102.

[57] EULLC/*Risak*, 2003/88/EC: Working Time, Art. 12 Rn. II.

[58] *Lörcher*, AuR 1994, 49, 50.

[59] *Klein/Kuhs*, ZESAR 2022, 348, 351; *Kohte*, jurisPR-ArbR 48/2022, Anm. 1 unter C.; Preis/Sagan/*Ulber*, EuArbR, § 14 Rn. 208; *Stärker*, ArbZ-RL, Art. 12 Rn. 5.

IV. Methodische Auslegung des Art. 12 a) ArbZ-RL

Einigkeit herrscht also, dass Art. 12 a) ArbZ-RL weitergehenden Schutz der Nachtarbeitnehmer gebietet. Nicht geklärt ist aber, ob aus der Norm auf bestimmte Schutzmittel geschlossen werden kann. Dies ist durch Auslegung zu ermitteln. Die Auslegungsmethoden des Gerichtshofes entsprechen grundsätzlich denen der Gerichte der Mitgliedstaaten.[60] Diese sind aber mit völkerrechtlichen Auslegungsgrundsätzen zu kombinieren.[61] Dazu kommt das Recht der ILO, auf das ErwG 6 ArbZ-RL verweist.

Geschützt werden durch die Norm Nachtarbeiter. Dieser Begriff ist in Art. 2 Nr. 4 ArbZ-RL legaldefiniert. Verpflichtet werden (jedenfalls) die Mitgliedstaaten. Insoweit ergeben sich keine Auslegungsschwierigkeiten. Große Probleme verursacht hingegen die Passage „treffen die erforderlichen Maßnahmen, damit […] hinsichtlich Sicherheit und Gesundheit in einem Maß Schutz zuteil wird, das der Art ihrer Arbeit Rechnung trägt." Auf diese konzentriert sich die folgende Auslegung.

1. Wortlaut

Deutlich wird, dass es um Maßnahmen des Schutzes von Sicherheit und Gesundheit geht. Die Maßnahmen müssen also Gefährdungen für die Arbeitnehmer abwehren, weil es sich andernfalls nicht um Schutzmaßnahmen handelte. Dies korrespondiert mit der Kompetenzgrundlage und der allgemeinen Zielrichtung der ArbZ-RL.[62]

Der geforderte Schutz beurteilt sich nach der Art der Arbeit. Mit Art der Arbeit ist nach dem grammatikalischen Zusammenhang des Satzes die Schicht- bzw. Nachtarbeit gemeint.[63] Adressiert werden also die spezifischen Gefahren der Nachtarbeit, die aus Lage und Dauer, Verteilung und Rhythmik folgen und eng mit dem gestörten Biorhythmus verbunden sind. Zudem geht es um die erhöhte Sensibilität gegenüber Mehrfachbelastungen.[64] Beides wird auch in ErwG 7 ArbZ-RL angesprochen, der Untersuchungsergebnisse anführt, nach denen der menschliche

---

[60] GSH/*Gaitanides*, EUV, Art. 19 Rn. 42; NK-GA/*Heuschmid/Lörcher*, GRCh, vor GRCh Rn. 30.

[61] Riesenhuber/*Pechstein/Drechsler*, Eur Methodenlehre, § 7 Rn. 9 ff.

[62] Kompetenzgrundlage ist Art. 153 Abs. 2 i. V. m. 1 a) AEUV: ErwG 2 ArbZ-RL (noch unter Verweis auf Art. 137 EGV); EuGH 12.11.1996 – C-84/94 (Vereinigtes Königreich/Rat), NZA 1997, 23 Rn. 49 (noch zu Art. 118a Abs. 2 EGV-Maastricht); EAS/*Balze*, B 3100, Rn. 16, 46; EuArbRK/*Franzen*, AEUV, Art. 153 Rn. 20; EuArbRK/*Gallner*, RL 2003/88/EG, Art. 1 Rn. 33; Schlachter/Heinig/*Schubert/Bayreuther*, EurArbSozR, § 11 Rn. 2; Frankfurter Kommentar/*Kocher*, AEUV, Art. 153 Rn 16; Preis/Sagan/*Ulber*, EuArbR, § 14 Rn. 30, 38 ff.; *Frenz*, HdB EuR, Rn. 3861; GSH/*Langer*, AEUV, Art. 153 Rn. 11. Die Richtlinie beabsichtigt einen Mindestschutz von Sicherheit und Gesundheit der Arbeitnehmer bei der Arbeitszeitgestaltung, Art. 1 Abs. 1 ArbZ-RL.

[63] Im Ergebnis ebenso *Habich*, Sicherheits- und Gesundheitsschutz, S. 78.

[64] *Habich*, Sicherheits- und Gesundheitsschutz, S. 79.

Körper nachts besonders empfindlich auf Umweltstörungen sowie auf bestimmte belastende Formen der Arbeitsorganisation reagiert und lange Nachtarbeitszeiträume für die Gesundheit der Arbeitnehmer nachteilig sind und ihre Sicherheit bei der Arbeit beeinträchtigen können.

Als auslegungsbedürftig übrig bleibt nach diesem Verständnis das geschuldete Schutzniveau. Ein gänzliches Verhindern der Gefahren durch die Nachtarbeit ist nicht möglich, weil sich der menschliche Körper nicht an diese gewöhnen kann. Andererseits dürfen die Schutzmaßnahmen auch nicht nur ganz geringe Wirkung haben. Den Nachtarbeitern muss vielmehr *in einem Maß* Schutz zuteilwerden, das der Nachtarbeit *Rechnung trägt*.

Rechnung tragen gilt im internationalen Sprachgebrauch entgegen dem alltagssprachlichen Verständnis als relativ harte Formulierung.[65] Dies wird durch den Vergleich mit anderen Sprachfassungen bestätigt, denn in der englischen, spanischen und französischen Fassung kommt in der Wortwahl eine stärkere Verbindlichkeit zum Ausdruck.[66] Als Übersetzung hätte nähergelegen, dass die Schutzmaßnahmen der Art der Arbeit *angemessen sein müssen*, als dass sie dieser Rechnung tragen müssen. Jedenfalls sind sie im Verhältnis zu den Gefährdungen durch die Nachtarbeit zu bestimmen. Zu berücksichtigen ist also das Gewicht der gefährdeten Rechtsgüter und das Ausmaß der Gefahr. Dabei lässt die Formulierung Raum für die Berücksichtigung neuer arbeitswissenschaftlicher und -medizinischer Erkenntnisse. Ergibt sich aus diesen ein gesteigertes Gefährdungspotenzial, so erhöht sich auch das Maß des geschuldeten Schutzes.

Aufgrund der hochgradigen Schädlichkeit der Nachtarbeit erfordert die Norm somit Maßnahmen, die diese Gefährdung deutlich verringern. Nur in diesem Fall kann ihr Maß als angemessen angesehen werden.

2. Historie

Aus der Historie der Norm ergeben sich weitere Anhaltspunkte zur Frage, welche Maßnahmen einen Beitrag zu dem geschuldeten Sicherheits- und Gesundheitsschutz leisten können.

Die Begründung aus der Entstehungszeit der ersten ArbZ-RL ist leider nicht öffentlich verfügbar, wird jedoch in einem Dokument der Europäischen Kommission so wiedergegeben, dass Ruhezeiten und Pausen als Beispiele für Schutzmaßnahmen nach Art. 12 a) ArbZ-RL genannt wurden.[67] Ziel der Norm sei danach, den

---

[65] *Buschmann*, in: FS Etzel, S. 103, 108.

[66] *Habich*, Sicherheits- und Gesundheitsschutz, S. 79; englisch: „appropriate to“, spanisch: „adaptado a“, französisch: „adapté à“, italienisch: „adattato alla“.

[67] Begründung zum Vorschlag für eine Richtlinie des Rates über bestimmte Aspekte der Arbeitszeitgestaltung vom 20. September 1990, KOM(90) 317 endg. – SYN 295, Rn. 29, zitiert nach *Europäische Kommission*, Mitteilung zu Auslegungsfragen in Bezug auf die Richtlinie 2003/88/EG, S. 42 Fn. 246.

besonderen Anforderungen dieser Arbeitsformen wie auch den beim Schichtwechsel üblicherweise auftretenden Schwierigkeiten Rechnung zu tragen.[68]

Weitere Anhaltspunkte lassen sich aus den Entwürfen zur ArbZ-RL entnehmen, die weitere, spezielle Schutzvorschriften enthielten. Vorgesehen war im Kommissionsentwurf, dass den sich aus der Nachtarbeit ergebenden, höheren Anforderungen Rechnung zu tragen sei, wenn die Gesamtdauer der Pausen festgelegt und diese verteilt würden.[69] Der Parlamentsentwurf sah vor, dass die Arbeitszeit eines Nachtarbeitnehmers im Durchschnitt kürzer als die eines vergleichbaren Tagarbeitnehmers sein müsse.[70] Ein weiterer Bestandteil war, dass die Pausen der Nachtarbeitnehmer als Arbeitszeit zu betrachten seien.[71] Schließlich war vorgesehen, dass Nachtarbeitnehmer einen längeren Jahresurlaub erhalten sowie in einem geringeren Lebensalter und mit weniger Arbeitsjahren in Rente gehen sollten.[72] Auch wenn diese Regelungen schließlich nicht ausdrücklich normiert wurden, geben sie einen Eindruck davon, welche speziellen Schutzmaßnahmen bei der Erstellung der ArbZ-RL diskutiert wurden. Im Falle ihrer Verabschiedung wären sie besondere Ausprägungen der in Art. 12 a) ArbZ-RL enthaltenen allgemeinen Schutzpflicht gewesen.[73]

Auffallend ist, dass alle diese Maßnahmen im Ergebnis die Arbeitszeit verkürzen würden: Die Verlängerung der Pausen verringert, wenn diese als Arbeitszeit behandelt werden, ebenso die tägliche Arbeitszeit wie deren Verkürzung gegenüber Tagarbeitnehmern oder die Festlegung längerer Ruhezeiten. Ein längerer Urlaub vermindert die Jahresarbeitszeit, während eine frühere Verrentung die Lebensarbeitszeit reduziert. Die Zahlung eines Zuschlags hingegen war in keinem Entwurf vorgesehen. Auch wenn die besonderen Maßnahmen nicht normiert wurden, können sie zur Auslegung des allgemeinen Begriffs der Schutzmaßnahmen gem. Art. 12 a) ArbZ-RL herangezogen werden. Notwendig sind nach historischer Auslegung also Maßnahmen, welche die Arbeitszeit der Nachtarbeitnehmer verkürzen.

3. Systematik

Die systematische Auslegung von Art. 12 a) ArbZ-RL unterstreicht, dass die Norm präventive Schutzmaßnahmen durch Arbeitszeitverkürzung erfordert. Ein finanzieller Belastungsausgleich hingegen gehört nach der Konzeption des Unionsrechts nicht zu

[68] Begründung zum Vorschlag für eine Richtlinie des Rates über bestimmte Aspekte der Arbeitszeitgestaltung vom 20. September 1990, KOM(90) 317 endg. – SYN 295, Rn. 28, zitiert nach *Europäische Kommission*, Mitteilung zu Auslegungsfragen in Bezug auf die Richtlinie 2003/88/EG, S. 42 Fn. 245.

[69] Art. 7 Abs. 4 ArbZ-RL-E Kommission, ABl. EG 1990, C 254/4.

[70] Art. 7 Abs. 3a ArbZ-RL-E Parlament, ABl. EG 1991, C 72/86.

[71] Art. 7 Abs. 4 ArbZ-RL-E Parlament, ABl. EG 1991, C 72/86.

[72] Art. 7 Abs. 4a ArbZ-RL-E Parlament, ABl. EG 1991, C 72/86.

[73] *Habich*, Sicherheits- und Gesundheitsschutz, S. 81.

den Schutzmaßnahmen, sondern zu den Ausgleichsregelungen. Nach europäischem Verständnis werden damit unterschiedliche Maßnahmentypen bezeichnet, wie der Vergleich mit Art. 7 Abs. 1 Strich 2 Fahrpersonal-RL zeigt.

a) Verhältnis zum Schutz der Tagarbeitnehmer

Die ArbZ-RL regelt für alle Arbeitnehmer den arbeitszeitbezogenen Schutz von Gesundheit und Sicherheit durch die Festlegung von Mindestruhezeiten, Höchstarbeitszeiten, Pausen sowie Urlaub. Für die Nachtarbeitnehmer wird dieser Schutz verschärft durch spezielle Maßnahmen. Diese sollen einerseits helfen, eingetretene Schäden zu erkennen und deren Verschlimmerung zu vermeiden, nämlich durch Gesundheitsuntersuchungen, Versetzung in Tagarbeit und behördliche Kontrolle. Andererseits werden die für Tagarbeitnehmer geltenden Schutzvorschriften verstärkt, um der besonderen Schutzbedürftigkeit gerecht zu werden, namentlich durch Festlegung einer täglichen Höchstarbeitszeit in Art. 8 ArbZ-RL. Dass andere Maßnahmen, die für Tagarbeitnehmer nicht bestehen, in Art. 8–11 ArbZ-RL ausdrücklich geregelt wurden, spricht dafür, dass Art. 12 a) ArbZ-RL die allgemeinen Schutzmaßnahmen verschärfen will und dabei den Mitgliedstaaten die Auswahl lässt. Es sind also entweder Ruhezeiten, Pausen oder Urlaub gegenüber dem Niveau von Tagarbeitnehmern zu verlängern oder aber die Höchstarbeitszeit weiter zu verringern.

b) Verhältnis zum Urlaubsanspruch gem. Art. 7 ArbZ-RL

Weitere Schlussfolgerungen lassen sich aus der Rechtsprechung des EuGH zu Art. 7 ArbZ-RL ziehen. Nach dem europäischen Recht ist auch das Urlaubsrecht Gefahrenabwehrrecht.[74] Es dient dem Ziel, die Gesundheit und Persönlichkeit der Arbeitnehmer zu schützen.[75] Die Norm ergänzt insofern die tägliche und wöchentliche Ruhezeit um eine jährliche.[76]

Beim Urlaubsanspruch besteht ein Risiko der Kommerzialisierung. Arbeitgeber und Arbeitnehmer können ein Interesse daran haben, den Urlaub auszubezahlen, anstatt die Jahresarbeitszeit tatsächlich zu verkürzen. Der Arbeitnehmer erzielt so ein höheres Einkommen, der Arbeitgeber braucht weniger Personal und Organisation. Darauf reagiert schon Art. 7 Abs. 2 ArbZ-RL, wonach der Urlaubsanspruch nur bei Beendigung des Arbeitsverhältnisses durch eine finanzielle Vergütung ersetzt werden darf. Der EuGH hat weitergehend ausgeurteilt, dass jeder Anreiz, den

---

[74] *Brandt*, EuZA 2023, 383, 384 f. m. w. N.; EuArbRK/*Gallner*, RL 2003/88/EG, Art. 7 Rn. 1; *Gallner*, in: FS Düwell II, S. 609, 611.

[75] EuGH 20. 1. 2009 – C-350/06, C-520/06 (Schultz-Hoff), NZA 2009, 135 Rn. 25; EuGH 22. 11. 2011 – C-214/10 (KHS), NZA 2011, 1333 Rn. 31; EuGH 20. 7. 2016 – C-341/15 (Maschek), NZA 2016, 1067 Rn. 34; EuGH 6. 11. 2018 – C-684/16 (MPG), NZA 2018, 1474 Rn. 32; EuGH 22. 9. 2022 – C-120/21 (LB/TO), NZA 2022, 1326 Rn. 27.

[76] EuArbRK/*Gallner*, RL 2003/88/EG, Art. 7 Rn. 1; *Gallner*, SR 2020, 45, 51; *Junker*, in: Giesen/Junker/Rieble (Hg.), Arbeitszeitmodelle der Zukunft, S. 99, 107.

Urlaub nicht zu nehmen, um diesen später ausbezahlen zu lassen, mit den Zielen der Richtlinie unvereinbar ist.[77] Er tritt also einer Kommerzialisierung des Gesundheitsschutzes beim Urlaub strikt entgegen. Diese Wertung lässt sich auf das Recht der Nachtarbeit übertragen. Dies spricht gegen die Verpflichtung, Zuschläge zu zahlen, als Umsetzung von Art. 12 a) ArbZ-RL.

c) Verhältnis zur ArbSch-RRL und den dazu erlassenen Einzel-RL

Die ArbZ-RL ist keine der bisher zwanzig zur Arbeitsschutz-Rahmenrichtlinie[78] ergangenen Einzelrichtlinien.[79] Dennoch steht sie in einem engen Verhältnis zu dieser Rahmen-Richtlinie, denn nach ErwG 3 ArbZ-RL bleiben die Bestimmungen der ArbSch-RRL auf Arbeitszeitfragen unbeschadet strengerer und/oder spezifischerer Vorschriften in vollem Umfang anwendbar.[80] Die ArbZ-RL ergänzt somit die ArbSch-RRL.[81] Ihr Verhältnis zur ArbSch-RRL ist mit jenem der konkretisierenden Einzelrichtlinien zur ArbSch-RRL vergleichbar.

aa) Folgerungen aus den allgemeinen Pflichten der ArbSch-RRL

Die ArbSch-RRL verfolgt einen verwandten Schutzzweck wie die ArbZ-RL.[82] Sie ist aber grundsätzlich offener hinsichtlich der angeordneten Mittel, lässt also einen größeren Umsetzungsspielraum. Insofern ist sie mit Art. 12 a) ArbZ-RL vergleichbar, der auch ein Ziel definiert, aber keine genauen Mittel vorschreibt. Der Verweis in ErwG 3 hat besondere Bedeutung für die in Abschnitt II (Art. 5–12) ArbSch-RRL enthaltenen Pflichten der Arbeitgeber.[83] Art. 5 Abs. 1 ArbSch-RRL statuiert die allgemeine Pflicht des Arbeitgebers, für die Sicherheit und den Gesundheitsschutz der Arbeitnehmer in Bezug auf alle Aspekte, die die Arbeit betreffen, zu sorgen. Art. 6 Abs. 2 ArbSch-RRL legt die dabei zu beachtenden Grundsätze der Gefahrenverhütung fest. Mehrfach betonte Leitidee ist dabei, Gefahren an der Quelle zu bekämp-

---

[77] EuGH 29.11.2017 – C-214/16 (King), NZA 2017, 1591 Rn. 39; EuGH 6.11.2018 – C-684/16 (MPG), NZA 2018, 1474 Rn. 42, 48; EuGH 6.11.2018 – C-619/16 (Kreuziger), NZA 2018, 1612 Rn. 49; EuGH 13.1.2022 – C-514/20 (Koch Personaldienstleistungen), NZA 2022, 205 Rn. 32.

[78] Richtlinie 89/391/EWG des Rates vom 12. Juni 1989 über die Durchführung von Maßnahmen zur Verbesserung der Sicherheit und des Gesundheitsschutzes der Arbeitnehmer bei der Arbeit, ABl. EG 1989 L 183, S. 1 (im Folgenden ArbSch-RRL).

[79] EuArbRK/*Gallner*, RL 2003/88/EG, Art. 1 Rn. 30; *Junker*, in: Giesen/Junker/Rieble (Hg.), Arbeitszeitmodelle der Zukunft, 99, 103; *Schliemann*, ArbZG, Einl. Rn. 7.

[80] EuGH 14.5.2019 – C-55/18 (CCOO), NZA 2019, 683 Rn. 61; BAG 13.9.2022 – 1 ABR 22/21, NZA 2022, 1616 Rn. 50; MHdB ArbR/*Bücker*, § 173 Rn. 31; Schlachter/Heinig/*Bücker*, EuArbSozR, § 19 Rn. 103.

[81] *Junker*, in: Giesen/Junker/Rieble (Hg.), Arbeitszeitmodelle der Zukunft, 99, 103; Preis/Sagan/*Ulber*, EuArbR, § 14 Rn. 44.

[82] EuArbRK/*Gallner*, RL 2003/88/EG, Art. 1 Rn. 30.

[83] *Lörcher*, AuR 1994, 49, 51.

fen.[84] Gefahren sollen präventiv verhütet werden.[85] Gefahrenmomente sind deshalb auszuschalten oder zu verringern. Dies bedeutet, auch wenn eine Gefahr nicht beseitigt werden kann, ist unter mehreren möglichen Schutzmaßnahmen die gefahrennächste zu wählen. Zudem ist der Faktor Mensch einzubeziehen.

Die aus der widernatürlichen, dem biologischen Rhythmus des Körpers entgegenlaufenden Lage der Nachtarbeit resultierenden Gefahren können nicht gänzlich beseitigt werden. Denn eine willentliche Umstellung der Körperfunktionen ist nach neueren arbeitsmedizinischen Erkenntnissen unmöglich (siehe ausführlich 4. Kapitel D. II. 3.). Eine präventive Gefahrenbekämpfung kann daher nur bedeuten, die Belastung des einzelnen Nachtarbeitnehmers zu begrenzen. Dafür ist die gefährdende Arbeitszeit einzuschränken, anstatt diese vermittelt über finanzielle Anreize zu steuern. Damit wird direkt an der Quelle der Gefahr angesetzt und diese verringert. Zuschläge setzen stattdessen gesundheitspolitisch verfehlte Anreize für Arbeitnehmer, Nachtarbeit zu leisten. Den Faktor Mensch einzubeziehen gibt vor, derartige ambivalente Mittel nicht zu verwenden.

Das Ziel der Sicherheit verlangt zudem, Arbeitsunfälle möglichst zu vermeiden. Im Zusammenhang mit Nachtarbeit erfordert dies, dass den Nachtarbeitnehmern mehr Erholung ermöglicht wird, weil durch Übermüdung bedingte Konzentrationsmängel eine häufige Unfallursache sind.

bb) Folgerungen aus der Rechtsprechung zur Lärmschutz-Richtlinie

Wie oben dargelegt, haben sowohl die ArbZ-RL als auch die Einzel-RL zum technischen Arbeitsschutz eine gemeinsame Basis in der allgemeinen ArbSch-RRL. Sie dienen alle dem Gesundheitsschutz am Arbeitsplatz. Aufgrund dieser vergleichbaren Beziehung kann die Rechtsprechung zu den Einzel-RL Anhaltspunkte für die Auslegung des Art. 12 a) ArbZ-RL liefern. Zu verweisen ist auf ein Urteil des EuGH zur Lärmschutz-Richtlinie[86]. Art. 5 Lärmschutz-RL verpflichtet den Arbeitgeber zu Maßnahmen, um eine Lärmexposition zu vermeiden oder zu verringern. Damit wird die allgemeine Zielsetzung der ArbSch-RRL konkretisiert. In dem Fall verlangten Arbeitnehmer die Zahlung eines tariflichen Zuschlags, weil die Vorbeugungspflichten der Richtlinie nicht beachtet worden waren.[87] Mit der Argumentation des BAG könnte man die Verpflichtung zur Zuschlagszahlung als Maßnahme sehen, um die Exposition zu vermeiden. Denn der Zuschlag übt einen wirtschaftlichen Druck aus, Arbeitnehmer nicht an zu lauten Arbeitsplätzen zu beschäftigen. Nach dem EuGH ist dies aber

[84] EuArbRK/*Klindt/Schucht*, RL 89/391/EWG, Art. 6 Rn. 1.

[85] KKS/*Balze*, Einl. B, Rn. 100; Schlachter/Heinig/*Bücker*, EuArbSozR, § 19 Rn. 96.

[86] Richtlinie 2003/10/EG des Europäischen Parlaments und des vom 6. Februar 2003 über Mindestvorschriften zum Schutz von Sicherheit und Gesundheit der Arbeitnehmer vor der Gefährdung durch physikalische Einwirkungen (Lärm), ABl. EG 2003 L 42, S. 38 (im Folgenden: Lärmschutz-RL).

[87] EuGH 19.5.2011 – C-256/10, C-261/10 (Barcenilla Fernández), NZA 2011, 967, 968.

offensichtlich keine geeignete Arbeitsschutzmaßnahme. Er betrachtet die Zuschlagszahlung als Strafe für die Nichtbeachtung der Richtlinienverpflichtungen und nicht als Arbeitsschutzmaßnahme im Sinne der Lärmschutz-RL.[88]

d) Verhältnis zur speziellen Arbeitszeit-RL für das Fahrpersonal

Neben der ArbZ-RL existieren spezielle Arbeitszeitregelungen für bestimmte Beschäftigungen oder Berufe. Diese gehen gem. Art. 14 ArbZ-RL den allgemeinen Regelungen vor. Besonderes Augenmerk verdient die Fahrpersonal-RL, die Regelungen über die Nachtarbeit von Personen, die Fahrtätigkeiten im Bereich des Straßentransports ausüben, enthält. Nach deren ErwG 12 muss das Fahrpersonal einen angemessenen Ausgleich für nächtliche Tätigkeit erhalten. Nach Art. 7 Abs. 1 Strich 2 Fahrpersonal-RL erfolgt ein Ausgleich für Nachtarbeit, sofern dieser die Sicherheit im Straßenverkehr nicht gefährdet. Damit ordnet sie ausdrücklich an, dass das Fahrpersonal für Nachtarbeit einen finanziellen Ausgleich erhält.[89] Aus der Wortwahl wird deutlich, dass das Unionsrecht zwischen Schutz- und Ausgleichsmaßnahmen unterscheidet. Art. 12 a) ArbZ-RL verlangt im Gegensatz zu dieser Norm keinen Ausgleich, sondern Maßnahmen des Gesundheits- und Sicherheitsschutzes.

e) Aufforderung der EU-Kommission gegenüber Österreich

Schließlich verdeutlicht ein Sachverhalt aus Österreich, dass die Europäische Kommission als „Hüterin des Unionsrechts" strikt zwischen finanzieller Abgeltung und Gesundheitsschutzmaßnahmen unterscheidet. § 7a Abs. 3 Nr. 4 Ö-KA-AZG a.F. hatte vorgesehen, dass in Ausnahmefällen zur Aufrechterhaltung des Anstaltsbetriebes durch Tarifvertrag eine finanzielle Abgeltung anstelle eines Freizeitausgleichs für verkürzte Ruhezeiten von Ärzten vorgesehen werden konnte. Die Kommission sah darin einen Verstoß gegen Art. 5 i.V.m. Art. 18 ArbZ-RL. Nach der Gesetzesbegründung zum Änderungsgesetz, mit dem die österreichische Vorschrift aufgehoben wurde, sah die Kommission in einer finanziellen Abgeltung – wenn auch nur in Ausnahmefällen – keinen ausreichenden „anderen Schutz" gem. Art. 18 ArbZ-RL, weil die Abgeltung dem Arbeitnehmer nicht ermöglicht, zu ruhen und sich zu erholen.[90] In der Literatur heißt es zur Änderung knapp: „Da eine Abgeltung jedoch keine Arbeitsschutzmaßnahme ist, wurde diese Möglichkeit […] ersatzlos gestrichen."[91] Dies verdeutlicht die strikte Unterscheidung zwischen Ausgleichs- und Schutzmaßnahmen, die das europäische Recht trifft.

---

[88] EuGH 19.5.2011 – C-256/10, C-261/10 (Barcenilla Fernández), NZA 2011, 967 Rn. 39, 43.

[89] BAG 15.7.2020 – 10 AZR 123/19, NZA 2021, 44 Rn. 52.

[90] Antrag 608/A vom 23.9.2014, S. 6.

[91] *Stärker*, ASoK 2015, 214 unter 5.

4. Sinn und Zweck

Schließlich ist Art. 12 a) ArbZ-RL nach seiner Ratio auszulegen. Hinweise auf Sinn und Zweck einer Richtlinienvorschrift geben regelmäßig die Erwägungsgründe. Auch diese Auslegungsmethode ergibt, dass Art. 12 a) ArbZ-RL die Gesundheit und die Freizeit der Nachtarbeitnehmer schützen sowie eine Kommerzialisierung der Gesundheit verhindern soll.

a) Schutz der Sicherheit und Gesundheit durch Einschränkung der Nachtarbeit (ErwG 8)

Die Norm dient, wie die ArbZ-RL insgesamt, in erster Linie dem Schutz der Sicherheit und Gesundheit der Arbeitnehmer bei der Arbeitszeitgestaltung. Dies ergibt sich sowohl aus der Kompetenzgrundlage in Art. 153 Abs. 2 AEUV, als auch aus ErwG 2, 4 sowie Art. 1 Abs. 1 ArbZ-RL. Die ArbZ-RL setzt dabei vorrangig auf präventiven Schutz, was auch dem Grundgedanken des sonstigen europäischen Arbeitsschutzrechts entspricht, Belastungen möglichst zu vermeiden beziehungsweise zu verringern. ErwG 8 ArbZ-RL fordert, aufgrund der festgestellten Gesundheitsrisiken die Dauer der Nachtarbeit, auch in Bezug auf die Mehrarbeit, einzuschränken. Deutlich wird, dass eine Verringerung der Arbeitszeit das primäre Schutzmittel des europäischen Nachtarbeitsrechts darstellt.

Fraglich ist, ob sich die Verringerung der Arbeitszeit auf den einzelnen Nachtarbeitnehmer bezieht oder auf eine Einschränkung der Nachtarbeit insgesamt.[92] Aus der Tatsache, dass die ArbZ-RL das subjektive Grundrecht des Art. 31 Abs. 2 GRCh konkretisiert, ergibt sich, dass der Schutz jeweils dem einzelnen Nachtarbeitnehmer zugutekommen muss. Dies folgt zudem aus dem Verweis auf die Mehrarbeit. Denn Mehrarbeit erhöht in erster Linie die individuelle Belastung, die ab der achten Stunde ebenso wie die Unfallhäufigkeit exponentiell ansteigt.[93]

b) Schutz der Freizeit (ErwG 5)

Die ArbZ-RL dient daneben auch dem Schutz der Freizeit der Arbeitnehmer. Nach Art. 1 Nr. 1 ArbZ-RL soll die Richtlinie Mindestvorschriften für Sicherheit und Gesundheitsschutz bei der Arbeitszeitgestaltung gewährleisten. Gegenstand der Richtlinie sind daher gem. Art. 1 Nr. 2 a) ArbZ-RL unter anderem Mindestruhezeiten und

---

[92] In letztere Richtung BAG 9.12.2020 – 10 AZR 332/20 (A), NZA 2021, 1121 Rn. 99. Dem Vorlagebeschluss liegt der vom BAG vertretene Ansatz zugrunde, wonach die Zuschläge durch Verteuerung Nachtarbeit insgesamt eindämmen sollten.

[93] *Folkard/Lombardi*, American Journal of Industrial Medicine 2006, 953, 959; *Nachreiner et al.*, ZArbWiss 2019, 369, 378 m. w. N.; *Paridon et al.*, DGUV Report Schichtarbeit, 2012, S. 112; *Rothe et al.*, Psychische Gesundheit in der Arbeitswelt, S. 54; *Tucker/Folkard*, Working Time, Health and Safety, 2012, S. 14; *Wirtz*, Gesundheitliche und soziale Auswirkungen langer Arbeitszeiten, 2010, S. 20, 26.

Ruhepausen. Als Ruhezeit gilt gem. Art. 2 Nr. 2 ArbZ-RL jede Zeitspanne außerhalb der Arbeitszeit. Das Arbeitszeitrecht der Union ist somit von einem klaren Dualismus von Arbeits- und Ruhezeit geprägt.[94] Folglich liegt immer dann Arbeitszeit vor, wenn der zu betrachtende Zeitraum nicht als Ruhezeit zu klassifizieren ist.

aa) Freie Disposition über die Freizeit zugunsten von Gesundheit und Sozialleben

Ruhezeit setzt voraus, dass der Arbeitnehmer während dieser Zeiten gegenüber seinem Arbeitgeber keiner Verpflichtung unterliegt, die ihn daran hindern kann, frei und ohne Unterbrechung seinen eigenen Interessen nachzugehen, um die Auswirkungen der Arbeit auf seine Sicherheit und Gesundheit zu neutralisieren.[95] Wesentlicher Bestandteil der Ruhezeit ist nach dem Verständnis des EuGH also insbesondere die Möglichkeit, diese Zeit in persönlicher und sozialer Hinsicht frei gestalten zu können.[96]

bb) Erhöhter Freizeitbedarf aufgrund schlechterer Nutzbarkeit der Ruhezeit bei Nachtarbeit

Die Ruhezeit schützt also einerseits die gesundheitliche Erholung und andererseits dient sie dazu, die Pflege privater Interessen und sozialer Kontakte zu ermöglichen.[97] Dem biologischen Rhythmus des Menschen sowie dem sozialen Rhythmus der Gesellschaft ist es geschuldet, dass beides nicht zu jeder Tag- und Nachtzeit gleichermaßen erreicht werden kann (siehe ausführlich 4. Kapitel D. II., III.). Der Circadianrhythmus des Menschen sorgt vielmehr dafür, dass die körperliche Erholung bei Tagschlaf eingeschränkt ist, weil dieser kürzer und von schlechterer Qualität ist. Zudem sorgt die regelmäßige Abwesenheit am Abend dafür, dass Interessen und Sozialkontakten in geringerem Umfang nachgegangen werden kann. Denn die meisten gesellschaftlichen und Freizeitveranstaltungen finden unter der Woche am Abend statt. Wenn der Nachtarbeitnehmer am Tag frei hat, so wird damit also die Mindestruhezeit gewahrt, allerdings hat diese Ruhezeit für ihn einen geringeren positiven Effekt. Kompensiert werden kann dies nicht durch Zahlung eines Zuschlags, sondern

---

[94] EuGH 3.10.2000 – C-303/98 (Simap), AP EWG-Richtlinie Nr. 93/104 Nr. 2 Rn. 47; EuGH 21.2.2018 – C-518/15 (Matzak), NZA 2018, 293 Rn. 55; *Buschmann/Ulber*, ArbZR, RL 2003/88/EG Rn. 91 und 93 4); EuArbRK/*Gallner*, RL 2003/88/EG, Art. 2 Rn. 6. Nicht ganz einfach ist die Einordnung der Ruhepausen in dieses binäre Schema. Auch Ruhepausen sind grundsätzlich keine Arbeitszeit, sondern Ruhezeit, sie liegen aber nicht „außerhalb" der Arbeitszeit und sind deshalb nicht auf die tägliche Mindestruhezeit anrechenbar und von ihr zu unterscheiden (vgl. Preis/Sagan/*Ulber*, EuArbR, § 14 Rn. 133 und 176).

[95] EuGH 14.10.2010 – C-428/09 (Union syndicale Solidaires Isère), BeckRS 2010, 91197 Rn. 50.

[96] *Preis/Schwarz*, Dienstreisen als Rechtsproblem, S. 22.

[97] EuGH 21.2.2018 – C-518/15 (Matzak), NZA 2018, 293 Rn. 63; Preis/Sagan/*Ulber*, EuArbR, § 14 Rn. 135.

nur durch die Gewährung von Freizeit in Form kürzerer Schichten oder zusätzlicher freier Tage.

cc) Normative Anknüpfung

Für eine solche Betrachtung, die auch die Qualität der Ruhezeit einbezieht, spricht der Wortlaut des ErwG 5 RL ArbZ-RL, wonach alle Arbeitnehmer angemessene Ruhezeiten erhalten sollen. Der Begriff der Angemessenheit legt nahe, dass eine Relation zwischen möglichen zusätzlichen Belastungen, etwa durch die Lage der Arbeitszeit, und dem Umfang der Ruhezeit herzustellen ist. Dieser Gedanke ist bei Auslegung des Art. 12 a) ArbZ-RL einzubeziehen, der für eine solche Betrachtung offen ist, weil er selbst davon spricht, dass Nachtarbeitnehmern *in einem Maß* Schutz zuteilwerden soll, das der Art ihrer Arbeit Rechnung trägt. Weil Nachtarbeit eine besonders belastende Arbeitsform ist, kann dieses Maß nur ein erhöhtes sein.

Außerdem müssen die Maßnahmen auch das Sozialleben schützen. Außerhalb der Arbeitsleistung liegende soziale und familiäre Pflichten können die Nachtarbeitnehmer nur in ihrer Freizeit erfüllen. Diese muss dafür Raum bieten, also verlängert werden. Dies gebietet auch die gesundheitlich orientierte ArbZ-RL, weil der Gesundheitsbegriff des Unionsrechts entsprechend der Präambel der Satzung der WHO einen Zustand des vollständigen körperlichen, geistigen und sozialen Wohlbefindens meint und nicht nur das Freisein von Krankheiten und Gebrechen.[98]

c) Keine Kommerzialisierung von Gesundheit und Sicherheit (ErwG 4)

Ein wichtiges Argument gegen Zuschläge als Umsetzungsmaßnahme des Art. 12 a) ArbZ-RL liefert schließlich ErwG 4 ArbZ-RL. Danach stellen die Verbesserung von Sicherheit, Arbeitshygiene und Gesundheitsschutz der Arbeitnehmer bei der Arbeit Zielsetzungen dar, die keinen rein wirtschaftlichen Überlegungen untergeordnet werden dürfen.[99] Die gleiche Vorstellung liegt gem. ErwG 13 der ArbSch-RRL zugrunde.[100] Das Unionsrecht soll also verhindern, dass Gesundheit und Sicherheit kommerzialisiert werden. Diese Erwägung spielt in der Rechtsprechung des EuGH eine wichtige, wiederkehrende Rolle.[101]

---

[98] EuGH 12.11.1996 – C-84/94 (Vereinigtes Königreich/Rat), NZA 1997, 23 Rn. 15; EuGH 9.9.2003 – C-151/02 (Jaeger), NZA 2003, 1019 Rn. 93; Preis/Sagan/*Ulber*, EuArbR, § 14 Rn. 40; *Schmidt*, ZESAR 2021, 392, 395.

[99] Schlachter/Heinig/*Schubert/Bayreuther*, EurArbSozR, § 11 Rn. 2.

[100] Schlachter/Heinig/*Bücker*, EurArbSozR, § 19 Rn. 94.

[101] EuGH 9.9.2003 – C-151/02 (Jaeger), NZA 2003, 1019 Rn. 67; EuGH 14.5.2019 – C-55/18 (CCOO), NZA 2019, 683 Rn. 66; EuGH 9.3.2021 – C-344/19 (Radiotelevizija Slovenija), NZA 2021, 485 Rn. 26; EuGH 9.3.2021 – C-580/19 (Stadt Offenbach), NZA 2021, 489 Rn. 27; EuGH 11.11.2021 – C-214/20 (Dublin City Council), NZA 2021, 1699 Rn. 37.

Die ausschließliche Verpflichtung zur Zahlung von Zuschlägen ermöglicht aber genau diese Unterordnung unter wirtschaftliche Überlegungen (siehe ausführlich 4. Kapitel E. I. 2. b)). Sie macht den Gesundheitsschutz davon abhängig, ob die Anordnung der Nachtarbeit für den Arbeitgeber trotz Zuschlag ökonomisch sinnvoll ist oder nicht.[102] Ordnet er die Nachtarbeit an, obwohl er dafür Zuschläge zahlen muss, so wird der Nachtarbeitnehmer nicht geschützt, sondern erhält lediglich einen höheren Verdienst.

5. Zwischenergebnis: Normatives Gebot der Arbeitszeitverkürzung

Art. 12 a) ArbZ-RL wurde anhand der etablierten Methoden ausgelegt. Die Norm gebietet danach Maßnahmen, welche die Arbeitszeit der Nachtarbeitnehmer verkürzen. Ein Ausgleich, wie er in Art. 7 Abs. 1 Strich 2 Fahrpersonal-RL und Art. 8 ILO-Übereinkommen Nr. 171 vorgesehen ist, ist nach dem Unionsrecht von Schutzmaßnahmen zu unterscheiden. Unangefochten ist dieses Verständnis jedoch nicht, wie die referierte *Glavna direktsia I*-Entscheidung des EuGH zeigte (siehe B. II.).[103] Daher wird weiter geprüft, ob das ILO-Recht oder das Primärrecht ein verbindliches Auslegungsergebnis vorgeben.

V. Auslegungsentscheidung gem. ILO-Übereinkommen Nr. 171?

Entscheidend für die Auslegung könnte in einem solchen Fall der Mehrdeutigkeit das Recht der ILO sein. Nach ErwG 6 ArbZ-RL ist hinsichtlich der Arbeitszeitgestaltung den Grundsätzen der Internationalen Arbeitsorganisation Rechnung zu tragen, ausdrücklich umfasst sind auch die für die Nachtarbeit geltenden Grundsätze. Dies wird einhellig als Verweis auf die einschlägigen Übereinkommen und Empfehlungen der ILO interpretiert.[104] Zur Nachtarbeit der Erwachsenen sind die ILO-Übereinkommen Nr. 89 und 171 sowie die Empfehlung Nr. 178 in Kraft.[105] Deutschland hat diese nicht ratifiziert.[106]

---

[102] *Brandt/Lueken*, AuR 2023, 29, 31; *Ulber*, Anm. zu AP ArbZG, § 6 Nr. 14 unter IV.

[103] EuGH 24.2.2022 – C-262/20, NZA 2022, 467 Rn. 51, 55.

[104] *Buschmann*, in: FS Etzel, S. 103, 108; *Buschmann/Ulber*, ArbZR, Anhang A, Rn. 14; *Seifert*, SR 2018, 169, 178; *Tietje*, Grundfragen des Arbeitszeitrechts, S. 74.

[105] Weitere Regelungen für einzelne Gruppen wie Kinder, Jugendliche, Schwangere und Mütter sind in verschiedenen Übereinkommen und Empfehlungen normiert, die hier aber außer Betracht bleiben können. Hinzu kam ein branchenspezifisches Nachtarbeitsverbot für Bäckerien (ILO-Übereinkommen Nr. 20), welches die Organisation als überholt einstuft.

[106] *Buschmann*, AuR 2019, 498, 502 für ILO-Übereinkommen Nr. 171, IELLC/*Pietrogiovanni*, ILO Convention Nr. 89, Introduction Rn. 9 für ILO-Übereinkommen Nr. 89.

1. Rechtliche Bedeutung des Erwägungsgrundes 6 der ArbZ-RL

Es ist umstritten, welche Bedeutung der Verweis in ErwG 6 ArbZ-RL hat. Nach zutreffender Ansicht gebietet er, die ILO-Normen für die Auslegung der ArbZ-RL heranzuziehen, sofern sie nicht in Widerspruch zu dieser stehen.

a) Meinungsstand in Rechtsprechung und Literatur

Die arbeitszeitrechtliche Rechtsprechung des EuGH, zu der nach europäischem Verständnis auch das Urlaubsrecht zählt, folgt keiner klaren Linie. In der Rechtssache *Schultz-Hoff* hat der Gerichtshof unmittelbar Normen aus dem ILO-Übereinkommen Nr. 132 herangezogen.[107] In der Folgeentscheidung *KHS* hat er ausgesprochen, dass dieses berücksichtigt werden müsse.[108] In den beiden Entscheidungen zur Nachtarbeit hat der EuGH in *Glavna direktsia* das ILO-Übereinkommen Nr. 171 zur Auslegung des Art. 12 a) ArbZ-RL herangezogen,[109] in *Coca-Cola European Partners* hat er eine Verbindlichkeit des Übereinkommens Nr. 171 aufgrund der Verweisungsnorm verneint.[110]

Zahlreiche Schlussanträge der Generalanwälte verweisen ebenfalls auf ILO-Übereinkommen. In den Anträgen zur *SIMAP*-Entscheidung wird ergänzend auf den Arbeitszeitbegriff des ILO-Übereinkommens Nr. 30 Bezug genommen, ohne dies methodisch zu fundieren.[111] Nach den Anträgen zu *FNV* läge wegen ErwG 6 ArbZ-RL eine Orientierung an dem ILO-Übereinkommen Nr. 132 nahe.[112] In den Anträgen zu *Schultz-Hoff* wird ausgeführt, die Auslegung der ArbZ-RL müsse die wesentlichen Grundsätze des ILO-Übereinkommens Nr. 132 berücksichtigen, auch wenn die ArbZ-RL eine gemeinschaftseigene Weiterentwicklung dieses Abkommens sei.[113]

In der Literatur werden unterschiedliche Auffassungen dazu vertreten, ob und welche rechtliche Wirkung dem ErwG 6 ArbZ-RL zukommt. Nach einer Ansicht gewinnen dadurch die ILO-Normen über den Umweg des Unionsrechts eine gewisse Verbindlichkeit.[114] Abgestellt wird auf den Wortlaut, der im europäischen Rahmen relativ hart formuliert sei.[115] Dem wird jedoch entgegengehalten, dass die

[107] EuGH 20. 1. 2009 – C-350/06, C-520/06, NZA 2009, 135 Rn. 37 f.

[108] EuGH 22. 11. 2011 – C-214/10, NZA 2011, 1333 Rn. 41 f.

[109] EuGH 24. 2. 2022 – C-262/20, NZA 2022, 467 Rn. 54.

[110] EuGH 7. 7. 2022 – C-257/21, C-258/21, NZA 2022, 971 Rn. 51.

[111] GA *Saggio*, 16. 12. 1999 – C-303/98, Slg. 2000 I – 7968 Rn. 34.

[112] GA *Kokott*, 12. 1. 2006 – C-124/05, Slg. I – 3425 Fn. 8.

[113] GA *Trstenjak*, 24. 1. 2008 – C-350/06, ECLI:EU:C:2008:37 Fn. 41.

[114] *Buschmann*, in: FS Etzel, S. 103, 108.

[115] *Buschmann*, in: FS Etzel, S. 103, 108; offengelassen *Buschmann*, FS Düwell I, S. 34, 40 f.; *Buschmann*, AuR 2019, 498, 501.

ILO-Normen an manchen Stellen über die ArbZ-RL hinausgehen.[116] Die Formulierung müsse daher restriktiv ausgelegt und auf Bereiche beschränkt werden, in denen die ArbZ-RL erkennbar ILO-Normen nachvollziehen sollte und nicht von diesen abweiche.[117] Nach anderer Ansicht handele es sich bei ErwG 6 ArbZ-RL bloß um eine rechtlich unverbindliche Orientierungshilfe.[118] Zwischen diesen Polen sehen zahlreiche Stimmen in den ILO-Normen eine Auslegungshilfe, insbesondere zum Verständnis von Rechtsbegriffen in der ArbZ-RL.[119]

b) Eigene Stellungnahme: ILO-Recht als Auslegungshilfe

Der Wortlaut des ErwG 6 ArbZ-RL „ist […] Rechnung zu tragen" spricht in der Tat für eine verbindliche Geltung der ILO-Normen.[120] Auch ist in den Entwürfen zur ersten ArbZ-RL die Bezugnahme auf ILO-Recht deutlich ausgeweitet worden.[121] Der Unionsgesetzgeber wollte das Arbeitszeitrecht in einer Weise harmonisieren, die mit den Normen der ILO in Einklang steht.[122] Andererseits wird nur auf die Grundsätze der ILO verwiesen. Es bleibt der Auslegung überlassen, ob man darunter alle ILO-Normen versteht oder nur besonders bedeutende. Näher liegt ersteres, weil die ILO-Kernarbeitsnormen keine Regelungen zur Arbeitszeit enthalten[123] und die Übereinkommen ansonsten gleichrangig sind, eine rechtssichere Abgrenzung also nicht möglich wäre. Dann wird aber deutlich, dass die ArbZ-RL nicht mit sämtlichen ILO-Normen konform ist.[124] Dies spricht gegen eine verbindliche Geltung aller ILO-Normen. Zudem handelt es sich bloß um einen Erwägungsgrund, nicht um eine materielle Norm der ArbZ-RL.[125] Rechte können aus diesen nicht unmittelbar hergeleitet wer-

---

[116] *Tietje*, Grundfragen des Arbeitszeitrechts, S. 74; dies sehen auch *Buschmann*, in: FS Etzel, S. 103, 108 und Preis/Sagan/*Ulber*, EuArbR, § 14 Rn. 28.

[117] *Tietje*, Grundfragen des Arbeitszeitrechts, S. 74.

[118] *Jacobs/Messner/Schindler*, EuZA 2022, 23, 29 unter Verweis auf NK-GA/*Heuschmid/Lörcher*, GRCh, Art. 31 Rn. 35, wo es jedoch um den Gehalt des Art. 31 Abs. 2 GRCh in Bezug auf die Nachtarbeit geht, nicht um den der ArbZ-RL.

[119] *Bömer*, EuZA 2019, 479, 488; *Brandt/Lueken*, AuR 2023, 29, 31; *Buschmann*, AuR 2019, 498, 501; *Klein/Kuhs*, ZESAR 2022, 348, 349; EuArbRK/*Gallner*, RL 2003/88/EG, Art. 1 Rn. 31, 41; *Habich*, Sicherheits- und Gesundheitsschutz, S. 83; Heuschmid/Schlachter/Ulber/*Biltgen*, Arbeitsvölkerrecht, § 12 Rn. 62; Preis/Sagan/*Ulber*, EuArbR, § 14 Rn. 26; SH/*Schubert/Bayreuther*, EuArbSoZR, § 11 Rn. 4; *Stolzenberg*, ILO und EU, S. 324 f.

[120] *Buschmann*, in: FS Etzel, S. 103, 108; *Tietje*, Grundfragen des Arbeitszeitrechts, S. 74.

[121] *Tietje*, Grundfragen des Arbeitszeitrechts, S. 73.

[122] *Seifert*, SR 2018, 169, 178.

[123] *Buschmann*, in: FS Etzel, S. 103, 107. Allerdings haben die ILO-Übereinkommen Nr. 155 und 187 zum Arbeitsschutz im Jahr 2022 den Rang von Kernarbeitsnormen erhalten. Vermittelt darüber könnte auch den Übereinkommen zur Arbeitszeit eine größere Verbindlichkeit zukommen, weil diese zum Arbeitsschutz zählen.

[124] *Buschmann*, in: FS Etzel, S. 103, 108; EuArbRK/*Gallner*, RL 2003/88/EG, Art. 1 Rn. 41; *Tietje*, Grundfragen des Arbeitszeitrechts, S. 74.

[125] *Schmidt*, ZESAR 2021, 392, 394; *Stolzenberg*, ILO und EU, S. 324; a.A. BAG 9.12.2020 – 10 AZR 332/20 (A), NZA 2021, 1121 Rn. 100.

den.[126] Die Erwägungsgründe sind damit zwar integraler Bestandteil des jeweiligen Rechtsakts, als solche aber nicht verbindlich.[127] Vielmehr dienen sie als Auslegungshilfe zu den materiellen Richtlinienvorschriften.[128]

Daher ist ErwG 6 ArbZ-RL weder rechtlich unbedeutend, noch ordnet er verbindlich die Geltung aller ILO-Normen zur Arbeitszeit an. Zuzustimmen ist der Ansicht, die ILO-Normen durch den Verweis als Auslegungshilfe heranzieht, insbesondere um Begriffe zu definieren. Stehen die ILO-Normen in eindeutigem Widerspruch zu Richtlinienvorgaben,[129] so ist eine völkerrechtsfreundliche Auslegung nicht möglich. In diesem Fall hat das ILO-Recht zurücktreten. Dem entspricht die Rechtspraxis, wonach ILO-Normen vor dem EuGH stets (nur) eine ergänzende Funktion hatten.[130]

2. Anwendung auf die ILO-Regelungen zur Nachtarbeit

Das ILO-Recht dient also als Auslegungshilfe der ArbZ-RL. Sofern diese verschiedene Auslegungsmöglichkeiten eröffnet, ist jene zu wählen, die am ehesten mit ILO-Recht konform ist. Nicht herangezogen kann das ILO-Recht, wenn sich aus der ArbZ-RL ergibt, dass diese dem ILO-Recht widerspricht.

a) Keine Anwendbarkeit der ILO-Übereinkommen Nr. 4, 41 und 89

Unter Beachtung dieser Grundsätze können die ILO-Übereinkommen Nr. 4, 41 und 89 nicht zur Auslegung der ArbZ-RL herangezogen werden. Gegenstand aller dieser Übereinkommen ist das Nachtarbeitsverbot für Arbeiterinnen, das im Arbeitsvölkerrecht eine lange Tradition hat und in der Bundesrepublik Deutschland, im Gegensatz zur ehemaligen DDR, bis zur Einführung des ArbZG bestand (siehe ausführlich 2. Kapitel B. II., E. I. 1., E. II. 2., F. I.). Das Nachtarbeitsverbot für Arbeiterinnen ist ein Paradebeispiel für die schwierige Balance zwischen dem Schutz (vermeintlich) besonders verletzlicher Beschäftigtengruppen auf der einen und Diskriminierung beim Arbeitsmarktzugang auf der anderen Seite.[131] Diese widerstre-

---

[126] Riesenhuber/*Riesenhuber*, Eur Methodenlehre, § 10 Rn. 38; *Stolzenberg*, ILO und EU, S. 324.

[127] EuGH 24. 2. 2022 – C-262/20 (Glavna direktsia I), NZA 2022, 467 Rn. 34; EuGH 13. 7. 2023 – C-765/21 (Azienda Ospedale-Università di Padova), juris Rn. 49.

[128] EuGH 13. 7. 1989 – C-215/88 (Casa Fleischhandel), BeckRS 2004, 72342 Rn. 31; Riesenhuber/*Riesenhuber*, Eur Methodenlehre, § 10 Rn. 35.

[129] Beispielsweise regelt die ArbZ-RL bewusst grundsätzlich nur eine wöchentliche und keine tägliche Höchstarbeitszeit (Art. 1 Abs. 2 a), 6 b) ArbZ-RL, eine Ausnahme stellen die Regelungen für Nachtarbeiter dar, Art. 8 ArbZ-RL) und bleibt somit hinter dem Achtstundentag in Art. 2 ILO-Übereinkommen Nr. 1 und Art. 3 ILO-Übereinkommen Nr. 30 zurück.

[130] *Seifert*, SR 2018, 169, 178 f.

[131] IELLC/*Pietrogiovanni*, ILO Convention 89, Introduction Rn. 3; *Servais*, International Labour Law, Rn. 589, 591.

benden Ziele führten zu einem Konflikt zwischen ILO- und Unionsrecht. In der Rechtssache *Stoeckel* erkannte der EuGH im Nachtarbeitsverbot für Arbeiterinnen eine geschlechtsspezifische Diskriminierung, obwohl die fragliche nationale Regelung der Umsetzung des ILO-Übereinkommen Nr. 89 diente.[132] Nach Aufforderung durch die Europäische Kommission kündigten die verbliebenen Unterzeichner unter den Mitgliedstaaten das Übereinkommen Nr. 89.[133]

Die ArbZ-RL verfolgt eindeutig einen anderen Ansatz zum Schutz der Nachtarbeitnehmer. Spezielle Regelungen für Arbeiterinnen sind nicht vorgesehen, sondern es gelten für alle Beschäftigten unabhängig von ihrem Geschlecht oder ihrem Status die gleichen Schutzvorschriften. Die erste ArbZ-RL reagierte damit auf die *Stoeckel*-Entscheidung des EuGH. Die Übereinkommen Nr. 4 und 41 wurden auf der 106. Sitzung der Generalkonferenz der ILO aufgehoben.[134] Übereinkommen Nr. 89 gilt fort, kann aber durch den Konflikt mit Unionsrecht nicht zur Auslegung der ArbZ-RL genutzt werden.

b) Anwendbarkeit des ILO-Übereinkommens Nr. 171 als Auslegungshilfe

Relevanz für die Auslegung von Art. 12 a) ArbZ-RL könnten daher nur die Vorschriften des ILO-Übereinkommens Nr. 171 haben. Diese verfolgen den gleichen geschlechts- und beschäftigungsneutralen Schutzansatz wie die ArbZ-RL, also flankierende Maßnahmen anstelle eines Verbots für Arbeiterinnen.[135] Zudem wurde das Übereinkommen im Jahr 1990 verabschiedet und geht der ersten ArbZ-RL somit historisch unmittelbar voraus.

Art. 3 Abs. 1 ILO-Übereinkommen Nr. 171 legt fest, dass besondere, durch die Art der Nachtarbeit gebotene Maßnahmen für Nachtarbeiter zu treffen sind, um ihre Gesundheit zu schützen, ihnen die Erfüllung ihrer Familien- und Sozialpflichten zu erleichtern, ihnen Möglichkeiten für den beruflichen Aufstieg zu bieten und sie angemessen zu entschädigen. Er verweist dabei unter anderem auf Art. 8, wonach der Ausgleich für Nachtarbeiter in Form von Arbeitszeit, Entgelt oder ähnlichen Vergünstigungen der Natur der Nachtarbeit Rechnung zu tragen hat.

Nach der Konzeption des Art. 3 ILO-Übereinkommen Nr. 171 sollen Maßnahmen zum Schutz der Gesundheit also neben eine angemessene Entschädigung tre-

---

[132] EuGH 25.7.1991 – C-345/89, AP EWG-Vertrag Art. 119 Nr. 28; zum Konflikt *Adamy*, in: BMAS/BDA/DGB (Hg.), Weltfriede durch soziale Gerechtigkeit, S. 179, 198 ff.; in Folgeentscheidungen eröffnete der EuGH eine Ausnahme für völkerrechtliche Verpflichtungen aus der Zeit vor Inkrafttreten des EWG-Vertrages am 1. Januar 1958: EuGH 2.8.1993 – C-158/91 (Levy), BeckRS 2004, 74532 Rn. 22; EuGH 3.2.1994 – C-13/93 (Office National de l'Emploi), BeckRS 2004, 74297 Rn. 17, 19.

[133] IELLC/*Pietrogiovanni*, ILO Convention 89, Introduction Rn. 1, 10; *Seifert*, SR 2018, 169, 179.

[134] IELLC/*Pietrogiovanni*, ILO Convention 89, Introduction Rn. 10.

[135] *Servais*, International Labour Law, Rn. 600, 604.

ten. Die ebenfalls in Art. 3 in Bezug genommenen Art. 4–7 ILO-Übereinkommen Nr. 171 umfassen gesundheitsschützende Maßnahmen. Art. 8 ILO-Übereinkommen Nr. 171 regelt hingegen einen Ausgleich, der als Form der Entschädigung angesehen wird, auch wenn er in Arbeitszeit geleistet wird. Das Übereinkommen erlaubt eine Wahl des Ausgleichs zwischen Arbeitszeit, Entgelt oder ähnlichen Vergünstigungen. Entsprechend heißt es auch im General Survey des *ILO-CEACR* zu Art. 8 des ILO-Übereinkommens Nr. 171, der Artikel sei breit genug gefasst, um verschiedene Formen des Ausgleichs zu umfassen, nicht nur finanzieller Art, sondern auch in Form verkürzter Arbeitszeit und anderer Vergünstigungen.[136] Der Ausgleich ist nach der Konzeption des Übereinkommens von den Schutzmaßnahmen zu unterscheiden.

3. Zwischenergebnis: Keine Auslegung anhand des ILO-Rechts

Art. 8 ILO-Übereinkommen Nr. 171 regelt einen Ausgleich für Nachtarbeit. Dieser zählt nicht zu den Schutzmaßnahmen, die in Art. 4–7 ILO-Übereinkommen Nr. 171 vorgegeben werden. Art. 12 a) ArbZ-RL erfordert aber ausdrücklich Schutzmaßnahmen. Für das Verständnis kann daher nicht auf Art. 3 Abs. 1 i.V.m. Art. 8 ILO-Übereinkommen Nr. 171 zurückgegriffen werden.

VI. Auslegungsentscheidung anhand der Vorgaben des Primärrechts

Es spricht also viel dafür, dass Art. 12 a) ArbZ-RL Maßnahmen erfordert, die die Arbeitszeit der Nachtarbeitnehmer verkürzen, wozu Zuschläge nicht zählen. Dies hat bereits die Auslegung anhand der etablierten Methoden ergeben. Entscheidend für dieses Ergebnis spricht die primärrechtskonforme Auslegung. Sie ist bei mehrdeutigen Normen des Sekundärrechts auslegungsleitend. Denn aufgrund der Vorrangstellung des Primärrechts setzt sich unter mehreren möglichen Interpretationen die primärrechtskonforme Auslegung durch.[137] Vorzunehmen ist eine „zweifache Konformauslegung", nämlich eine primärrechtskonforme Auslegung der ArbZ-RL und anschließend eine richtlinienkonforme Auslegung des nationalen Rechts.[138] Voraussetzung ist, dass das europäische Primärrecht den Schutz der Nachtarbeitnehmer vorgibt. Dies soll im Folgenden dargelegt werden.

---

[136] *ILO-CEACR*, General Survey concerning working time instruments, S. 180, eigene Übersetzung.

[137] Riesenhuber/*Leible/Domröse*, Eur Methodenlehre, § 8 Rn. 27.

[138] EuGH 27.3.2014 – C-314/12 (UPC Telekabel Wien), NJW 2014, 1577 Rn. 46; KKS/*Balze*, Einl. B, Rn. 5; NK-GA/*Heuschmid/Lörcher*, GRCh, Vor GRCh Rn. 25; Riesenhuber/*Leible/Domröse*, Eur Methodenlehre, § 8 Rn. 41; Schlachter/Heinig/*Schubert/Bayreuther*, EurArbSozR, § 11 Rn. 2.

1. Auslegung gem. Art. 31 Abs. 2 GRCh

Aus arbeitsrechtlicher Perspektive und für den hier untersuchten Gegenstand ist bedeutend, dass die Grundrechte-Charta – im Gegensatz zum Grundgesetz – explizite soziale Grundrechte enthält, wodurch der Sozialschutz im Arbeitsverhältnis eine grundrechtliche Verankerung erfährt.[139] Die Grundrechte-Charta ist gem. Art. 6 Abs. 1 EUV gleichrangig mit den europäischen Verträgen[140] und zählt somit zum Primärrecht.[141]

Besondere Beachtung verlangt in diesem Kontext Art. 31 GRCh. Gem. Art. 31 Abs. 1 GRCh hat jede Arbeitnehmerin und jeder Arbeitnehmer das Recht auf gesunde, sichere und würdige Arbeitsbedingungen, Art. 31 Abs. 2 GRCh verleiht zudem das Recht auf eine Begrenzung der Höchstarbeitszeit, auf tägliche und wöchentliche Ruhezeiten sowie auf bezahlten Jahresurlaub. Beide Absätze könnten im Fall der Nachtarbeit Schutzwirkung entfalten. Soweit ersichtlich wird nirgends vertreten, dass Art. 31 GRCh sich nicht auf die Nachtarbeit auswirke, was angesichts der erwiesenen, besonderen Gefährlichkeit dieser Arbeitszeitlage auch widersinnig wäre. Unterschiedliche Ansichten gibt es aber zur Frage, unter welchen Absatz von Art. 31 GRCh die Nachtarbeit zu fassen ist.

a) Rechtsprechung des EuGH

Wie oben dargestellt, sieht der EuGH den Art. 12 ArbZ-RL in der Rs. *Glavna direktsia I* als Konkretisierung des Grundrechts des Art. 31 Abs. 2 GRCh an.[142] Daraus folgt für den Gerichtshof, dass die Bestimmung im Licht des Grundrechts auszulegen sei und nicht zulasten der Arbeitnehmer eng verstanden werden dürfe.[143] GA Pitrezzella hingegen differenzierte in seinen Schlussanträgen zu dieser Rechtssache nicht zwischen den beiden Absätzen des Art. 31 GRCh.[144]

b) Meinungsspektrum in der Literatur

Ein Teil der Literatur fasst die Nachtarbeit unter Art. 31 Abs. 1 GRCh.[145] Zur Begründung wird auf den Bezug zum technischen Arbeitsschutz verwiesen.[146] Von

---

[139] HK-ArbSchR/*Bücker*, Grundrecht Rn. 2; *Schubert*, EuZA 2020, 302, 302 f.

[140] EuGH 19.1.2010 – C-555/07 (Kücükdeveci), NZA 2010, 85 Rn. 22; EuGH 6.11. 2018 – C-684/16 (MPG), NZA 2018, 1474 Rn. 20; EuGH 14.5.2019 – C-55/18 (CCOO), NZA 2019, 683 Rn. 30; KKS/*Balze*, Einl. B, Rn. 5.

[141] Calliess/Ruffert/*Kingreen*, EUV/AEUV, Art. 6 EUV Rn. 12.

[142] EuGH 24.2.2022 – C-262/20 (Glavna direktsia I), NZA 2022, 467 Rn. 38 f.

[143] EuGH 24.2.2022 – C-262/20 (Glavna direktsia I), NZA 2022, 467 Rn. 39, 43.

[144] GA *Pitrezzella*, Schlussanträge 2.9.2021 zu EuGH C-262/20 (Glavna direktsia I) Rn. 36.

[145] ErfK/*Roloff*, ArbZG, § 6 Rn. 1; Heselhaus/Nowak/*Hilbrandt*, EU-Grundrechte-HdB, § 40 Rn. 35; *Hilbrandt*, NZA 2019, 1168, 1174; Stern/Sachs/*Lang*, GRCh, Art. 31 Rn. 15.

Art. 31 Abs. 2 GRCh werde der besondere Schutz der Nachtarbeitnehmer nach dem Wortlaut hingegen nicht erfasst.[147] Ein anderer Teil fasst ihn dennoch unter Art. 31 Abs. 2 GRCh.[148] Verwiesen wird auf die Erläuterungen zu Art. 31 Abs. 2 GRCh. Danach ist Art. 2 Nr. 7 ESCh, der den Schutz der Nachtarbeitnehmer regelt, zur Auslegung heranzuziehen.[149] Dasselbe gilt für den Verweis auf die ArbZ-RL, woraus sich ergebe, dass die vom Wortlaut nicht ausdrücklich erfassten Probleme, wie die Lage der Arbeitszeit, einzubeziehen sind.[150]

c) Verhältnis der beiden Absätze des Art. 31 GRCh zueinander

Schon aus dem Überblick über das Meinungsspektrum wird deutlich, dass Art. 31 GRCh nach ganz überwiegender Auffassung in seinen beiden Absätzen zwei unterschiedliche Gewährleistungen enthält.[151] In der Rechtsprechung des EuGH wird dies daran deutlich, dass der Gerichtshof regelmäßig vom Grundrecht des Art. 31 Abs. 2 GRCh spricht.[152] Die beiden Absätze stehen aber nicht beziehungslos neben-, sondern in engem Zusammenhang zueinander.[153]

Dennoch ist die Differenzierung nicht unbedeutend, weil der EuGH Art. 31 Abs. 2 GRCh in seiner Rechtsprechung bereits mit Konturen versehen und als Grundrecht anerkannt hat, was fast allgemeiner Meinung entspricht.[154] Dies ist auch

---

[146] *Hilbrandt*, NZA 2019, 1168, 1174.

[147] ErfK/*Roloff*, ArbZG, § 6 Rn. 1; EuArbRK/*Schubert*, GRCh, Art. 31 Rn. 16.

[148] Frankfurter Kommentar/*Kocher*, GRCh, Art. 31 Rn. 22; *Polzin*, SR 2019, 303, 306; NK-GA/*Heuschmid/Lörcher*, GRCh, Art. 31 Rn. 25, 35.

[149] Frankfurter Kommentar/*Kocher*, GRCh, Art. 31 Rn. 22; NK-GA/*Heuschmid/Lörcher*, GRCh, Art. 31 Rn. 35.

[150] NK-GA/*Heuschmid/Lörcher*, GRCh, Art. 31 Rn. 25, 35.

[151] Frankfurter Kommentar/*Kocher*, GRCh, Art. 31 Rn. 21; *Jarass*, GRCh, Art. 31 Rn. 1; NK-GA/*Heuschmid/Lörcher*, GRCh, Art. 31 Rn. 2.

[152] EuGH 6.11.2018 – C-684/16 (MPG), NZA 2018, 1474 Rn. 49 ff.; EuGH 14.5.2019 – C-55/18 (CCOO), NZA 2019, 683 Rn. 30 f.; EuGH 24.2.2022 – C-262/20 (Glavna direktsia I), NZA 2022, 467 Rn. 38 f.

[153] Preis/Sagan/*Ulber*, EuArbR, § 14 Rn. 31.

[154] EuGH 6.11.2018 – C-569/16, C-570/16 (Bauer/Willmeroth), NZA 2018, 1467 Rn. 58; EuGH 6.11.2018 – C-684/16 (MPG), NZA 2018, 1474 Rn. 54; EuGH 14.5.2019 – C-55/18 (CCOO), NZA 2019, 683 Rn. 30 ff.; EuGH 9.3.2021 – C-580/19 (Stadt Offenbach am Main), NZA 2021, 489 Rn. 28; EuGH 17.3.2021 – C-585/19 (Academia de Studii Economice din Bucureşti), NZA 2021, 549 Rn. 36; EuGH 11.11.2021 – C-214/20 (Dublin City Council), NZA 2021, 1699 Rn. 37; EuGH 24.2.2022 – C-262/20 (Glavna direktsia I), NZA 2022, 467 Rn. 38 f.; *Bayreuther*, RdA 2022, 290, 290; EuArbRK/*Schubert*, GRCh, Art. 31 Rn. 2; Frankfurter Kommentar/*Kocher*, GRCh, Art. 31 Rn. 8; *Frenz*, HdB EuR Bd. 4, Rn. 3881 ff., 3887; *Gallner*, SR 2020, 45, 47; GSH/*Lembke*, EUR, GRCh, Art. 31 Rn. 8; HK-ArbSchR/*Bücker*, Grundrecht Rn. 39 f., 88; *Jarass*, GRCh, Art. 31 Rn. 2; NK-GA/*Heuschmid/Lörcher*, GRCh, Art. 31 Rn. 25; Schlachter/Heinig/*Schubert/Bayreuther*, EurArbSozR, § 11 Rn. 2; *Schubert*, RdA 2013, 370, 375; *Seifert*, EuZA 2013, 299, 309; Stern/Sachs/*Lang*, GRCh, Art. 31 Rn. 3;

überzeugend, wofür schon der Wortlaut spricht.[155] Der Grundrechtscharakter ergibt sich zudem daraus, dass die Vorschrift das Grundrecht auf körperliche Unversehrtheit (Art. 3 Abs. 1 GRCh) für das Arbeitsverhältnis besonders ausformt.[156] Mit der besonderen Normierung in Art. 31 GRCh sollte das Grundrecht den Besonderheiten des Arbeitslebens angepasst werden. Dazu gehört, dass der Arbeitgeber die Arbeitsumgebung kontrolliert und die Arbeit regelmäßig einen großen Teil der Zeit des Arbeitnehmers einnimmt und somit Gesundheitsrisiken durch Überlastung und mangelnde Erholung mit sich bringen kann. Mit dieser Konkretisierung dürfte aber bezweckt worden sein, einen bestimmten Schutzstandard unzweifelhaft auch in der Sphäre der Arbeit zu garantieren, nicht jedoch, den allgemeinen, grundrechtlichen Schutz abzuschwächen. Bei Art. 31 Abs. 2 GRCh handelt es sich daher, ebenso wie bei Art. 3 GRCh, um ein Grundrecht. Für Art. 31 Abs. 1 GRCh hingegen ist dies durch die Rechtsprechung (noch) nicht anerkannt und in der Literatur stark umstritten.[157] Auch hier sprechen der Wortlaut und die systematische Beziehung zu Art. 3 GRCh für ein Grundrecht. Weil dies für Art. 31 Abs. 2 GRCh aber bereits vom EuGH anerkannt wurde, wird mit der Prüfung dieser Norm begonnen.

d) Schutz der Nachtarbeit durch Art. 31 Abs. 2 GRCh

Gemäß Art. 31 Abs. 2 GRCh hat jede Arbeitnehmerin und jeder Arbeitnehmer das Recht auf eine Begrenzung der Höchstarbeitszeit, auf tägliche und wöchentliche Ruhezeiten sowie auf bezahlten Jahresurlaub. Ob dies einen Schutz der Nachtarbeitnehmer umfasst, ist durch Auslegung zu ermitteln.

aa) Wortlaut

Aus dem Wortlaut ergibt sich nicht eindeutig, ob die Nachtarbeit umfasst wird. Ausdrückliche Erwähnung findet sie nicht.

Der Passus „Recht auf eine Begrenzung der Höchstarbeitszeit“ kann aber so verstanden werden, dass er auch die spezielle Begrenzung der täglichen Arbeitszeit

---

a. A.: Calliess/Ruffert/*Krebber*, GRCh, Art. 31 Rn. 3; KKS/*Balze*, Einl. B, Rn. 6; *Rudkowski*, NJW 2019, 476, 480.

[155] EuArbRK/*Schubert*, GRCh, Art. 31 Rn. 2; GSH/*Lembke*, EUR, Art. 31 GRCh, Rn. 8; HK-ArbSchR/*Bücker*, Grundrecht Rn. 40; *Schubert*, RdA 2013, 370, 375; relativierend aber *Seifert*, EuZA 2013, 299, 309.

[156] *Seifert*, EuZA 2013, 299, 309.

[157] Für Grundrecht: EuArbRK/*Schubert*, GRCh, Art. 31 Rn. 2; Frankfurter Kommentar/*Kocher*, GRCh, Art. 31 Rn. 8; *Frenz*, HdB EuR Bd. 4, Rn. 3887; GSH/*Lembke*, Europäisches Unionsrecht, GRCh, Art. 31 Rn. 8; HK-ArbSchR/*Bücker*, Grundrecht Rn. 40, 42; *Jarass*, GRCh, Art. 31 Rn. 2; MHdB ArbR/*Bücker*, § 173 Rn. 3c; zweifelnd: SBHS/*Knecht*, GRCh, Art. 31 Rn. 7; ablehnend: Calliess/Ruffert/*Krebber*, GRCh, Art. 31 Rn. 3; Stern/Sachs/*Lang*, GRCh, Art. 31 Rn. 3.

für Nachtarbeitnehmer umfasst.[158] Betrachtet man das Richtlinienrecht als gesetzgeberische Wertung, aus der Ableitungen für den Inhalt des Grundrechts möglich sind,[159] so ist zu bemerken, dass Art. 8 a) ArbZ-RL eine Begrenzung der täglichen Höchstarbeitszeit für Nachtarbeitnehmer auf durchschnittlich acht Stunden vorschreibt.[160] Für Tagarbeit hingegen sieht Art. 6 ArbZ-RL im Gegensatz zum deutschen Recht nur eine wöchentliche Höchstarbeitszeit vor.[161] Aus unionsrechtlicher Sicht ist die Höchstarbeitszeit bei Nachtarbeit also strikter reguliert als bei Tagarbeit. Art. 31 Abs. 2 GRCh lässt offen, auf welchen Zeitraum der Begriff „Höchstarbeitszeit" bezogen ist. Der Wortlaut von Art. 31 Abs. 2 GRCh erlaubt daher, neben der wöchentlichen auch die tägliche Höchstarbeitszeit unter das Recht auf eine Begrenzung der Höchstarbeitszeit zu fassen.[162]

Außerdem sollte der gewählte Wortlaut des Art. 31 Abs. 2 GRCh nur die wichtigsten Bereiche der Arbeitszeitregulierung nennen, um den Charakter der Grundrechtserklärung nicht durch zu detaillierte Aufzählung zu schmälern.[163] Er ist aber für eine weitere Auslegung offen. Mehrfach wurde im Konvent angesichts des knappen Textes der Vorschrift gefordert, einen Verweis auf das Sekundärrecht aufzunehmen.[164] Dies erfolgte in den Erläuterungen zur Charta, damit wird auf Art. 8–13 ArbZ-RL verwiesen. Der EuGH hat ausgesprochen, dass nicht nur der Wortlaut, sondern auch Zusammenhang und Ziele einer Norm zu berücksichtigen sind.[165] In diesem Zusammenhang hat er ausdrücklich auch Art. 12 a) ArbZ-RL als Konkretisierung von Art. 31 Abs. 2 GRCh angesehen, obwohl diese Norm gerade keine (weitere) Verkürzung der Höchstarbeitszeit der Nachtarbeitnehmer erfordere,

---

[158] *Polzin*, SR 2019, 303, 306; die Möglichkeit sieht auch *Gallner*, FS Preis, S. 271, 286.

[159] So *Hilbrandt*, NZA 2019, 1168, 1175; zu Recht wird allerdings darauf hingewiesen, dass Unionsgesetzgeber und Vertragsgeber nicht identisch sind, was die Autorität seiner Auslegung des Primärrechts schmälert, *Riesenhuber*, in: Giesen/Junker/Rieble (Hg.), Systembildung im Europäischen Arbeitsrecht, S. 15, 47.

[160] EAS/*Balze*, B 3100, Rn. 49.

[161] *Giesen*, in: Giesen/Junker/Rieble (Hg.), Arbeitszeitmodelle der Zukunft, 2019, S. 15, 30; *Hanau*, NJW 2016, 2613, 2617; *Kolbe*, ZFA 2021, 216, 223; *Picker*, NZA-Beilage 2021, 4, 8; Preis/Sagan/*Ulber*, EuArbR, § 14 Rn. 141; diese besser schützende Regelung ist nach Art. 15 ArbZ-RL zulässig, vgl. zur gleichen Problematik hinsichtlich Art. 10 RL 2002/15/EG: BVerwG 16.12.2021 – 8 C 24/19, NZA-RR 2022, 234 Rn. 31; *Ulber/Brandt*, Anm. zu AP ArbZG, § 21a Nr. 1 unter IV. 3., V. 1.; zweifelnd BAG 19.5.2021 – 5 AS 2/21, NZA 2021, 1134 Rn. 17.

[162] EuArbRK/*Schubert*, GRCh, Art. 31 Rn. 16; NK-GA/*Heuschmid/Lörcher*, GRCh, Art. 31 Rn. 30; a.A. *Frenz*, Handbuch Europarecht, Bd. 4, Rn. 3907; *Jarass*, GRCh, Art. 31 Rn. 9.

[163] GSH/*Lembke*, EUR, Art. 31 GRCh Rn. 8; selbst die Vorschrift in ihrer heutigen Form wurde teilweise als „Reglementierung von Belanglosigkeiten" kritisiert, zitiert nach *Bernsdorff/Borowsky*, Die Charta der Grundrechte der Europäischen Union, S. 216.

[164] *Bernsdorff/Borowsky*, Die Charta der Grundrechte der Europäischen Union, S. 216.

[165] EuGH 24.2.2022 – C-262/20 (Glavna direktsia I), NZA 2022, 467 Rn. 40.

sondern auch durch andere Maßnahmen erfüllt werden könne.[166] Nach dem EuGH impliziert daher der Wortlaut von Art. 31 Abs. 2 GRCh nicht, dass nur die ausdrücklich genannten Arbeitszeitregelungen erfasst würden. Konsequent hat der EuGH auch die Pflicht, ein Arbeitszeitmessungssystems einzurichten, aus Art. 31 Abs. 2 GRCh in der Konkretisierung durch die ArbZ-RL abgeleitet, obwohl sich dies ebenfalls nicht aus dem Wortlaut, sondern nur aus dem Gesamtzusammenhang der Norm erschließt.[167]

bb) Historie

Auch die Historie der Norm spricht für ein solches Verständnis. Heranzuziehen sind dafür die Erläuterungen zur GRCh.[168] Nach den Erläuterungen stützt sich Art. 31 Abs. 2 GRCh auf die zwischenzeitlich aufgehobene erste ArbZ-RL sowie auf Art. 2 der ESCh und Nummer 8 der Gemeinschaftscharta der Arbeitnehmerrechte.[169] Diese sind also bei der Auslegung von Art. 31 GRCh zu berücksichtigen.[170] Nr. 8 der Gemeinschaftscharta erwähnt den Schutz der Nachtarbeitnehmer nicht.[171] Die Gemeinschaftscharta ist allerdings nur eine Erklärung der Staats- und Regierungschefs und keine Rechtsquelle.[172] Ihr kommt daher eine geringere Bedeutung zu. Außerdem datiert die Entscheidung des EuGH zum Nachtarbeitsverbot für Arbeiterinnen, welche die EU auf einen geschlechtsneutralen Schutz aller Nachtarbeitnehmer festlegte, erst aus dem Jahr 1991.[173] Bei Verabschiedung der Gemeinschaftscharta im Jahr 1991 bestanden in vielen Mitgliedstaaten keine geschlechtsneutralen Schutzvorschriften, was gegen deren Aufnahme sprach.

Im Gegensatz dazu enthielt bereits die erste ArbZ-RL Regelungen zur Nachtarbeit, die den jetzigen Regelungen in der ArbZ-RL entsprachen.[174] Die in der ArbZ-RL genannten Vorschriften können als Konkretisierung der Bestimmung des Art. 31 Abs. 2 GRCh angesehen werden.[175] Dies gilt ebenso für Art. 2 Nr. 7 der ESCh in ihrer revidierten Fassung, die bei Schaffung der GRCh bereits verabschiedet war und den Schutz der Nachtarbeitnehmer im Gegensatz zur ursprüng-

---

[166] EuGH 24.2.2022 – C-262/20 (Glavna direktsia I), NZA 2022, 467 Rn. 38 f., 48, 50 f., 53.

[167] EuGH 14.5.2019 – C-55/18 (CCOO), NZA 2019, 683 Rn. 60; a. A. BAG 13.9.2022 – 1 ABR 22/21, NZA 2022, 1616 Rn. 20, 24.

[168] Meyer/Hölscheidt/*Hüpers/Reese*, GRCh, Vorbemerkungen vor Art. 27 Rn. 18 unter Verweis auf die Präambel zur GRCh, Art. 52 Abs. 7 GRCh sowie Art. 6 Abs. 1 UAbs. 3 EUV.

[169] ABl. 2007, C 303/17, 26.

[170] *Buschmann*, in: FS Düwell I, S. 34, 39; *Schlachter*, SR 2019, 165, 169.

[171] Weitere Ausführungen zu Arbeitszeit und gesunden Arbeitsbedingungen enthalten Nr. 7 und 19 Gemeinschaftscharta.

[172] *Junker*, ZfA 2013, 91, 92.

[173] EuGH 25.7.1991 – C-345/89, AP EWG-Vertrag Art. 119 Nr. 28.

[174] *Frenz*, HdB EuR Bd. 4, Rn. 3877.

[175] *Frenz*, HdB EuR Bd. 4, Rn. 3907.

lichen ESCh in einer eigenen Nummer vorsieht. Beide Rechtsquellen sprechen dafür, dass Art. 31 Abs. 2 GRCh auch den Schutz der Nachtarbeitnehmer umfasst, weil die Erläuterungen auf sie verweisen.

cc) Systematik

Auch die Systematik spricht dafür, die Nachtarbeit unter Art. 31 Abs. 2 GRCh zu fassen. Dieser Absatz regelt den speziellen Teil des Arbeitsschutzes, der Gefährdungen durch überfordernde Arbeitszeiten verhindern soll, indem er allen Arbeitnehmern ein Recht auf eine Begrenzung der Höchstarbeitszeit, auf tägliche und wöchentliche Ruhezeiten sowie auf bezahlten Jahresurlaub gibt. Der Jahresurlaub ist nach europäischem Verständnis Teil des Arbeitszeitschutzes.[176] Arbeitszeitbezogene Gefährdungen entstehen insbesondere aus Nachtarbeit. Diese sind daher systematisch unter Art. 31 Abs. 2 GRCh zu fassen.

dd) Sinn und Zweck

Schließlich spricht auch der Sinn und Zweck des Art. 31 Abs. 2 GRCh dafür, dass dessen Schutzbereich bei Nachtarbeit eröffnet ist. Die Regelung soll gerechte und angemessene Arbeitsbedingungen in Bezug auf Gefahren durch die Arbeitszeit garantieren. Gerade mit der besonderen Lage der Nachtarbeit gehen eklatante Gesundheitsgefahren einher. Diese stehen in engem Zusammenhang mit den genannten Begrenzungen der Arbeitszeit, die von Art. 31 Abs. 2 GRCh ausdrücklich als gesundheitsgefährdend anerkannt werden. So steigt die Schädlichkeit der Nachtarbeit mit ihrer Häufigkeit und ihrem Umfang, zugleich betrifft die durch Nachtarbeit verursachte besondere Lage der Arbeits- und Freizeit am Tag auch die Qualität der Ruhezeiten in negativer Weise. Dieser enge inhaltliche Zusammenhang spricht dafür, die besonderen Gefahren der Nachtarbeit und die grundrechtliche Garantie eines Mindestschutzes unter das spezielle Grundrecht des Art. 31 Abs. 2 GRCh zu fassen.

ee) Zwischenergebnis

Der Schutzbereich des Art. 31 Abs. 2 GRCh ist im Falle der Nachtarbeit eröffnet, obwohl sie nicht ausdrücklich genannt wird.

e) Verhältnis von Art. 31 Abs. 2 GRCh und Art. 12 a) ArbZ-RL

Nachdem geklärt wurde, dass Art. 31 Abs. 2 GRCh den Schutz der Nachtarbeitnehmer gebietet, stellt sich die Frage, wie dies das Sekundärrecht beeinflusst. Zum einen können nach herrschender Meinung auch die Grundrechte der Charta der Union

---

[176] EuArbRK/*Gallner*, RL 2003/88/EG, Art. 7 Rn. 1; *Gallner*, in: FS Düwell II, S. 609, 611.

und den Mitgliedstaaten Schutzpflichten auferlegen. Zum anderen gibt die Rechtsprechung des EuGH zu Art. 31 Abs. 2 GRCh bestimmte Dinge für die Auslegung von Art. 12 a) ArbZ-RL vor.

aa) Grundrechtliche Schutzpflicht aus Art. 31 Abs. 2 GRCh

In der Literatur wird ganz überwiegend angenommen, dass die Grundrechte der Charta Schutzpflichten auslösen können.[177] Der EuGH hat solche bisher ausdrücklich nur für die Grundfreiheiten angenommen,[178] wobei sich Ansätze auch in seiner Rechtsprechung zu Grundrechten finden.[179] Im Wortlaut der Grundrechte-Charta finden sich mehrere Hinweise auf Schutzpflichten. So regelt Art. 1 S. 2 GRCh, dass die Würde des Menschen zu achten und *zu schützen* ist.[180] Ähnlich lautet Art. 51 Abs. 1 S. 2 GRCh, wonach die Mitgliedstaaten die Grundrechte achten und *deren Anwendung fördern.*[181] Die historisch-genetische Auslegung spricht ebenfalls für Schutzpflichten, denn diese ließen sich schon aus den Grundrechtsgewährleistungen, die der EuGH vor der GRCh anerkannt hatte, begründen.[182] Zudem ist die umfangreiche Rechtsprechung des EGMR zu sog. positive obligations gem. Art. 52 Abs. 3 S. 1 GRCh beachtlich.[183] Um einen Rückfall hinter die EMRK zu verhindern, sind grundrechtliche Schutzpflichten auch im Rahmen der GRCh anzunehmen.[184]

[177] Calliess/Ruffert/*Kingreen*, EUV/AEUV, GRCh, Art. 51 Rn. 33; EuArbRK/*Schubert*, GRCh, Art. 51 Rn. 67 f.; *Schubert*, EuZA 2020, 302, 303; *Jarass*, GRCh, Art. 51 Rn. 6 f.; *Junker*, ZfA 2013, 91, 101 f.; Frankfurter Kommentar/*Pache*, GRCh, Art. 51 Rn. 38; NK-GA/*Heuschmid/Lörcher*, GRCh, Art. 51 Rn. 4; *Riesenhuber*, Europäisches Arbeitsrecht, § 2 Rn. 32; SBHS/*Hatje*, GRCh, Art. 51 Rn. 25; Stern/Sachs/*Ladenburger/Vondung*, GRCh, Art. 51 Rn. 21 f.; Streinz/*Streinz/Michl*, EUV/AEUV, GRCh, Art. 51 Rn. 30; *Suerbaum*, EuR 2003, 390, 406 ff.; a.A. Meyer/Hölscheidt/*Hüpers/Reese*, GRCh, vor Art. 27 Rn. 38 f.: spezielle Abwehrdimension der Charta-Grundrechte zum Schutz einzelstaatlicher Sozialstandards gegenüber Maßnahmen der Union, die auch individuelle Rechtspositionen schütze.

[178] EuGH 9.12.1997 – C-265/95 (Kommission/Frankreich), NJW 1998, 1931 Rn. 30 ff.

[179] *Suerbaum*, EuR 2003, 390, 396 ff.

[180] Dies entspricht wörtlich der Formulierung des Art. 1 Abs. 1 S. 2 GG, woraus in der deutschen Grundrechtsdogmatik Schutzpflichten abgeleitet werden, vgl. Heselhaus/Nowak/*Szczekalla*, HdB EuGR, § 8 Rn. 9. Aufgrund des Hierarchieverhältnisses und der Autonomie des Unionsrechts kann davon aber natürlich nicht unmittelbar auf Unionsrecht geschlossen werden. Zu der Herleitung im nationalen Verfassungsrecht ausführlich oben unter 4. Kapitel B. I. 2. b).

[181] Calliess/Ruffert/*Kingreen*, EUV/AEUV, GRCh, Art. 51 Rn. 33; *Jarass*, GRCh, Art. 51 Rn. 6; Stern/Sachs/*Ladenburger/Vondung*, GRCh, Art. 51 Rn. 20 f.

[182] *Riesenhuber*, Europäisches Arbeitsrecht, § 2 Rn. 15; *Suerbaum*, EuR 2003, 390, 403 ff.

[183] Beispielsweise EGMR 23.9.2010 – 425/03 (Obst/Deutschland), NZA 2011, 277 Rn. 41; EGMR 5.9.2017 – 61496/08 (Bărbulescu/Rumänien), BeckRS 2017, 123332 Rn. 108; EGMR 16.2.2021 – 23922/19 (Gawlik/Liechtenstein), NJW 2021, 2343 Rn. 47; zusammenfassend m. w. N. EuArbRK/*Schubert*, EMRK, Art. 1 Rn. 31; Heselhaus/Nowak/*Szczekalla*, HdB EuGR, § 8 Rn. 8.

[184] Stern/Sachs/*Ladenburger/Vondung*, GRCh, Art. 51 Rn. 21; Streinz/*Streinz/Michl*, EUV/AEUV, GRCh, Art. 51 Rn. 30; *Suerbaum*, EuR 2003, 390, 405.

Schließlich ist auch die grundlegende funktionelle Begründung für Schutzpflichten auf die GRCh übertragbar. Ebenso wie das Grundgesetz zielt die GRCh nicht nur auf die bloß formale Geltung der Grundrechte, sondern auf deren Verwirklichung, indem den Grundrechtsträgern deren tatsächliche Wahrnehmung ermöglicht wird.[185] Diese kann durch private Dritte ebenso bedroht sein wie durch Organe der EU oder der Mitgliedstaaten. Im Ergebnis ist daher anzunehmen, dass die Grundrechte der Charta Schutzpflichten auslösen können.

Allerdings ist die jeweilige konkrete Norm darauf zu überprüfen, ob sie auf eine Schutzpflicht angelegt ist.[186] Dies liegt bei Art. 31 GRCh nahe, weil Gefahren für Arbeitnehmer-Grundrechte regelmäßig von privaten Arbeitgebern ausgehen und nicht angenommen werden kann, dass das Grundrecht nur gegenüber staatlichen Arbeitgebern gelten sollte. Art. 31 Abs. 2 GRCh begründet im Rahmen der Kompetenzen der EU eine Schutzpflicht. Zu deren Erfüllung wurde die ArbZ-RL verabschiedet, die den grundrechtlich vorgegebenen Mindestschutz gewährleisten soll. Eine umfangreiche Überprüfung, ob Art. 8–13 ArbZ-RL dem hinsichtlich der Nachtarbeitnehmer genügen, kann an dieser Stelle nicht geleistet werden. Art. 12 a) ArbZ-RL ist aber jedenfalls so auszulegen, dass er einen Beitrag zur Erfüllung dieser Schutzpflicht für Gesundheit und Sicherheit der Nachtarbeitnehmer leistet.

bb) Weitere Vorgaben der grundrechtlichen Fundierung für die Auslegung des Art. 12 a) ArbZ-RL

Zudem kann auf die Rechtsprechung zu Art. 31 Abs. 2 GRCh zurückgegriffen werden. Der EuGH hat zu anderen Vorschriften der ArbZ-RL wiederholt ausgesprochen, dass diese aufgrund ihrer Fundierung in Art. 31 Abs. 2 GRCh nicht zu Ungunsten der Arbeitnehmer restriktiv ausgelegt werden dürfen.[187] Zudem können finanzielle Erwägungen allein kein im Allgemeininteresse liegendes Ziel darstellen, dass eine Beschränkung der Schutzmaßnahmen rechtfertigen könnte.[188] In der Literatur wird dies als Folge der Konnexität von Art. 31 Abs. 2 GRCh und ArbZ-RL

[185] EuArbRK/*Schubert*, GRCh, Art. 51 Rn. 67.

[186] EuArbRK/*Schubert*, GRCh, Art. 51 Rn. 69; *Jarass*, GRCh, Art. 51 Rn. 6; Stern/Sachs/*Ladenburger/Vondung*, GRCh, Art. 51 Rn. 22; Streinz/*Streinz/Michl*, EUV/AEUV, GRCh, Art. 51 Rn. 30; a. A. wohl Calliess/Ruffert/*Kingreen*, EUV/AEUV, GRCh, Art. 51 Rn. 33, der eine Schutzfunktion aller Grundrechte annimmt, aber für eine Abstufung danach plädiert, in welchem Maße der Einzelne beim jeweiligen Recht auf hoheitliche Realisierungshilfe angewiesen ist.

[187] EuGH 14.5.2019 – C-55/18 (CCOO), NZA 2019, 683 Rn. 30 ff.; EuGH 9.3.2021 – C-344/19 (Radiotelevizija Slovenija), NZA 2021, 485 Rn. 27; EuGH 9.3.2021 – C-580/19 (Stadt Offenbach), NZA 2021, 489 Rn. 28; EuGH 15.7.2021 – C-742/19 (Ministrstvo za obrambo), AP Richtlinie 2003/88/EG Nr. 39 Rn. 48; EuGH 11.11.2021 – C-214/20 (Dublin City Council), NZA 2021, 1699 Rn. 37.

[188] EuGH 24.2.2022 – C-262/20 (Glavna direktsia I), NZA 2022, 467 Rn. 77 f.

angesehen.[189] Finanzielle Gründe könnten im grundrechtsrelevanten Bereich nur eine ergänzende Rolle spielen.[190] Dies überzeugt, weil die Ausübung der durch die Charta gewährten Grundrechte nur unter den Bedingungen des Art. 51 Abs. 1 GRCh eingeschränkt werden darf, unter anderem der Wahrung des Grundsatzes der Verhältnismäßigkeit. Weil dieser eine Abwägung der entgegenstehenden Grundrechte erfordert, ist ein völliges Zurücktreten des Gesundheitsschutzes gegenüber Rechten des Arbeitgebers aus Art. 16 GRCh ausgeschlossen. Vielmehr hat der Richtliniengeber mit der ArbZ-RL einen Ausgleich zwischen den konkurrierenden Interessen geschaffen.

Außerdem ist mit der Anwendung des Art. 31 Abs. 2 GRCh, der ein subjektives Recht gewährt und der Auslegung des Art. 12 a) ArbZ-RL in diesem Licht klar, dass die daraus folgenden Rechte jedem einzelnen Nachtarbeiter gewährt werden müssen und nicht nur einer abstrahierten Gesamtheit.

f) Vorgaben für die primärrechtskonforme Auslegung

Art. 31 Abs. 2 GRCh zielt darauf, sichere und gesunde Arbeitsbedingungen durch Regelungen der Arbeitszeit sicherzustellen. In erster Linie soll die Gesundheit der Arbeitnehmer präventiv geschützt werden, indem ausreichend Zeit zur Erholung von der arbeitsbedingten Belastung und zur Persönlichkeitsentfaltung durch individuell motivierte Aktivitäten gewährleistet wird. Der durch die Norm gewährleistete Mindestschutz ist abhängig von der jeweiligen Belastung zu ermitteln. Die Nachtarbeit als besonders belastende Arbeitszeitlage erfordert daher besondere Schutzvorschriften. Dies wird durch die Verweise auf Art. 2 (rev)ESCh sowie Kapitel 3 der ArbZ-RL bestätigt.

Die Vorschriften der ArbZ-RL sind so auszulegen, dass sie einen Beitrag zum präventiven Gesundheitsschutz leisten und den oben genannten Zielen dienen, damit sie dem Schutzanspruch aus Art. 31 Abs. 2 GRCh gerecht werden. Sie erfordern also eine weitere Begrenzung der Höchstarbeitszeit, zusätzliche Ruhezeiten (inklusive der Pausen) oder weitere Urlaubstage.[191] Die zu begrenzende Höchstarbeitszeit ist dabei die tägliche, weil diese bei der Nachtarbeit die entscheidende Grenze darstellt, vergleiche den von den Erläuterungen zu Art. 31 Abs. 2 GRCh in Bezug genommenen Art. 8 ArbZ-RL. Eine Begrenzung des Erwerbslebens, beispielsweise durch abschlagsfreie Frühverrentung, ist hingegen nicht geeignet, Sinn und Zweck des Art. 31 Abs. 2 GRCh zu erfüllen, weil damit kein präventiver Gesundheitsschutz erreicht wird.

Dies wird unterstützt durch Art. 2 (rev)ESCh. Dieser ist zur Auslegung von Art. 31 GRCh heranzuziehen, weil in den Erläuterungen zur Charta auf diese Norm

---

[189] *Bayreuther*, RdA 2022, 290, 291. Aus der dort angeführten Rechtsprechung geht jedoch nicht eindeutig hervor, ob der EuGH dies aus Art. 31 Abs. 2 GRCh oder (nur) aus ErwG 4 ArbZ-RL ableitet.

[190] *Kohte*, jurisPR-ArbR 48/2022, Anm. 1 unter C.

[191] Frankfurter Kommentar/*Kocher*, GRCh, Art. 31 Rn. 22.

verwiesen wird.[192] Der *ECSR* hat in seiner Spruchpraxis zu Art. 2 Nr. 7 (rev)ESCh, der zum Schutz der Nachtarbeitnehmer verpflichtet, als zwingende Mindestmaßnahmen regelmäßige Gesundheitsuntersuchungen, die Möglichkeit der Versetzung in Tagarbeit und die kontinuierliche Beteiligung von Arbeitnehmervertretungen festgelegt.[193] Ergänzend zu diesen drei Mindestmaßnahmen wurden zusätzliche Pausen, zusätzlicher bezahlter Urlaub und Pausenräume als taugliche Schutzmaßnahmen anerkannt.[194] Zuschläge werden nicht als mögliche Maßnahmen genannt.

Art. 2 Abs. 7 (rev)ESCh ist zudem im Zusammenhang mit Art. 2 Nr. 4 (rev) ESCh zu verstehen.[195] Danach sind die die Gefahren gefährlicher oder gesundheitsschädlicher Arbeiten zu beseitigen oder hinreichend zu vermindern und wenn dies nicht möglich ist, für eine verkürzte Arbeitszeit oder zusätzliche bezahlte Urlaubstage der betroffenen Arbeitnehmer zu sorgen. Die Norm entspricht dem modernen Gedanken des Arbeitsschutzrechts, Gefahren möglichst zu vermeiden und ansonsten zu verringern, indem die Expositionsdauer verkürzt wird.[196] Bei Nachtarbeit handelt es sich um eine gefährliche und gesundheitsschädliche Arbeit, weil sie sowohl das Unfall- als auch das Krankheitsrisiko erhöht. Weil diese Gefahren aufgrund des biologisch vorgegebenen Körperrhythmus nicht gänzlich beseitigt werden können, sind Maßnahmen zur Abmilderung durch kürzere Arbeitszeit oder zusätzlichen Urlaub zu treffen. Die Maßnahmen sollen einen ausreichenden und regelmäßigen Beitrag dazu leisten, sich von dem verbundenen Stress und Ermüdung zu erholen und ihre Aufmerksamkeit zu bewahren.[197] Nach dem ECSR kann eine finanzielle Kompensation unter keinen Umständen als angemessene Maßnahme gem. Art. 2 Nr. 4 (rev)ESCh angesehen werden, weil sie nicht zum Zweck der Erholung beiträgt.[198] Das Gleiche gilt für einen vorgezogenen Rentenanspruch.[199]

---

[192] ABl. 2007, C 303/17, 26; zur (rev)ESCh als Auslegungshilfe der GRCh: *Schlachter*, SR 2019, 165, 169.

[193] *ECSR*, Conclusions 2003, Art. 2 § 7 Italy; *ECSR*, Conclusions 2003, Art. 2 § 7 France; *ECSR*, Conclusions 2003, Art. 2 § 7 Romania; Heuschmid/Schlachter/Ulber/*Schlachter*, HdB Arbeitsvölkerrecht, § 6 Rn. 555.

[194] IELLC/*Marhold/Kovács*, RESC, Art. 2 Rn. 34.

[195] Frankfurter Kommentar/*Kocher*, GRCh, Art. 31 Rn. 22.

[196] BLSC/*Lörcher*, ESCh and the employment relation, Art. 2 unter II. D.

[197] *ECSR*, Conclusions 2014, Art. 2 § 4 Armenia; BLSC/*Lörcher*, ESCh and the employment relation, Art. 2 unter II. D.

[198] *ECSR*, Conclusions 2014, Art. 2 § 4 Armenia; *ECSR*, Conclusions 2016, Art. 2 § 4 Italy; BLSC/*Lörcher*, ESCh and the employment relation, Art. 2 unter II. D.; Heuschmid/Schlachter/Ulber/*Schlachter*, HdB Arbeitsvölkerrecht, § 6 Rn. 551; IELLC/*Marhold/Kovács*, RESC, Art. 2 Rn. 24.

[199] *ECSR*, Conclusions 2014, Art. 2 § 4 France; *ECSR*, Conclusions 2016, Art. 2 § 4 Italy; BLSC/*Lörcher*, ESCh and the employment relation, Art. 2 unter II. D.; Heuschmid/Schlachter/Ulber/*Schlachter*, HdB Arbeitsvölkerrecht, § 6 Rn. 551; IELLC/*Marhold/Kovács*, RESC, Art. 2 Rn. 24.

g) Zwischenergebnis

Art. 12 a) ArbZ-RL ist daher primärrechtskonform so zu verstehen, dass er eine weitere Begrenzung der Höchstarbeitszeit, zusätzliche Ruhezeiten (inklusive Pausen) oder weitere Urlaubstage gebietet.[200] Die ausschließliche Verpflichtung zur Zahlung von Zuschlägen ist ebenso wenig wie die Einrichtung zusätzlicher Sozialräume oder ähnlicher Mittel geeignet, den erforderlichen Schutz bereitzustellen und so den Anforderungen des Unionsrechts zu genügen.

2. Auslegung gem. Art. 7, 9 und 12 GRCh

Daneben könnte der Schutzbereich weiterer Grundrechte der Charta eröffnet sein. So schützen Art. 7 und 9 GRCh Familie und Ehe und Art. 12 GRCh die Vereinigungs- und Versammlungsfreiheit. Wie oben dargestellt, berührt Nachtarbeit auch diese Grundrechte, weil Arbeits- und Freizeit der Nachtarbeitnehmer konträr zum gesellschaftlichen Rhythmus der Gesellschaft liegen (siehe ausführlich 4. Kapitel D. II. – IV.). Diese Grundrechte können aber nur im Zusammenspiel mit anderen Personen ausgeübt werden. Der EuGH spricht diese Grundrechte in arbeitszeitrechtlichen Entscheidungen nicht an.[201] Dies gilt auch für Entscheidungen zum Urlaubsrecht, obwohl der EuGH dem Urlaub neben dem Gesundheitsschutz als zweiten Zweck zuspricht, die Persönlichkeit der Arbeitnehmer zu schützen.[202] Dies zeigt aber, dass diese Aspekte bei Art. 31 Abs. 2 GRCh zu berücksichtigen sind. Der EuGH kumuliert die Grundrechte zwar nicht, der von ihm verwendete weite Gesundheitsbegriff der WHO ermöglicht aber ihren Schutz im Rahmen des Art. 31 Abs. 2 GRCh.

3. Auslegung gem. Art. 153 Abs. 2, 5 AEUV

Art. 12 a) ArbZ-RL ist zudem vor dem Hintergrund der Kompetenzgrundlage im Primärrecht zu verstehen. Nach dem Prinzip der Einzelermächtigung muss sich die Befugnis zum Erlass von Richtlinien aus den Verträgen ergeben.[203] Das Inkrafttreten der Charta sollte daran ausdrücklich nichts ändern, Art. 51 Abs. 2 GRCh.

---

[200] Allgemein zu den Nachtarbeitsregelungen ebenso Frankfurter Kommentar/*Kocher*, GRCh, Art. 31 Rn. 22.

[201] EuGH 6.11.2018 – C-569/16, C-570/16 (Bauer/Willmeroth), NZA 2018, 1467 Rn. 58; EuGH 6.11.2018 – C-684/16 (MPG), NZA 2018, 1474 Rn. 54; EuGH 14.5.2019 – C-55/18 (CCOO), NZA 2019, 683 Rn. 30 f.; EuGH 24.2.2022 – C-262/20 (Glavna direktsia I), NZA 2022, 467 Rn. 38 f.

[202] EuGH 20.1.2009 – C-350/06, C-520/06 (Schultz-Hoff), NZA 2009, 135 Rn. 25; EuGH 22.11.2011 – C-214/10 (KHS), NZA 2011, 1333 Rn. 31; EuGH 20.7.2016 – C-341/15 (Maschek), NZA 2016, 1067 Rn. 34; EuGH 6.11.2018 – C-684/16 (MPG), NZA 2018, 1474 Rn. 32; EuGH 22.9.2022 – C-120/21 (LB/TO), NZA 2022, 1326 Rn. 27.

[203] KKS/*Balze*, Einl. B, Rn. 15.

Gem. Art. 153 Abs. 2 UAbs. 1 b) i. V. m. Abs. 1 a) AEUV darf die EU auf dem Gebiet der Verbesserung der Arbeitsumwelt zum Schutz der Gesundheit und der Sicherheit der Arbeitnehmer durch Richtlinien Mindestvorschriften erlassen. Die ArbZ-RL ist auf Grundlage dieser Kompetenzzuweisung erlassen worden.[204] Die EU hat gem. Art. 153 Abs. 5 AEUV ausdrücklich keine Kompetenz für das Arbeitsentgelt. Dies gilt für unmittelbare Regelungen, mittelbare Effekte sind hingegen zulässig.[205] Regelungen zum Entgelt enthält die ArbZ-RL deshalb grundsätzlich nicht.[206]

Regelungen hinsichtlich Höchstarbeitszeiten, Ruhezeiten, Pausen und Urlaub sind demnach zulässig. Problematisch ist hingegen die ausschließliche Verpflichtung zur Zahlung von Zuschlägen. Nach dem in Deutschland herrschenden Verständnis handelt es sich um ein Mittel des Arbeitsschutzes.[207] Die Inpflichtnahme von Entgeltfragen für andere Regelungsziele ist zulässig.[208] Der EuGH hat jedoch geurteilt, dass jedenfalls für tarifliche Zuschlagsregelungen bei Nachtarbeit schon keine Kompetenz der EU besteht, weil es sich um eine Regelung des Arbeitsentgelts handle.[209] Er sieht darin folglich keine Regelung des Arbeitsschutzes.[210] Überträgt man dies auf gesetzlich angeordnete Zuschläge, so wäre es kompetenzwidrig, würde die EU in einer Richtlinie die Mitgliedstaaten zum Erlass derartiger Regelungen verpflichten. Nach primärrechtskonformer Auslegung gebietet die Richtlinie Maßnahmen, die von der Kompetenzgrundlage des Art. 153 Abs. 2 AEUV gedeckt sind.

4. Zwischenergebnis: Primärrecht unterstreicht Auslegungsergebnis

Nach dem Primärrecht ist das oben gefundene Auslegungsergebnis verbindlich. Art. 31 Abs. 2 GRCh gibt allen Arbeitnehmern ein Grundrecht auf gesunde Arbeitsbedingungen in Bezug auf die Arbeitszeiten. Arbeitszeiten sind zu begrenzen, um einen präventiven Schutz der Arbeitnehmer zu gewährleisten. Dadurch werden die

---

[204] ErwG 2 ArbZ-RL (noch unter Verweis auf Art. 137 EGV); EuGH 12. 11. 1996 – C-84/94 (Vereinigtes Königreich/Rat), NZA 1997, 23 Rn. 49 (noch zu Art. 118a Abs. 2 EGV-Maastricht); EAS/*Balze*, B 3100, Rn. 16, 46; EuArbRK/*Franzen*, AEUV, Art. 153 Rn. 20; EuArbRK/*Gallner*, RL 2003/88/EG, Art. 1 Rn. 33; Schlachter/Heinig/*Schubert/Bayreuther*, EurArbSozR, § 11 Rn. 2; Frankfurter Kommentar/*Kocher*, AEUV, Art. 153 Rn. 16; Preis/Sagan/*Ulber*, EuArbR, § 14 Rn. 30, 38 ff.; *Frenz*, HdB EuR, Rn. 3861; GSH/*Langer*, AEUV, Art. 153 Rn. 11.

[205] Preis/Sagan/*Ulber*, EuArbR, § 14 Rn. 43, 85.

[206] EAS/*Balze*, B 3100, Rn. 16.

[207] BAG 21. 3. 2018 – 10 AZR 34/17, NZA 2019, 622 Rn. 49; BAG 15. 7. 2020 – 10 AZR 123/19, NZA 2021, 44 Rn. 28; BeckOK ArbR/*Kock*, ArbZG, § 6 Rn. 27; HK-ArbSchR/*Habich*, ArbZG, § 6 Rn. 47; HPS/*Lorenz*, ArbZR, § 6 Rn. 110; HWK/*Gäntgen*, ArbZG, § 6 Rn. 18; a. A. *Ulber*, AP ArbZG, § 6 Nr. 14 unter IV.

[208] Riesenhuber/*Rebhahn/Franzen*, Eur Methodenlehre, § 17 Rn. 52.

[209] EuGH 7. 7. 2022 – C-257/21, C-258/21 (Coca-Cola European Partners), NZA 2022, 971, Rn. 47; *Jacobs/Messner/Schindler*, EuZA 2022, 23, 28.

[210] *Brandt/Lueken*, AuR 2023, 29, 31.

Nachtarbeitnehmer in besonderem Maße geschützt. Zuschläge können den geschuldeten Schutz nicht sicherstellen. Eine Verpflichtung der Mitgliedstaaten, solche zu zahlen, verstieße zudem gegen Art. 153 Abs. 5 AEUV, der Regelungen des Entgelts der Arbeitnehmer ausdrücklich der Kompetenz der EU entzieht.

VII. Ergebnis

Zusammenfassend ist festzuhalten, dass Art. 12 a) ArbZ-RL von den Mitgliedstaaten präventive und der Gefährdung durch die Nachtarbeit angemessene Schutzmaßnahmen erfordert. Die Auslegung im Licht des Art. 31 Abs. 2 GRCh, der ein subjektives Grundrecht gewährt, ergibt, dass die Schutzmaßnahmen dem einzelnen Nachtarbeitnehmer zu Gute kommen müssen und nicht einer abstrakten Gesamtheit aller Nachtarbeitnehmer. Der Schutz bezieht sich neben Gesundheit und Sicherheit der Nachtarbeitnehmer auch auf deren Freizeit, was sowohl aus ErwG 5 ArbZ-RL folgt als auch aus dem Gesundheitsbegriff des Unionsrecht, welcher dem der WHO entspricht.

Dieser individuelle Schutz kann, weil die Gefährlichkeit der Nachtarbeit aufgrund biologischer und sozialer Gegebenheiten nicht gänzlich beseitigt werden kann, nur darin liegen, die Belastung des Einzelnen zu verringern. Darin liegt ein gefahrennäheres Mittel, als in der unsicheren Steuerung über Zuschläge, die Nachtarbeit für Arbeitgeber verteuern, aber für die Arbeitnehmer lukrativer machen. Die Wahl des gefahrennächsten Mittels entspricht den Anforderungen der Art. 5 Abs. 1, Art. 6 Abs. 2 ArbSch-RRL. Geboten ist also, die Arbeitszeit zu verkürzen. Dies kann durch eine im Verhältnis zu Tagarbeitnehmern kürzere Arbeitszeit, längere bezahlte Pausen, längere Ruhezeiten oder zusätzliche Urlaubstage erreicht werden. Nicht genügend ist hingegen eine Generalprävention durch Zuschläge, die Nachtarbeit verteuern. Nicht nur fehlt es der EU an der Kompetenz für eine Regelung des Arbeitsentgelts (Art. 153 Abs. 5 AEUV), auch sichert eine solche Maßnahme nicht den Schutz jedes einzelnen Nachtarbeitnehmers, sondern ermöglicht entgegen ErwG 4 ArbZ-RL und ErwG 13 ArbSch-RRL, den Schutz unter wirtschaftliche Erwägungen unterzuordnen.

Ein Zuschlag ist hingegen ein Ausgleich und keine Schutzmaßnahme, denn er sichert dem Einzelnen nur eine materielle Kompensation für erlittene Schäden. Art. 12 a) ArbZ-RL erfordert hingegen Schutzmaßnahmen. Entgegen dem EuGH kann Art. 8 ILO-Übereinkommen Nr. 171 deshalb nicht zur Auslegung von Art. 12 a) ArbZ-RL herangezogen werden. Denn sowohl das ILO-Recht, als auch das Unionsrecht unterscheiden konsequent zwischen Schutz- und Ausgleichsmaßnahmen.

C. Keine Erfüllung der Vorgaben durch § 6 Abs. 5 ArbZG

Nachdem herausgearbeitet wurde, welche Anforderungen sich aus Art. 12 a) ArbZ-RL im Lichte des Primärrechts ergeben, ist nun zu untersuchen, ob § 6 Abs. 5 ArbZG als nationale Umsetzungsnorm in der Auslegung durch das BAG dem genügt und falls nicht, ob eine richterliche Korrektur möglich ist. Fraglich ist, ob beide Alternativen des § 6 Abs. 5 ArbZG, insbesondere die alleinige Zahlung von Zuschlägen, geeignet sind, den durch höherrangiges Recht gebotenen Gesundheitsschutz der Nachtarbeitnehmer bereitzustellen. Nur in diesem Fall dürfte das Gesetz dem Arbeitgeber ein freies Wahlrecht zwischen beiden Alternativen einräumen. Ein solches besteht nach der Auslegung des BAG und der herrschenden Literatur (siehe 3. Kapitel A. II. 5. b)).

I. Durchführung von Unionsrecht durch § 6 Abs. 5 ArbZG?

Zuvor ist zu prüfen, ob § 6 Abs. 5 ArbZG im Anwendungsbereich des Unionsrechts liegt. Dies versteht sich eigentlich, wenn man in der Norm die Umsetzung von Art. 12 a) ArbZ-RL sieht (dazu A.). Für tarifliche Zuschläge, die nach dem Tarifvorbehalt des § 6 Abs. 5 Hs. 1 ArbZG den gesetzlichen Anspruch verdrängen, lehnt die ganz herrschende Meinung jedoch ab, dass diese den Anwendungsbereich des Unionsrechts eröffneten.[211] Deshalb ist die Problematik zu behandeln.

1. Rechtsprechung des EuGH zum Begriff der Durchführung von Unionsrecht

Gem. Art. 51 Abs. 1 GRCh gilt die Charta für die Mitgliedstaaten ausschließlich bei der Durchführung des Rechts der Union. Eine Legaldefinition des Begriffs der Durchführung gibt es nicht. Die Rechtsprechung des EuGH folgt keiner stringenten Linie.[212]

In der Rs. *Åkerberg Fransson* hatte der EuGH die Hürde für die Durchführung sehr niedrig angesetzt, was zu einer extensiven Anwendbarkeit der Charta führt. Ausreichend sei, dass eine nationale Vorschrift in den Geltungsbereich des Unionsrechts falle.[213] In der Rs. *Alemo-Herron* wurde eine überschießende Umsetzung des Unionsrechts an der Charta gemessen.[214] Dies wurde so verstanden, dass ein

---

[211] *Bömer*, EuZA 2021, 479, 487 f.; *Jacobs/Messner/Schindler*, EuZA 2022, 23, 29; *Schmidt*, ZESAR 2021, 392, 394; *Temming*, jurisPR-ArbR 51/2022 Anm. 3 unter C.; a.A. *Brandt/Lueken*, AuR 2023, 29, 30.

[212] *Povedano Peramato*, ZESAR 2020, 344, 346; *Schmidt*, ZESAR 2021, 392, 392.

[213] EuGH 26.2.2013 – C-617/10 (Åkerberg Fransson), NJW 2013, 1415 Rn. 19.

[214] EuGH 18.7.2013 – C-426/11 (Alemo-Herron), NZA 2013, 835 Rn. 31 ff.

mittelbarer Zusammenhang mit Unionsrecht genüge und die Charta für alle unionsrechtlich geregelten Fallgestaltungen gelte.[215]

Im Kontrast dazu steht eine den Anwendungsbereich enger fassende Rechtsprechungslinie, wonach insbesondere geprüft werden muss, ob mit der in Rede stehenden nationalen Regelung eine Durchführung einer Bestimmung des Unionsrechts bezweckt wird, welchen Charakter diese Regelung hat und ob mit ihr andere als die unter das Unionsrecht fallenden Ziele verfolgt werden – selbst wenn sie das Unionsrecht mittelbar beeinflussen kann – sowie ob es eine Regelung des Unionsrechts gibt, die für diesen Bereich spezifisch ist oder ihn beeinflussen kann.[216] Die Durchführung von Unionsrecht erfordere somit einen Zusammenhang zwischen Unionsrechtsakt und nationaler Maßnahme, der über benachbarte Sachbereiche oder eine mittelbare Auswirkung hinausgehe.[217] Allein, dass eine nationale Maßnahme in einen Bereich fällt, in dem die Union über Zuständigkeiten verfügt, führe nicht zur Anwendbarkeit der Charta.[218] Das Unionsrecht müsse vielmehr den Aspekt regeln und den Mitgliedstaaten insofern bestimmte Verpflichtungen auferlegen.[219] Im überschießenden Bereich der Richtlinienumsetzung werde den Mitgliedstaaten keine solche Verpflichtung auferlegt.[220]

2. Literatur zur Durchführung durch (tarifliche) Nachtarbeitszuschläge

Für die Gewährung zusätzlicher freier Tage wird soweit ersichtlich nicht diskutiert, ob darin eine Durchführung von Unionsrecht liegt. Ganz überwiegend abgelehnt wird dies jedoch für die (tarifliche) Verpflichtung, Zuschläge für Nachtarbeit zu zahlen.[221] Dies wird damit begründet, dass die ArbZ-RL eine konkrete Verpflichtung zu Nachtarbeitszuschlägen und deren Höhe vorsehen müsse, damit eine bestimmte Verpflichtung im Sinne der EuGH-Rechtsprechung vorliege.[222] Eine solche enthält die

---

[215] Schlachter/Heinig/*Krebber*, EurArbSozR, § 2 Rn. 40.

[216] EuGH 8.11.2012 – C-40/11 (Iida), NVwZ 2013, 357 Rn. 79; EuGH 6.3.2014 – C-206/13 (Siragusa), NVwZ 2014, 575 Rn. 25; EuGH 10.7.2014 – C-198/13 (Hernández), NZA 2014, 1325 Rn. 37; EuGH 22.1.2020 – C-177/18 (Baldonedo Martin), BeckRS 2020, 220 Rn. 59; EuArbRK/*Schubert*, GRCh, Art. 51 Rn. 12 m.w.N.; *Jarass*, GRCh, Art. 51 Rn. 25.

[217] EuGH 10.7.2014 – C-198/13 (Hernández), NZA 2014, 1325 Rn. 34; EuGH 7.7.2022 – C-257/21, C-258/21 (Coca-Cola European Partners), NZA 2022, 971 Rn. 40.

[218] EuGH 10.7.2014 – C-198/13 (Hernández), NZA 2014, 1325 Rn. 36.

[219] EuGH 10.7.2014 – C-198/13 (Hernández), NZA 2014, 1325 Rn. 35; EuGH 19.11.2019 – C-609/17, C-610/17 (TSN/AKT), EuZW 2020, 69 Rn. 46, 53; EuGH 7.7.2022 – C-257/21, C-258/21 (Coca-Cola European Partners), NZA 2022, 971 Rn. 40ff.

[220] EuGH 19.11.2019 – C-609/17, C-610/17 (TSN/AKT), EuZW 2020, 69 Rn. 52.

[221] *Bömer*, EuZA 2021, 479, 487f.; *Jacobs/Messner/Schindler*, EuZA 2022, 23, 29; *Schmidt*, ZESAR 2021, 392, 394; *Temming*, jurisPR-ArbR 51/2022 Anm. 3 unter C.; a.A. *Brandt/Lueken*, AuR 2023, 29, 30.

[222] *Bömer*, EuZA 2021, 479, 487.

Richtlinie nicht, sie enthält überhaupt keine ausdrücklichen Aussagen zu Zuschlägen.[223]

3. Eigene Stellungnahme

Auch nach der überzeugenden engeren Rechtsprechung des EuGH liegt jedenfalls § 6 Abs. 5 Alt. 1 ArbZG im Anwendungsbereich des Unionsrechts. Für § 6 Abs. 5 Alt. 2 ArbZG kann man dies mit guten Argumenten ablehnen – dann rückt jedoch das Wahlrecht des Arbeitgebers in den Fokus. Denn der Gesetzgeber darf nicht Privaten die Wahl erlauben, ob eine Vorschrift zu Anwendung kommt, welche die unionsrechtlichen Vorgaben erfüllt oder ob stattdessen eine andere Vorschrift eingreift.

a) Zusätzliche freie bezahlte Tage gem. § 6 Abs. 5 Alt. 1 ArbZG im Anwendungsbereich

Um zu ermitteln, ob eine Norm im Anwendungsbereich des Unionsrechts liegt, muss wie dargestellt geprüft werden, ob der Mitgliedstaat mit der nationalen Regelung eine unionsrechtliche Bestimmung durchführen will, welchen Charakter diese Regelung hat und welche Ziele mit der Regelung verfolgt wurden sowie ob es spezifische Regelungen des Unionsrechts für diesen Bereich gibt. Das Unionsrecht muss den Bereich regeln und insofern bestimmte Verpflichtungen auferlegen.

Diese Voraussetzungen sind jedenfalls hinsichtlich der Gewährung zusätzlicher freier Tage gem. § 6 Abs. 5 Hs. 1 ArbZG gegeben. Erstens wollte Deutschland mit § 6 ArbZG die ArbZ-RL in nationales Recht umsetzen.[224] Die Regeln zur Nachtarbeit haben sich bei der Neufassung der ArbZ-RL nicht verändert. Nach dem EuGH ist die Richtlinie insgesamt als unverändert anzusehen.[225] Es ist daher davon auszugehen, dass der Gesetzgeber auch Art. 12 a) ArbZ-RL in nationales Recht umsetzen wollte. Zweitens verfolgte er dabei in erster Linie den Zweck, die Sicherheit und Gesundheit der Nachtarbeitnehmer zu schützen und somit das gleiche Ziel wie die ArbZ-RL. Jedenfalls die Gewährung zusätzlicher Freizeit zur Erholung hat den Charakter einer Arbeitsschutznorm. Drittens geben Art. 8–13 ArbZ-RL verschiedene Regelungen für die Nachtarbeit und den Arbeitsrhythmus vor. Eine dieser spezifischen Regelungen ist Art. 12 a) ArbZ-RL. Es handelt sich um eine materielle Richtlinienvorgabe, welche die Mitgliedstaaten umsetzen müssen, wobei sie einen Spielraum hinsichtlich der Mittel haben (siehe B. I.). Dass eine Richtlinie

---

[223] *Schmidt*, ZESAR 2021, 392, 393.

[224] BT-Drs. 12/5888, S. 19 f.; allgemein zum Zweck des ArbZG, die ArbZ-RL umzusetzen: *Baeck/Deutsch/Winzer*, ArbZG, § 1 Rn. 9; EAS/*Balze*, B 3100, Rn. 56; ErfK/*Roloff*, ArbZG, § 1 Rn. 4; Preis/Sagan/*Ulber*, EuArbR, § 14 Rn. 23; *Schliemann*, ArbZG, Einl. Rn. 6, 17, § 6 Rn. 3 ff.

[225] EuGH 9.11.2017 – C-306/16 (da Rosa), NZA 2017, 1521; EuGH 21.2.2018 – C-518/15 (Matzak), NZA 2018, 293 Rn. 32.

den Mitgliedstaaten ein weites Ermessen eröffnet, steht der Durchführung von Unionsrecht allerdings nicht entgegen.[226] Vielmehr ist, wenn ein Mitgliedstaat im Rahmen des Ermessens Maßnahmen ergreift, davon auszugehen, dass er das Unionsrecht im Sinne von Art. 51 Abs. 1 GRCh durchführt.[227] Denn dies ist gerade typisch für die Regelungsform der Richtlinie. Die Mitgliedstaaten handeln dennoch nicht in einem unionsrechtlich ungeregelten Bereich, sondern können nur die Mittel dazu wählen.[228] Solche Gestaltungsspielräume ändern nichts daran, dass für die Mitgliedstaaten eine Transformationspflicht aus Art. 288 Abs. 3 AEUV besteht und sie somit in Umsetzung der Richtlinie handeln, wenn sie die Gestaltungsspielräume ausfüllen.[229] Die Richtlinienumsetzung eröffnet wiederum den Anwendungsbereich der Charta.[230] Im Ergebnis sind die Mitgliedstaaten parallel an die Charta und die nationalen Grundrechte gebunden.[231]

Dass ein Mitgliedstaat sein Ermessen ausübt, ist von der Konstellation zu unterscheiden, in der ein Mitgliedstaat über das von der Richtlinie Gebotene hinaus Maßnahmen ergreift, also überschießend umsetzt. In einem solchen Fall führt er mit der überschießenden Umsetzung kein Unionsrecht durch.[232] Eine Einschränkung des unionsrechtlich verbindlichen Mindestschutzes oder anderer Ziele des Unionsrechts ist in einem solchen Fall nicht zu befürchten.[233] Dies ist hier aber nicht gegeben. § 6 Abs. 5 Alt. 1 ArbZG bezweckt die Umsetzung von Art. 12 a) ArbZ-RL, der durch den Begriff erforderliche Maßnahmen den Mindestschutz regelt.

---

[226] EuGH 9.3.2017 – C-406/15 (Milkova), NZA 2017, 439 Rn. 52; EuGH 19.11.2019 – C-609/17, C-610/17 – (TSN/AKT), EuZW 2020, 69 Rn. 50; EuArbRK/*Schubert*, GRCh, Art. 51 Rn. 20; *Jarass*, GRCh, Art. 51 Rn. 29; *Lenaerts/Rüth*, RdA 2022, 273, 277; *Schubert*, EuZA 2020, 302, 307.

[227] EuGH 13.6.2017 – C-258/14 (Florescu), BeckRS 2017, 112718 Rn. 48.

[228] A.A. *Jacobs/Messner/Schindler*, EuZA 2022, 23, 27. Deren Verweis auf EuGH 19.11.2019 – C-609/17, C-610/17 – (TSN/AKT), EuZW 2020, 69 Rn. 50 ist auf die vorliegende Konstellation gerade nicht übertragbar, weil dort eine nationale Regelung beurteilt wurde, die über die Mindestvorgaben des Art. 7 ArbZ-RL hinausging, während vorliegend die Umsetzung von Art. 12 a) ArbZ-RL und keine darüberhinausgehende Regelung zu beurteilen ist.

[229] *Schubert*, EuZA 2020, 302, 307.

[230] EuGH 17.4.2018 – C-414/16 (Egenberger), NZA 2018, 569 Rn. 49; EuGH 20.12.2017 – C-664/15 (Protect), NVwZ 2018, 225 Rn. 44; EuArbRK/*Gallner*, RL 2003/88/EG, Art. 1 Rn. 40; EuArbRK/*Schubert*, GRCh, Art. 51 Rn. 19; *Jarass*, GRCh, Art. 51 Rn. 29; NK-GA/*Heuschmid/Lörcher*, GRCh, Art. 51 Rn. 16.

[231] *Schubert*, EuZA 2020, 302, 307 m.w.N.

[232] EuGH 19.11.2019 – C-609/17, C-610/17 – (TSN/AKT), EuZW 2020, 69 Rn. 35, 51 ff.; BVerwG 16.12.2021 – 8 C 24/19, NZA-RR 2022, 234 Rn. 32; *Lenaerts/Rüth*, RdA 2022, 273, 278.

[233] EuGH 10.7.2014 – C-198/13 (Hernández), NZA 2014, 1325 Rn. 43; EuGH 19.11.2019 – C-609/17, C-610/17 – (TSN/AKT), EuZW 2020, 69 Rn. 50.

b) Zuschlag auf das Bruttoentgelt gem. § 6 Abs. 5 Alt. 2 ArbZG im Anwendungsbereich?

Streiten kann man darüber, ob § 6 Abs. 5 Alt. 2 ArbZG im Anwendungsbereich des Unionsrechts liegt. Zwar ist auch diese Vorschrift, wie das gesamte ArbZG, zur Umsetzung der ArbZ-RL geschaffen worden, womit die erste Voraussetzung des EuGH erfüllt ist. Kritisch sind allerdings die anderen beiden Voraussetzungen. Denn der EuGH fragt, welchen Charakter die nationale Regelung hat und welche Ziele mit der Regelung verfolgt wurden. Der Charakter des § 6 Abs. 5 S. 2 ArbZG als Arbeitsschutz- oder Vergütungsregelung ist umstritten. Nach herrschender nationaler Auffassung sollen die gesetzlichen Zuschläge zwar mittelbar die Gesundheit der Arbeitnehmer schützen (siehe 3. Kapitel A. II. 5. a); zur Kritik 4. Kapitel E. I.). Dann hätten sie arbeitsschützenden Charakter und müssten als im Anwendungsbereich des Unionsrechts liegend angesehen werden. Der EuGH und die Literatur zum Vorlageverfahren in der Rs. *Coca-Cola European Partners* hingegen sehen in tariflichen Zuschlägen keinen Arbeitsschutz, sondern eine bloße Vergütungsregelung.[234] Es gibt keinen Grund, warum gesetzliche Zuschläge einen anderen Charakter als tarifliche haben sollten, zumal sich das BAG bei der Ausfüllung des unbestimmten Rechtsbegriffs der angemessenen Zuschlaghöhe an tariflichen Zuschlägen orientiert hat (zur Kritik daran 4. Kapitel E. I. 2. e)). Auch die Voraussetzung einer spezifischen Regelung des Unionsrechts für diesen Bereich ist problematisch. Zwar gibt es mit Art. 12 a) ArbZ-RL eine spezifische Regelung für den Gesundheitsschutz der Nachtarbeitnehmer. Allerdings verpflichtet diese nach der oben vorgenommenen Auslegung nicht zur Kommerzialisierung von Gesundheitsgefährdungen, sondern verbietet eine solche gerade. Damit fehlt es an einer spezifischen Regelung für die gesetzliche Anordnung der Zuschlagszahlung.

Folgt man dem, liegt § 6 Abs. 5 Alt. 2 ArbZG nicht im Anwendungsbereich des Unionsrechts. Damit wäre aber auch klar, dass die Norm keinen arbeitsschützenden Charakter hat, sondern eine bloße Vergütungsregelung ist, was die herrschende Meinung bisher anders sieht.[235] Dieser Widerspruch wird jedoch kaum diskutiert. Beurteilt man dies anders, so hat die Norm einen arbeitsschützenden Charakter und liegt im Anwendungsbereich des Unionsrechts – wobei die tatsächliche Effektivität dieses Gesundheitsschutzes nicht gegeben ist (siehe 4. Kapitel E. I.). Im Folgenden wird auf beide Sichtweisen eingegangen, die zu ähnlichen Ergebnissen führen.

---

[234] EuGH 7.7.2022 – C-257/21, C-258/21 (Coca-Cola European Partners), NZA 2022, 971 Rn. 45, 48; *Jacobs/Messner/Schindler*, EuZA 2022, 23, 29; *Temming*, jurisPR-ArbR 51/2022 Anm. 3 unter C.

[235] *Brandt/Lueken*, AuR 2023, 29, 31, 33 f.; a.A. BAG 26.8.1997 – 1 ABR 16/97, AuR 1998, 338, 339; BAG 21.3.2018 – 10 AZR 34/17, NZA 2019, 622 Rn. 49; BAG 15.7.2020 – 10 AZR 123/19, NZA 2021, 44 Rn. 28; BAG 22.2.2023 – 10 AZR 332/20, NZA 2023, 638 Rn. 27; BeckOK ArbR/*Kock*, ArbZG, § 6 Rn. 27; Buschmann/Ulber/*Ulber*, ArbZR, § 6 Rn. 61; HK-ArbSchR/*Habich*, ArbZG, § 6 Rn. 47; HPS/*Lorenz*, ArbZR, § 6 Rn. 110; HWK/*Gäntgen*, ArbZG, § 6 Rn. 18; *Schliemann*, ArbZG, § 6 Rn. 84, 86.

4. Zwischenergebnis

Entweder, man sieht beide Alternativen des § 6 Abs. 5 ArbZG im Anwendungsbereich des Unionsrechts. Dann wären beide inhaltlich an den Anforderungen zu messen, die Art. 31 Abs. 2 GRCh und Art. 12 a) ArbZ-RL aufstellen. Oder § 6 Abs. 5 ArbZG führt nur in der ersten Alternative Unionsrecht durch und ist an diesem zu messen. Die Problematik verschiebt sich damit aber nur leicht: Die Frage wäre dann, ob der Gesetzgeber seiner unionsrechtlichen Umsetzungsverpflichtung ordnungsgemäß nachkommt, wenn er dem Arbeitgeber die Wahl zwischen zwei Möglichkeiten eröffnet, von denen nur eine die Gesundheitsschutzziele der ArbZ-RL erfüllen kann. Jedenfalls die Wahlmöglichkeit liegt im Anwendungsbereich, weil der Arbeitgeber sonst unkontrolliert entscheiden könnte, ob das Unionsrecht erfüllt wird oder nicht.

II. Erfüllung des Art. 12 a) ArbZ-RL nur durch Arbeitszeitverkürzung

Ergebnis der Auslegung des Art. 12 a) ArbZ-RL im Lichte des Primärrechts war, dass dieser von den Mitgliedstaaten präventive und der Gefährdung durch die Nachtarbeit angemessene Schutzmaßnahmen verlangt. In Bezug auf die Nachtarbeit kann die Gefährlichkeit nur abgemildert werden, indem die individuelle Exposition verringert wird. Dazu ist nur die individuelle Verkürzung der Arbeitszeit in der Lage, wie sie § 6 Abs. 5 Alt. 1 ArbZG vorsieht.

1. Zusätzliche bezahlte freie Tage

In seiner ersten Alternative verpflichtet § 6 Abs. 5 ArbZG den Arbeitgeber, dem Nachtarbeitnehmer eine angemessene Zahl zusätzlicher freier Tage zu gewähren. Der Nachtarbeitnehmer erhält also gegenüber Tagarbeitnehmern eine größere Zahl an Freischichten oder Urlaubstagen. Dies verringert seine jährliche Arbeitszeit und führt zu einer geringeren persönlichen Belastung. In der Folge kann sich der Nachtarbeitnehmer von der besonderen Belastung durch die Nachtarbeit zumindest in gewissem Umfang erholen und erhält auch mehr Gelegenheit, persönlichen Interessen nachzugehen und sich zu zerstreuen. Es handelt sich um eine Maßnahme, die geeignet ist, die Ziele der ArbZ-RL zu fördern und die besondere Verpflichtung aus Art. 12 a) ArbZ-RL umzusetzen.

Problematisch könnte vor dem Hintergrund der Effektivität sein, dass der Gesetzgeber den Umfang des Ausgleichs nur als angemessen geregelt und nicht selbst festgelegt hat. Allerdings entspricht dies durchaus dem europäischen Arbeitsschutzrecht, das eine dynamische Anpassung des Arbeitsschutzes an neue Entwicklungen und Erkenntnisse ermöglichen will.[236] Dies kann durch die Verwendung von unbestimmten Rechtsbegriffen erreicht werden. Zudem spricht auch Art. 12 a) ArbZ-RL selbst nur von den erforderlichen Schutzmaßnahmen. Arbeitswissenschaftlichen Erkenntnissen würde zusätzliche Freizeit im Umfang von 50% der Nachtarbeitszeit genügen (siehe 4. Kapitel F. II. 3. d)).

2. Zuschlag auf das Bruttoentgelt

Nach der Rechtsprechung und herrschenden Meinung in Deutschland soll auch die alternative Verpflichtung zur Zahlung eines Zuschlags auf das Bruttoentgelt gem. § 6 Abs. 5 Alt. 2 ArbZG eine Maßnahme des Gesundheitsschutzes darstellen. Durch Verteuerung werde Nachtarbeit insgesamt unattraktiver und begrenze so den nächtlichen Einsatz von Arbeitnehmern auf bestimmte Fälle (siehe 3. Kapitel A. II. 5. a)). Dies wird auch als generalpräventiver Ansatz beschrieben.

a) Verstoß gegen Primärrecht, das Art. 12 a) ArbZ-RL konkretisiert

Ein Umsetzungsgesetz, das den Arbeitgeber verpflichtet, einen Zuschlag zu zahlen, steht nicht mit einer primärrechtskonformen Auslegung des Art. 12 a) ArbZ-RL in Einklang. Einerseits folgt aus dem konkretisierenden Verhältnis zum subjektiven Grundrecht des Art. 31 Abs. 2 GRCh, dass der einzelne Nachtarbeitnehmer geschützt werden muss und nicht deren Gesamtheit. Die Pflicht, einen Zuschlag zu zahlen, stellt aber den Schutz des Einzelnen nicht sicher. Denn es hängt von den Erwägungen des Arbeitgebers ab, ob er trotz Verteuerung Nachtarbeit anordnet. In diesem Fall schützt der Zuschlag nicht die Gesundheit des Einzelnen, der Nachtarbeit leisten muss. Zum anderen betrifft die Verpflichtung, einen Zuschlag zu zahlen, das Verhältnis von Leistung und Gegenleistung und damit das Arbeitsentgelt. Für diese Materie hat die Europäische Union gem. Art. 153 Abs. 5 AEUV keine Regelungskompetenz. Dies darf auch nicht durch Rückgriff auf die Grundrechtecharta überspielt werden, die gem. Art. 51 Abs. 2 GRCh nicht die Kompetenzen der EU erweitern soll.

b) Verstoß gegen Art. 12 a) ArbZ-RL

Zudem korrespondiert ein Verständnis, das in der Verpflichtung zur Zuschlagszahlung eine unionsrechtskonforme Umsetzung sieht, auch nicht mit einer methodengerechten Auslegung des Art. 12 a) ArbZ-RL. Schon nach ihrem Wortlaut erfordert die Norm Maßnahmen des Gesundheits- und Sicherheitsschutzes. Diese müssen geeignet sein, das vorgegebene Schutzziel zu erreichen. Geldzuschläge verbessern aber in erster Linie das Einkommen der Nachtarbeitnehmer. Ein Schutz der Gesund-

[236] MHdB ArbR/*Bücker*, § 173 Rn. 11.

heit wird im Regelfall nicht erreicht, weil die Zuschläge nicht prohibitiv wirken (siehe ausführlich 4. Kapitel E. I.).

Das Ergebnis wird bestätigt durch die historische Betrachtung. Als spezielle Schutzmaßnahmen wurden zahlreiche Vorschläge diskutiert, die alle die Arbeitszeit verkürzt hätten, aber nicht Nachtarbeit eindämmen sollten, in dem diese verteuert würde. Diese speziellen Maßnahmen wurden zwar nicht normiert, an ihrer Stelle aber die allgemeine Pflicht aus Art. 12 a) ArbZ-RL. Der Richtliniengeber hat sich damit nicht gegen diese Maßnahmen entschieden, sondern dafür, den Mitgliedstaaten einen größeren Spielraum zu eröffnen. Damit können die speziellen Maßnahmen aber Anhaltspunkte liefern, welche Maßnahmen der Richtliniengeber vor Augen hatte.

Systematisch wird dies dadurch unterstrichen, dass das europäische Arbeitszeitrecht zwischen Schutz- und Ausgleichsmaßnahmen unterscheidet und Zuschläge zu letzteren zählt. Außerdem hat das Arbeitszeitrecht als Teil des Arbeitsschutzrechts ebenfalls das Ziel, Gefahren möglichst präventiv zu vermeiden. Weil die Gefährdungen durch die Nachtarbeit nicht verhindert werden können, solange diese angeordnet wird, bedeutet dies, dass die individuelle Exposition verringert werden muss. Dies gewährleistet ein Zuschlag jedoch nicht. Er setzt vielmehr einen Anreiz, die Arbeitszeit nicht zu verringern.

Auch Sinn und Zweck des Art. 12 a) ArbZ-RL können Zuschläge nicht sicher erreichen. Sie führen nicht zu einer Einschränkung der Nachtarbeit des einzelnen Nachtarbeitnehmers. Sie führen zudem nicht dazu, dass Nachtarbeitnehmer mehr Freizeit erhielten. Diese bräuchten sie aber, weil sie sich mehr erholen müssen und aufgrund ihrer im Widerspruch zum sozialen Rhythmus der Gesellschaft stehenden Arbeitszeit ihre Freizeit häufig nicht gut nutzen können. Der Schutz der Freizeit und des sozialen Lebens ist nach ErwG 5 ebenfalls Ziel der ArbZ-RL. Zudem stehen Zuschläge in Konflikt mit ErwG 4, der bei der Auslegung ebenfalls zu beachten ist und eine Unterordnung des Gesundheitsschutzes unter rein wirtschaftliche Erwägungen verbietet. Genau diese ermöglicht aber § 6 Abs. 5 Alt. 2 ArbZG, weil der gesundheitsschützende Effekt entfällt, sofern der Arbeitgeber die Nachtarbeit trotz Zuschlags für wirtschaftlich erachtet und anordnet.[237]

c) Zwischenergebnis: Keine unionsrechtskonforme Umsetzung durch Zuschlagsverpflichtung

Im Ergebnis ist Art. 12 a) ArbZ-RL durch eine Regelung, die eine bloße Zuschlagszahlung ermöglicht, nicht unionsrechtskonform in nationales Recht umgesetzt.

[237] *Brandt/Lueken*, AuR 2023, 29, 31.

3. Kein freies Wahlrecht zwischen den beiden Alternativen

Sieht man § 6 Abs. 5 Alt. 2 ArbZG hingegen nicht im Anwendungsbereich des Unionsrechts, so rückt stattdessen das Wahlrecht des Arbeitgebers zwischen den beiden Alternativen in den Fokus. Nach dem BAG und der herrschenden Literatur soll der Arbeitgeber das alleinige Wahlrecht zwischen Freizeitausgleich und Zuschlägen haben, sofern es keine tarifliche Regelung gibt.[238] Damit hätte aber der Arbeitgeber die Wahl, ob er die unionsrechtskonforme Regelung des § 6 Abs. 5 Alt. 1 ArbZG anwendet oder nicht. Mit einer solchen Regelung würde die mitgliedstaatliche Pflicht, das Unionsrecht effektiv umzusetzen, nicht erfüllt. Zu unterscheiden ist dies von einer Konstellation, in der ein Mitgliedstaat seine Verpflichtungen überschießend umsetzt und dabei nicht an Unionsrecht gebunden ist. Denn die Umsetzung erfolgt hier nach Auffassung des BAG nicht überschießend, sodass die Verpflichtung zur Zuschlagszahlung zu den gesundheitsschützenden Maßnahmen gem. Art. 12 a) ArbZ-RL hinzuträte, sondern alternativ zu diesen, indem der Arbeitgeber sich für Zuschlag oder Freizeit entscheiden kann.

Nach Kohte soll das Wahlrecht hingegen bei unionsrechtskonformer Auslegung des § 6 Abs. 5 ArbZG dem Nachtarbeitnehmer zukommen.[239] Dies wäre aus Sicht des Gesundheitsschutzes sicher eine Verbesserung. Dennoch wäre der Schutz der Gesundheit und des Soziallebens auch damit nicht gesichert. Denn das Wahlrecht müssten die Arbeitnehmer im Arbeitsverhältnis ausüben, das von einem strukturellen Ungleichgewicht geprägt ist. Ob man in diesem Kontext tatsächlich von einem frei gebildeten Willen des Arbeitnehmers ausgehen kann, ist zweifelhaft.[240] Denn der Arbeitnehmer brächte mit seiner Entscheidung für den Freizeitausgleich anstelle des Zuschlags den Arbeitgeber in die Situation, entweder das Arbeitsvolumen verringern oder auf mehr Beschäftigte verteilen zu müssen. Daneben könnte der Arbeitgeber auch die Arbeitsintensität erhöhen. Dazu, mehr Personal einzustellen, kann der Arbeitnehmer den Arbeitgeber aber individuell nicht zwingen.[241] Will der Arbeitgeber kein zusätzliches Personal einstellen, wird er die Arbeit auf die

---

[238] BAG 26.8.1997 – 1 ABR 16/97, AuR 1998, 338, 338 f.; BAG 25.4.2018 – 5 AZR 25/17, NZA 2018, 1145 Rn. 33; BAG 15.7.2020 – 10 AZR 123/19, NZA 2021, 44 Rn. 26; *Anzinger/Koberski*, ArbZG, § 6 Rn. 82; *Baeck/Deutsch/Winzer*, ArbZG, § 6 Rn. 83 f.; BeckOK ArbR/*Kock*, ArbZG, § 6 Rn. 30; *Dobberahn*, ArbZG, Rn. 91; ErfK/*Roloff*, ArbZG, § 6 Rn. 17; HK-ArbR/*Growe*, ArbZG, § 6 Rn. 23; HPS/*Lorenz*, ArbZR, § 6 Rn. 117; HWK/*Gäntgen*, ArbZG, § 6 Rn. 18b; *Neumann/Biebl*, ArbZG, § 6 Rn. 24; NK-GA/*Wichert*, ArbZG, § 6 Rn. 45; *Raab*, ZfA 2014, 237, 261 f.; *Roggendorff*, ArbZG, § 6 Rn. 41; *Schliemann*, ArbZG, § 6 Rn. 86, 88; *Zwanziger*, DB 2007, 1356, 1358; a. A. *Kohte*, jurisPR-ArbR 1/2023, Anm. 2 unter C.: Wahlrecht des Arbeitnehmers.

[239] *Kohte*, jurisPR-ArbR 1/2023, Anm. 2 unter C., D.

[240] Allgemein zu dieser Kritik im Rahmen des Arbeitszeitrechts *Krause*, in: Hanau/Matiasek (Hg.), Entgrenzung von Arbeitsverhältnissen, 2019, 151, 175 f.; Preis/Sagan/*Ulber*, EuArbR, § 14 Rn. 292.

[241] Tariflich können hingegen Mindestbesetzungen geregelt werden, die auf Neueinstellung von mehr Personal zielen: LAG Berlin-Brandenburg 29.7.2015 – 26 SaGa 1059/15, BeckRS 2015, 70760 Ls.

bestehenden Arbeitnehmer umverteilen und/oder die Intensität erhöhen. Ersteres bringt den Nachtarbeitnehmer, der Freizeitausgleich wählt, in Konflikt mit seinen Kollegen. Letzteres ist aus Sicht des Gesundheitsschutzes kritisch. Auch ist an Arbeitnehmer in prekären Arbeitsverhältnissen zu denken, die geneigt sein können, lieber Zuschläge zu wählen.[242] Deshalb kann kaum davon ausgegangen werden, dass einzelne Arbeitnehmer ihr Wahlrecht tatsächlich frei ausüben könnten. Hinzu kommt, dass die gesundheitsschützenden Vorschriften des Arbeitszeitrechts immer auch Allgemeininteressen dienen (siehe 4. Kapitel D. VI.).[243] Über diese Positionen darf der einzelne Arbeitnehmer ohnehin nicht entscheiden, weil sie nicht zu seiner Disposition stehen. Damit wäre aber auch, wenn man das Wahlrecht dem Nachtarbeitnehmer anstelle des Arbeitgebers zugesteht, die effektive Umsetzung des Unionsrechts nicht sichergestellt. Selbst dem Richtliniengeber ist es wegen Art. 31 Abs. 2 GRCh verwehrt, weitreichende Abweichungen von der ArbZ-RL zu ermöglichen, sofern die Arbeitnehmer zustimmen (sog. opt-out). Deshalb wird Art. 22 ArbZ-RL höchst kritisch gesehen.[244] Erst Recht dürfen die Mitgliedstaaten bei der Umsetzung von Unionsrecht nicht Privaten ermöglichen, vom verpflichtenden Schutz abzuweichen. Ob dies dem Arbeitgeber oder dem Nachtarbeitnehmer ermöglicht wird, ist dafür unerheblich. Die Mitgliedstaaten sind es nämlich, die selbst alle erforderlichen Maßnahmen treffen müssen, um einen wirksamen Arbeitsschutz und die praktische Wirksamkeit der ArbZ-RL sicherzustellen.[245]

III. Ergebnis

Von den beiden Alternativen des § 6 Abs. 5 ArbZG ist nur die erste Alternative der Gewährung zusätzlicher freier Tage geeignet, die Verpflichtung aus Art. 12 a) ArbZ-RL zu erfüllen. Auf die Verpflichtung, Zuschläge zu zahlen, trifft dies nicht zu. Damit ist aber entweder diese Alternative unionsrechtswidrig, oder das freie Wahlrecht des Arbeitgebers bzw. Arbeitnehmers.

---

[242] *Ulber/Staps*, VSSAR 2023, 55, 74 zur parallelen „freiwilligen“ Sonntagsarbeit.

[243] *Brandt*, EuZA 2023, 383, 385; *Krause*, in: Hanau/Matiasek (Hg.), Entgrenzung von Arbeitsverhältnissen, 2019, 151, 177; *Ulber*, SR 2021, 189, 190.

[244] Primärrechtswidrig: *Buschmann*, FS Düwell I, 34, 38 f.; Buschmann/*Ulber*, ArbZR, RL 2003/88/EG Fn. 111 4); *Stärker*, ArbZ-RL, Art. 22 Rn. 1; kritisch auch: EuArbRK/*Gallner*, RL 2003/88/EG, Art. 22 Rn. 15; Preis/Sagan/*Ulber*, EuArbR, § 14 Rn. 280; SH/*Schubert/Bayreuther*, EuArbSozR, § 11 Rn. 57; a. A. *Hanau*, EuZA 2019, 423, 439 f.: Noch vereinbar mit der GRCh.

[245] EuGH 14.5.2019 – C-55/18 (CCOO), NZA 2019, 683 Rn. 41, 68 ff.; *Gallner*, SR 2020, 45, 47 f.

D. Gerichtliche Korrektur der unionsrechtswidrigen Rechtslage

§ 6 Abs. 5 ArbZG steht in seiner Auslegung durch des BAG, die dem Arbeitgeber die bloße Zuschlagszahlung eröffnet, nicht in Einklang mit den unionsrechtlichen Verpflichtungen Deutschlands aus Art. 12 a) ArbZ-RL. Dementsprechend sind Möglichkeiten der Korrektur zu erörtern. Selbstverständlich kann der Gesetzgeber tätig werden und ist dazu aufgrund des Grundsatzes der Transparenz auch verpflichtet. Denn eine richtlinienkonforme Interpretation des nationalen Rechts allein weist nicht die Klarheit und Bestimmtheit auf, die notwendig sind, um dem Erfordernis der Rechtssicherheit zu genügen.[246] Der Mitgliedstaat bleibt daher zur legislativen Umsetzung verpflichtet.

Richtlinien haben keine unmittelbare Wirkung zwischen Privaten.[247] Jedoch hat der EuGH im Wege der Rechtsfortbildung verschiedene gerichtliche Mittel geschaffen, mit denen Umsetzungsdefizite abgemildert werden können, namentlich die richtlinienkonforme Auslegung und die unmittelbare Wirkung von Richtlinien gegenüber dem Mitgliedstaat.[248] Im Ergebnis kompensieren sie weitgehend die fehlende Horizontalwirkung von Richtlinien, sind aber dogmatisch davon zu unterscheiden.[249]

Darüber hinaus wendet der EuGH Grundrechte, die durch Richtlinien konkretisiert werden, in manchen Fällen unmittelbar zwischen Privaten an.[250] Obwohl diese entwickelte Rechtsprechungslinie zur horizontalen Direktwirkung mittlerweile ein Faktum ist,[251] bleibt sie heftig umstritten.[252] Zudem können Grundrechte dazu führen, dass entgegenstehendes nationales Recht nicht angewendet werden darf (ne-

---

[246] EuGH 19.9.1996 – C-236/95 (Kommission/Griechenland), BeckRS 2004, 75319 Rn. 13 f.; EuGH 10.5.2007 – C-508/04 (Kommission/Österreich), BeckRS 2007, 70312 Rn. 79; EuGH 3.3.2011 – C-50/09 (Kommission/Irland), NVwZ 2011, 929 Rn. 47; Calliess/Ruffert/*Ruffert*, AEUV, Art. 288 Rn. 30; Frankfurter Kommentar/*Gundel*, AEUV, Art. 288 Rn. 25.

[247] EuGH 26.2.1986 – 152/84 (Marshall I), NJW 1986, 2178 Rn. 48; EuGH 5.10.2004 – C-397/10, C-403/10 (Pfeiffer), NZA 2004, 1145 Rn. 108; EuArbRK/*Höpfner*, AEUV, Art. 288 Rn. 24; Frankfurter Kommentar/*Gundel*, AEUV, Art. 288 Rn. 51.

[248] EuGH 24.1.2012 – C-282/10 (Dominguez), NZA 2012, 139 Rn. 44; Calliess/Ruffert/*Ruffert*, AEUV, Art. 288 Rn. 47.

[249] Frankfurter Kommentar/*Gundel*, AEUV, Art. 288 Rn. 65; Preis/Sagan/*Sagan*, EuArbR, § 1 Rn. 142 f.

[250] EuGH 6.11.2018 – C-569/16, C-570/16 (Bauer/Willmeroth), NZA 2018, 1467 Rn. 89 f.; EuGH 6.11.2018 – C-684/16 (MPG), NZA 2018, 1474 Rn. 74; *Gallner*, in: FS Preis, S. 271, 272, 274 ff.; *Schubert*, EuZA 2020, 302, 312.

[251] *Gallner*, in: FS Preis, S. 271, 274.

[252] Zustimmend *Gallner*, in: FS Preis, S. 271, 273 f.; ablehnend *Schubert*, EuZA 2020, 302, 317 f.; *Wank*, RdA 2020, 1, 4 f., 9, 11.

gative Wirkung).[253] Dabei handelt es sich nicht um einen Unterfall der Drittwirkung im engeren Sinn, dennoch wirkt auch hier das Primärrecht in das Privatrechtsverhältnis.[254]

Ein Rückgriff darauf kommt aber nur in Betracht, sofern eine richtlinienkonforme Auslegung des nationalen Rechts scheitert, sodass diese zuerst geprüft wird. Nach hier vertretener Auffassung ist diese in Bezug auf § 6 Abs. 5 ArbZG möglich. Auf die unmittelbare und mittelbare Horizontalwirkung des Art. 31 Abs. 2 GRCh wird daher nur kurz eingegangen wird, sofern man diesem Ergebnis nicht folgt. Die unmittelbare vertikale Wirkung der Richtlinie wird nicht geprüft, weil Arbeitsverhältnisse bei staatlichen Arbeitgebern in dieser Arbeit nicht im Fokus stehen. Daneben hat der EuGH den unionsrechtlichen Staatshaftungsanspruch entwickelt.[255] Dieser kann zwar durch ökonomischen Druck auf die Mitgliedstaaten einen Anreiz zur korrekten Umsetzung des Unionsrechts darstellen, führt aber nicht zur Korrektur der Rechtslage und wird daher ebenfalls ausgeblendet.

I. Richtlinienkonforme Auslegung des § 6 Abs. 5 ArbZG

Die richtlinienkonforme Auslegung des nationalen Rechts ist vorrangig, bevor nationale Vorschriften nicht angewendet werden.[256]

1. Methodik der richtlinienkonformen Auslegung und Rechtsfortbildung

Das nationale Recht ist von den Gerichten und Behörden unter Berücksichtigung der im Mitgliedstaat etablierten Methoden soweit wie möglich so auszulegen, dass ein richtlinienkonformes Ergebnis erreicht wird.[257] Begrenzt wird die Auslegung durch das nach der innerstaatlichen Rechtsordnung methodisch Erlaubte, sie darf also nicht contra legem erfolgen.[258] Zusätzlich zur gegen das Unionsrecht verstoßenden Ausle-

---

[253] EuGH 6.11.2018 – C-684/16 (MPG), NZA 2018, 1474 Rn. 75.

[254] EuArbRK/*Schubert*, GRCh, Art. 51 Rn. 41.

[255] EuGH 19.11.1991 – C-6/90 (Francovich), NJW 1992, 165 Rn. 39; EuGH 4.7.2006 – C-212/04 (Adeneler), NJW 2006, 2465 Rn. 112; EuGH 24.1.2012 – C-282/10 (Dominguez), NZA 2012, 139 Rn. 44; Preis/Sagan/*Sagan*, EuArbR, § 1 Rn. 160.

[256] EuGH 19.4.2016 – C-441/14 (Dansk Industri), NZA 2016, 537 Rn. 43; BAG 19.2.2019 – 9 AZR 423/16, NZA 2019, 977 Rn. 21.

[257] EuGH 10.4.1984 – 14/83 (von Colson und Kamann), NZA 1984, 157, 158; EuGH 5.10.2004 – C-397/10, C-403/10 (Pfeiffer), NZA 2004, 1145 Rn. 113 ff.; EuGH 24.2.2022 – C-262/20 (Glavna direktsia I), NZA 2022, 467 Rn. 79; BVerfG 8.4.1987 – 2 BvR 687/85, E 75, 223, 237; BVerfG 17.11.2017 – 2 BvR 1131/16, NVwZ-RR 2018, 169 Rn. 36; BAG 14.3.1989 – 8 AZR 447/87, NJW 1990, 65, 66; BAG 13.9.2022 – 1 ABR 22/21, NZA 2022, 1616 Rn. 28; Calliess/Ruffert/*Ruffert*, AEUV, Art. 288 Rn. 78; EAS/*Balze*, B 3100, Rn. 55; Preis/Sagan/*Sagan*, EuArbR, § 1 Rn. 146, 150.

[258] EuGH 5.10.2004 – C-397/10, C-403/10 (Pfeiffer), NZA 2004, 1145 Rn. 113 ff.; BVerfG 17.11.2017 – 2 BvR 1131/16, NVwZ-RR 2018, 169 Rn. 37; BAG 13.9.2022 – 1 ABR 22/21, NZA 2022, 1616 Rn. 30; Calliess/Ruffert/*Ruffert*, AEUV, Art. 288 Rn. 78;

gung muss daher auch eine unionsrechtskonforme möglich sein.[259] Die Verpflichtung zur richtlinienkonformen Auslegung begründet Art. 288 Abs. 3 AEUV, weil die nationalen Gerichte als innerstaatliche Stellen die Richtlinie umsetzen müssen, soweit ihre Kompetenz reicht.[260] Sie folgt zudem aus Art. 20 Abs. 3 GG, weil die Richtlinien zu den Gesetzen gehören.[261]

Die Problematik ist der verfassungskonformen Auslegung des § 6 Abs. 5 ArbZG stark vergleichbar (dazu 4. Kapitel F. II. 3.).[262] Dem historischen Willen kommt aber eine geringere Bedeutung zu. Denn es ist nach dem EuGH nicht erforderlich, dass der nationale Gesetzgeber mit der Norm eine Richtlinie umsetzen wollte.[263] Der Gerichtshof geht insoweit von einer Vermutung des Unionsrechts-treuen Gesetzgebers aus.[264] Das BVerfG teilt die Vermutung, dass der deutsche Gesetzgeber im Zweifel nicht gegen seine Umsetzungspflicht verstoßen wollte, allerdings nur für Umsetzungsgesetze.[265] Indem dies unterstellt wird, treten die historischen Erwägungen bei Erlass des fraglichen Umsetzungsgesetzes zurück.[266] Der Wille des Gesetzgebers wird praktisch auf die Absicht zur ordnungsgemäßen Richtlinienumsetzung reduziert.[267] Bewegt sich die richtlinienkonforme Auslegung innerhalb der Grenzen des Wortsinns, so hat die historische Auslegung insoweit zu weichen.[268]

2. Anwendung auf § 6 Abs. 5 ArbZG

Es stellt sich die Frage, ob § 6 Abs. 5 ArbZG so ausgelegt werden kann, dass die Verpflichtung zur Gewährung zusätzlicher freier Tage vorrangig ist und die aus-

---

Gallner, in: FS Preis, S. 271, 273, 279; *Höpfner/Schneck*, NZA 2023, 1, 3; *Wank*, RdA 2020, 1, 3.

[259] EuArbRK/*Höpfner*, AEUV, Art. 288 Rn. 46; *Höpfner/Schneck*, NZA 2023, 1, 3.

[260] EuGH 24. 1. 2012 – C-282/10 (Dominguez), NZA 2012, 139 Rn. 24; BAG 19. 2. 2019 – 9 AZR 423/16, NZA 2019, 977 Rn. 17; Calliess/Ruffert/*Ruffert*, AEUV, Art. 288 Rn. 79 f. m. w. N. auch zu abweichenden Ansichten.

[261] Preis/Sagan/*Sagan*, EuArbR, § 1 Rn. 144; Riesenhuber/*Roth/Jopen*, Eur Methodenlehre, § 13 Rn. 43.

[262] BAG 18. 2. 2003 – 1 ABR 2/02, NZA 2003, 742, 747; Preis/Sagan/*Sagan*, EuArbR, § 1 Rn. 144.

[263] EuGH 4. 7. 2006 – C-212/04 (Adeneler), NJW 2006, 2465 Rn. 121; EuArbRK/*Höpfner*, AEUV, Art. 288 Rn. 48.

[264] Preis/Sagan/*Sagan*, EuArbR, § 1 Rn. 150; ablehnend *Wank*, RdA 2020, 1, 3: Nur Berücksichtigung des konkret geäußerten Umsetzungswillens.

[265] BVerfG 23. 5. 2016 – 1 BvR 2230/15, 1 BvR 2231/15, NJW-RR 2016, 1366 Rn. 44; Riesenhuber/*Roth/Jopen*, Eur Methodenlehre, § 13 Rn. 44.

[266] Ablehnend EuArbRK/*Höpfner*, AEUV, Art. 288 Rn. 50: Keine Auslegung, die dem nachweisbaren Regelungswillen des Gesetzgebers eindeutig zuwiderläuft.

[267] Preis/Sagan/*Sagan*, EuArbR, § 1 Rn. 150.

[268] Riesenhuber/*Roth/Jopen*, Eur Methodenlehre, § 13 Rn. 50.

schließliche Zahlung von Zuschlägen nur im Ausnahmefall möglich ist, bei vorheriger Beendigung des Arbeitsverhältnisses.

Zentrale Frage ist daher, ob der Wortlaut so verstanden werden kann, dass ein Rangverhältnis zwischen den beiden Alternativen besteht (siehe ausführlich schon 4. Kapitel F. II. 3. a)). Dem Wortlaut kann weder entnommen werden, dass ein solches Rangverhältnis bestehen soll, noch, dass das Gegenteil der Fall wäre. Hätte der Gesetzgeber die Formulierung „entweder ..., oder ...“ verwendet, würde dies eher für ein freies Wahlrecht des Arbeitgebers sprechen. Selbstverständlich hätte er auch eine Formulierung wählen können, aus der ein Rangverhältnis klar ersichtlich würde. Dies hat er nicht getan, für ein Rangverhältnis spricht aber die Reihenfolge der Alternativen. Der Wortlaut ist somit für eine Auslegung in beide Richtungen offen.

Der historische Wille des Gesetzgebers steht dieser Auslegung nicht entgegen. Zwar finden sich in der Gesetzgebungshistorie Anhaltspunkte dafür, dass der Gesetzgeber eine Gleichrangigkeit der beiden Alternativen des § 6 Abs. 5 ArbZG normieren wollte. Zugleich dient das ArbZG aber nach der Gesetzesbegründung der Umsetzung der ArbZ-RL in nationales Recht. Anzunehmen ist, dass der Gesetzgeber davon ausging, mit § 6 Abs. 5 ArbZG seiner Verpflichtung aus Art. 12 a) ArbZ-RL nachzukommen. Denn die Entgeltzuschläge werden von der in Deutschland herrschenden Meinung als Mittel des Gesundheitsschutzes angesehen. Nach europäischer Auffassung sind Zuschläge jedoch, wie dargelegt wurde, reines Vergütungsrecht und aufgrund der Gefahr der Kommerzialisierung im Arbeitsschutzrecht verpönt (siehe B. VII.).

Eine Auslegung, die einen Vorrang der Gewährung zusätzlicher freier Tage annimmt, verstößt somit nicht gegen die Contra-legem-Grenze. Sie mag nach einem unbefangenen Verständnis weniger naheliegen als eine Auslegung, die von der Gleichrangigkeit beider Alternativen ausgeht. Dies ist aber typisch für die richtlinienkonforme Auslegung. Wäre diese auf die methodisch naheliegende Auslegung beschränkt, hätte sie keinen Anwendungsbereich. Im Gegenteil dazu gebietet sie eine Auslegung bis an den Rand des methodisch Erlaubten, um ein richtlinienkonformes Ergebnis zu erzielen. Dies wird vom BAG auch, trotz methodischer Kritik von Teilen der Literatur, entsprechend umgesetzt. So hat das BAG § 3 Abs. 2 Nr. 1 ArbSchG eine allgemeine Pflicht zur Arbeitszeiterfassung entnommen, obwohl § 16 Abs. 2 S. 1 ArbZG entgegen eines Änderungsvorschlags im Gesetzgebungsverfahren nur die Aufzeichnung der Überstunden anordnet.[269]

---

[269] BAG 13.9.2022 – 1 ABR 22/21, NZA 2022, 1616 Rn. 42 ff., 53; ablehnend *Höpfner/Schneck*, NZA 2023, 1, 4 f.: „Musterbeispiel unzulässiger Rechtsfortbildung“; *Salamon*, NJW 2023, 335 Rn. 12 ff., 25.

3. Zwischenergebnis: Vorrang des Freizeitausgleichs

Nach richtlinienkonformer Auslegung sind vorrangig zusätzliche freie Tage zu gewähren.[270] Zuschläge gem. § 6 Abs. 5 ArbZG sind nur nach Ende des Arbeitsverhältnisses zu bezahlen. Davon unberührt bleiben Zuschläge, die zusätzlich zu dem gesetzlich verpflichtenden Schutz aus § 6 ArbZG gezahlt werden.

II. Unmittelbare Horizontalwirkung des Art. 31 Abs. 2 GRCh

Sollte man diesem Ergebnis nicht folgen, so stellt sich die Frage, ob Art. 31 Abs. 2 GRCh, konkretisiert durch Art. 12 a) ArbZ-RL, unmittelbar zwischen Privaten wirkt. Dies ist zu verneinen.

1. Methodik der unmittelbaren Horizontalwirkung

In einer neueren Rechtsprechungslinie hat der EuGH in zahlreichen Fällen angenommen, dass durch Richtlinien konkretisierte Grundrechte in Rechtsstreitigkeiten zwischen Privaten unmittelbar gelten. Dadurch wird die fehlende horizontale Direktwirkung von Richtlinien faktisch aufgehoben.[271] Folge dieser Horizontalwirkung kann die unmittelbare Anwendung der konkretisierenden Richtlinienvorschrift sein. Die Vorschrift muss dafür jedoch unbedingt und inhaltlich bestimmt sein.[272]

Für die unmittelbare Horizontalwirkung primärrechtsgestützter Richtlinien wird angeführt, dass die damit verbundene Vertiefung der europäischen Einigung gerade die Idee der Charta sei.[273] Zudem wird auf den Wortlaut einiger Grundrechte, die gemeinsamen Verfassungsüberlieferungen der Mitgliedstaaten und den effet utile der Grundrechte verwiesen.[274] Von den Kritikern wird hingegen bemängelt, dass die damit postulierte Einheit von Richtlinie und Grundrecht den Unterschied zwischen Verordnung und Richtlinie übergehe und die Dogmatik des Unionsrechts usurpiere.[275] Zudem wird befürchtet, dass die notwendige Abwägung mit entgegenstehen-

---

[270] *Brandt/Lueken*, AuR 2023, 29, 33 f.; Buschmann/Ulber/*Ulber*, ArbZG, § 6 Rn. 62; *Kohte*, jurisPR-ArbR 48/2022, Anm. 1 unter D.

[271] Preis/Sagan/*Seiwerth*, EuArbR, § 3 Rn. 43.

[272] EuGH 6.11.2018 – C-684/16 (MPG), NZA 2018, 1474 Rn. 74; *Wank*, RdA 2020, 1, 2; i.E. auch *Gallner*, in: FS Preis, S. 271, 287; zum Erfordernis der hinreichenden Bestimmtheit bei der vertikalen unmittelbaren Richtlinienanwendung: Preis/Sagan/*Sagan*, EuArbR, § 1 Rn. 30.

[273] *Gallner*, in: FS Preis, S. 271, 273 f.

[274] NK-GA/*Heuschmid/Lörcher*, GRCh, Art. 51 Rn. 28.

[275] Preis/Sagan/*Sagan*, EuArbR, § 1 Rn. 165 f.; *Schubert*, EuZA 2020, 302, 317 f.; *Wank*, RdA 2020, 1, 5, 11.

den Grundrechte entfalle.[276] Der umfangreiche Streit kann hier nicht geführt werden, im Folgenden wird daher von der Rechtsprechung des EuGH ausgegangen.

2. Rechtsprechung des EuGH zu Art. 31 Abs. 2 GRCh

Seit dem Jahr 2018 hat der EuGH in mehreren Fällen im Arbeitszeitrecht die unmittelbare Anwendbarkeit des Art. 31 Abs. 2 GRCh bejaht.[277] Der EuGH hat seine Rechtsprechung zur unmittelbaren Horizontalwirkung des Art. 31 Abs. 2 GRCh vom Urlaubsrecht – nach europäischem Verständnis Teil des Arbeitszeitrechts – sukzessive auf das Arbeitszeitrecht im engeren Sinn ausgeweitet.[278]

3. Anwendung auf § 6 Abs. 5 ArbZG

Eine unmittelbare Anwendung des durch Art. 12 a) ArbZ-RL konkretisierten Art. 31 Abs. 2 GRCh scheitert an der Unbestimmtheit der Norm. In Art. 31 Abs. 2 GRCh finden sich keine ausdrücklichen Regelungen zur Nachtarbeit, Art. 12 a) ArbZ-RL lässt den Mitgliedstaaten einen Spielraum und ist damit nicht hinreichend klar und bestimmt.

III. Negative Wirkung des Art. 31 Abs. 2 GRCh

§ 6 Abs. 5 ArbZG darf aber teilweise nicht angewendet werden, weil er europäischem Primärrecht entgegensteht.

1. Methodik der negativen Wirkung

Europäischem Primärrecht entgegenstehendes nationales Recht darf nach dem EuGH nicht angewendet werden.[279] Die Verpflichtung zur Nichtanwendung kann sich auch auf Teile von Normen beziehen.[280] Die Norm muss allerdings ohne die gestrichene Passage vollständig und in sich logisch bleiben.

---

[276] *Schubert*, EuZA 2020, 302, 317.

[277] EuGH 6.11.2018 – C-569/16, C-570/16 (Bauer/Willmeroth), NZA 2018, 1467 Rn. 85, 87 ff.; EuGH 6.11.2018 – C-684/16 (MPG), NZA 2018, 1474 Rn. 74, 76 ff.; wohl auch EuGH 14.5.2019 – C-55/18 (CCOO), NZA 2019, 683 Rn. 30 ff., 56, 60.

[278] Zur Entwicklung *Gallner*, in: FS Preis, S. 271, 283 ff.; Schlachter/Heinig/*Krebber*, EuArbSozR, § 2 Rn. 26 f.

[279] EuGH 22.11.2005 – C-144/04 (Mangold), NZA 2005, 1345 Rn. 78; EuGH 19.1.2010 – C-555/07 (Kücükdevici), NZA 2010, 85 Rn. 27, 43, 52 ff.; EuGH 19.4.2016 – C-441/14 (Dansk Industri), NZA 2016, 537 Rn. 35 f.; EuGH 6.11.2018 – C-569/16, C-570/16 (Bauer/Willmeroth), NZA 2018, 1467 Rn. 86, 91; EuGH 6.11.2018 – C-684/16 (MPG), NZA 2018, 1474 Rn. 75, 80.

[280] Ebenso zu § 16 Abs. 2 S. 1 ArbZG *Ulber*, NZA 2019, 677, 680.

2. Anwendung auf § 6 Abs. 5 ArbZG

Sieht man die gesamte Norm des § 6 Abs. 5 ArbZG als im Anwendungsbereich des Unionsrechts liegend an, so kann der entgegenstehende Teil der nationalen Umsetzungsnorm nicht angewendet werden. Erhalten bliebe nur die unionsrechtskonforme erste Alternative. Zu streichen wäre die zweite Alternative, sodass der Normtext wie folgt aussähe:

> „Soweit keine tarifvertraglichen Ausgleichsregelungen bestehen, hat der Arbeitgeber dem Nachtarbeitnehmer für die während der Nachtzeit geleisteten Arbeitsstunden eine angemessene Zahl bezahlter freier Tage ~~oder einen angemessenen Zuschlag auf das ihm hierfür zustehende Bruttoarbeitsentgelt~~ zu gewähren."

§ 6 Abs. 5 ArbZG bleibt eine verständliche und anwendbare Norm, nachdem der entsprechende Teil gestrichen wurde. Zu Problemen führt die Streichung der zweiten Alternative nur im Fall, dass Ansprüche auf Freistellung nach Beendigung des Arbeitsverhältnisses nicht mehr erfüllt werden können. Dem könnte aber durch das Schadensersatz- oder Bereicherungsrecht begegnet werden, die in diesem Fall ebenfalls zu einem Anspruch auf Abgeltung führen.

IV. Ergebnis

§ 6 Abs. 5 ArbZG ist richtlinienkonform so auszulegen, dass die Gewährung freier, bezahlter Tage vorrangig ist. Nur diese Alternative erfüllt die Anforderungen des Unionsrechts. Dem Arbeitgeber darf daher keine freie Entscheidung zwischen den beiden Alternativen des § 6 Abs. 5 ArbZG eröffnet werden. Denn eine solche Regelung überschreitet den Umsetzungsspielraum des nationalen Gesetzgebers und ist nicht unionsrechtskonform. Eine richtlinienkonforme Auslegung des § 6 Abs. 5 ArbZG verstößt auch nicht gegen den Wortlaut oder den klaren Willen des historischen Gesetzgebers. Die contra-legem-Grenze wird gewahrt. Bis zu dieser Grenze ist eine Auslegung vorgegeben, welche die Anforderungen des Unionsrechts erfüllt. Sieht man diese Grenze durch eine Auslegung, welche dem Freizeitausgleich den Vorrang gibt, überschritten, stellt sich die Frage nach einer eventuellen unmittelbaren Horizontalwirkung oder einer negativen Wirkung des Art. 31 Abs. 2 GRCh. Eine Horizontalwirkung scheitert daran, dass Art. 31 Abs. 2 GRCh, konkretisiert durch Art. 12 a) ArbZ-RL, nicht hinreichend bestimmt ist. Möglich ist aber, § 6 Abs. 5 Alt. 2 ArbZG nicht anzuwenden, weil diese Alternative dem Unionsrecht entgegensteht und so zu einem unionsrechtskonformen Ergebnis zu kommen.

E. Resümee

§ 6 Abs. 5 ArbZG verstößt in seiner Auslegung durch das BAG nicht nur gegen Verfassungs-, sondern auch gegen Unionsrecht. Die Norm ist deshalb unionsrechtskonform so auszulegen, dass Nachtarbeitnehmern vorrangig Freizeitausgleich zu gewähren ist.

Art. 12 a) ArbZ-RL wird im deutschen Recht durch § 6 Abs. 5 ArbZG umgesetzt, der im Mittelpunkt dieser Untersuchung steht. Welche Vorgaben Art. 12 a) ArbZ-RL für die nationalen Umsetzungsmaßnahmen macht, wird in der Rechtsprechung des EuGH und der Literatur uneinheitlich beurteilt. Nach primärrechtskonformer Auslegung gebietet die Norm einen zusätzlichen Gesundheitsschutz der Nachtarbeitnehmer, der durch eine Verkürzung der individuellen Arbeitszeit erreicht werden muss. Die deutsche Umsetzungsnorm des § 6 Abs. 5 ArbZG ist daher so auszulegen, dass vorrangig zusätzliche freie Tage gewährt werden müssen. Denn die Alternative der Zuschlagszahlung ist nicht geeignet, die Vorgaben an eine unionsrechtskonforme Umsetzung des Art. 12 a) ArbZ-RL zu erfüllen. Damit ist das vom Gesetzgeber eröffnete Wahlrecht des Arbeitgebers zu beschränken, denn der Gesetzgeber darf nicht Privaten die Disposition darüber eröffnen, ob die mitgliedstaatlichen Umsetzungspflichten erfüllt werden oder nicht. Lehnt man die unionsrechtskonforme Auslegung in diesem Fall ab, so bleibt die Nichtanwendung entgegenstehenden nationalen Rechts. § 6 Abs. 5 ArbZG ist zu reduzieren, indem das Wahlrecht und die zweite Alternative gestrichen werden. Im Ergebnis hat der Arbeitgeber dem Nachtarbeitnehmer auch nach dieser Lösung zwingend zusätzliche bezahlte freie Arbeitstage zu gewähren.

6. Kapitel

Grenzen tariflicher Abweichungsmöglichkeiten von § 6 Abs. 5 ArbZG

Nachdem der gesetzliche Anspruch des § 6 Abs. 5 ArbZG in Hinblick auf seine Verfassungs- und Unionsrechtskonformität untersucht wurde, ist der Blick auf den ersten Halbsatz der Vorschrift zu richten. Damit sind die Möglichkeiten der Tarifparteien angesprochen. Sie haben vielfältige Optionen, den Schutz der Nachtarbeitnehmer vor oder bei Nachtarbeit zu regeln (siehe 3. Kapitel B. I. 1.). Regeln sie den Schutz *bei* Nachtarbeit, stellt sich die Frage, in welchem Verhältnis der tarifliche zum gesetzlichen Arbeitsschutz steht – nicht nur, aber insbesondere, wenn der tarifliche Anspruch den gesetzlichen unterschreitet.

Teilweise hat der Gesetzgeber das Verhältnis von Gesetzes- und Tarifrecht bei der Nachtarbeit ausdrücklich geregelt. So greift gem. § 6 Abs. 5 Hs. 1 ArbZG der gesetzliche Anspruch auf Zuschlag oder zusätzliche bezahlte, freie Tage nur ein, soweit keine tarifvertraglichen Ausgleichsregelungen bestehen.[1] Aus dieser Formulierung in § 6 Abs. 5 ArbZG wird nach allgemeiner Ansicht deutlich, dass tarifliche Normen dem gesetzlichen Anspruch vorgehen und ihn verdrängen können.[2] Fraglich ist, ob diese tariflichen Regelungen bestimmte Anforderungen erfüllen müssen, um den gesetzlichen Anspruch verdrängen zu können und den tariflichen Abweichungsmöglichkeiten somit bestimmte Grenzen gesetzt sind. Denn zum gesetzlichen Schutz ist der Staat in bestimmtem Maß aus dem Verfassungs- und Unionsrecht verpflichtet. In den bisherigen Kapiteln wurde der gesetzliche Anspruch deshalb verfassungs- und unionsrechtskonform so ausgelegt, dass vorrangig freie Tage zu gewähren sind und nur im Ausnahmefall ausschließlich Zuschläge gezahlt werden dürfen (siehe 4. Kapitel F. II. 3. und 5. Kapitel D. I.). Allerdings sehen auch die meisten Tarifverträge ausschließlich Zuschläge für geleistete

---

[1] Weitere Vorschriften, die hier jedoch nicht betrachtet wird, sind § 7 Abs. 1 Nr. 4, Abs. 2 Nr. 2–4, Abs. 2a ArbZG. Sie erlauben den Tarifparteien unter bestimmten Umständen, von der täglichen Höchstarbeitszeitdauer für Nachtarbeitnehmer gem. § 6 Abs. 2 ArbZG zu deren Lasten abzuweichen (sog. tarifdispositives Gesetzesrecht).

[2] BAG 26.8.1997 – 1 ABR 16/97, NZA 1998, 441, 442; BAG 26.4.2005 – 1 ABR 1/04, NZA 2005, 884, 887; BAG 17.1.2012 – 1 ABR 62/10, NZA 2012, 513 Rn. 15; BAG 22.2.2023 – 10 AZR 332/20, NZA 2023, 638 Rn. 22; *Anzinger/Koberski*, ArbZG, § 6 Rn. 78; Buschmann/Ulber/*Ulber*, ArbZG, § 6 Rn. 57; BeckOK ArbR/*Kock*, ArbZG, § 6 Rn. 25; Däubler/*Heuschmid/Klug*, TVG, § 1 Rn. 661; ErfK/*Roloff*, ArbZG, § 6 Rn. 12; HPS/*Lorenz*, ArbZG, § 6 Rn. 111 f.; *Schliemann*, ArbZG, § 6 Rn. 84.

Nachtarbeit vor.[3] Teilweise bestehen daneben in geringem Umfang Ansprüche auf zusätzliche bezahlte freie Tage.[4] Daraus ergibt sich die Frage: Können Tarifnormen den gesetzlichen Anspruch verdrängen, soweit sie ausschließlich oder ganz überwiegend monetäre Zuschläge vorsehen?

Damit werden Grundsatzfragen zum Verhältnis von Tarif-, Gesetzes-, Verfassungs- und Unionsrecht berührt. Dass tarifliche Zuschlagsregelungen den gesetzlichen Anspruch auf Freizeit verdrängen könnten, ist denkbar, weil die Tarifparteien keine grundrechtlichen Schutzpflichten erfüllen müssen. Denn diese adressieren den Staat, in erster Linie den Gesetzgeber (siehe ausführlich 4. Kapitel C. II. 1.).[5] Private werden davon nicht unmittelbar erfasst, sondern nur „mediatisiert" über das Gesetzesrecht. Die Tarifparteien müssen auch nicht die Richtlinien der EU umsetzen. Die Umsetzungspflicht trifft gem. Art. 288 Abs. 3 AEUV bloß die Mitgliedstaaten der EU.[6] Nur auf gemeinsamen Antrag der Sozialpartner kann die Durchführung von Richtlinien in bestimmen Fällen auf sie verlagert werden, Art. 153 Abs. 3 AEUV. Die Tarifparteien sind also nicht Adressaten von Handlungspflichten aus dem höherrangigen Recht. Sie machen vielmehr selbst von ihrem Grundrecht aus Art. 9 Abs. 3 GG bzw. Art. 28 GRCh Gebrauch, wenn sie tarifliche Normen setzen.[7] Deshalb könnte ihnen ein größerer Spielraum zur Verfügung stehen, als dem Staat.

Das ändert aber zugleich nichts daran, dass die genannten Verpflichtungen aus höherrangigem Recht den Staat treffen. Er befindet sich dabei „im Spannungsfeld von Tarifautonomie und grundrechtlichen Schutzpflichten"[8]. Es ist deshalb zweifelhaft, ob der Staat ein Schutzgesetz so ausgestalten darf, dass tarifliche Regelungen die gesetzlichen verdrängen, wenn die Tarifparteien dabei Regelungen treffen können, die der Staat selbst nicht treffen dürfte. Im Ergebnis würde auf diese Weise der gesetzliche Schutz unterschritten, zu dem der Staat aus höherrangigem Recht zwingend verpflichtet ist. Fraglich ist, ob ein Ausgleich möglich ist, der sowohl die Tarifautonomie wahrt, als auch den verpflichtenden Mindestschutz der Nachtarbeitnehmer sicherstellt.

---

[3] Däubler/*Heuschmid/Klug*, TVG, § 1 Rn. 661; *Neumann/Biebl*, ArbZG, § 6 Rn. 24.

[4] Siehe beispielsweise den Sachverhalt von BAG 22.2.2023 – 10 AZR 332/20, NZA 2023, 638: Bei Nachtschichtarbeit 20% Zuschlag (§ 7 Nr. 1 MTV) sowie ein bezahlter freier Tag pro 20 geleisteter Nachtschichten (§ 4 C. Nr. 6, 7 MTV), was wertmäßig circa 5% Zuschlag entspricht.

[5] Heselhaus/Nowak/*Szczekalla*, HdB EuGR, § 8 Rn. 17; SSM/*Möstl*, Staatsrecht III, § 68 Rn. 31.

[6] Calliess/Ruffert/*Ruffert*, AEUV, Art. 22 Rn. 24; EuArbRK/*Höpfner*, AEUV, Art. 288 Rn. 22; z.B. Art. 12 a) ArbZ-RL: „Die Mitgliedstaaten treffen die erforderlichen Maßnahmen […]".

[7] EuGH 19.9.2018 – C-312/17 (Bedi), NZA 2018, 1268 Rn. 68; BVerfG 11.7.2017 – 1 BvR 1571/15, 1 BvR 1588/15, 1 BvR 2883/15, 1 BvR 1043/16, 1 BvR 1477/16, NZA 2017, 915 Rn. 131.

[8] In Anlehnung an *Ulber*, Tarifdispositives Gesetzesrecht im Spannungsfeld von Tarifautonomie und grundrechtlichen Schutzpflichten.

Diese Probleme sollen im abschließenden Kapitel behandelt werden. Dafür werden zunächst die Ansichten von Rechtsprechung und Literatur zur Frage, welchen Spielraum die Tarifparteien bei der Gestaltung der Ausgleichsregelungen gem. § 6 Abs. 5 ArbZG haben, dargestellt und kritisiert (A.). Dabei wird jeweils auf den rechtstheoretischen Hintergrund der einzelnen Ansichten eingegangen, um diese fundiert beurteilen zu können. Anschließend wird eine eigene Ansicht entwickelt (B.). Nach hier vertretener Ansicht ist eine verfassungs- und unionsrechtskonforme Auslegung des § 6 Abs. 5 Hs. 1 ArbZG möglich, die Tarifautonomie und Grundrechte der Nachtarbeitnehmer zu einem schonenden Ausgleich bringt (B. III., IV.). Im Ergebnis können nur Tarifregelungen, welche die Gesundheit und das Sozialleben schützen, den gesetzlichen Anspruch verdrängen. Den Tarifparteien verbleibt dabei aber ein Regelungsspielraum, den sie in Ausübung ihres Grundrechts aus Art. 9 Abs. 3 GG bzw. Art. 28 GRCh ausfüllen können. Erfüllen die tariflichen Regelungen nicht die Mindestanforderungen an den Gesundheits- und Sozialschutz, greift ergänzend der gesetzliche Anspruch des § 6 Abs. 5 ArbZG ein. Abschließend werden die Konsequenzen geklärt, die sich aus dieser Lösung für die derzeit bestehenden Tarifverträge ergeben (B. V.) und die Ergebnisse zusammengefasst (C.).

A. Rechtsprechung und Literatur zum Tarifvorbehalt des § 6 Abs. 5 Hs. 1 ArbZG

Rechtsprechung und Literatur haben sich zum Regelungsspielraum der Tarifparteien in Bezug auf Ausgleichsregelungen gem. § 6 Abs. 5 Hs. 1 ArbZG positioniert. Weil nach herrschender Meinung Zuschläge und bezahlte freie Tage gleichrangige Alternativen sind (siehe 3. Kapitel A. II. 5. b)), wurde kaum der Frage nachgegangen, ob die ausschließliche Regelung von Zuschlägen in einem Tarifvertrag genügt, um den gesetzlichen Anspruch zu verdrängen. Diskutiert wurde allerdings, ob ein bestimmter Umfang des Ausgleichs erreicht werden muss, um den gesetzlichen Anspruch gem. § 6 Abs. 5 ArbZG zu verdrängen. Aus den Antworten auf diese Frage lassen sich Rückschlüsse für die hier aufgeworfene Frage ziehen, weil es ebenfalls um das Verhältnis der tariflichen Regelung zum gesetzlichen Mindestanspruch geht.

Aus unterschiedlichen Gründen können die beiden dazu vertretenen Ansichten nicht überzeugen. Die inhaltliche Auseinandersetzung wird im folgenden Abschnitt geleistet. Wo es für die inhaltliche Diskussion im speziellen Fall sinnvoll erscheint, wird dabei auch auf die Theorien zur Grundrechtsbindung der Tarifparteien Bezug genommen, die – teilweise unausgesprochen – hinter diesen Ansichten stehen. Dabei ist jedoch von vornherein klarzustellen, dass hier nicht der Anspruch erhoben wird, die „rechtswissenschaftliche Dauerbaustelle“[9] zur Grundlagenfrage der

[9] *Waltermann*, in: FS 50 Jahre BAG, S. 913, 913.

Grundrechtsbindung der Tarifparteien abzuschließen. Es geht vielmehr darum, die oft nur sehr knapp begründeten Ansätze zu tariflichen Abweichungsmöglichkeiten gem. § 6 Abs. 5 Hs. 1 ArbZG in einer größeren rechtsdogmatischen Diskussion zu verorten. Zum anderen ist zu bemerken, dass die hier betrachtete Konstellation von den Grundfällen zur Grundrechtsbindung der Tarifparteien abweicht. Regelmäßig bewegt sich die Grundrechtskontrolle tariflicher Regelungen in Bereichen, die vom Gesetzgeber nicht geregelt wurden.[10] Im vorliegenden Fall hingegen hat das Bundesverfassungsgericht dem Gesetzgeber einen ausdrücklichen Gesetzgebungsauftrag erteilt, dem dieser auch – zumindest vordergründig – nachgekommen ist. Eine Lösung muss daher nach hier vertretener Ansicht bei diesem Gesetz ansetzen und nicht bei den Tarifverträgen (siehe B. II.). Bevor eine eigene Ansicht entwickelt wird, ist aber zunächst die Auseinandersetzung mit den Ansichten der Rechtsprechung und Literatur zu leisten.

I. Herrschende Meinung: Spielraum der Tarifparteien

Nach herrschender Meinung müssen die Tarifparteien zwar einen Ausgleich regeln, um den gesetzlichen Anspruch des § 6 Abs. 5 ArbZG zu verdrängen. Bei dessen Ausgestaltung seien sie aber freier als der Gesetzgeber. Die Regelungen der Tarifparteien könnten deshalb den gesetzlichen Anspruch auch dann verdrängen, wenn sie die zu diesem vom BAG ausgeurteilten Grenzwerte unterschreiten. Hintergrund dieser Auffassung ist die Theorie der Tarifautonomie als kollektiver Privatautonomie, die nur zu einer mittelbaren Bindung der Tarifparteien an die Grundrechte führt. Diese Auffassung kann jedoch in Hinblick auf § 6 Abs. 5 ArbZG nicht überzeugen.

1. Darstellung

Nach der Literatur soll teilweise ausdrücklich jeder Ausgleich genügen, um § 6 Abs. 5 ArbZG zu verdrängen, während das BAG in seiner neuesten Rechtsprechung betont, dass der Ausgleich angemessen sein müsse.

---

[10] Beispielsweise die Kontrolle von stichtagsbezogenen Stufenzuordnungen nach Höher- und Rückgruppierung an Art. 3 Abs. 1 GG, dazu etwa BAG 19.12.2019 – 6 AZR 59/19, NZA 2020, 732; *Spelge*, ZTR 2020, 127; *Ulber/Klocke*, RdA 2021, 178 oder von Nebenbeschäftigungsverboten an Art. 12 Abs. 1 GG, dazu BAG 19.12.2019 – 6 AZR 23/19, NZA 2020, 952. Auch die Differenzierung zwischen unterschiedlich hohen Zuschlägen für verschiedene Arten von Nachtarbeit ist nach h. M. nicht an § 6 Abs. 5 ArbZG, sondern ausschließlich an Art. 3 Abs. 1 GG zu messen, so BAG 22.2.2023 – 10 AZR 332/20, NZA 2023, 638 Rn. 31; a. A. *Ulber*, AuR 2020, 157, 163.

a) Rechtsprechung des BAG

Nach dem BAG sind die Tarifvertragsparteien aufgrund ihrer Sachnähe grundsätzlich frei darin, wie sie den Ausgleich regeln.[11] Die tarifliche Regelung müsse aber eine Kompensation für die Belastungen aus der Nachtarbeit beinhalten.[12] Dies folge aus dem Begriff „Ausgleichsregelungen" in § 6 Abs. 5 ArbZG sowie dem gesundheitsschützenden Zweck der Norm.[13] Eine tarifliche Regelung, die einen Ausgleich ausschließt[14] oder ein bloßes Schweigen des Tarifvertrags ohne weitere Anhaltspunkte genügen demnach nicht.[15]

Lange nicht eindeutig war die Rechtsprechung zu der Frage, ob jede tarifliche Kompensation genügt, um den gesetzlichen Anspruch zu verdrängen oder ob diese angemessen sein muss. In einer Entscheidung des Zehnten Senats aus 2012 klingt an, dass jede Kompensation genügen könnte.[16] Allerdings war diese Frage nicht entscheidungserheblich, weil in diesem Fall für nächtliche Bereitschaftszeiten gar keine Kompensation im Tarifvertrag vorgesehen war.[17] Nach einem Urteil des Sechsten Senat aus 2018 müsse der tarifliche Ausgleich angemessen sein; allerdings kam es erneut nicht darauf an, weil auch dieser Tarifvertrag gar keinen Ausgleich vorsah.[18] Im Jahr 2023 musste der Zehnte Senat diese Rechtsfrage, soweit ersichtlich, erstmals entscheiden. Nach dem Senat muss der tarifliche Ausgleich angemessen sein, nur dann könne er den gesetzlichen Anspruch verdrängen.[19] Allerdings hätten die Tarifparteien aufgrund ihrer Sachnähe einen größeren Spielraum als der Gesetzgeber und es sei ausreichend, dass die tarifliche Regelung bei einer Gesamtbetrachtung den mit § 6 Abs. 5 ArbZG verfolgten Zwecken gerecht werde.[20] Dafür müsse die tarifliche Regelung nicht die Regelwerte einhalten, die das BAG zum gesetzlichen Anspruch des § 6 Abs. 5 ArbZG ausgeurteilt hat.[21] Ein tariflicher

---

[11] BAG 26.4.2005 – 1 ABR 1/04, NZA 2005, 884, 887; BAG 17.1.2012 – 1 ABR 62/10, NZA 2012, 513 Rn. 15; BAG 12.12.2012 – 10 AZR 192/11, NZA-RR 2013, 476 Rn. 13 f.; BAG 13.12.2018 – 6 AZR 549/17, NZA 2019, 935 Rn. 18; BAG 9.12.2020 – 10 AZR 334/20, NZA 2021, 1110 Rn. 45, 47; zum Argument der Sachnähe schon BAG 26.8.1997 – 1 ABR 16/97, NZA 1998, 441, 442.

[12] BAG 17.1.2012 – 1 ABR 62/10, NZA 2012, 513 Rn. 15; BAG 13.12.2018 – 6 AZR 549/17, NZA 2019, 935 Rn. 18; BAG 9.12.2020 – 10 AZR 334/20, NZA 2021, 1110 Rn. 47.

[13] BAG 17.1.2012 – 1 ABR 62/10, NZA 2012, 513 Rn. 15; BAG 12.12.2012 – 10 AZR 192/11, NZA-RR 2013, 476 Rn. 14; BAG 13.12.2018 – 6 AZR 549/17, NZA 2019, 935 Rn. 18.

[14] BAG 26.4.2005 – 1 ABR 1/04, NZA 2005, 884, 888; BAG 12.12.2012 – 10 AZR 192/11, NZA-RR 2013, 476 Rn. 15.

[15] BAG 26.8.1997 – 1 ABR 16/97, NZA 1998, 441, 442 f.

[16] BAG 12.12.2012 – 10 AZR 192/11, NZA-RR 2013, 476 Rn. 14.

[17] BAG 12.12.2012 – 10 AZR 192/11, NZA-RR 2013, 476 Rn. 16 ff.

[18] BAG 13.12.2018 – 6 AZR 549/17, NZA 2019, 935 Rn. 17.

[19] BAG 22.2.2023 – 10 AZR 332/20, NZA 2023, 638 Rn. 17, 22, 25, 29.

[20] BAG 22.2.2023 – 10 AZR 332/20, NZA 2023, 638 Rn. 24, 26.

[21] BAG 22.2.2023 – 10 AZR 332/20, NZA 2023, 638 Rn. 26.

Anspruch könne daher einen Zuschlag von weniger als 25% vorsehen, ohne dass besondere Gründe für eine Abweichung nach unten vorliegen.[22]

Nur vereinzelt Gegenstand der gerichtlichen Überprüfung war bisher, in welcher Form die Kompensation gewährt wird. Im Jahr 2005 billigte der Erste Senat eine Regelung, mit der die Tarifparteien eine der gesetzlichen Alternativen des § 6 Abs. 5 ArbZG ausgeschlossen hatten, in diesem Fall die Zuschlagszahlung.[23] Das BAG hält es aber auch für zulässig, dass die Tarifparteien anstelle anderer Maßnahmen ausschließlich einen Zuschlag vereinbaren, ohne dies zu problematisieren.[24] Dies gilt, obwohl das Gericht erkennt, dass der Freizeitausgleich einen deutlich effektiveren Gesundheitsschutz bietet, als ein gezahlter Zuschlag.[25]

b) Literatur

Die Literatur kommt mehrheitlich zu ähnlichen Ergebnissen. Nach dem größten Teil der Literatur seien tarifliche Regelungen stets angemessen und die Tarifparteien in ihrer Regelung grundsätzlich frei.[26] Einige Stimmen betonen ausdrücklich, dass eine tarifvertragliche Regelung unabhängig vom Umfang des gewährten Ausgleiches zum Ausschluss des Ausgleichsanspruches nach § 6 Abs. 5 ArbZG führe.[27] Begründet wird dies mit der größeren Sachnähe der Tarifparteien.[28] Außerdem finde eine Inhaltskontrolle von Tarifverträgen auf Angemessenheit aus tarifrechtlichen Gründen generell nicht statt.[29] Außerdem hätten sich die Arbeitnehmer durch den Beitritt zu ihrer Koalition bewusst und freiwillig der Regelungsmacht der Tarifvertragsparteien auch für die Zukunft unterworfen.[30]

---

[22] Beispielsweise BAG 22.2.2023 – 10 AZR 397/20, AP ArbZG § 6 Nr. 33 Rn. 32: 15% (bzw. 20%) Zuschlag als angemessene Tarifregelung.

[23] BAG 26.4.2005 – 1 ABR 1/04, NZA 2005, 884, 888.

[24] Vgl. BAG 21.3.2018 – 10 AZR 34/17, NZA 2019, 622.

[25] BAG 26.8.1997 – 1 ABR 16/97, AuR 1998, 338, 339; BAG 5.9.2002 – 9 AZR 202/01, NZA 2003, 563, 564; BAG 15.7.2020 – 10 AZR 123/19, NZA 2021, 44 Rn. 49; BAG 22.2.2023 – 10 AZR 332/20, NZA 2023, 638 Rn. 27.

[26] *Baeck/Deutsch/Winzer*, ArbZG, § 6 Rn. 81; BeckOK ArbR/*Kock*, ArbZG, § 6 Rn. 25; *Creutzfeldt/Eylert*, ZFA 2020, 239, 245; HPS/*Lorenz*, ArbZG, § 6 Rn. 127; HWK/*Gäntgen*, ArbZG, § 6 Rn. 18; *Münder*, jurisPR-ArbR 9/2021, Anm. 2 unter C. III.; *Neumann/Biebl*, ArbZG, § 6 Rn. 26; unklar *Schliemann*, ArbZG, § 6 Rn. 85, der eine Inhaltskontrolle ablehnt, aber prüfen will, ob die Grenzen des § 6 Abs. 5 ArbZG eingehalten wurden.

[27] *Baeck/Deutsch/Winzer*, ArbZG, § 6 Rn. 81; *Münder*, jurisPR-ArbR 9/2021, Anm. 2 unter C. III.

[28] *Creutzfeldt/Eylert*, ZFA 2020, 239, 244; HPS/*Lorenz*, ArbZG, § 6 Rn. 111, 127; HWK/*Gäntgen*, ArbZG, § 6 Rn. 18; *Neumann/Biebl*, ArbZG, § 6 Rn. 26; zum Argument der Sachnähe der Tarifparteien in Bezug auf das Arbeitszeitrecht siehe schon *Peters/Ossenbühl*, Die Übertragung von öffentlich-rechtlichen Befugnissen auf die Sozialpartner, S. 2.

[29] *Schliemann*, ArbZG, § 6 Rn. 85.

[30] BeckOK ArbR/*Kock*, ArbZG, § 6 Rn. 25.

c) Zusammenfassung

Sowohl das BAG als auch die überwiegende Literatur gehen davon aus, dass die Tarifparteien, wenn sie tarifliche Ausgleichsregelungen für Nachtarbeit abschließen, nicht an die Regelwerte gebunden sind, die das BAG für den gesetzlichen Anspruch gem. § 6 Abs. 5 ArbZG ausgeurteilt hat.[31] Sie können von diesen zu Gunsten der Nachtarbeitnehmer nach oben abweichen, was dem Regelfall des Verhältnisses von Gesetzesrecht und Tarifrecht entspricht. Sie sollen von diesen aber auch nach unten, also zulasten der Nachtarbeitnehmer, abweichen und dennoch den gesetzlichen Anspruch verdrängen können.

Das BAG hat entschieden, dass § 6 Abs. 5 ArbZG nach der gesetzgeberischen Konzeption die Schutzpflicht zugunsten der Nachtarbeitnehmer erfüllen soll.[32] Es hat zudem für Arbeitsverhältnisse, in denen kein Tarifvertrag Anwendung findet und deshalb der gesetzliche Anspruch eingreift, feste Regelwerte für die Höhe der Zuschläge bzw. des Freizeitausgleichs ausgeurteilt, die einzuhalten sind (ausführlich 3. Kapitel A. II. 5. c)).[33] Daraus lässt sich folgern, dass die Schutzpflicht auch nach Auffassung des BAG verletzt ist, wenn diese Grenzwerte durch vertragliche Regelungen unterschritten werden. Deshalb haben Nachtarbeitnehmer in diesem Fall einen gesetzlichen Anspruch auf die höheren Ausgleichsleistungen.[34]

Den Tarifparteien gestehen das BAG und dieser Teil der Literatur hingegen zu, geringere Ausgleichsleistungen zu vereinbaren und damit dennoch den gesetzlichen Anspruch zu verdrängen können. Im Ergebnis können die Tarifparteien das grundrechtliche Schutzminimum unterschreiten. Dafür werden verschiedene Begründungen gegeben: Die Arbeitnehmer hätten sich freiwillig der Regelungsmacht der Tarifparteien unterworfen, indem sie einer Koalition beitraten.[35] Die Tarifparteien übten bei der tariflichen Normsetzung ihr Grundrecht aus Art. 9 Abs. 3 GG aus.[36] Eine Kontrolle der Inhalte der Tarifverträge verbiete sich.[37] Dahinter steht der Gedanke, dass die Tarifparteien bei ungestörter Verhandlung für beide Seiten ange-

---

[31] BAG 22.2.2023 – 10 AZR 332/20, NZA 2023, 638 Rn. 26; *Baeck/Deutsch/Winzer*, ArbZG, § 6 Rn. 81; *Creutzfeldt/Eylert*, ZFA 2020, 239, 245; *Münder*, jurisPR-ArbR 9/2021, Anm. 2 unter C. III.; *Neumann/Biebl*, ArbZG, § 6 Rn. 26.

[32] BAG 9.12.2020 – 10 AZR 334/20, NZA 2021, 1110 Rn. 44; BAG 22.3.2023 – 10 AZR 553/20, NZA 2023, 915 Rn. 23 f.

[33] BAG 5.9.2002 – 9 AZR 202/01, NZA 2003, 563, 566 f.; BAG 27.5.2003 – 9 AZR 180/02, AP ArbZG, § 6 Nr. 5 unter I. 4. a) aa); BAG 9.12.2015 – 10 AZR 423/14, NZA 2016, 426 Rn. 21, 25; BAG 25.4.2018 – 5 AZR 25/17, NZA 2018, 1145 Rn. 43; BAG 15.7.2020 – 10 AZR 123/19, NZA 2021, 44 Rn. 30, 32.

[34] Beispielsweise BAG 10.11.2021 – 10 AZR 261/20, AP ArbZG, § 6 Nr. 22 Rn. 13: 30% statt 10%.

[35] BeckOK ArbR/*Kock*, ArbZG, § 6 Rn. 25.

[36] BAG 9.12.2020 – 10 AZR 334/20, NZA 2021, 1110 Rn. 26; BAG 22.2.2023 – 10 AZR 332/20, NZA 2023, 638 Rn. 18; BAG 22.3.2023 – 10 AZR 553/20, NZA 2023, 915 Rn. 18.

[37] *Schliemann*, ArbZG, § 6 Rn. 85.

messene Ergebnisse hervorbringen. Außerdem hätten die Tarifparteien eine besondere Sachnähe.[38]

2. Rechtstheoretischer Hintergrund

Hinter der herrschenden Meinung steht eine Theorie, nach der Tarifautonomie kollektiv ausgeübte Privatautonomie sei.[39] Diese Theorie führt im Ergebnis zu einem deutlich zurückgenommenen Kontrollmaßstab von Tarifnormen.[40] Bei deren Vereinbarung seien die Tarifparteien nur mittelbar an die Grundrechte gebunden.[41]

Begründet wird der Prüfungsmaßstab mit dem freien Beitritt der Mitglieder.[42] Grundrechtsträger könnten ihre Freiheit selbst weitergehend beschränken, als sie staatliche Eingriffe hinnehmen müssten.[43] Deshalb sei durch den freiwilligen Beitritt ein geringerer Schutz gerechtfertigt. Hinzu komme die besondere Sachnähe der Tarifparteien.[44] Dies legitimiere einen weiten Gestaltungsspielraum und eine Einschätzungsprärogative hinsichtlich der Gegebenheiten, betroffenen Interessen und Regelungsfolgen.[45] Mit eben diesen Argumenten begründet die herrschende Meinung, weshalb den Tarifparteien ein großer Spielraum im Rahmen des § 6 Abs. 5 Hs. 1 ArbZG zustehen soll.

Die Theorie der kollektiven Privatautonomie hat seit den 1990er Jahren viele Anhänger gefunden und ist heute die herrschende Erklärung der Tarifautonomie.[46]

---

[38] Dazu BAG 9.12.2020 – 10 AZR 334/20, NZA 2021, 1110 Rn. 45; BAG 22.2.2023 – 10 AZR 332/20, NZA 2023, 638 Rn. 20, 24; BAG 22.3.2023 – 10 AZR 553/20, NZA 2023, 915 Rn. 20, 24; *Creutzfeldt/Eylert*, ZFA 2020, 239, 244; *Neumann/Biebl*, ArbZG, § 6 Rn. 26.

[39] BAG 9.12.2020 – 10 AZR 334/20, NZA 2021, 1110 Rn. 26; BAG 22.2.2023 – 10 AZR 332/20, NZA 2023, 638 Rn. 18; BAG 22.3.2023 – 10 AZR 553/20, NZA 2023, 915 Rn. 18.

[40] BAG 4.4.2000 – 3 AZR 729/98, RdA 2001, 110, 111; BAG 8.12.2010 – 7 ABR 98/09, NZA 2011, 751, 755; *Dieterich*, RdA 2001, 112, 116; *Lobinger*, in: FS I. Schmidt, S. 319, 320; *Schliemann*, in: FS Hanau, S. 577, 585; *Waltermann*, in: FS 50 Jahre BAG, S. 913, 914; Däubler/*Ulber*, TVG, Einl. Rn. 277.

[41] BAG 3.7.2019 – 10 AZR 300/18, NZA 2019, 1440 Rn. 20; BAG 19.12.2019 – 6 AZR 563/18, NZA 2020, 734 Rn. 21 ff.; *Jacobs*, RdA 2023, 9, 13 f.; für eine Grundrechtsbindung wie bei der staatlichen Normsetzung trotz Annahme einer privatautonomen Legitimation aber *Löwisch/Rieble*, TVG, § 1 Rn. 662 f.

[42] *Creutzfeldt/Eylert*, ZFA 2020, 239, 263; *Dieterich*, in: FS Schaub, S. 117, 121; *Jacobs/Frieling*, SR 2019, 108, 116; *Löwisch/Rieble*, TVG, Grundlagen Rn. 32.

[43] *Dieterich*, in: FS Schaub, S. 117, 121; ErfK/*Schmidt*, GG, Einl. Rn. 46.

[44] BAG 2.8.2018 – 6 AZR 437/17, NZA 2019, 641 Rn. 38; BAG 24.10.2019 – 2 AZR 158/18, NZA-RR 2020, 199 Rn. 34; BAG 19.12.2020 – 6 AZR 563/18, NZA 2020, 734 Rn. 26; *Dieterich*, in: FS Schaub, S. 117, 121.

[45] BAG 9.12.2015 – 4 AZR 684/12, NZA 2016, 897 Rn. 31; BAG 3.7.2019 – 10 AZR 300/18, NZA 2019, 1440 Rn. 19.

[46] BAG 7.7.2010 – 4 AZR 549/08, NZA 2010, 1068 Rn. 22; BAG 23.3.2011 – 4 AZR 366/09, NZA 2011, 920 Rn. 21; BAG 31.1.2018 – 10 AZR 279/16, NZA 2018, 867 Rn. 36; BAG 9.12.2020 – 10 AZR 334/20, NZA 2021, 1110 Rn. 26, 31; *Bayreuther*, Tarifautonomie

Unter dem Begriff kollektive Privatautonomie vereint sich allerdings eine Vielfalt unterschiedlicher Varianten, dennoch sind zwei Hauptströmungen erkennbar.[47]

Ein Teil der Literatur argumentiert strikt individualistisch. Die Tarifautonomie sei nichts anderes als die aufsummierte bzw. gebündelte Privatautonomie der Mitglieder der Tarifparteien.[48] Das Kollektiv habe keine von den Mitgliedern unabhängige Rechtsstellung, kein eigenständiges kollektives Betätigungsrecht.[49] Ein anderer Teil sieht die Tarifautonomie zwar in der Privatautonomie der Mitglieder wurzeln, erkennt darin aber dennoch eigenständige, kollektive Selbstbestimmung.[50] Ihre Legitimation folge aus dem Grundrecht des Art. 9 Abs. 3 GG sowie dem Verbandsbeitritt ihrer Mitglieder.[51]

3. Kritik

Diese Auffassung zum Tarifvorbehalt des § 6 Abs. 5 Hs. 1 ArbZG und den Möglichkeiten der Tarifparteien überzeugt nicht. Weder verzichten die Arbeitnehmer durch den Koalitionsbeitritt auf Grundrechte, noch haben die Tarifparteien beim Gesundheitsschutz eine größere Sachnähe als der Gesetzgeber. Auch kann nicht davon ausgegangen werden, dass sie stets angemessene Regelungen treffen. Denn die Möglichkeiten, ihre Interessen durchzusetzen, sind gerade für Nachtarbeitnehmer beschränkt. Außerdem besteht bei einem kontradiktorischen Interessenausgleich die Gefahr, dass der Gesundheitsschutz kommerzialisiert wird. Diese Argumente sollen im Folgenden entfaltet werden.

a) Kein Grundrechtsverzicht der Normunterworfenen durch Beitritt zu einer Koalition

Zwar ist der Verbandsbeitritt der Mitglieder zu würdigen, weil diese damit den Koalitionen den Auftrag erteilen, die Arbeits- und Wirtschaftsbedingungen zu regeln.[52] Die Mitglieder legitimieren damit nicht den Inhalt sämtlicher künftiger Ta-

---

als kollektiv ausgeübte Privatautonomie, S. 57 ff.; *Dieterich*, in: FS Schaub, S. 117, 120 ff.; ErfK/*Schmidt*, GG, Einl. Rn. 46; ErfK/*Linsenmaier*, GG, Art. 9 Rn. 55; *Jacobs*, RdA 2023, 9, 12; *Löwisch/Rieble*, TVG, Grundlagen Rn. 30 ff.; MHdB ArbR/*Fischinger*, § 7 Rn. 27; *Richardi*, in: FS Merz, S. 481, 495; ähnlich BVerfG 11.7.2017 – 1 BvR 1571/15, 1 BvR 1588/15, 1 BvR 2883/15, 1 BvR 1043/16, 1 BvR 1477/16, NZA 2017, 915 Rn. 147: „kollektivierte Privatautonomie“.

[47] Däubler/*Ulber*, TVG, Einl. Rn. 267 f.

[48] *Picker*, ZfA 1998, 573, 680 f.; *Picker*, NZA 2002, 761, 764; *Rieble*, ZfA 2000, 5, 23 f.

[49] *Rieble*, ZfA 2000, 5, 23; ähnlich *Lobinger*, in: FS I. Schmidt, S. 319, 321.

[50] *Dieterich*, in: FS Schaub, S. 117, 121; *Zachert*, AuR 2002, 330, 331.

[51] BAG 25.2.1998 – 7 AZR 641/96, NZA 1998, 715, 716; BAG 11.3.1998 – 7 AZR 700/96, NZA 1998, 716, 718 f.; *Dieterich*, in: FS Schaub, S. 117, 121.

[52] *Schlachter*, in: FS Schaub, S. 651, 653.

rifverträge.[53] Im Verbandsbeitritt liegt kein Einverständnis mit verschlechternden Regelungen oder gar ein Grundrechtsverzicht.[54] Dies gilt gerade für den Bereich des Gesundheitsschutzes.[55] Ganz im Gegenteil soll der Beitritt zu einer Koalition die eigene Rechtsstellung stärken, indem gemeinsam bessere Verhandlungsergebnisse erreicht werden, als einzeln.[56]

Selbst, wenn man dies anders sieht und annimmt, dass die Mitglieder durch ihren Beitritt auf Rechte verzichten: Jedenfalls auf den Mindestschutz der Grundrechte kann im Arbeitsverhältnis gar nicht privatautonom verzichtet werden. Deshalb sind die Vorschriften des ArbZG auch mit dem Einverständnis des Arbeitnehmers nicht abdingbar. Der Gesundheitsschutz am Arbeitsplatz ist zwingend, schon weil es dabei auch um Interessen Dritter und der Allgemeinheit geht, die nicht zur Disposition des einzelnen Arbeitnehmers stehen (dazu 4. Kapitel D. VI.).[57] Die Privatautonomie aller betroffenen, gewerkschaftlich organisierten Nachtarbeitnehmer zu summieren, kann daher nicht legitimieren, dass der gesetzliche Schutz durch tarifliche Zuschlagsregelungen verdrängt wird.

Diese Bedenken treffen jedenfalls die Unterströmung, nach der die Tarifautonomie nur die aufsummierte Privatautonomie der Mitglieder ist. Die Summe kann den gesetzlichen Schutz nicht weiter einschränken, als es dem einzelnen Mitglied möglich ist. Anders könnte man dies nach der zweiten Unterströmung sehen, wonach die Tarifautonomie zwar in der Privatautonomie der Einzelnen wurzelt, aber davon verselbstständigt ist. Sie könnte durch die Verselbstständigung zu weitergehenden Eingriffen ermächtigen. Grundlage der Legitimation ist aber auch hier die Mitgliedschaft im Verband. Damit würde Koalitionsmitgliedern ein geringerer Schutz als Außenseitern zukommen.[58] Jedoch soll schon die vertragliche Bezugnahme auf eine tarifliche Ausgleichsregelung genügen, um § 6 Abs. 5 ArbZG zu

---

[53] *Däubler*, KJ 2014, 372, 374; Däubler/*Ulber*, TVG, Einl. Rn. 317 ff.; *Schlachter*, in: FS Schaub, S. 651, 654; *Waltermann*, in: FS 50 Jahre BAG, S. 913, 918.

[54] Pointiert *Ulber/Klocke*, RdA 2021, 178, 188: verstörende Grundannahme; ebenso BAG 9.12.2020 – 10 AZR 334/20, NZA 2021, 1110 Rn. 30; *Bayreuther*, NZA 2019, 1684, 1686; *Fastrich*, in: FS Richardi, S. 127, 130 f.; *Löwisch/Rieble*, TVG, § 1 Rn. 667; MHdB ArbR/ *Klumpp*, § 226 Rn. 11; *Waltermann*, in: FS I. Schmidt, S. 623, 631.

[55] Däubler/*Ulber*, TVG, Einl. Rn. 320.

[56] BAG 4.4.2000 – 3 AZR 729/98, RdA 2001, 110, 111; *Gamillscheg*, Kollektives Arbeitsrecht I, S. 565.

[57] *Peters/Ossenbühl*, Die Übertragung von öffentlich-rechtlichen Befugnissen auf die Sozialpartner, S. 25, zwar unter problematischem Verweis auf die „Volksgesundheit" (dazu kritisch *Frenzel*, DÖV 2007, 243), zutreffend ist aber, dass der Arbeitszeitschutz auch Interessen der Allgemeinheit (und Dritter) dient; ebenso *Brandt*, EuZA 2023, 383, 385; *Krause*, in: Hanau/Matiasek (Hg.), Entgrenzung von Arbeitsverhältnissen, 2019, 151, 177; *Ulber*, SR 2021, 189, 190 f.

[58] *Däubler*, KJ 2014, 372, 377; *Gamillscheg*, AuR 2001, 226, 228; *Löwisch/Rieble*, TVG, § 1 Rn. 669.

verdrängen.[59] Dies ist inkonsequent, wenn man den Verzicht auf den Mindestschutz durch die Mitgliedschaft im Verband legitimiert sieht. Zudem ermöglicht die Ausübung der Privatautonomie auch hier keinen Eingriff in Interessen der Allgemeinheit und Dritter.

b) Keine größere Sachnähe der Tarifparteien beim Gesundheitsschutz

Auch das Argument der Sachnähe überzeugt in Bezug auf den Gesundheitsschutz nicht. Es soll Zurückhaltung bei der Kontrolle tariflicher Regelungen begründen, weil diese zu sachgerechten Ergebnissen und einem angemessenen Ausgleich der individuellen Grundrechtspositionen führten.[60] Dieses Argument findet sich zwar auch in der Gesetzesbegründung zum ArbZG.[61] Es bleibt aber unklar, welche besseren Kenntnisse die Tarifparteien aufgrund ihrer Sachnähe haben sollen. Die gesundheitlichen Auswirkungen der Nachtarbeit sind durch Arbeitsmedizin und -wissenschaft bekannt. Die Tarifparteien wissen diesbezüglich nicht mehr als der Gesetzgeber. Wenn es um spezifische Fachkenntnisse geht, sind die Grenzen der Einschätzungsprärogative erreicht.[62]

Die größere Sachnähe könnte sich allerdings darauf beziehen, dass die Tarifparteien die ökonomischen Rahmenbedingungen in einer Branche kennen. Daraus ließe sich vielleicht ableiten, ab welcher Zuschlagshöhe die Nachtarbeit unwirtschaftlich wird und deshalb nicht mehr angeordnet würde. Dadurch würde die vom Bundesarbeitsgericht proklamierte, gesundheitsschützende Wirkung der Zuschläge erreicht. Es ist aber in höchstem Maße fiktiv, dass sich die Tarifparteien auf eine Zuschlagshöhe einigen würden, die zur Unwirtschaftlichkeit der entsprechenden Arbeit führen würde. Dies widerspräche den grundlegenden Interessen beider Parteien. Denn Arbeitgeber verfolgen in der Marktwirtschaft in erster Linie ihr Profitinteresse, während Arbeitnehmer ihre Arbeitsplätze erhalten wollen, mit denen sie ihre Existenz erwirtschaften (siehe 4. Kapitel E. I. 2. e)).

c) Eingeschränkte Möglichkeit kollektiver Selbsthilfe

Es gibt auch keine Gewähr, dass die Grundrechte der Nachtarbeitnehmer durch die Tarifergebnisse stets gewahrt würden. Denn die Gewerkschaft muss einen kontradiktorischen Interessenausgleich mit der Gegenseite erzielen, wobei die In-

[59] BAG 19.9.2007 – 4 AZR 617/06, NJOZ 2008, 1847 Rn. 11; LAG Rheinland-Pfalz 21.9.2017 – 5 Sa 40/17, öAT 2017, 262; HPS/*Lorenz*, ArbZG, § 6 Rn. 112; *Raab*, ZfA 2014, 237, 244.

[60] *Winter*, in: FS Bepler, S. 633, 637.

[61] BT-Drs. 12/5888, S. 20.

[62] *Kohte*, Anm. zu AP TVG, § 1 Tarifverträge: Einzelhandel Nr. 103; *Kohte*, Gutachten zu Nachtarbeitszuschlagsregelungen, S. 48.

teressen einzelner Mitglieder regelmäßig nivelliert werden.[63] Deshalb sind die Mitglieder der tariflichen Normsetzung in ähnlicher Weise unterworfen wie der Rechtsetzung durch den Staat.[64] Trotz der Möglichkeit, demokratisch Einfluss zu nehmen, wirkt die Norm für den Einzelnen als Fremdbestimmung.[65]

Bei der Konsensfindung droht, dass Minderheiten benachteiligt werden, deren Interessen weder von den Gewerkschaften noch den Arbeitgeberverbänden engagiert vertreten werden.[66] Dies trifft auch auf die Nachtarbeitnehmer zu. Sie sind eine Minderheit unter allen Arbeitnehmern. Aufgrund von Einschränkungen durch die Lage ihrer Arbeitszeit sind sie unterdurchschnittlich engagiert in Gewerkschaften und können ihre Interessen daher in geringem Umfang einbringen (siehe ausführlich 4. Kapitel D. III. 3.). Es besteht daher die Gefahr, dass ihre Interessen in Tarifverhandlungen gegenüber denen anderer Arbeitnehmergruppen zurückgestellt werden.[67]

Zudem haben die Nachtarbeitnehmer auch selbst kein Interesse daran, dass die Zuschläge die Nachtarbeit eindämmen, wie es das BAG annimmt.[68] Denn die Erwerbsarbeit dient den allermeisten Menschen dazu, ihre Existenz zu erwirtschaften, sodass sie auf diese angewiesen sind. Daraus folgt die strukturelle Unterlegenheit des einzelnen Arbeitnehmers.[69] Im speziellen Fall schränkt dies die Möglichkeiten der kollektiven Selbsthilfe ein. Denn wird die Nachtarbeit durch hohe Zuschläge unwirtschaftlich, führt dies möglicherweise zum Wegfall des Arbeitsplatzes, sofern es zu teuer ist, diesen durch einen Tagarbeitsplatz zu ersetzen – etwa, weil dafür kostspielige Maschinen gekauft werden müssten.

Ein weiteres Problem des tariflichen Gesundheitsschutzes ist die empirisch nachgewiesene Entgeltpräferenz vieler Menschen, die dazu führt, dass Zuschläge oftmals gesundheitsschützenden Regelungen vorgezogen werden. Eine starke Entgeltpräferenz besteht sogar bei Ärzten, also einer Berufsgruppe, die ein hohes Lohnniveau hat und durch medizinische Kenntnisse um die gesundheitlichen Risiken von Überbelastung weiß.[70] Derartige Kenntnisse fehlen normalen Arbeitnehmern und führen ebenso dazu, dass die Gefahren der Nachtarbeit unterschätzt

---

[63] *Däubler*, KJ 2014, 372, 376; Däubler/*Ulber*, TVG, Einl. Rn. 329 f.; *Ulber/Klocke*, RdA 2021, 178, 185 f.

[64] BAG 9.12.2020 – 10 AZR 334/20, NZA 2021, 1110 Rn. 30; *Bayreuther*, NZA 2019, 1684, 1686; *Däubler*, KJ 2014, 372, 376; Däubler/*Ulber*, TVG, Einl. Rn. 326; *Pessinger*, ZTR 2021, 119, 121.

[65] *Ulber/Klocke*, RdA 2021, 178, 185.

[66] *Spelge*, ZTR 2020, 127, 133.

[67] So auch *Polzin*, SR 2019, 303, 312.

[68] Zur (angeblichen) Eindämmungsfunktion der Zuschläge beispielsweise BAG 15.7.2020 – 10 AZR 123/19, NZA 2021, 44 Rn. 28; BAG 22.2.2023 – 10 AZR 332/20, NZA 2023, 638 Rn. 27, zur Kritik ausführlich 4. Kapitel E. I.

[69] BVerfG 23.11.2006 – 1 BvR 1909/06, NJW 2007, 286, 287 f.

[70] *Schlottfeldt/Herrmann*, Arbeitszeitgestaltung in Krankenhäusern und Pflegeeinrichtungen, S. 113.

werden, wie die allgemeine Tendenz von Menschen, bestimmte Risiken für die eigene Person geringer einzuschätzen als für andere, gleichbetroffene Personen.[71] Eine Entgeltpräferenz besteht auch bei Gewerkschaftsmitgliedern und erschwert es, gesundheitsschützende Tarifnormen zu vereinbaren. Daher überwiegt weiterhin die finanzielle Abgeltung gesundheitsgefährdender Arbeitsbedingungen durch tarifliche Zuschläge.[72] Die finanzielle Abgeltung gefährlicher Arbeiten durch Tarifverträge hat sich im Ergebnis sogar als hinderlich für die Verbesserung der Arbeitsbedingungen erwiesen.[73] Außerdem ist auch die Arbeitgeberseite eher geneigt, in Tarifverhandlungen Zugeständnisse beim Entgelt zu machen, als beim Gesundheitsschutz.[74] Wird die individuelle Arbeitszeit verkürzt, steigert dies nämlich den Personalbedarf und erschwert die Betriebsorganisation. Wird das Entgelt angehoben, kann dies hingegen leicht betriebswirtschaftlich kalkuliert werden und erfordert keine weiteren Maßnahmen.

d) Gefahr der Kommerzialisierung des Gesundheitsschutzes

Aus diesen Gründen kann keineswegs davon ausgegangen werden, dass die Tarifparteien den grundrechtlichen Mindestschutz der Gesundheit und des Soziallebens wahren werden. Wird die Möglichkeit eröffnet, gesetzliche Schutzstandards durch Tarifvertrag zu unterschreiten, droht stattdessen die Gefahr einer Kommerzialisierung des Arbeitnehmerschutzes.[75] Möglichkeiten, gesetzliche Arbeitszeitregelungen tariflich zu unterschreiten, werden zur Verhandlungsmasse für Verbesserungen beispielsweise beim Entgelt.[76] Gerade Regelungen zum Gesundheitsschutz müssten aber einer solchen Kommerzialisierung in Tarifverträgen entzogen sein.[77] Mindestschützende Arbeitszeitregeln sind nicht für Tarifverträge geeignet, weil die Gefahrengrenze eine objektive Größe ist, die sich den Kompromissen der Vertragsverhandlung entzieht.[78] Werden sie dem Verhandlungsmechanismus unterworfen, ist eine wirksame Gefahrenabwehr nicht gewährleistet.[79] Diese Gefahr kann

[71] Zu diesen Punkten *Thüsing*, in: FS Wiedemann, S. 559, 572 f.

[72] Däubler/*Klein*, TVG, § 1 Rn. 840.

[73] *Dobberthien*, WSI-Mitt. 1981, 233, 242; HK-ArbSchR/*Kohte/Maul-Sartori*, ArbSchG, § 1 Rn. 34; *Kohte*, in: FS Gnade, S. 675, 677.

[74] *Soost*, GArb 10/2021, S. 19, 22; *Wagner*, Prokla 2023, 219, 229.

[75] *Buschmann*, in: FS Richardi, S. 93, 99; *Buschmann*, in: FS Düwell II, S. 793, 808; Däubler/*Ulber*, TVG, Einl. Rn. 658; *Ulber*, Tarifdispositives Gesetzesrecht, S. 302.

[76] *Greiner*, NZA 2018, 563, 564 f., der darin allerdings eine „Win-Win-Situation“ für Unternehmen und Beschäftigte sieht.

[77] *Ulber*, SR 2018, 85, 86.

[78] *Peters/Ossenbühl*, Die Übertragung von öffentlich-rechtlichen Befugnissen auf die Sozialpartner, S. 60, 63, 67.

[79] *Peters/Ossenbühl*, Die Übertragung von öffentlich-rechtlichen Befugnissen auf die Sozialpartner, S. 27.

nicht mit dem Verweis auf eine angebliche Richtigkeitsgewähr des Tarifvertrages abgewehrt werden.[80]

Der Staat ist jedenfalls verpflichtet, dass durch höherrangiges Recht vorgegebene Minimum an Schutz der Nachtarbeitnehmer sicherzustellen. Regelungen, die der Gesetzgeber selbst nicht treffen darf, kann er den Tarifparteien nicht erlauben.[81] Denn die Koalitionsfreiheit ist kein Hebel, um den Staat von grundrechtlichen Schutzpflichten zu befreien.[82] Er darf deshalb den Tarifparteien nicht eröffnen, gesetzesersetzende Tarifnormen zu vereinbaren, die als staatliche Norm aufgrund des Untermaßverbots verfassungswidrig wären.[83] Wo der Staat auf Tarifverträge verweist, um seine Schutzpflichten zu erfüllen, setzt dies eine Kontrolle der Tarifverträge voraus. Festzustellen ist, ob diese das Schutzminimum bereitstellen.

II. Andere Ansicht: Strikte Kontrolle der Tarifregelung

Nach einer Mindermeinung in der Literatur können tarifliche Regelungen den Anspruch aus § 6 Abs. 5 ArbZG nur verdrängen, wenn sie effektiv die Gesundheit schützen bzw. angemessen kompensieren.[84] Ansonsten drohe, dass die grundrechtliche Schutzpflicht verletzt werde. Dem ist zuzustimmen. Aus Sicht des Nachtarbeitnehmers ist es dabei unerheblich, ob die Schutzpflicht verletzt wird, weil das Gesetz nicht das vorgegebene Schutzniveau erreicht oder weil dieses so ausgestaltet ist, dass es durch Tarifverträge unter das Schutzminimum verschlechtert werden kann. Allerdings überzeugt die Begründung dieser Auffassung nicht.

1. Darstellung

Delegiere der Staat grundrechtliche Schutzpflichten an die Tarifparteien, so müsse er deren Einhaltung kontrollieren.[85] Ansonsten drohe, dass ungenügende tarifliche Regelungen die Schutzpflicht verletzten.[86] Alternativ wird auf die Zwecke des § 6 Abs. 5 ArbZG verwiesen, welche die Regelungsbefugnisse der

---

[80] Ausführlich zur Kritik an dieser Argumentationsfigur: *Ulber*, in: FS Preis, S. 1381 ff.; *Waltermann*, in: FS I. Schmidt, S. 623, 632.

[81] Däubler/*Ulber*, TVG, Einl. Rn. 663; Wiedemann/*Jacobs*, TVG, Einl. 615.

[82] *Oetker*, ZfA 2001, 287, 308; *Ulber*, Tarifdispositives Gesetzesrecht, S. 585 f.

[83] BAG 27.5.2004 – 6 AZR 129/03, NZA 2004, 1399, 1402; BAG 18.3.2015 – 7 AZR 272/13, NZA 2015, 821 Rn. 26 f.; *Dieterich*, in: FS Schaub, S. 117, 124; *Dieterich*, RdA 2001, 112, 116; *Polzin*, SR 2019, 303, 312; *Ulber*, SR 2018, 85, 86; Wiedemann/*Jacobs*, TVG, Einl. 616.

[84] HK-ArbSchR/*Habich*, ArbZG, § 6 Rn. 50; *Kohte*, FS Buschmann, S. 70, 79, 81; *Ulber*, AuR 2020, 157, 161.

[85] *Kohte*, FS Bepler, S. 287, 298 zum tarifdispositiven Recht.

[86] *Kohte*, Gutachten zu Nachtarbeitszuschlagsregelungen, S. 24.

Tarifparteien begrenzten.[87] Würden diese unterschritten, greife der gesetzliche Anspruch ein.[88]

2. Rechtstheoretischer Hintergrund

Nach Kohte ist zu unterscheiden zwischen *originärer* Tarifautonomie, welche den klassischen Fall meint, in dem einseitig zwingende gesetzliche Mindestregeln durch den Tarifvertrag zugunsten der Arbeitnehmer verbessert werden und *delegierter* Tarifautonomie im Bereich des tarifdispositiven Rechts.[89] Damit wird die Delegationstheorie angesprochen, nach der der Staat im Bereich der Tarifautonomie seine Rechtsetzungsmacht partiell an die Tarifparteien übertragen hat.[90] Diese Theorie ist grundsätzlich überholt.[91]

Ein Teil der Literatur hält an dieser Theorie jedoch für den speziellen Fall des tarifdispositiven Rechts fest.[92] Eröffne der Staat den Tarifparteien eine Abweichung von einem eigentlich zwingenden Gesetz, so übertrage er damit eine Rechtsetzungsbefugnis, die eigentlich nur ihm zustehe. Aufgrund der staatlichen Delegation könnten die Koalitionen den Gesetzestext modifizieren oder ersetzen.[93] Dies lässt sich auch auf den Fall des § 6 Abs. 5 ArbZG übertragen, denn Hs. 1 eröffnet den Tarifparteien die Abweichung von der gesetzlichen Vorschrift. Legt man § 6 Abs. 5 Hs. 1 ArbZG aber so aus, dass die Tarifparteien nicht an die BAG-Rechtsprechung zur Zuschlagshöhe gebunden sind, wird damit im Ergebnis ebenfalls eine Abweichung durch Tarifvertrag zulasten der Arbeitnehmer gestattet. Es handelt sich daher um tarifdispositives Recht[94] oder jedenfalls sind die gleichen Grundsätze wie bei diesem anzulegen.[95] Dementsprechend wendet Kohte die von ihm entwickelte Differenzierung auf die Problematik des § 6 Abs. 5 ArbZG an und grenzt tarifliche Regelung gem. § 6 Abs. 5 Hs. 1 ArbZG von der originären Tarifautonomie ab.[96]

---

[87] *Ulber*, AuR 2020, 157, 162.

[88] HK-ArbSchR/*Habich*, ArbZG, § 6 Rn. 50.

[89] *Kohte*, in: FS Bepler, S. 287, 298; zustimmend *Buschmann*, in: FS Düwell II, S. 793, 808.

[90] BAG 15.1.1955 – 1 AZR 305/54, NJW 1955, 684, 687; BAG 23.3.1957 – 1 AZR 326/56, juris Rn. 20; *Adomeit*, Rechtsquellenfragen im Arbeitsrecht, S. 136 ff., 156; *Hinz*, Tarifhoheit und Verfassungsrecht, S. 138 ff.; *Krüger*, RdA 1957, 201, 203; *Peters/Ossenbühl*, Die Übertragung von öffentlich-rechtlichen Befugnissen auf die Sozialpartner, S. 15.

[91] BAG 27.5.2004 – 6 AZR 129/03, NZA 2004, 1399, 1401; Däubler/*Ulber*, TVG, Einl. Rn. 292; Wiedemann/*Jacobs*, TVG, Einl. Rn. 54.

[92] *Däubler*, KJ 2014, 372, 375; *Kohte*, in: FS Bepler, S. 287, 297; *Wiedemann*, BB 2013, 1397, 1401; *Wiedemann*, NZA 2018, 1587, 1589.

[93] *Wiedemann*, NZA 2018, 1587, 1589.

[94] *Creutzfeldt/Eylert*, ZFA 2020, 239, 260.

[95] Däubler/*Ulber*, TVG, Einl. Rn. 580.

[96] *Kohte*, Gutachten zu Nachtarbeitszuschlagsregelungen, S. 24.

Mithin sieht er in § 6 Abs. 5 ArbZG die staatliche Delegation einer Rechtsetzungsbefugnis.

Die Vertreter der Delegationstheorie folgerten aus der angenommenen Übertragung staatlicher Rechtsetzungsmacht, dass die Tarifparteien in gleichem Maße wie der Staat die Grundrechte der Normunterworfenen achten müssten.[97] Diese Bindung wurde damit erklärt, dass die Tarifnormsetzung im materiellen Sinn Gesetzgebung im Sinne des Art. 1 Abs. 3 GG sei.[98] Entsprechend legt Kohte an Tarifnormen im Rahmen des § 6 Abs. 5 ArbZG die gleichen Maßstäbe an, wie an den gesetzlichen Anspruch. Nur Tarifnormen, die einen angemessenen Ausgleich vorsähen, könnten den gesetzlichen Anspruch ersetzen.[99]

3. Kritik

Zuzugeben ist zwar, dass Tarifverträge im Rahmen des § 6 Abs. 5 ArbZG andere Funktionen haben, als allgemein. Das Tarifvertragssystem zielt allgemein darauf, die strukturelle Unterlegenheit der Arbeitnehmer beim Abschluss von individuellen Arbeitsverträgen durch kollektives Handeln auszugleichen und damit ein annähernd gleichgewichtiges Aushandeln der Löhne und Arbeitsbedingungen zu ermöglichen.[100] Nach der Konzeption des § 6 Abs. 5 ArbZG sollen die Tarifverträge hingegen dazu dienen, die staatliche Schutzpflicht aus den Grundrechten sowie aus Art. 12 a) ArbZ-RL zu erfüllen. Es ist daher nachvollziehbar, hier eine Differenz zu sehen.[101]

a) Originäre Tarifautonomie auch im Rahmen tarifdispositiven Gesetzesrechts

Dennoch üben die Tarifparteien bei der Normsetzung ihr Grundrecht der Koalitionsfreiheit aus und betreiben keine staatliche Normsetzung.[102] Die Aufgabe, die Arbeits- und Wirtschaftsbedingungen zu regeln, ist den Koalitionen bereits durch

---

[97] BAG 15.1.1955 – 1 AZR 305/54, NJW 1955, 684, 687; *Hinz*, Tarifhoheit und Verfassungsrecht, S. 158.

[98] BAG 15.1.1955 – 1 AZR 305/54, NJW 1955, 684, 686; BAG 23.3.1957 – 1 AZR 326/56, juris Rn. 21; *Hinz*, Tarifhoheit und Verfassungsrecht, S. 158.

[99] *Kohte*, Gutachten zu Nachtarbeitszuschlagsregelungen, S. 24.

[100] BVerfG 11.7.2017 – 1 BvR 1571/15, 1 BvR 1588/15, 1 BvR 2883/15, 1 BvR 1043/16, 1 BvR 1477/16, NZA 2017, 915 Rn. 146.

[101] So *Kohte*, Gutachten zu Nachtarbeitszuschlagsregelungen, S. 21, 24.

[102] BAG 27.5.2004 – 6 AZR 129/03, NZA 2004, 1399, 1401; BAG 9.12.2020 – 10 AZR 334/20, NZA 2021, 1110 Rn. 26; *Däubler*, KJ 2014, 372, 379; Däubler/*Ulber*, TVG, Einl. Rn. 264, 291 ff.; *Dieterich*, in: FS Schaub, S. 117, 121 ff.; ErfK/*Linsenmaier*, GG, Art. 9 Rn. 56; HK-ArbR/*Hensche*, GG, Art. 9 Rn. 94; MHdB ArbR/*Klumpp*, § 226 Rn. 10 f.; *Schlachter*, in: FS Schaub, S. 651, 656; *Spelge*, ZTR 2020, 127, 130; *Waltermann*, Anm. zu AP TVG, § 1 Gleichbehandlung Nr. 5 unter III. 1.

Art. 9 Abs. 3 GG zugewiesen, der ihnen insoweit Autonomie garantiert, sodass der Staat diese Aufgabe gar nicht mehr delegieren kann.[103] Dies gilt auch für Sonderfälle wie tarifdispositives Recht oder den Vorrang des Tarifrechts wie in § 6 Abs. 5 ArbZG. Trotz der Regelungsbefugnis der Tarifparteien darf der Staat das Arbeitsrecht regeln, Art. 74 Abs. 1 Nr. 12 GG. Daraus resultiert eine Spannung zur Tarifautonomie, weil das staatliche Gesetz zugleich den Regelungsspielraum der Tarifparteien verengt. Tarifverträge stehen nämlich normhierarchisch unter den Gesetzen und dürfen nicht gegen zwingendes Gesetzesrecht verstoßen.[104] Das tarifdispositive Gesetzesrechts schafft, wo der Gesetzgeber Regelungen geschaffen hat, wieder Gestaltungsspielraum für die Tarifautonomie.[105] Mit einer solchen Ausgestaltung delegiert der Staat aber nicht seine Rechtsetzungsbefugnis, sondern achtet die Autonomie der Tarifparteien, indem er die zwingende Wirkung seiner Regelung zurücknimmt. Dass hinter dieser wohlklingenden Begründung für Tarifdispositivität häufig die rechtspolitische Erwägung stehen dürfte, die Verantwortung für einen Abbau von gesetzlichen Arbeitnehmerschutzrechten abzuschieben,[106] steht auf einem anderen Blatt und ändert den dogmatischen Zusammenhang nicht. Auch bei der Vereinbarung von Ausgleichsregelungen für Nachtarbeit handelt es sich somit um eigenverantwortliche Normsetzung im Wege der originären Tarifautonomie.[107]

b) Keine Delegation durch staatliche Indienstnahme der Tarifregelung

Auch sonst gibt es keine Anhaltspunkte für eine Delegation. Die Tarifparteien vereinbaren die Regelungen ohne staatlichen Einfluss. Der Staat verweist in § 6 Abs. 5 ArbZG nur auf diese Regelungen und nimmt sie für sich in Dienst, um seine Schutzpflichten zu erfüllen. Er kann die ihn treffenden Schutzpflichten nicht auf die Tarifparteien delegieren, denn die Tarifparteien sind nicht an staatliche Aufträge gebunden. Der verfassungsrechtliche Schutz des Art. 9 Abs. 3 GG erstreckt sich auf alle koalitionsspezifischen Verhaltensweisen.[108] Deshalb ändert sich durch die Indienstnahme nicht der Charakter der Tarifnormen.

Außerdem spricht der Wortlaut des § 6 Abs. 5 ArbZG gegen eine solche Auffassung. Dieser enthält keinen Anhaltspunkt für eine staatliche Delegation. Vielmehr wird vorrangig auf die tariflichen Regelungen verwiesen, während subsidiär die gesetzliche Regelung angewendet wird. Die Folge aus der Ablehnung der De-

---

[103] *Waltermann*, in: FS 50 Jahre BAG, S. 913, 914.

[104] Däubler/*Ulber*, TVG, Einl. Rn. 627; ErfK/*Franzen*, TVG, § 1 Rn. 13; Wiedemann/*Jacobs*, TVG, Einl. Rn. 541.

[105] *Waltermann*, RdA 2014, 86, 89.

[106] BKS/*Kocher*, TVG, Grundlagen Rn. 130; *Buschmann*, in: FS Richardi, S. 93, 99; Däubler/*Ulber*, TVG, Einl. Rn. 661; *Ulber*, Tarifdispositives Gesetzesrecht, S. 28, 52.

[107] BAG 9.12.2020 – 10 AZR 334/20, NZA 2021, 1110 Rn. 46; BAG 22.2.2023 – 10 AZR 332/20, NZA 2023, 638 Rn. 24.

[108] BAG 22.2.2023 – 10 AZR 332/20, NZA 2023, 638 Rn. 24.

legationstheorie ist, dass die Tarifparteien nicht unmittelbar an die Grundrechte gebunden sind, weil Art. 1 Abs. 3 GG bei der Tarifnormsetzung nicht einschlägig ist.[109] Dies gilt auch für den speziellen Fall des § 6 Abs. 5 ArbZG. Eine strikte Kontrolle der Tarifregelungen kann also auf diesem Weg nicht begründet werden.

III. Ergebnis

Einigkeit besteht darüber, dass Tarifverträge überhaupt eine Kompensationsregelung treffen müssen, damit sie den gesetzlichen Anspruch des § 6 Abs. 5 ArbZG verdrängen können. Große Unterschiede gibt es aber hinsichtlich der Frage, über welchen Spielraum die Tarifparteien dabei verfügen. Nach überwiegender Ansicht soll die Kontrolle weit zurückgenommen werden, was die Tarifautonomie stärker betont. Ein anderer Teil der Literatur plädiert für eine strengere Kontrolle zugunsten der von § 6 Abs. 5 ArbZG verfolgten Zwecke, also des (Mindest-)Gesundheits- und Sozialschutzes der Nachtarbeitnehmer. Dass die ausschließliche Regelung von Zuschlägen in einem Tarifvertrag den gesetzlichen Anspruch verdrängen kann, wird nicht problematisiert, sondern generell angenommen.

Beide Auffassungen können nicht überzeugen. Die erste Auffassung betont die Koalitionsfreiheit zu stark und vernachlässigt dabei den Schutz der normunterworfenen Nachtarbeitnehmer und die Interessen der Allgemeinheit und Dritter. Sie ermöglicht den Tarifparteien, den grundrechtlich vorgeschriebenen Mindestschutz der Nachtarbeitnehmer zu unterschreiten und damit die gesetzliche Regelung zu verdrängen. Die zweite Auffassung verkennt hingegen, dass die Tarifparteien auch Grundrechtsträger sind und schränkt Art. 9 Abs. 3 GG über Gebühr ein, indem sie den gleichen Maßstab an die Tarifverträge anlegt, wie an staatliches Handeln. Die Tarifparteien sind aber keine staatlichen Organe, sondern Private, die dennoch Normen setzen dürfen.

B. Eigener Ansatz zur Auslegung des § 6 Abs. 5 Hs. 1 ArbZG

Da beide Auffassungen nicht überzeugen, stellt sich die Frage, wie ein alternativer Ansatz aussehen kann. Dieser muss die Grundrechte der Normunterworfenen mit dem der Tarifparteien zu einem schonenden Ausgleich bringen. Als Grundlage einer solchen Lösung bietet sich die Theorie der Tarifautonomie als kollektiv hergestellter Privatautonomie an. Diese versucht, die unterschiedlichen Grundrechte zu wahren und sucht den Ausgleich der widerstreitenden Grundrechte in erster Linie in den einschlägigen Gesetzen. Mit diesen komme nämlich der Staat seiner Aufgabe nach, praktische Konkordanz herzustellen. Die Frage ist daher, ob eine Auslegung

---

[109] Däubler/*Ulber*, TVG, Einl. Rn. 293 f.; *Dieterich*, in: FS Schaub, S. 117, 120; *Waltermann*, in: FS 50 Jahre BAG, S. 913, 915.

von § 6 Abs. 5 Hs. 1 ArbZG möglich ist, die sowohl die Grundrechte der Nachtarbeitnehmer als auch der Tarifparteien achtet und soweit wie möglich zur Geltung bringt. Dies wird untersucht, nachdem in den theoretischen Hintergrund eingeführt wurde.

I. Rechtstheoretischer Hintergrund

Die Theorie der kollektiv hergestellten Tarifautonomie versucht, die Tarifautonomie und ihre Folgeprobleme weder rein zivilrechtlich noch rein öffentlichrechtlich zu erklären, sondern Elemente aus beiden Rechtsgebieten aufzunehmen.[110] Tarifautonomie bedeutet nach dieser Theorie nicht, seine Privatautonomie kollektiv auszuüben. Vielmehr diene die Tarifautonomie mit ihrem kollektiven Verhandlungsmodus und dem Mittel des Arbeitskampfes gerade erst dazu, zumindest annähernde Verhandlungsparität herzustellen und so der strukturellen Überlegenheit der Arbeitgeberseite entgegenzuwirken.[111] Es gehe darum, die Angebots- und Nachfragestruktur auf dem Arbeitsmarkt qualitativ zu verändern.[112] Die Tarifautonomie sei daher nicht Ausübung der Privatautonomie, sondern Mittel zu ihrer Herstellung.[113] Wahrgenommen werde diese kollektiv hergestellte Privatautonomie nicht von den Mitgliedern, sondern von den Verbänden. Die Mitglieder haben schließlich weder direkten Einfluss auf den Inhalt der Verhandlungen, noch können sie den Umfang der Regelungsmacht begrenzen.[114] Nach h. M. ist Art. 9 Abs. 3 GG ein „Doppelgrundrecht", welches auch die Betätigung der Koalition schützt.[115] Dies korrespondiert mit der Theorie der kollektiv hergestellten Privatautonomie.

Es müsse daher das Grundrecht der Tarifparteien aus Art. 9 Abs. 3 GG mit den Grundrechten der Tarifunterworfenen ausgeglichen werden.[116] Dazu sei der Staat berufen, der gesetzliche Regelungen schaffen müsse, welche in verfassungskonformer Weise sowohl die Grundrechte der Normunterworfenen schützen als auch die Tarifautonomie (und gegebenenfalls kollidierende Grundrechte Dritter) be-

[110] *Däubler*, KJ 2014, 372, 379; für eine „Kombinationstheorie" auch *Boemke*, FS 50 Jahre BAG, S. 613, 628 f.

[111] Däubler/*Ulber*, TVG, Einl. Rn. 353; diesen Zweck der Tarifautonomie bejahen auch BVerfG 11.7.2017 – 1 BvR 1571/15 u.a., NZA 2017, 915 Rn. 146; *Löwisch/Rieble*, TVG, § 1 Rn. 663; MHdB ArbR/*Klumpp*, § 226 Rn. 11; *Waltermann*, in: FS 50 Jahre BAG, S. 913, 917.

[112] Wiedemann/*Thüsing*, TVG, § 1 Rn. 56.

[113] Däubler/*Ulber*, TVG, Einl. Rn. 353 ff.

[114] *Schlachter*, in: FS Schaub, S. 651, 654.

[115] BVerfG 18.11.1954 – 1 BvR 629/52, E 4, 96, 101 f.; BVerfG 27.4.1999 – 1 BvR 2203/93, 1 BvR 897/95, E 100, 271, 282; BVerfG 3.4.2001 – 1 BvL 32/97, E 103, 293, 304; BVerfG 26.3.2014 – 1 BvR 3185/09, NZA 2014, 493 Rn. 23; BeckOK GG/*Cornils*, Art. 9 Rn. 44; Dreier/*Barczak*, GG, Art. 9 Rn. 72; ErfK/*Linsenmaier*, GG, Art. 9 Rn. 39; *Kempen*, NZA-Beil. 2000, 7, 11; a.A. DHS/*Scholz*, GG, Art. 9 Rn. 170; MKS/*Kemper*, GG, Art. 9 Rn. 139 f.; *Picker*, NZA 2002, 761, 764 f.; *Rieble*, ZfA 2000, 5, 23.

[116] Däubler/*Ulber*, TVG, Einl. Rn. 370; *Ulber/Klocke*, RdA 2021, 178, 186.

rücksichtigen.[117] Wo der Staat gesetzliche Regeln erlassen habe, seien diese anzuwenden, wobei die Gerichte den verfassungsrechtlichen Vorgaben soweit wie möglich durch eine verfassungskonforme Auslegung des einfachen Rechts Geltung verschaffen müssten.[118]

Kritisiert wird an diesem Ansatz, dass er die Tarifautonomie verkenne, indem er diese als Fremdbestimmung gegenüber den Mitgliedern betrachte, handelten die Koalitionen doch für ihre Mitglieder.[119] Die Mitglieder könnten die Koalitionen im Übrigen verlassen und gegebenenfalls einer anderen Koalition beitreten oder eine solche gründen.[120] Daran ist zutreffend, dass die Koalitionen für ihre Mitglieder handeln, wenn sie Tarifnormen setzen. Das ändert aber nichts daran, dass sie damit fremdbestimmende Normen für die unterworfenen Personen setzen.[121] Jedenfalls die Arbeitnehmer sind nicht zugleich Vertragspartei,[122] sondern Adressaten der Tarifnormen, sodass es sich trotz demokratischer Legitimation um Fremdbestimmung handelt, die in ihrer Wirkung der staatlichen Normsetzung vergleichbar ist.[123] Auch bei dieser besteht eine Legitimation und Einflussmöglichkeit durch die demokratische Wahl, dennoch würde niemand die Bedeutung der Grundrechte zum Schutz vor ungerechtfertigten staatlichen Eingriffen bezweifeln. Die Situation beim Abschluss von Tarifverträgen ist damit vergleichbar, sodass das Gegenargument, die Tarifparteien handelten im Auftrag der Mitglieder und deshalb sei nur ein abgeschwächter Schutz erforderlich, nicht überzeugt.

II. Grundrechtsbindung des Staates, nicht der Tarifparteien

Zu folgen ist daher der vermittelnden Ansicht der kollektiv hergestellten Privatautonomie, weil diese die historische Entwicklung und funktionale Bedeutung der Tarifautonomie zutreffend erfasst und die berechtigten Argumente beider anderer Theorien vereinen kann. In erster Linie ist daher der Staat verpflichtet, zum Schutz der Grundrechte der Tarifunterworfenen tätig zu werden.[124] Der Fokus ist somit auf die Grundrechtsbindung des Staates und nicht der Tarifparteien zu rich-

---

[117] Däubler/*Ulber*, TVG, Einl. Rn. 359.

[118] Däubler/*Ulber*, TVG, Einl. Rn. 361.

[119] *Jacobs*, RdA 2023, 9, 17.

[120] *Jacobs*, RdA 2023, 9, 17 f.; *Jacobs/Frieling*, SR 2019, 110, 116.

[121] *Däubler*, KJ 2014, 372, 376 f., 379; Däubler/*Ulber*, TVG, Einl. Rn. 358 ff.; HK-ArbR/*Hensche*, GG, Art. 9 Rn. 94; MHdB ArbR/*Klumpp*, § 226 Rn. 10; *Ulber/Klocke*, RdA 2021, 178, 185; Wiedemann/*Thüsing*, TVG, Einleitung Rn. 54.

[122] Anders aber der Arbeitgeber beim Haustarifvertrag.

[123] *Däubler*, TVR, Rn. 416; Däubler/*Ulber*, TVG, Einl. 326; *Ulber/Klocke*, RdA 2021, 178, 185; *Waltermann*, in: FS 50 Jahre BAG, S. 913, 922, 925, 927.

[124] Däubler/*Ulber*, TVG, Einl. Rn. 359.

ten.[125] Wo der Staat tätig geworden ist, indem er einfaches Gesetz geschaffen hat, ist auf dieses Gesetz zurückzugreifen, um zu bestimmen, welchen Spielraum die Tarifparteien haben. Gegebenenfalls ist das Gesetz verfassungs- und unionsrechtskonform auszulegen.[126] Ein unmittelbarer Rückgriff auf die Grundrechtsbindung der Tarifparteien verbietet sich daher, vielmehr ist die gesetzliche Regelung als Einbruchstelle für grundrechtliche Wertungen auszulegen.[127]

Dafür, den Blick auf die staatliche Regelung zu richten, spricht auch, dass der Staat Adressat der Schutzpflicht zugunsten von Art. 2 Abs. 2 S. 1 GG der Nachtarbeitnehmer ist.[128] Die Tarifparteien hingegen müssen als Private keine grundrechtlichen Schutzpflichten erfüllen.

Nach dem BAG beschränkt das Untermaßverbot die Regelungsbefugnis der Tarifvertragsparteien beim tarifdispositiven Recht.[129] Diese dürfen nicht beliebig von gesetzlichen Regelungen abweichen. Die Grenze bildet das Minimalniveau, das durch die Schutzpflicht zwingend vorgegeben wird. Wie oben dargestellt, wirken die grundrechtlichen Schutzpflichten aber grundsätzlich nur gesetzesmediatisiert.[130] Dies gilt jedenfalls, sofern der Staat bei ihrer Erfüllung zugleich in Grundrechte Dritter eingreift, hier in Art. 9 Abs. 3 GG der Tarifparteien. Dementsprechend sucht auch das BAG die Lösung in der Auslegung der jeweiligen gesetzlichen Regelung, im entschiedenen Fall in der Anwendung und Auslegung des § 14 Abs. 2 S. 3 TzBfG.[131] Es wird also nicht unmittelbar die Regelungsbefugnis der Tarifparteien beschränkt, sondern das diese (wieder) eröffnende Gesetz einschränkend ausgelegt.

III. Umsetzungspflicht des Mitgliedstaats, nicht der Tarifparteien

Hinzu kommt, dass die Tarifparteien als Private auch nicht verpflichtet sind, das Unionsrecht umzusetzen. Vielmehr müssen die Mitgliedstaaten die unionsrechtliche

[125] Däubler/*Ulber*, TVG, Einl. Rn. 219; *Dieterich*, in: FS Schaub, S. 117, 125, 130 f.; *Dieterich*, RdA 2001, 112, 115; *Lobinger*, in: FS I. Schmidt, S. 319, 325; *Spelge*, ZTR 2020, 127, 131; Wiedemann/*Jacobs*, TVG, Einl. 312, 340.

[126] BAG 15.8.2012 – 7 AZR 184/11, NZA 2013, 45, 48; Däubler/*Ulber*, TVG, Einl. Rn. 261, 362; *Spelge*, ZTR 2020, 127, 131.

[127] Däubler/*Ulber*, TVG, Einl. Rn. 361, 580.

[128] *Kohte*, Gutachten zu Nachtarbeitszuschlagsregelungen, S. 19, 22.

[129] BAG 19.3.2015 – 7 AZR 272/13, NZA 2015, 821 Rn. 27; zustimmend *Wiedemann*, NZA 2018, 1587, 1589.

[130] Ob die Gerichte bei unzureichenden gesetzlichen Vorgaben das materielle Recht aus den allgemeinen Rechtsgrundlagen ableiten dürfen oder sogar müssen, ist umstritten, braucht an dieser Stelle aber nicht vertieft zu werden. Bejahend: BVerfG 26.6.1991 – 1 BvR 779/85, E 84, 212, 226 f.; *Pulz*, JbArbR 2022, 107, 119; a.A. Dreier/*Sauer*, GG, Vorb. Rn. 116 m.w.N.

[131] BAG 19.3.2015 – 7 AZR 272/13, NZA 2015, 821 Rn. 27.

Verpflichtung aus Art. 12 a) ArbZ-RL erfüllen.[132] Dies ergibt sich schon aus dem insoweit eindeutigen Wortlaut der Norm.

Nach der Rechtsprechung des EuGH kann es ein Mitgliedstaat zwar in erster Linie den Sozialpartnern überlassen, die sozialpolitischen Verpflichtungen aus Richtlinien zu verwirklichen.[133] Dies entbindet den Mitgliedstaat aber nicht von seiner Pflicht, durch eigene Regelungen sicherzustellen, dass alle Arbeitnehmer den Mindestschutz, der durch die Richtlinie gewährt wird, in Anspruch nehmen können.[134] Er kann nicht darauf verweisen, dass die Sozialpartner im Wege von Tarifverhandlungen dafür sorgen müssten, dass die Verpflichtungen aus einer Richtlinie umgesetzt werden.[135] Auf diese Rechtsprechung des EuGH geht Art. 153 Abs. 3 AEUV zurück,[136] der in UA 2 ausdrücklich eine Kontrollpflicht des Mitgliedstaats regelt, sofern dieser die Umsetzung einer Richtlinienvorschrift auf die Tarifparteien überträgt.

Abweichungen vom Mindestschutz durch die Tarifparteien sind nur zulässig, sofern dies in der Richtlinie ausdrücklich vorgesehen ist. Art. 18 ArbZ-RL, der die Möglichkeiten tariflicher Abweichungen von Vorschriften der Richtlinie regelt, nennt Art. 12 ArbZ-RL allerdings nicht.[137] Dementsprechend ist die Bundesrepublik Deutschland verpflichtet, den Art. 12 a) ArbZ-RL entstprechenden Schutz durch eigenes Recht zu gewährleisten, sofern die Tarifparteien dies nicht vollumfänglich machen. Eine gesetzliche Ermächtigung der Tarifparteien, den unionsrechtlich verpflichtenden Mindestschutz zu unterschreiten, verstößt gegen die Umsetzungsverpflichtung Deutschlands.

IV. Verfassungs- und unionsrechtskonforme Auslegung des Tarifvorbehalts

Die Lösung ist also in der Auslegung des § 6 Abs. 5 Hs. 1 ArbZG zu suchen. Denn diese Norm eröffnet den Tarifparteien, Normen zu setzen, die den gesetzlichen Anspruch verdrängen. Die Auslegung muss die Grundrechte der Nachtarbeit-

[132] *Kohte*, Gutachten zu Nachtarbeitszuschlagsregelungen, S. 19, 22.

[133] EuGH 30.1.1985 – 143/83 (Kommission/Dänemark), BeckRS 2004, 71657 Rn. 8; EuGH 28.10.1999 – C-187/98 (Kommission/Griechenland), BeckRS 2004, 74791 Rn. 46; EuGH 18.12.2008 – C-306/07 (Andersen), NZA 2009, 95 Rn. 25; EuGH 11.2.2010 – C-405/08 (Holst), NZA 2010, 286 Rn. 39.

[134] EuGH 30.1.1985 – 143/83 (Kommission/Dänemark), BeckRS 2004, 71657 Rn. 8; EuGH 28.10.1999 – C-187/98 (Kommission/Griechenland), BeckRS 2004, 74791 Rn. 47; EuGH 18.12.2008 – C-306/07 (Andersen), NZA 2009, 95 Rn. 26; EuGH 11.2.2010 – C-405/08 (Holst), NZA 2010, 286 Rn. 40.

[135] EuGH 25.10.1988 – 312/86 (Kommission/Frankreich), BeckRS 2004, 70735 Rn. 23.

[136] EuArbRK/*Franzen*, Art. 153 AEUV Rn. 69.

[137] *Kohte*, Gutachten zu Nachtarbeitszuschlagsregelungen, S. 18; *Riesenhuber*, Europäisches Arbeitsrecht, § 17 Rn. 53.

nehmer nach Möglichkeit mit dem der Tarifparteien aus Art. 9 Abs. 3 GG in Einklang bringen. Auch die neuere Rechtsprechung fordert die Herstellung praktischer Konkordanz zwischen der Tarifautonomie und den Grundrechten der Normunterworfenen.[138] Fraglich ist also, ob eine Auslegung möglich ist, die den durch höherrangiges Recht vorgegebenen Gesundheits- und Sozialschutz der Nachtarbeitnehmer nicht zur Disposition der Tarifparteien stellt, aber dennoch die Tarifautonomie wahrt. Dafür ist § 6 Abs. 5 Hs. 1 ArbZG verfassungs- und unionsrechtskonform auszulegen.

1. Einschränkung des Tarifvorbehalts

Wie in den vorangegangenen Kapiteln erarbeitet wurde, ist der gesetzliche Anspruch des § 6 Abs. 5 ArbZG verfassungs- und unionsrechtskonform so auszulegen, dass die Gewährung zusätzlicher, bezahlter freier Tage vorrangig ist (siehe 4. Kapitel F. II. 3. a) und 5. Kapitel D. I. 2.). Folgt man dem, kann aber nicht jede tarifliche Regelung den gesetzlichen Anspruch verdrängen. Vielmehr sind auch an die tariflichen Ausgleichsregelungen bestimmte Ansprüche zu stellen. Sie müssen den Vorgaben des höherrangigen Rechts genügen, um die staatliche Regelung verdrängen zu können. Dementsprechend ist auch der erste Halbsatz des § 6 Abs. 5 ArbZG verfassungs- und unionsrechtskonform auszulegen. Folgende Grenze ist in § 6 Abs. 5 ArbZG hineinzulesen: Nur tarifliche Ausgleichsregelungen, welche den Mindestschutz von Gesundheit und Sozialleben sicherstellen, können den gesetzlichen Anspruch verdrängen.

2. Methodische Zulässigkeit dieser Auslegung

Eine solche Auslegung ist mit Wortlaut und Historie der Vorschrift zu vereinbaren. Der Begriff Ausgleichsregelungen ist dabei auf den ersten Blick problematisch. Denn wie oben dargelegt wurde, unterscheidet das Unionsrecht zwischen Schutzmaßnahmen und Ausgleichsleistungen. Der deutsche Gesetzgeber hatte wohl ein Verständnis von Ausgleichsleistungen als Kompensationen, die auch rein materiell sein können, vor Augen.[139]

Der Begriff Ausgleichsregelungen kann aber auch derart verstanden werden, dass dadurch die gesundheitlichen und sozialen Gefahren der Nachtarbeit durch Regelungen „ausgeglichen" werden müssen, die diesen Gefahren begegnen. Ein rein monetärer Ausgleich wird dem nicht gerecht (siehe ausführlich 4. Kapitel E. I. 2.). Erachtet

---

[138] BAG 24.10.2019 – 2 AZR 158/18, NZA-RR 2020, 199 Rn. 34; BAG 19.12.2019 – 6 AZR 563/18, NZA 2020, 734 Rn. 21; BAG 2.9.2020 – 5 AZR 168/19, NZA 2021, 70 Rn. 21 f.; BAG 9.12.2020 – 10 AZR 334/20, NZA 2021, 1110 Rn. 28 f., 38; *Spelge*, ZTR 2020, 127, 133.

[139] *Ulber*, Anm. zu AP ArbZG, § 6 Nr. 14 unter IV. mit Verweis auf BT-Drs. 12/5888, S. 26.

man dieses Verständnis als nicht vom Wortlaut gedeckt an, so ist der zu weit gewählte Wortlaut teleologisch auf gesundheitsschützende Leistungen zu reduzieren.

Historisch spricht viel dafür, dass der Gesetzgeber sowohl mehr Geld als auch mehr Freizeit als zulässige tarifliche Regelungen ansah, die den gesetzlichen Anspruch verdrängen können.[140] Damit sollten die bestehenden Tarifverträge geschont werden. Dafür spricht auch der systematische Vergleich mit § 7 Abs. 2 ArbZG, der enger ist und bei tariflichen Abweichungen einen Zeitausgleich vorschreibt. Allerdings wollte der Gesetzgeber des ArbZG auch die ArbZ-RL ordnungsgemäß umsetzen. Erneut stellt sich also die Frage, ob der Wille hinsichtlich der einzelnen Norm oder der generelle Umsetzungswille höher zu gewichten ist. Fast 30 Jahre nach Erlass des ArbZG kommt dem Gesichtspunkt, bestehende Tarifverträge zu schonen, ein geringeres Gewicht zu. Auch fordert der EuGH, wie oben dargelegt, eine Auslegung des nationalen Rechts bis zur Grenze des methodisch erlaubten, was das BAG nachvollzieht (siehe ausführlich 5. Kapitel D. I. 1.). Deshalb steht der historische Wille des Gesetzgebers nicht entgegen.

3. Verbleibender Regelungsspielraum der Tarifparteien

§ 6 Abs. 5 Hs. 1 ArbZG ist daher so auszulegen, dass die tariflichen Ausgleichsregelungen geeignet sein müssen, den Mindestschutz von Gesundheit und Sozialleben zu erreichen, um den gesetzlichen Anspruch verdrängen zu können. Im Übrigen verbleibt den Tarifparteien aber ein Spielraum, in dem sie ihr Grundrecht aus Art. 9 Abs. 3 GG ausüben können. Denn die genaue Art der Ausgleichsregelung ist nicht verfassungsrechtlich vorgegeben. Im Gegensatz zur gesetzlichen Regelung gem. § 6 Abs. 5 ArbZG, die nur die Möglichkeit bezahlter freier Tage kennt, können die Tarifparteien auch andere Mittel wählen, die zu einer individuellen Verkürzung der Arbeitszeit führen. Es kann sich um zusätzliche bezahlte freie Tage oder andere Leistungen handeln, etwa bezahlte Pausen oder kürzere Nachtschichten. Lediglich die Zahlung von Zuschlägen kann den Mindestgesundheitsschutz des einzelnen Nachtarbeitnehmers nicht sicherstellen und genügt daher nicht. Zuschläge können nur zusätzlich zu gesundheitsschützenden Leistungen gezahlt werden.

4. Vereinbarkeit dieser Auslegung mit der Tarifautonomie

Eine solche Auslegung wäre nicht zulässig, wenn damit ihrerseits zu stark in das Grundrecht aus Art. 9 Abs. 3 GG der Tarifparteien eingegriffen würde. Denn eine verfassungskonforme Auslegung darf nur zu einer Auslegungsvariante führen, die verfassungskonform ist. Durch die gewählte Auslegung des Wortes „Ausgleichsregelungen" wird der Spielraum der Tarifparteien gegenüber der herrschenden Meinung verengt. Sie können zwar dennoch Vereinbarungen treffen, die aus-

[140] BT-Drs. 12/6990, S. 43.

schließlich Zuschläge vorsehen, aber damit nicht den gesetzlichen Anspruch aus § 6 Abs. 5 ArbZG verdrängen. Damit wird eine derartige Regelungsmöglichkeit zwar nicht unmöglich, aber jedenfalls für die Arbeitgeberseite unattraktiver.

Die Frage, ob eine solche Regelung zulässig ist, ist die Frage, ob der Staat Regelungen im Arbeitsrecht zwingend ausgestalten und bestimmte Voraussetzungen für tarifliche Abweichungen aufstellen darf. Angesprochen ist damit das generelle Verhältnis von gesetzlicher und tariflicher Regelungsmacht.

Der Gesetzgeber hat gem. Art. 74 Abs. 1 Nr. 12 GG die Gesetzgebungskompetenz für das Arbeitsrecht. Deshalb haben die Tarifparteien auch im Bereich des Art. 9 Abs. 3 GG kein Normsetzungsmonopol.[141] Allerdings sind nach der Rechtsprechung des Gerichts alle gesetzlichen Grenzziehungen für Tarifverträge ein Eingriff in Art. 9 Abs. 3 GG.[142] Die vom Bundesverfassungsgericht geforderte und im Jahr 1994 vorgenommene gesetzliche Neuregelung der Nachtarbeit war daher zugleich ein Eingriff in die Tarifautonomie, weil Nachtarbeit ein typischer Regelungsgegenstand von Tarifverträgen war und ist. Gesetzliche Regelungen sind aber auch im Schutzbereich des Art. 9 Abs. 3 GG möglich, sofern sie durch andere Rechtsgüter von Verfassungsrang gerechtfertigt sind.[143] Im speziellen Fall ist der Eingriff durch den Schutz der Grundrechte der Nachtarbeitnehmer gerechtfertigt. Um den Eingriff abzumildern, wurde die Regelung in § 6 Abs. 5 ArbZG im Gesetzgebungsprozess so ausgestaltet, dass bestehende Ausgleichregelungen der Tarifparteien weiterhin maßgeblich bleiben und den gesetzlichen Anspruch verdrängen können.[144]

Eine solche Gestaltung ist grundsätzlich zulässig. Sie wird aber problematisch, wo legislative Pflichten aus Grund- oder Unionsrecht bestehen. Der Gesetzgeber darf den Tarifparteien hinsichtlich des verfassungsrechtlich vorgegebenen Minimums keine Regelungen gestatten, die er selbst nicht treffen dürfte.[145] Denn die grundrechtlichen Schutzpflichten stehen nicht zur Disposition des Gesetzgebers. Die Koalitionsfreiheit rechtfertigt auch nicht, dass Schutzminimum zu Lasten der Arbeitnehmer zu verschieben. Denn Sinn und Zweck des Grundrechts aus Art. 9 Abs. 3 GG ist es, den sozialen Schutz der abhängig Beschäftigten zu gewährleisten und ihre Verhandlungsposition zu stärken.[146] Dies wird aber nicht erreicht, indem gesetzliche Standards, die durch grundrechtliche Schutzpflichten vorgegeben sind,

---

[141] BVerfG 24.4.1996 – 1 BvR 712/86, E 94, 268, 284.

[142] BVerfG 24.4.1996 – 1 BvR 712/86, NZA 1996, 1157, 1158; BVerfG 11.7.2017 – 1 BvR 1571/15 u.a., NZA 2017, 915, 918; kritisch Däubler/*Ulber*, TVG, Einl. Rn. 360.

[143] BVerfG 11.7.2017 – 1 BvR 1571/15 u.a., NZA 2017, 915 Rn. 143 m.w.N.

[144] BT-Drs. 12/6990, S. 43; *Raab*, ZfA 2014, 237, 245.

[145] Däubler/*Ulber*, TVG, Einl. Rn. 663; *Ulber*, Tarifdispositives Gesetzesrecht, 2010, S. 513; Wiedemann/*Jacobs*, TVG, Einl. Rn. 615 f.

[146] BVerfG 11.7.2017 – 1 BvR 1571/15 u.a., NZA 2017, 915 Rn. 146 f.; pointiert *Fastrich*, in: FS Richardi, S. 127, 128: „Tarifautonomie […] besteht nicht primär aus sachlich nicht zu rechtfertigenden Grundrechtseinschränkungen zu Lasten der Tarifgebundenen."

aufgeweicht werden. Ebenso wenig entbindet die Tarifautonomie den deutschen Gesetzgeber von der Pflicht, Art. 12 a) ArbZ-RL richtlinienkonform in nationales Recht umzusetzen. Der Staat darf, wenn er tarifdispositives Recht setzt, keine tariflichen Regelungsmöglichkeiten zulassen, die das von einer Richtlinie zwingend vorgegebene Schutzniveau unterlaufen.[147] Art. 18 ArbZ-RL, der die Möglichkeiten tariflicher Abweichungen von Vorschriften der Richtlinie regelt, nennt Art. 12 ArbZ-RL nicht.[148] Der Staat darf daher den Tarifparteien nicht ermöglichen, den von Art. 12 a) ArbZ-RL vorgegebenen Mindestschutz zu unterschreiten, sondern muss staatliche Mittel einsetzen, wenn die tariflichen Regelungen nicht ausreichen.[149] Die staatliche Verpflichtung zum Gesundheit- und Sozialschutz rechtfertigt den Eingriff in Art. 9 Abs. 3 GG.

In einem solchen Fall ist das Gesetzesrecht verfassungs- und unionsrechtskonform auszulegen, damit die wertsetzende Bedeutung der Grundrechte auch auf der Rechtsanwendungsebene gewahrt bleibt.[150] Durch die verfassungs- und unionsrechtskonforme Auslegung werden zugleich Grenzen für die Tarifparteien gesetzt. Denn die Tarifparteien müssen höherrangiges, nicht tarifdispositives Unions- und nationales Recht beachten, insoweit kommt ihnen kein Gestaltungsspielraum zu.[151] Dies folgt aus der Normenhierarchie.

V. Rechtsfolge bei Unterschreiten des gebotenen Mindestschutzes

Soweit keine tariflichen Ausgleichsregelungen bestehen, die den Mindestschutz der Gesundheit und des Soziallebens der Nachtarbeitnehmer sicherstellen, wird die gesetzliche Regelung in § 6 Abs. 5 ArbZG nicht verdrängt. Diese greift daher ergänzend ein,[152] der Nachtarbeitnehmer kann sich dann auf diese berufen, um seinen Anspruch auf bezahlte freie Tage geltend zu machen.

Sieht die tarifliche Regelung eine Kombination aus Zuschlag und gesundheitsschützenden Maßnahmen wie Freistellung vor, kann sich der Nachtarbeitnehmer ergänzend auf die gesetzliche Regelung berufen, bis das Schutzminimum erreicht ist. Denn die tarifliche Regelung geht dem gesetzlichen Anspruch nur vor, „soweit" sie einen Ausgleich schafft. Dies spricht für eine quantitative Betrachtung. Wird also beispielsweise eine Freischicht pro 20 Nachtschichten geregelt, so entspricht dies einem Freizeitausgleich von 5 %. In dieser Höhe wird der gesetzliche Anspruch

---

[147] Wiedemann/*Jacobs*, TVG, Einl. Rn. 618.

[148] *Kohte*, Gutachten zu Nachtarbeitszuschlagsregelungen, S. 18; *Riesenhuber*, Europäisches Arbeitsrecht, § 17 Rn. 53.

[149] *Kohte*, Gutachten zu Nachtarbeitszuschlagsregelungen, S. 19.

[150] *Spelge*, ZTR 2020, 127, 131.

[151] BAG 29.4.2021 – 6 AZR 232/17, NZA 2021, 1422 Rn. 25.

[152] Ebenso *Kohte*, Anm. zu AP TVG, § 1 Tarifverträge: Einzelhandel Nr. 103 unter II.

verdrängt. Der Nachtarbeitnehmer kann daher die Freistellung von 5% aus dem Tarifvertrag und von weiteren 45% gem. § 6 Abs. 5 ArbZG fordern, sofern keine besonderen Umstände vorliegen (zur Höhe des Freizeitausgleichs siehe 4. Kapitel F. II. 3. d)).

VI. Konsequenzen für die bestehenden Tarifverträge

Im Anschluss an diese Auslegung der Norm des § 6 Abs. 5 ArbZG stellt sich die Frage, was mit Tarifverträgen geschieht, die Zuschläge regeln. Zunächst stellt sich die Frage, ob diese Regelungen so ausgelegt werden können, dass sie den Mindestschutz der Gesundheit gewährleisten. Dies scheitert jedoch am eindeutigen Wortlaut solcher Tarifnormen. Deshalb stellt sich die Frage, ob die Tarifverträge unwirksam sind. Die Tarifverträge sind, wie oben gezeigt wurde, unabhängig vom Staat geschlossen und deshalb nicht unwirksam, sofern sie den Zweck des § 6 Abs. 5 ArbZG nicht erfüllen. Es stellt sich aber die Frage, ob diese angepasst oder gekündigt werden können. Diese Probleme werden im folgenden Abschnitt behandelt.

1. Keine geltungserhaltende Auslegung

Nach der Rechtsprechung sind Tarifverträge gesetzes- und verfassungskonform so auszulegen, dass sie mit höherrangigem Recht konform sind.[153] Denn die Tarifparteien wollten im Zweifel Regelungen treffen, die nicht im Widerspruch zu zwingendem Gesetzesrecht stehen.[154] Diese verfassungskonforme Auslegung sei Ausdruck der Grundrechtsbindung der Arbeitsgerichte als Teil der Staatsgewalt gem. Art. 1 Abs. 3 GG.[155] Eine richtlinienkonforme Auslegung von Tarifverträgen wird überwiegend abgelehnt.[156] Begründet wird dies damit, dass Tarifverträge kein staatliches Recht sind und daher auch die Gerichte keine Pflicht trifft, sie wie solches auszulegen.[157]

---

[153] Gesetzeskonforme Auslegung: BAG 21.2.2013 – 6 AZR 524/11, NZA 2013, 625 Rn. 19 m.w.N.; BAG 23.7.2014 – 7 AZR 771/12, NZA 2014, 1341 Rn. 49; BAG 23.7. 2019 – 3 AZR 377/18, BeckRS 2019, 19410 Rn. 50; *Spelge*, ZTR 2020, 127, 131; verfassungskonforme Auslegung: BAG 6.9.2012 – 2 AZR 372/11, NZA-RR 2013, 441 Rn. 17; BAG 23.7.2014 – 7 AZR 771/12, NZA 2014, 1341 Rn. 49; BAG 17.3.2016 – 6 AZR 221/15, NZA 2016, 1220 Rn. 14, 25 ff.

[154] BAG 21.2.2013 – 6 AZR 524/11, NZA 2013, 625 Rn. 19 m.w.N.

[155] *Spelge*, ZTR 2020, 127, 131.

[156] Däubler/*Däubler*, TVG, Einl. Rn. 820 Fn. 132; ErfK/*Schlachter*, AEUV, Vorb. Rn. 42; *Münder*, Richtlinienkonforme Auslegung und Fortbildung von Tarifverträgen, S. 333 f.; NK-GA/*Frieling*, TVG, § 1 Rn. 81; *Wißmann*, in: FS Bepler, S. 649, 655 ff.; a.A. EuArbRK/*Höpfner*, AEUV, Art. 288 Rn. 67; offengelassen in BAG 25.8.2020 – 9 AZR 214/19, NZA 2021, 217 Rn. 17.

[157] *Wißmann*, in: FS Bepler, S. 649, 655 ff.

Unabhängig davon, welche Position man zur jeweiligen grundlegenden Frage einnimmt, sind die einschlägigen tariflichen Regelungen nicht entsprechend auslegbar. Haben die Tarifparteien einen Zuschlag vorgesehen, so ist der Inhalt des Anspruchs eine Geldzahlung und keine Freistellung. Eine Auslegung erfordert immer, dass Wortlaut und Regelungswille das entsprechende Ergebnis tragen. Dies ist hier nicht der Fall, weil der Wortlaut insofern eindeutig ist.

2. Kein Anspruch auf Anpassung

Fraglich ist, ob sich die hier vertretene Auslegung des Begriffs „Ausgleichsregelungen" in § 6 Abs. 5 ArbZG, wonach nur bestimmte tarifliche Regelungen den gesetzlichen Anspruch verdrängen können, auf die bestehenden Tarifverträge auswirkt. Die Tarifparteien hatten beim Abschluss dieser Tarifverträge die Erwartung, damit den gesetzlichen Anspruch verdrängen zu können. Dieser greift jedoch nach hier vertretener Ansicht ergänzend ein, sofern der Mindestschutz nicht durch den Tarifvertrag sichergestellt wird. Daraus resultiert eine finanzielle Mehrbelastung für die Arbeitgeberseite.

Die Situation ist der Störung der Geschäftsgrundlage vergleichbar, sodass möglicherweise gem. § 313 Abs. 1, 2 BGB Anpassung verlangt werden könnte. Dagegen bestehen aber grundlegende Einwände. Der Anspruch auf Vertragsanpassung gem. § 313 Abs. 1 BGB kommt nach herrschender Auffassung für Tarifverträge nicht in Betracht, weil das Gericht damit die Inhalte des Tarifvertrages festlegen würde, was der Rechtsprechung aufgrund der Tarifautonomie verwehrt ist.[158] Dies ist zutreffend, denn die Tarifparteien können auf verschiedene Weise damit umgehen, dass die Tarifnormen zur Nachtarbeit den gesetzlichen Anspruch nicht verdrängen und dieser deshalb ergänzend eingreift. Sie können dennoch an den Tarifnormen festhalten, was die Nachtarbeitnehmer besserstellen, aber zugleich den finanziellen Verhandlungsspielraum zuungunsten der anderen Arbeitnehmer verkleinern würde. Sie können die Zuschläge auch abschmelzen, sodass diese durch bezahlte freie Tage ersetzt werden. Die finanzielle Belastung der Arbeitgeberseite würde dabei annähernd gleichbleiben. Schließlich können sie auch gänzlich andere, gesundheitsschützende Maßnahmen vorsehen, etwa verkürzte Arbeitsschichten der Nachtarbeitnehmer. Auch das BAG lehnt wegen Art. 9 Abs. 3 GG ausdrücklich die Ergänzung von Tarifverträgen um nicht enthaltene Ansprüche ab.[159] Ein Anspruch auf Anpassung des Tarifvertrages gem. § 313 BGB besteht daher nicht.

---

[158] BKS/*Schumann*, TVG, § 1 Rn. 99; *Däubler*, TVR, Rn. 1443; Däubler/*Deinert/Wenckebach*, TVG, § 4 Rn. 180; ErfK/*Franzen*, TVG, § 1 Rn. 36; HWK/*Henssler*, TVG, § 1 Rn. 34; *Löwisch/Rieble*, TVG, § 1 Rn. 1614; MHdB ArbR/*Klumpp*, § 260 Rn. 35; NK-GA/*Frieling*, TVG, § 1 Rn. 48; Thüsing/Braun/*Seel*, Tarifrecht, 3. Kap. Rn. 226; Wiedemann/*Wank*, TVG, § 4 Rn. 75; a. A. *Hey*, ZfA 2002, 275, 286 ff.

[159] BAG 16.1.2013 – 5 AZR 266/12, BeckRS 2013, 68133 Rn. 28; BAG 23.4.2013 – 3 AZR 23/11, NZA-RR 2013, 542 Rn. 36.

3. Möglichkeit der außerordentlichen Kündigung

Deshalb bleibt nur das Kündigungsrecht aus § 313 Abs. 3 S. 2 BGB bzw. § 314 Abs. 1 BGB.[160] Zuvor müsste ein Angebot zu Vertragsverhandlungen unterbreitet werden, was entweder aus § 313 BGB[161] oder dem Ultima-ratio-Grundsatz der Kündigung[162] abgeleitet wird.

Voraussetzung der außerordentlichen Kündigung ist in jedem Fall das Vorliegen eines wichtigen Grundes, der die Fortsetzung des Tarifvertrages bis zum Ende oder dem Ablauf der ordentlichen Kündigungsfrist unzumutbar macht, § 314 Abs. 1 S. 2 BGB. Dass Änderungen der Rechtslage einen wichtigen Grund für die außerordentliche Kündigung darstellen könnten, wird ganz überwiegend abgelehnt.[163] Teilweise wird davon allerdings in Ausnahme gemacht, sofern es zu einer unvorhersehbaren Änderung des Gesetzes (meist in Gestalt der entsprechenden Rechtsprechung) kommt und diese den Tarifvertrag in seinen wirtschaftlichen Auswirkungen grob verfälscht.[164] Dies führt zur Frage, ob und wann ein Recht zur außerordentlichen Kündigung besteht, weil sich die wirtschaftlichen Verhältnisse geändert haben. Das BAG hat angedeutet, dass dies jedenfalls bei drohender Existenzgefährdung der Verbandsmitglieder der Fall sein könnte.[165] Ein Teil der Literatur nimmt dies an, sofern die Tarifparteien gemeinsame Fehlvorstellungen über bestimmte Entwicklungen hatten.[166] Ein anderer Teil lehnt dies mit Verweis auf die Risikoverteilung ab.[167] Außerdem wird argumentiert, dass es beim Verbandstarifvertrag dogmatische Schwierigkeiten gebe, weil die Unzumutbarkeit nicht für die kündigende Partei bestehe, was § 314 BGB aber voraussetze.[168] Jedenfalls müsse die individuelle Unzumutbarkeit auf die kollektive Ebene durchschlagen, damit sie für die Kündigung durch den Arbeitgeberverband relevant werde.[169]

---

[160] ErfK/*Franzen*, TVG, § 1 Rn. 36; *Löwisch/Rieble*, TVG, § 1 Rn. 1614; NK-GA/*Frieling*, TVG, § 1 Rn. 48; Thüsing/Braun/*Seel*, Tarifrecht, 3. Kap. Rn. 226; Wiedemann/*Wank*, TVG, § 4 Rn. 76. Auf welche Norm sich das Kündigungsrecht stützt ist umstritten, aber nur akademischer Natur, ErfK/*Franzen*, TVG, § 1 Rn. 36.

[161] HWK/*Henssler*, TVG, § 1 Rn. 34; *Löwisch/Rieble*, TVG, § 1 Rn. 1615.

[162] BAG 24.1.2001 – 4 AZR 655/99, NZA 2001, 788, 791; NK-GA/*Frieling*, TVG, § 1 Rn. 45.

[163] Befürwortend Wiedemann/*Wank*, TVG, § 4 Rn. 63: „in aller Regel“; ablehnend BKS/*Schumann*, TVG, § 1 Rn. 97; Däubler/*Deinert/Wenckebach*, TVG, § 4 Rn. 141; *Löwisch/Rieble*, TVG, § 1 Rn. 1619; MHdB ArbR/*Klumpp*, § 260 Rn. 42; Thüsing/Braun/*Seel*, Tarifrecht, 3. Kap. Rn. 223.

[164] HMB/*Bepler*, TV, 3. Kap. Rn. 231; MHdB ArbR/*Klumpp*, § 260 Rn. 43.

[165] BAG 18.2.1998 – 4 AZR 363/96, NZA 1998, 1008, 1010.

[166] Thüsing/Braun/*Seel*, Tarifrecht, 3. Kap. Rn. 223.

[167] ErfK/*Franzen*, TVG, § 1 Rn. 34.

[168] NK-GA/*Frieling*, TVG, § 1 Rn. 44.

[169] Thüsing/Braun/*Seel*, Tarifrecht, 3. Kap. Rn. 224; ähnlich Däubler/*Deinert/Wenckebach*, TVG, § 4 Rn. 141, 149: Mittelbare Unzumutbarkeit, kollektiver Unzumutbarkeitstest.

Legt man dies zugrunde, so verbietet sich eine schematische Lösung. Es ist vielmehr der einzelne Tarifvertrag in den Blick zu nehmen. Ein außerordentliches Kündigungsrecht kann überhaupt nur in Betracht kommen, sofern Nachtarbeit bei der Mehrheit der Mitglieder des Arbeitgeberverbandes angeordnet wird. Sind nur einzelne Unternehmen betroffen, schlägt dies nicht auf die kollektive Ebene durch. Zudem sind die Auswirkungen im speziellen Fall zu betrachten. Tarifliche Regelungen zur Nachtarbeit finden sich regelmäßig in Manteltarifverträgen, die auch eine Vielzahl anderer Arbeitsbedingungen regeln. Ein außerordentliches Kündigungsrecht würde sich daher auch auf die Tagarbeitnehmer auswirken. Auf der anderen Seite können sich durch die hier vertretene Auffassung besondere finanzielle Belastungen der Arbeitgeberseite ergeben, insbesondere, wenn im Tarifvertrag ausschließlich monetäre Zuschläge geregelt sind und nun ergänzend Freizeitausgleich gem. § 6 Abs. 5 ArbZG zu gewähren ist. In den Blick zu nehmen ist, ob Nachtarbeit für eine Branche prägend ist oder ohnehin nur vereinzelt vorkommt und wie die bisherige Regelung gestaltet ist. Eine Orientierung können die Entscheidungen des BAG geben, in denen eine Gleichheitswidrigkeit verschiedener Nachtarbeitszuschläge angenommen wurde.[170] In der Entscheidung aus 2018 nahm das BAG eine Anpassung nach oben von 15% auf 50% an, ohne die wirtschaftlichen Folgen zu problematisieren.[171] Im Regelfall wird ein Kündigungsrecht daher ausscheiden, weil die wirtschaftliche Mehrbelastung nicht so erheblich ist, dass sie zu einer Existenzgefährdung der Mitglieder des Arbeitgeberverbandes führt.

4. Zwischenergebnis: Keine Unwirksamkeit oder Anpassung des Tarifvertrags

Nach der hier befürworteten Auslegung des § 6 Abs. 5 Hs. 1 ArbZG greift der gesetzliche Anspruch ergänzend ein, sofern die tarifliche Regelung nicht den grundrechtlich gebotenen Mindestschutz der Gesundheit und des Soziallebens gewährleistet, weil sie nur Zuschläge vorsieht. Denn eine geltungserhaltende Auslegung der Tarifverträge scheitert an ihrem Wortlaut. Würde in einem solchen Fall nicht ergänzend die gesetzliche Regelung angewendet, würde der Mindestschutz verfehlt. Damit wird der Tarifvertrag aber nicht unwirksam. Für die ihm unterworfenen Nachtarbeitnehmer bedeutet dies, dass sie dennoch den tariflichen Zuschlag verlangen können. Für die an ihn gebundenen Arbeitgeber bedeutet dies, dass sie den tariflichen Zuschlag zahlen müssen. Ein Anspruch auf Anpassung des Tarifvertrags scheitert an tarifrechtlichen Grundsätzen, weil dann das Gericht seine eigene Gerechtigkeitsvorstellung an die Stelle jener der Tarifparteien setzen müsste. Ob eine außerordentliche Kündigung des Tarifvertrags durch den vertragsschlie-

---

[170] BAG 21.3.2018 – 10 AZR 34/17, NZA 2019, 622; BAG 9.12.2020 – 10 AZR 334/20, NZA 2021, 1110.

[171] BAG 21.3.2018 – 10 AZR 34/17, NZA 2019, 622 Ls. 1, 2, Rn. 58 ff.

ßenden Arbeitgeberverband oder Arbeitgeber möglich ist, beurteilt sich nach den Umständen des Einzelfalls, insbesondere den wirtschaftlichen Auswirkungen.

C. Resümee

In der Diskussion um den Spielraum der Tarifparteien bei der Abweichung von § 6 Abs. 5 ArbZG ist der Blick von ihrer Grundrechtsbindung auf die des Staates zu lenken. Der Staat ist durch grundrechtliche Schutzpflichten und das Unionsrecht verpflichtet, einen wirksamen Mindestschutz der Gesundheit und des Soziallebens der Nachtarbeitnehmer sicherzustellen. Er muss einen Ausgleich zwischen dem Grundrecht der Koalitionen aus Art. 9 Abs. 3 GG und den Grundrechten der dem Tarifvertrag unterworfenen Nachtarbeitnehmer schaffen. Dieser Ausgleich muss mit dem Unionsrecht konform sein.

Eine Regelung für diesen Ausgleich hat der Staat mit § 6 Abs. 5 Hs. 1 ArbZG erlassen. Danach können tarifliche Regelungen grundsätzlich dem gesetzlichen Anspruch vorgehen. Auch in der Rechtsprechung des BAG ist aber anerkannt, dass nicht jede tarifliche Regelung den gesetzlichen Anspruch aus § 6 Abs. 5 ArbZG verdrängen kann. Die Norm wird vielmehr so ausgelegt, dass die tarifliche Regelung einen Ausgleich vorsehen müsse, der seiner Höhe nach angemessen sei. Damit wird grundsätzlich dem Fakt Rechnung getragen, dass der Staat die Nachtarbeitnehmer, zu deren Gunsten ihn Schutzpflichten treffen, nicht auf Tarifverträge verweisen darf, ohne deren Schutzniveau zu kontrollieren. Übersehen wird aber, dass Zuschläge nicht die Gesundheit schützen und der Staat den Tarifparteien nicht erlauben darf, das grundrechtlich und unionsrechtlich vorgegebene Minimum zu unterschreiten.

Diese Ansicht ist deshalb weiterzudenken. Die gesetzlichen Regelungen sind so anzuwenden, dass der durch höherrangiges Recht vorgegebene Mindestschutz gewährleistet wird. Der erste Halbsatz des § 6 Abs. 5 ArbZG ist daher verfassungs- und unionsrechtskonform so auszulegen, dass nur Tarifnormen die gesetzliche Regelung verdrängen, die den Mindestschutz der Gesundheit und des Soziallebens wahren. Das bedeutet, dass sie zu einer effektiven Verkürzung der Arbeitszeit der Nachtarbeitnehmer führen müssen. Gewährleistet die Tarifregelung den gebotenen Mindestschutz, so kann sich der Staat in der Tat auf diese Regelung beziehen und muss selbst nicht mehr tätig werden. Die Tarifparteien haben einen Spielraum dabei, festzulegen, welche Maßnahmen zum Schutz bei Nachtarbeit ergriffen werden sollen. Wichtig ist nur, dass diese im Ergebnis den individuellen Schutz der einzelnen Nachtarbeitnehmer gewährleisten, indem sie dessen Arbeitszeit verkürzen. Der Spielraum geht insoweit über die gesetzliche Regelung hinaus, die verfassungs- und unionsrechtskonform ausgelegt grundsätzlich die Gewährung zusätzlicher freier Tage vorschreibt (siehe 4. Kapitel F. II. 3. und 5. Kapitel D. I.).

Bei ungenügendem tariflichem Schutz, beispielsweise, wenn ausschließlich Zuschläge vereinbart sind, greift ergänzend die gesetzliche Regelung ein. Denn eine Auslegung der Tarifverträge, die dem höherrangigen Recht genügt, indem Freizeitausgleich anstatt Zuschlägen gewährt werden müsste, scheitert an der Wortlautgrenze. Die Tarifverträge dürfen wegen Art. 9 Abs. 3 GG auch nicht durch staatliche Gerichte entsprechend angepasst werden. Sie verlieren damit aber nicht ihre Geltung, sondern wirken zunächst zusätzlich zur staatlichen Regelung. Unter im Einzelfall festzustellenden Umständen besteht ein außerordentliches Kündigungsrecht jeder Tarifpartei. Im Übrigen ist davon auszugehen, dass die Tarifparteien sachgerechte Lösungen nachverhandeln werden, weil die zusätzliche finanzielle Belastung der Arbeitgeberseite, die aus diesem Ergebnis folgt, den Verteilungsspielraum der Tarifparteien an anderer Stelle beschränkt.

7. Kapitel

Ergebnisse und Ausblick

Die vorliegende Arbeit hat sich mit Grundfragen des Arbeits- und des öffentlichen Rechts beschäftigt, stets in Hinblick auf die Nachtarbeit. Zu betrachten war das komplexe Mehrebenensystem aus Unionsrecht, grundrechtlichen Schutzpflichten und Tarifautonomie, dem eine gesetzliche Regelung der Materie gerecht werden muss. Im Ergebnis genügt das gesetzliche Konzept für den Schutz bei Nachtarbeit in seiner Auslegung durch das BAG weder dem Verfassungs-, noch dem Unionsrecht. Es ermöglicht, dass den Nachtarbeitnehmern ihre Grundrechte nach Wahl des Arbeitgebers bzw. der Tarifparteien durch Zuschläge „abgekauft" werden. Nach der herrschenden Meinung ist § 6 Abs. 5 ArbZG erfüllt, sofern Zuschläge gezahlt werden, sodass kein Anspruch auf Freizeitausgleich besteht. Dem ist entschieden zu widersprechen. Denn nur Arbeitszeitverkürzung sorgt für einen effektiven Schutz der Gesundheit und des Soziallebens der Nachtarbeitnehmer. Einen solchen aber erfordern sowohl die grundrechtlichen Schutzpflichten, als auch die im Lichte des europäischen Primärrechts ausgelegte ArbZ-RL.

Allerdings ist eine verfassungs- und unionsrechtskonforme Auslegung des § 6 Abs. 5 ArbZG möglich, wonach den Nachtarbeitnehmern vorrangig zusätzliche bezahlte freie Tage zu gewähren sind. Eine solche Auslegung ist mit den verfassungsrechtlichen Vorgaben für die Gesetzesauslegung vereinbar und wahrt somit auch die Kompetenzordnung zwischen den staatlichen Gewalten.

Zudem ist § 6 Abs. 5 Hs. 1 ArbZG so auszulegen, dass nur solche tariflichen Regelungen den gesetzlichen Anspruch verdrängen können, die den gebotenen Mindestschutz der Gesundheit und des Soziallebens sicherstellen. Eine solche Auslegung des Gesetzes bringt die Grundrechte der Nachtarbeitnehmer, deren Rechtsstellung durch die Tarifverträge geregelt wird, mit der Autonomie der Tarifparteien, die ebenfalls grundrechtlich garantiert ist, in einen schonenden Ausgleich. Denn den Tarifparteien verbleibt bei einer solchen Auslegung ein Regelungsspielraum hinsichtlich der zu regelnden Maßnahmen, solange diese nur den gebotenen Mindestschutz der Nachtarbeitnehmer sicherstellen.

Bleibt die fachgerichtliche Rechtsprechung dagegen auf dem Standpunkt, dass eine derartige Auslegung nicht möglich sei, weil die Norm des § 6 Abs. 5 ArbZG kein Rangverhältnis zwischen den beiden Alternativen vorsehe, so sind das Bundesverfassungsgericht oder der Europäische Gerichtshof erneut mit der Thematik des Schutzes bei Nachtarbeit zu befassen. Unabhängig von der Frage, ob eine solche Auslegung möglich ist, muss der Gesetzgeber eine Neuregelung schaffen, die diesen Anforderungen genügt. Diese Verpflichtung ergibt sich aus den Prinzipien der Normenbestimmtheit und Normenklarheit.

Die zentralen Erkenntnisse der vorliegenden Untersuchung zu den genannten Punkten werden im folgenden Kapitel zunächst knapp zusammengefasst. Es wird beschrieben, weshalb § 6 ArbZG in der Auslegung durch das BAG weder die verfassungsrechtlichen Vorgaben erfüllt (A.), noch eine unionsrechtskonforme Umsetzung des Art. 12 a) ArbZ-RL dargestellt (B.). Zudem wird dargelegt, dass der Staat sich nicht von seinen Schutz- und Umsetzungspflichten freizeichnen kann, indem er Tarifnormen den Vorrang gewährt, die diesen Vorgaben nicht genügen (C.). Allen Kritikpunkten kann mit einer entsprechenden Auslegung des § 6 Abs. 5 ArbZG begegnet werden (D.). Dennoch ist eine gesetzliche Neuregelung notwendig. Eine mögliche Neuregelung wird im Anschluss an den Ergebnisteil skizziert (E.). Das Kapitel endet mit einem Fazit (F.).

A. Verfassungswidrigkeit des Schutzkonzepts in § 6 ArbZG

Wie die vorliegende Untersuchung gezeigt hat, ist Nachtarbeit für die betroffenen Arbeitnehmer hochgradig gefährlich (siehe 4. Kapitel D. II.–IV.). Das geltende Gesetzesrecht hat jedoch nur eine geringe präventive Schutzwirkung (siehe 3. Kapitel E.): § 6 Abs. 1–4 ArbZG schützen die Gesundheit nur wenig. Das Sozialleben wird sogar nur in besonderen Härtefällen durch § 6 Abs. 4 S. 1 b) und c) ArbZG geschützt. Auch die Normen außerhalb des ArbZG sorgen nicht für einen effektiven Mindestschutz. Einen solchen schreiben aber die Grundrechte vor. Diese sind im Verfassungsstaat des Grundgesetzes nämlich nicht nur Abwehrrechte gegen staatliche Eingriffe. Sie gebieten dem Staat auch, die Grundrechtsgüter vor Übergriffen anderer Privater zu schützen, die ebenso gefährlich sein können wie staatliche Eingriffe. Dies gilt auch für Privatrechtsverhältnisse, sofern den Betroffenen kein Selbstschutz möglich ist, weil die andere Seite tatsächlich überlegen ist und die Vertragsbedingungen diktieren kann. Denn in einem solchen Fall liegt keine Selbstbestimmung, sondern Fremdbestimmung vor, sodass auch hier ein möglicher Übergriff droht, gegen den der Staat in bestimmten Umfang einschreiten muss. In der Abkehr vom schlichten Diktum „Vertrag ist Vertrag" und der Etablierung eines materiellen Verständnisses von Vertragsfreiheit unterscheidet sich der moderne Sozialstaat vom liberalen Nachtwächterstaat des 19. Jahrhunderts. Letzterer ging noch davon aus, dass Privatrechtssubjekte bei Rechtsgleichheit stets einen angemessenen Ausgleich in Verträgen verhandeln würden und war für tatsächliche Unterschiede und Machtgefälle zwischen den Parteien blind. Zu welch desaströsen Ergebnissen diese Auffassung für die Lohnabhängigen führte, lässt sich in zeitgenössischen Schilderungen nachlesen (siehe ausführlich 2. Kapitel A. II. 1.).

Der gebotene Mindestschutz in Vertragsverhältnissen, der weite Teile des Arbeitsrechts verfassungsrechtlich unterlegt, ist von besonderer Bedeutung, wenn zudem höchstrangige Rechtsgüter auf dem Spiel stehen. Dies ist bei der Nachtarbeit der Fall, die unter anderem Leben und Gesundheit der Nachtarbeitnehmer gefährdet. Der Staat schuldet ihnen daher einen Mindestschutz. Weil dieser durch die anderen Normen zur Nachtarbeit nicht gewährleistet wird, hängt die Verfassungsmäßigkeit oder -widrigkeit des gesamten gesetzlichen Schutzkonzepts an der Zentralnorm des § 6 Abs. 5 ArbZG. Diese sieht einen gesetzlichen Anspruch auf zusätzliche bezahlte freie Tage oder einen Geldzuschlag vor und stand im Mittelpunkt der Untersuchung.

I. Kein Schutz von Gesundheit und Sozialleben durch Zuschläge

Zuschläge regeln in erster Linie die Vergütung der Arbeitnehmer. Dies ist zunächst kein Problem, denn sowohl der Staat, als auch die Tarif- und Arbeitsvertragsparteien dürfen das Verhältnis von Leistung und Gegenleistung regeln. Zum Problem wird dies, wo Zuschläge als Mittel des Arbeitsschutzes eingesetzt werden. Sie sind nicht geeignet, grundrechtliche Schutzpflichten für Gesundheit und Sozialleben zu erfüllen, wie gezeigt wurde (siehe 4. Kapitel E. I.).

Zum Arbeitsschutz leisten sie keinen effektiven Beitrag, sie bilden vielmehr einen Fremdkörper im Gefahrenabwehrrecht. Sie stellen den Schutz des einzelnen Nachtarbeitnehmers nicht sicher. Selbst wenn sie dazu führten, dass Nachtarbeit insgesamt verringert würde, schützt dies nur die Allgemeinheit der Nachtarbeitnehmer. Besonders deutlich wird dies dort, wo auf Nachtarbeit in einem bestimmten Umfang gar nicht verzichtet werden kann, etwa in Krankenhäusern. Hier ist ausgeschlossen, dass die Zuschläge eine Lenkung zur Tagarbeit bewirken. Aber auch in der Wirtschaft wird der Nachtarbeitnehmer, der trotz Verteuerung durch den Zuschlag nachts arbeiten muss, durch diesen nicht geschützt, sondern mit einer besseren Bezahlung für die Belastungen abgefunden. Die Schutzpflicht aus den Grundrechten ist aber darauf gerichtet, den einzelnen Nachtarbeitnehmer zu schützen. Denn Subjekt der Grundrechte ist das einzelne Individuum. Schon deshalb kann ein Gesetz, dass den Arbeitgeber zu Zuschlägen verpflichtet, keinen Beitrag dazu leisten, diese Schutzpflichten zu erfüllen.

Darüber hinaus verfehlt die bestehende Regelung auch das verfassungsrechtlich vorgegebene Mindestniveau an Schutz. Der Staat ist verpflichtet, einen Mindestschutz der Grundrechte des Nachtarbeitnehmers sicherzustellen. § 6 Abs. 5 ArbZG ermöglicht in der Alternative der Zuschlagszahlung aber, dass die Schutzinteressen des Nachtarbeitnehmers vollständig durch die wirtschaftlichen Interessen des Arbeitgebers verdrängt werden. Mit der Norm wird kein festes Niveau des Schutzes erreicht. Verzichtet der Arbeitgeber darauf, Nachtarbeit anzuordnen, weil diese teurer ist, so wird der Schutzzweck gänzlich erfüllt. Der Arbeitnehmer wird dann nicht durch die Nachtarbeit gefährdet. Ordnet der Arbeitgeber aber Nachtarbeit an, wird der Nachtarbeitnehmer durch die Zuschläge nicht geschützt. Es liegt daher in der Hand des Arbeitgebers, ob der grundrechtliche Schutz erfüllt wird oder nicht. Seine wirtschaftliche Kalkulation entscheidet. Dass auch zahlreiche Nachtarbeitnehmer die Zuschläge präferieren, ändert nichts daran, dass der Staat mit einer derartigen Regelung nicht die Vorgaben der Verfassung erfüllt.

Erschwerend kommt hinzu, dass der Gesetzgeber entgegen der von ihm postulierten Gleichrangigkeit der beiden Alternativen des § 6 Abs. 5 ArbZG sogar selbst Anreize dafür setzt, die Zuschläge zu bevorzugen. Er hat diese nämlich in erheblicher Höhe von Steuern und Sozialabgaben befreit. Damit subventioniert er de facto eine gesundheitsschädliche Arbeitszeitlage und verstärkt ein kurzfristiges Denken bei den Nachtarbeitnehmern. Diese erhalten durch die Zuschläge sofort deutlich mehr Geld auf die Hand. Die langfristigen gesundheitlichen Folgen können sie im Regelfall nicht einschätzen. Zudem neigen Menschen dazu, zeitlich entfernte Risiken für sich selbst zu unterschätzen. Dass durch die Sozialabgabenfreiheit keine höheren Ansprüche auf Rente und Arbeitslosengeld erworben werden, als bei Tagarbeit, ist vor dem Hintergrund kürzerer und häufiger unterbrochener Erwerbsverläufe bei Nachtarbeit fatal, passt aber in dieses Bild. Der Gesetzgeber schwächt so sein ohnehin unzureichendes Schutzkonzept noch ab und setzt Anreize für Arbeitgeber und Arbeitnehmer, die Zuschläge gegenüber echtem Gesundheitsschutz zu bevorzugen.

Auch empirisch ist die angebliche Lenkungswirkung der Zuschläge nicht haltbar. Stattdessen ist die Zahl der Nachtarbeitnehmer seit Einführung des § 6 ArbZG um circa 30% angestiegen. Für eine echte Lenkungswirkung müssten die Zuschläge viel höher sein als die vom BAG regelmäßig zugesprochenen 25–30%. Dies ist auch logisch, denn das BAG orientierte sich bei der Bemessung dieser Höhen an Tarifverträgen. Die Zuschläge in Tarifverträgen sollen aber nicht dazu führen, dass Nachtarbeit unwirtschaftlich wird, sondern die Nachtarbeitnehmer an einer zusätzlichen Wertschöpfung beteiligen und für ihre Belastungen entschädigen. Für eine echte Lenkungswirkung müssten die Zuschläge insbesondere in kapitalintensiven Industrien viel höher liegen. Selbst 150% Zuschlag führen hier teilweise nicht zu einer Unwirtschaftlichkeit der Arbeitsleistung, wie Tarifverträge der chemischen Industrie zeigen. Damit würde aber natürlich auch die Motivation für Arbeitnehmer und ihrer Interessenvertretungen stark steigen, an der Nachtarbeit festzuhalten und diese nach Möglichkeit sogar auszuweiten – aus Sicht des Gesundheitsschutzes ein verfehltes Ergebnis.

Aus den genannten Gründen ist es höchste Zeit, dass staatliche Schutzkonzept so auszurichten, dass es einen effektiven Mindestschutz sicherstellt. Zuschläge sind dafür nicht geeignet.

II. Schutz von Nachtarbeitnehmern und Allgemeinheit durch Arbeitszeitverkürzung

Die Verkürzung der Arbeitszeit ist dagegen ein sinnvolles Mittel des Arbeitsschutzes (siehe 4. Kapitel E. II.). Sie verringert die Zeit, in der ein Arbeitnehmer gesundheitsschädlichen Arbeitsbedingungen ausgesetzt ist und somit die gesundheitlichen Folgen, die nach gesicherten arbeitswissenschaftlichen Erkenntnissen mit dem Umfang der Nachtarbeit ansteigen. Zugleich verlängert sie die Zeit, die er nutzen kann, um sich zu erholen und auszuschlafen. Damit wird eine Resynchronisierung der Körperfunktionen mit dem natürlichen Körperrhythmus und untereinander ermöglicht. Schließlich gibt sie dem Nachtarbeitnehmer mehr Zeit, seinen sozialen und familiären Verpflichtungen nachzukommen. Wichtig ist, dass der Nachtarbeitnehmer zu sozial wertvollen Zeiten frei hat. Deshalb kann er diese besser nutzen, als die Freizeit nach und vor der Nachtschicht.

Nur die Verkürzung der Arbeitszeit der Nachtarbeitnehmer wahrt auch die betroffenen Interessen der Allgemeinheit, wie herausgearbeitet wurde (siehe 4. Kapitel E. II.). Nachtarbeit in ihrer bisher praktizierten Form hemmt die von Art. 3 Abs. 2 GG angestrebte Gleichstellung der Geschlechter. Der bestehende Gender-Pay-Gap wird durch die Zuschläge vergrößert und setzt einen Anreiz, dass Männer nach Familiengründung in Nachtarbeit bleiben und Frauen ihre Erwerbstätigkeit verringern oder aufgeben, um dies zu kompensieren. Eine Arbeitszeitverkürzung würde hingegen unabhängig vom Grundeinkommen wirken und mehr Zeit für Sorgearbeit geben.

Aus Nachtarbeit resultieren zudem Erkrankungen und verkürzte Erwerbsverläufe. Deren Folgen werden zum Teil in die Sozialversicherungssysteme verschoben. Um die Sozialversicherungsträger zu entlasten, wäre es sinnvoll, die Einzelnen weniger zu belasten und die Arbeit auf mehr Schultern zu verteilen. Auf diese Weise wäre auch nicht zu befürchten, dass es zu Versorgungslücken in der Daseinsvorsorge käme. Nachtarbeit würde nicht verboten, sondern bloß der Einsatz des einzelnen Arbeitnehmers beschränkt.

Schließlich würde eine kürzere Arbeitszeit der Nachtarbeitnehmer auch Dritte schützen. Denn die durch Übermüdung deutlich erhöhte Rate von Fehlleistungen und Unfällen gefährdet nicht nur die Nachtarbeitnehmer selbst. Sie betrifft auch Menschen, die der Arbeitsleistung ausgesetzt sind, etwa Patienten, aber auch Anwohner gefährlicher Anlagen. Und daneben auch Rechtsgüter des Arbeitgebers, sodass dieser ebenfalls ein Interesse daran haben sollte, dass Nachtarbeitnehmer nicht übermüdet tätig werden.

B. Unionsrechtswidrige Umsetzung von Art. 12 a) ArbZ-RL in § 6 Abs. 5 ArbZG

Auch den unionsrechtlichen Anforderungen wird § 6 Abs. 5 ArbZG nicht gerecht. Der nationale Gesetzgeber muss die materiellen Vorschriften in Richtlinien so umsetzen, dass deren Ziel erreicht wird, Art. 288 Abs. 3 AEUV. Mit § 6 Abs. 5 ArbZG wollte der Gesetzgeber Art. 12 a) ArbZ-RL erfüllen. Die Untersuchung hat ergeben, dass die Vorschrift aber keine unionsrechtskonforme Umsetzung leistet (siehe 5. Kapitel). Eine Kommerzialisierung von Gesundheitsgefahren wird dem Gedanken der ArbZ-RL nicht gerecht, die einen „Eckpfeiler der sozialen Dimension Europas“[1] bildet. Auf dem Weg zu diesem Ergebnis war Neuland bei der Auslegung von Art. 12 a) ArbZ-RL und Art. 31 GRCh zu betreten.

Art. 12 a) ArbZ-RL verpflichtet die Mitgliedstaaten zu gesundheitsschützenden Maßnahmen. In der Rechtsprechung des EuGH wird nicht eindeutig beantwortet, ob diese Maßnahmen neben Arbeitszeitverkürzung auch in finanziellen Leistungen bestehen können oder nicht. In erste Richtung gehen zwei Entscheidungen, bei denen zur Auslegung der Art. 8 des ILO-Übereinkommens Nr. 171 herangezogen wird, wonach ein Ausgleich für Nachtarbeit unter anderem in finanziellen Leistungen bestehen könne.[2] In die zweite Richtung tendiert hingegen eine Entscheidung, nach der bei (tariflichen) Zuschlägen der Anwendungsbereich des Unionsrechts nicht eröffnet ist.[3] Würden die Zuschläge Verpflichtungen aus der Richtlinie umsetzen, so wäre der Anwendungsbereich eröffnet.

Schon die methodische Auslegung des Art. 12 a) ArbZ-RL zeigte, dass die gesetzliche Verpflichtung, Zuschläge zu zahlen, nicht zu den möglichen Umsetzungsmaßnahmen gehört. Für dieses Ergebnis spricht vor allem ErwG 4 ArbZ-RL, wonach der Gesundheitsschutz keinen rein wirtschaftlichen Überlegungen untergeordnet werden darf. Für eine Arbeitszeitverkürzung und zusätzliche Freizeit sprechen hingegen ErwG 5 und 8 ArbZ-RL, die (der Arbeitsleistung) angemessene Ruhezeiten und eine Einschränkung der Dauer der Nachtarbeit fordern. Sie entsprechen dem Gedanken des Arbeitsschutzrechts der EU, Gefahren möglichst an der Quelle zu bekämpfen und, wo dies nicht möglich ist, gefahrnahe Maßnahmen zu ergreifen und den Einzelnen zu schützen, indem seine Exposition verringert wird. Art. 8 ILO-Übereinkommen Nr. 171 hingegen kann nicht zur Auslegung herangezogen werden. Denn das Unionsrecht unterscheidet strikt zwischen Gesundheitsschutz und Ausgleichsleistungen. Art. 8 ILO-Ü 171 spricht aber von Ausgleich für Nachtarbeit, während Art. 12 a) ArbZ-RL Schutzmaßnahmen erfordert.

---

[1] *Gallner*, in: FS Düwell II, S. 609, 614 mit Verweis auf die Europäische Kommission.

[2] EuGH 24.2.2022 – C-262/20 (Glavna direktsia I), NZA 2022, 467 Rn. 51, 54; EuGH 4.5.2023 – C-529/21 bis C-536/21 und C-732/21 bis C-738/21 (Glavna direktsia II), juris Rn. 50.

[3] EuGH 7.7.2022 – C-257/21, C-258/21 (Coca-Cola European Partners), NZA 2022, 971 Rn. 44, 47 f.

Entscheidend spricht das Primärrecht für das gefundene Auslegungsergebnis. Art. 31 Abs. 2 GRCh gewährt ein Grundrecht auf Arbeitszeitschutz. Dieses umfasst auch den Schutz bei Nachtarbeit, obwohl dieser nicht ausdrücklich erwähnt wird, wie die Auslegung der Norm zeigte. So verweisen die Erläuterungen zur Art. 31 GRCh etwa auf Art. 2 (rev)ESCh. Nach Art. 2 Nr. 4 (rev)ESCh sind die Gefahren zu beseitigen, die gefährlichen oder gesundheitsschädlichen Arbeiten innewohnen, und, wenn diese Gefahren noch nicht beseitigt oder hinreichend vermindert werden konnten, für eine verkürzte Arbeitszeit oder zusätzliche bezahlte Urlaubstage zu sorgen.

Zuschläge hingegen erkennen zwar Belastungen materiell an, schützen aber nicht vor diesen. Sie gehören als Ausgleichsleistungen zur Vergütung, welche die ArbZ-RL aber mit Ausnahme des bezahlten Jahresurlaubs nicht regelt – und gem. Art. 153 Abs. 5 AEUV auch nicht regeln darf. Damit können Zuschläge die aus Art. 12 a) ArbZ-RL resultierende Schutzpflicht, die auf den Einzelnen ausgerichtet ist, nicht erfüllen.

Mit einer nationalen Regelung, die dem privaten Arbeitgeber die Wahl zwischen den beiden Alternativen gibt, erfüllt Deutschland folglich nicht seine Umsetzungspflicht. Ein effektiver Mindestschutz der Gesundheit, wie ihn Art. 12 a) ArbZ-RL erfordert, wird damit nicht erreicht.

C. Kein Abwälzen der staatlichen Verpflichtungen auf die Tarifparteien

Die Arbeit leistete auch einen Beitrag zur Diskussion des Spannungsfelds von grundrechtlichen Schutzpflichten, unionsrechtlichen Umsetzungsverpflichtungen und Tarifautonomie. Im Ergebnis erweist sich die Regelung des § 6 Abs. 5 Hs. 1 ArbZG als verfassungs- und unionsrechtswidrig. Sie sichert den vorgegebenen Mindestschutz der Nachtarbeitnehmer nicht. Stattdessen eröffnet sie den Tarifparteien einen Spielraum, der dem Gesetzgeber verfassungsrechtlich verschlossen ist und macht die Umsetzung des Unionsrechts von den Handlungen Privater abhängig. Der Tarifvorrang ist so ausgestaltet, dass er es den Gewerkschaften als Mitgliederorganisationen sogar erschwert, eine gesundheitspolitisch verantwortliche und soziale Tarifpolitik zu betreiben. Denn Vergütungs- und Arbeitsschutzrecht werden in § 6 Abs. 5 ArbZG in ein Alternativitätsverhältnis gesetzt. Der Begriff des Danaergeschenks, den Gamillscheg für das tarifdispositive Recht geprägt hat,[4] trifft hier voll zu.

Die Lösung für dieses Problem ist in der Auslegung der staatlichen Gesetze, hier des § 6 Abs. 5 Hs. 1 ArbZG zu suchen. Denn der Staat kann sich seiner Schutz- und Umsetzungspflichten weder entledigen, indem er auf die Tarifparteien verweist,

[4] *Gamillscheg*, Kollektives ArbR Bd. I, S. 698.

noch diese in die Pflicht nehmen, seine Aufgaben zu erfüllen. Viel mehr kann der Gesetzgeber auch im Bereich der Wirtschafts- und Arbeitsbedingungen tätig werden – und muss es sogar, wo ihn grundrechtliche Schutzpflichten treffen. Der damit verbundene Eingriff in die Koalitionsfreiheit ist regelmäßig durch die Grundrechte der geschützten Arbeitnehmer gerechtfertigt. Selbstverständlich kann der Gesetzgeber solche Eingriffe abmildern, indem er seine Regelung als subsidiär gegenüber tariflichen Regelungen ausgestaltet und den Tarifparteien so Handlungsspielräume eröffnet. Solche Rücksichtnahme entbindet den Gesetzgeber aber nicht davon, seinen Verpflichtungen aus dem Verfassungsrecht nachzukommen. Gleiches gilt für das Unionsrecht: Der Staat darf zwar die Verwirklichung sozialpolitischer Ziele aus Richtlinien in erster Linie den Tarifparteien überlassen, dennoch muss er sicherstellen, dass alle Arbeitnehmer in vollem Umfang den Schutz genießen, den die jeweilige Richtlinienvorschrift gewährt. Der Staat darf deshalb nicht einfach davon ausgehen, dass die Tarifparteien Regelungen treffen werden, die den Anforderungen des höherrangigen Rechts genügen.

Vielmehr muss der Staat selbst einen Ausgleich der unterschiedlichen Interessen von Tarifparteien, Arbeitgebern und Nachtarbeitnehmern herstellen. Dieser darf nicht zulasten des verpflichtenden Mindestschutzes gehen, der sich aus dem Verfassungs- und Unionsrecht ergibt. Deshalb ist § 6 Abs. 5 Hs. 1 ArbZG so auszulegen, dass nur tarifliche Regelungen dem gesetzlichen Anspruch vorgehen, die den Mindestschutz der Gesundheit und des Soziallebens wahren. Ansonsten greift ergänzend der gesetzliche Anspruch aus § 6 Abs. 5 ArbZG ein. Damit wird verhindert, dass die Tarifparteien einen Spielraum erhalten, der dem Gesetzgeber nicht zusteht und den Mindestschutz unterlaufen können.

Damit ist nicht gesagt, dass den Tarifparteien die Regelung der Nachtarbeit oder gar das traditionell wichtige Feld des Arbeits- und Gesundheitsschutzes insgesamt als Regelungsgegenstand entzogen wäre. Natürlich können Arbeitgeber und Gewerkschaften hier tätig werden und über das vorgegebene Minimum hinausgehen. Kollektive Selbsthilfe bleibt somit möglich. Und auch im Rahmen des § 6 Abs. 5 Hs. 1 ArbZG haben die Tarifparteien weiterhin einen Spielraum: Sie können unter den möglichen Maßnahmen auswählen, die den Mindestschutz sicherstellen. Dem Verhandlungsprozess entzogen ist aber, ob der Mindestschutz der Gesundheit und des Soziallebens gesichert wird. Denn es gibt keinen Beleg dafür, dass dieser in Tarifverträgen stets gewahrt würde, wie es das BAG annimmt. Ganz im Gegenteil erschweren die oben bereits angeführten Gründe, die zur Entgeltpräferenz führen, kollektiven Gesundheitsschutz in Rahmen des § 6 Abs. 5 ArbZG. In Hinblick darauf, ob Gesundheitsschutz oder zusätzliches Entgelt höher eingeschätzt werden, gehen die Meinungen sowohl unter allen Arbeitnehmern als auch unter den Gewerkschaftsmitgliedern auseinander, was eine einheitliche Interessenvertretung erschwert. Außerdem haben Nachtarbeitnehmer ein unterdurchschnittliches Qualifikationsniveau, was ihre Verhandlungsposition auf dem Arbeitsmarkt schwächt und aufgrund niedriger Grundlöhne zu einer Entgeltpräferenz beiträgt. Dementsprechend ist das zusätzliche Einkommen die Hauptmotivation für Arbeitnehmer, Nachtarbeit zu leisten.

Damit liegen Gründe vor, die typischerweise für einen zwingenden Arbeitnehmerschutz streiten,[5] was das gefundene Ergebnis unterstreicht: Der Staat darf den Schutz der Nachtarbeitnehmer nicht unkontrolliert den Tarifparteien überlassen. Denn Adressat der grundrechtlichen Schutzpflichten wie der Umsetzungsverpflichtungen aus dem Unionsrecht ist der Staat. Die Koalitionen hingegen sind nicht an Schutz- oder Umsetzungspflichten gebunden. Der Staat darf zwar zur Erfüllung seiner Pflichten auf die Ergebnisse der Tarifparteien verweisen, wo diese einen ausreichenden Schutz erreichen. Er darf sich aber nicht mit Verweis auf die Koalitionsfreiheit aus seinen Schutzpflichten stehlen und die Verantwortung auf die Tarifparteien abwälzen. Dies verbieten sowohl die grundrechtlichen Schutzpflichten, als auch die ArbZ-RL, deren Art. 18 keine Tarifdispositivität des Art. 12 a) ArbZ-RL vorsieht. Über den konkreten Fall hinaus weckt dies Zweifel auch an anderen tarifdispositiven Regelungen im Arbeitszeitrecht, welche den Gesundheitsschutz in die Hände der Tarifparteien legen und ein Abweichen von verfassungs- oder unionsrechtlich vorgegebenen Gesetzen ermöglichen.[6]

D. Verfassungs- und unionsrechtskonforme Auslegung des § 6 Abs. 5 ArbZG

Mit der Untersuchung wurde die vertretene These bestätigt, dass der Schutz der Nachtarbeitnehmer durch § 6 ArbZG in der Auslegung des BAG nicht den Anforderungen des Verfassungs- und Unionsrechts genügt. Die Defizite der bestehenden Regelung in § 6 Abs. 5 ArbZG können jedoch durch Auslegung korrigiert werden. Die Norm ist dabei so auszulegen, dass vorrangig bezahlte freie Tage zu gewähren sind. Der unbestimmte Rechtsbegriff der angemessenen Höhe ist so auszulegen, dass arbeitsmedizinische Vorgaben eingehalten werden können. Damit wäre den verfassungs- und unionsrechtlichen Erfordernissen genügt. Das Problem an einer solchen Auslegung ist, dass der historische Gesetzgeber die Regelungen zur Nachtarbeit „als Placebo für den Gesundheitsschutz konzipiert“[7] hat. De lege lata besteht daher wenig Handlungsspielraum.[8] Denn die Fachgerichte sind nicht nur an

---

[5] Dazu *Thüsing*, in: FS Wiedemann, S. 559, 571 ff.

[6] Beispielsweise § 7 Abs. 2a ArbZG, der eine Abweichung von der täglichen Höchstarbeitszeit der Nachtarbeitnehmer erlaubt, die der Erfüllung der verfassungsrechtlichen Schutzpflicht und der Umsetzung von Art. 8 ArbZ-RL dient, dazu Buschmann/Ulber/*Buschmann*, ArbZG, § 7 Rn. 56, 59; *Ulber*, Tarifdispositives Gesetzesrecht, S. 559. Ebenso die vorgesehenen Abweichungsmöglichkeiten von der Arbeitszeiterfassung gem. § 16 Abs. 7 ArbZG-E, die unionsrechtlich vorgegeben ist, dazu *Ulber*, BB 2023, 1588, 1590.

[7] *Ulber*, Anm. zu AP ArbZG, § 6 Nr. 14 unter VII.

[8] *Polzin*, SR 2019, 303, 312.

die Grundrechte, sondern gem. Art. 20 Abs. 3 GG auch an Recht und Gesetz gebunden. Dennoch ist eine solche verfassungs- und unionsrechtskonforme Auslegung möglich, wonach vorrangig zusätzliche Freizeit zu gewähren ist und ein Freizeitausgleich von 50% als angemessen anzusehen ist. Dies ermöglichte bei Drei-Schicht-Arbeit die Wochenarbeitszeit auf 33 Stunden zu verkürzen und von Experten der BAuA empfohlene, ergonomische Schichtmodelle einzuführen.[9]

Die Tarifvorbehaltsklausel in § 6 Abs. 5 Hs. 1 ArbZG ist in Einklang mit höherrangigem Recht so auszulegen, dass nur bestimmte tarifliche Regelungen den gesetzlichen Anspruch verdrängen können. Diese müssen den notwendigen Gesundheits- und Sozialschutz erreichen, ansonsten greift ergänzend der gesetzliche Anspruch auf bezahlte freie Tage ein. In welcher Form die Arbeitszeit verkürzt wird – zum Beispiel durch freie Tage, kürzere Schichten oder bezahlte Pausen –, darin haben die Tarifparteien aber einen Gestaltungsspielraum, der über den des Gesetzgebers hinausgeht. Damit wird zugleich ihrem Grundrecht aus Art. 9 Abs. 3 GG Genüge getan.

Solange der Gesetzgeber untätig bleibt, ist die Judikative verpflichtet, durch Auslegung einen verfassungs- und unionsrechtskonformen Zustand herzustellen. Die Verpflichtungen aus den grundrechtlichen Schutzpflichten und dem Unionsrechts treffen alle staatlichen Gewalten und somit auch die Rechtsprechung. Sollte sich das BAG dazu nicht in der Lage sehen, weil es eine entsprechende Auslegung für nicht möglich erachtet, müssen das Bundesverfassungsgericht oder der EuGH befasst werden und nachhelfen. Die Fachgerichte sind zu entsprechenden Vorlagen verpflichtet, wenn sie eine konforme Auslegung als nicht möglich erachten. Daneben kommt die Urteilsverfassungsbeschwerde eines Nachtarbeitnehmers in Betracht, sofern dieser zusätzliche Freizeit begehrt und das Bundesarbeitsgericht dies mit Verweis auf die Wahlfreiheit des Arbeitgebers abschlägig entscheidet. Angesichts der Historie der Entwicklung des Arbeitszeitrechts in den letzten Jahrzehnten, in denen Verbesserungen für den Arbeitnehmerschutz fast ausnahmslos aus der Rechtsprechung von BVerfG und EuGH resultierten, ist das zwar ärgerlich, aber nicht besonders verwunderlich. Es sollte darüber nachgedacht werden, gezielt ein entsprechendes Verfahren zu initiieren, damit die höchsten Gerichte zu diesen Fragen entscheiden können.

E. Ausblick auf eine gesetzliche Neuregelung

Unabhängig davon, ob man der dargelegten, korrigierenden Auslegung folgt oder nicht, ist der Gesetzgeber zur Neuregelung des Schutzes bei Nachtarbeit ver-

[9] Dazu Frank Brenscheidt (BauA) in einem Interview, unter: https://www.zeit.de/arbeit/2019-11/schichtarbeit-gesundheit-risiken-sozialleben/komplettansicht (zuletzt abgerufen am 1.10.2024). Siehe auch *BAuA*, Leitfaden zur Einführung und Gestaltung von Nacht- und Schichtarbeit, S. 21 zu einem ähnlichen Modell.

pflichtet. Dies ergibt sich schon aus den Geboten der Normenklarheit und -bestimmtheit, denen verfassungs- und unionsrechtskonform ausgelegte Gesetze nicht entsprechen, weil sie für die Normunterworfenen nicht transparent sind. Erst recht ist eine Neuregelung erforderlich, wenn man eine entsprechende Auslegung der geltenden Gesetzeslage ablehnt, weil dann kein verfassungs- und unionsrechtskonformer Rechtszustand besteht.

Dabei sollte ausdrücklich geregelt werden, dass zusätzliche freie Tage vorrangig sind und gesetzliche Zuschläge nur ausbezahlt werden dürfen, wenn das Arbeitsverhältnis beendet wurde. Außerdem ist zu regeln, in welchem Zeitraum die zusätzliche Freizeit zu gewähren ist. Von der Regelhöhe des Freizeitausgleichs bei besonderen Erschwernissen oder Erleichterungen nach oben oder unten abzuweichen, ermöglicht, die bisherige Rechtsprechung des BAG zur angemessenen Höhe bei Dauernachtarbeit und Bereitschaftsdiensten aufzunehmen. Eine Absenkung wegen der Unvermeidbarkeit der Nachtarbeit scheidet bei der Neuregelung aus. Zum einen geht es beim Freizeitausgleich nicht um eine Lenkungswirkung, zum anderen hat die Unvermeidbarkeit der Nachtarbeit nichts mit der Schwere der Nachtarbeit zu tun.

Eine Neuregelung des § 6 Abs. 5 ArbZG könnte wie folgt aussehen:

§ 6 ArbZG-E: Nacht- und Schichtarbeit

[…]

(5) [1]Der Arbeitgeber hat dem Nachtarbeitnehmer für die während der Nachtzeit geleisteten Arbeitsstunden eine angemessene Zahl bezahlter freier Tage zu gewähren. [2]Die zusätzliche Freizeit ist innerhalb von einem Kalendermonat oder innerhalb von vier Wochen zu gewähren. [3]Als angemessen gilt eine zusätzliche bezahlte Freizeit von 50 % der während der Nachtzeit geleisteten Arbeitsstunden, sofern keine besonderen Erschwernisse oder Erleichterungen der Nachtarbeit vorliegen. [4]Kann die Freizeit wegen Beendigung des Arbeitsverhältnisses ganz oder teilweise nicht mehr gewährt werden, so ist sie abzugelten. [5]Die Tarifparteien können regeln, dass die zusätzliche Freizeit in anderer Form als freien Tagen gewährt wird, sofern der Gesundheits- und Sozialschutz der Nachtarbeitnehmer gewährleistet wird, insbesondere durch eine kürzere tägliche Arbeitszeit oder durch zusätzliche, bezahlte Pausen.

Um die Wirksamkeit der Norm zu verbessern, sollten Verstöße dagegen zudem in den Katalog der Ordnungswidrigkeiten in § 22 ArbZG aufgenommen werden:

§ 22 ArbZG-E: Bußgeldvorschriften

(1) Ordnungswidrig handelt, wer als Arbeitgeber vorsätzlich oder fahrlässig

[…]

3a. [1]entgegen § 6 Abs. 5 den Freizeitausgleich nicht oder nicht vollständig oder nicht rechtzeitig gewährt. [2]Satz 1 gilt entsprechend für die Abgeltung des Freizeitanspruchs, sofern das Arbeitsverhältnis beendet wurde.

Zudem sollte die Steuer- und Sozialabgabenfreiheit für Nachtarbeitszuschläge gestrichen werden. Diese verstärken Fehlanreize und sind aus Sicht der Allgemeinheit verfehlt, weil sie gesundheitsschädliche Arbeit subventionieren.

F. Fazit

Ein besserer Schutz bei Nachtarbeit ist in der heutigen Zeit, in der 10% aller Arbeitnehmer (auch) nachts arbeiten und wirtschaftliche Interessen an vielen Stellen wirksamem Arbeitsschutz entgegenstehen, dringend nötig. Auch die zunehmende Erwerbstätigkeit von Frauen spricht für eine Reform des Arbeitszeitschutzes. Die gemeinsame Erwerbsarbeitszeit in Partnerschaften und Familien ist im Vergleich zum Westdeutschland des „Wirtschaftswunders" stark angestiegen. Das Arbeitszeitrecht beruht aber weiterhin darauf, dass ungünstige Arbeitszeiten innerfamiliär kompensiert werden.[10] Sind beide Partner erwerbstätig, so ist dies aber nicht mehr möglich. Deshalb wäre eine allgemeine Arbeitszeitverkürzung wichtig,[11] welche durch die enorme Produktivitätsentwicklung im Rahmen der sog. Digitalisierung auch möglich wäre. Ohne Arbeitszeitverkürzung wird die Überarbeitung der Arbeitnehmer weiter zunehmen, und mit ihr die negativen Folgen: Frühzeitiger körperlicher Verschleiß, psychische Erkrankungen, Vernachlässigung familiärer Pflichten und Abnahme des politischen und gesellschaftlichen Engagements. Besonders dringend ist eine Verkürzung der Arbeitszeit bei besonders gefährdeten Arbeitnehmergruppen. Zu ihnen gehören Nachtarbeitnehmer ohne jeden Zweifel.

Eine Auslegung des § 6 Abs. 5 ArbZG, die dem Freizeitausgleich den Vorrang einräumt, ist deshalb möglich und geboten. Denn diese Möglichkeit ist in § 6 Abs. 5 ArbZG angelegt. Gesetzgeber und BAG gehen übereinstimmend davon aus, dass Arbeitszeitverkürzung für den Gesundheitsschutz besser wäre, als die Zahlung von Zuschlägen.[12] Dennoch wird diese Möglichkeit aus unterschiedlichen Gründen in der Praxis kaum genutzt. Ebenso geboten und noch besser wäre eine entsprechende gesetzliche Neuregelung.

Daneben sind auch Gewerkschaften und Betriebsräte aufgefordert, im Rahmen ihrer Möglichkeiten für einen besseren Gesundheits- und Sozialschutz einzutreten. Positiv sind die Ansätze einer neuen tariflichen Arbeitszeitpolitik, die seit einigen Jahren verfolgt werden. Als gelungenes Beispiel sind etwa tarifliche Wahloptionen zu nennen, wie sie der TV-ZUG in der Elektro- und Metallindustrie für besonders gefährdete Arbeitnehmergruppen gebracht hat. Danach können Beschäftigte mit kleinen Kindern, mit Pflegeaufgaben oder in Schichtarbeit ihren Anspruch auf eine

---

[10] *Ulber*, SR 2021, 189, 189.

[11] *Bücker*, Alle Zeit, S. 89 ff. und passim.

[12] BT-Drs. 12/5888, S. 52; BAG 26.8.1997 – 1 ABR 16/97, AuR 1998, 338, 339; BAG 5.9.2002 – 9 AZR 202/01, NZA 2003, 563, 564; BAG 15.7.2020 – 10 AZR 123/19, NZA 2021, 44 Rn. 49.

jährliche Sonderzahlung in acht zusätzliche freie Tage umwandeln. Ratio ist, dass diese Gruppen besonders schutzbedürftig sind und deshalb einen Anspruch auf mehr Freizeit haben sollen.[13] Denn sie sind durch die Doppelbelastung mit Sorge- und Erwerbsarbeit und/oder die ungünstige Lage ihrer Arbeitszeit besonders gefährdet. In der Praxis wird die Möglichkeit zusätzlicher Urlaubstage von vielen Arbeitnehmern genutzt. Auch generelle Arbeitszeitverkürzungen sind selbstverständlich positiv. Zu nennen sind die längst überfällige Anpassung der Arbeitszeiten in der ostdeutschen Elektro- und Metallindustrie an das westdeutsche Niveau oder die Initiative der IG Metall für eine 32-Stunden-Wochen in der Stahlindustrie.

Diese Initiativen entlasten Gesetzgeber und Judikative aber nicht von ihren Verpflichtungen. Tarifverträge schützen nach dem deutschen, mitgliederbezogenen Modell der Tarifbindung (§ 4 Abs. 1 i.V.m. § 3 Abs. 1 TVG) immer nur einen Teil der Arbeitnehmer. Deshalb ergänzen sich seit jeher tariflicher und gesetzlicher Schutz. Der Anteil der Arbeitnehmer, die von einem Tarifvertrag profitieren, sinkt zudem seit Jahren.[14] Einen gesetzlichen Mindestschutz, der dem Verfassungs- und Unionsrecht genügt, muss schon deshalb der Staat sicherstellen.

Es wäre sehr zu wünschen, dass Öffentlichkeit, Politik und Recht jene wieder in den Blick nehmen, die aufgrund ihrer nächtlichen Arbeitszeit und ihres gesellschaftlichen Ausschlusses „im Dunkeln“ bleiben und zu oft nicht gesehen werden. Das ist nicht nur ein Gebot der Gerechtigkeit, sondern wäre auch demokratiepolitisch wünschenswert. Denn dass die Lebenssituation von Arbeitern, beispielsweise die Belastungen durch Schichtarbeit, öffentlich kaum wahrgenommen und honoriert wird, trägt ebenso wie fehlende Veränderungsperspektiven dazu bei, dass Arbeiter überdurchschnittlich oft rechtsextreme Parteien wählen.[15] Sollte diese Untersuchung einen Beitrag dazu leisten, Nachtarbeitnehmer aus dem „Dunkeln“ der juristischen Debatte zu holen, hätte sie ihr Ziel erreicht.

---

[13] BAG 23.2.2022 – 10 AZR 99/21, NZA 2022, 1073 Rn. 29.

[14] *Kohaut*, Entwicklung der Tarifbindung, S. 6.

[15] *Dörre*, in: Becker/Dörre/Reif-Spirek (Hg.), Arbeiterbewegung von rechts?, S. 49, 55; *Dörre*, In der Warteschlange, S. 64 f., 280, 291 f.

Literaturverzeichnis

Abendroth, Wolfgang: Sozialgeschichte der europäischen Arbeiterbewegung, 15. Aufl., 1986, Frankfurt am Main.

Adamy, Wilhelm: Stellenwert der IAO-Normen für Arbeitsschutz und frauenspezifische Antidiskriminierungspolitik, in: BMAS [Bundesministerium für Arbeit und Sozialordnung]/ BDA [Bundesvereinigung der Deutschen Arbeitgeberverbände]/DGB [Deutscher Gewerkschaftsbund] (Hg.), Weltfriede durch soziale Gerechtigkeit, 75 Jahre Internationale Arbeitsorganisation, 1994, Baden-Baden, S. 179 ff.

Adomeit, Klaus: Rechtsquellenfragen im Arbeitsrecht, 1969, München.

Ahlheim, Hannah: Der Betrieb und das Schlafzimmer. Die „Humanisierung" der Schicht- und Nachtarbeit in der Bundesrepublik der 1970er Jahre, in: Andresen, Knut/Kuhnhenne, Michaela/Mittag, Jürgen/Platz, Johannes (Hg.), Der Betrieb als sozialer und politischer Ort, 2015, Bonn, S. 213 ff.

Ahlheim, Hannah: Grenzen der „Flexibilisierung". Die Erforschung von Schichtarbeit und Körperzeiten im Rahmen des HdA-Programms, in: Kleinöder, Nina/Müller, Stefan/Uhl, Karsten (Hg.), „Humanisierung der Arbeit", Aufbrüche und Konflikte in der rationalisierten Arbeitswelt des 20. Jahrhunderts, 2019, Bielefeld, S. 161 ff.

Ahrendt, Martina: Mitbestimmung im Arbeitsschutz, RdA 2023, 135 ff.

Aich, Eva: Integration der Arbeitszeit in die Gefährdungsbeurteilung nach dem Arbeitsschutzgesetz, in: Romahn, Regine (Hg.), Arbeitszeit gestalten, 2. Aufl., 2019, Marburg, S. 49 ff.

Åkerstedt, Torbjörn/*Ghilotti*, Francesca/*Grotta*, Alessandra/*Zhao*, Hongwei/*Adami*, Hans-Olov/ *Trolle-Lagerros*, Ylva/*Bellocco*, Rino: Sleep duration and mortality – Does weekend sleep matter?, Journal of Sleep Research 2019; e12712 ff.

Ales, Edoardo/*Bell*, Mark/*Deinert*, Olaf/*Robin-Olivier*, Sophie (Hg.): International and European Labour Law. Article-by-Article Commentary, 2018, Baden-Baden (zitiert als: IELLC/ *Bearbeiter*, Rechtsvorschrift).

Alexy, Robert: Theorie der Grundrechte, 2. Aufl., 1994, Frankfurt am Main.

Aligbe, Patrick: Die Rechte von Nachtarbeitnehmern, ArbRAktuell 2016, 543 ff.

Aligbe, Patrick: Nachtarbeiteruntersuchungen – Eignung oder Vorsorge?, ARP 2023, 274 ff.

Amlinger-Chatterje, Monischa: Psychische Gesundheit in der Arbeitswelt – Atypische Arbeitszeiten, 2016, Dortmund/Berlin/Dresden.

Anzinger, Rudolf: Das Arbeitszeitgesetz, in: Anzinger, Rudolf/Wank, Rolf (Hg.), Entwicklungen im Arbeitsrecht und Arbeitsschutzrecht. Festschrift für Otfried Wlotzke zum 70. Geburtstag, 1996, München, S. 427 ff.

Anzinger, Rudolf/*Koberski*, Wolfgang: ArbZG. Kommentar Arbeitszeitgesetz, 5. Aufl., 2020, Frankfurt am Main.

Arlinghaus, Anna/*Bohle*, Philip/*Iskra-Golec*, Irena/*Jansen*, Nicole/*Jay*, Sarah/*Rotenberg*, Lucia: Working Time Society consensus statements: Evidence-based effects of shift work and non-standard working hours on workers, family and community, Industrial Health 2019, 184 ff.

Arlinghaus, Anna/*Lott*, Yvonne: Schichtarbeit gesund und sozialverträglich gestalten, 2018, Düsseldorf.

Arlinghaus, Anna/*Nachreiner*, Friedhelm: Arbeit zu unüblichen Zeiten: Arbeit mit unüblichem Risiko, ZArbWiss 2012, 291 ff.

Ascheid, Reiner/*Preis*, Ulrich/*Schmidt*, Ingrid (Hg.): Kündigungsrecht. Großkommentar zum gesamten Recht der Beendigung von Arbeitsverhältnissen, 6. Aufl., 2021, München (zitiert als: APS/*Bearbeiter*, KR).

Ayaß, Wolfgang: „Der Übel größtes". Das Verbot der Nachtarbeit von Arbeiterinnen in Deutschland (1891 – 1992), ZfSR 2000, 189 ff.

Bäcker, Carsten: Begrenzter Wandel. Das Gewollte als Grenze des Verfassungswandels am Beispiel des Art. 6 I GG, AöR 2018, 339 ff.

Badura, Peter: Ehe und Familie stehen unter dem besonderen Schutze der staatlichen Ordnung (Art. 6 Abs. 1 GG), in: Stiftung Gesellschaft für Rechtspolitik, Trier/Institut für Rechtspolitik an der Universität Trier (Hg.), Bitburger Gespräche Jahrbuch 2001, 2001, München, S. 87 ff.

Badura, Peter: Privatautonome Selbstbestimmung im Schatten grundrechtlicher Schutzpflichten des Staates, in: Bauer, Hartmut/Czybulka, Detlef/Kahl, Wolfgang/Voßkuhle, Andreas (Hg.), Wirtschaft im offenen Verfassungsstaat. Festschrift für Reiner Schmidt zum 70. Geburtstag, 2006, München, S. 333 ff.

Baeck, Ulrich/*Deutsch*, Markus/*Winzer*, Thomas: ArbZG. Arbeitszeitgesetz Kommentar, 4. Aufl., 2020, München.

Baer, Susanne: Grundgesetz und Arbeitsrecht: Eckpunkte für schwierige Verhältnisse, RdA 2022, 266 ff.

Balze, Wolfgang: Die Richtlinie über die Arbeitszeitgestaltung, EuZW 1994, 205 ff.

Barczak, Tristan: Mindestlohngesetz und Verfassung, RdA 2014, 290 ff.

Bartl, Ewald/*Harker*, Aidan: Freizeitschutz, Vergütung und betriebliche Mitbestimmung bei betrieblich bedingten Reisezeiten, NZA 2020, 1669 ff.

Barton, Jane: Choosing to work at night: A moderating influence on individual tolerance to shift work, Journal of Applied Psychology 1994, 449 ff.

BAuA [Bundesanstalt für Arbeitsschutz und Arbeitsmedizin]: Leitfaden zur Einführung und Gestaltung von Nacht- und Schichtarbeit, 9. Aufl., 2005, Dortmund/Berlin.

BAuA [Bundesanstalt für Arbeitsschutz und Arbeitsmedizin]: Zusammenstellung aktueller gesicherter arbeitswissenschaftlicher Erkenntnisse zu Nachtarbeit und Dauernachtarbeit, 2023, Dortmund.

Bayreuther, Frank: Tarifautonomie als kollektiv ausgeübte Privatautonomie. Tarifrecht im Spannungsfeld von Arbeits-, Privat- und Wirtschaftsrecht, 2005, München.

Bayreuther, Frank: Überstunden- und Nachtzuschläge: Die Bindung der Tarifvertragsparteien an Gleichheitsgrundsätze, NZA 2019, 1684 ff.

Bayreuther, Frank: Arbeitszeit zwischen unionsrechtlicher Grundrechtecharta und Vertrag, RdA 2022, 290 ff.

BDA [Bundesvereinigung der Deutschen Arbeitgeberverbände]: Die Gefährdungsbeurteilung nach dem Arbeitsschutzgesetz. Besonderer Schwerpunkt: Psychische Belastung, 2013, Berlin.

BDA [Bundesvereinigung der Deutschen Arbeitgeberverbände]: Germany reloaded. Wie Wirtschaft und Beschäftigte von der Digitalisierung profitieren können, 2018, Berlin.

BDA [Bundesvereinigung der Deutschen Arbeitgeberverbände]: New Work – Zeit für eine neue Arbeitszeit, 2023, Berlin.

Beaucamp, Guy/*Beaucamp*, Jakob: Methoden und Technik der Rechtsanwendung, 4. Aufl., 2019, Heidelberg.

Bebel, August: Zur Lage der Arbeiter in den Bäckereien, 1890, Stuttgart.

Becker, Martin: Arbeitsvertrag und Arbeitsverhältnis in Deutschland. Vom Beginn der Industrialisierung bis zum Ende des Kaiserreichs, 1995, Frankfurt am Main.

Becker, Ulrich/*Kingreen*, Thorsten (Hg.): SGB V. Gesetzliche Krankenversicherung Kommentar, 8. Aufl., 2022, München.

Beermann, Beate: Nacht- und Schichtarbeit, in: Badura, Bernhard/Schröder, Helmut/Klose, Joachim/Macco, Katrin (Hg.), Fehlzeitenreport 2009. Arbeit und Psyche: Belastungen reduzieren – Wohlbefinden fördern, 2010, Heidelberg, S. 71 ff.

Benda, Ernst/*Klein*, Eckart/*Klein*, Oliver: Verfassungsprozessrecht, 4. Aufl., 2020, Heidelberg.

Berg, Peter/*Kocher*, Eva/*Schumann*, Dirk (Hg.): Tarifvertragsgesetz und Arbeitskampfrecht. Kompaktkommentar, 7. Aufl., 2021, Frankfurt am Main (zitiert als: BKS/*Bearbeiter*, TVG).

Berkemann, Jörg: Machtspiele zwischen Bundesverfassungsgericht und Bundesgerichtshof: Eine neue Variante, DÖV 2015, 393 ff.

Berlepsch, Hans Jörg von: „Neuer Kurs" im Kaiserreich? Die Arbeiterpolitik des Freiherrn von Berlepsch 1890 bis 1896, 1987, Bonn.

Bernsdorff, Norbert/*Borowsky*, Martin: Die Charta der Grundrechte der Europäischen Union, 2002, Baden-Baden.

Berthel, Jürgen/*Becker*, Fred G.: Personal-Management. Grundzüge für Konzeptionen betrieblicher Personalarbeit, 12. Aufl., 2022, Stuttgart.

BGHM [Berufsgenossenschaft Holz und Metall]: FI 0052: Gefährdungsbeurteilung psychische Belastung, 2022, ohne Ort.

Bickenbach, Christian: Die Einschätzungsprärogative des Gesetzgebers, 2014, Tübingen.

Bieback, Karl-Jürgen: Beobachtungs- und Evaluationsaufträge an den Gesetzgeber in der Rechtsprechung des Bundesverfassungsgerichts, ZfRSoz 2018, 42 ff.

Birk, Rolf: Arbeitnehmerschutz. Vom internationalen zum supranationalen Recht, ZfA 1991, 355 ff.

Birke, Peter: Wilde Streiks im Wirtschaftswunder. Arbeitskämpfe, Gewerkschaften und soziale Bewegungen in der Bundesrepublik und Dänemark, 2007, Frankfurt am Main/New York.

Bischoff, Sabine: Arbeitszeitrecht in der Weimarer Republik, 1987, Berlin.

Bispinck, Reinhard/*WSI-Tarifarchiv*: 70 Jahre Tarifvertragsgesetz. Stationen der Tarifpolitik von 1949 bis 2019, 2019, Düsseldorf.

Blanke, Thomas/*Diederich*, Helga: Das Ende des Nachtarbeitsverbots?, AuR 1992, 165 ff.

Blome, Thomas: Die Geschlechterverschiedenheit der Ehegatten – Kerngehalt der Ehe nach Art. 6 I GG?, NVwZ 2017, 1658 ff.

BMAS [Bundesministerium für Arbeit und Soziales]/BauA [Bundesanstalt für Arbeitsschutz und Arbeitsmedizin]: Sicherheit und Gesundheit bei der Arbeit – Berichtsjahr 2016, 2017, Dortmund/Berlin/Dresden.

Böckenförde, Ernst-Wolfgang: Grundrechte als Grundsatznormen. Zur gegenwärtigen Lage der Grundrechtsdogmatik, Der Staat 1990, 1 ff.

Boecken, Winfried/*Düwell*, Franz Josef/*Diller*, Martin/*Hanau*, Hans (Hg.): Gesamtes Arbeitsrecht, 2. Aufl., 2023, Baden-Baden (zitiert als: NK-GA/*Bearbeiter*, Gesetz).

Boemke, Burkhard: Schuldvertrag und Arbeitsverhältnis, 1999, München.

Boemke, Burkhard: Bindung der Tarifvertragsparteien an die Grundrechte, in: Oetker, Hartmut/Preis, Ulrich/Rieble, Volker (Hg.), 50 Jahre Bundesarbeitsgericht, 2004, München, S. 613 ff.

Bolino, Mark C./*Kelemen*, Thomas K./*Matthews*, Samuel H.: Working 9-to-5? A review of research on nonstandard work schedules, Journal of Organizational Behavior 2018, 188 ff.

Bömer, Alexander: Verstoß einer tarifvertraglichen Regelung von Nachtarbeitszuschlägen gegen den allgemeinen Gleichheitssatz aus Art. 20 Grundrechtecharta?, EuZA 2021, 479 ff.

Brandis, Peter/*Heuermann*, Bernd (Hg.): Ertragsteuerrecht, 166. Aufl., 2023, München.

Brandt, Laurens: Der Urlaub als europäisches Arbeitsschutzrecht, EuZA 2023, 383 ff.

Brandt, Laurens/*Lueken*, Tom: Differenzierende tarifliche Nachtarbeitszuschläge vor dem Hintergrund von Unions- und Verfassungsrecht, AuR 2023, 29 ff.

Brecht-Heitzmann, Holger/*Kempen*, Otto Ernst/*Schubert*, Jens M./*Seifert*, Achim (Hg.): Tarifvertragsgesetz, 5. Aufl., 2013, Frankfurt am Main (zitiert als: Kempen/Zachert/*Bearbeiter*, TVG).

Brehm, Uta/*Huebener*, Mathias/*Schmitz*, Sophia: 15 Jahre Elterngeld – Erfolge, aber noch Handlungsbedarf, 2022, Wiesbaden.

Brieler, Rolf: Die Nachtarbeitsverbote des geltenden deutschen Rechts im Lichte des Sozialstaats, 1970, Hamburg.

Brinkmann, Gisbert: Der Anfang des internationalen Arbeitsrechts. Die Berliner Internationale Arbeiterschutzkonferenz von 1890 als Vorläufer der Internationalen Arbeitsorganisation, in: BMAS [Bundesministerium für Arbeit und Sozialordnung]/BDA [Bundesvereinigung der Deutschen Arbeitgeberverbände]/DGB [Deutscher Gewerkschaftsbund] (Hg.), Weltfriede durch soziale Gerechtigkeit, 75 Jahre Internationale Arbeitsorganisation, 1994, Baden-Baden, S. 13 ff.

Britz, Gabriele: Kooperativer Grundrechtsschutz in der EU, NJW 2021, 1489 ff.

Brosius-Gersdorf, Frauke (Hg.): Dreier. Grundgesetz Kommentar. Band I, 4. Aufl., 2023, Tübingen (zitiert als: Dreier/*Bearbeiter*, GG).

Bruun, Niklas/*Lörcher*, Klaus/*Schömann*, Isabelle/*Clauwaert*, Stefan: The European Social Charter and the Employment Relation, 2017, London (zitiert als: BLSC/*Bearbeiter*, ESCh and the employment relation).

Bryde, Brun-Otto: Artikel 12 Grundgesetz – Freiheit des Berufs und Grundrecht der Arbeit, NJW 1984, 2177 ff.

Büchner, Bianca/*Stöhr*, Alexander: Arbeitszeit in Krankenhäusern – Ein haftungsrechtliches Risiko?, NJW 2012, 487 ff.

Bücker, Andreas/*Feldhoff*, Kerstin/*Kohte*, Wolfhard: Vom Arbeitsschutz zur Arbeitsumwelt. Europäische Herausforderungen für das deutsche Arbeitsrecht, 1994, Neuwied u. a.

Bücker, Teresa: Alle Zeit. Eine Frage von Macht und Freiheit, 2022, Berlin.

Bündnis 90/Die Grünen: „… zu achten und zu schützen …“. Veränderung schafft Halt. Grundsatzprogramm, 2020, Berlin.

Buschmann, Rudolf: Abbau des gesetzlichen Arbeitnehmerschutzes durch kollektives Arbeitsrecht?, in: Annuß, Georg/Picker, Eduard/Wißmann, Hellmut (Hg.), Festschrift für Reinhard Richardi zum 70. Geburtstag, 2007, München, S. 93 ff.

Buschmann, Rudolf: Europäisches Arbeitszeitrecht, in: Wolmerath, Martin/Gallner, Inken/Krasshöfer, Horst-Dieter/Weyand, Joachim (Hg.), Recht – Politik – Geschichte. Festschrift für Franz Josef Düwell zum 65. Geburtstag, 2011, Baden-Baden, S. 34 ff.

Buschmann, Rudolf: Internationales Arbeitszeitrecht, in: Bader, Peter/Lipke, Gert-Albert/Rost, Friedhelm/Weigand, Horst (Hg.), Festschrift für Gerhard Etzel zum 75. Geburtstag, 2011, Köln, S. 103 ff.

Buschmann, Rudolf: Geschichte der Beschäftigungsförderungsgesetze, AuR 2017, G17 ff.

Buschmann, Rudolf: 100 Jahre ILO – 100 Jahre Arbeitszeit, AuR 2019, 498 ff.

Buschmann, Rudolf: Streit um Ladenschluss, AuR 2020, G21 ff.

Buschmann, Rudolf: Tarifpluralität im tarifdispositiven Recht?, in: Düwell, Nora/Gallner, Inken/Haase, Karsten/Wolmerath, Martin (Hg.), Auf dem Weg zu einem sozialen und inklusiven Rechtsstaat – Covid-19 als Herausforderung. Liber amicorum Franz Josef Düwell, 2021, Baden-Baden, S. 793 ff.

Buschmann, Rudolf/*Ulber*, Jürgen: Arbeitszeitrecht. Kompaktkommentar zum Arbeitszeitgesetz mit Nebengesetzen und Europäischem Recht, 2019, Frankfurt am Main.

Buser, Andreas: Ein Grundrecht auf Klimaschutz? Möglichkeiten und Grenzen grundrechtlicher Klimaklagen in Deutschland, DVBl 2020, 1389 ff.

Calliess, Christian: Rechtsstaat und Umweltstaat. Zugleich ein Beitrag zur Grundrechtsdogmatik im Rahmen mehrpoliger Verfassungsrechtsverhältnisse, 2001, Tübingen.

Calliess, Christian: Die grundrechtliche Schutzpflicht im mehrpoligen Verfassungsrechtsverhältnis, JZ 2006, 321 ff.

Calliess, Christian: Die Leistungsfähigkeit des Untermaßverbots als Kontrollmaßstab grundrechtlicher Schutzpflichten, in: Grote, Rainer/Härtel, Ines/Hain, Karl-E./Schmidt, Thorsten Ingo/Schmitz, Thomas/Schuppert, Gunnar Folke/Winterhoff, Christian: Die Ordnung der Freiheit. Festschrift für Chrstian Starck zum siebzigsten Geburtstag, 2007, Tübingen, S. 201 ff.

Calliess, Christian/*Ruffert*, Matthias (Hg.): EUV/AEUV mit Europäischer Grundrechtecharta. Kommentar, 6. Aufl., 2022, München.

Canaris, Claus-Wilhelm: Grundrechte und Privatrecht, AcP 1984, 201 ff.

Canaris, Claus-Wilhelm: Grundrechte und Privatrecht. Eine Zwischenbilanz, 1999, Berlin/New York.

CDU [Christlich Demokratische Union Deutschlands]: Freiheit und Sicherheit. Grundsätze für Deutschland, 2007, Berlin.

Clasen, Lothar: Tarifvertragliche Arbeitsbedingungen im Jahr 1983, RdA 1984, 241 ff.

Colneric, Ninon: Konsequenzen der Nachtarbeitsverbotsurteile des EuGH und des BVerfG, NZA 1992, 393 ff.

Cordova, Pamela de/*Bradford*, Michelle/*Stone*, Patricia: Increased errors and decreased performance at night: A systematic review of the evidence concerning shift work and quality, Work 2016, 825 ff.

Crary, Jonathan: 24/7. Schlaflos im Spätkapitalismus, 2015, Bonn.

Cremer, Wolfram: Freiheitsgrundrechte. Funktionen und Strukturen, 2004, Tübingen.

Cremer, Wolfram: Die Verhältnismäßigkeitsprüfung bei der grundrechtlichen Schutzpflicht, DÖV 2008, 102 ff.

Creutzfeldt, Malte/*Eylert*, Mario: Aktuelle Fragen der tarifvertraglichen Nachtarbeitszuschläge, ZFA 2020, 239 ff.

Däubler, Wolfgang: Tarifvertragsrecht. Ein Handbuch, 3. Aufl., 1993, Baden-Baden.

Däubler, Wolfgang: Unternehmerische Entscheidungsfreiheit und Betriebsverfassung, in: Blank, Michael (Hg.), Reform der Betriebsverfassung und Unternehmerfreiheit, 2001, Frankfurt am Main, S. 11 ff.

Däubler, Wolfgang: Privatautonomie oder demokratische Tarifautonomie?, KJ 2014, 372 ff.

Däubler, Wolfgang: Ratgeber für Beruf – Praxis – Studium Arbeitsrecht, 14. Aufl., 2023, Frankfurt am Main.

Däubler, Wolfgang (Hg.): Tarifvertragsgesetz mit Arbeitnehmer-Entsendegesetz, 4. Aufl., 2016, Baden-Baden.

Däubler, Wolfgang (Hg.): Arbeitskampfrecht. Handbuch für die Rechtspraxis, 4. Aufl., 2018, Baden-Baden.

Däubler, Wolfgang (Hg.): Tarifvertragsgesetz mit Arbeitnehmer-Entsendegesetz, 5. Aufl., 2022, Baden-Baden.

Däubler, Wolfgang/*Hjort*, Jens Peter/*Schubert*, Michael/*Wolmerath*, Martin (Hg.): Arbeitsrecht. Handkommentar, 5. Aufl., 2022, Baden-Baden (zitiert als: HK-ArbR/*Bearbeiter*, Gesetz).

Däubler, Wolfgang/*Kittner*, Michael: Geschichte der Betriebsverfassung, 2020, Frankfurt am Main.

Däubler, Wolfgang/*Klebe*, Thomas/*Wedde*, Peter (Hg.): Betriebsverfassungsgesetz. Kommentar für die Praxis mit Wahlordnung und EBR-Gesetz, 19. Aufl., 2024, Frankfurt am Main (zitiert als: DKW/*Bearbeiter*, BetrVG).

Däubler-Gmelin, Herta: Frauenarbeitsschutzvorschriften – Rechtlicher Schutz oder (ungewollte) Diskriminierung?, in: Battis, Ulrich/Schultz, Ulrike (Hg.), Frauen im Recht, 1990, Heidelberg, S. 161 ff.

Deinert, Olaf/*Wenckebach*, Johanna/*Zwanziger*, Bertram (Hg.): Arbeitsrecht. Handbuch für die Praxis, 11. Aufl., 2023, Frankfurt am Main (zitiert als: DWZ/*Bearbeiter*, ArbR HdB)

Denecke, Johannes: Arbeitszeitordnung. Kommentar, 1. Aufl., 1950, München/Berlin.

Denecke, Johannes: Arbeitszeitordnung. Kommentar, 11. Aufl., 1991, München.

Deregulierungskommission: Marktöffnung und Wettbewerb, 1991, Stuttgart.

DGAUM [Deutsche Gesellschaft für Arbeitsmedizin und Umweltmedizin]: Arbeitsmedizinische Leitlinie. Nacht- und Schichtarbeit, Arbeitsmed. Sozialmed. Umweltmed. 2006, 390 ff.

DGAUM [Deutsche Gesellschaft für Arbeitsmedizin und Umweltmedizin]: Leitlinie „Gesundheitliche Aspekte und Gestaltung von Nacht- und Schichtarbeit“, 2020, o. O.

DGB [Deutscher Gewerkschaftsbund]: Die Zukunft gestalten. Grundsatzprogramm des Deutschen Gewerkschaftsbundes, 1996, Berlin.

DGUV [Deutsche Gesetzliche Unfallversicherung]: Erfahrungen mit der Anwendung von § 9 Abs. 2 SGB VII (7. Erfahrungsbericht), 2020, Berlin.

Die Linke: Programm der Partei DIE LINKE, 2011, Berlin.

Dieckmann, Andreas: Öffentlich-rechtliche Normen im Vertragsrecht, AcP 213 (2013), 1 ff.

Dieterich, Thomas: Grundgesetz und Privatautonomie im Arbeitsrecht, RdA 1995, 129 ff.

Dieterich, Thomas: Die Grundrechtsbindung von Tarifverträgen, in: Schlachter, Monika/Ascheid, Reiner/Friedrich, Hans-Wolf (Hg.), Tarifautonomie für ein neues Jahrhundert. Festschrift für Günter Schaub zum 65. Geburtstag, 1998, München, S. 117 ff.

Dieterich, Thomas: Bindung der Tarifvertragsparteien an den Gleichheitssatz, Anm. zu BAG 4.4.2000 – 3 AZR 729/98, RdA 2001, 112 ff.

Dieterich, Thomas: Unternehmerfreiheit und Arbeitsrecht im Sozialstaat, AuR 2007, 65 ff.

Dieterich, Thomas/*Neef*, Klaus/*Schwab*, Brent (Hg.): Arbeitsrecht-Blattei Entscheidungssammlung, 173. Aktualisierung, 2007, Heidelberg u. a. (zitiert als: AR-Blattei ES/*Bearbeiter*, Stichwort).

Dietlein, Johannes: Die Lehre von den grundrechtlichen Schutzpflichten, 2. Aufl., 2005, Berlin.

Diller, Martin: Fortschritt oder Rückschritt? – Das neue Arbeitszeitrecht, NJW 1994, 2726 ff.

Dimanstein, Jacob: Die Arbeitszeit der gewerblichen Arbeiter in Deutschland und ihre gesetzliche Regelung, 1914, Göttingen.

Dimitrov, Stoyan/*Lange*, Tanja/*Guttefangeas*, Cécile/*Jensen*, Anja/*Szczepanski*, Michael/*Lehnnolz*, Jannik/*Soekadar*, Surjo/*Rammensee*, Hans-Georg/*Born*, Jan/*Besedovsky*, Luciana: Gαs-coupled receptor signaling and sleep regulate integrin activation of human antigen-specific T cells, Journal of Experimental Medicine 2019, 517 ff.

Dlubek, Rolf/*Stepanova*, Evgenija/*Bach*, Irena/*Herrmann*, Ursula/*Kundel*, Erich/*Morozova*, Vera/*Senekina*, Olga/*Sperl*, Richard (Hg.): Die I. Internationale in Deutschland, 1964, Berlin.

DMV [Deutscher Metallarbeiter-Verband]: Die Nachtarbeit in der deutschen Metall- und Maschinenindustrie, 1913, Stuttgart.

Dobberahn, Peter: Das neue Arbeitszeitgesetz in der Praxis, 2. Aufl., 1996, München.

Dobberthien, Marliese: Kritik des Frauenarbeitsschutzes, ZRP 1976, 105 ff.

Dobberthien, Marliese: Schutz der oder Schutz vor weiblicher Arbeitskraft? Der Frauenarbeitsschutz, WSI-Mitt. 1981, 233 ff.

Dorr, Christina/*Brandt*, Laurens: Der Mindestlohn – ein didaktischer Beitrag, Jura 2019, 1027 ff.

Dörr, Nikolas: 165 Jahre Einschränkung der Kinderarbeit in Preußen, MRM 2004, 141 ff.

Dörre, Klaus: In der Warteschlange. Arbeiter*innen und die radikale Rechte, 2020, Münster.

Dörre, Klaus: In der Warteschlange. Rassismus, völkischer Populismus und die Arbeiterfrage, in: Becker, Karina/Dörre, Klaus/Reif-Spirek, Peter (Hg.), Arbeiterbewegung von rechts? 2020, Bonn, S. 49 ff.

Dreier, Horst (Hg.): Grundgesetz Kommentar. Band III, 3. Aufl., 2018, Tübingen (zitiert als: Dreier/*Bearbeiter*, GG).

Drescher, Ingo/*Fleischer*, Holger/*Schmidt*, Karsten (Hg.): Münchener Kommentar zum Handelsgesetzbuch, 5. Aufl., 2021, München (zitiert als: MüKoHGB/*Bearbeiter*).

Dürig, Günter: Gesammelte Schriften 1952 – 1983, 1984, Berlin.

Dürig, Günter/*Herzog*, Roman/*Scholz*, Rupert (Hg.): Grundgesetz. Kommentar, 104. Ergänzungslieferung, 2024, München (zitiert als: DHS/*Bearbeiter*, GG).

Düwell, Franz-Josef: 150 Jahre gesetzliches Verbot der Kinderarbeit in Deutschland, AuR 1989, 233 ff.

Düwell, Franz-Josef (Hg.): Betriebsverfassungsgesetz. Handkommentar, 6. Auflage, 2022, Baden-Baden (zitiert als: Düwell/*Bearbeiter*, BetrVG).

Düwell, Franz-Josef/*Schubert*, Jens (Hg.): Mindestlohngesetz. Handkommentar, 2. Aufl., 2017, Baden-Baden.

Ebert, Oliver: Die menschengerechte Gestaltung von Nacht- und Schichtarbeit gem. § 6 Abs. 1 ArbZG, ArbRB 2016, 246 ff.

Elsner, Gine: Nachtschichtarbeit und gesundheitliche Beeinträchtigungen, AiB 1988, 300 ff.

Elsner, Gine: Nachtschichtarbeit ist grundsätzlich schädlich, AiB 1992, 194 ff.

Elsner, Gine: Risiko Nachtarbeit, 1992, Bonn.

Elster, Ludwig/*Weber*, Adolf/*Wiesner*, Friedrich (Hg.): Handwörterbuch der Staatswissenschaften, 4. Aufl., 1923, Jena (zitiert als: HdWB StW/*Bearbeiter*, Stichwort).

Engels, Friedrich: Die Lage der arbeitenden Klasse in England, MEW 2, 1972, Berlin/DDR, S. 225 ff.

Epping, Volker/*Hillgruber*, Christian (Hg.): Beck'scher Online-Kommentar Grundgesetz, 56. Edition, 2023, München (zitiert als: BeckOK GG/*Bearbeiter*).

Erasmy, Walter: Ausgewählte Rechtsfragen zum neuen Arbeitszeitrecht (I), NZA 1994, 1105 ff.

Erichsen, Hans-Uwe: Grundrechtliche Schutzpflichten in der Rechtsprechung des Bundesverfassungsgerichts, Jura 1997, 85 ff.

Europäische Kommission: Bericht über die Durchführung der Richtlinie 2003/88/EG über bestimmte Aspekte der Arbeitszeitgestaltung in den Mitgliedstaaten, COM(2017) 254 final, 2017, Brüssel.

Europäische Kommission: Mitteilung zu Auslegungsfragen in Bezug auf die Richtlinie 2003/88/EG des Europäischen Parlaments und des Rates über bestimmte Aspekte der Arbeitszeitgestaltung, C/2017/2601, ABl. EU 2017, C 165/1.

Europäische Kommission: Mitteilung zu Auslegungsfragen in Bezug auf die Richtlinie 2003/88/EG des Europäischen Parlaments und des Rates über bestimmte Aspekte der Arbeitszeitgestaltung, 2023/C 109/01, ABl. EU 2023, C 109/1.

Evers, Maren: Umkämpfte Schichtarbeit? Ein Beitrag zur Diskussion einer belastenden, aber beständigen Arbeitszeitform, Prokla 2019, 201 ff.

Faber, Ulrich: Die arbeitsschutzrechtlichen Grundpflichten des § 3 ArbSchG, 2004, Berlin.

Fastrich, Lorenz: Richterliche Inhaltskontrolle im Privatrecht, 1992, München.

Fastrich, Lorenz: Bemerkungen zu den Grundrechtsschranken des Tarifvertrags, in: Annuß, Georg/Picker, Eduard/Wißmann, Hellmut (Hg.), Festschrift für Reinhard Richardi zum 70. Geburtstag, 2007, München, S. 127 ff.

FDP [Freie Demokratische Partei]: Verantwortung für die Freiheit. Karlsruher Freiheitsthesen der FDP für eine offene Bürgergesellschaft, 2012, Berlin.

Feldenkirchen, Wilfried: Kinderarbeit im 19. Jahrhundert. Ihre wirtschaftlichen und sozialen Auswirkungen, ZUG 1981, 1 ff.

Fergen, Andrea/*Schulte-Meine*, Elke/*Vetter*, Stephan: Schichtarbeit, in: Meine, Hartmut/Schumann, Dirk/Wagner, Hilde (Hg.), Handbuch Arbeitszeit. Manteltarifverträge im Betrieb, 3. Aufl., 2018, Frankfurt am Main.

FES [Friedrich-Ebert-Stiftung]: Schichtarbeit in beiden deutschen Staaten, 1979, Bonn-Bad Godesberg.

Fischer, Joachim/*Rhode*, Herbert: Das Übereinkommen von Washington über den Achtstundentag, 1929, Berlin.

Folkard, Simon/*Lombardi*, David: Modeling the impact of the components of long work hours on injuries and „accidents", American Journal of Industrial Medicine 2006, 953 ff.

Franzen, Martin/*Gallner*, Inken/*Oetker*, Hartmut (Hg.): Kommentar zum Europäischen Arbeitsrecht, 5. Aufl., 2024, München (zitiert als: EuArbRK/*Bearbeiter*, Rechtsvorschrift).

Fraser, Nancy: Feminismus, Kapitalismus und die List der Geschichte, Blätter 8/2009, 43 ff.

Frenz, Walter: Handbuch Europarecht. Band 4. Europäische Grundrechte, 2009, Heidelberg u. a.

Frenzel, Eike Michael: Die „Volksgesundheit" in der Grundrechtsdogmatik, DÖV 2007, 243 ff.

Frerich, Johannes/*Frey*, Martin: Handbuch der Geschichte der Sozialpolitik in Deutschland. Band 1: Von der vorindustriellen Zeit bis zum Ende des Dritten Reiches, 2. Aufl. 1996, München/Wien.

Frerich, Johannes/*Frey*, Martin: Handbuch der Geschichte der Sozialpolitik in Deutschland. Band 2: Sozialpolitik in der Deutschen Demokratischen Republik, 2. Aufl. 1996, München/Wien.

Freyler, Carmen: Anm. zu BAG 10.11.2021 – 10 AZR 261/20, AP ArbZG § 6 Nr. 22.

Frieling, Tino: Gesetzesmaterialien und Wille des Gesetzgebers, 2017, Tübingen.

Gallner, Inken: Arbeitszeit- und Urlaubsrecht europäisch gedacht, SR 2020, 45 ff.

Gallner, Inken: Ecken und Kanten des Arbeitszeitrechts, in: Düwell, Nora/Gallner, Inken/Haase, Karsten/Wolmerath, Martin (Hg.), Auf dem Weg zu einem sozialen und inklusiven Rechtsstaat – Covid-19 als Herausforderung. Liber amicorum Franz Josef Düwell, 2021, Baden-Baden, S. 609 ff.

Gallner, Inken: Rechtliche Spannungsfelder in Europa, in: Brose, Wiebke/Greiner, Stefan/Rolfs, Christian/Sagan, Adam/Schneider, Angie/Stoffels, Markus/Temming, Felipe/Ulber, Daniel (Hg.), Grundlagen des Arbeits- und Sozialrechts. Festschrift für Ulrich Preis zum 65. Geburtstag, 2021, München, S. 271 ff.

Gamillscheg, Franz: Die Grundrechte im Arbeitsverhältnis, 1989, Berlin.

Gamillscheg, Franz: Kollektives Arbeitsrecht Band I. Grundlagen, Koalitionsfreiheit, Tarifvertrag, Arbeitskampf und Schlichtung, 1997, München.

Gamillscheg, Franz: Anm. zu BAG 30.8.2000 – 4 AZR 563/99, AuR 2001, 226 ff.

Gaul, Dieter: Das Nachtarbeitsverbot für gewerbliche Arbeiterinnen, BB 1987, 1662 ff.

GDA [Gemeinsame Deutsche Arbeitsschutzstrategie]: Leitlinie Gefährdungsbeurteilung und Dokumentation, 2017, Berlin.

GDA [Gemeinsame Deutsche Arbeitsschutzstrategie]: Leitlinie Beratung und Überwachung bei psychischer Belastung am Arbeitsplatz, 2018, Berlin.

Gerber, Mara: Grundrecht auf staatlichen Schutz, 2014, Berlin.

Gerhards, Eva/*Thöne*, Michael: Steuerbefreiung der Zuschläge für Sonntags-, Feiertags- und Nachtarbeit, in: FiFo [Finanzwissenschaftliches Forschungsinstitut an der Universität zu Köln]/CE[Copenhagen Economics]/ZEW [Zentrum für Europäische Wirtschaftsforschung] (Hg.), Evaluierung von Steuervergünstigungen, Bd. 2, 2009, Köln/Copenhagen/Mannheim, S. 165 ff.

Gerlach, Gerhard: Neuere tarifpolitische Strategien der Gewerkschaften in der BRD zur Sicherung von Arbeitsplätzen und Besitzständen, WSI-Mitt. 1979, 221 ff.

Gierke, Otto von: Die soziale Aufgabe des Privatrechts, 2. Aufl., 1948, Frankfurt am Main.

Giesen, Richard: Arbeits- und Ruhezeiten in der digitalisierten Arbeitswelt, in: Giesen, Richard/Junker, Abbo/Rieble, Volker (Hg.), Arbeitszeitmodelle der Zukunft, 2019, München, S. 15 ff.

Greiner, Stefan: Tarifdispositives Gesetzesrecht – Fluch oder Segen für die Tarifautonomie?, NZA 2018, 563 ff.

Greiner, Stefan/*Kalle*, Ansgar: Einführung einer allgemeinen Pflicht zur Arbeitszeiterfassung. Eine kritische Betrachtung des Referentenentwurfs vom 18.4.2023, NZA 2023, 547 ff.

Grimm, Dieter: Verfassungsprozessuale Konsequenzen der grundrechtlichen Schutzpflicht, in: Hohmann-Dennhardt, Christine/Masuch, Peter/Villiger, Mark (Hg.), Grundrechte und Solidarität, Festschrift für Renate Jaeger, 2011, Kehl am Rhein, S. 759 ff.

Grimm, Dieter: Verfassung und Privatrecht im 19. Jahrhundert, 2017, Tübingen.

Groeben, Hans von der/*Schwarze*, Jürgen/*Hatje*, Armin (Hg.): Europäisches Unionsrecht, 7. Aufl., 2015, Baden-Baden (zitiert als: GSH/*Bearbeiter*, Rechtsvorschrift).

Groß, Hermann/*Schwarz*, Michael: Arbeitszeit, Altersstrukturen und Corporate Social Responsibility. Eine repräsentative Betriebsbefragung, 2010, Wiesbaden.

Gsell, Beate/*Krüger*, Wolfgang/*Lorenz*, Stephan/*Reymann*, Christoph (Hg.): Beck'scher Online-Großkommentar zum Zivilrecht, 2023, München (zitiert als: BeckOGK/*Bearbeiter*, BGB).

Gu, Fangyi/*Han*, Jiali/*Laden*, Francine/*Pan*, An/*Caporaso*, Neil/*Stampfer*, Meir/*Kawachi*, Ichiro/*Rexrode*, Kathryn/*Willett*, Walter/*Hankinson*, Susan/*Speizer*, Frank/*Schernhammer*, Eva: Total and Cause-Specific Mortality of U.S. Nurses Working Rotating Night Shifts, Am J Prev Med. 2015, 241 ff.

Günther, Jens/*Böglmüller*, Matthias: Arbeitsrecht 4.0 – Arbeitsrechtliche Herausforderungen in der vierten industriellen Revolution, NZA 2015, 1025 ff.

Häberle, Peter: Der Sonntag als Verfassungsprinzip, 2. Aufl., 2006, Berlin.

Habich, Anke: Sicherheits- und Gesundheitsschutz durch die Gestaltung von Nacht- und Schichtarbeit und die Rolle des Betriebsrates, 2006, Frankfurt am Main u.a.

Hagemeier, Christian/*Kempen*, Otto Ernst/*Zachert*, Ulrich/*Zilius*, Jan: Tarifvertragsgesetz. Kommentar für die Praxis, 1. Aufl., 1984, Köln (zitiert als: HKZZ/*Bearbeiter*, TVG).

Hahn, Frank/*Pfeiffer*, Gerhard/*Schubert*, Jens (Hg.): Arbeitszeitrecht. Handkommentar, 2. Aufl., 2018, Baden-Baden (zitiert als: HPS/*Bearbeiter*, ArbZR).

Hahn, Hans: Nacht- und Schichtarbeit Teil I. Berufsverlauf, gesundheitliche Auswirkungen, soziale Auswirkungen, 1985, Bremerhaven.

Hain, Karl-Eberhard: Der Gesetzgeber in der Klemme zwischen Übermaß- und Untermaßverbot?, DVBl 1993, 982 ff.

Hanau, Hans: Schöne digitale Arbeitswelt?, NJW 2016, 2613 ff.

Hanau, Hans: Zum Flexibilisierungspotenzial der Arbeitszeitrichtlinie, EuZA 2019, 423 ff.

Hanau, Peter/*Steinmeyer*, Heinz-Dietrich/*Wank*, Rolf: Handbuch des europäischen Arbeits- und Sozialrechts, 2002, München (zitiert als: HSW/*Wank*, HEAS).

Hau, Wolfgang/*Poseck*, Roman (Hg.): Beck'scher Online-Kommentar BGB, 68. Edition, 2023, München (zitiert als: BeckOK BGB/*Bearbeiter*).

Heilmann, Joachim: Das Arbeitsrecht der Sowjetischen Besatzungszone (1945–1949). Ein Beitrag zur Entstehungsgeschichte der DDR, 1973, Bremen.

Henning, Friedrich-Wilhelm: Die Industrialisierung in Deutschland 1800 bis 1914, 9. Aufl., 1993, Paderborn u. a.

Henssler, Martin/*Moll*, Wilhelm/*Bepler*, Klaus (Hg.): Der Tarifvertrag, 2. Aufl., 2016, Köln (zitiert als: HMB/*Bearbeiter*, TV).

Henssler, Martin/*Willemsen*, Heinz Josef/*Kalb*, Heinz-Jürgen (Hg.): Arbeitsrecht Kommentar, 11. Aufl., 2024, Köln (zitiert als: HWK/*Bearbeiter*, Gesetz).

Herdegen, Matthias/*Masing*, Johannes/*Poscher*, Ralf/*Gärditz*, Klaus Ferdinand (Hg.): Handbuch des Verfassungsrechts. Darstellung in transnationaler Perspektive, 2021, München.

Hermes, Georg: Das Grundrecht auf Schutz von Leben und Gesundheit. Schutzpflicht und Schutzanspruch aus Art. 2 Abs. 2 S. 1 GG, 1987, Heidelberg.

Hermes, Georg: Grundrechtsschutz durch Privatrecht auf neuer Grundlage? Das BVerfG zu Schutzpflicht und mittelbarer Drittwirkung der Berufsfreiheit, NJW 1990, 1764 ff.

Herrmann, Carl/*Heuer*, Gerhard/*Raupach*, Arndt (Hg.): EStG/KStG. Kommentar, 318. Lieferung, 2023, Köln (zitiert als: HHR/*Bearbeiter*, Gesetz).

Heselhaus, Sebastian/*Nowak*, Carsten (Hg.): Handbuch der Europäischen Grundrechte, 2. Aufl., 2020, München.

Heuermann, Bernd/*Wagner*, Klaus: Lohnsteuer-Handbuch des gesamten Lohnsteuerrechts, 54. Ergänzungslieferung, 2015, München (zitiert als: HW/*Bearbeiter*, LohnSt).

Heuschmid, Johannes/*Schlachter*, Monika/*Ulber*, Daniel (Hg.): Arbeitsvölkerrecht, 2019, Tübingen.

Hey, Felix Christopher: Wegfall der Geschäftsgrundlage bei Tarifverträgen, ZfA 2002, 275 ff.

Hien, Wolfgang: Das Elend mit den Berufskrankheiten, SozSich 2012, 365 ff.

Hien, Wolfgang: Beruflich verursachte Krebserkrankungen: Neue Herausforderungen, GArb 10/2013, 24 ff.

Hilbrandt, Christian: Arbeitsrechtliche Unionsgrundrechte und deren Dogmatik, NZA 2019, 1168 ff.

Hinrichs, Karl: Motive und Interessen im Arbeitszeitkonflikt, 1988, Frankfurt am Main/New York.

Hinz, Manfred O.: Tarifhoheit und Verfassungsrecht, 1971, Berlin.

Hirsch, Joachim/*Roth*, Roland: Das neue Gesicht des Kapitalismus. Vom Fordismus zum Post-Fordismus, 1986, Hamburg.

Hobbes, Thomas: Leviathan, in: Weber-Fas, Rudolf (Hg.), Staatsdenker der Moderne, S. 56 ff.

Hofmann, Jochen: Das Gleichberechtigungsgebot des Art. 3 II GG, JuS 1988, 249 ff.

Holst, Gregor/*Scheier*, Franziska: Branchenanalyse Handel. Perspektiven und Ansatzpunkte einer arbeitsorientierten Branchenstrategie, 2019, Düsseldorf.

Hönn, Günther: Kompensation gestörter Vertragsparität. Ein Beitrag zum inneren System des Vertragsrechts, 1982, München.

Honneth, Axel: Der arbeitende Souverän, 2023, Berlin.

Höpfner, Clemens: Gesetzesbindung und verfassungskonforme Auslegung im Arbeits- und Verfassungsrecht, RdA 2018, 321 ff.

Höpfner, Clemens/*Schneck*, Jakob: Die Pflicht zur Erfassung der Arbeitszeit nach § 3 ArbSchG. Ein Musterbeispiel unzulässiger Rechtsfortbildung, NZA 2023, 1 ff.

Hornung, Gerrit: Grundrechtsinnovationen, 2015, Tübingen.

Horstmeier, Gerrit: Nachtarbeitszuschläge in der Praxis, BB 2019, 2551 ff.

Hromadka, Wolfgang: Arbeiter und Angestellte – ein Nachruf, RdA 2015, 65 ff.

Huber, Peter M./*Voßkuhle*, Andreas (Hg.): Grundgesetz. Kommentar, 7. Aufl., 2018, München (zitiert als: MKS/*Bearbeiter*, GG).

Hufen, Friedhelm: Berufsfreiheit – Erinnerung an ein Grundrecht, NJW 1994, 2913 ff.

Hufen, Friedhelm: Staatsrecht II: Grundrechte, 10. Aufl., 2023, München.

Hunold, Wolf: Aktenlesen in der Bahn – Probleme von Arbeitszeit und Vergütung bei Dienstreisen, NZA-Beil. 2006, 38 ff.

IARC [International Agency for Research on Cancer]: Night shift work, 2020, Lyon.

IG Metall Bezirksleitung Mitte: Neuregelung der Nachtarbeitszuschläge, Tarifschnellinfo 10.3.2020, 2020, Frankfurt am Main.

Ijaz, Sharea/*Verbeek*, Jos/*Seidler*, Andreas/*Lindbohm*, Marja-Liisa/*Ojajärvi*, Anneli/*Orsini*, Nicola/*Costa*, Giovanni/*Neuvonen*, Kaisa: Night-shift work and breast cancer – a systematic review and meta-analysis, Scandinavian journal of work, environment & health 2013, 431 ff.

ILO-CEACR [International Labour Organisation-Comitee of Experts on the Application of Conventions and Recommendations]: General Survey concerning working time instruments. Report III (Part B), 2018, Genf.

Internationale Arbeitskonferenz: 76. Tagung 1989, Bericht V (I) Nachtarbeit, 1988, Genf.

Internationales Arbeitsamt: Analysen zu den Textheften Nr. 5–8, 10, Bulletin des Internationalen Arbeitsamtes, Bd. XII 1913, S. XLV ff.

Isensee, Josef: Das Grundrecht auf Sicherheit, 1983, Berlin/New York.

Isensee, Josef/*Kirchhof*, Paul (Hg.): Handbuch des Staatsrechts, Band VII, Freiheitsrechte, 3. Aufl., 2009, Heidelberg.

Isensee, Josef/*Kirchhof*, Paul (Hg.): Handbuch des Staatsrechts, Band VIII, Grundrechte: Wirtschaft, Verfahren, Gleichheit, 3. Aufl., 2010, Heidelberg.

Isensee, Josef/*Kirchhof*, Paul (Hg.): Handbuch des Staatsrechts, Band IX, Allgemeine Grundrechtslehren, 3. Aufl., 2011, Heidelberg.

Jacobs, Matthias: Reformbedarf im Arbeitszeitrecht, NZA 2016, 733 ff.

Jacobs, Matthias: Zur Grundrechtskontrolle von Tarifverträgen, RdA 2023, 9 ff.

Jacobs, Matthias/*Frieling*, Tino: Die Grundrechtsbindung der Tarifvertragsparteien, SR 2019, 108 ff.

Jacobs, Matthias/*Frieling*, Tino: Der allgemeine verfassungsrechtliche Gleichheitssatz als Prüfungsmaßstab für Tarifverträge?, in: Düwell, Nora/Gallner, Inken/Haase, Karsten/Wolmerath, Martin (Hg.), Auf dem Weg zu einem sozialen und inklusiven Rechtsstaat – Covid-19 als Herausforderung. Liber amicorum Franz Josef Düwell, 2021, Baden-Baden, S. 305 ff.

Jacobs, Matthias/*Messner*, Caroline/*Schindler*, Charlotte: Keine Anwendung des unionsrechtlichen Gleichheitssatzes auf tarifvertragliche Regelungen über Nachtarbeitszuschläge, EuZA 2022, 23 ff.

Jarass, Hans D.: Charta der Grundrechte der Europäischen Union. Kommentar, 4. Aufl., 2021, München.

Jarass, Hans D./*Pieroth*, Bodo: Grundgesetz für die Bundesrepublik Deutschland. Kommentar, 18. Aufl., 2024, München (zitiert als: JP/*Bearbeiter*, GG).

Junker, Abbo: Brennpunkte des Arbeitszeitgesetzes, ZfA 1998, 105 ff.

Junker, Abbo: Europäische Grund- und Menschenrechte und das deutsche Arbeitsrecht (unter besonderer Berücksichtigung der Koalitionsfreiheit), ZfA 2013, 91 ff.

Junker, Abbo: Flexibilisierung der Arbeitszeit und Arbeitszeitrichtlinie, in: Giesen, Richard/Junker, Abbo/Rieble, Volker (Hg.), Arbeitszeitmodelle der Zukunft, 2019, München, S. 99 ff.

Junker, Abbo: Grundkurs Arbeitsrecht, 23. Aufl., 2024, München.

Jürgens, Kerstin: Die neue Unvereinbarkeit? Familienleben und flexibilisierte Arbeitszeiten, in: Seifert, Hartmut (Hg.), Flexible Zeiten in der Arbeitswelt, 2005, Frankfurt am Main/New York, S. 169 ff.

Kaiser, Till/*Li*, Jianghong/*Pollmann-Schult*, Matthias: Evening and night work schedules and children's social and emotional well-being, Community, Work & Family 2017, 167 ff.

Kämmerer, Jörn Axel/*Kotzur*, Markus (Hg.): Grundgesetz-Kommentar, 7. Aufl., 2020, München (zitiert als: MK/*Bearbeiter*, GG).

Kaskel, Walter: Arbeitsrecht, 1. Aufl., 1925, Berlin.

Kaufhold, Karl Heinrich: 150 Jahre Arbeitsschutz in Deutschland. Das preußische Regulativ von 1839 und die weitere Entwicklung bis 1914, AuR 1989, 225 ff.

Kaufhold, Karl Heinrich: Die Diskussion um die Neugestaltung des Arbeitsrechts im Deutschen Reich 1890 und die Novelle zur Reichsgewerbeordnung 1891, ZfA 1991, 277 ff.

Kempen, Otto Ernst: Kollektivautonomie contra Privatautonomie: Arbeitsvertrag und Tarifvertrag, NZA-Beil. 2000, 7 ff.

Kern, Max R.: Zur Wirkungsgeschichte der Arbeitsschutzkonferenz im internationalen Bereich, ZfA 1991, 323 ff.

Kiel, Heinrich/*Lunk*, Stefan/*Oetker*, Hartmut (Hg.): Münchener Handbuch zum Arbeitsrecht, 5. Aufl., 2021/22, München (zitiert als: MHdB ArbR/*Bearbeiter*).

Kießling, Andrea: Beobachtungs- und Evaluationsaufträge an den Gesetzgeber in der Rechtsprechung des Bundesverfassungsgerichts. Kommentar zu Karl-Jürgen Bieback, ZfRSoz 2018, 60 ff.

Kingreen, Thorsten/*Pieroth*, Bodo: Verfassungsrechtliche Grenzen einer Aufhebung der Ladenschlusszeiten, NVwZ 2006, 1221 ff.

Kingreen, Thorsten/*Pieroth*, Bodo: Personale und kalendarische Arbeitszeitbeschränkungen, 2007, Baden-Baden.

Kingreen, Thorsten/*Poscher*, Ralf: Grundrechte. Staatsrecht II, 38. Aufl., 2022, Heidelberg.

Kirchhof, Gregor: Der besondere Schutz der Familie in Art. 6 Abs. 1 des Grundgesetzes: Abwehrrecht, Einrichtungsgarantie, Benachteiligungsverbot, staatliche Schutz- und Förderpflicht, AöR 2004, 542 ff.

Kirchhof, Paul/*Seer*, Roman (Hg.): Einkommensteuergesetz. Kommentar, 22. Aufl., 2023, Köln.

Kittner, Michael: Arbeitskampf. Geschichte, Recht, Gegenwart, 2005, München.

Klein, Hans Hugo: Die grundrechtliche Schutzpflicht, DVBl 1994, 489 ff.

Klein, Oliver: Das Untermaßverbot. Über die Justiziabilität grundrechtlicher Schutzpflichterfüllung, JuS 2006, 960 ff.

Klein, Thomas: Soziale Grundrechte des Grundgesetzes, SR 2024, 85 ff.

Klein, Thomas/*Kuhs*, Georg: Anm. zu EuGH 24.2.2022 – C-262/20 (Glavna direktsia), ZESAR 2022, 348 ff.

Klein, Thomas/*Leist*, Dominik: Grundrechtsanwendung und Grundrechtsschutz im europäischen Mehrebenensystem, ZESAR 2020, 449 ff.

Kleinöder, Nina: Humanisierung durch Arbeitssicherheit? Die Reform des Arbeitsschutzes als Ausgangspunkt der „Humanisierung des Arbeitslebens“ zwischen 1963 und 1979/80, in: Kleinöder, Nina/Müller, Stefan/Uhl, Karsten (Hg.), „Humanisierung der Arbeit“, Aufbrüche und Konflikte in der rationalisierten Arbeitswelt des 20. Jahrhunderts, 2019, Bielefeld, S. 91 ff.

Klenner, Christina/*Pfahl*, Svenja: (Keine) Zeit für's Ehrenamt? Vereinbarkeit von Erwerbsarbeit und ehrenamtlicher Tätigkeit, WSI-Mitt. 2001, 179 ff.

Klug, Christoph/*Frentzel-Beyme*, Rainer/*Helmert*, Uwe/*Timm*, Andreas: Wer schlecht schläft, stirbt früher, 2008, Düsseldorf.

Kohaut, Susanne: Entwicklung der Tarifbindung, 2021, Nürnberg.

Kohte, Wolfhard: Neue Impulse aus Brüssel zur Mitbestimmung im betrieblichen Gesundheitsschutz, in: Däubler, Wolfgang/Bobke, Manfred/Kehrmann, Karl (Hg.), Arbeit und Recht. Festschrift für Albert Gnade zum 65. Geburtstag, 1992, Köln, S. 675 ff.

Kohte, Wolfhard: Arbeitsschutzrecht im Wandel – Strukturen und Erfahrungen, JbArbR 2000, 21 ff.

Kohte, Wolfhard: Anspruch des Arbeitnehmers auf Gefährdungsbeurteilung, jurisPR-ArbR 13/2009, Anm. 1.

Kohte, Wolfhard: Die Spontanität des Südens und die Beständigkeit des Nordens. Impressionen zum kollektivvertraglichen Gesundheitsschutz, in: Erd, Rainer/Fabian, Rainer/Kocher, Eva/Schmidt, Eberhard (Hg.), Passion Arbeitsrecht. Liber amicorum Thomas Blanke, 2009, Baden-Baden, S. 157 ff.

Kohte, Wolfhard: Arbeitsmedizinische Untersuchungen zwischen Fürsorge und Selbstbestimmung, in: Dieterich, Thomas/Le Friant, Martine/Nogler, Luca/Kezuka, Katsutoshi/Pfarr, Heide (Hg.), Individuelle und kollektive Freiheit im Arbeitsrecht. Gedächtnisschrift für Ulrich Zachert, 2010, Baden-Baden, S. 326 ff.

Kohte, Wolfhard: Tarifdispositives Arbeitszeitrecht – zwischen respektierter Tarifautonomie und eingeschränktem Gestaltungsspielraum, in: Creutzfeldt, Malte/Hanau, Peter/Thüsing, Gregor/Wißmann, Hellmut (Hg.), Arbeitsgerichtsbarkeit und Wissenschaft. Festschrift für Klaus Bepler zum 65. Geburtstag, 2012, München, S. 287 ff.

Kohte, Wolfhard: Anm. zu BAG 11.12.2013 – 10 AZR 736/12, AP TVG § 1 Tarifverträge: Einzelhandel Nr. 103.

Kohte, Wolfhard: Arbeitszeitrecht und das Leitbild der Zeitsparkasse, in: Däubler, Wolfgang/Voigt, Peter (Hg.), risor silvaticus. Festschrift für Rudolf Buschmann, 2014, Frankfurt am Main, S. 71 ff.

Kohte, Wolfhard: Die Gestaltung der arbeitsmedizinischen Vorsorge durch betriebliche Mitbestimmung, 2016, Düsseldorf.

Kohte, Wolfhard: Unwirksame Absenkung des Zuschlags bei Nachtschichtarbeit gegenüber Nachtarbeit, jurisPR-ArbR 19/2019, Anm. 5.

Kohte, Wolfhard: Gutachten zu Nachtarbeitszuschlagsregelungen, 2020, Frankfurt am Main.

Kohte, Wolfhard: Tarifvertragliches Arbeitsschutzrecht!?, in: Deinert, Olaf/Klebe, Thomas/Pieper, Ralf/Schmidt, Marlene/Wankel, Sybille (Hg.), Arbeit, Recht, Politik und Geschichte. Festschrift für Michael Kittner zum 80. Geburtstag, S. 232 ff.

Kohte, Wolfhard: Gleichheitskontrolle nach Art. 20 GRCh bei Nachtarbeit, jurisPR-ArbR 48/2022, Anm. 1.

Kohte, Wolfhard: Angemessener Nachtarbeitszuschlag bei Dauernachtarbeit, jurisPR-ArbR 1/2023, Anm. 2.

Kohte, Wolfhard: Pflicht zum Angebot von Gesundheitsuntersuchungen vor der Durchführung von Nachtarbeit, jurisPR-ArbR 40/2024, Anm. 1.

Kohte, Wolfhard/*Faber*, Ulrich/*Feldhoff*, Kerstin (Hg.): Gesamtes Arbeitsschutzrecht. Handkommentar, 3. Aufl., 2023, Baden-Baden (zitiert als: HK-ArbSchR/*Bearbeiter*, Gesetz).

Kolbe, Sebastian: Das Arbeitszeitrecht – aus der Zeit gefallen?, ZFA 2021, 216 ff.

Kollmer, Norbert/*Klindt*, Thomas/*Schucht*, Carsten (Hg.): Arbeitsschutzgesetz mit Arbeitsschutzverordnungen. Kommentar, 4. Aufl., 2021, München (zitiert als: KKS/*Bearbeiter*, ArbSchG).

Körner, Anne/*Leitherer*, Stephan/*Mutschler*, Bernd (Hg.): Kasseler Kommentar Sozialversicherungsrecht, 121. Ergänzungslieferung, 2023, München (zitiert als: KassK/*Bearbeiter*, Gesetz).

Kranig, Andreas: Lockung und Zwang. Zur Arbeitsverfassung im Dritten Reich, 1986, Berlin/Boston.

Krause, Rüdiger: Arbeit anytime? Arbeitszeitrecht für die digitale Arbeitswelt, NZA-Beil. 2019, 86 ff.

Krause, Rüdiger: Entgrenzung der Arbeit als Herausforderung für die Regulierung der Arbeitszeit, in: Hanau, Hans/Matiasek, Wenzel (Hg.), Entgrenzung von Arbeitsverhältnissen, 2019, Baden-Baden, S. 151 ff.

Krause, Rüdiger: Berufliche Weiterbildung in der Transformation der Arbeitswelt. Der Beitrag des Betriebsverfassungsrechts, NZA 2022, 737 ff.

Kreikebohm, Ralf/*Dünn*, Sylvia (Hg.): SGB IV. Kommentar, 4. Aufl., 2022, München.

Krüger, Herbert: Staatliche Gesetzgebung und nichtstaatliche Rechtsetzung, RdA 1957, 201 ff.

Kuch, David: „Wohltätiger Zwang", DÖV 2019, 723 ff.

Kühling, Jürgen: Das „Recht auf Vergessenwerden" vor dem BVerfG – November(r)evolution für die Grundrechtsarchitektur im Mehrebenensystem, NJW 2020, 275 ff.

Kühn, Friedrich: Arbeitszeit und Ladenöffnung: Öffnen ja, Arbeiten nein? Zu den aktuellen Entwicklungen im Ladenschlussrecht, AuR 2006, 418 ff.

Kunz, Frithjof/*Thiel*, Wera (Hg.): Arbeitsrecht, 3. Aufl., 1986, Berlin.

Küpper, Bettina/*Stolz-Willig*, Brigitte/*Zwingmann*, Bruno: Arbeitsschutz bei Nachtarbeit, AiB 1992, 261 ff.

Ladeur, Karl-Heinz: Kritik der Abwägung in der Grundrechtsdogmatik, 2004, Tübingen.

Landau, Kurt/*Pressel*, Gerhard: Medizinisches Lexikon der beruflichen Belastungen und Gefährdungen. Definitionen – Vorkommen – Arbeitsschutz, 2. Aufl., 2009, Stuttgart.

Langhoff, Thomas/*Satzer*, Rolf: Gestaltung von Schichtarbeit in der Produktion, 2017, Düsseldorf.

Langhoff, Thomas/*Satzer*, Rolf: Flexible Arbeitszeit und Schichtarbeit, GArb 7–8/2018, 35 ff.

Langhoff, Thomas/*Satzer*, Rolf: Gutachten zu arbeitswissenschaftlichen Erkenntnissen zu Nachtarbeit und Nachtschichtarbeit, 2020, Frankfurt am Main.

Langhoff, Thomas/*Satzer*, Rolf: Gesundheit und Nachtarbeit, GArb 10/2021, 15 ff.

Langhoff, Thomas/*Satzer*, Rolf/*Richter*, Marius: Gesundheitsbelastungen durch Schichtarbeit, ZArbWiss 2019, 465 ff.

Lassalle, Ferdinand: Ausgewählte Texte, 1962, Stuttgart.

Lechner, Hans/*Zuck*, Rüdiger: Bundesverfassungsgerichtsgesetz. Kommentar, 8. Aufl., 2019, München.

Lenaerts, Koen/*Rüth*, Alexandra: Dogmatik des europäischen Grundrechtsschutzes, RdA 2022, 273 ff.

Lerche, Peter: Fragen des Verhältnisses zwischen Berufs- und Eigentumsfreiheit, in: Bauer, Hartmut/Czybulka, Detlef/Kahl, Wolfgang/Voßkuhle, Andreas (Hg.), Wirtschaft im offenen

Verfassungsstaat. Festschrift für Reiner Schmidt zum 70. Geburtstag, 2006, München, S. 377 ff.

Leuchten, Alexius: Der Kampf um den Achtstundentag. Auseinandersetzungen um die gesetzliche Regelung der Arbeitszeit in der Weimarer Republik, 1978, Augsburg.

Limbach, Jutta: Das Rechtsverständnis in der Vertragslehre, JuS 1985, 10 ff.

Litschel, Laura-Solmaz: Wer rackert so spät bei Nacht und Wind? Der Freitag, 8. 7. 2021, S. 7.

Lobinger, Thomas: Zur Grundrechtsbindung der Tarifvertragsparteien – insbesondere bei Beteiligung der öffentlichen Hand, in: Klapp, Micha/Linck, Rüdiger/Preis, Ulrich/Reinhard, Barbara/Wolf, Roland (Hg.), Die Sicherung der kollektiven Ordnung. Festschrift für Ingrid Schmidt, 2021, München, S. 319 ff.

Lohmann, Ulrich: Das Arbeitsrecht der DDR, 1987, Berlin.

Lörcher, Klaus: Die Arbeitszeitrichtlinie der EU, AuR 1994, 49 ff.

Loritz, Karl-Georg: Nachtarbeitsverbot (für Arbeiterinnen) und Verfassung, ZfA 1991, 607 ff.

Löwisch, Manfred/*Kaiser*, Dagmar/*Klumpp*, Steffen (Hg.): Betriebsverfassungsgesetz. Kommentar, 8. Aufl., 2023, Frankfurt am Main (zitiert als: LKK/*Bearbeiter*, BetrVG).

Löwisch, Manfred/*Rieble*, Volker: Tarifvertragsgesetz. Kommentar, 4. Aufl., 2017, München.

Lück, Heinz: Bergrechtsentwicklung im Überblick, in: Weber, Wolfhard (Hg.), Salze, Erze und Kohlen, Geschichte des deutschen Bergbaus Band 2, 2015, Münster, S. 111 ff.

Lueken, Tom: Allgemeiner Gleichheitssatz und differenzierende tarifvertragliche Nachtarbeitszuschläge. Besprechung von BAG 22. 2. 2023 – 10 AZR 332/20, NZA 2024, 452 ff.

Manz, Helmut: Humanisierung der Arbeit und Tarifpolitik – Das Konzept der Gewerkschaft NGG, GMH 1977, 403 ff.

Marx, Karl: Das Kapital. Kritik der politischen Ökonomie, Band 1, MEW 23, 1968, Berlin.

Mau, Steffen: Lütten Klein. Leben in der ostdeutschen Transformationsgesellschaft, 2020, Berlin.

Maute, Hans Ernst: Die Februarerlasse Kaiser Wilhelms II. und ihre gesetzliche Ausführung, unter besonderer Berücksichtigung der Berliner Internationalen Arbeiterschutzkonferenz von 1890, 1984, Bielefeld.

Mayr, Hans: Humanisierung der Arbeit durch Tarifpolitik, in: Vetter, Heinz O. (Hg.), Humanisierung der Arbeit als gesellschaftspolitische und gewerkschaftliche Aufgabe, 1974, Frankfurt am Main, S. 155 ff.

Meinert, Ruth: Die Entwicklung der Arbeitszeit in der deutschen Industrie 1820 – 1956, 1958, Münster.

Meisel, Peter G./*Hiersemann*, Walter: Arbeitszeitordnung, 2. Aufl., 1977, München.

Merten, Detlef: Grundrechtliche Schutzpflichten und Untermaßverbot, in: Stern, Klaus/Grupp, Klaus (Hg.), Gedächtnisschrift für Joachim Burmeister, 2005, Heidelberg, S. 227 ff.

Merten, Detlef/*Papier*, Hans-Jürgen (Hg.): Handbuch der Grundrechte in Deutschland und Europa, Band II, Grundrechte in Deutschland – Allgemeine Lehren I, 2006, Heidelberg u. a.

Merten, Detlef/*Papier*, Hans-Jürgen (Hg.): Handbuch der Grundrechte in Deutschland und Europa, Band IV, Grundrechte in Deutschland – Einzelgrundrechte I, 2011, Heidelberg u. a.

Merten, Detlef/*Papier*, Hans-Jürgen (Hg.): Handbuch der Grundrechte in Deutschland und Europa, Band V, Grundrechte in Deutschland – Einzelgrundrechte II, 2013, Heidelberg u. a.

Meyer, Jürgen/*Hölscheidt*, Sven (Hg.): Charta der Grundrechte der Europäischen Union, 5. Aufl., 2019, Baden-Baden.

Michas, Joachim (Hg.): Arbeitsrecht der DDR, 2. Aufl., 1970, Berlin.

Milert, Werner/*Tschirbs*, Rudolf: Die andere Demokratie. Betriebliche Interessenvertretung in Deutschland, 1848 bis 2008, 2012, Essen.

Möller, Kai: Der Ehebegriff des Grundgesetzes und die gleichgeschlechtliche Ehe, DÖV 2005, 64 ff.

Moreno, Claudia R. C./*Marqueze*, Elaine C./*Sargent*, Charli/*Wright Jr.*, Kenneth P./*Ferguson*, Sally A./*Tucker*, Philip: Working Time Society consensus statements: Evidence-based effects of shift work on physical and mental health, Industrial Health 2019, 139 ff.

Möstl, Markus: Probleme der verfassungsprozessualen Geltendmachung gesetzgeberischer Schutzpflichten, DÖV 1998, 1029 ff.

Müller, Monika: Escaping (into) the night …: Organizations and work at night, Organization Studies 2020, 1101 ff.

Müller-Glöge, Rudi/*Preis*, Ulrich/*Gallner*, Inken/*Schmidt*, Ingrid (Hg.): Erfurter Kommentar zum Arbeitsrecht, 24. Aufl., 2024, München (zitiert als: ErfK/*Bearbeiter*, Gesetz).

Müller-Glöge, Rudi/*Preis*, Ulrich/*Schmidt*, Ingrid (Hg.): Erfurter Kommentar zum Arbeitsrecht, 21. Aufl., 2021, München (zitiert als: ErfK/*Bearbeiter*, 21. Aufl. 2021, Gesetz).

Müller-Seitz, Peter: Mehrfachbelastungen im industriellen Nachtschichtbetrieb aus arbeitswissenschaftlicher Sicht, WSI-Mitt. 1979, 45 ff.

Münder, Matthias: Richtlinienkonforme Auslegung und Fortbildung von Tarifverträgen, 2021, Berlin.

Münder, Matthias: Unwirksamer tarifvertraglicher Nachtarbeitszuschlag. jurisPR-ArbR 9/2021, Anm. 2.

Murswiek, Dietrich: Die staatliche Verantwortung für die Risiken der Technik, 1985, Berlin.

Nachreiner, Friedhelm: Psychologische Probleme der Arbeitszeit – Schichtarbeit und ihre psychosozialen Konsequenzen, Universitas 1984, 349 ff.

Nachreiner, Friedhelm/*Arlinghaus*, Anna/*Greubel*, Jana: Variabilität der Arbeitszeit und Unfallrisiko, ZArbWiss 2019, 369 ff.

Nebe, Katja: Decent work und § 618 BGB – klassisches Zivilrecht und moderne Arbeitsschutzkonzepte, in: Däubler, Wolfgang/Zimmer, Reingard (Hg.), Arbeitsvölkerrecht. Festschrift für Klaus Lörcher, 2013, Baden-Baden, S. 84 ff.

Nemitz, Barbara/*Runge*, Gabriele/*von Wasielewsky*, Sieglinde: Die arbeitsschutzbedürftige Frau. Recht, Medizin und Politik des Frauenarbeitsschutzes, DArg 1984, 699 ff.

Neukamp, Ernst: Die Novelle zur Gewerbeordnung vom 28. Dezember 1908 in ihrer rechtlichen und wirtschaftlichen Bedeutung, 1910, Leipzig.

Neumann, Dirk/*Biebl*, Josef: Arbeitszeitgesetz Kommentar, 16. Aufl., 2013, München.

Neumann, Franz: Der Funktionswandel des Gesetzes im Recht der bürgerlichen Gesellschaft, ZfSR 1937, 542 ff.

Neuner, Jörg: Die Einwirkung der Grundrechte auf das deutsche Privatrecht, in: ders. (Hg.), Grundrechte und Privatrecht aus rechtsvergleichender Sicht, 2007, Tübingen, S. 159 ff.

Neuner, Jörg: Das BVerfG im Labyrinth der Drittwirkung, NJW 2020, 1851 ff.

Neuner, Jörg: Allgemeiner Teil des Bürgerlichen Rechts, 13. Aufl. 2023, München.

Nipperdey, Hans Carl: Grundrechte und Privatrecht, 1961, Krefeld.

Nölke, Andreas: Finanzialisierung als Kernproblem eines sozialen Europas, WSI-Mitt. 2016, 41 ff.

Oechsler, Walter A./*Paul*, Christopher: Personal und Arbeit, 11. Aufl., 2019, Berlin/Boston.

Oetker, Hartmut: Arbeitsrechtlicher Kündigungsschutz und Tarifautonomie, ZfA 2001, 287 ff.

Oetker, Hartmut/*Preis*, Ulrich (Hg.): Europäisches Arbeits- und Sozialrecht, Lieferung 234, 2024, Heidelberg (zitiert als: EAS/*Bearbeiter*, Systematische Fundstelle).

Ogris, Werner: Geschichte des Arbeitsrechts vom Mittelalter bis in das 19. Jahrhundert, RdA 1967, 286 ff.

Ohl, Kay: Der Kampf um die „Steinkühlerpause“, AuR 2016, G13 ff.

Oppolzer, Alfred: Rückbau oder Ausbau des Arbeits- und Gesundheitsschutzes?, AuR 1994, 41 ff.

Ossenbühl, Fritz: Die Freiheiten des Unternehmers nach dem Grundgesetz, AöR 1990, 1 ff.

Paridon, Hiltraut/*Ernst*, Sabine/*Harth*, Volker/*Nickel*, Peter/*Nold*, Annette/*Pallapies*, Dirk: DGUV Report 1-2012 Schichtarbeit, 2012, Berlin.

Pärli, Kurt/*Baumgartner*, Tobias/*Demir*, Eylem/*Junghanss*, Cornelia/*Licci*, Sara/*Uebe*, Wesselina: Arbeitsrecht im internationalen Kontext, 2017, Zürich/St. Gallen/Baden-Baden.

Pechstein, Matthias/*Nowak* Carsten/*Häde*, Ulrich (Hg.): Frankfurter Kommentar zu EUV, GRC und AEUV, 2017, Tübingen (zitiert als: Frankfurter Kommentar/*Bearbeiter*, Rechtsvorschrift).

Peez, Judith/*Großjohann*, Kirsten: Beschäftigungsverbote für Frauen, DB 1993, 633 ff.

Pessinger, Sascha: Tarifliche Sonderzahlungen im Spiegel der Rechtsprechung, ZTR 2021, 119 ff.

Peters, Hans/*Ossenbühl*, Fritz: Die Übertragung von öffentlich-rechtlichen Befugnissen auf die Sozialpartner unter besonderer Berücksichtigung des Arbeitszeitschutzes, 1967, Berlin/Frankfurt am Main.

Peukert, Detlev: Die Lage der Arbeiter und der gewerkschaftliche Widerstand im Dritten Reich, in: Borsdorf, Ulrich (Hg.), Geschichte der deutschen Gewerkschaften von den Anfängen bis 1945, 1987, Köln, S. 447 ff.

Pfarr, Heide/*Bertelsmann*, Klaus: Diskriminierung im Erwerbsleben. Ungleichbehandlungen von Frauen und Männern in der Bundesrepublik Deutschland, 1989, Baden-Baden.

Picker, Christian: Niedriglohn und Mindestlohn, RdA 2014, 25 ff.

Picker, Christian: Arbeiten im Homeoffice – Anspruch und Wirklichkeit, NZA-Beilage 2021, 4 ff.

Picker, Eduard: Ursprungsidee und Wandlungen des Tarifvertragswesens – Ein Lehrstück zur Privatautonomie am Beispiel Otto v. Gierkes, in: Schön, Wolfgang (Hg.), Gedächtnisschrift für Brigitte Knobbe-Keuk, 1997, Köln, S. 879 ff.

Picker, Eduard: Tarifmacht und tarifvertragliche Arbeitsmarktpolitik, ZfA 1998, 573 ff.

Picker, Eduard: Tarifautonomie – Betriebsautonomie – Privatautonomie, NZA 2002, 761 ff.

Pickshaus, Klaus: Gute Arbeit und Ökologie der Arbeit. Kontextbedingungen und Strategieprobleme, WSI-Mitt. 2019, 52 ff.

Polzin, Daniel: Der Zweck des Nachtarbeitsausgleichs gem. § 6 Abs. 5 ArbZG im Spiegel der Rechtsprechung, SR 2019, 303 ff.

Poscher, Ralf: Grundrechte als Abwehrrechte, 2003, Tübingen.

Povedano Peramato, Alberto: Anm. zu EuGH 22.1.2020 – C-177/18 (Baldonedo Martin), ZESAR 2020, 344 ff.

Prahl, Hans-Werner: Nicht nur zum Schlafen da. Bemerkungen zur Soziologie der Nacht, in: Fechner, Rolf/Schlüter-Knauer, Carsten (Hg.), Existenz und Kooperation. Festschrift für Ingtraud Görland zum 60. Geburtstag, 1993, Berlin.

Preis, Ulrich: Grundfragen der Vertragsgestaltung im Arbeitsrecht, 1993, Neuwied u. a.

Preis, Ulrich: Von der Antike zur digitalen Arbeitswelt. Herkunft, Gegenwart und Zukunft des Arbeitsrechts, RdA 2019, 75 ff.

Preis, Ulrich/*Sagan*, Adam (Hg.): Europäisches Arbeitsrecht, 3. Aufl., 2024, Köln.

Preis, Ulrich/*Schwarz*, Katharina: Dienstreisen als Rechtsproblem, 2020, Frankfurt am Main.

Preis, Ulrich/*Temming*, Felipe: Individualarbeitsrecht, 7. Aufl., 2024, Köln.

Preis, Ulrich/*Ulber*, Daniel: Direktionsrecht und Sonntagsarbeit, NZA 2010, 729 ff.

Preis, Ulrich/*Ulber*, Daniel: Die Verfassungsmäßigkeit des allgemeinen gesetzlichen Mindestlohns: Rechtsgutachten, in: Fischer-Lescano, Andreas/Preis, Ulrich/Ulber, Daniel (Hg.), Verfassungsmäßigkeit des Mindestlohns, 2015, Baden-Baden, S. 59 ff.

Pulz, Fabian: Grundrechtsbindung der Tarifvertragsparteien, JbArbR 2022, S. 107 ff.

Raab, Thomas: Der Nachtarbeitsausgleich nach § 6 Abs. 5 ArbZG, ZfA 2014, 237 ff.

Raasch, Sybille: Gleichstellung der Geschlechter oder Nachtarbeitsverbot für Frauen?, KJ 1992, 476 ff.

Raasch, Sybille: Wandel gesellschaftlicher Zeitstrukturen und Geschlechterverhältnis, in: Buckmiller, Michael/Perels, Joachim: Opposition als Triebkraft der Demokratie, Jürgen Seifert zum 70. Geburtstag, 1998, Hannover, S. 390 ff.

Rabstein, Sylvia/*Behrens*, Thomas/*Pallapies*, Dirk/*Eisenhawer*, Christian/*Brüning*, Thomas: Schichtarbeit und Krebserkrankungen, Zentralblatt für Arbeitsmedizin, Arbeitsschutz und Ergonomie 2020, 249 ff.

Ramm, Thilo: Nationalsozialismus und Arbeitsrecht, KJ 1968, 108 ff.

Ramm, Thilo: Einführung in das Privatrecht, Band I, 1969, München.

Reichold, Hermann: Der „neue Kurs“ von 1890 und das Recht der Arbeit: Gewerbegerichte, Arbeitsschutz, Arbeitsordnung, ZfA 1990, 5 ff.

Reichold, Hermann: Betriebsverfassung als Sozialprivatrecht. Historisch-dogmatische Grundlagen von 1848 bis zur Gegenwart, 1995, München.

Richardi, Reinhard: Arbeitszeitflexibilisierung – kollektive Arbeitszeitregelung und individuelle Arbeitszeitsouveränität, in: Gerhardt, Walter (Hg.), Festschrift für Franz Merz zum 65. Geburtstag, 1992, Köln, S. 481 ff.

Richardi, Reinhard (Hg.): Betriebsverfassungsgesetz mit Wahlordnung. Kommentar, 17. Aufl., 2022, München.

Ridout, Kathryn/*Ridout*, Samuel/*Guille*, Constance/*Mata*, Douglas/*Akil*, Huda/*Sen*, Srijan: Physician-Training Stress and Accelerated Cellular Aging, Biol Psychiatry 2019, 725 ff.

Rieble, Volker: Der Tarifvertrag als kollektiv-privatautonomer Vertrag, ZfA 2000, 5 ff.

Riechert, Christian/*Nimmerjahn*, Lutz: Mindestlohngesetz. Kommentar, 2. Aufl., 2017, München.

Riesenhuber, Karl: Methodenfragen (der Systembildung) im Europäischen Arbeitsrecht, in: Giesen, Richard/Junker, Abbo/Rieble, Volker (Hg.), Systembildung im Europäischen Arbeitsrecht, 2016, München, S. 15 ff.

Riesenhuber, Karl: Europäisches Arbeitsrecht, 2. Aufl., 2021 Berlin.

Riesenhuber, Karl (Hg.): Europäische Methodenlehre, 4. Aufl., 2021, Berlin.

Rinderspacher, Jürgen P.: Am Ende der Woche. Die soziale und kulturelle Bedeutung des Wochenendes, 1987, Bonn.

Ritter, Gerhard A.: Der Preis der deutschen Einheit. Die Wiedervereinigung und die Krise des Sozialstaats, 2006, München.

Roggendorff, Peter: Arbeitszeitgesetz, 1994, München.

Rolfs, Christian/*Giesen*, Richard/*Meßling*, Miriam/*Udsching*, Peter (Hg.): Beck'scher Online-Kommentar Arbeitsrecht, 73. Edition, 2024, München (zitiert als: BeckOK ArbR/*Bearbeiter*, Gesetz).

Rolfs, Christian/*Giesen*, Richard/*Meßling*, Miriam/*Udsching*, Peter (Hg.): Beck'scher Online-Kommentar Sozialrecht, 73. Edition, 2024, München (zitiert als: BeckOK SozR/*Bearbeiter*, Gesetz).

Rothe, Isabel/*Adolph*, Lars/*Beermann*, Beate/*Schütte*, Martin/*Windel*, Armin/*Grewer*, Anne/*Lenhardt*, Uwe/*Michel*, Jörg/*Thomson*, Birgit/*Formazin*, Maren: Psychische Gesundheit in der Arbeitswelt. Wissenschaftliche Standortbestimmung, 2017, Dortmund/Berlin/Dresden.

Rudkowski, Lena: Urlaub als Grundrecht des Arbeitnehmers, NJW 2019, 476 ff.

Rudkowski, Lena: Abgrenzungsfragen der Arbeitszeit – Zugleich Vorschlag für Anpassungen des Arbeitszeitgesetzes, ZFA 2022, 510 ff.

Ruffert, Matthias: Vorrang der Verfassung und Eigenständigkeit des Privatrechts, 2001, Tübingen.

Ruffert, Matthias: Grundrechtliche Schutzpflichten – Einfallstor für ein etatistisches Grundrechtsverständnis?, in: Vesting, Thomas/Korioth, Stefan/Augsberg, Ino (Hg.), Grundrechte als Phänomene kollektiver Ordnung, 2014, Tübingen, S. 109 ff.

Ruffert, Matthias: Privatrechtswirkung der Grundrechte. Von Lüth zum Stadionverbot – und darüber hinaus?, JuS 2020, 1 ff.

Sachs, Michael (Hg.): Grundgesetz. Kommentar, 9. Aufl., 2021, München.

Säcker, Franz Jürgen/*Rixecker*, Roland/*Oetker*, Hartmut/*Limperg*, Bettina (Hg.): Münchener Kommentar zum Bürgerlichen Gesetzbuch, 9. Aufl., 2021, München (zitiert als: MüKoBGB/*Bearbeiter*).

Sacksofsky, Ute: Verfolgung ökologischer und anderer öffentlicher Zwecke durch Instrumente des Abgabenrechts, NJW 2000, 2619 ff.

Salamon, Erwin: Pflicht des Arbeitgebers zur Zeiterfassung. Verfassungsrechtliche Grenzen unionsrechtskonformer Auslegung, NJW 2023, 335 ff.

Sasse, Stefan/*Schönfeld*, Julia: Rechtliche Aspekte psychischer Belastungen im Arbeitsverhältnis, RdA 2016, 346 ff.

Schaupp, Simon: Technopolitik von unten. Algorithmische Arbeitssteuerung und kybernetische Proletarisierung, 2021, Berlin.

Scherbaum, Manfred: Schichtarbeit belastungsarm gestalten, in: Schröder, Lothar/Urban, Hans-Jürgen: Streit um Zeit – Arbeitszeit und Gesundheit, Jahrbuch Gute Arbeit 2017, 2017, Frankfurt am Main, S. 208 ff.

Scherm, Ewald/*Süß*, Stefan: Personalmanagement, 3. Aufl., 2016, München.

Schernhammer, Eva S./*Laden*, Francine/*Speizer*, Frank E./*Willett*, Walter C./*Hunter*, David J./*Kawachi*, Ichiro/*Colditz*, Graham A.: Rotating Night Shifts and Risk of Breast Cancer in Women Participating in the Nurses' Health Study, Journal of the National Cancer Institute 2001, 1563 ff.

Schiek, Dagmar: Nachtarbeitsverbot für Arbeiterinnen. Gleichberechtigung durch Deregulierung?, 1992, Baden-Baden.

Schiek, Dagmar: Europäisches Arbeitsrecht, 3. Aufl., 2007, Baden-Baden.

Schimpf, Adrian/*Melz*, Sebastian: Angemessenheit von Zuschlägen für Nachtarbeit, MDR 2016, 489 ff.

Schlachter, Monika: Gleichheitswidrige Tarifnormen, in: Schlachter, Monika/Ascheid, Reiner, Friedrich, Hans-Wolf (Hg.), Tarifautonomie für ein neues Jahrhundert. Festschrift für Günter Schaub zum 65. Geburtstag, 1998, München, S. 651 ff.

Schlachter, Monika: Gerechte und angemessene Arbeitsbedingungen? Die Europäische Sozialcharta als Mittel zur Auslegung von Grundrechten der Europäischen Union, SR 2019, 165 ff.

Schlachter, Monika (Hg.): EU Labour Law. A Commentary, 2015, Alphen aan den Rijn (zitiert als: EULLC/*Bearbeiter*).

Schlachter, Monika/*Heinig*, Hans Michael (Hg.): Europäisches Arbeits- und Sozialrecht, 2. Aufl., 2021, Baden-Baden u. a. (zitiert als: SH/*Bearbeiter*, EurArbSozR).

Schlick, Christopher/*Bruder*, Ralph/*Luczak*, Holger: Arbeitswissenschaft, 4. Aufl., 2018, Berlin/Heidelberg.

Schliemann, Harald: Zur arbeitsgerichtlichen Kontrolle kollektiver Regelungen, in: Isenhardt, Udo/Preis, Ulrich (Hg.), Arbeitsrecht und Sozialpartnerschaft. Festschrift für Peter Hanau, 1999, Köln, S. 577 ff.

Schliemann, Harald: ArbZG. Arbeitszeitgesetz mit Nebengesetzen. Kommentar, 4. Aufl., 2020, Köln.

Schlör, Joachim: Nachts in der großen Stadt, 1991, München/Zürich.

Schlottfeldt, Christian/*Herrmann*, Lars: Arbeitszeitgestaltung in Krankenhäusern und Pflegeeinrichtungen, 2. Aufl., 2014, Berlin.

Schmidt, Alexander J.: Anm. zu BAG 9.12.2020 – 10 AZR 332/20 (A) und 10 AZR 333/20 (A), ZESAR 2021, 392 ff.

Schmidt, Friedrich H.: Die neue Arbeitszeitordnung mit den zugehörigen Gesetzen, Verordnungen u. Durchführungsbestimmungen, 1938, Berlin.

Schmidt, Ingrid/*Trebinger*, Yvonne/*Linsenmaier*, Wolfgang/*Schelz*, Hanna (Hg.): Betriebsverfassungsgesetz. Handkommentar, 31. Aufl., 2022, München (zitiert als: *Fitting*, BetrVG).

Schmidt-Bleibtreu, Bruno/*Klein*, Franz/*Bethge*, Herbert (Hg.): Bundesverfassungsgerichtsgesetz. Kommentar, 63. Ergänzungslieferung, 2023, München.

Schmitt, Sabine: Der Arbeiterinnenschutz im deutschen Kaiserreich. Zur Konstruktion der schutzbedürftigen Arbeiterin, 1995, Stuttgart/Weimar.

Schmitt-Howe, Britta: Gefährdungsbeurteilung und Arbeitszeit, in: Romahn, Regine (Hg.), Arbeitszeit gestalten, 3. Aufl., 2023, Marburg, S. 37 ff.

Schmoller, Gustav: Grundriß der Allgemeinen Volkswirtschaftslehre, Zweiter Teil, 1904 [1989], Leipzig [Düsseldorf].

Schneider, Hans-Peter: Artikel 12 GG – Freiheit des Berufs und Grundrecht der Arbeit, VVDStRL 43, 7 ff.

Schneider, Michael: Streit um Arbeitszeit. Geschichte des Kampfes um Arbeitszeitverkürzung in Deutschland, 1984, Köln.

Schubert, Claudia: Der Beschluss des EuGH in Sachen Brandes (C-415/12) – ein Lehrstück des unionalen Arbeitsrechts, RdA 2013, 370 ff.

Schubert, Claudia: Die Grundrechtecharta der Europäischen Union als Mittel zur Expansion des Unionsrechts?, EuZA 2020, 302 ff.

Schulten, Thorsten/*WSI-Tarifarchiv*: Tarifpolitischer Halbjahresbericht 2018, 2018, Düsseldorf.

Schumann, Michael: Bestandsaufnahme, Analyse und Entwicklungstrends im Produktionsbereich, in: Vetter, Heinz O. (Hg.), Humanisierung der Arbeit als gesellschaftspolitische und gewerkschaftliche Aufgabe, 1974, Frankfurt am Main, S. 41 ff.

Schwabe, Jürgen: Probleme der Grundrechtsdogmatik, 1977, Darmstadt.

Schwarze, Jürgen/*Becker*, Ulrich/*Hatje*, Armin/*Schoo*, Johann (Hg.): EU-Kommentar, 4. Aufl., 2019, Baden-Baden (zitiert als: SBHS/*Bearbeiter*, Rechtsvorschrift).

Seidel, Stefan: Der Schlaf, 2020, Wien.

Seifert, Achim: Zur Horizontalwirkung sozialer Grundrechte, EuZA 2013, 299 ff.

Seifert, Achim: Das Arbeitszeitrecht der IAO: Ein Impulsgeber für das Unionsrecht?, SR 2018, 169 ff.

Seifert, Hartmut: Betriebsnutzungszeiten, Schichtarbeit und Kostenaspekte, WSI-Mitt. 1991, 613 ff.

Seifert, Hartmut: Kriterien für eine sozialverträgliche Arbeitszeitgestaltung, in: Büssing, André/Seifert, Hartmut (Hg.), Sozialverträgliche Arbeitszeitgestaltung, München/Mering, 1995, S. 15 ff.

Seifert, Hartmut: Arbeitszeitpolitischer Modellwechsel: Von der Normalarbeitszeit zur kontrollierten Flexibilität, in: Seifert, Hartmut (Hg.), Flexible Zeiten in der Arbeitswelt, Frankfurt am Main/New York, 2005, S. 40 ff.

Seifert, Hartmut: Arbeitszeit: Entwicklungen und Konflikte, APuZ 4–5/2007, 17 ff.

Seifert, Hartmut: Optionen als neues Gestaltungsprinzip der Arbeitszeitpolitik, WSI-Mitt. 2018, 305 ff.

Seifert, Hartmut/*Groß*, Hermann/*Maylandt*, Jens: Erwerbsarbeit und Ehrenamt in der Bundesrepublik Deutschland und in Nordrhein-Westfalen, 2012, Dortmund.

Servais, Jean-Michel: International Labour Law, 6. Aufl., 2020, Alphen aan den Rijn.

Singer, Reinhard: Die Grundrechte im deutschen Arbeitsrecht, in: Neuner, Jörg (Hg.), Grundrechte und Privatrecht aus rechtsvergleichender Sicht, 2007, Tübingen, S. 245 ff.

Sinzheimer, Hugo: Der korporative Arbeitsnormenvertrag. Eine privatrechtliche Untersuchung, 2. Aufl., 1977, Berlin.

Slaby, Renate/*Struck*, Gerhard: Reduzierung von Nachtarbeit durch Tarifvertrag, AiB 1989, 309 ff.

Smith, Adam: Der Wohlstand der Nationen, 2022, Hamburg.

Smolensky, Michael/*Reinberg*, Alain/*Fischer*, Frieda Marina: Working Time Society consensus statements: Circadian time structure impacts vulnerability to xenobiotics – relevance to industrial toxicology and nonstandard work schedules, Industrial Health 2019, 158 ff.

Sodan, Helge/*Ziekow*, Jan (Hg.): Verwaltungsgerichtsordnung. Großkommentar, 5. Aufl., 2018, Baden-Baden (zitiert als: NK-VwGO/*Bearbeiter*).

Soltermann, Daniel: Die Nacht aus arbeitsrechtlicher Sicht, 2004, Bern.

Soost, Stefan: Streik für besseren Arbeitsschutz – Arbeits- und Gesundheitsschutz als Gegenstand von Tarifverträgen und Arbeitskämpfen, in: Faber, Ulrich/Feldhoff, Kerstin/Nebe, Katja/Schmidt, Kristina/Waßer, Ursula (Hg.), Gesellschaftliche Bewegungen – Recht und Beobachtung und in Aktion. Festschrift für Wolfhard Kohte, 2016, Baden-Baden, S. 513 ff.

Soost, Stefan: Angemessener Ausgleich für Nachtarbeit?, AuR 2020, 489.

Soost, Stefan: Ausgleich für Nachtarbeit durch Tarifvertrag, GArb 10/2021, S. 19 ff.

Soost, Stefan: Zeit statt Geld für Nachtarbeit, GArb 11/2024, S. 17 ff.

SPD [Sozialdemokratische Partei Deutschlands]: Hamburger Programm. Grundsatzprogramm der Sozialdemokratischen Partei Deutschlands, 2007, Berlin.

Spelge, Karin: Stufenzuordnung nach Höher- und Rückgruppierung – Ewige Quelle der Unzufriedenheit? – Teil 1, ZTR 2020, 127 ff.

Stärker, Lukas: Kommentar zur EU-Arbeitszeit-Richtlinie, 2006, Wien.

Stärker, Lukas: Anmerkungen zur KA-AZG-Novelle 2014, ASoK 2015, 214 ff.

Staudinger, Julius von (Hg.): Kommentar zum Bürgerlichen Gesetzbuch. Buch 2, Recht der Schuldverhältnisse, §§ 613a–619a, Neubearbeitung 2022, Berlin.

Stein, Axel: Tarifvertragsrecht, 1996, Stuttgart u. a.

Stemler, Hildegard/*Wiegand*, Erich: Zur Entwicklung der Arbeitszeitgesetzgebung und der Arbeitszeit in Deutschland seit der Industrialisierung, in: Wiegand, Erich/Zapf, Wolfgang (Hg.), Wandel der Lebensbedingungen in Deutschland. Wohlfahrtsentwicklung seit der Industrialisierung, 1982, Frankfurt am Main/New York, S. 17 ff.

Stern, Klaus: Das Staatsrecht der Bundesrepublik Deutschland, Band III/1: Allgemeine Lehren der Grundrechte, 1988, München.

Stern, Klaus: Das Staatsrecht der Bundesrepublik Deutschland, Band IV/1: Die einzelnen Grundrechte, 2006, München.

Stern, Klaus: Die Schutzpflichtenfunktion der Grundrechte. Eine juristische Entdeckung, DÖV 2010, 241 ff.

Stern, Klaus/*Sachs*, Michael (Hg.): Europäische Grundrechte-Charta, 2016, München.

Stern, Klaus/*Sodan*, Helge/*Möstl*, Markus: Das Staatsrecht der Bundesrepublik Deutschland im europäischen Staatenverbund, Band III: Allgemeine Lehren der Grundrechte, 2. Aufl., 2022, München (zitiert als: SSM/*Bearbeiter*, Staatsrecht III).

Sternkopf, Jon.: Kontinuierlicher Fabrikbetrieb, JbNSt 1907, 80 ff.

Stock, D./*Knight*, J. A./*Raboud*, J./*Cotterchio*, M./*Strohmaier*, S./*Willett*, W./*Eliassen*, A. H./*Rosner*, B./*Hankinson*, S. E./*Schernhammer*, E.: Rotating night shift work and menopausal age, Human Reproduction 2019, 539 ff.

Stolz-Willig, Brigitte: Sozialverträgliche Arbeitszeitgestaltung und Geschlechterverhältnisse, in: Büssing, André/Seifert, Hartmut (Hg.), Sozialverträgliche Arbeitszeitgestaltung, München/Mering, 1995, S. 119 ff.

Stolzenberg, Hendric: ILO und EU. Zum Gebot der Berücksichtigung der Normen der Internationalen Arbeitsorganisation bei der Auslegung des Unionsrechts, 2021, Berlin.

Störring, Lars Peter: Das Untermaßverbot in der Diskussion. Untersuchung einer umstrittenen Rechtsfigur, 2009, Berlin.

Strauß, Roland/*Brauner*, Corinna: Dauernachtarbeit in Deutschland, 2020, Dortmund/Berlin/Dresden.

Streich, Waldemar: Nacht- und Schichtarbeit, in: Schmidt, Matthias/Müller, Rainer/Volz, Fritz-Rüdiger/Funke, Ulrich/Weiser, Rüdiger (Hg.), Arbeit und Gesundheitsgefährdung. Materialien zu Entstehung und Bewältigung arbeitsbedingter Erkrankungen, 1982, Frankfurt am Main, S. 95 ff.

Streich, Waldemar/*Bielinski*, Harald: Nacht- und Schichtarbeit. Probleme und Beispiele für ihre Bewältigung, WSI-Mitt. 1981, 100 ff.

Streinz, Rudolf: EUV/AEUV. Kommentar, 3. Aufl., 2018, München.

Stümper, Anja: Rechte und Pflichten des Arbeitgebers bei einer Nachtdienstuntauglichkeit, öAT 2021, 177 ff.

Suerbaum, Joachim: Die Schutzpflichtdimension der Gemeinschaftsgrundrechte, EuR 2003, 390 ff.

Temming, Felipe: Gleichbehandlung bei Nachtarbeit – höherer tarifvertraglicher Nachtarbeitszuschlag für unregelmäßige als für regelmäßige Nachtarbeit, jurisPR-ArbR 51/2022 Anm. 3.

Tenfelde, Klaus: Die Entstehung der deutschen Gewerkschaftsbewegung. Vom Vormärz bis zum Ende des Sozialistengesetzes, in: Borsdorf, Ulrich (Hg.), Geschichte der deutschen Gewerkschaften von den Anfängen bis 1945, 1987, Köln, S. 15 ff.

Tennstedt, Florian: Sozialgeschichte der Sozialpolitik in Deutschland. Vom 18. Jh. bis zum Ersten Weltkrieg, 1981, Göttingen.

Tewocht, Hannah: Anm. zu EuGH 7. 7. 2022 – C-257/21 und C-258/21 (Coca-Cola European Partners), ZESAR 2023, 79 ff.

Thüsing, Gregor: Gedanken zur Vertragsautonomie im Arbeitsrecht, in: Fleischer, Holger/Frey, Kasper/Hirte, Heribert/Thüsing, Gregor/Wank, Rolf (Hg.), Festschrift zum 70. Geburtstag von Herbert Wiedemann, 2002, München, S. 559 ff.

Thüsing, Gregor: Europäisches Arbeitsrecht, 4. Aufl., 2024, München.

Thüsing, Gregor (Hg.): MiLoG/AEntG. Kommentar, 2. Aufl., 2015, München.

Thüsing, Gregor/*Braun*, Axel (Hg.): Tarifrecht, 2. Aufl., 2016, München.

Tiedge, Anja: Wir machen durch bis morgen früh, Der Spiegel, 11. 4. 2011, unter: https://www.spiegel.de/karriere/nachtarbeit-wir-machen-durch-bis-mor-gen-frueh-a-755977.html (zuletzt abgerufen am 1. 10. 2024).

Tietje, Teemu: Grundfragen des Arbeitszeitrechts, 2001, Berlin.

Tieves-Sander, Daniela: Die sozialen Auswirkungen der Schichtarbeit, 2019, Duisburg/Essen.

Tipke, Klaus: Rechtsschutz gegen Privilegien Dritter. Veranschaulicht an den Beispielen der Sonntags- und Nachtarbeitszuschläge sowie der Abgeordneten-Kostenpauschale, FR 2006, 949 ff.

Torquati, Luciana/*Brown*, Wendy J./*Mielke*, Grégore Iven/*Burton*, Nicola W.: Shift Work and Poor Mental Health. A Meta-Analysis of Longitudinal Studies, American Journal of Public Health 2019, e13 ff.

Tschepp, Johanna: Schlaf und Glukosestoffwechsel bei chronischer primärer Insomnie, 2015, München.

Tucker, Philip/*Folkard*, Simon: Working Time, Health and Safety: a Research Synthesis Paper, 2012, Genf.

Uhle, Arnd: Abschied vom engen Familienbegriff, NVwZ 2015, 272 ff.

Ulber, Daniel: Tarifdispositives Gesetzesrecht im Spannungsfeld von Tarifautonomie und grundrechtlichen Schutzpflichten, 2010, Berlin.

Ulber, Daniel: Anm. zu BAG 9.12.2015 – 10 AZR 423/14, AP ArbZG, § 6 Nr. 14.

Ulber, Daniel: Tarifdispositives Recht und Privilegierung Tarifgebundener als Stärkung der Tarifbindung?, SR 2018, 85 ff.

Ulber, Daniel: Arbeitszeiterfassung als Pflicht des Arbeitgebers, NZA 2019, 677 ff.

Ulber, Daniel: Grundfragen des Arbeitszeitrechts im 21. Jahrhundert, SR 2021, 189 ff.

Ulber, Daniel: Der Referentenentwurf zur Arbeitszeiterfassung – Inhalt und erste Einschätzung, BB 2023, 1588 ff.

Ulber, Daniel/*Brandt*, Laurens: Anm. zu BAG 19.5.2021 – 5 AS 2/21, AP ArbZG, § 21a Nr. 1.

Ulber, Daniel/*Klocke*, Kyra: Die Grundrechtsbindung der Tarifvertragsparteien in der Rechtsprechung des BAG, RdA 2021, 178 ff.

Ulber, Daniel/*Koch*, Alexander: Aktuelles Arbeitszeitrecht: Fortentwicklungen in der jüngeren Rechtsprechung, AuR 2018, 328 ff.

Ulber, Daniel/*Staps*, Till: Sonntagsarbeit im Mobile- und Homeoffice – Grundlagen und Grenzen des Verbots der Sonntagsarbeit in der digitalisierten Arbeitswelt, VSSAR 2023, 55 ff.

Ulber, Daniel/*Stein*, Jaqueline: Arbeiten 4.0 und Arbeitszeitrecht – neuere Entwicklungen, AuR 2022, 148 ff.

Ulber, Jürgen: Der Ausgleich von Belastungen bei Nachtarbeit, AuR 2020, 157 ff.

Ulich, Eberhard: Arbeitspsychologie, 7. Aufl., 2020, Zürich.

Unruh, Peter: Zur Dogmatik der grundrechtlichen Schutzpflichten, 1996, Berlin.

VDA [Vereinigung der Deutschen Arbeitgeberverbände]: Geschäftsbericht 1927/1929, 1930, Berlin.

Vetter, Heinz O.: Referat, in: ders. (Hg.), Humanisierung der Arbeit als gesellschaftspolitische und gewerkschaftliche Aufgabe, 1974, Frankfurt am Main, S. 25 ff.

Vogel, Jakob: Einleitung. Ein „deutscher Bergbau" im 18. und 19. Jahrhundert?, in: Weber, Wolfhard (Hg.), Salze, Erze und Kohlen, Geschichte des deutschen Bergbaus Band 2, 2015, Münster, S. 11 ff.

Voigt, Dieter: Schichtarbeit und Sozialsystem. Zur Darstellung, Entwicklung und Bewertung der Arbeitszeitorganisation in den beiden Teilen Deutschlands, 1986, Bochum.

Voßkuhle, Andreas: Theorie und Praxis der verfassungskonformen Auslegung von Gesetzen durch Fachgerichte, AöR 2000, 177 ff.

Vyas, Manav/*Garg*, Amit/*Iansavichus*, Arthur/*Costella*, John/*Donner*, Allan/*Laugsand*, Lars/*Janszky*, Imre/*Mrkobrada*, Marko/*Parraga*, Grace/*Hackam*, Daniel: Shift work and vascular events: systematic review and meta-analysis, BMJ 2012, 345 ff.

Wagner, Hilde: Gewerkschaftliche Kämpfe um (Regulations-)Macht und Zeit, Prokla 2023, 219 ff.

Wahsner, Roderich: Arbeitsrecht unter'm Hakenkreuz. Instrument des faschistischen Terrors und der Legitimation von Unternehmerwillkür, 1994, Baden-Baden.

Waltermann, Raimund: Anm. zu BAG 27.5.2004 – 6 AZR 129/03, AP TVG, § 1 Gleichbehandlung Nr. 5.

Waltermann, Raimund: Zur Grundrechtsbindung der tarifvertraglichen Rechtsetzung, in: Oetker, Hartmut/Preis, Ulrich/Rieble, Volker (Hg.), 50 Jahre Bundesarbeitsgericht, 2004, München, S. 913 ff.

Waltermann, Raimund: Gesetzliche und tarifvertragliche Gestaltung im Niedriglohnsektor, NZA 2013, 1041 ff.

Waltermann, Raimund: Entwicklungslinien der Tarifautonomie, RdA 2014, 86 ff.

Waltermann, Raimund: Grundrechtsbindung des Tarifvertrags, in: Klapp, Micha/Linck, Rüdiger/Preis, Ulrich/Reinhard, Barbara/Wolf, Roland (Hg.), Die Sicherung der kollektiven Ordnung. Festschrift für Ingrid Schmidt, 2021, München, S. 623 ff.

Wang, Ningjian/*Sun*, Ying/*Zhang*, Haojie/*Wang*, Bin/*Chen*, Chi/*Wang*, Yuying/*Chen*, Jie/*Tan*, Xiao/*Zhang*, Jihui/*Xia*, Fangzhen/*Qi*, Lu/*Lu*, Yingli: Long-term night shift work is associated with the risk of atrial fibrillation and coronary heart disease, European Heart Journal 2021, 1 ff.

Wanger, Susanne: Entwicklung von Erwerbstätigkeit, Arbeitszeit und Arbeitsvolumen nach Geschlecht, 2020, Nürnberg.

Wank, Rolf: Auslegung und Rechtsfortbildung im Arbeitsrecht, 2013, Baden-Baden.

Wank, Rolf: Anm. zu BVerfG 6.6.2018 – 1 BvL 7/14, 1 BvR 1375/14, AP TzBfG, § 14 Nr. 170.

Wank, Rolf: Die unmittelbare Wirkung von Unionsrecht unter Privaten im Arbeitsrecht, RdA 2020, 1 ff.

Weber, Klaus (Hg.): Rechtswörterbuch, 24. Aufl., 2022, München.

Wedderburn, Alexander: Shiftwork and Health, 2000, Luxemburg.

Wehling, Pamela/*Müller*, Katja: Ungleich, vergleichbar, gleich – auf dem Weg zur geschlechtsneutralen Arbeitswelt? Geschlechtliche Differenzierungsprozesse im Kontext von Arbeit, AIS-Studien 2014, 22 ff.

Wendel, Mattias: Europäischer Grundrechtsschutz und nationale Spielräume. Grundlagen und Grundzüge eines Spielraumtests im europäischen Grundrechtspluralismus, EuR 2022, 327 ff.

Westermann, Harm Peter/*Grunewald*, Barbara/*Maier-Reimer*, Georg (Hg.): Bürgerliches Gesetzbuch Handkommentar, 17. Aufl., 2023, Köln (zitiert als: Erman/*Bearbeiter*, BGB).

Wiebauer, Bernd: Die Mitbestimmung des Betriebsrats bei Gefährdungsbeurteilung und Arbeitsschutzmaßnahmen, RdA 2019, 41 ff.

Wiedemann, Herbert: Tarifautonomie heute, BB 2013, 1397 ff.

Wiedemann, Herbert: Zur Architektur der Tarifautonomie, NZA 2018, 1587 ff.

Wiedemann, Herbert (Hg.): Tarifvertragsgesetz mit Durchführungs- und Nebenvorschriften, 9. Aufl., 2023, München.

Wienbracke, Mike: Juristische Methodenlehre, 2. Aufl., 2020, Heidelberg.

Wiese, Günther/*Kreutz*, Peter/*Oetker*, Hartmut/*Raab*, Thomas/*Weber*, Christoph/*Franzen*, Martin/*Gutzeit*, Martin/*Jacobs*, Matthias: Gemeinschaftskommentar Betriebsverfassungsgesetz, 1. Aufl., 2021, München (zitiert als: GK/*Bearbeiter*, BetrVG).

Wikander, Ulla: Demands on the ILO by Internationally Organized Women in 1919, in: van Daele, Jasmin/Rodriguez Garciá, Magaly/van Goethem, Geert/van der Linden, Marcel (Hg.), ILO Histories, Essays on the International Labour Organization and Its Impact on the World During the Twentieth Century, 2011, Bern u.a., S. 67 ff.

Winter, Regine: Das Arbeitsrecht im europäischen Mehrebenensystem ist weiterhin in Bewegung, in: Creutzfeldt, Malte/Hanau, Peter/Thüsing, Gregor/Wißmann, Hellmut (Hg.), Arbeitsgerichtsbarkeit und Wissenschaft. Festschrift für Klaus Bepler zum 65. Geburtstag, 2012, München, S. 633 ff.

Wintrich, Josef M.: Zur Problematik der Grundrechte, 1957, Köln/Opladen.

Wirtz, Anna: Gesundheitliche und soziale Auswirkungen langer Arbeitszeiten, 2010, Dortmund/Berlin/Dresden.

Wirtz, Anna/*Giebel*, Ole/*Schomann*, Carsten/*Nachreiner*, Friedhelm: The Interference of flexible working Times with the Utility of Time, Chronobiology Int. 2008, 249 ff.

Wisser, Michael: Zur Abschaffung der Steuerfreiheit von Zuschlägen für Sonntags-, Feiertags- und Nachtarbeit nach § 3b EstG, DStZ 2000, 822 ff.

Wißmann, Hellmut: Unionsrechtskonforme Auslegung von Tarifverträgen?, in: Creutzfeldt, Malte/Hanau, Peter/Thüsing, Gregor/Wißmann, Hellmut (Hg.), Arbeitsgerichtsbarkeit und Wissenschaft. Festschrift für Klaus Bepler zum 65. Geburtstag, 2012, München, S. 649 ff.

Wlotzke, Otfried: Öffentlich-rechtliche Arbeitsschutznormen und privatrechtliche Rechte und Pflichten des einzelnen Arbeitnehmers, in: Dieterich, Thomas/Gamillscheg, Franz/Wiedemann, Herbert (Hg.), Festschrift für Marie Luise Hilger und Hermann Stumpf, 1983, München, S. 723 ff.

Wlotzke, Otfried: Zum Regierungsentwurf eines neuen Arbeitszeitgesetzes, NZA 1984, 182 ff.

Wlotzke, Otfried: Das Mitbestimmungsrecht nach § 87 Abs. 1 Nr. 7 Betriebsverfassungsgesetz und das erneuerte Arbeitsschutzrecht, in: Kohte, Wolfhard/Dörner, Hans-Jürgen/Anzinger, Rudolf (Hg.), Arbeitsrecht im sozialen Dialog. Festschrift für Helmut Wißmann zum 65. Geburtstag, 2005, München, S. 426 ff.

Wöhrmann, Anne Marit/*Gerstenberg*, Susanne/*Hünefeld*, Lena/*Pundt*, Franziska/*Reeske-Behrens*, Anna/*Brenscheidt*, Frank/*Beermann*, Beate: Arbeitszeitreport Deutschland 2016, 2016, Dortmund/Berlin/Dresden.

Wolff, Wilhelm: Der Achtstundentag. Seine Vorgeschichte und die Erfahrungen mit seiner Einführung in Deutschland unter besonderer Berücksichtigung von Schlesien, 1921, Breslau.

WSI-Tarifarchiv: Tarifpolitik 2021. Statistisches Taschenbuch, 2021, Düsseldorf.

Zachert, Ulrich: Elemente einer Dogmatik der Grundrechtsbindung der Tarifparteien, AuR 2002, 330 ff.

Zhao, Yixuan/*Richardson*, Alice/*Poyser*, Carmel/*Butterworth*, Peter/*Strazdins*, Lyndall/*Leach*, Liana: Shift work and mental health: a systematic review and meta-analysis, International archives of occupational and environmental health 2019, 763 ff.

Ziegler, Dieter: Die Industrielle Revolution, 3. Aufl., 2013, Darmstadt.

Ziepke, Jürgen: Schichtarbeit. Begriffe und Abgrenzungen, DB 1981, 1039 ff.

Zimmermann: Die industrielle Arbeitswelt der DDR unter dem Primat der sozialistischen Ideologie. Exemplarisch untersucht am Schrifttum über Nacht- und Schichtarbeit, 2000, Bochum.

Zmarzlik, Johannes: Arbeitszeitordnung. Kommentar, 1967, Heidelberg.

Zmarzlik, Johannes: Grundbegriffe des Arbeitsschutzes, DB 1967, 1264 ff.

Zmarzlik, Johannes: Frauenarbeitsschutz, BB 1980, 1802 ff.

Zmarzlik, Johannes: Auswirkungen des Urteils des Bundesverfassungsgerichts über die Unvereinbarkeit des Nachtarbeitsverbots für Arbeiterinnen mit Art. 3 GG, DB 1992, 680 ff.

Zöllner, Wolfgang: Regelungsspielräume im Schuldvertragsrecht. Bemerkungen zur Grundrechtsanwendung im Privatrecht und zu den sogenannten Ungleichgewichtslagen, AcP 1996, 1 ff.

Zwanziger, Bertram: Das BAG und das Arbeitszeitgesetz – Aktuelle Tendenzen, DB 2007, 1356 ff.

Stichwortverzeichnis

Milena Herbig

Rechtsfragen der Eingruppierung im öffentlichen Dienst

Die Arbeit analysiert das System der Eingruppierung im öffentlichen Dienst. Sie arbeitet heraus, nach welchen Kriterien sich die Entgelthöhe richtet, wie diese sich im Laufe der Zeit verändert haben und wie sich gesellschaftliche und technische Veränderungen auswirken. Dargestellt werden die Rahmenbedingungen des Völker-, Unions-, Verfassungs- und des einfachen Rechts. Vor deren Hintergrund setzt sich die Arbeit mit Rechtsfragen bei der Feststellung von Arbeitsvorgängen als maßgebliche Bewertungseinheit für die Eingruppierung sowie mit der Auslegung von Tätigkeitsmerkmalen der Entgeltordnungen auseinander. Sie stellt fest, dass sich technische und gesellschaftliche Veränderungen nicht unbedingt auf die Eingruppierung auswirken. Dies betrifft auch sogenannte systemrelevante Tätigkeiten, deren gesellschaftlicher Wert zwar bei der Auslegung und Subsumtion der Tätigkeitsmerkmale berücksichtigt werden kann, dies aber im Ergebnis meist nicht zu einer höheren Eingruppierung führt.

Schriften zum Arbeitsrecht, Band 386
421 Seiten, 2025
ISBN 978-3-428-19335-6, € 109,90
Titel auch als E-Book erhältlich.

www.duncker-humblot.de